浙江耕地

倪治华　任周桥　费徐峰　章明奎　吕晓男　著

土

中国农业科学技术出版社

图书在版编目（CIP）数据

浙江耕地 / 倪治华等著. -- 北京 : 中国农业科学技术出版社，2024. 12. -- ISBN 978-7-5116-7258-2

Ⅰ. S155.925.5

中国国家版本馆 CIP 数据核字第 2024NM2878 号

本书审图号为浙 S(2024)47 号，包括图1-1、图1-2、图1-3、图1-4、图1-5、图1-6、图2-1、图2-2、图2-29、图2-30、图4-1、图4-2、图4-3、图4-4、图4-5、图4-6、图4-7

责任编辑　闫庆健
责任校对　王　彦
责任印制　姜义伟　王思文

出 版 者　中国农业科学技术出版社
　　　　　北京市中关村南大街 12 号　　邮编：100081
电　　话　（010）82106632（编辑室）（010）82106624（发行部）
　　　　　（010）82109709（读者服务部）
网　　址　https: // castp.caas.cn
经 销 者　各地新华书店
印 刷 者　北京建宏印刷有限公司
开　　本　185 mm × 260 mm　1/16
印　　张　34
字　　数　850千字
版　　次　2024 年 12 月第 1 版　2024 年 12 月第 1 次印刷
定　　价　380.00 元

《浙江耕地》著者名单

主要著者

倪治华　任周桥　费徐峰
章明奎　吕晓男

其他著者

（以姓氏笔画为序）

丁君芳　孔海民　邓勋飞　朱伟锋　刘晓霞
刘倩怡　陈晓佳　杭小雅　麻万诸　梁兼霞

浙　江　耕　地

前 言

耕地是农业最为宝贵的物质基础，也是农业最为重要的生产资料。浙江地处东南沿海中纬度地带经济发达地区，地貌形态多样，具有独特的区域地理特点。全省陆域面积10.55万km^2，多为丘陵和山地，两者合计占陆域面积的比例达到70.4%；平原、江河、湖泊散布其间，其中平原和盆地占陆域面积的23.2%，河流和湖泊占6.4%，故有“七山一水两分田”之称。浙江农耕历史悠久，夏代禹时耕种土壤已有三等九级之分；春秋战国时期已开始较大规模土地垦植利用；三国时期东吴推行“屯田制”，以太湖地区作为农垦重点的塘浦圩田体系得到较快发展；隋唐时期实行“均田制”，嘉湖等平原沼泽地区土地逐年得以垦荒利用；至北、南两宋时期形成大规模与水争地、围湖造田的高潮；明、清两朝及民国期间，浙江包括田、地、山荡、塘滩等耕种土地基本稳定在4 600万亩（1公顷 =15亩，全书同）左右。

（一）

依据现行土地利用现状分类（GB/T 21010—2017）定义，耕地是指种植农作物的土地，包括熟地，新开发、复垦、整理地，休闲地（含轮歇地、休耕地）；以种植农作物（含蔬菜）为主，间有零星果树、桑树或其他树木的土地；平均每年能保证收获一季的已垦滩地和海涂。作为耕地地力（产能）要素中不可或缺的重要组成部分，耕地中包括南方宽度小于1m，北方宽度小于2m固定的沟、渠、路和地坎（埂）；考虑农业生产实际，地类中也包括临时种植药材、草皮、花卉、苗木等的耕地，临时种植果树、茶树和林木且耕作层未被破坏的耕地，以及其他临时改变用途的耕地。以往对于耕地地类的认定，通常会存在两种判定的情况。一种是基于耕种“能力”的判断，即现状农用地能否种植农作物（粮油、蔬菜）作为耕地一级地类的认定依据，第一、第二次全国土地调查时期普遍采用这一方法认定耕地。如平原地区部分水田因结构调整现状改种茶叶、果树或苗木等，但稍经整理即可恢复种植水稻、蔬菜等农作物，具备耕地产出的能力，因而在调查时仍把其归类为耕地范畴进行统计。而另一种则依据第三次全国土地调查及其变更调查技术规程，完全基于种植“现状”的考量，按现状50%以上覆盖度或70%以上合理种植密度多年生木本和草本作物种类，“所见即所得”，据此来判定园地、林地等不同的一、二级地类类型。

耕地资源的利用保护与同时期经济社会的发展水平密不可分。中华人民共和国成立初期，浙江省常年耕地面积为3 000万亩左右，受当时经济发展和农业科技水平的限制，耕地资源利用基本采用“以地适种”“以地养地”方式，种植制度相对稳定，单位投入水平低，产出强度不高。改革开放以来，随着工业化、城镇化步伐不断加快，非农建设占用耕地显著增加。与此同时，由于农牧业内部结构调整，二、三产业发展迅速，农业发展方式和产业化水平不断转变与提升，也使得大量耕地被转作他用，资源禀赋的先天不足使得用地矛盾日益突出。1979—1995年为全省经济社会发展初期耕地面积减幅较大的时期，16年内全省共减少耕地面积320余万亩，年均占用超20万亩。为确保耕地动态平衡，保障粮食安全和主要农产品有效供给，全省进一步挖掘耕地后备资源潜力，通过土地整理、开发、复垦和全域土地整治，实施“百万”造地保障工程等措施，加大海涂围垦、红壤缓坡荒地开发利用和造地改田力度，努力实现耕地占补平衡。

为全面查清土地资源和利用状况，掌握真实准确的土地基础数据，为科学规划、合理利用、有效保护土地资源，实施最严格的耕地保护制度，加强和改善宏观调控提供依据，促进经济社会全面协调可持续发展，依据不同时期国民经济社会发展的需要，按照国家统一部署，浙江分别于1996年、2009年和2019年组织开展了3次土地调查工作。发布的调查公报数据显示：

2009 年末全省耕地面积198.67万 hm^2（2 980.03万亩），比1996年第一次全国土地调查时净减少13.87万 hm^2（207.98万亩），年均减少1.07万 hm^2（16.01万亩）。其中，全省水田净减少8.85万 hm^2（132.72万亩），旱地净减少5.02万 hm^2（75.26万亩），坡度小于2° 的耕地减少21.24万 hm^2（318.55万亩），表明平原优质耕地（大部分为水田）逐渐减少；坡度在2°～25° 的耕地增加了13.75万 hm^2（206.28万亩），表明补充耕地大多属于坡耕地范畴（大部分为旱地）。

2019 年末全省耕地面积129.05万 hm^2（1 935.70万亩）。其中，水田106.28万 hm^2（1 594.23万亩），旱地22.76万 hm^2（341.47万亩）。全省位于2° 以下坡度（含2°）的耕地为79.88万 hm^2（1 198.15万亩），位于2°～6° 坡度（含6°）的耕地为14.70万 hm^2（220.54万亩），位于6°～15° 坡度（含15°）的耕地为15.25万 hm^2（228.81万亩），位于15°～25° 坡度（含25°）的耕地为15.18万 hm^2（227.74万亩），位于25° 以上坡度的耕地达4.03万 hm^2（60.46万亩）。与2009年末第二次全国土地调查成果数据相比，全省耕地面积净减少69.62万 hm^2（1 044.33万亩），减幅达35.04%；年均减少6.96万 hm^2（104.43万亩）。其中，坡度小于2° 的耕地减少35.2万 hm^2（528万亩），位于2°～6° 坡度（含6°）的耕地减少8.83万 hm^2（132.45万亩），表明平原优质耕地加剧减少的趋势尚未有效遏制，补充耕地立地条件总体进一步劣化。

深度分析3次全国土地调查各地类统计结果，浙江第三次全国土地调查期末全省耕地面积大幅度下降的原因大致有以下几个方面：

一是工业和城市化等非农建设占用规模仍处高位运行态势。2009—2019年，全省城镇、村及工矿用地增加25.78万 hm^2（386.69万亩），增幅为28%；交通运输用地增加3.42万 hm^2（51.26万亩），增幅为16%。全省每年新增建设用地规模与1996—2009年第2个调查周期基本持平，年均净增加约3万 hm^2（45万亩）。表明当前经济社会发展和各级地方财政对土地的依赖度依然很高，近期和未来建设用地供需矛盾形势仍然十分严峻。

二是近年种植结构规模化调整后耕地"非粮化"现象较为突出。2009—2019年，全省林地面积增加40.63万 hm^2（609.42万亩），增幅为7%；园地面积增加13.13万 hm^2（196.93万亩），增幅为20%。10年间，全省林地和园地合计面积净增加53.76万 hm^2（806.35万亩），其中，除部分为两次调查地类认定标准差异导致耕地"流出"外，主要在于种粮比较效益低，从而驱动农业内部产业转移和种植结构调整。表明"政府要粮"与"农民要钱"的不同需求，仍需顶层政策制度设计与农业科技进步加以科学引导和推动实现。

三是除农用地外，其他可用于补充耕地垦造的地类资源几近枯竭。坡度25°以上并不适宜农作物种植的"耕地"有4.03万 hm^2（60.46万亩），需要因地制宜、逐步退耕还林；坡度2°～25°的耕地达45.13万 hm^2（676.95万亩），与平原林、园地（以耕种"能力"判定大多为地力水平较高的优质"耕地"）的大片分布凸显了资源空间规划布局上的不尽合理。尤其在基于第三次全国土地调查成果的《浙江省国土空间规划（2021—2035年）》获批后，划定的全省耕地保有量不低于1 876万亩，永久基本农田保护面积不低于1 652万亩。未来补充耕地来源除少量为荒坡、滩涂等未利用地与低效闲置复垦地外，大量的则是从耕地中流出的园地、林地、草地等其他农用地。如何有效防止借用当前改革后的"进出平衡"政策规避落实"占补平衡"？如何在现有法律、法规、制度框架下适度扩大耕地有效保护范围，将平原林地、果园纳入优质耕地和产能潜力的重要储备而得以严格管控？因地制宜、分类施策，真正把"藏粮于地、藏粮于技"战略落到实处。因此，有必要挖掘固化第二次全国土地调查时期全省耕地空间分布状况和土壤地力属性，并以此作为耕地资源利用保护的重要时空节点开展相关成果数据的深度研究和延伸分析。以期通过与第三次全国土地调查数据成果的套合，进一步优化全产业空间布局，坚持以补定占、严控占用、严格补充、严守总量，从管制建设占用和管控农地互转的不同角度，共同织密织牢耕地保护网络。

（二）

按照"试点启动、区域性调查、全面开展"的基本思路，农业部（现农业农村部）结合优势作物发展区域布局，以环太湖流域、珠江三角洲、华北潮土及东北黑土区为重点，于2002年组织全国30个省(直辖市、自治区)、60个县(市、区)启动了耕地地力调查与质量评价试点工作。根据农业部有关耕地地力调查与质量评价工作总体部署要求，浙江省从2007年开始，在环太湖流域相关县域耕地地力调查与质量评价试点工作的基础上，依托测土配方施肥项目调查、测试和分析数据，全面采用GPS、GIS和RS技术，同步开发土壤资源空间数据库、属性数据库和耕地资源管理信息系统，分期、分批、系统性组织开展项目县区域耕地地力调查与质量评价工作。至2012年底，全面完成了辖区内72个项目承担单位的区域耕地地力调查与质量评价工作，评价范围涵盖全省所有涉农县(市、区)，评价成果均通过了农业部全国农业技术推广服务中心组织的验收。

为全面汇总分析县域耕地地力调查与质量评价数据成果，摸清省级与区域耕地地力与质量状况，为辖区耕地土壤培肥与改良技术模式集成与推广奠定基础，为分区施肥与编制肥料资源合理配置方案提供依据，为种植业科学布局区划提供建议，为省级人民政府决策与制定相关规划、政策提供支持，从宏观层面推进省级耕地资源规范高效管理，进而推动耕地地力调查与质量评价成果在更大尺度上为农业生产服务。2012年开始，浙江省土肥站(现变更为浙江省耕地质量与肥料管理总站)在完成全部县域耕地地力评价和数据整理、校核及专项补充调查的基础上，组织相关协作单位开展了省级耕地地力汇总评价工作。

浙江省级耕地地力汇总评价以省域行政区划所辖耕地为评价区域，空间数据源自浙江第二次全国土地调查及土地利用现状更新调查成果资料，参与汇总评价耕地面积为192.093万hm^2。从县域耕地地力评价13.3万多个土壤样点中，依据土壤类型、地貌类型、耕地利用方式、地力等级、行政区划等代表性因素原则，筛选确定省级耕地地力汇总评价土壤样点7 311个，划分耕地地力评价单元22 112个，平均1个样点代表面积不到300hm^2，远高于农业部制定的每600hm^2布设一个样点的规范标准。评价指标体系与等级确定方法采用DB33/T 895—2013《耕地质量评定与地力分等定级技术规范》。同时，结合县域耕地地力调查与质量评价，通过野外勘查、遥感影像判读和代表性剖面诊断，修正基层土壤命名，开发统一的土壤编码体系，规范完善土壤分类系统，完成多(异)源数据融合集成、多尺度系列比例尺“数字土壤”空间和属性基础数据库构建和信息处理框架平台建设，开发应用省级耕地资源管理信息系统，率先在全国采用地力评价成果，跨越实现耕地占补质量平衡控制管理。在此背景下，组织撰写《浙江耕地》专著既是全省耕地地力调查与质量评价工作海量数据分析和成果凝聚提炼的集中输出，也是全省耕地资源利用保护工作面对不断下降的人均耕地拥有量和日趋复杂的耕地保护形势，“摸清家底，精细管理；认知现状，盘点长远”的必然要求，更是在新的历史条件下，统筹资源利用各方要素，逐步形成基于国家粮食安全和产业转型升级的数量管控、质量管理和生态管护三位一体耕地保护新格局的使命担当。

《浙江耕地》全书分为六章，第一章自然环境概况，简要介绍了浙江区域地理位置、气候条件、地质构造、地形地貌、水文水系、生物植被等自然环境条件。第二章耕地土壤资源，介绍了耕地土壤成土母质、主要土壤类型、土地利用现状和农业功能分区等。第三章耕地地力评价，系统介绍了耕地地力汇总评价的主要技术环节，具体包括评价原则与依据、调查方法与内容、耕地地力评价指标体系及评价方法、空间与属性数据库构建、耕地资源管理信息系统建立与应用以及耕地土壤养分等专题图件编制方法。第四章耕地地力等级分析，详细阐述了浙江全省各等级耕地面积数量、空间分布特征、土壤类型构成与主要属性特征。第五章耕地土壤主要养分性状，重点分析了耕地土壤有机质、全氮、有效磷、速效钾、缓效钾、有效铜、有效锌、有效铁、有效锰、有效硼、有效钼、有效硅等12个土壤肥力质量性状空间差异、面积分布、变化特点及调控措施。第六章其他理化指标，详细阐述了耕层土壤 pH 值、阳离子交换量、土体厚度与容重、土壤质地等其他耕地土壤肥力指标区域分布、空间差异、影响因素及调控路径等。

浙江耕地地力汇总评价工作得到了农业农村部全国农业技术推广服务中心、耕地质量监测保护中心的大力支持和悉心指导，专著编写和出版过程中得到了浙江省耕地质量与肥料管理总站、浙江省农业科学院数字农业研究所和浙江大学环境与资源学院的鼎力支持，在此一并表示诚挚感谢！

由于编著者水平有限，书中疏漏、不妥、不足之处在所难免，敬请广大读者批评指正。

著 者

2024.8

第一章 自然环境概况

第二章 耕地土壤资源

第三章　耕地地力评价

第四章 耕地地力等级分析

第五章 耕地土壤主要养分性状

第六章 其他理化指标

附　录

第一章　自然环境概况

浙江省地处中国东南沿海、长江三角洲南翼，东临东海，南接福建，西与江西、安徽相连，北与上海、江苏接壤（图1-1）。境内最大的河流为钱塘江，因江流曲折，称之江，又称浙江，省以江名，简称“浙”，设杭州、宁波、温州、嘉兴、湖州、绍兴、金华、衢州、舟

图1-1　浙江省地形分布图

山、台州、丽水11个地级市。浙江东西和南北的直线距离均为450km左右，陆域面积10.55万 km^2，是中国面积较小的省份之一。全省陆域面积中，丘陵和山地占70.4%，水面占6.4%，平坦地占23.2%，故有“七山一水两分田”之称。浙江海域面积26.44万 km^2，面积大于500m^2的海岛有2 878个，大于10km^2的海岛有26个，是全国岛屿最多的省份。

第一节 气候条件

浙江地处亚热带中部，背陆面海，属典型的亚热带季风性湿润气候，气温适中，四季分明，光照充足，雨量丰沛，雨热同季，空气湿润。由于南北跨越4个纬度、东西距海远近不同、中低山区海拔高低悬殊，全省具有南北地带性、西东过渡性、垂直层次性等类型多样的气候特征，可划分为2个气候大区、4个气候区、7个气候小区。因受海洋和东南亚季风影响，浙江冬夏盛行风向有显著变化，降水有明显的季节变化，气候资源配置多样。总体春夏长，秋冬短，光、热、水资源丰富，可满足水稻、蔬菜等主要农作物生长。同时受西风带和东风带天气系统的双重影响，气象灾害繁多，也是我国受台风、暴雨、干旱、寒潮、大风、冰雹、冻害、龙卷风等灾害影响较为严重的地区之一。

全省年平均气温在16～19℃，浙北低，浙南高，自北而南随纬度降低而升高。浙西北丘陵山区、浙北平原、浙东丘陵盆地和东部海洋岛屿为低值区，年平均气温在16.1～17.0℃，其中安吉16.1℃为全省最低。浙西南瓯江流域的河谷地区和浙东南沿海丘陵平原区为高值区，年平均气温18.0℃以上，其中温州最高，达18.9℃。中部内陆金衢盆地及其周围河谷地区、浙中沿海丘陵平原以及东南海岛地区，年平均气温在17.0～18.0℃。有记录的极端最高气温43.3℃，极端最低气温－17.4℃。山区气温随海拔的平均递减率为0.45～0.55℃/100m。1月、7月分别为全年气温最低和最高的月份，月平均气温分别为3.4～8.7℃和28.0～30.0℃。其分布趋势与年平均气温相一致，西北丘陵山区和杭嘉湖内陆平原区1月平均气温低于4.0℃，以长兴、安吉为全省最低，仅3.4℃。浙中内陆金衢盆地及周边丘陵河谷地区和丽水碧湖盆地7月平均气温达29.0～30.0℃，为全省盛夏气温最高地区（图1-2）。

全省年平均无霜期大部分地区在230～280 d，南北相差50余天。浙西北丘陵山区无霜期短，东南沿海平原、海岛无霜期长，无霜期自西北向东南逐步延长。日平均气温稳定通过大于等于0℃、5℃、10℃的持续期分别为347～365 d、282～339 d和233～269 d。全年大于等于0℃、10℃、15℃的积温分别为6 600～8 200℃、5 080～5 983℃、4 400～5 200℃，由西北向东南递增，以浙西北丘陵山区安吉为最低，以浙东南沿海丘陵平原青田、温州为最高。各地日平均气温稳定在10～20℃的积温平均为4 190～5 018℃，浙西北山区临安4 190℃为全省最少，东南沿海青田5 018℃为全省最多，分布趋势与稳定通过10℃积温分布基本一致。

浙江日照充足，全省年平均日照时数一般在1 600～2 000 h，较同纬度内陆省份多。总的分布趋势是冬季少、夏季多，其中，以2月为最少，全省平均仅96 h，7月最多，全省平均达224 h；浙北多，浙南少，东部海岛多，西部内陆山区少。钱塘江口以北的嘉兴东部平原、浙东沿海丘陵平原、舟山群岛以及浙中浙南沿海平原与海岛地区为日照丰富区，年平均日照时数为1 850～2 000 h，嵊泗为全省最多，达2 012 h；湖州的平原区、萧绍平原、浙东丘陵

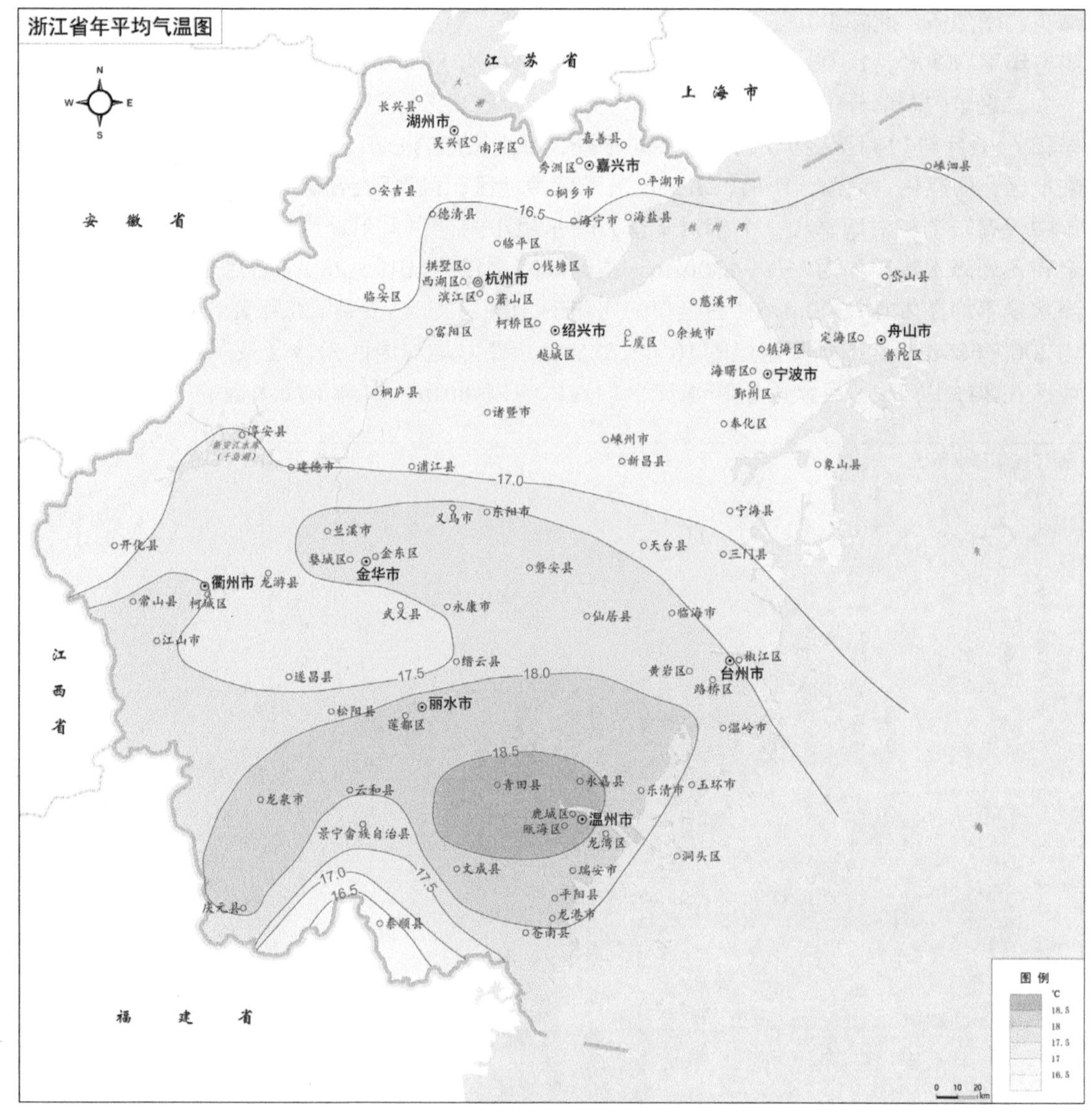

图1-2　浙江省年平均气温分布图

盆地以及金华、衢州的低丘平原区为日照次丰区，年平均日照时数为1 750～1 850 h；湖州、杭州及衢州等浙西北丘陵山区和浙东南沿海丘陵山区为两个少日照地区，年平均日照时数不足1 750 h，其中，台州与温州的西部山区和丽水大部分地区为全省年日照时数最少地区，仅1 612～1 650 h。

浙江位于东南沿海，空气湿润，蒸发量在全国属相对低值区。全省年平均蒸发量700～1 000mm，其中以金衢盆地及其周边河谷盆地地区为高，为850～1 000mm，金华1 030mm为全省最大，浙西北丘陵山区最低，在750mm以下，富阳、建德两地为全省最小，分别为700mm与695mm。浙江降水丰富，全省年平均降水量1 100～2 050mm（图1-3）。总体特点：

一是空间分布不均，降水量最多与最少地区几乎相差达1倍。降水量自西南向东北逐步减少，南部多、北部少，陆上多、海岛少，山区多、平原少。全省以东北部海岛地区嵊泗最少，年平均降水仅1 105.8mm；西南山区泰顺最多，年平均降水2 047.5mm。

二是年内季节分布不均，干、湿季节分明。全省大部分地区有3—6月与9月两个相对雨季和7—8月与11月至翌年2月两个相对干季，降水量年内分布多数呈双峰型。只有中西部内陆地区，即昌化、诸暨、新昌、缙云、庆元以西地区，因夏秋台风影响少，秋雨不明显，一年中仅有一个相对雨季和一个相对干季，降水量年内分布呈单峰型。其中3月、4月春雨期全省各地降水量平均为210～430mm，占全年降水量的15%～25%；5月、6月梅汛期全省降水量平均在240～600mm，占全年降水量的21%～35%；7月、8月伏旱期全省降水量平均200～530mm，占年降水量的16%～32%，金衢盆地与浙西南地区及东部海洋岛屿大部地区在20%以下；9月秋雨期降水量平均为80～250mm，占全年降水量的5%～14%，其

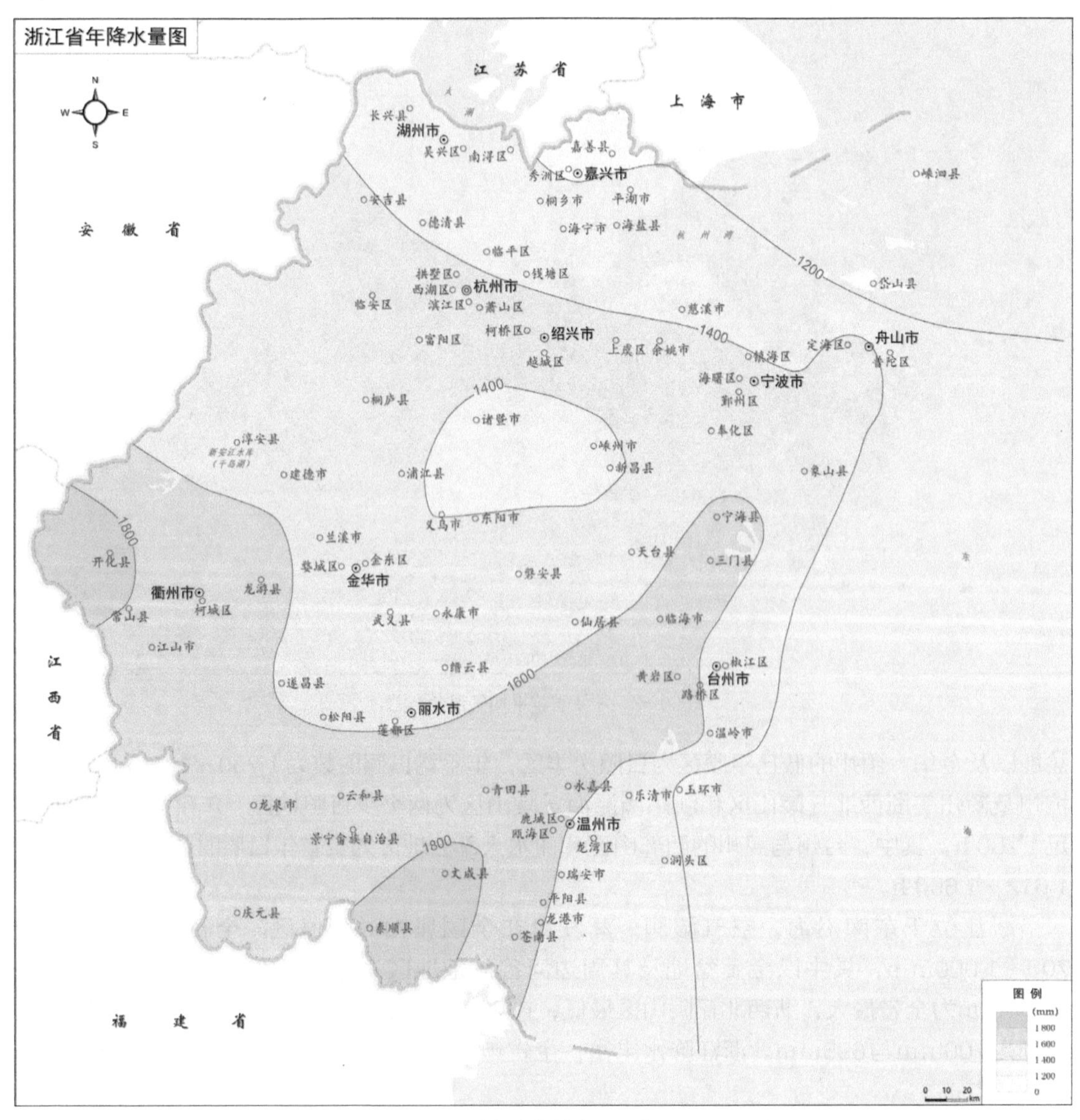

图1-3　浙江省年降水量分布图

分布趋势与盛夏7月、8月相似；10月至翌年2月冬干期全省降水量明显减少，平均为280～400mm，仅占全年降水量的17%～29%。日降水量大于等于100mm的大暴雨主要发生在5月、6月的梅汛期与7月、8月、9月的台风期，其分布特点是南多北少，东西两边多中部少。

三是年际变化大。各地丰水年降水量与枯水年相比，差别可达2～3倍，定海最大达3.3倍，桐庐最小也有1.6倍。丰水年降水量与枯水年之差，各地可达770～1 600mm。年降水变率西部内陆较大，东部沿海较小，南北差异不明显。月际间降水变率较年际变率大，总体春雨期和梅雨期降水变率相对较小，降水量较稳定可靠；而伏旱期和秋雨期变率大，分别可达25%～50%和37%～60%，尤其中部内陆金衢盆地及其以西地区变率均在50%以上。

由于上述气候特点，浙江梅汛期（5月1日至7月10日）易发由于锋面、气旋等长期徘徊和停滞，造成降水强度大而集中所引起的洪涝。梅汛期洪涝西部内陆多，东部海岛少，南多北少，呈西南向东北逐渐减少趋势。浙北平原、浙东沿海半岛和舟山群岛，平均5年左右一遇。台风期（7月11日至10月31日）则易发主要由台风强降水造成的洪涝，但热带低压、东风波、台风倒槽等热带天气系统以及锋面活动也时有发生。台风期洪涝空间分布与梅汛期正好相反，全省以东部沿海丘陵山区与平原多，西部内陆丘陵盆地少。浙西北山区发生频率仅为5%或以下，浙东南沿海丘陵山区与平原地区，台风洪涝为全省最多，发生频率在20%～30%，平均3～5年一遇。与此同时，因降水年（月）际变化大，在干季也易发枯梅型干旱和高温型干旱。由于内陆山间谷地地区地形闭塞，加之高温、蒸发强烈，沿海台风带来的雨水影响小，夏秋干旱以金衢盆地、丽水碧湖盆地等地最多，发生频率在40%以上，2～3年一遇，是夏秋干旱的多发地区，为全年水分供需矛盾最为突出的一个时期；东部海岛地势平坦，虽受台风影响较内陆多，但降水强度不大，更因风大，蒸发快，故也是夏秋干旱高发的地区。

第二节　地质构造

浙江地处东亚大陆边缘，是环太平洋岩浆活动带的重要组成部分。浙江地壳具有多层结构，表层厚2.15km，上、中、下地壳厚分别为5.59km、11.88km和14.20km，莫霍面平均深度32km，岩石圈厚度总体西厚东薄，上地幔软流圈顶部埋深平均为100km。地壳运动经历了地槽—地台—陆缘3个发展阶段和中条、晋宁、加里东、华里西—印支、燕山及喜马拉雅6个构造运动旋回。多期次的构造继承和多层次的构造叠覆，形成了浙江现今错综复杂的构造版图，总体以江山—绍兴断裂带为界，浙西北区属扬子准地台，浙东南区为华南加里东褶皱系，均为古中华陆块的组成部分，但却具有不同的地质发展历程。在中生代之前，两构造单元具有不同的地质构造发展演化历史，印支运动始，整体进入大陆边缘活动阶段。两者在沉积建造、岩浆活动、变质作用、构造形变及成矿作用等方面，各具特色。

浙西北区在中、新元古代为地槽发展阶段，早期为优地槽、晚期为冒地槽，晚晋宁运动使该区褶皱造山成陆，具有地槽—地台过渡发展特征，处于准稳定发展阶段。上古生代至中生代早期，地台稳定发展，沉积较薄，缺少火山喷发，以陆表海沉积为主的碳酸盐岩建造发育。

浙东南区在经历中条旋回、晋宁旋回的地槽发展阶段后，晋宁运动使该区褶皱造山，长期隆起成陆，无典型的地台发展过程，是元古宙的隆起区。印支运动后，两大构造单元均进入活动陆缘发展阶段。大规模的火山喷发，广泛的中酸性、酸性侵入活动，伴随发育的区域性断裂构造和众多的中生代陆相盆地等，形成现今全省地质构造层特征具有较大一致性的雏形。

浙西北区地层发育齐全，呈北东向分布，构造形态以紧密线型褶皱构造为特征，纵横向断层发育。以沉积矿床、岩浆期后热液矿床为主。出露的最老地层为中元古界蓟县系双溪坞群，分布于浙皖边界和江山—绍兴断裂带北端西侧诸暨、绍兴一带，主要由海底火山喷发的酸性到中基性火山熔岩及硅质层和陆源碎屑沉积岩组成。上元古界青白口系、南华系和震旦系分布在昌化—安吉、开化—临安和江山—绍兴一带，主要为一套陆相火山碎屑堆积、冰水泥砾—砂砾岩和白云岩或白云质灰岩层。下古生界寒武系下统至奥陶系下、中统，为一套以碳酸盐岩、硅质岩、钙硅质泥岩为主体的泥岩、泥灰岩等冒地槽型沉积；奥陶系上统为海相泥岩、含钙质、硅质泥岩、粉砂岩交替的类复理式建造；志留系下、中统海相泥砂组合过渡为陆相碎屑沉积岩。上古生界泥盆系上统至三叠系下统基本为连续沉积，包括砾岩、石英砂岩、灰岩、泥岩、含煤碎屑岩系，以及钙质砂泥岩系等地台型沉积，主要分布在常山至杭州狭窄地带及浙北地区。中生界建德群酸性火山岩广布，中酸侵入岩体发育。新生界古近系长河组，为河湖相—潮坪相砂泥质岩，堆积于杭州湾两岸下沉拗陷环境；第四系发育齐全，山地丘陵的河谷地带为以冲积、洪积为主的陆相地层，滨海平原下、中更新统均为陆相沉积，上更新统和全新统为海相至河湖相沉积。

浙东南区出露地层比较简单，为元古界变质岩和不整合覆盖其上的广泛分布的中生界火山岩系，断裂构造和火山构造发育。最古老的地层是断续出露于龙泉—绍兴—大衢岛的下元古界八都岩群、陈蔡群变质岩，为变质程度较高的片岩、变粒岩、石英岩、片麻岩，时夹大理岩，并受不同程度的混合岩化。中元古界龙泉群，零星分布于龙泉、景宁、青田。中生界三叠系上统或侏罗系下统，局部为内陆湖盆的砾岩、砂岩、泥岩，夹不稳定煤层；侏罗系下统巨厚的磨石山群地层，是强烈火山活动的产物；在侏罗系之上，在北东、北北东、北西、东西向断裂控制下，形成了一系列白垩系“断陷盆地”，如金衢、天台盆地等，形成了永康群、天台群陆源碎屑岩。新生界古近系—新近系嵊县组为一套大陆火山喷溢相玄武岩夹河湖相沉积，第四系与浙西北区相似。

浙江境域自元古宇至第四系地层发育齐全，可划分为10个群级和100个组级岩石地层单位，沉积岩、火成岩、变质岩3个岩类在浙江都有出露，岩石类型较齐全。以江山—绍兴断裂带为界，浙西北属华南地层大区江南地层分区，以出露古生代地层为主；浙东南属沿海地层分区，主要以元古宇变质岩及中生界火山—沉积岩系为特色。沉积岩以海相沉积为主，陆相盆地沉积次之。沉积岩种类众多，主要有碳酸盐岩、碎屑岩、黏土岩、硅质岩、磷沉积岩、可燃有机岩、火山沉积岩等。沉积环境多变，中元古代至晚古生代以海洋环境为主，其中又以滨浅海—半深海沉积为主，主要包括陆源碎屑沉积和碳酸盐沉积；中生代之后则主要为陆相环境，以河湖盆地沉积为主，以广泛分布的陆相火山碎屑沉积岩系为特色。变质岩出露面积较小，分布零星，按变质期及变质作用类型的不同，可分为浙西北（扬子变质岩区）、浙东南（华南变质岩区）2个变质单元，其中浙西北以浅变质岩为主，浙东南主要为中深变质岩。自中生代以来，浙江陆域处于活动大陆边缘构造环境，岩浆活动强烈，火山—侵入作用几乎席卷全境。根据岩浆侵入的多期性和火山喷发的多旋回特点，可划分为中条期、晋宁期、加里东期、印支期、燕山期及喜马拉雅期。全省共有1 435个各类侵入岩体，出露面积6 430km^2，约占全省陆地总面积的6.45%，侵入岩体大小不等，超基性、基性、中性、中酸性、酸性和碱性等岩类均有不同程度发育。

扬子准地台浙西北区、华南褶皱系浙东南两大构造单元在岩石地球化学元素含量及比值上具有明显的差异。浙西北区岩石地球化学元素含量以锂、硼、氧化镁、氧化钙、钒、铬、钴、铁、镍以及铜、锡、钼、铋、砷、锑、汞偏高为特征；浙东南区则以铍、氟、氧化钠、氧化钾、三氧化二铝、二氧化硫、镓、铷、锶、钇、锆、铌、钡、镧、铈、钨、铅、钍、铀偏高为特征。陆域地下淡水多年动态稳定，主要问题有地质赋存条件差致使天然水质不良、废水及固体废弃物污染、地下水开采不当影响地下水质量等。

第三节　地形地貌

浙江地处中国第三级地貌阶梯，地貌属中国东南低中山大区浙闽低中山区和东部低山平原大区华东平原区。受大地构造基础、新构造运动、地层岩性等内营力因素，以及气候环境及其变化、沿海地区的海洋动力和人类活动等外营力因素的共同影响，整体地势由西南向东北倾斜，西南高，东北低，地形复杂；形貌山丘多，平原少；梯级夷平面广泛分布，层状地貌发育明显；岩石地貌特色鲜明；海岸曲折，岛屿众多。根据地表形态的相似性和地貌成因的联系性，浙江全省可划分为浙北平原、浙西中山丘陵、浙东低山盆地、浙中丘陵盆地、浙南中山、沿海岛屿丘陵与平原6个地貌区（图1-4）。

浙江西南、西北部地区为侵蚀剥蚀中低山，山陡谷深，崇山峻岭，海拔千米以上的山峰盘结，最高山峰——黄茅尖海拔1 929.0m；中部、东南地区多为海拔100～500m的丘陵和盆地，错落于低山之间，地形显得低矮而破碎；东北地区地势较低，以堆积平原为主，海拔大多在7m以下，地势低平，水网密布。沿海自北向南分布着杭嘉湖、宁绍、椒黄、温瑞等平原，地势低平，起伏和缓，河流纵横，水网密布，湖泊众多。在钱塘江、苕溪、甬江、灵江、瓯江、飞云江、鳌江等干支流的河谷地带，常有由冲积作用形成的河谷平原，或宽或窄，内有河漫滩、河流阶地和洪积扇等。河谷平原海拔大多数在100m以下，部分地区达300m左右。河流下游的河谷平原与沿海/湖水网平原的界线和组成物质是逐渐过渡的；河谷平原靠近山麓的地段，多半有蛇形条带状洼地，为古河道的遗迹。根据地表形态，浙江陆地地貌可划分为平原、丘陵、山地和盆地四大形态类型，总体上以山地和丘陵为主，平原次之。山地和丘陵占70.4%，平原和盆地占23.2%，河流和湖泊占6.4%，呈“七山一水两分田”之格局。

境内主要山脉呈北东—南西走向，山脉排列自北而南分为大致相互平行的三支。北支天目山脉，由安徽省黄山蜿蜒入浙，主峰龙王山、西天目山、东天目山海拔分别为1 587.4m、1 506.0m、1 479.7m，向东北延伸为莫干山，向南延伸为白际山、龙门山和千里岗山，是太湖水系与钱塘江水系的分水岭，也是苕溪的发源地；中支由闽赣交界的武夷山延伸入浙为仙霞岭山脉，是钱塘江和瓯江的分水岭，也是二者与江西信江、福建闽江的分水岭。主脉山势高峻，海拔多在1 200m以上，主峰九龙山海拔1 724m，向东北延伸为大盘山、天台山，并有支脉会稽山和四明山，入东海为舟山群岛；南支为浙、闽交界的洞宫山脉，主峰百山祖，最高峰——黄茅尖海拔1 929m，为瓯江的发源地，向东北延伸为南雁荡山脉，过瓯江北为北雁荡山脉和括苍山脉。南雁荡山脉是瓯江与飞云江的分水岭，括苍山脉是瓯江与椒江的分水岭。总体山地地形复杂多变，小气候条件多样，生物资源丰富，水能蕴藏量充足。

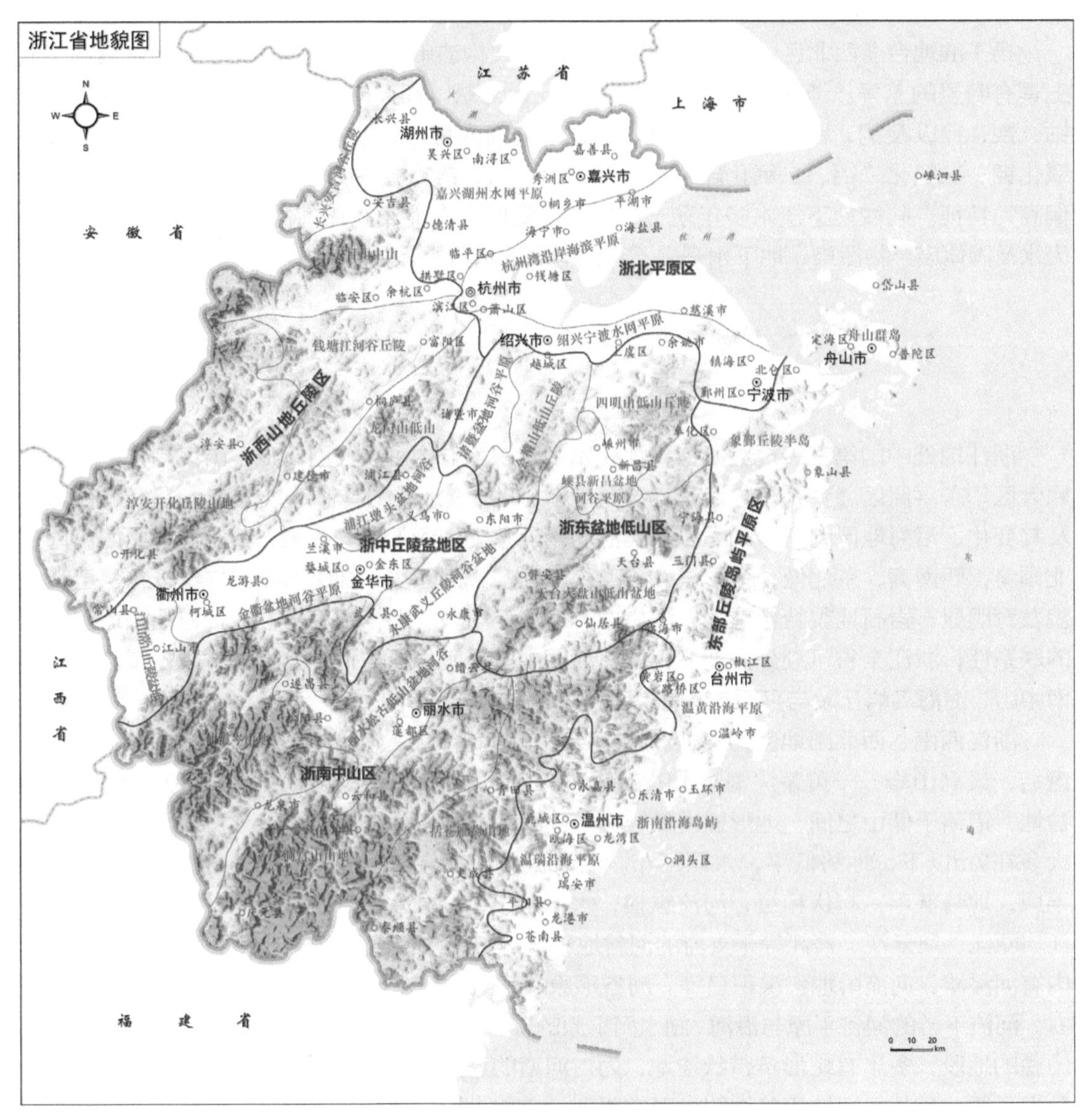

图1-4　浙江省地貌类型分布图

新构造运动的间歇性升降，使得经外营力作用形成的地貌单元呈层状分布，如多级夷平面、梯级岩溶洞、谷中谷等层状地貌的广泛发育构成了全域地貌的另一个主要特征。多数山地丘陵区呈现3级夷平面，其低洼处常发育出沼泽湿地。由于浙江沉积岩、火成岩、变质岩等三大岩类都有出露，岩石类型齐全、岩性各异。侏罗—白垩系中酸性熔岩、熔结凝灰岩，岩性坚硬，组成的山地多高峻，垂直节理发育处形成奇峰或悬崖陡壁，如雁荡山、括苍山。燕山期花岗岩在亚热带环境下表层深度风化，其抗蚀强度不及火山熔岩，所组成的山地，常低于邻接的熔岩山地，坡度也较和缓。泥盆系石英砾岩、石英砂岩，岩性坚硬，常形成陡峻的山地，剥蚀侵蚀使其初步分散为丘陵起伏，但仍延续成脉状。元古界变质岩、白云质灰岩和古生界石灰岩，抗剥蚀侵蚀性稍差，由其组成的山地也较低。石灰岩山地受岩溶作用，发育有地下溶洞和地表溶沟、石芽、落水洞、峰丛、溶蚀洼地等。古生界页岩和白垩系红色砂砾岩，岩性疏松、胶结差，或泥质多，易被蚀成馒头状山岳或台地。产状水平或平缓、节理发育的红色碎屑岩，在差异风化、重力崩塌、流水溶蚀、风力侵蚀等综合作用下形成有陡崖的城堡状、宝塔状、柱状、方山状或峰林状的丹霞地貌，如江郎山、永康方岩等。中新生代玄武岩，岩性较硬，产状平缓，经风化剥蚀，成为台地。火山岩地貌、玄武岩台地、花岗岩地貌、岩溶地貌、丹霞地貌等发育都十分典型，岩石地貌特色鲜明。

受区域性断裂或火山构造的影响，省域沿北东、北北东向断裂带形成了一系列中小型断陷盆地，如金衢盆地、新嵊盆地、丽水盆地等，其中规模最大的是金衢盆地。多为近封闭或半封闭性盆地，四周被500～1 000m的低山丘陵所包围，少数中山孤立于边远地带，盆底海拔多在150m以下，宽阔低平，冲积平原发育，低丘岗地连绵起伏于河谷平原外侧。另有一些火山构造盆地，如云和盆地、文成盆地等。

全省海岸线漫长而曲折，总长约6 715km，淤泥质居多，且以不同速度逐年向海扩展；沿线港湾岬角众多，3 820个岛屿星罗棋布，海岸线长度和岛屿数量均居全国沿海省份之首。其中，舟山群岛有较大岛屿1 390个，约占中国海岛总数的20%。舟山岛面积490.9km^2，为中国第四大岛。沿海半岛和岛屿为大陆之延伸，几乎全是基岩岛屿，且以丘陵地形为主。浙江潮间带空间资源2 285.138km^2，其中大陆沿岸1 853.475km^2，海岛四周431.663km^2，主要为粉砂淤泥质滩涂。滩涂是浙江土地围垦和海水养殖的重要场所。

第四节　水文水系

浙江常年水资源总量955.41亿m^3，其中地表水资源量943.85亿m^3，地下水资源量221.10亿m^3，地下水与地表水资源间的重复计算量为209.53亿m^3，潜水蒸发量（平原地区地下水与河川径流不重复计算）11.57亿m^3。单位面积水资源量较丰，全省多年平均每平方千米的年水资源量为92.1万m^3，居全国第五位。但人均拥有年水资源量仅为2 012m^3，低于全国平均值。水资源量年内分配不均，每年降水主要集中在春夏之间的梅雨期和夏秋之间的台风雨期，连续最大降水量占全年降水量的50%～60%，且绝大部分产流以洪水径流形式注入大海，能够控制利用量较少。水资源与土地资源、人口分布不匹配，苕溪、杭嘉湖平原，浦阳江、曹娥江、甬江一带，每亩耕地年水资源量仅为1 400m^3，而瓯江、飞云江、鳌江一带，亩均年水资源量高达5 500m^3，沿海平原地区人均年水资源量约1 000m^3，西南部山区人均年水资源量超过7 000m^3；全省6条独流入海河流受潮汐影响的河段长度占总河长的比值平均为38%，水资源利用率低。此外，全省各河流水质均受到不同程度的污染，特别是经济最为发达的杭嘉湖、萧绍宁、温黄等平原区尤为严重，水资源供需矛盾突出。

浙江水系发达，河流众多，流域面积在50km^{2}以上的河流总数865条，其中山地河流526条，合计河流长度17 686km；平原河流339条，合计河流长度4 802km。流域面积在10km^{2}以上的河流则达2 441条。省域河流主要分为苕溪、运河、钱塘江、甬江、椒江、瓯江、飞云江和鳌江8大水系以及沿海诸河水系、海岛河流，钱塘江为浙江第一大江。除苕溪入太湖、运河沟通杭嘉湖平原水网外，其余河流均独流入海。浙江河流多属山溪性河道，源短流急，流域面积小，峡谷多，落差大，水能资源丰富。其上游坡陡流急，下游常遇潮汐顶托，排水不及，易造成严重的洪涝灾害。浙江湖泊星罗棋布，主要分布在杭嘉湖平原和萧绍宁平原。省域水面面积1km^{2}以上湖泊共有57个，其中杭嘉湖平原有49个，萧绍宁平原有8个。著名湖泊有太湖、杭州西湖、宁波东钱湖、嘉兴南湖、海盐南北湖、绍兴鉴湖、萧山湘湖等（图1-5）。

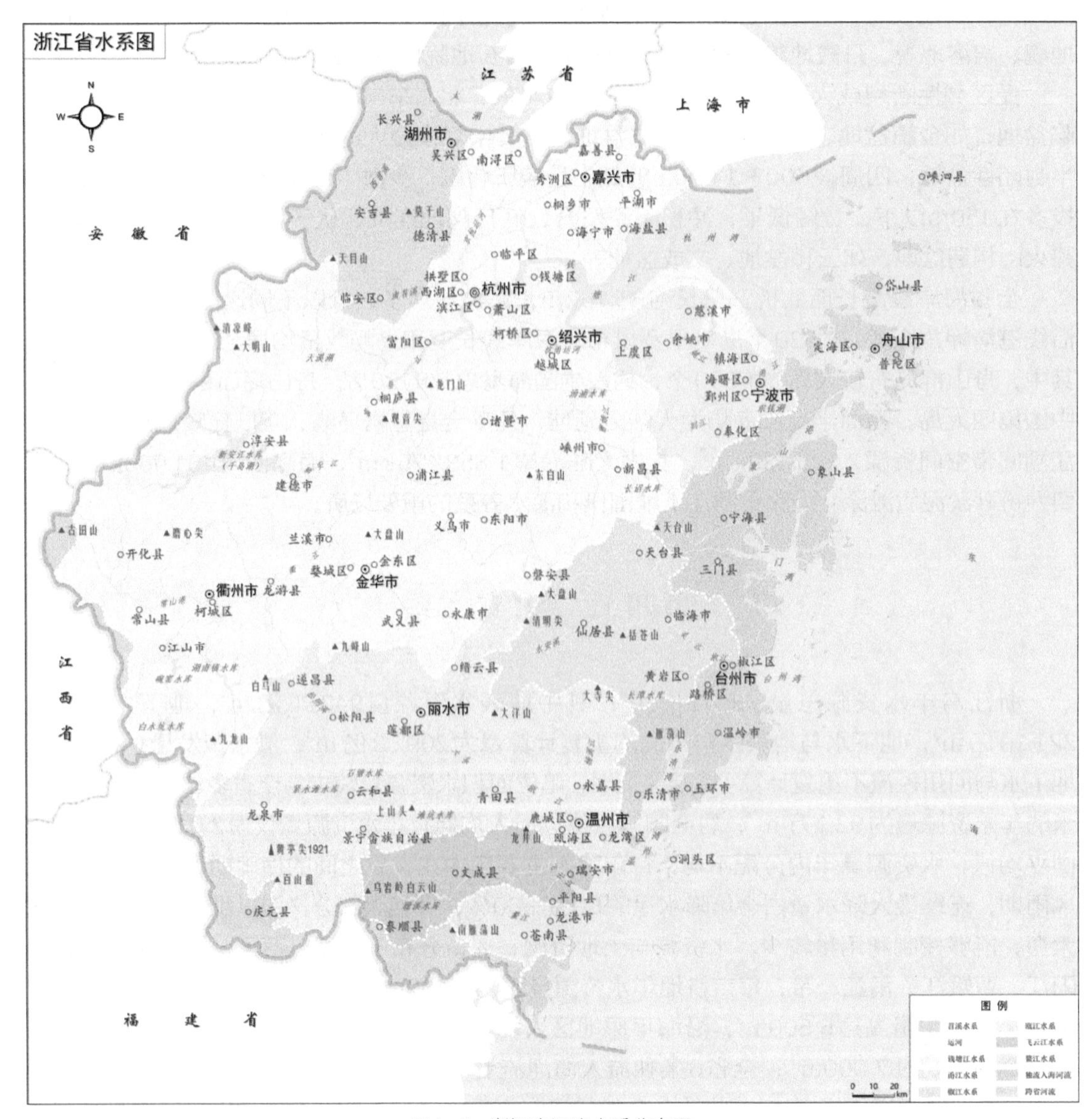

图1-5　浙江省河流水系分布图

浙江常年平均年降雨折合水量1 665亿 m^3。年降水量最多的地区位于浙江东南沿海和与江西、福建省交界的西南山区，年降水量较少的地区位于浙江东北部的杭嘉湖平原和杭州湾两岸的平原区及舟山群岛。全省干旱指数在0.40～0.70，浙西南和浙西北山区干旱指数略小，为相对湿润区；金衢盆地和浙东沿海地区干旱指数略大，为相对干旱区。

全省常年河川径流量为943.85亿 m^3（折合径流深909.4mm），其中年地表径流量为

744.71亿 m^3。径流深等值线的分布自西南向东北，由最高1 400mm左右递减至最低约300mm，总趋势是山区大于平原，同纬度地区内陆大于沿海及海岛。河川常年产水模数为90.9万 m^3/km^2，以瓯江和入闽、入赣的河流为最大，产水100万 m^3/km^2以上；其次为钱塘江之富春江坝址以上，产水99.5万 m^3/km^2，浙东沿海诸河，产水83.8万 m^3/km^2；以舟山群岛及杭嘉湖平原为最小，产水仅为48.9万～55.2万 m^3/km^2。

流域内水土流失、生态环境的变化对水文特征具有较大的影响。蓄水工程、引水工程、堤防（海塘）、堰闸工程的建设，改变了河道中水位、流量、泥沙、水质等水文要素的特性和径流的年内分配。浙江蓄水工程丘陵山区以修筑塘坝为主，一般规模很小，受益分散；平原地区除河道荡漾蓄水外，以兴建人工湖泊为主，一般规模较大，受益较广。目前已建小（二）型以上水库4 200余座，总库容近400亿 m^3；共有5级以上各类堤防（包括海塘、江河堤防、湖堤、圩堤等）长度为17 000km以上。大量水库和堤塘的建设，使径流受到调节，提高了区域水资源的利用效率，增强了区域防治旱涝灾害的能力。乌溪江、赵山渡、舟山—大陆、浙东、楠溪江等大型跨流域引水工程的实施有效缓解了沿海平原地区和海岛地区水资源的供需矛盾。全省有灌溉设施的耕地及旱涝保收面积分别达153.21万 hm^2和109.42万 hm^2，分别占耕地总面积的77.12％和55.08％。

第五节　生物植被

浙江地质历史悠久，地形地貌复杂多样，气候四季分明、温暖湿润，孕育繁衍了丰富的生物资源，是国内生物多样性较为丰富的省份之一。目前记载有野生或归化的维管束植物4 025种；兽类99种、鸟类478种、爬行类94种、两栖类49种、淡水鱼类173种、海洋鱼类731种、昆虫9 493种、甲壳动物588种、软体动物299种；大型真菌1 014种，其中食用菌293种、药用菌228种。

浙江隶属于中国东部湿润森林区，近年森林覆盖率保持在60％以上，林木蓄积量2.42亿 m^3。划分为亚热带典型常绿阔叶林地带和北亚热带常绿—落叶阔叶混交林地带2个植被地带，浙皖山丘青冈—苦槠林、浙闽赣山丘甜槠—木荷林、浙闽中山丘栲类—细柄蕈树林3个植被区，以及钱塘江下游—太湖平，天目山—古田山丘陵山地，天台山—括苍山山地、岛屿，百山祖—九龙山山地丘陵，雁荡山低山丘陵5个植被小区（图1-6）。

浙江植物资源种类丰富，植物区系地理成分复杂，属的分布区类型广泛、多样，且含有较多的古老科属和孑遗植物，如松叶蕨属、紫萁属、银杏属、白豆杉属、榧属、冷杉属等；存在若干中国的特有属，共有135种，如普陀鹅耳枥、百山祖冷杉、天目铁木、东方水韭、天台鹅耳枥、九龙山榧、普陀樟等。浙江种子植物区系有14个类型和19个变型，总体上温带分布多于热带分布，其中56种列入国家重点保护野生植物名录，139种列入浙江省重点保护野生植物名录，在中国植物区系中占有重要地位。

浙江多样的地理环境和相对较大的海拔高度差，造就了丰富多彩的植被类型，地带性植被以常绿阔叶林为主，其他植被类型也多有分布。常绿阔叶林主要分布在中南部地区海拔800m以下的地带，由壳斗科的常绿树种以及樟科、山茶科、木兰科、金缕梅科、山矾科、杜英科、蔷薇科、冬青科、卫矛科、杜鹃花科等常绿物种所组成，常见的有石栎—青冈

图1-6　浙江省植被分区分布图

林、木荷—栲类林、栲类林、樟—楠林等群系；在丘陵和中山地带的常绿阔叶林内常混入一些针叶树种如杉木、福建柏、马尾松等；落叶阔叶林主要为山地落叶阔叶林及少量的河岸湿生落叶阔叶林，分布在海拔900～1 100m的丘陵山地，高度一般在常绿阔叶林之上。主要以壳斗科落叶树种为建群种的落叶阔叶林、由喜温的落叶栎类和耐寒的常绿栎类所组成常绿阔叶—落叶阔叶混交林等阔叶林类型在湖州及杭州西北部山地多有分布，在浙江中南部海拔900～1 000m的地带也有分布；在一些石灰岩山地也分布着少量石灰岩常绿、落叶阔叶混交林。针叶林常见的有马尾松林、黄山松林、杉木林、柳杉林、柏木林等，在浙江低山丘陵区分布的主要是暖性针叶林，其中有许多是人工林。针阔叶混交林的代表类型有马尾松—木荷混交林、马尾松—枫香混交林、黄山松等与其他阔叶树的混交林等。浙江竹类资源丰富，竹林面积8 334km^2，占全国的14%，其中笋、材两用毛竹林面积7 160km^2，占竹林面积的85%，在全省各地山区均有存在，一般多分布于海拔900m以下的低山丘陵，植株高10~12m，盖度75%~95%。浙江分布的灌丛种类组成以温带至亚热带广域分布的科、属为优势，如杜鹃花科的杜鹃属、越橘属、马醉木属植物等；灌草丛则以禾本科的芒属、野古草属、野青茅属占优，由于人为因素影响大，其分布规律不明显。

浙江湿地面积1.1万 km^2，占全省陆域面积的10.9%，按生境不同分为内陆湖泊—河流湿地、海岸滩涂湿地和高山湿地3种类型。湿地植被中分布有国家重点保护野生植物11种，其中一级保护野生植物有东方水韭、水蕨、长喙毛茛泽泻、莼菜4种，二级保护野生植物有野菱、中华结缕草、珊瑚菜、野荞麦、莲、野大豆、香樟7种。

地质、地貌、气候、水文、生物的多样性和交互作用，使浙江成为农业门类齐全、作物品种繁多的综合性农区。种植的农作物品种主要包括粮食作物和经济作物。粮食作物以水稻、小麦、薯类、玉米、豆类为主，经济作物种类主要有蔬菜、果树（桃、梨、李、柑橘、枇杷、葡萄、无花果等）、茶叶、油料、蚕桑、棉麻、食用菌、中药材、花卉、香料、席草及其他等，其中茶叶、柑橘、油茶、桑蚕、毛竹等在全国占有重要地位。

浙江植物区系成分复杂，随着改革开放和经济社会发展，对外贸易、旅游交流等活动日益增多，包括园林、绿化和农作物品种等引栽植物逐年增加，外来植物物种数量快速增长，植物入侵风险增大。目前已知有归化或入侵植物共102种，其中菊科20种、禾本科14种、苋科8种、豆科7种、茄科5种、玄参科5种。近年来，松材线虫、草地贪夜蛾、福寿螺、红火蚁、凤眼莲、水盾草、加拿大一枝黄花等外来入侵物种对区域农业生产和人民生命财产安全造成了不同程度的影响。

第二章 耕地土壤资源

“民以食为天，食以土为本”。耕地土壤是人类赖以生存的物质基础、农业最为重要的生产资料，也是保障国家粮食安全、推动国民经济和社会可持续发展的重要支撑。浙江农垦历史悠久，有记载在春秋战国时期人们就开始了对土地的开发利用。中华人民共和国成立初期，全省耕地统计面积为3 000万亩左右，另有桑园124万亩、茶园30多万亩。中华人民共和国成立以来，随着人口逐年增加，工业化、城镇化步伐不断加快，尤其是改革开放后经济社会的快速发展，土地资源短缺几度成为限制当时经济社会发展再提速的“刹车片”。因此，以海涂围垦、低丘红壤荒地开发、土地复垦整理为主要途径的“保数量”，以及以基本农田保护、中低产田改造、商品粮基地建设、沃土工程和标准农田质量提升等为主要内容的“提质量”始终成为全省耕地土壤资源利用保护的主题和目标。

根据浙江省国土资源厅、统计局《关于浙江省第二次土地调查主要数据成果的公报》资料，2009年12月31日（标准时点），全省耕地面积198.67万 hm^2（2 980.03万亩），其中坡度6° 以下耕地占比69.78%，有灌溉设施的耕地占比77.12%。数据表明：与1996年第一次全国土地调查资料相比，平原优质耕地（坡度小于2°）大幅度减少，补充耕地大部分为旱地。人均耕地数量由0.72亩下降到0.56亩，约为全国人均耕地1.52亩的1/3，低于联合国粮农组织确定的人均耕地0.795亩的警戒线。综合分析全省耕地数量、耕地质量和人口增长、发展需求等因素，浙江人均耕地数量少、耕地平均质量不高、耕地后备资源不足的基本省情和耕地保护形势仍然十分严峻。

第一节 成土母质

土壤是地球表面具有特殊结构和功能的一个圈层。土壤圈是地圈系统的重要组成部分，处于气圈、水圈、生物圈与岩石圈的交接界面，它不仅对周围圈层发挥了巨大影响，而且其本身的形成过程也受到其他圈层的很大影响。土壤由岩石风化而来，土壤形成过程是由地壳表面的岩石风化体及其经搬运的沉积体，受其所处环境因素的作用，形成具有一定剖面形态和肥力特征的全部历程，是母质、气候、地形、生物、时间五大自然因素与人为因素综合作用的产物，其实质是地球生态圈物质、能量转化和迁移的过程。是陆生植物生长的基质和陆生动物生活的基底，是陆地生态系统的重要基础。土壤的形成和更新速度非常缓慢，从这种意义上讲，土壤是一种不可再生型自然资源。

母质对土壤成土的影响深刻，是土壤形成的物质基础，表现在每种母质各有其发育的相应土壤类型，母质对土壤的物理性状和化学组成均产生直接和重要的作用。浙江土壤成土母质类型多样，平原地区主要为湖、河、海等多种复杂成因的第四纪全新世沉积物；丘陵山地中包括自古元古代以来的几乎各个时代的地层都有出露；低丘有第四纪中、晚更新世红土分布，山地主要为基岩残坡积物；在岩浆岩中有酸、中、基性的喷出岩和侵入岩等。

一、成土母质类型

根据地形、地貌及物质来源和组成的差异，浙江省境内成土母质大致可分为残坡积母质和再积母质2大类15小类。前者主要是红壤、黄壤等各类自型土的母质，分布在山地和丘陵区；后者是平原和谷地中各种水成土、半水成土（水稻土和潮土）的主要母质（图2-1）。

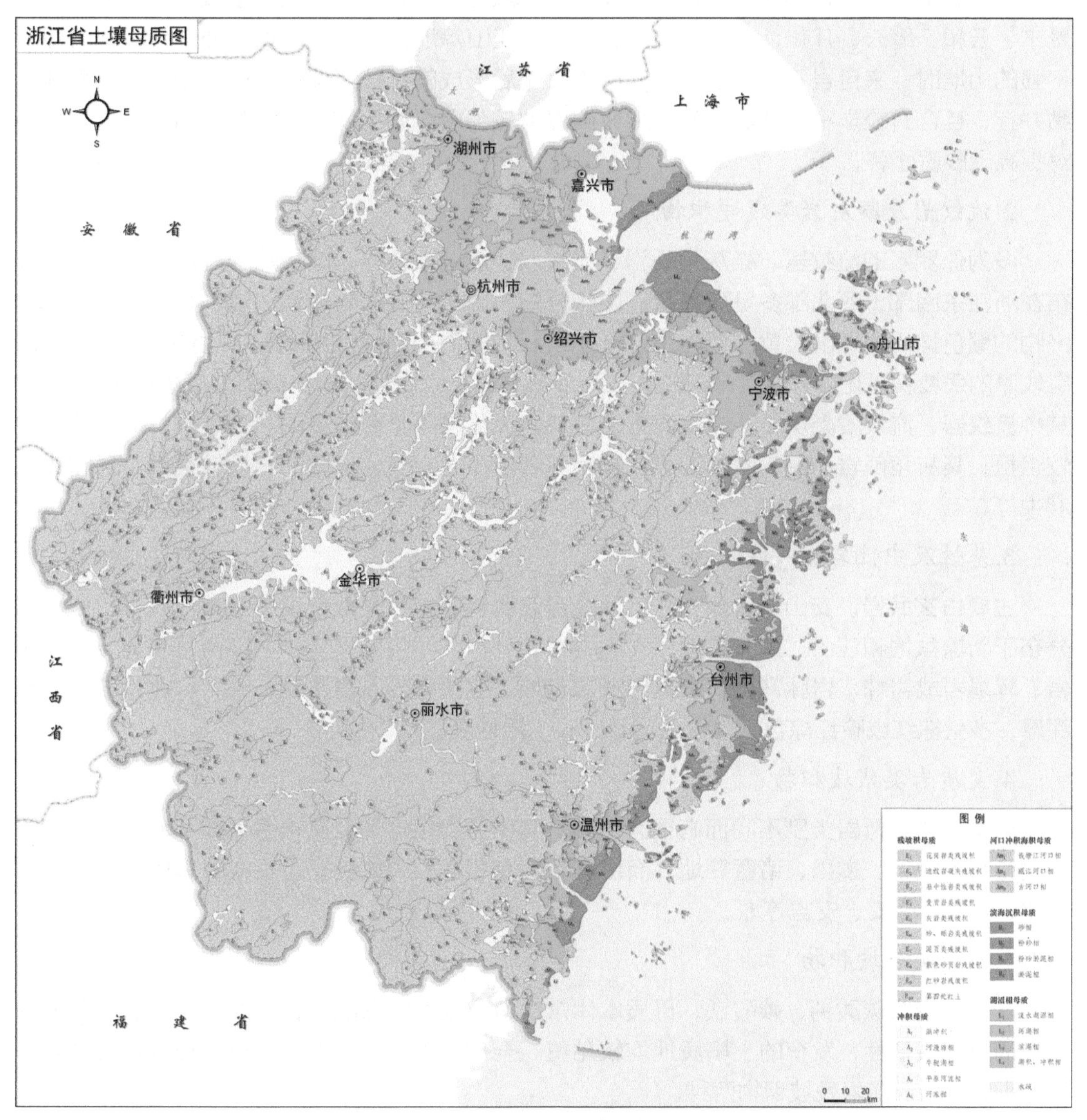

图2-1　浙江省土壤母质类型分布图

（一）残坡积母质

基岩风化物就地残积或因重力、片状流水等作用经短距离搬运到山坡下部的堆积物，统称残坡积物。浙江山地面积大，岩石类型多，各种岩浆岩、沉积岩、变质岩均有出露，从而形成残坡积母质的多样性、复杂性和过渡性。此外，在红色盆地中广布的第四系更新统红土，系古土壤，也暂归类于残坡积母质。按风化产物的颗粒组成特征、化学成分及其他因素，残坡积母质可分为以下几种。

1. 花岗岩类残坡积物

由中、粗晶花岗岩，花岗斑岩，正长斑岩等风化而成，石英砂粒含量较高，主要分布在景宁、云和、缙云、开化、奉化、温州、天台、江山等地。此类残坡积物处于缓坡地或侵蚀不强的山地时，来自岩石中的长石、云母等风化后形成的黏粒可保存其中，使母质的质地砂黏并存，且含有较丰富的钾素。若在陡坡或侵蚀较强时，则易使黏粒流失，而石英砂含量相对提高，砂质显著。

2. 流纹岩及凝灰岩类残坡积物

多为侏罗系的流纹岩、凝灰角砾岩、凝灰岩、熔结凝灰岩、凝灰熔岩等风化物，连片分布在浙江东南部，西北部多呈孤岛状、块状分布。由于这些母岩中铁、镁矿物含量低，风化产物的颜色均浅淡，以浅黄棕色为主。上述岩石构成的山地多悬崖峭壁，地势陡峻，除山麓有较厚的残坡积风化体外，其余部位均较为瘠薄。风化物质地多数在黏壤土至壤质黏土范围，其中流纹岩、流纹质凝灰岩、流纹质熔结凝灰岩风化物等含有较多的石英砂砾，形成的土壤较粗松；凝灰角砾岩、凝灰岩等的风化物因不含或少含石英，形成的土壤较黏细，风化体厚度中等。

3. 基性及中性岩类残坡积物

主要由玄武岩、安山岩、闪长岩、辉绿岩等风化而成，其面积远不及酸性岩类。玄武岩分布于新嵊盆地和江山、武义等地，安山岩主要分布在湖州及义乌和诸暨两县交界处，闪长岩、辉绿岩成岩株、岩脉产出，散见于浙东各地。这两类岩石富含铁、镁，风化体较均质且深厚，多呈棕红或暗红棕色，少含石英及砾石，质地黏重。

4. 变质岩类残坡积物

该类母质随母岩类别不同而有很大差异。其中，岩浆岩类变质岩系列如片麻岩、片岩等主要分布在龙泉、遂昌、诸暨等地，而由沉积岩变质岩系列如板岩、千枚岩等则零星出现在开化、淳安、临安、安吉等地。

5. 灰岩类残坡积物

其基岩均含碳酸钙、碳酸镁，母质本体常含风化残留的碳酸盐，有时亦因母岩风化液的回注而呈碳酸盐性，发育的土壤质地均较黏重。全省灰岩类残坡积物可分为纯灰岩、白云岩残坡积物与杂质灰岩残坡积物两种。

6. 砂、砾岩类残坡积物

包括砂岩、石英砂岩、砾岩等风化物，常见于志留系上统，泥盆系、石炭系下统的地层中，主要分布在浙江的西北部。母岩的岩性坚硬，富含石英，风化后砂性均较显著，颜色较浅，疏松。

7.泥页岩类残坡积物

包括粉砂岩、泥岩、页岩等风化物，广泛分布于浙西奥陶系、志留系、二叠系、三叠系等地层的丘陵山地。母岩在风化过程中，胶结物被破坏，使原来的匀细颗粒被解散而成为风化产物或母质的主体，母质性状取决于母岩原有的物质组分。

8.紫色砂页岩类残坡积物

包括紫色砂页岩、凝灰质紫色粉砂岩等风化物，分布在浙江各构造盆地的白垩系、侏罗系地层。其风化物大多带紫色，细砂质及粉砂质较显明，可分为石灰性紫色砂页岩和非石灰性紫色砂页岩、砂砾岩残坡积物两种。

9.红砂岩残坡积物

以金衢盆地分布最广，属白垩系和古近系地层，红色细砂岩和粉砂岩居多，所夹砾石成分为凝灰岩或凝灰质砂岩。岩石普遍呈石灰性，极易风化为细砂含量较高的细砂壤土至黏壤土，呈酸性反应。风化层厚薄不一，在低丘的坡麓较厚，顶部或边坡凸形处则母岩裸露。

10.第四系更新统红土母质

分布于大小盆地中，属中更新统和上更新统的古红土层。中更新统红土为古山溪性河流冲洪积、坡积物，经中更新世湿热气候条件下形成的富铁铝、低硅性、强酸性、黏重、红色的古土壤。剖面上部为红土层，中部为紧实的红白网纹层，下部为磨圆度较高的卵石层。红土层深厚，因地形部位及侵蚀情况不同，可使网纹层或红土砾石层出露地表。上更新统红土为古山溪性河流冲洪积物，形成的古土壤，颜色大都呈棕黄色，网纹层不普遍，有些地方能见到黄白网纹，砾石的磨圆度较差、风化圈较薄。

（二）再积母质

岩石风化物经流水、潮流、波浪、风等动力的搬运和分选，在一定部位沉积下来的松散堆积物构成再积母质，这些母质均在全新世时期形成。因各地沉积环境不同，而同一地方的沉积环境也会发生前后变化，沉积物同期异相和同相异期情况普遍存在。全省再积母质可划分5个成因类型和若干亚型。

1.冲积母质

冲积母质可细分为以下几种：

（1）洪冲积相母质。分布在河流上游的狭小河谷内，紧贴小溪河床或壅塞于山口。沿河床呈宽狭不一的条状分布，在山口则以扇形展布。沉积层总厚度常不足数米，沉积体的砾石、粗砂、黏土相混杂，分选性不明显，局部可见夹砂、砾的透镜体，砾石的磨圆度不高。

（2）河床相母质。分布在河床上。河流的上游及小溪的河床，由于水流湍急，只能沉积大小不一的砾石、卵石或粗砂，在河边还可形成砾石滩。河流的中下游河谷开阔，水流缓和，河床内可形成砂壤质滩地，其凸岸可形成黏粒含量极低的清水砂滩。由于河床摆动迁徙，造成河谷地的河漫滩沉积体的二元结构，因而河床相的砾（卵）石层或粗砂层，可埋藏在河漫滩沉积体中，称为滩地砾石塥或砂塥。

（3）河漫滩相母质。主要分布在中游河谷地及上游较开阔的河段。洪水泛滥超出河床后，在两侧低平地段淤积泥砂。其同期淤积物的粒度较为均匀，平均粒度较河床相要细得多，并呈现由河床向两侧基岸逐渐变细的分布规律；而在河漫滩中部则逐渐变成壤质、黏壤质及壤黏质沉积物，厚度各地不一。在宽大的河漫滩中，沉积体常可达1m至数米。上游河谷小滩地的河床相沉积物上，也可盖上薄层的河漫滩相沉积物。

（4）平原河流相母质。主要分布在河网平原区。这些河床的比降很小，平江缓流，所挟带的冲积物以其粒度极为匀细而区别于河漫滩相，质地主要为壤质黏土至黏土。但当洪水泛滥时，上游挟带物质较粗，其质地为黏壤质或壤质。

（5）牛轭湖相母质（含平原古河道相母质）。分布在中下游河谷平原的古河道形成的洼地上，地势相对低洼，内排水较差，后期的缓和泛滥将一些较细的泛滥物淤填其中，形成质地较河流冲积物更细的冲积与湖积物相叠合或混合的沉积物，质地为黏壤土到壤黏土。

2.河口冲积及海积母质

分布在入海河口两岸，成条状，系咸水、淡水交互影响而形成的沉积物，含易溶盐、钙镁碳酸盐及海生贝壳碎屑等。分布在防潮堤外受江水和海水周期性淹没的称江涂；防潮堤内则已成陆而逐渐脱盐、脱钙，有些成陆较早的母质层其1m深内游离碳酸盐可基本淋失殆尽。河口冲积海积母质与冲积母质及海积母质在分布上呈逐渐过渡，无明显界线，一般以咸潮上溯的上界作为与冲积母质的交界，如钱塘江袁浦和闻堰一线。它与海积母质分布的地界，大致在河口地段，如钱塘江北岸河口在海盐长山东南嘴，南岸在余姚西三闸一线，此线以西为冲积海积母质，以东为海积母质。

3.滨海沉积母质

分布在河口、滨海平原和岛屿周围（包括潮间带），其内侧接水网平原。其物质来自浅海区的沉积物、从长江口南迁的泥砂、浙江入海河流所带的泥砂及基岩海岸的风化物。该类母质由于所处地形部位及海洋动力条件不同，会出现不同的沉积相。因滨海沉积物不断向海推进，其同期异相及同相异期现象非常普遍，细分为下列几种：

（1）砂相母质及河口砂堤。分布在基岩岬角小海湾及岛屿或半岛迎风强浪地段的潮间粗砂、细砂及贝壳碎屑，分选性好的纯净石英砂母质尤为常见。河口砂堤（沿岸堤）位于河口两侧岸，迎东北风的海边较常见。砂堤的组成物质为细砂及粉砂，堤顶较粗，细砂含量较高，堤带两侧细砂减少，为粉砂、泥质层所覆盖，呈透镜体状，堤顶最厚，两侧变薄，倾没于其他沉积物之下。

（2）粉砂相母质。主要分布在杭州湾南北两侧，以及三门坡坝港口东南面的海涂和堤内，其粗粉粒的含量特别高，与河口砂坎沉积物相似，但易溶盐及碳酸钙镁含量较冲积海积相母质高，贝壳碎片较多。

（3）粉砂淤泥相母质。分布在杭州湾新浦以东，以及甬江、椒江、瓯江、飞云江、鳌江等河口；沿海岛屿或半岛的背风面，其潮流较缓的海涂及岛屿小平原也有分布。质地为粉砂质黏壤土、壤质黏土和粉砂质黏土。

（4）淤泥相母质。分布在象山港、三门湾、乐清湾、沿浦湾的海涂和滨海平原上，质地以黏土为主。

4.湖沼沉积母质

湖沼沉积母质主要包括以下几种。

（1）淡水湖沼相母质。主要分布在杭嘉湖、宁绍平原。1m深沉积体内常有厚约数厘米至十余厘米的腐泥层或泥炭层，质地以壤质黏土或粉砂质黏土为主，没有海生动物化石。

（2）潟湖相母质。其沉积体含有质地黏重的腐泥或泥炭层。省内一些潟湖目前已发育成淡水湖，形成了近期的淡水泥炭，如杭州西湖泥炭归属淡水湖沼相母质。

（3）滨湖沉积。主要分布在太湖南岸。由于波浪作用，使湖岸发生混砂流而在迎风面的湖滨堆积而成，其质地较粗，为粉砂质壤土，结构疏松，沉积体可厚达数米，常形成高出平原水平面1～3m的自然堤地貌。

5.风积母质

分布在舟山群岛的泗礁、普陀、朱家尖、桃花等岛屿的砂滩顶部，由滨海砂相沉积物在风力作用下吹拍到附近的丘陵上沉积而成。泗礁岛的风积砂可沉积在高程为80m的丘陵上，颗粒组成与滨海砂滩上的相似，甚至颗粒更为均一，但已不含盐分。其总厚度可达数十厘米至数米，具有交错层理。呈灰白色至淡棕色，保水性极差，在全省的分布面积很小。

二、丘陵山地母质对土壤的影响

丘陵山地区成土母质对土壤的影响通常通过地形、风化速度、质地粗细及化学成分特征等方面来实现。岩浆岩的酸性越强则所含的磷、钙、镁、铁、铝、锰越少，而硅和钾则越多，所以省内大量中酸性或酸性岩上形成的土壤，含钾较丰富，含磷较少，而硅铁铝率较低的土壤多是由中基性母岩（如玄武岩、安山岩等）发育的。

母岩对全省不具地带性的初育土影响尤为显著，其分布和特性几乎全由母质所决定。如紫砂土大都分布在海拔200m以下的低丘区，但在丽水与遂昌等地海拔800m以上的山区，甚至海拔950m的庆元竹坪等地也有分布，其性状基本相同，地形高低对这类土壤的分布没有影响。丘陵山地的土壤侵蚀状况也明显地受母岩性质的影响，浙西北沉积岩发育的土壤远较浙东南岩浆岩形成的土壤抗蚀性强。

三、平原沉积物对土壤的影响

平原地区沉积物对土壤的影响主要通过质地粗细、地形高低、水分状况以及沉积物的层次性等方面体现。这些差异决定了土壤的砂砾性、汀板性、潴育或潜育的成土条件以及与此有关的耕作熟化条件等。

第二节　主要土壤类型

土壤是地球岩石圈表面由矿物、有机质、水、空气和生物组成，具有肥力且能生长植物的疏松层。土壤圈处于大气圈、水圈和生物圈之间，是联系有机界和无机界的枢纽。它不仅是生物赖以生存的基地，也是生物圈能量转化和物质循环的重要库和源。土壤是多个成土因素共同作用的产物，成土因素通过影响土壤形成和发育过程的方向、速率和强度等决定土壤的形态和属性。因成土母质、气候、地形、生物和成土时间的差异，地表不同区域的土壤类型和性质有很大的差异。浙江土壤的形成过程主要有有机质聚积过程、脱硅富铁铝过程、盐积与脱盐过程、脱钙过程、黏化过程、潜育和潴育化过程等。

浙江农业生产历史悠久，漫长的人为灌溉、耕作、施肥以及年复一年的种植和收获，对土壤的形成条件、成土过程均带来深刻影响。人为活动的结果使起源土壤逐步形成具备人工培育的特征，“熟化过程”是人为土形成的主要成土过程，也是浙江农业土壤的主导成土过程。根据其利用方式及发育方向，熟化过程分为水耕熟化和旱耕熟化两种类型。

水耕熟化是水稻土特有的成土过程，包括有机质的分解和合成、还原淋溶和氧化淀积、黏粒的淋移和淀积、盐基淋溶与复盐基等一系列矛盾统一过程。由于灌溉水的浸渍和下渗导致土壤黏粒的机械淋移和化学淋溶，使耕层黏粒明显减少，而淀积层黏粒含量增加，黏粒的淀积层位逐渐下移，有利于形成较为理想的既爽水又保水的土体构型。同时，由于长期灌溉水携带泥沙的沉积和施用河泥、塘泥的影响，导致稻田耕层逐年增高，颗粒组成明显改变。如平原地区水稻土，随着耕作历史的延长和熟化度的提高，灌淤层不断增厚，耕层质地多趋向中壤—重壤方向发展。

自然土壤经耕垦种植茶、果及旱地作物后，在长期人为耕作、施肥等“旱耕熟化”过程影响下，逐步形成与自然土壤形态和性状不同的旱作土壤。浙江旱作土壤因成土历史久暂不一，发育过程在一定程度上受地带性生物气候条件所制约，地带性烙印相当明显。与水耕熟化过程相比，旱耕熟化过程较为缓慢。与起源土壤相比，旱作土壤盐基饱和度较高，随熟化度加深，两者均有提高的趋势，pH值相应提高，钾、钙、镁等矿质营养含量增加，土壤肥力提升。

浙江现有土壤分类采用发生分类制。主要以成土条件、成土过程及其属性（剖面形态和理化性质）作为土壤分类的依据，由土类、亚类、土属和土种4级分类单元构成。根据浙江省第二次土壤普查成果资料，全省土壤总面积为968.66万 hm^2，分为红壤、黄壤、水稻土、紫色土、石灰（岩）土、粗骨土、潮土、滨海盐土、山地草甸土、基性岩土10个土类，续分21个亚类99个土属277个土种（表2-1、图2-2）。

表2-1　浙江省土壤分类系统典型土种

土类	亚类	典型土属	典型土种	面积（万 hm^2）
红壤	红壤	黄筋泥	黄筋泥	3.277
	黄红壤	黄泥土	黄泥土	136.720
		黄红泥土	黄红泥土	39.973
	红壤性土	红粉泥土	红粉泥土	13.041
	饱和红壤	棕红泥	棕红泥砂土	0.297
	棕红壤	棕黄筋泥	棕黄筋泥	0.473
黄壤	黄壤	山黄泥土	山黄泥土	56.285
紫色土	酸性紫色土	酸性紫砂土	酸性紫砂土	6.093
	石灰性紫色土	紫砂土	紫砂土	4.295
石灰（岩）土	黑色石灰土	黑油泥	黑油泥	0.165
	棕色石灰土	油黄泥	油黄泥	11.838

（续表）

土类	亚类	典型土属	典型土种	面积（万 hm^2）
粗骨土	酸性粗骨土	石砂土	石砂土	94.993
		红砂土	红砂土	3.071
基性岩土	基性岩土	棕泥土	棕泥土	1.867
山地草甸土	山地草甸土	山草甸土	山草甸土	0.038
潮土	灰潮土	洪积泥砂土	洪积泥砂土	1.827
		堆叠土	壤质堆叠土	7.980
		淡涂泥	黄泥翘	2.759
滨海盐土	滨海盐土	咸泥	轻咸砂	2.117
	潮滩盐土	滩涂泥	黏涂	5.843
水稻土	淹育水稻土	黄筋泥田	黄筋泥田	1.863
	渗育水稻土	培泥砂田	培泥砂田	7.724
	潴育水稻土	洪积泥砂田	洪积泥砂田	10.045
	脱潜水稻土	青紫泥田	青紫泥田	11.189
	潜育水稻土	烂泥田	烂泥田	0.610

资料来源：浙江省土壤普查办公室，1994。

浙江省南北纬度相差较小，总体上水平带土壤差异不大，仅体现在土壤亚类上的差异。垂直分布受生物、气候影响明显。同时，浙江省成土母质类型多，农耕历史悠久，耕地土壤性态受人为影响较大，土壤中域分布和微域分布较为明显。

在水平带上，浙北年平均气温为15.5～16.0℃，浙南为17.5～18.0℃，南北相差2℃左右。因此，浙江省水平方向土壤变化较小，土壤水平带分布差异并不明显，均以红壤类土壤为代表，是遍布全省南北的地带性土壤。该土类中不同区域发育的土壤，其颜色、质地、pH值、阳离子交换量、盐基饱和度和黏粒矿物类型等虽均存在一定的不同，但这种差异还难以归类到地带上的差别，因此，土壤分类时仅在亚类级别上予以区分：发育于第四纪中、晚更新世红土母质上的土壤分布于浙中、浙南者划分为红壤亚类黄筋泥土属，分布于浙北的划分为棕红壤亚类棕黄筋泥土属。

浙江土壤类型在垂直方向变化明显。丘陵山地土壤自下而上的分布顺序，在浙中与浙南为：红壤土类红壤亚类→红壤土类黄红壤亚类→黄壤土类黄壤亚类；在浙北为红壤土类棕红壤亚类→红壤土类黄红壤亚类→黄壤土类黄壤亚类。黄壤的分布下限在浙北为海拔500～600m，浙南为800～900m。黄壤的分布下限和年平均气温14℃等温线的海拔高程接近。黄红壤分布的下限高程，在浙北为40～50m，甚至可分布到山麓；在浙南其下限高程一般为海拔300～500m，并因母岩的影响而与红壤亚类交错分布。片麻岩、片岩风化体发育的红壤，其分布的上限可上升至海拔500～700m，而凝灰岩发育的红壤其分布的上限一般在海拔200～300m处。而在浙中，黄壤、黄红壤和红壤分布的高程界线则介于浙北与浙南之间。

坡度和坡向对山地土壤的分布也有较大影响。坡度越陡，土壤侵蚀越强，土体越浅薄，多分布粗骨土；坡度越缓，土体越厚，土壤砾石含量也越少，多分布红壤与黄壤。坡向不同，

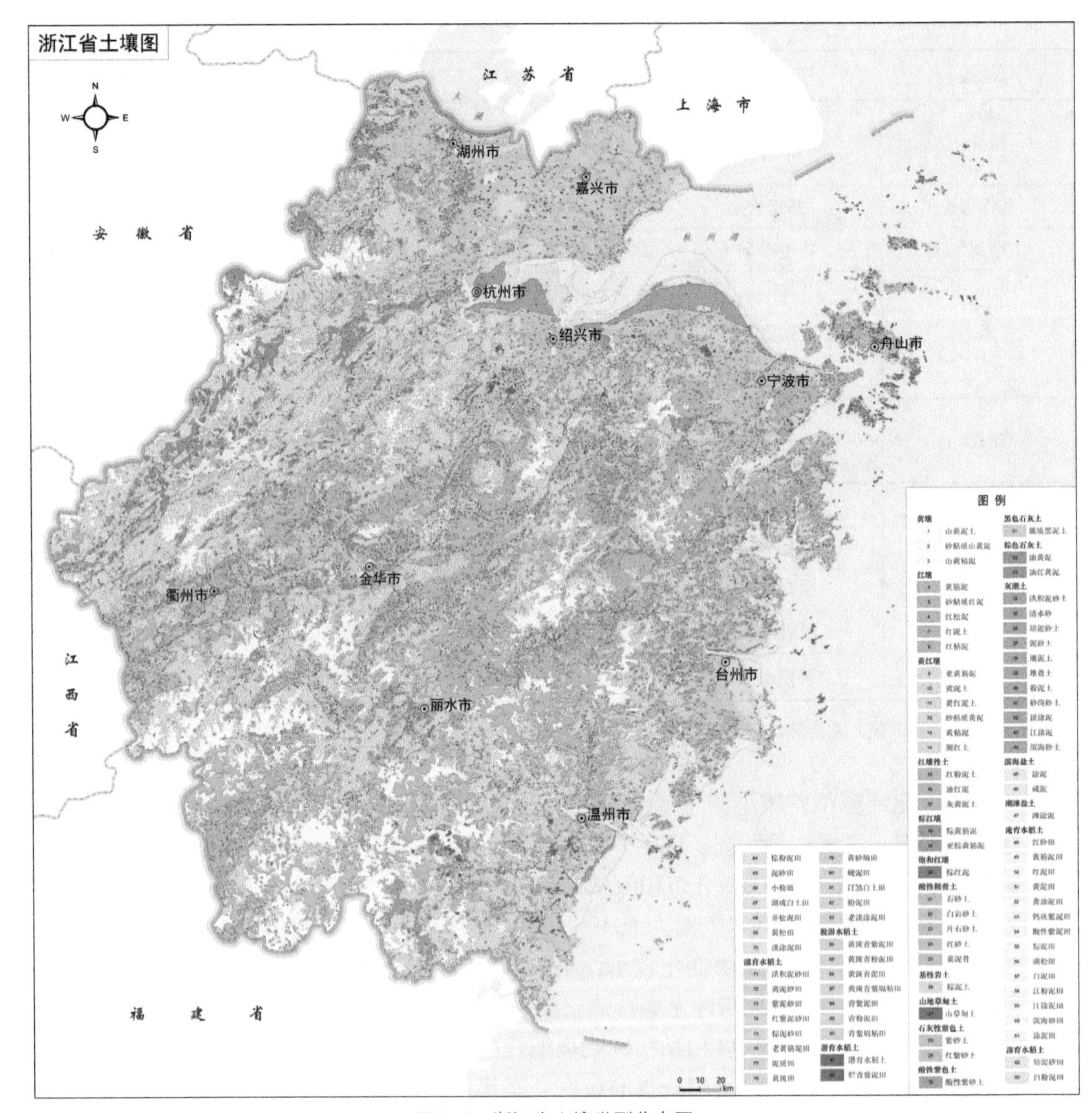

图2-2 浙江省土壤类型分布图

土壤水热条件差异较明显，也会影响土壤的发育和类型的分布。如天目山区黄壤分布下限，南坡大体在600m左右，北坡大体在500～550m，相差50～100m，其他山区也有类似情况。

不同土壤空间分布除受生物气候和地形条件的影响呈水平带和垂直带趋势外，还因母质、水文、地形、成土时间以及人类生产活动的影响不同，表现出一系列区域分布规律和特征。如滨海平原和岛屿港湾小平原因成陆年代的长短和耕垦历史的久暂，由外向内侧依次分布潮滩盐土→滨海盐土→灰潮土→（淹育水稻土）→渗育水稻土→（潴育水稻土）→砂岗（或太古塘），越靠内侧，土壤脱盐、脱碳酸盐及潴育化的发育越深，耕作熟化度越高。水网平原河滨交错、水旱相嵌，高处分布潮土、黄斑田，低处分布青紫泥田等土壤类型。杭州湾北岸上游段土壤自外向内分布粗细砂涂→咸砂土→淡涂砂（潮闭土）→黄松田（半砂泥田），下游段分布泥涂→咸泥土→淡涂泥→粉泥田。河谷泛滥地土壤分布由河床向两侧基岸依次为清水砂→

（河脊地）→培泥沙土（田）→泥质田→泥筋田（烂泥田）→阶地红壤（基岸）。第四纪红土阶地凡在有灌溉水源、地形较平缓之处，大部分已垦造为水田，发育成水稻土；而灌溉水源不足，或坡陡土浅，侵蚀较严重的地区，则多属疏林草地，自然土壤面貌依旧，发育的土壤类型有红壤、棕红壤（浙北）、饱和红壤（舟山），红壤旱地常和水稻土交错分布。红色盆地边缘外地势高耸，常分布黄壤、粗骨土及黄红壤等，内侧则分布着红壤和紫色土，由外向内紫色岩上发育的紫色土从多到少，而第四纪红土上发育的红壤逐渐增多，且第四纪红土层往往覆盖在红紫色砂页岩之上，当岗背的古红土被蚀殆尽时，红紫色砂页岩的露头出现，往往造成岗背为紫色土，而岗坡则为红壤；盆地中心区域因地势低，则常见有两种及以上的异源（再积、冲积、沉积）母质相叠加的土壤类型。

根据土壤分布规律和土地利用特点，全省分为滨海涂地区、河网平原区、河谷平原区和丘陵山岳区四大土区。

浙北河网平原和浙东南滨海平原内侧以水稻土为主，滨海平原的外缘狭长地带则分布着潮土和滨海盐土。包括杭嘉湖平原、宁绍平原、温台平原和沿海岛屿的小平原，是全省耕地分布最集中的地区，约占全省耕地面积的1/2。其中滨海平原的耕地主要分布在杭州湾外侧两岸和沿海各县，由历代海涂围垦形成，时间跨度大，利用熟化程度不一，因而其土壤类型由外到内呈规律性的条带状。内侧的水网平原为河湖和浅海相沉积，地势低洼，河流密布，土层深厚，肥力较高，土地利用以水田耕作农业为主。

河谷平原包括钱塘江等各大水系河流冲积平原、盆地中心区域和低丘缓坡地带，约占全省耕地面积的1/3，主要分布在河流两岸的冲积层，呈条带状或树枝状分布，一般土层较厚，肥力较高，水源充足。

浙南、浙东、浙西丘陵山地以红壤、黄红壤和黄壤为主，主要分布在盆地边缘、丘陵山地相对平缓地段和山垅、峡谷间。根据其地形部位和土质状况，常分为低丘田、山垅田、岗地和突地。低丘和垅田、垅畈田分布在海拔50～200m低丘之间的宽谷，立地条件较好，是丘陵山地中的主要耕地；山垅田分布在丘陵山区的溪流两岸，光照差，水土温度低；岗地分布部位较低，坡度平缓，如一些玄武岩平台；突地分布在海拔500m以上的山脊和山顶突出部位。岗地、突地一般土层薄，分布零散，缺水易旱。

紫色土常见于各红层盆地中；石灰（岩）土主要集中分布在浙西丘陵低山区；粗骨土常与地带性红壤、黄壤呈交错分布，并集中分布浙东和浙南中低山区；基性岩土和山地草甸土则呈零星分布（表2-2）。

表2-2　浙江省土区分布

土区	主要土壤类型	面积（万 hm^2）	占总面积比例（%）	其中水稻土（万 hm^2）	占土区比例（%）
滨海涂地区	滨海盐土、潮土、水稻土	68.21	7.0	15.27	22.4
河网平原区	水稻土、潮土	85.70	8.9	71.24	83.1
河谷平原区	水稻土、紫色土、红壤、潮土、粗骨土	113.04	11.7	54.89	43.6
丘陵山岳区	红壤、黄壤、粗骨土、水稻土、石灰(岩)土	701.71	72.4	71.17	10.1

资料来源：浙江省土壤普查办公室，1994。

一、红壤

红壤是浙江水平地带性土壤。随着海拔升高，气温降低，雨量增加，湿度增大，土壤类型也逐渐由红壤亚类过渡到黄红壤亚类，直至黄壤土类。红壤与黄壤分布的海拔高程大致分界线为：浙南800～900m，浙北500～600m，但局部会因坡向或母质类型的差异而有所不同。

（一）形成特点

浙江红壤形成于亚热带生物气候条件，其风化成土过程特点如下。

1.脱硅富铝化作用较强

其[B]层黏粒的硅铝率平均为2.48，脱硅富铝化作用较强。但与热带砖红壤相比，其风化强度和富铝化程度较弱，硅铝率稍高，黏粒矿物虽以高岭石为主，但结晶差，且三水铝石少见。

2.淋溶作用强烈

代表性红壤A层、[B]层的风化淋溶系数（ba值）分别为0.39、0.40。其中红壤亚类的ba值：A层为0.29，[B]层为0.26；黄红壤亚类的ba值：A层为0.37，[B]层为0.34；红壤性土亚类的ba值：A层为0.45，[B]层为0.45。淋溶作用强度从高到低依次为红壤亚类、黄红壤亚类、红壤性土亚类。红壤中的盐基离子遭受强烈淋失，而铁、铝、钛等元素则相对富集，盐基饱和度很低，一般小于35％。

3.红化（赤铁矿化）

大多数铁从铝硅酸盐原生矿物中分解游离出来，形成游离氧化铁。代表性红壤中游离氧化铁占全铁的百分比（即铁的游离度）平均达69.2％，在季节性干旱明显的气候条件下，游离氧化铁脱水成为赤铁矿。因此，红壤中铁的活化度很低：A层8.66％，[B]层仅7.43％。用X射线衍射法对红壤剖面[B]层黏粒样品的分析表明，红壤中普遍存在赤铁矿和针铁矿，赤铁矿化系数远高于黄壤土类。在同一地区的红壤，由于母质类型不同，赤铁矿化系数不同，如龙泉茶丰发育于变质岩的红松泥其赤铁矿化系数达51.6％，而龙泉城郊发育于二长花岗岩的红泥砂土，其赤铁矿化系数仅18.5％。此外，不同成土条件对红壤的赤铁矿化系数也有很大影响，如杭州市郊中村的黄筋泥中赤铁矿化系数达31.9％，而山麓的潮红土由于受地下水影响，其铁矿物主要为针铁矿或纤铁矿，它的赤铁矿化系数仅2.1％。总体上，浙江省红壤的赤铁矿化程度与热带的砖红壤和赤红壤相比要低，表现为赤铁矿的结晶差，赤铁矿化系数较低。

（二）理化性状

红壤的剖面发育类型为A－[B]－C型。A层为淋溶层或腐殖质积聚层，由于森林植被的破坏和侵蚀，一般较薄，平均只有14cm。[B]层指非淀积发生层，是盐基、硅酸遭到强淋溶的土层，游离铁铝氧化物相对积聚，故可称为“残余积聚层”，而非“淋溶淀积层”（土壤形成物迁入的B层）。红壤的[B]层有时也可以是一种“黏化层”，即该层的黏粒含量显著高于相邻的上下层，但红壤中的黏化层多半是由原生矿物就地风化残积形成的，属于“残积黏化层”；为了区别于典型的淀积层，以[B]层表示之。[B]层作为红壤剖面中的典型发生层，普遍疏松多孔，被铁铝氧化物胶结的微团聚体普遍存在，发育于富含铁镁母岩的红壤尤为显明，但不及砖红壤明显。其颜色变动在红、红棕、橙色之间，因母质类型不同而使铁、锰氧化物含量不同，也与土壤发育度有关。C层为母质层或红色风化壳，红壤的风化度比砖红壤低，母岩或母质的某种影响在红壤剖面较易识别，往往具有长石、云母等可风化矿物。但遭到侵蚀的红壤，红色心土层被冲刷，而在富铝风化壳的表面再形成浅薄的腐殖质层，成了A-（B）-C型（B层不明显）。红壤的土体厚度变化很大，平均为77cm，变异系数达61.3%。第四纪红土等母质发育的某些红壤剖面中具有红黄交错的网纹和铁锰结核，其形成可能是古代湿热气候条件和在水成作用下氧化还原过程的结果，并非现代风化淋溶的红壤化过程的产物。

因岩石矿物遭到强烈风化，红壤质地较黏重。据统计，红壤表土层黏粒平均含量为31.28%，[B]层黏粒平均含量为36.80%，以壤质黏土为主。土壤质地因母质而异，由第四纪红土或由玄武岩、石灰岩等风化发育而成的黏粒含量较高，而由凝灰岩风化发育而成的黏粒含量较低。土壤中粉砂（0.02～0.002mm、多为原生矿物）含量与黏粒（小于0.002mm、风化后形成的次生矿物）含量之比，可用来反映土壤矿物质的风化强度。矿质土粒风化度较高，黏粒所占比例越大，粉砂/黏粒比越小。浙江省红壤A、[B]、[B]C 3层的粉砂/黏粒比平均分别为0.98、0.83和0.86。

红壤酸性强，其pH值低于5.5的A层占70.2%，[B]层占68.4%。从剖面中pH值的变化来看，[B]层的pH值低于A层，这是与黄棕壤不同之处。红壤的潜性酸也很强，潜性酸的酸性来源主要是交换性铝离子引起的。交换性铝占交换性酸的总量：A层为92.1%，[B]层为93.4%。盐基饱和度也很低，A层为35%，[B]层为33%，[B]C层为28%。交换性氢、铝（中性KCl提取）与交换性钙、镁、钾、钠离子（中性醋酸铵提取）之和称为土壤的有效阳离子交换量（ECEC）。红壤的有效阳离子交换量很低，A层仅7.20cmol/kg，[B]层仅7.00cmol/kg，折算成黏粒有效阳离子交换量，分别也只有30.49cmol/kg和24.37cmol/kg（黏粒）。这是因为红壤的腐殖质含量低，而黏粒矿物又以负电荷点较少的高岭类为主之故，而红壤中存在的铁铝氧化物包被了层状铝硅酸盐，使有效阳离子交换量更低。土壤对阳离子的吸附能力几乎全是由有机胶体、无机胶体以及有机无机复合胶体共同贡献的，且有机胶体比无机胶体高得多，而红壤中的A层因含一定量的有机质，故其有效阳离子交换量比[B]、C层高。

（三）分类构成

浙江红壤土类划分为红壤、黄红壤、棕红壤、饱和红壤、红壤性土5个亚类。

1. 红壤亚类

红壤亚类是红壤土类中风化发育度最强的一个亚类，具红、黏、矿质养分低等特征，主要分布在海拔500m以下，续分5个土属。

（1）黄筋泥土属（图2-3）。母质为中更新世红土（Q_2红土）。土壤发育好，剖面分化明显，为A-[B]型。该属土体深厚大于1m，从上至下为红土均质层—网纹层—红土砾石层，质地为壤黏至黏土，表土核粒状、心底土块状结构，干时坚硬板结，湿时糊化，生产上具有酸、黏、瘦和易受夏秋干旱威胁的特点。主要分布在低丘缓坡岗地及河谷两侧高阶地上，大多在海拔100m以下，以金衢盆地面积最大，另外在丽水、松古和天台盆地也有小面积分布。全省总面积3.414万hm^2，占该亚类土壤面积的10.63%。

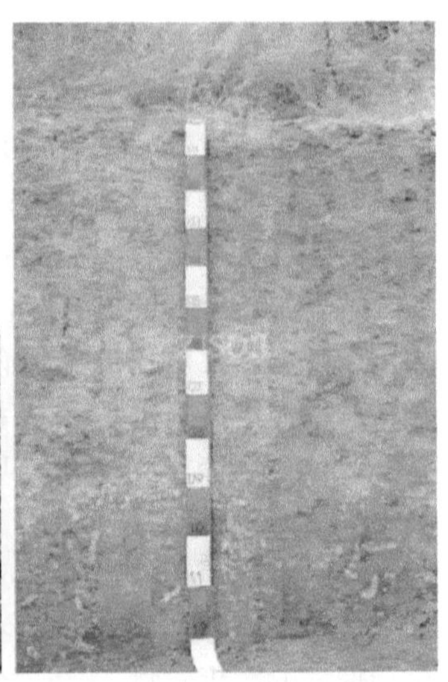

图2-3　典型土体：红壤土类—红壤亚类—黄筋泥土属—黄筋泥土种（杭州市西湖区）

（2）砂黏质红泥土属。母质为粗晶花岗岩坡积、残积体为主。土壤发育好，剖面分化明显，为A-[B]-C型。该属土体深厚，一般1m以上，以壤质黏土为主，石英砂粒含量高，富含钾素，结持性不强，易受暴雨冲刷形成片蚀、沟蚀和崩塌，保水保肥性能差。各地均有分布，以绍兴、宁波等地面积较大，全省总面积为3.349万 hm^2，占该亚类土壤面积的10.43%。

（3）红松泥土属。母质为片麻岩的残积、坡积风化体。土壤发育好，剖面为A-[B]-C型。该属土体深厚，可达数米，土体疏松，质地适中，坡度较缓，光热充裕，有机质含量较高，是浙江最红的红壤。主要分布在丽水市的龙泉、庆元、遂昌和松阳等县（市）低山丘陵上，此外在金华市武义、衢州市衢江和绍兴市诸暨等县（市）也有小面积分布，分布高度一般在海拔200~900m。全省总面积为9.884万 hm^2，占该亚类土壤面积的30.78%。

（4）红泥土土属。母质主要为酸性岩浆岩风化体。土壤发育良好，剖面分化明显，为A-[B]-C型。质地以壤质黏土为主，土体一般在1m左右，物理性状好，广泛分布于全省各地低丘缓坡上。全省总面积为11.116万 hm^2，占该亚类土壤面积的34.62%。

（5）红黏泥土属。母质为基性或中性岩浆岩（玄武岩、辉长岩、闪长岩、安山岩）风化体。土壤发育较好，剖面分化明显，为A-[B]-C型。土体深厚，质地黏重，以黏土为主，速效钾含量丰富，呈零星分布，连片面积不大。全省总面积为4.348万 hm^2，占该亚类土壤面积的13.54%。

2.黄红壤亚类

黄红壤是红壤向黄壤过渡的土壤类型，一般分布在海拔400~800m的山坡上，由于分布位置较高，其红壤化程度比红壤亚类弱，续分6个土属。

（1）亚黄筋泥土属。母质为晚更新世红土（Q_3红土）。土壤发育较好，剖面分化明显，为A-[B]型。地处缓坡，土体厚度常达1.5m左右。土体疏松，黏壤质至壤质黏土，养分含量中等。零星分布在全省各盆地边缘高阶地及谷口，海拔5~30m。全省总面积为5 600hm^2，占该亚类土壤面积的0.17%。

（2）黄泥土土属（图2-4）。母质为酸性岩浆岩风化的残积、坡积物。土壤发育较好，剖面为 A-[B]-C型。土色为黄棕色，以黏壤质为主，土体厚度不足1m，常为50cm左右，碎块状结构，表土疏松，心底层紧实。广泛分布于全省各地低山丘陵，舟山、嘉兴市也有零星分布，是浙江省面积最大的土属。全省总面积为273.446万 hm^2，占该亚类土壤面积的83.23%。

图2-4　典型土体：红壤土类—黄红壤亚类—黄泥土土属—黄泥土土种（德清县）

（3）黄红泥土土属（图2-5）。母质为泥质砂岩或页岩的风化体。剖面为 A-[B]-C型，土体厚度不足1m，质地重壤，有机质含量较高，由于母岩硬度低，水土易流失。主要分布在浙西沉积岩地区，以杭州市和衢州市面积最大。全省总面积为48.082万 hm^2，占该亚类土壤面积的14.64%。

图2-5　典型土体：红壤土类—黄红壤亚类—黄红泥土土属—黄红泥土土种（建德市）

（4）砂黏质黄泥土属。母质为粗晶花岗岩风化体。土壤剖面为 A-[B]-C型。土体厚度一般不足1m，质地以壤质黏土为主，疏松多孔，有机质、全钾含量较高，但土壤结持能力差，水土流失严重。在全省各地均有分布，但连片面积不大。全省总面积为5.853万 hm^2，占该亚类土壤面积的1.78％。

（5）黄黏泥土属。母质为玄武岩或其他基性岩浆岩风化体。剖面为A-[B]-C型，土体厚度达1m以上，呈淡黄棕色，质地黏重，保蓄性能好、供肥性能差。一般分布在海拔为500～600m的高台地上，其中绍兴市、金华市、宁波市等地面积较大。全省总面积为4 560hm²，占该亚类土壤面积的0.14％。

（6）潮红土土属。母质为晚更新世红土（Q_3红土）及其再积物，是红壤向潮土之间的过渡土壤类型。因地处山麓坡积群、裙或河谷阶地，土体受地下水和侧渗水的双重影响，剖面下部经常处于轻度的氧化还原交替过程，形成铁、锰新生体的淀积现象，具有逐步向潮土化发育的特征。土壤剖面为A-[B]-C型，土体厚度1m左右，下部pH值5.5～6.0，上部pH值<5.5，黏壤至砂质黏壤质地，疏松、有夜潮性，是经济作物较为理想的种植土壤。全省面积不大，主要分布在杭州市西湖区、富阳区、萧山区和湖州市郊区的河谷两侧低地或坡积裙上，总面积为1 300hm²，占该亚类土壤面积的0.04％。

3. 棕红壤亚类

棕红壤是红壤向黄棕壤过渡的土壤类型，分布在红壤的北缘，仅零星分布在湖州长兴和安吉等地的低丘缓坡，海拔在100m以下，续分棕黄筋泥和亚棕黄筋泥2个土属。

（1）棕黄筋泥土属（图2-6）。母质为中更新世红土（Q_2红土）。剖面为A-[B]型，土体深厚达1m以上，甚至可达数米，呈亮红棕色，自上而下由松变紧，质地为壤质黏土至黏土。主要分布于长兴县泗安、安吉县南北湖、德清县三桥、武康及吴兴区等地山前低丘缓坡、河谷两岸一二级阶地或古洪积扇上，光热条件好，海拔高程小于50m，呈跳块状连续分布。全省总面积为4 730hm²，占该亚类面积的30.99％。

图2-6　典型土体：红壤土类—棕红壤亚类—棕黄筋泥土属—棕黄筋泥土种　（长兴县）

（2）亚棕黄筋泥土属。母质为晚更新世红土（Q_3红土）。剖面为A-[B]型，土体深厚达1m以上，甚至可达数米，黄橙色，壤质黏土，棱块状结构，光温水条件好，宜种性广。主要分布于长兴县泗安、安吉县南北湖和高禹、德清县三桥和上柏乡的河谷阶地上，海拔10～50m，坡度小于15°，常与棕黄筋泥穿插分布。全省总面积为1.054万hm²，占该亚类土壤面积的69.01％。

4.饱和红壤亚类

母质为侏罗纪凝灰岩和燕山晚期侵入花岗岩残坡积风化体为主，部分为洪坡积相更新世古红土。土壤剖面为A-[B]-C型，土体厚度达1m以上，酸碱度适中，矿质养分较为丰富，与典型红壤比较，其pH值与盐基饱和度明显较高。主要分布于浙江沿海海岛。设棕红泥1个土属，全省总面积为8 540hm^2，占红壤土类总面积的0.22％（图2-7）。

图2-7　典型土体：红壤土类—饱和红壤亚类—棕红泥土属—棕黄泥砂土土种 （舟山市普陀区）

5.红壤性土亚类

红壤性土亚类曾称为幼红壤，分布在海拔500m以下。受成土母质的影响，其红壤化作用较弱，剖面分化不明显，续分3个土属。

（1）红粉泥土土属（图2-8）。母质为浅色或紫色凝灰岩的新风化体，且多为重新堆积。土壤剖面分化不明显，为A-（B）-C型。该属土体浅薄，厚度30～50cm，以砂质黏壤土或黏壤土为主，黏粒少，粉砂高，疏松通气、结持性差，蓄水保肥能力低，水土流失严重，局部显示粗骨性；土体色泽浅淡与母岩颜色相似，呈粉红色、浅棕色和浅紫色，盐基饱和度50％左右。主要分布全省各地的丘陵地区，以台州市分布最大，总面积为22.039万 hm^2，占该亚类土壤面积的89.97％。

（2）油红泥土属。由石灰岩风化发育、具有富铝化特征的土壤类型，但富铝化程度弱。土壤剖面为A-（B）-C型，土体较深，一般在1m以上。土体疏松，质地中黏，核粒状、柱状结构较明显，微团聚体发育，矿质养分丰富，土体红棕色、呈油脂光泽，pH值5～6，有时底土有石灰性。主要分布于浙西石灰岩丘陵山地，以杭州市和衢州市分布面积最大。全省总面积为1.477万 hm^2，占该亚类土壤面积的5.9％。

（3）灰黄泥土土属。母质为安山岩、安山玢岩等中性岩类的风化体。土壤的富铝化程度较弱，剖面为A-（B）-C型。土体浅薄，平均50cm左右，多岩石碎屑，颜色为黄棕色，质地为壤质黏土，团块或核粒状结构，微酸性，盐基饱和度近100％，矿质养分丰富，自然肥力较高。主要分布于湖州和金华境内的丘陵上坡地。全省总面积为1.537万 hm^2，占该亚类土壤面积的6.13%。

图2-8　典型土体：红壤土类—红壤性土亚类—红粉泥土土属—红粉泥土土种 （诸暨市）

二、黄壤

分布在中山或低山的中上部，分布高程的下限：浙北多在海拔600m左右，浙南在海拔700～900m。区域气候特点是终年相对湿度较高而无干旱季。土壤发育具有强风化和强淋洗的富铝化特征，它同红壤在垂直带上逐渐过渡而属于同一发生学系列。

（一）形成特点

与低海拔的红壤地区相比，中低山区雾日多而日照少，雨量多且湿度大，且浙西北的黄壤地区大于等于10℃积温比浙南的黄壤地区更低。黄壤的自然植被为亚热带常绿—落叶阔叶混交林。其形成过程具有下列特点。

1.富铝化作用

黄壤也有富铝化作用，但其硅铝率变幅较大，低的仅1.79，高的可达2.90，[B]层平均2.39，略低于红壤。黄壤中的三水铝石是岩石直接风化形成的，而不是高岭石进一步分解的产物；在膨胀性的1.4 nm矿物晶层间夹有一些非交换性的羟基铝聚合物；在2∶1黏土矿物的四面体中有较多的铝对硅的置换。

2.生物富集作用

黄壤中生物富聚作用较红壤更为强烈。残落物的大量积聚，灰分元素的吸收和富集，对土壤肥力有很大的影响。土壤中有机质含量高，氮、磷、钾、钙等元素在土壤表层也有明显富集。

3.淋溶作用

在高凸的地形和终年湿润的气候条件下，黄壤的风化淋溶作用也很强。代表性黄壤的风化淋溶数（ba值）：A层与红壤土类的A层相似，平均为0.34，[B]层比红壤[B]层略低，ba值仅0.28。说明在黄壤形成过程中，其矿物质经过极强的风化淋溶作用。而黄壤的A层的ba值高于[B]层的ba值是与表层受到坡积的影响且受到生物富集作用的结果。由于强烈的淋溶作用，使盐基大部分淋失，因此，盐基饱和度除表土因生物富集而较高外，一般在20%左右。

4.游离氧化铁的水化作用

在湿润条件下，黄壤中的游离氧化铁大部分与水结合，形成铁的含水氧化物，如针铁矿、褐铁矿、纤铁矿等，并包盖在固体土粒外面，而使土壤成为黄色、黄棕色或橙色。黄壤中几乎不含赤铁矿，因此赤铁矿化系数也很低，这是与红壤明显不同之处。

（二）理化性状

黄壤的剖面发育类型虽然也是A–[B]–C型，但在森林植被茂密地方，A层之上常有枯枝落叶层A_0存在，其剖面构型常呈A_0–A–[B]–C形态。山地气候条件阴湿，[B]层颜色偏黄，多为淡黄或浅黄色。剖面中A层向[B]层过渡明显。土体比较紧实，缺乏多孔性和松脆性，其铁胶结的微团聚体不很发达；土体厚度也较红壤为薄。母质层风化很弱，母岩的特性更加明显，且往往夹有未风化的砾石。

黄壤的质地因母质而异，一般多为粉砂质壤土或黏壤土。与典型红壤相比，其质地较粗，粉砂性较显著，而黏粒含量较少。[B]层黏粒仅26.8%，粉粒与黏粒比为1.34，高的达2.94。矿质土粒的风化度远比母岩或母质相似的红壤低。

由于所处地形高凸，排水良好，而大量降水更促进盐基物质的淋失，因此土壤酸性很强。全省黄壤pH值低于5.5的，A层占74.6%，[B]层占74.5%。盐基饱和度很低，[B]层仅为20.9%，反映了土壤受强淋溶作用。黄壤[B]层的有效阳离子交换量不高，平均为5.31cmol/kg，折算成黏粒的有效阳离子交换量也不高，平均为27.96cmol/kg（黏粒）。但黄壤A层的有效阳离子交换量较[B]层高，平均为9.55cmol/kg，黏粒的有效阳离子交换量则高达50.85cmol/kg（黏粒），这与表土层中大量腐殖质有关。黄壤中游离氧化铁的活化度较红壤高，A和[B]层分别为45.5%和25.5%。

（三）分类构成

浙江黄壤设黄壤1个亚类，续分3个土属。

1.山黄泥土土属

母质为凝灰岩或流纹岩风化体。土壤发育良好，大部分剖面有松软的枯枝落叶层，剖面为A_{00}–A_0–A–[B]–C型或A–[B]–C型。土体浅薄不一，一般在1m左右，质地以黏壤土为主，腐殖质层明显，生物积累旺盛，富含有机质和速效钾。多分布在各地低山和中山的上部，其中浙南凤阳山等地有大面积分布，且比较典型。全省总面积为99.73万hm^2，占黄壤总面积的96.94%（图2–9）。

2.砂黏质山黄泥土属

母质为花岗岩、片麻岩等风化物，由于易遭侵蚀，土体较为浅薄，一般不足1m，剖面为A–[B]–C型，且土体中含有较多的粗石英砂粒。集中分布在丽水市的庆元、龙泉和景宁境内海拔700～900m以上的山地。全省总面积为2.911万hm^2，占该亚类土壤面积的2.83%。

图2-9　典型土体：黄壤土类—黄壤亚类—山黄泥土土属—山黄泥土土种 （东阳市）

3. 山黄黏泥土属

母质为玄武岩、安山岩等基、中性火山岩风化体。剖面为A-[B]-C型，土体较厚，常达1m以上，强酸、紧实、黏重，有机质含量高。主要分布在安吉九亩山、德清五指山以及浙东四明山等地海拔600m以上的山体。全省总面积为2 310hm^2，占该亚类土壤面积的0.23％。

三、水稻土

水稻土是浙江最重要的耕作土壤，广泛分布在全省各地，以杭嘉湖、宁绍、台州和温州等4个水网平原和滨海平原最为集中。此外，在丘陵山区的河谷平原和山垅谷地及缓坡也常有分布。全省水稻土总面积为212.577万hm^2，占全省土壤总面积的21.95％。其中，53.26％的水稻土分布在海拔10m以下，9.47％分布在10～50m，27.37％分布在50～250m，3.37％分布在250～500m，5.05％分布在500～800m，1.47％分布在800～1 200m的山地上。

（一）形成特点

水稻土是各种起源土壤（母土）或其他母质，经过平整造田和淹水耕作，进行周期性灌、排、施肥、耕耘、轮作下逐步形成的，成土过程具有以下特点。

1. 有机质积累

其耕作层与母土的表土比较，有机质含量趋于稳定，胡富比（胡敏酸/富里酸）明显提高，土壤腐殖质的品质有改善。水稻土的碳氮比一般均趋近于10，不同于一些母土的碳氮比呈高低错落而无规律的状况。加之常年施入的有机肥及农作物残留根茬等有机物的积累与矿化作用，在水田独特的灌排措施影响下，呈现持续、强烈的“假潜育”过程，推动着土体内物质独特的转化和移动，除对土壤肥力所作贡献外，对水稻土的土壤剖面分化发育也起到了决定性作用。

2. 氧化铁活化

在渍水条件下耕作层部分可分解有机质的矿化，使土壤中游离铁、锰化合物被强烈还原，提高它们的溶解度和活度，同时产生一定的有机络合作用。由于耕作层强烈的假潜育作用，与起源土壤或母土的表土及同剖面其他土层相比较，水稻土耕作层游离铁的活化度（无定形铁占游离铁的百分比）很高，晶胶比（晶质铁/无定形铁）变得最小，而铁的络合度（络合铁占游离铁的百分比）最大。全省水稻土的耕作层中铁的活化度平均高达36.1%，络合度为3.64%，晶胶比低，为1.76。

3. 水稻土剖面的铁、锰分层和斑纹化

在一般的母土或母质中，游离铁、锰氧化物的含量可分别高达百分之几和千分之几。这些化合物在被还原为低价态时，其浓度或离子活度都大大超过其氧化态，因而前者（还原态）易随水迁移；后者（氧化态）易就地淀积。同时还原态和氧化态铁、锰化合物的颜色互不相同，差异明显。因此，水稻土的氧化还原作用可直接反映在土壤剖面不同土层的色调差异，具有形态发生学意义。就铁、锰这两个易变价的元素比较而言，高价锰比高价铁更易接受电子而降低化学价，在土壤一定氧化还原电位（Eh）范围内，高价锰先于高价铁而被还原；反之，低价铁先于低价锰被氧化。受这种氧化还原序列的制约，水稻土剖面上就会呈现氧化锰迁移淀积在下层，而氧化铁迁移淀积在上层的"铁锰分层"现象。氧化态铁、锰化合物可淀积在排水落干的耕作层而呈"鳝血斑"；也可淀积在心、底土的棱柱状结构面上，造成局部层段土壤的"斑纹化"；另外，水稻土的下层土壤也常保持着灰青色，但其所含水溶性低价铁、锰极少，这与假潜育耕作层土壤富含无定形氢氧化铁或2价铁离子有所不同。

4. 复盐基作用

由红壤母土形成的水稻土在人工培肥和灌溉的影响下，使土壤pH值从强酸性转变为近中性，使盐基饱和度大部向饱和方向演变。全省水稻土耕作层的pH值处于5.5～6.5，盐基饱和度达85%左右。水稻土在淹水状况下，由于土壤中铁、锰氧化物被还原而消耗质子，使土壤溶液中的氢离子浓度下降，pH值有所升高，更接近于中性反应。水稻土的阳离子交换量（CEC）指pH值等于7时每千克土壤中所能吸附的交换性阳离子的厘摩尔数，它除受有机肥施用的影响而稍有增高外，大部分均决定于母土或母质的类型（黏粒矿物）及质地。此外，水稻土在淹水还原过程中，虽因有机质分解可使氧化还原电位显著下降，但在铁、锰等变价化合物的缓冲作用下，其Eh不至于陡降，从而对植物和微生物的生存起了保护作用。

（二）发生层次

典型水稻土的层段组合为A-Ap-P-W-Gw-G-C。对某类水稻土而言，可能会缺乏其中的一个或几个层段。

1. 耕作层（淹育层A）

该层是水稻土中物质转化、迁入、移出和水分状况变动最频繁的层次，是水稻的容根层。灌水时为蓝灰色，最表层有厚度约几毫米的氧化层，干时有"鳝血"，成分为腐殖酸铁（红棕色胶膜）。该层结构分散，呈碎块状和团粒结构，厚度一般为15～20cm，养分较高。淹育层有时也称淋溶层。

2. 犁底层（Ap）

受耕作机械及静水压和黏粒淀积的影响，土层紧实，但该层的物质淋出多于加入，没有黏化现象，实际上是一个淋溶层(部分是人造的)，厚度一般为10cm左右，容重大(1.3~1.4g/m^3)，结构为大棱块状，主要作用是防止漏水漏肥。

3.渗育层(渗渍层P)

田面水层的静水压使水分溶解或悬浮少量胶体从该层经过，其特征是较疏松，水不饱和。在灌水时其Eh大于A层，呈黄色或灰黄色，大块状结构和棱柱状结构，垂直裂隙明显，厚度为25cm左右。该层铁锰分层明显，铁上锰下。

4.潴育层(W)

该层位于地下水上下移动处，结构为棱柱状，厚度35cm左右；由于地下水上下不断交替，铁锰氧化物呈叠加式淀积(向上移动时铁下锰上，向下移动时铁上锰下)，土色常为黄棕色，有灰色胶膜，有时该层也称为淀积层或锈斑层。

5.脱潜层(Gw)

脱潜层是潜育层向潴育层过渡的发生层，是潜育型水稻土经人为排除地表水和降低地下水后，进行水旱轮作影响下形成的，土体水分受地下水、降水和灌溉水三重影响，铁锰叠加淀积，土体以青、灰色为主，其上有少量锈色胶膜，结构为大块状和棱块状，厚度为40cm左右。水稻土在特殊情况下还有其他土层，如腐泥层、漂洗层等。

6.潜育层(G，还原层，青土层)

在地下水位以下，始终处于水饱和还原状态，具有土粒分散、无团聚结构、土体烂糊，土色以青灰色为主，亚铁反应明显等特征。

(三)分类构成

浙江水稻土分为淹育、渗育、潴育、脱潜和潜育5个亚类(表2-3)。

表2-3 浙江水稻土亚类分布及主要特征

类型	地形部位	地下水影响	剖面构型	形态	铁形态
淹育	丘陵岗地、沟谷上坡	无	A–Ap–C	Ap 初步形成	表层铁活化
渗育	丘陵坡地、平原高处	一般无	A–Ap–P–C	P 层厚度 >20cm	铁锰分层
潴育	平原和沟谷下部	影响大	A–Ap–P–W–C	W 层厚度 >20cm	铁锰叠加分布
脱潜	河湖平原	较大	A–Ap–Gw–C	Gw 层 Eh 为200~300mV	少量铁锰淀积
潜育	洼地	严重	A–(Ap) –G–C	G 层 Eh<100mV	亚铁反应明显

1.淹育水稻土亚类

主要分布在低山丘陵的缓坡和岗背上，多为梯田；其次分布在滨海平原的外侧；水网平原和河谷平原也有零星分布。母土多数是分布在丘陵山地的自型土，少数为平原区的潮土和滨海盐土。靠降水和引水灌溉种植水稻，土体内水分移动以单向的自上而下的渗透淋溶为主，不受地下水的影响。处于平原区的淹育水稻土，虽受地表水和地下水的双重影响，但起源母土尚未脱盐脱钙，发育成水稻土后，仍在进行脱盐脱钙过程，氧化还原作用所显示的铁、锰斑纹淀积较弱，氧化铁迁移不明显，土壤剖面层次处于初步分化阶段。土壤酸碱度有较大变化，位于滨海平原的具有石灰反应。其剖面构型为 A-Ap-C。属幼年水稻土，续分 15 个土属。

（1）红砂田土属。起源于红砂岩风化发育的红砂土。植稻时间短，为新辟的稻田。土体厚度不一，垅岙部可达1m以上，岗坡处仅50cm左右，砂质壤土，结构松散，但易汀浆板结、漏水漏肥；耕层养分贫瘠、呈微酸性反应。主要分布在衢江、常山港、江山港等河流两侧海拔50～100m的低丘岗背上，常与红砂土呈复区分布，以衢江、龙游、松阳和丽水等面积最大，绍兴、金华市也有少量分布。全省总面积为4 670hm^2，占该亚类土壤面积的1.27%。

（2）黄筋泥田土属（图2-10）。起源于第四纪中更世红色黏土发育的黄筋泥。经人为淹水种稻，耕作培肥后形成的新辟稻田。土体深厚达1m以上，质地多为壤质黏土，上轻下黏，土壤有机质有较大幅度提高，呈微酸性至中性反应，通气性差。主要分布在金衢盆地海拔50～150m的低丘或岗地上，常与黄筋泥交错分布，以金东、婺城、义乌、衢江和龙游等地面积最大。全省总面积为1.863万 hm^2，占该亚类土壤面积的5.08%。

图2-10 典型土体：水稻土土类—淹育水稻土亚类—黄筋泥田土属—黄筋泥田土种 （缙云县）

（3）红泥田土属。起源于红泥土、红松泥和红黏土等红壤，经人为淹水种稻，耕作培肥发育而成。土体深厚达1m以上，质地均一多为壤质黏土，剖面自上而下 pH值和盐基饱和度逐步提高，氧化铁活度逐步降低，呈微酸性至中性反应；光热条件较好，但耕性较差，淹水黏糊、干时板结。主要分布在海拔50～250m的低丘缓坡和玄武岩台地上，以松阳、龙泉、嵊州、新昌等地面积最大。全省总面积为2.597万 hm^2，占该亚类土壤面积的7.08%。

（4）黄泥田土属。起源于黄壤和黄红壤所属的主要土壤，少数起源于酸性粗骨土亚类中的白岩砂土，经人为淹水种稻，耕作培肥发育而成。土体厚度深浅不一，一般在60～80cm，质地多为黏壤土至壤质黏土，剖面自上而下 pH值和盐基饱和度逐步提高，氧化铁活度逐步降低，呈微酸性反应，多为"靠天田"和"望天田"。分布在海拔250～1 000m的丘陵、山地的缓坡上，以景宁、龙泉、泰顺和永嘉等地面积最大。全省总面积为21.805万 hm^2，占该亚类土壤面积的59.39%。

（5）黄油泥田土属。起源于石灰岩风化的坡积物，由黄红泥等石灰（岩）土，经人为淹水种稻，耕作培肥发育而成。土体厚度70～100cm，质地均一、壤质黏土，土壤较为发育常呈核粒状结构，剖面自上而下pH值逐步提高，下层往往有石灰反应，保蓄性能好，但通透性差，耕性不良。多分布在石灰岩地区的山麓缓坡，一般海拔在250m以上，以临安、建德、开化和常山等地面积最大。全省总面积为9 050hm^2，占该亚类土壤面积的2.47％。

（6）钙质紫泥田土属。起源于紫色砂页岩风化的紫泥土和紫砂土等石灰性紫色土，经淹水种稻，耕作培肥发育而成。土体厚度深浅不一多为50～100cm，质地均一多为黏壤土或壤质黏土，剖面自上而下pH值逐步提高，从微酸性变微碱性，氧化铁活度由高变低；土壤耕性较好，基础肥力较高、矿质养分丰富。主要分布在金衢盆地海拔50～200m的低丘缓坡或岗背处，以兰溪、义乌、龙游和衢江等地面积最大。全省总面积为2.017万hm^2，占该亚类土面积的5.49％。

（7）酸性紫泥田土属。起源于酸性紫泥土和酸性紫砂土等酸性紫色土，以及红壤性的紫粉泥土，经淹水种稻，耕作培肥发育而成。土体厚度在1m左右，质地变化较大以壤质黏土为主，质地适中，剖面自上而下pH值变化不大，均呈微酸性反应；土壤通透性好，保肥供肥性能较协调。分布在低山丘陵的缓坡和岗背，一般海拔为250～500m，以泰顺、文成、仙居和天台等地面积最大。全省总面积为7 800hm^2，占该亚类土壤面积为2.13％。

（8）红紫泥田土属。起源于红紫砂土和红紫泥土等石灰性紫色土，经人为淹水种稻，耕作培肥发育而成。土体较为深厚，一般在1m左右，质地以黏壤土为主，剖面自上而下由微酸性或中性变为中性或微碱性，土壤耕性较好，通透性和保蓄性能均不差。集中分布在金衢盆地内海拔50～250m的低丘上，以永康和武义等地面积最大。全省总面积为1.572万hm^2，占该亚类土壤面积的4.28％。

（9）棕泥田土属。主要起源于玄武岩风化的残坡积物，由棕泥土经人为淹水种稻，耕作培肥发育而成。土体厚度常达1m以上，质地均一、壤质黏土为主，剖面自上而下pH值逐步提高，由中性变微碱性；耕层土壤养分含量较高，但耕性不佳，土宜性广。主要分布在海拔50～250m的玄武岩台地或丘陵的缓坡，以嵊州、新昌、武义和义乌面积最大。全省总面积为6 140hm^2，占该亚类土壤面积的1.67％。

（10）湖松田土属。起源于滨湖相沉积物，由湖松土经人为淹水种稻，耕作培肥发育而成。土体深达1m以上，质地均一、砂质壤土，土体疏松，剖面自上而下pH值逐步提高，呈中性反应；耕层土壤养分含量不高，尤其钾素缺乏，耕作轻松，通透性好，但保蓄性能差，潜在肥力低。集中分布在湖州市城郊区和长兴县境内太湖沿岸自然堤的外侧，一般海拔为2～3m。全省总面积为2 470hm^2，占该亚类土壤面积的0.67％。

（11）白泥田土属。起源于河流洪冲积物，经人为淹水种稻，耕作培肥发育而成。因所处地形高差较大，土体内长期受流水的侧渗漂流，在20～30cm以下出现灰白色的白土层，其厚度一般在1m左右。质地较均一、以黏壤土为主，剖面自上而下pH值逐步提高；土壤养分贫瘠，侧渗漂流影响大，潜在肥力低。集中分布于衢州的江山市、衢江区境内的老河漫滩阶地向低丘的过渡地段或洪积扇的前缘。全省总面积为130hm^2，占该亚类土壤面积的0.04％。

（12）江粉泥田土属。起源于河海相交互沉积物，经人为淹水种稻、耕作培肥发育而成。土体深达1m以上，土壤质地在剖面中分异明显，上段以粉砂质黏壤土为主，下段为粉砂质黏土，质地适中，通透性良好，保蓄性能较好，供肥能力强，耕性良好，适种性广。集中分布在温州市的永嘉、瓯海、瑞安和平阳等地水网平原与河谷平原的过渡地带，为溺谷海湾或古河口，海拔均在10m以下。全省总面积为1.417万 hm^2，占该亚类土壤面积的3.86%。

（13）江涂泥田土属。起源于近代河海相沉积物，由江涂泥、江涂砂和涂性培泥砂等灰潮土，经人为淹水种稻、耕作培肥发育而成。土体深达1m以上，质地较均一、以壤质黏土为主，剖面自上而下pH值逐步提高，由微酸性或中性变微碱性或碱性，石灰反应逐步变强，底土尚未脱盐；耕层土壤养分含量较丰富，尤其磷、钾含量较高，耕性与保蓄性能较好。主要分布在浙东入海江河中下游堤岸处，一般海拔2~4m，以瑞安、平阳和上虞等地面积最大。全省总面积为1.180万 hm^2，占该亚类土壤面积的3.22%。

（14）滨海砂田土属。起源于浅海沉积物，由滨海砂土和砂岗砂土，经人为平整辟为水田，其母土已脱盐，只有少数尚未脱钙。土体深达1m以上，除表面质地为砂质黏壤土或黏壤土外，心底土均为砂质壤土或壤质砂土，剖面自上而下pH值逐步提高，由微酸性变中性；土壤上重下轻，通透性好，易漏水漏肥，耕性轻松，供肥性好，保蓄能力较差。分布在滨海平原内古海岸砂堤处和岛屿海湾小平原的海堤内侧，海拔在10m以下，以椒江、黄岩、岱山和普陀等地面积最大。全省总面积为590hm^2，占该亚类的0.16%。

（15）涂泥田土属。起源于浅海沉积物，是近年来围垦而新辟的稻田，土壤尚处于脱盐脱钙过程，层次分化不明显。土体深达1m以上，质地均一、以壤质黏土为主，剖面自上而下土体均未脱盐，全盐量为0.1%~0.2%，pH值一般为7.5~8.5，有强烈石灰反应；土壤无结构，分散性强，养分中等偏下，钾素尤为丰富。主要分布在滨海平原和岛屿小平原的外侧，一般海拔2~5m，以岱山、定海和绍兴等地面积最大。全省总面积为1.171万 hm^2，占该亚类土壤面积的3.19%。

2.渗育水稻土亚类

主要分布在河谷平原的河漫滩及低丘陵阶地上，以及滨海平原及水网平原地势稍高处。渗育水稻土的起源母土主要为潮土，少数为红壤。种稻历史较淹育水稻土长，土体内以降水和灌溉水的自上而下渗透淋溶为主，氧化还原作用较为频繁，土壤剖面分化明显，渗育层发育较好。土体构型为A-Ap-P-C。续分10个土属。

（1）培泥砂田土属。起源于近代河流冲积物，由培泥砂土和清水砂等潮土经人工改良利用耕作熟化发育而成。母土不同程度地经历草甸化过程，剖面中层理较为明显。土体深浅不一，薄的仅数十厘米，厚的达1m以上，质地较为均一以黏壤土为主，但土种间变异大，土壤呈酸性至微酸性反应；土体疏松，通透性好，爽犁易耕，供肥性好，保蓄性能欠佳。主要分布在河谷平原的河漫滩或河漫滩向低阶地过渡地段，海拔一般在10~50m，以东阳、义乌、富阳和桐庐等地面积最大。全省总面积为9.384万 hm^2，占该亚类土壤面积的23.06%。

（2）白粉泥田土属。起源于河湖相或河海相沉积物，由于受地下水侧漂洗的影响较深，在土体中有白色土层。土壤剖面层次分化明显，渗育层发育较好，土体厚达1m以上，质地较为均一以黏壤土为主，粉粒含量高，土体内含有较多白云母风化屑片，易淀浆板结。集中分布在姚江上游、余姚境内的水网平原向丘陵过渡地带，海拔3~4m。全省总面积为1 370hm^2，占该亚类土壤面积的0.34%。

（3）棕黄筋泥田土属。起源于棕红壤的棕黄筋泥或亚棕黄筋泥。土壤渗育层发育较好，铁锰分层淀积现象明显，土体深达1m以上，质地上轻下重，耕层为粉砂质黏壤土，下部为粉砂质黏土，养分较为贫瘠，磷、钾缺乏；耕层土壤湿时黏韧，耕作不易，下部渗育层紧实细密，易造成上层滞水。集中分布在湖州市安吉、长兴境内的低丘陵阶地和洪积扇上。全省总面积为170hm^2，占该亚类土壤面积的0.04%。

（4）棕粉泥田土属。起源于棕红壤的坡积物或短距离搬运的再积物。土壤剖面层次开始分化，渗育层发育明显，铁锰斑纹较多并可见分层淀积，土体深达1m以上，质地较为均一，粉砂质黏壤土至粉砂质黏土为主，质地适中，耕性较好，但养分较为贫瘠；土壤通透性尚可，但保蓄性能欠佳。集中分布在湖州市长兴、安吉境内，海拔20～50m的低丘阶地上的冲田。全省总面积为5 750hm^2，占该亚类土壤面积的1.41%。

（5）泥砂田土属（图2-11）。起源于近代河流冲积物，由泥砂土等潮土经人为种稻、耕作培肥发育而成。土壤砂粒含量50%～65%，渗育层初步发育，土体厚度1m左右，质地较为均一，黏壤土至砂质壤土为主，质地适中，耕性较好，保蓄性能良好。主要分布在钱塘江、瓯江等河流上游及其支流两岸的河漫滩上，一般海拔在50～250m，以义乌、兰溪、淳安和建德等地面积最大。全省总面积为10.328万hm^2，占该亚类面积的25.38%。

图2-11　典型土体：水稻土土类—渗育水稻土亚类—泥砂田土属—泥砂田土种（缙云县）

（6）小粉田土属。起源于河海相沉积物。经长期水耕熟化，土壤剖面上段已脱钙，渗育层发育良好，但心底土往往仍有石灰反应；土体深达1m以上，质地由壤质黏土或黏壤土逐步变为黏壤土或壤土，质地适中，耕性尚好，结构差，易板结，供肥保肥较协调，但潜在肥力低。分布在杭嘉湖、宁绍水网平原，一般海拔在3～6m，以萧山、余杭、桐乡和嘉兴市郊区面积最大；全省总面积为5.898万hm^2，占该亚类土壤面积的14.5%。

（7）湖成白土田土属。起源于滨湖相沉积物。低盐沼泽环境经铁溶作用，在距地表20～30cm处形成白土层，渗育层发育明显，土体深达1m以上，耕层土壤质地以壤质黏土为主，呈微酸性反应，耕性较好，但由于犁底层下出现白土层，板结、通透性差，供肥性能尚可，但保蓄性能欠佳。集中分布在湖州市郊区、长兴境内太湖南岸湖松田的内侧，从北横塘至双林塘一带海拔2～3m的滨湖平原。全省总面积为1.158万hm^2，占该亚类土壤面积的2.84%。

（8）并松泥田土属。起源于河海相沉积物。土壤剖面分化明显，渗育层初步发育，铁锰斑纹较多，土体深达1m以上，质地较为均一，壤土或粉砂质黏土为主，质地适中，耕作方便；剖面自上而下pH值逐步升高，呈中性至碱性反应；因耕层粉粒含量高达45%～50%，降雨或灌水后土壤极易发生淀浆现象，干时板结，俗称“发并”，耕性较差。集中分布在嘉兴市郊区的西南部和桐乡的中、东部，地势高亢，一般海拔在3.5m左右，开阔坦荡，俗称荡田。全省总面积为4 620hm^2，占该亚类土壤面积的1.14%。

（9）黄松田土属。起源于浅海相沉积物。土壤已历经脱盐过程，剖面上段的土体也已脱钙，下段土体尚未完全脱钙。渗育层发育较好，土体深达1m以上，质地较为均一，以黏壤土为主，质地适中，耕性较好，但养分较为贫瘠，保蓄性能欠佳。主要分布在杭州湾北岸，滨湖平原向水网平原过渡地带的稍高处，一般海拔在5～6m，以海宁、海盐、余杭、江干等市（县、区）面积最大。全省总面积为1.437万hm^2，占该亚类土壤面积的3.53%。

（10）淡涂泥田土属（图2-12）。起源于浅海相沉积物。由淡涂泥和淡涂黏等灰潮土，经植稻培肥熟化后发育而成，土壤已基本脱盐，处于脱钙状态。渗育层铁锰斑点较多并分层淀积，土体深达1m以上，质地较为均一，粉砂质黏壤土或粉砂质黏土为主，自上而下pH值逐步升高，石灰反应由弱至强，土壤基础肥力较高，供肥、保蓄性能较好。分布在滨湖平原，一般海拔在2～5m，以温岭、黄岩、镇海和慈溪等地面积最大。全省总面积为11.298万hm^2，占该亚类土壤面积的27.76%。

图2-12 典型土体：水稻土土类—渗育水稻土亚类—淡涂泥田土属—淡涂泥田土种 （舟山市定海区）

3.潴育水稻土亚类

主要分布在杭嘉湖、宁绍、台州和温州4个水网平原及滨海平原，其次分布在河谷平原及丘陵山区的山垅、溪流谷地及洪积扇上。潴育水稻土的起源母土主要为平原区的潮土，一部分为其他土壤的再积物。该类土壤处于水利设施较好、耕作管理精细的地区，种稻历史悠久，水耕熟化度较高，是浙江重要的高产水稻土。受灌溉水、降水及地下水的影响，土体内氧化还原作用剧烈而频繁，有明显的潴育层（W）。土体构型为A-Ap-P-W-C或A-Ap-W-C。续分13个土属。

（1）洪积泥砂田土属。起源于近代溪流洪积物，分布在海拔50～250m的溪流狭谷洪积滩和谷口洪积扇上，由洪积泥砂土等潮土经人为长期植稻、耕作培肥发育而成。潴育层发育良好，土体厚度深浅不一，一般不足1m，质地以黏壤土为主；土体内砂砾泥混杂，砾石磨圆度、分散性差，沉积层理不明显；土壤耕性、通透性良好，但保蓄性能差，易漏水漏肥。全省总面积为14.239万 hm^2，占该亚类土壤面积的15.35％，以临安、建德、松阳和龙泉等地面积最大。

（2）黄泥砂田土属。起源于黄壤和黄红壤的再积物，分布在全省海拔50～800m的各地丘陵、山区的山垅中，垂直跨度大。土壤剖面分化明显，潴育层发育较好呈棱柱状结构，土体厚度不一，一般在70cm以内，质地为黏壤土至壤质黏土；土壤疏松易耕，保蓄性能好。全省总面积为30.958万 hm^2，占该亚类土壤面积的33.38％，以龙泉、庆元、桐庐和临安等地面积最大。

（3）紫泥砂田土属。起源于紫色砂页岩的冲坡积物，分布在低丘山垅内，一般海拔50～250m。土壤剖面分化明显，潴育层发育明显呈棱柱状或棱块状结构，土体深达1m以上，质地较为均一，以黏壤土为主，属内变异大；剖面自上而下pH值逐步升高，由微酸变为微碱性；土壤耕性较好，通透性尚可，阳离子代换量高，保肥供肥能力较好。全省总面积为4.552万 hm^2，占该亚类土壤面积的4.91％，以兰溪、金东、龙游和衢江等地面积最大。

（4）红紫泥砂田土属。起源于红砂土、红紫砂土和酸性紫色土的再积物，上层或全部剖面土壤已脱除碳酸钙，呈酸性或微酸性反应，常见分布于河谷盆地两侧的低丘山垅内，一般海拔在50～250m。土壤剖面中潴育层发育较好呈棱柱状结构，土体深达1m以上，质地较为均一，以黏壤土为主；剖面自上而下pH值逐步升高，由微酸变为中性；土壤耕性良好，通透性和保肥蓄水能力尚可。全省总面积为4.198万 hm^2，占该亚类土壤面积的4.53％，以金东区、婺城区、衢江区和龙游等地面积最大。

（5）棕泥砂田土属。发育于基、中性岩风化棕泥土的再积或坡积物，分布在基性或中性的玄武岩、安山岩丘陵山地区的山垅内，一般海拔在50～250m。潴育层初步发育呈棱柱状结构，有较多的铁锰斑纹，土体深达1m以上，质地为黏壤土至壤质黏土；剖面自上而下pH值逐步升高，由微酸或中性变为中性或微碱性；土壤结构良好，保蓄性能强。全省总面积为6 540hm^2，占该亚类土壤面积的0.71％，以江山、义乌、新昌和嵊州等地面积最大。

（6）老黄筋泥田土属。起源于第四纪中更世红土，由黄筋泥发育而成，分布在海拔50～250m的河谷盆地低丘缓坡下部或开阔的山垅（垅畈）内。土壤剖面分化明显，潴育层发育较好呈棱柱状结构，土体深达1m以上，质地上层为粉砂质，下层为粉砂质黏土；剖面自上而下pH值逐步升高，由酸性或微酸变为微酸性至中性；土壤通透性差，保蓄性能尚好。全省总面积为6.126万 hm^2，占该亚类土壤面积的6.60％，以金东、永康、天台和仙居等地面积最大。

（7）泥质田土属（图2-13）。起源于河流冲积物，由泥质土等潮土经过长期的耕种发育而成。分布在河谷平原的高河漫滩或阶地上，海拔一般在10～250m。土壤剖面分化明显，潴育层发育较好，土体深达1m以上，质地较为均一，以黏壤土为主；剖面自上而下pH值逐步升高，由微酸至中性反应；土壤通透性和耕性良好，保蓄性能强。全省总面积为9.612万 hm^2，占该亚类土壤面积的10.36％，以金东、婺城、东阳、诸暨和嵊州等面积最大。

图2-13　典型土体：水稻土土类—潴育水稻土亚类—泥质田土属—泥质田土种（缙云县）

（8）黄斑田土属（图2-14）。起源于河相或河海相沉积物。主要分布在杭嘉湖、宁绍水网平原地势稍高处，一般海拔在3～4m。土壤剖面分化明显，潴育层发育良好呈棱柱状，铁锰斑纹新老叠合密集，部分剖面中有发育较好的渗育层，底部母土层（C）有色泽鲜黄的斑纹斑块（黄斑层）；土体深达1m以上，质地较为均一，壤质黏土或粉砂质黏土，质地适中，爽水通气，供肥能力强，保蓄性能好。全省总面积为15.93万hm^2，占该亚类土壤面积的17.18％，以嘉兴市城郊区、海宁、鄞州和余姚等地面积最大。

图2-14　典型土体：水稻土土类—潴育水稻土亚类—黄斑田土属—黄斑田土种（长兴县）

（9）黄砂墒田土属。起源于钱塘江古沙咀河海相沉积物，为水网平原与滨海平原过渡带上的一种水稻土，集中分布在嘉兴市海宁海拔4～5m的沿江高地与水网平原的过渡地段。潴育层发育明显呈棱柱状结构，土体深达1m以上，上下土层质地分异较大，上段为黏质壤土，下段为粉砂质黏壤土，pH值逐步升高，由微酸或中性变为碱性；土壤耕作层和犁底层质地适中，耕性良好，下层土壤质地偏轻，爽水通气，供肥能力强，保蓄性能尚好。全省总面积为

4 490hm^2，占该亚类土壤面积的0.48％。

（10）硬泥田土属。起源于河流冲积物与湖沼相沉积物的交互母质。受洪水泛滥和下游大河水位顶托，流水搅动作用强烈，整个土体泥砂夹杂，以少量黏粒与大量粗粉砂混合为主，垒结密实，形成类似“脆盘”的硬泥层。主要分布在水网平原向河谷平原的过渡地带，海拔一般在6～8m，以长兴、德清和余杭等地面积最大。土壤剖面潴育层发育较好，铁锰斑纹密集，夹有铁锰结核，土体深达1m以上，自上而下土层质地分异明显，上段为粉砂质黏土至壤质黏土，底土则为粉砂质黏壤土，pH值逐步升高，由微酸至中性反应；土体密实脆硬，通透性和供肥性中等，保蓄性能较差。全省总面积为1.084万 hm^2，占该亚类土壤面积的1.17％。

（11）汀煞白土田土属。起源于滨海相沉积物和缓坡丘陵红壤再积物的交互母质。土体内平均粒径小于湖成白土，以粉砂为主，平均在50％左右，个别层次可高达60％以上，质地为粉砂质黏壤土至粉砂质黏土。土体汀实板结，加之母质中含流水搬运红壤的再积物，土壤养分较为贫瘠，故称之为汀煞白土田。土体紧实，深达1m以上，土壤潴育层发育较好，呈中性反应，耕作层呈酸性或微酸性；土壤养分较贫瘠，易汀浆板结，通透性不良，供肥性和保蓄性能较差。集中分布在长兴等地，海拔在3m左右。全省总面积为4 590hm^2，占该亚类土壤面积的0.49％。

（12）粉泥田土属。起源于浅海沉积物。在成土过程中，曾经历过湖沼化阶段，底土以下常出现厚度不一的腐泥层，但1m土体内仍以浅海沉积物为主。分布在水网平原与滨湖平原的过渡地带，一般海拔在3～5m，以平湖、海盐、镇海和余姚等地面积最大。土壤剖面中潴育层已初步发育，有较多的铁锰新生体，土体深达1m以上，自上而下土层质地分异明显，上段为粉砂质黏壤土，下段为壤质黏土或粉砂质黏土，pH值逐步升高，底土层可达8.0以上；土壤耕性良好，水气协调，供肥性和保肥性能均较好。全省总面积为3.051万 hm^2，占该亚类土壤面积的3.29％。

（13）老淡涂泥田土属。起源于浅海沉积物。由淡涂泥、淡涂黏等灰潮土经长期水耕熟化而成，1m土体内基本脱钙，或者底土仍未脱盐脱钙，是滨海平原内土壤发育度较高的一种水稻土类型，故称老淡涂泥田。主要分布在滨海平原和海湾小平原的内侧，一般海拔在3～5m，以象山、宁海、定海和普陀等地面积较大。土体潴育层发育较好，铁锰斑纹较多，土厚1m以上，质地较为均一，以粉砂质黏土为主，自上而下土层pH值逐步升高，由微酸变中性至微碱性；土耕历史悠久，土壤熟化程度较，耕层松软，通透性和耕性尚好，土体水气尚协调，供肥与保蓄性能较好。全省总面积为1.434万 hm^2，占该亚类土壤面积的1.55％。

4.脱潜水稻土亚类

主要分布在杭嘉湖、宁绍、台州、温州4个水网平原地势稍低处，以及水网平原与滨海平原过渡地带的较低处。此外，在诸暨境内“湖田区”地势稍高地段也有分布，海拔均在10m以下。脱潜水稻土起源于湖相或湖海相沉积物，因所处的地势较低，地表排水困难，加之地下水位较高，土壤长期处于潜育过程；部分经河网整治，开沟排水，排涝防渍，降低地下水位，土体向脱潜过程发展。地下水位多在60～80cm。由于人为的水耕熟化，人为调节灌排水，土体内氧化还原频繁交替进行，潜育斑或薄层青泥层有所残留，但剖面分化明显，脱潜层发育较好。其剖面构型为A－Ap－Gw－G，剖面土壤的底部还可见埋藏的腐泥层或泥炭层。续分7个土属。

（1）黄斑青紫泥田土属（图2-15）。起源于湖相或湖海相沉积物。所处于地势较低，受地下水影响，土壤长期处于潜育过程，经人工排涝治渍、降低地下水位后，逐渐演变为脱潜过程。主要分布在水网平原地势稍低于黄斑田土属的区域，一般海拔在2～4m，以鄞州、余姚、嘉善和平湖等地面积最大。土深达1m以上，剖面脱潜层发育较好，铁锰斑纹密集，属脱潜程度较高的一种土壤类型；质地较为均一，为粉砂质黏土，底部黏重，剖面自上而下土层pH值逐步升高，由微酸变中性，有效阳离子交换量逐步增大，耕层有机质含量高；土壤总体偏黏，但土体水气比较协调，保蓄性能好，供肥性也较好。全省总面积为6.764万 hm^2，占该亚类土壤面积的17.42％。

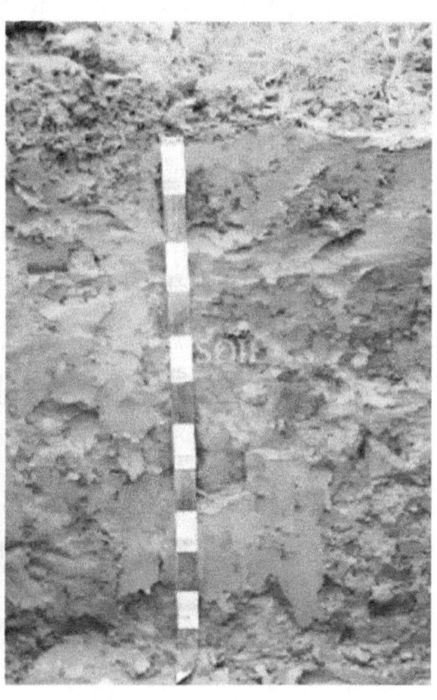

图2-15　典型土体：水稻土土类—脱潜水稻土亚类—黄斑青紫泥田土属—黄斑青紫泥田土种（宁波市鄞州区）

（2）黄斑青粉泥田土属。起源于河海相或湖海相沉积物，所处地势稍低，原地下水位较高，土壤长期处于潜育化过程。经人工改良利用，兴修水利，常年地下水位降低至70cm左右，土体的上段历经脱潜过程。主要分布在水网平原与滨海平原过渡地带地势稍低处，一般海拔在3～4m，常与青粉泥田交错分布，以慈溪和余姚等地面积最大。土体深达1m以上，剖面脱潜层发育较好，青灰色呈棱柱状结构，土层中淀积大量浅棕黄色的铁锰新生体，属脱潜程度较高的一种土壤类型；质地较黄斑青紫泥田轻，为粉砂质黏壤土或壤质黏土，质地适中，耕性良好，水气协调，供肥性和保蓄性能尚好。全省总面积为4 750 hm^2，占该亚类土壤面积的1.22％。

（3）黄斑青泥田土属。起源于河湖相沉积物，集中分布在绍兴市诸暨境内“湖田区”地势较高地段，一般海拔在5.5～6.5m。因历史上浦阳江出水受阻，洪水泛滥淤积，荒芜成湖泊沼地，受地下水的影响，土壤长期处于潜育化过程；后经人工改良利用，修筑堤坝，开河挖塘，排涝防渍，常年地下水位在40～50cm。土体深达1m以上，剖面脱潜层发育较好，呈灰黄色区别于浅灰色的其他层段，棱柱状结构发育较好，结构面上常有锈色胶膜，属脱潜程度较强的一种土壤类型；土壤质地均一，为壤质黏土，剖面上下均为微酸性反应，质地黏重，耕作年韧，起浆沉苗，适耕期短，土壤基础肥力较高，保蓄性能好。该土属全省仅有面积为1 050 hm^2，占该亚类土壤面积的0.27％。

（4）黄斑青紫塥黏田土属。起源于湖海相或海相沉积物。在沉积过程中，土体内具有一段青紫色的土层，故称青紫塥黏土。原地下水位较高，土壤长期处于潜育化过程，后经长期的耕作培肥和兴修水利，降低地下水位，促使土地内氧化作用增强，逐步由潜育过程演变为脱潜潴育过程。土体厚达1m以上，剖面脱潜层发育较好，棱柱状结构，属脱潜程度较强的一种土壤类型；土体质地一般在50cm以上为粉砂质黏土，向下逐步变为黏土，pH值自上而下逐步升高，由微酸性变为微碱性，土壤通透性和保蓄性能尚好，水气较为协调，土壤养分丰富供肥性好，是高产水稻土类型之一。全省集中分布在温州市瑞安、永嘉境内水网平原地势稍高处，一般海拔4m左右，全省总面积为9 170hm^2，占该亚类土壤面积的2.36％。

（5）青紫泥田土属。起源于具有沼泽化过程的湖相或湖海相沉积物，其中常含有青紫色腐泥层。所处地形较低，排水不良，地下水位较高，土壤长期处于潜育化过程，后经人工改良利用，排涝防渍，耕作熟化，常年地下水位降至60cm左右，土壤由潜育化向脱潜潴育化过程演变。分布在嘉杭湖、宁绍和台州水网平原中部地势稍低处，海拔一般在2～3.5m，以嘉兴和湖州市城郊及嘉善、德清等县面积最大。土体深达1m以上，整体青灰色为主，剖面脱潜层发育明显，灰黄色为主有别于其他层段，呈棱柱或棱块状结构，结构面上有少量锈色胶膜，铁锰斑纹较多，属脱潜程度较低的一种土壤类型；剖面自上而下质地较为均一，为壤质黏土或粉砂质黏土，较多的为黏土，pH值逐步升高，由微酸性至中性反应，土壤闭塞，湿时泥泞，干时坚硬，耕性差，水气矛盾突出，基础肥力高，保蓄性能好，供肥稳长，为主要的高产土壤之一。全省总面积为18.546万hm^2，占该亚类土壤面积的47.78％。

（6）青粉泥田土属。起源于海河相或湖海相沉积物。地处低洼地带，受地下水影响，土壤长期处于潜育化过程。后经人工改良利用，开挖河道，常年地下水位降至55cm以下，向脱潜潴育化过程演变。主要分布在水网平原与滨海平原过渡地带的低洼地段，海拔在3～4m。此外，在湖州市水网平原洼地边缘地段也有分布。土体深达1m以上，整体浅灰色为主，脱潜层呈灰黄色区别于其他层段，属脱潜程度较弱的一种土壤类型；土壤质地较为均一，为黏壤土或壤质黏土，质地比青紫泥田轻，有机质含量丰富，耕性好，保蓄性能好，供肥能力强，但土体内渍水严重，耕耙过糊，易淀浆沉苗影响早发。全省总面积为6.191万hm^2，占该亚类土壤面积的15.95％，以平湖、海盐、湖州市城郊区和德清等地面积最大。

（7）青紫塥黏田土属。起源于湖海相或浅海沉积物，其母土属于青紫塥黏土。由于受地下水位的影响，土壤长期处于潜育化过程，后经人工改良利用，兴修水利，常年地下水位降低至65cm左右，向脱潜潴育化演变。集中分布在温州市苍南、乐清、平阳和瓯海等地的水网平原，一般海拔在3～5m。土体厚达1m以上，整体浅棕灰色为主，脱潜层发育较明显，棱块或棱柱状结构，铁锰斑纹较多，属脱潜程度较低的一种土壤类型；剖面自上而下50cm以上为粉砂质黏土，其下为黏土，pH值逐步升高，由微酸性变为中性或微碱性，耕作层养分丰富，土壤偏黏，下层内排水不良，保蓄性能好，供肥性能中等偏上。全省总面积为5.822万hm^2，占该亚类土壤面积的15.00％。

5.潜育水稻土亚类

主要分布在水网平原、滨海平原和河谷平原内地势低洼处，其次在丘陵、山岙的低洼处也有分布。起源母土有黄壤、红壤的再积物、冲积物、湖海相或湖沼相沉积物等。由于所处的地势低洼，地表排水困难，地下水位较高，或者受冷泉水和侧渗水的影响，以及山区人为长期冬浸蓄水等，致使土壤长期处于潜育化过程。该类土壤犁底层发育普遍较好，少数剖面犁底层发育似不明显。其剖面构型为A－Ap－G或A－G。属幼年水稻土，续分5个土属。

（1）烂浸田土属（图2－16）。起源于黄壤、黄红壤和红壤的再积物，部分为溪流峡谷的洪冲积物。受冷泉水和侧渗水的影响，以及因水源短缺，人为长期冬浸蓄水，地下水位接近地表，终年渍水，土壤处于潜育化过程。主要分布在丘陵山区的山垅、山岙的低洼处，海拔跨度大，一般在50～800m。土体深达1m以上，整体呈浅灰—暗灰色，质地较为均一，以壤质黏土为主，属内差异大；多数土体糊烂，无结构，部分上段稍硬，有发育较好的犁底层，块状结构；下段为潜育层，糊烂无结构；地势低洼，终年积水，水土温度低，人畜作业困难，土壤通气不良，有机质含量较高，耕层还原严重，供肥性差，保蓄性能尚好。全省总面积为1.537万 hm^2，占该亚类土壤面积的42.47％，以文成、泰顺、龙泉和遂昌等地面积最大。

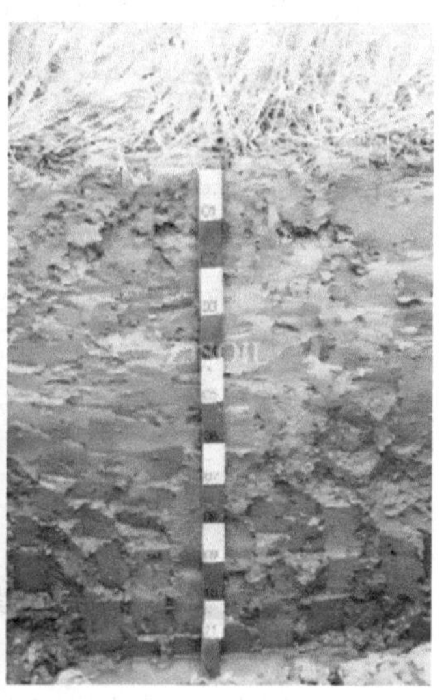

图2－16　典型土体：水稻土土类—潜育水稻土亚类—烂浸田土属—烂青泥田土种（诸暨市）

（2）烂泥田土属。起源于冲积物。分布在河谷平原的低洼处或山谷口洪积扇的前缘，一般海拔在50～250m，地势较低，地下水位较高。土体深达1m以上，整体呈浅灰黄色，质地较为均一，为黏壤土—壤质黏土；耕层和犁底层为块状结构，潜育层软糊无结构；地势较低，表土终年饱含水分，犁底层也常年渍水，全剖面烂糊无结构，通气不良，易积累有毒还原物质。全省总面积为6 100hm^2，占该亚类土壤面积的16.08％，以萧山、富阳、诸暨和嵊州等地面积最大。

（3）烂青紫泥田土属。起源于湖海相或湖沼相沉积物。因所处的地势低洼，俗称为“垟心田”“圩心田”“锅底田”，土壤潜育化占优势，大多数剖面有较好的犁底层发育，少数剖面犁底层发育不明显。土体深达1m以上，整体呈棕灰色为主，潜育层为青灰色或灰黑色，质地较为均一，为粉砂质黏土—壤质黏土；土壤有机质含量高，土体黏重糊烂，耕作不便，通透性差，养分释放缓慢，但保蓄性能较好。主要分布在温黄水网平原低洼区田块的中心地带，少数分布在杭嘉湖、宁绍水网平原低洼湖群洼地，一般海拔在2～4m。全省以平阳、瓯海、余姚、鄞州、平湖和嘉善等地面积最大，全省总面积为7 980hm^2，占该亚类土壤面积的22.06％。

（4）烂塘田土属。起源于浅海沉积物。零星分布于滨海小平原内的低洼地，所处地势低洼，地下水位较高，土体终年积水，土壤长期处于潜育化过程。土体厚度1m以上，整体以灰棕色为主，质地较为均一，为黏壤土或壤质黏土；剖面自上而下pH值逐步升高，由微酸性或中性变为微碱性，潜育层pH值在8.0左右，石灰反应由弱变强，耕层有机质含量较高；土体糊烂，人畜作业困难，土壤含盐含钙，土粒分散，不易沉实，通透性、供肥性差，保蓄性能较好。全省总面积为1 250hm^2，占该亚类土壤面积的3.45％，以宁波鄞州和象山等地面积最大。

（5）烂青泥田土属。起源于河湖相沉积物。因所处地势低洼，经人工筑堤修闸，开挖河渠，逐渐围湖还田。四周稍高，中间凹陷，形似“锅底”，排水困难，地下水位高，常年地下水位35cm左右。土体深达1m以上，整体呈浅灰色，质地较为均一，为壤质黏土；土壤呈微酸性至中性反应，有效阳离子交换量较大，有机质含量较高；土体质地黏韧，通气性、耕性差，水耕烂糊易沉苗，干耕土块硬、难破碎，养分释放慢。主要分布在诸暨境内的湖田区以及河谷平原牛轭湖低洼处，全省以诸暨、嵊州和江山等地面积最大。全省总面积为5 470hm^2，占该亚类土壤面积的15.14％。

四、紫色土

紫色土因受母岩岩性与频繁侵蚀的影响，土壤剖面发育极为微弱，土体尚停留在初育阶段。土体浅薄，一般不足50cm，且显示粗骨性；剖面分化不明显，属A－C型；土色酷似母岩的新风化体；在多数情况下，母岩的碳酸盐仍保留于土体中。主要分布在金衢、永康、新（昌）嵊（州）、天台、仙居、丽水、松古等红色盆地内的丘陵阶地上，与红壤类等地带性土壤交错分布。

（一）形成特征

浙江省紫色土由白垩纪紫红色砂页岩、紫红色砂砾岩及少部分凝灰质紫红色粉砂岩，侏罗纪紫色砂砾岩等风化物的残坡积体发育而成。母岩常含有1％～10％碳酸钙镁，石灰性反应明显，但也有少数母岩不呈石灰反应。土壤形成特征如下。

1.淋溶过程微弱

紫色土的母岩，岩性软弱，易风化，且其风化物易遭冲刷，尤其是所含矿质胶粒，极易分散于水，形成稳定的悬液，而随径流迁徙。紫色土的化学风化，往往起始于所含碳酸盐的碳酸化作用，它使母岩中的胶结力削弱，而使沉积岩懈散。但这种风化并不彻底，含有大量的石英及长石、云母等原生矿物碎屑，基本上保持母岩中原有状态；其黏粒矿物类型，也显示了对母岩的显著的继承性，主要为伊利石，伴有少量的高岭石。土壤剖面中物质的迁移，仅表现出碳酸盐的开始下迁或淋失，一般未涉及黏粒的淋移。浙江紫色土虽处于暖湿气候下，但它的风化淋溶作用是较弱的。全省紫色土的ba值平均为0.76，比红壤的ba值（0.28）大得多。其中，酸性紫砂土的ba值为0.90～0.99，紫砂土的ba值为0.66～0.72，红紫砂土的ba值较小，为0.24～0.34，与红壤的ba值接近。

2.紫色母岩极易崩解

紫色砂页岩等的岩性脆弱，极易崩解，在紫色土形成中具有重要意义。但是，其土壤骨骼颗粒和土壤基质之间结持力弱，结构不稳定，加之土被较差，又处于雨量较大的亚热带气候条件下，片蚀和沟蚀严重。浙江省许多紫色土丘陵的顶部土壤被侵蚀光，而保留下来的是紫砂岩秃。由于裸露的母岩风化快，被侵蚀也快，所以紫色土始终处于母岩风化—侵蚀—再风化的土壤发育幼年阶段。

3.脱碳酸盐的淋溶过程

石灰性紫色土的发育过程中，石灰性紫色母岩（母质）经过碳酸化为主的风化作用演变为紫砂土属土壤，再继续脱碳酸盐及脱钙淋溶后可进一步演变为红紫砂土属土壤。在耕作施肥和生物活动的影响下发生了强烈的碳酸化作用，使母岩及土体中碳酸钙镁转化为溶解性重碳酸钙、碳酸镁而随雨水向下层迁移或淋出土体。这种碳酸化作用随成土时间增加而加强，例如，紫砂土土属的发育正处于脱碳酸盐的淋溶过程，而红紫砂土土属则已基本上完成这一淋溶过程。全省各类紫色沉积岩含碳酸钙镁大部分可达到9%～13%。衢州、金华两市对24个紫砂土剖面的游离碳酸盐的分析表明，表土层含碳酸钙、碳酸镁平均为6.1%；而红紫砂土属各土壤的表土、心土已无石灰性反应，底土偶有微弱的石灰性反应。

（二）理化性状

紫色土剖面分化很差，紫砂土、酸性紫色土除表土层含有机质较多外，几乎看不到表土、心土和底土之间的区别。红紫砂土虽经过脱碳酸盐淋溶作用而显示其表土与底土在石灰性反应有区别外，其他方面亦无明显区别。其剖面均属A－C型或A－AC－C型，上下层次之间是渐变的。紫色土的颜色呈暗紫色、红紫及紫红色，土面吸热升温快，日夜温差大。土壤质地随母岩种类而异，变幅较大，从砂质壤土至壤质黏土：小于0.002mm的黏粒含量多数在20%～30%，0.002～0.02mm粉黏含量在30%左右。土壤结持性差，易遭冲刷。土壤风化度弱，粉粒与黏粒比值平均在0.8～1.6，其粉砂性较突出，表明它们不同于同地带红壤的强风化现象。

因母质差异，紫色土pH值变动于4.6～8.9。土壤阳离子交换量平均为12.34cmol/kg。盐基饱和度也因母岩而异，紫砂土呈盐基饱和，红紫砂土和酸性紫砂土的盐基饱和度很低，平均35.5%。紫色土属弱风化淋溶土壤，其黏粒部分的硅铝率和硅铁铝率平均分别为2.82和2.30，显著高于浙江省红壤的各对应值，有相当多的紫色土黏粒的硅铝率（Sa值）超过3.0，这说明紫色土不同于富铝化土壤。

紫砂土中铁的游离度，A层为41.6%，AC层为43.2%，C层为37.3%；红紫砂土的铁的游离度较大，A层为50.7%，AC层为62.7%，C层为61.8%，但它们远远低于同地带各红壤土层中铁的游离度。紫色土的黏粒矿物类型以2∶1型为主，即以伊利石为主，伴有少量蒙脱石、蛭石以及少量1∶1型的高岭石。另外，紫色土的颜色与其含有高量赤铁矿有关，这类赤铁矿结晶良好，并非风化产生，而是母质残留的。

紫色土对作物的土宜性好，宜种作物多，稍加施肥就能获得较好的收成。全省紫色土表层土壤全磷含量除紫砂土较高外（平均含量为0.44g/kg），全土类平均含量0.28g/kg，与黄筋泥相似；全钾20.9g/kg，速效钾100mg/kg，均高于黄筋泥；有效微量元素铁、锰含量较丰富，硼、钼较缺乏，铜、锌居中等水平。但是，紫色土中的紫砂岩碎屑，将不断风化，释出盐基性养分和磷素，可补给于土壤供作物吸收利用。紫色土酸碱度适中，排水良好，微生物活动旺盛，有机质积累比黄筋泥快。该类土壤土色深，吸热快，土温昼夜变化大，有利于作物发芽和苗期生长，尤其适宜于薯类和豆类作物生长。紫砂土在一些地方可作为客土，改良红壤低产稻田。

紫色土最大的缺点是土壤结持性差，抗冲刷性能弱，且易受干旱威胁；加之该区域常常垦伐频繁，植被稀疏，土壤冲刷的现象更易发生。

（三）分类构成

根据其土壤和母质中的石灰反应，浙江紫色土分为2个亚类。

1. 石灰性紫色土亚类

石灰性紫色土亚类占紫色土的56%，土壤呈中性至微碱性，根据石灰性反应的强弱续分为2个土属。

（1）紫砂土土属（图2-17）。母质为石灰性紫色、紫红色砂页及泥页岩风化物的残坡积体，剖面以A-C型为主。主要分布在金衢盆地和新安江、奉化江海拔20~250m的河谷阶地上，常与红壤呈交错分布。整个土体均呈强烈的石灰反应，土层较薄，一般不超过35cm，A层平均厚度17cm，是紫色土土类中发育最差的一个土属。质地为砂质壤土至壤质黏土，钙、镁、磷、钾等矿质养分丰富。全省总面积为4.949万hm^2，占石灰性紫色土亚类面积的25.7%。

图2-17　典型土体：紫色土土类—石灰性紫色土亚类—紫砂土土属—紫砂土土种　（东阳市）

（2）红紫砂土土属。母质为石灰性红紫红色砂、砂砾岩、泥页岩风化物，剖面为A-C型。主要分布在金衢、永康、新嵊等红色盆地和新安江河谷的阶地上。海拔一般为20~250m，高的局部可达570m（江山长谷）。表土呈微酸性，无石灰反应，母质层有微弱石灰反应，养分含量比紫砂土低。全省总面积为14.345万hm^2，占该亚类面积的74.3%。

2. 酸性紫色土亚类

酸性紫色土亚类占紫色土的44%，续分酸性紫砂土1个土属（图2-18）。母质以白垩纪紫红色砂页岩、砂页岩风化物为主，部分为白垩纪紫红色凝灰质粉砂岩（文成）、侏罗纪紫色泥页岩（建德、开化）风化物。土壤发育极为微弱，风化不明显，剖面构型为A-C，土体浅薄，水土流失严重，粗骨性明显；土色酷似母岩呈紫色，土壤和母质均无石灰反应，表土呈酸性和微酸性，pH值为4.5~6.5，有机质含量比石灰性紫色土高。主要分布在金衢、新嵊、天台、丽水、泗安、寿昌、文成等全省红色盆地或谷底内地丘陵地，海拔一般在50～500m，低的20～50m（长兴泗安），高的850～950m（庆元）。全省总面积为14.999万 hm^2，衢州、金华、温州面积最大，湖州、台州、绍兴等市有少量分布。

图2-18　典型土体：紫色土土类—酸性紫色土亚类—酸性紫砂土土属—酸性紫砂土土种 （建德市）

五、石灰（岩）土

发育于石灰岩、至今仍受母岩风化物强烈影响、呈盐基饱和的一类岩性土壤，但不包括起源于石灰岩风化体而已显示出富铝化特性的地带性土壤（如油红泥）。广泛分布在江山—绍兴断裂带以西的浙西丘陵山地。石灰（岩）土的图斑走向基本与北东向华夏构造线相吻合。由于石灰岩常与泥页岩、紫砂岩等沉积岩类相间出露，加之在地壳运动中常有其基岩出露，使石灰（岩）土分布较为破碎，呈镶嵌状。浙江石灰（岩）土以杭州市面积最大，其次为衢州市和湖州市，绍兴、金华两市分布较少，其他地方几乎没有。

（一）形成特点

1.溶蚀脱钙与残余积累作用

在湿润的亚热带气候条件下，石灰岩的主成分碳酸钙镁易被溶蚀淋失；而母岩中的副成分铁、锰、铝氧化物和硅酸盐类的黏土物质，在钙质丰富的中性或微碱性环境中，其风化蚀变则极弱，易在钙离子、镁离子的凝聚作用下被滞留在母质中，成为主要的成土物质。石灰（岩）土中可以经常见到非石灰性的泥炭或页岩碎片。这些成土物质的黏粒矿物以伊利石、蛭石等中间产物为主，甚至还出现与目前生物气候带不相适应的蒙脱石，这些都足以说明它们是母岩风化的残余积累，而非现代成土作用的产物。

2.腐殖质和钙凝聚积累作用

在钙质丰富的环境中，细菌、放线菌等微生物异常活跃，使地表的枯枝落叶和土体内的根茬等有机物不断分解产生腐殖质，并与钙离子、镁离子结合，形成高度缩合稳定的腐殖质钙类物质，使石灰(岩)土普遍获得含抗氧化稳定性腐殖质高于地带性。浙江省黑色石灰土亚类的黑油泥土属，其有机质中易被氧化的部分较少，活性率40%左右，为腐殖质钙所起的作用。

3.新风化液的复钙作用

石灰(岩)土常常积聚在石灰岩岩隙、山坳或坡麓地段。即使在植被覆盖较好、地面径流较少、垂直淋溶进展快、土壤不断向脱碳酸盐的方向发展，但由于邻近的石灰岩露头不断提供富含重碳酸钙、碳酸镁的新风化液侵入土体，使这些土壤难于发育成为与湿润的气候带相一致的地带性土壤。在某些石灰岩丘陵岗地的山脊地段，因其地表排水条件好，又无侧渗水浸入，该地段的石灰岩风化发育的土壤，少受复钙过程之干扰，其剖面的主要层段(50cm以上土体)，呈稳定的酸性反应，游离碳酸钙已不复存在，且有铁、锰斑纹，其他属性均与红壤相一致，整体土壤属性以红壤的属性为主，故可被划归红壤类红壤性土亚类的油红泥土属，而不宜归属于石灰(岩)土。

(二)理化性状

石灰(岩)土在形态上的共同特征是土体浅薄，土壤与基岩的接界清晰可辨，土体内残留非石灰性基岩碎片较多；剖面层次的分化发育差；土壤颜色随岩性变化显著；核粒状结构体发达，其结构体表面被覆油蜡状胶膜。由于母岩的碳酸钙镁含量较低(氧化钙含量低于47%)，副矿物所占比例很大，使母岩重碳酸化的风化中残留下大量非碳酸盐性矿物。致密状的石灰岩一般无物理风化为主的半风化层，溶蚀风化的残留物与未风化基石的界面清晰可分，从而造成滑坡、侵蚀，通常土壤土体浅薄。发育于易碳酸化灰岩上的石灰(岩)土剖面，其风化的残留物更少，因而其土体更薄。平均土体厚度为56cm。

灰岩风化液呈碱性，对土壤中的铁、锰氢氧化物起凝聚作用，从而抑制了它们的碱性淋溶过程，使石灰(岩)土剖面的颜色较为均一，而少分异层次，剖面类型为A-R(基岩)或A-AC-C-R型。当植被破坏后，A层即遭侵蚀，使土壤的始成性更加突出。

石灰(岩)土的颜色随岩性和气候而变，以黄、棕、黑3色为主。普通石灰岩风化物发育的石灰(岩)土，土色一般呈黄色；白云质灰岩和白云岩发育的，常为棕色至红棕色；发育于与钙质页岩互层的泥灰岩上的，其土壤显浅黄棕色，红色率最小；起源于碳质灰岩风化物的，因受母岩碳素的遗迹影响，使全剖面呈黑色；少数纯灰岩或泥灰岩上发育的，由于土壤中有大量腐殖质钙的凝聚积累，使土壤呈棕黑色。

发育于弱碳酸化灰岩(非纯质)风化物居多的石灰(岩)土的土体中，含有大量的非石灰性岩石碎片，其砾石含量都在25%以上，属于重砾质土壤。尤其是与钙质页岩互层的灰岩上发育的土壤中，所含页岩碎片可以超过40%，但细土部分质地仍较黏重，多为黏土或壤质黏土。由于钙离子对有机、无机胶体的凝聚作用，石灰(岩)土的土粒就不能湿胀或分散于水，在这种对水缺乏亲和力的离子作用下，黏粒及粉砂密接成团，继而在干旱期收缩形成光亮的滑面，呈多角形稳定结构。石灰(岩)土的稳固性结构非常发达，表土大于2mm的干筛结构体可达到77.4%，心土可高达84.1%；大于0.25mm的水稳性团聚体(湿筛)，表土达到79.3%，心土也达73.1%。结构体表面，常被覆着油蜡胶膜，使土块油光发亮。质地越黏重，碳酸钙含量越高，结构体就越发育，胶膜也越明显。

受淋溶作用和风化液复钙作用的交替影响，石灰(岩)土的pH值和游离碳酸盐含量变化很大。石灰（岩）土中土体已脱碳酸盐的占66%，未脱碳酸盐的只有17%，表土已脱而心、底土未脱碳酸盐的只占17%。表土呈微酸性、微碱性或中性的各占1/3；心土层以中性为多，占44%，微酸性占31%，微碱性的只占25%；底土也以中性为主，占50%，微酸、微碱的各占25%。上述变化与成土环境有关，分布于丘陵岗地背部，地面排水良好者，其土壤处于顺利脱碳酸盐时，该土壤的pH值和碳酸盐在剖面上层小、下层大；经常受石灰岩新风化液侵入影响的土壤剖面则相反。再者，土壤越靠近母岩或地面石灰岩露头，pH值就越大，碳酸盐性反应也越明显。

石灰（岩）土阳离子交换量平均为23.5cmol/kg，最高达40cmol/kg；盐基饱和度都超过90%；交换性盐基组成以钙离子、镁离子为主，交换性钙的饱和度38%~84%，交换性镁的饱和度6.6%~60.6%，变幅较大，与母岩岩性有关。石灰（岩）土的黏粒矿物类型以伊利石为主，伴有蛭石和少量高岭石。

石灰（岩）土有机质平均含量为31.6g/kg，全氮平均含量为1.8g/kg，碳/氮比为10.2，胡富比为0.9。全钾平均含量为21.4g/kg，速效钾平均含量为101mg/kg，处于中等水平。磷素含量除钙质页岩互层的灰岩上发育的土壤较为丰富外，普遍偏低，全磷平均含量为0.61g/kg，速效磷平均含量为5mg/kg。石灰（岩）土缺硼较为普遍，其有效硼含量平均为0.38mg/kg，低于0.3mg/kg缺硼临界值的占90%；有效铜、锌、铁、锰等处于中等偏上水平。石灰（岩）土在利用时应注意水土保持，如果土层受侵蚀，则很难恢复。

（三）分类构成

根据母岩特性和土壤性状，石灰（岩）土分为2个亚类。

1.黑色石灰土亚类

黑色石灰土占石灰（岩）土的3.6%。主要由碳质灰岩发育而成，也有部分发育于非碳质灰岩。受石灰岩母质影响，土壤风化较弱，有机质含量较高，土色为黑色至棕黑色，一般分布山地上坡，土体浅薄，剖面构型为A-R或A-AC-R。续分2个土属。

（1）碳质黑泥土土属。母质为寒武系碳质灰岩残积风化物，土壤剖面几无分异，为A-C型或A-R型，全土体厚度50~80cm，通体黑色，夹有大量岩屑，质地为粉砂质壤土至壤质黏土，pH值多数微酸性至中性，有机质含量高。零星分布在临安、余杭、安吉、德清、开化、常山、诸暨等市（区、县），全省总面积为4 000hm^2，占该亚类土壤面积的70.8%。

（2）黑油泥土属（图2-19）。母质为石灰岩或泥质灰岩的残积风化物，土壤剖面发育差，为A-C-R型或A-AC-R型，土体厚度50cm左右，质地为壤质黏土至黏土，团粒结构发达，呈油光发亮的核粒状结构，pH值微酸性至中性，无石灰反应，盐基过饱和，有机质和阳离子交换量高。零星分布在余杭、长兴等地的石灰岩丘陵区域，全省总面积为1 650hm^2，占该亚类土壤面积的29.2%。

2.棕色石灰土亚类

棕色石灰土占石灰（岩）土的96.4%。母岩除碳质灰岩外，还有其他各类石灰岩。受石灰岩母质影响，土壤风化较弱，土色以黄棕色为主，一般分布在山坡，土体较薄，有机质较低。续分2个土属。

（1）油黄泥土属（图2-20）。为普通石灰岩、白云质灰岩、白云岩等残坡积风化物，土

图2-19　典型土体：石灰（岩）土土类—黑色石灰土亚类—黑油泥土属—黑油泥土种　（杭州市余杭区）

图2-20　典型土体：石灰（岩）土土类—棕色石灰土亚类—油黄泥土属—油黄泥土种　（桐庐县）

体处于脱碳酸盐过程，剖面为A-AC-C型，厚度50cm左右，夹有大量岩石碎片，质地为壤质黏土至黏土，pH值中性居多。主要分布在浙西丘陵、山地，全省总面积为11.838万 hm^2，占棕色石灰土亚类面积的77.3%，其中临安分布面积居多，约占全省油黄泥面积的1/4。

（2）油红黄泥土属。母质为寒武系钙质页岩和泥质灰岩互层，钙质页岩和泥质灰岩混合岩的残坡积风化体，剖面为A-BC-C型，土体厚度50～80cm，夹有大量岩石碎片，质地为粉砂质黏壤土至壤质黏土，一般呈中性反应。集中分布浙西淳安、临安、常山、开化等地的丘陵山地。全省总面积为3.467万 hm^2，占该亚类土壤面积的22.7%，其中淳安面积独大，占比超过85%。

六、粗骨土

粗骨土形成于酸性岩浆岩、碎屑沉积岩和变质岩风化物。其形成过程中，不断地遭受较强的片蚀，使其黏细风化物被大量蚀去，残留着粗骨成分，因而所发育的土壤呈明显的薄层性（一般不足20～30cm）和粗骨性，其剖面的分化极差，故称为粗骨土。其剖面属于A－C型。A层是以粗骨土粒为主，仅含少量细土及有机物，它与初风化或半风化的母岩直接相连，所以这种土壤剖面实际上不能说明土壤的发育类别。

粗骨土广泛分布全省各地的河谷、丘陵、低山和中山等多种地貌单元，与红壤、黄红壤、黄壤呈交错分布状态。

（一）形成原因

粗骨土的形成有降雨、地形、母质和人类活动等因素。降水量和降雨强度越大，大雨日数越多，土壤遭受侵蚀程度越严重；地面坡度大于等于2° 便能引起侵蚀，在其他条件相同的情况下，由于重力作用的影响，坡度越陡、坡面越长，则土壤侵蚀程度越严重；不同母岩及其母质风化物发育的土壤，抗水蚀程度从大到小依次为：石英砂岩、石灰岩、第四纪红色黏土、紫砂岩、红砂岩、浅变质岩、花岗斑岩，一般为粉砂含量高、土体松散、黏结力弱的土壤类型，容易遭受侵蚀，进而演变成为粗骨土；林地资源不合理开发，森林木材过量采伐，植被覆盖率下降，雨水对地表的冲刷力增强，土壤蓄水能力减弱，导致水土流失严重，粗骨土面积扩大。

（二）理化性状

1. 薄层性和粗骨性

剖面结构A－C型，土体浅薄，显粗骨性，颜色随母岩而异，强酸性。其形成过程中遭受严重片蚀，土体浅薄。全省粗骨土A层平均厚15cm，C层厚37cm；1～10mm石砾含量A层占土体的30.9%，C层占24.7%。细土质地为砂质壤土至砂质黏壤土，砂粒含量占53%，黏粒含量小于20%，粗骨性十分明显。

2. 土色随着母岩风化物的基色不同而异

由凝灰岩风化物发育的石砂土，以浊橙色为主；由花岗岩风化物发育的白岩砂土，以棕色为主；由红砂岩风化物发育的红砂土，呈红棕色至红橙色；处于高海拔的乌石砂土，颜色呈灰棕色、黑棕色。

3. 总体酸性

呈强酸性、酸性，少数呈微酸性，pH值为4.5～5.9。交换性酸总量3.3cmol/kg，其中交换性铝占77%；交换性盐基6.41cmol/kg，有效阳离子交换量9.71cmol/kg；盐基饱和度50%左右。黏粒硅铝率A层平均2.92，C层平均2.51，均略高于红壤性土。

4. 成土部分养分丰富

土体中虽夹有大量石砾，但细土部分有机质含量较丰富，A层平均含量为34.4g/kg。全氮平均含量为1.72g/kg，碳/氮比为11.6；全磷平均含量为0.31g/kg；全钾平均含量为22.3g/kg。

（三）分类构成

浙江粗骨土设酸性粗骨土一个亚类，根据其质地、母质等续分为6个土属。

1. 石砂土土属

母质为硅质岩（凝灰岩、流纹岩、石英砂岩）。剖面为 A－C型，土体浅薄，常夹有多量石砾，呈粗骨性；质地多为砂质壤土、黏壤土，黏粒含量约20%，pH酸性反应。红泥土和黄泥土侵蚀后可形成这类土壤。广泛分布在丘陵、低山、中山的陡坡处，常与黄红壤、红壤性土、黄壤呈交错分布。全省总面积为124.823万 hm^2，占粗骨土面积的91.47%。

2. 白岩砂土土属

母质为花岗岩、闪长岩的风化残坡积物。剖面为 A－C型，土体浅薄，常夹有大量石砾和粗砂，质地多为砂质壤土，呈酸性、微酸性反应。砂黏质红泥和砂黏质黄泥侵蚀后可形成这类土壤。零散分布在各丘陵山地的陡坡处和山岗顶部地段。全省总面积为3.389万 hm^2，占粗骨土面积的2.48%（图2-21）。

图2-21　典型土体：粗骨土土类—酸性粗骨土亚类—白岩砂土土属—白岩砂土土种（杭州市西湖区）

3. 片石砂土土属

母质为页岩、炭质泥岩、硅质页岩或泥质灰岩互层的风化残坡积物。剖面为 A－C型，土体浅薄，多残留片状的岩石碎屑，质地多为砂质壤土至黏壤土，酸性、微酸性反应。黄红泥土强烈侵蚀后可演变为该土。主要分布在浙西海拔100～250m低丘陵区。全省总面积为4.854万 hm^2，占粗骨土面积的3.56%。

4. 红砂土土属

母质为白垩系衢江群红砂岩风化残坡积物。剖面为 A－C型，土体浅薄，质地多为砂质壤土，呈酸性反应。土体红棕色，砂粒70%左右，黏粒10%。集中分布在衢江河谷两侧海拔50～80m的低丘岗地。全省总面积为3.071万 hm^2，占粗骨土面积的2.25%（图2-22）。

5. 黄泥骨土属

母质为第四纪红色黏土网纹砾石层，因红土层遭受严重侵蚀，导致红白网层裸露地表，故称黄泥骨。剖面分为 A－BV型（BV为淀积层 B与网纹层 V的过渡层），土层浅薄，质地为

图2-22　典型土体：粗骨土土类—酸性粗骨土亚类—红砂土土属—红砂土土种 （衢州市柯城区）

壤质黏土，呈强酸性反应。砾石含量为15%～20%，但黏粒含量很高，在40%左右，呈红色，化学组成与红壤相似。面蚀、沟蚀严重。主要分布在金衢盆地红土阶地上，与黄筋泥交错分布。全省总面积为3 170hm^2，占粗骨土面积的0.23%。

6.硅藻白土土属

母质为古淡水湖硅藻沉积物，土色呈灰白色，剖面为A－C型，土体较薄（30cm左右）、紧实，母质层深厚，微酸性反应；无砾石，黏粒在40%左右，质黏，农业利用差，属非金属矿。集中分布于新嵊盆地海拔30～80m的台地上，呈裙带状分布，全省总面积仅110hm^2，约占粗骨土面积的0.01%。

七、潮土

潮土属半水成土土纲。母质为洪积物、河流冲积物、河湖沉积物以及河海、浅海沉积物，绝大部分分布在滨海平原、水网平原和河谷平原。按地貌类型划分，浙江分布在滨海、水网和河谷平原的潮土面积分别占潮土土类总面积的33.9%、40.1%和26.0%。

（一）形成过程

土壤剖面处于周期性的渍水影响下，土体内的氧化还原过程交替进行。其主导成土因子是丰富的降水（湿润气候）和徐缓的地表排水（平原及长坡缓坡地形）以及人为灌溉作用。浙江的潮土大部分分布于滨海平原和水网平原，其形成过程包括脱盐淡化、潴育化和耕作熟化3方面。

1.脱盐淡化过程

海涂经围埂挡潮后，在自然降雨、人工灌溉、开沟排水等作用下，滨海土壤开始脱盐淡化演变过程。1m土体内平均含盐量从13.5g/kg降至作物生长较为安全的1～3g/kg，此过程需20～30年。滨海盐土演变成灰潮土（含盐量小于1g/kg），需50年左右。滨海盐土在脱盐淡化过程中，盐分的离子组成发生变化：在阴离子组成中，氯离子淋洗较快，其占阴离子总量由

88.0％降至24.86％；磷酸根离子淋洗较慢，其占阴离子总量的比例则相对提高；而碳酸氢根离子含量则因生物作用而显著增加，其占阴离子总量的比例由2.38％提高到62.71％。在阳离子组成中，钠离子淋洗较快，其占阳离子总量的比例亦明显降低，但下降幅度较氯离子小；钙离子、镁离子、钾离子均有淋洗，百分值都略有提高，但它们被淋洗的速度均较钠离子慢。在脱盐淡化过程中，常伴随脱碳酸盐作用，但进展相当缓慢，远低于脱盐过程。滨海盐土均含有一定数量的游离碳酸钙、碳酸镁，致使土壤呈现强石灰性反应。未经围堤筑塘以前，因不断受海水浸渍影响，土壤脱盐作用不能持续进行，在落潮期间，这些滨海土壤的地下水的矿化度很高，可达30g/L。围垦后，在自然降雨、人工灌溉、开沟排水等作用下，盐分从地表径流及土体内逐渐排出，使地下水的矿化度逐渐下降，土体及水质逐渐淡化，最后演变成为潮土，从而加速了土壤在自然状况下的草甸土化过程和在耕作管理下的耕作熟化过程。

2.潴育化过程

潴育化过程即草甸土化过程。分布在滨海平原和水网平原的潮土，地势平缓，土体深厚，地下水位常在1m左右，并受季节性降雨和蒸发影响而上下移动。分布在河谷阶地和低丘坡麓地带的除受地下水的影响外，还受侧渗水影响，土体内氧化－还原作用频繁，潴育化过程明显，使剖面中、下部形成铁、锰斑纹淀积或呈结核。慈溪灰潮土的颜色因受母质影响呈现棕色，逐渐向着雏型潴育化发展，剖面中、下层可见铁、锰斑纹，其密度占土体的3％～10％。

3.耕作熟化过程

潮土是人们通过耕作、栽培、施肥、排灌等措施定向培育的旱作土壤，耕作熟化过程是潮土形成过程中的主要特点。据温州市试验资料，从滨海盐土的泥涂演变成灰潮土的淡涂泥，有机质含量由15.2g/kg提高到17.9g/kg；淡涂泥经耕作熟化后，有机质含量从17.9g/kg提高到21.4g/kg。这说明通过合理的耕作利用，土壤有机质不但不会减少，反而还会有所积累。

（二）理化性状

耕作历史长久的潮土，其剖面层次可分为耕作层、亚耕层、心土层和底土层，而发育较差的潮土一般分表土层、心土层和底土层。典型剖面观察显示，耕作层一般厚10～15cm，发育好的老菜园土，耕作层厚度达20cm以上。耕作层土壤颜色因含有机质多少而异，湿时呈浊黄棕、棕色、暗棕色，干时呈浊黄橙、浊黄棕、棕灰色；土体疏松，多根系，团块状。亚耕层一般厚8～10cm，土色较耕层暗淡，土体紧实，少根系，块状结构。心土层一般厚30～40cm，干土颜色受母质影响而变化，在滨海平原呈浊黄棕色，在钱塘江河口呈棕灰色为主，在河谷冲积物主要呈橙色；有少量至中量的铁、锰斑纹淀积，沉积层理明显，根孔及大孔隙的面上有黏粒的淀积。底土层厚40～50cm，颜色和心土层相似；土体较湿润疏松，沉积层理较心土层明显，有少量铁、锰斑淀积，在河谷平原区局部心底层中夹有粗砂层和石砾。

潮土的母质来源广，质地变幅大，从砂质壤土至黏土均有。剖面质地大体可分均质型和夹层型两大类。均质型广泛分布在滨海、水网平原和河谷平原，土体质地均一，一般无石砾。地处钱塘江河口和杭州湾两岸的以砂质壤土至粉砂质壤土为主，甬江口及以南滨海平原的以粉砂黏质壤土至粉砂质黏土为主。夹层型土体中夹有粗砂层、砾石层，或泥、砂、砾混杂，主要分布各河漫滩和洪积扇上，表土层中1～10mm石砾含量3.8％～20.8％，平均18.2％，质地为砂质壤土至砂质黏壤土。

潮土pH值在地域间变幅较大。河谷平原区潮土pH值5.5～7.0，水网平原区pH值6.0～7.5，滨海平原pH值6.6～8.5。同一剖面，pH值自上而下多有提高。河谷平原区潮土土壤阳离子交换量10cmol/kg左右，滨海、水网平原区则为15cmol/kg左右，土壤盐基饱和度均为80％左右。

河谷、水网平原潮土均无石灰性反应，不含可溶性盐。滨海平原潮土，处于由浅海沉积体进行脱盐淡化和脱碳酸钙过程中；1m土体的全盐量平均小于1g/kg，一般情况下底土层的全盐量略高于表土层、心土层。据统计，表土层全盐量平均为0.8g/kg，心土层为0.9g/kg，底土层为1.3g/kg。分布在滨海平原外缘潮土的全盐量高于内侧，1m土体上下层均有石灰性反应。随着潮土耕作熟化土壤发育，耕作层开始脱钙，而后逐渐脱钙到亚耕层。故在滨海平原的内侧，潮土表土层已无石灰性反应，而心土层、底土层仍有石灰性反应，且自上而下增强。在地域之间的潮土其碳酸钙含量也有差异，分布在河口两侧江涂泥土属其心土层碳酸钙含量平均为25g/kg，而分布滨海平原淡涂泥土属，其心土层碳酸钙含量平均为46g/kg，差异较为明显。

潮土有机质平均含量15.4g/kg，全氮平均含量1.03g/kg，速效磷平均含量10mg/kg，速效钾平均含量115mg/kg。随着耕作年代长久和土壤熟化程度的提高，潮土有机质、全氮含量逐渐积累，区域差异较明显。潮土在利用上主要为旱作或种植果树。

（三）分类构成

浙江潮土仅有灰潮土1个亚类，续分11个土属。

1.河谷平原地区潮土分4个土属

（1）洪积泥砂土土属。母质为洪积物。土体厚度不足1m，土壤剖面层次分化不明显，多砾石（20％左右），质地变异大，砂质壤土为主，呈微酸性至中性反应；开发利用时间较久，适种性较广。分布在溪流峡谷滩地、山前洪积阶地、谷口或盆地边缘的洪积扇上，海拔一般低于50m。全省总面积为2.152万hm^2，占潮土面积的5.84％。

（2）清水砂土属（图2-23）。母质为近代河流冲积物。土体厚度不足1m，土壤剖面层次

图2-23　典型土体：潮土土类—灰潮土亚类—清水砂土属—清水砂土种　（临海市）

分化不明显，砂粒达80%以上，夹有少量砾石，质地为壤质砂土至壤质黏土，土体松散无结构，呈微酸至中性，高水位时易受洪水影响，养分含量低。分布在江河两侧滩地、近河床的低河漫滩和沙洲上，一般呈条带状。全省总面积为3.326万 hm^2，占潮土面积的9.03%。

（3）培泥砂土土属。母质为新近的河流冲积物，部分仍受洪水泛滥影响。土体较为深厚，一般为1m，部分下段为砾石层或河流老沉积物，质地比清水砂细，以砂质壤土为主（黏粒15%、砂粒50%左右），具有一定的肥力，一般上黏下砂，呈微酸至中性。质地适中，通透性和耕性好，适种性广，多分布在江河两侧河漫滩阶地上，以及江河中下游的河曲地段。全省总面积为3.496万 hm^2，占潮土面积的9.49%。

（4）泥砂土土属。母质为新近河流冲积物。土体厚度在1m以下，质地较粗，砾石10%左右，砂粒50%左右，质地为砂质壤土至壤土，呈酸性至中性，剖面分化不明显，一般无铁锰分离。分布于江河上游及其主要支流两岸高河漫滩阶地上，土体疏松，耕性及通透性良好，光热水条件较佳。全省总面积为6 160hm^2，占潮土面积的1.68%。

2. 水网平原潮土分3个土属

（1）潮泥土土属。母质为河流相沉积体或湖相沉积体。剖面分化明显，土体厚度大于1m，质地均一，为粉砂质黏土，呈中性，盐基饱和，心土层和底土层有铁锰斑。质地适中，通透性和耕性好，农业利用上以种植蔬菜和桑树为主。分布于大河下游水网平原中的高墩地，其中有少量为人工堆垛而成。全省总面积为4 850hm^2，占潮土面积的1.32%。

（2）堆叠土土属（图2-24）。母质为河湖相或河海相沉积体。经长年人工就地采土堆叠而成，集中分布在杭嘉湖水网平原。剖面深厚，土体在1m以上，分化不明显；上部常有砖、螺壳等侵入体，下部有沉积层理，质地因土源不同变化较大，pH值一般呈微酸性和中性反应，宜种性广。全省总面积为13.577万 hm^2，占潮土面积的36.86%。

图2-24　典型土体：潮土土类—灰潮土亚类—堆叠土土属—壤质堆叠土土种（桐乡市）

（3）粉泥土土属。母质为河海相沉积物。剖面分化明显，土体厚度大于1m，质地自上而下逐步变黏，为黏壤土至壤质黏土，pH值5.6～8.5，心土有锈斑，剖面下部有石灰反应；保水、保肥、供肥性能均较好。分布在滨海平原向水网平原的过渡地段。全省总面积

6 880hm^2，占潮土面积的1.87％。

3.滨海平原潮土分为4个土属

（1）砂岗砂土土属。母质为经过海浪淘洗分选的砂质海相沉积物。剖面分化极差，土体深厚达1m以上，质地变化大，为砂质壤土至砂土，砂性很强（表土砂粒占67％，心土砂粒占94％），疏松无结构，结持性弱，无石灰反应，通气透水性能良好，保蓄性能较差，呈带状分布在河流入海处两侧岸的古海岸砂堤上。全省总面积为100hm^2，占潮土面积的0.03％。

（2）淡涂泥土属。母质为河口海相或海相沉积物。剖面分化明显，土体厚达1m以上，质地以黏壤土为主，分布在滨海平原，为盐土与潮土的过渡土壤类型，已脱盐（小于1g/kg），但剖面中有石灰性反应（至少下层有），心土层有铁、锰斑纹；通透性和耕性良好，但易淀浆板结，干旱时节尚有返盐现象。全省总面积11.096万hm^2，占潮土面积的30.13％。

（3）江涂泥土属。母质为河海相沉积物与河流冲积物的混合体。成土时间短，剖面分化不明显，土体深厚，质地以粉砂质黏土为主，养分贫瘠，熟化度低，多分布在滨海平原和水网平原交接地带，位于近海的江河下游两岸。因分布在河流下游海潮能到达的沿江两岸，由江潮淤泥沉积而成，故称江涂泥。土体已脱盐，开始进入脱钙过程，有石灰反应；地下水为咸水，旱季可能返盐至表层。全省总面积为1.314万hm^2，占潮土面积的3.57％。

（4）滨海砂土土属。分布在滨海平原外缘以及海岛边缘的低地上，母质为近海风浪淘洗分选的砂质沉积物，以及经过迎风面受强风激扬搬运沉积于山岙丘陵上的风积砂。剖面分化极弱，土体深厚，通体疏松无明显结构，质地为壤质砂土至砂质壤土，养分贫乏，保肥、蓄水性能差；剖面下部呈石灰性反应，质地较粗。全省总面积为690hm^2，占潮土面积的0.18％。

八、滨海盐土

在海岸线的内、外两侧，广泛分布着滨海盐土，涉及宁波、台州、温州、杭州、嘉兴、绍兴和舟山7个市的33个县（市、区）。全省滨海盐土总面积为39.77万hm^2，占土壤总面积的4.1％。

（一）形成特点

浙江滨海盐土所处的地形可分为：滨海平原、河口冲积—海积平原、岛屿海积小平原的外缘和潮间带。滨海盐土由近代海相或河海相沉积物发育而成，其沉积物的主要来源是长江和省内入海河流的泥砂，以及浅海底质、基岩海岸浪蚀的碎屑等。它们在河流、海流、潮汐、风浪等动力因素影响下，向沿岸运移和沉积淤高。

盐渍化是该类土壤的独特成土过程。但在海水涨、落潮而对土体起间歇的浸渍中，土壤除盐渍化过程外，尚附加脱盐过程。由于海水对土体盐分的不断补充，脱盐过程表现微弱。当土体淤高至不受海水浸淹或筑堤围垦后，土壤由盐渍化过程演变为脱盐过程。因此，滨海盐土因地面高程受海水影响情况的差异，表现出盐渍化和脱盐两个截然不同的成土过程。成土历史短，土壤剖面发育差，层次分化不明显，属A　C_{sa}（盐渍）型，只是表层土壤有机质和养分含量相对地高于下段土体。

（二）性状特点

1. 含盐量高且呈碱性反应

滨海盐土的盐分含量相差很大，取决于成土过程中积盐和脱盐的强度。在积盐为主时，1m土体内的含盐量可大于10g/kg，最高达21.8g/kg，盐分在土体中的分布上层高于下层。在脱盐为主时，土体的含盐量一般在6g/kg以下，最低为1g/kg，上层低下层高。脱盐初期，受毛管水上升的影响，易引起上层土壤积盐（返盐）。该类土壤均呈碱性反应，pH值7.5～8.5。随着成土过程的变化，pH值也有所变化。土壤处于盐渍过程为主时，表层土壤pH值在8.0以上，1m土体内变化不大；当土壤进入脱盐过程后，表层土壤的pH值有所下降，在7.5左右，在1m土体内，呈上低下高态势。

2. 土壤质地变化大但同一剖面中较为均一

由于沉积环境和海水动力条件不一，造成了土壤颗粒组成的很大变化，其土壤质地可以涵盖全省所有的质地类型，是浙江省各类土壤中质地跨度最大的1个土类。由于海水动力等条件比较恒定，单一土壤剖面上下质地较均一。只有一些河口或人为堵港工程等地理环境条件变化的地段，才出现土壤剖面中质地较轻或较重的夹层及上下质地不一的现象。

3. 黏粒矿物类型较一致

该类土壤质地变化虽然较大，但土壤中黏粒矿物类型变化不大，均以伊利石为主，其相对含量约为70%，而高岭石、蒙脱石、蛭石和绿泥石的含量虽稍有高低，但差异不大。

4. 土壤有机质和氮素含量较低

滨海盐土有机质含量平均为12.4g/kg，全氮平均含量0.84g/kg，受土壤质地和耕作的影响较大。在堤外的潮滩盐土亚类，有机质、氮素与土壤黏粒含量呈正相关；在堤内的滨海盐土亚类，经脱盐和培肥熟化后，有机质、全氮含量均有增加。土壤全磷含量较高，平均0.61g/kg，与土壤质地关系不大，脱盐熟化中土壤全磷量也会有所提高。

（三）分类构成

根据土壤分布区域及积盐、脱盐的进程差异，浙江滨海盐土分为潮滩盐土和滨海盐土2个亚类。

1. 潮滩盐土亚类

分布在海堤外侧，受海潮影响，含盐量大于10g/kg。成土过程以盐渍化为主，伴有弱度的脱盐过程，1m内土壤含盐量在滨海盐土中最高。因成土时间短，发育分化极差，土壤剖面构型为A－C。质地由北部的粉砂土向南部的黏土转变，但上下层之间质地相似；通体呈碱性，具石灰反应。用于土地围垦或滩涂养殖。

设滩涂泥1个土属（图2－25）。全省总面积为28.858万hm^2。宁波市、温州市和台州市分布面积较大。

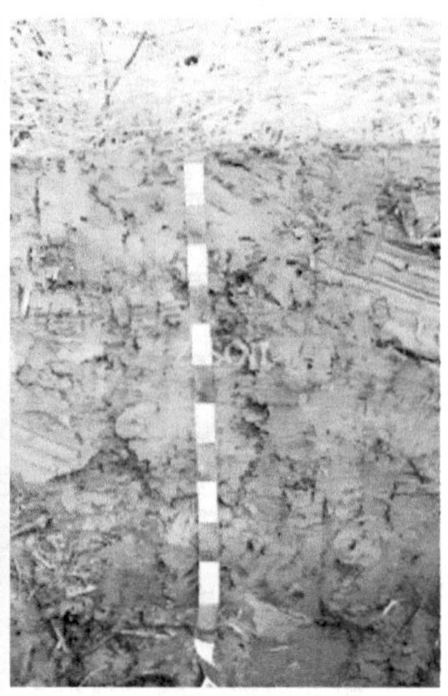

图2-25　典型土体：滨海盐土土类—潮滩盐土亚类—滩涂泥土属—泥涂土种 （慈溪市）

2.滨海盐土亚类

分布在海堤内侧，基本不受海水影响，处于脱盐阶段，含盐量1～10g/kg。根据围垦时间和脱盐程度续分为涂泥土属（含盐10g/kg左右）和咸泥土属（含盐量1～6g/kg）。土壤剖面发育分化不明显，呈A－C构型。质地也具备北部粉砂土渐变南部黏土、上下层之间质地相似的特点和规律。

（1）涂泥土属。属围垦不久的海涂，土壤由积盐开始转变为脱盐过程，1m土体内含盐量在10g/kg左右，呈上高下低状况，返盐强烈，需洗盐种稻，方可旱作利用。全省沿海各县（市、区）均有分布，以宁波市和舟山市面积最大。全省总面积为2.993万 hm^2，占滨海盐土亚类的27.4%。

（2）咸泥土属（图2-26）。由涂泥土经人工垦种后发育而成的耕地土壤，1m土体内含盐

图2-26　典型土体：滨海盐土土类—滨海盐土亚类—咸泥土属—轻咸黏土种 （临海市）

量在1~6g/kg，表土可因季节性返盐和脱盐变幅较大；土壤脱盐趋势为自上而下、先土壤后地下水逐步脱盐；宜种植耐盐先锋作物，逐步改善耕层理化性状。一般分布在涂泥土属分布区域的内侧，也可紧靠海塘，全省沿海各县（市、区）均有分布，全省总面积为7.916万hm^2，占滨海盐土亚类的72.6%。

九、山地草甸土

山地草甸土又称山地灌丛草甸土，零星分布在浙江省低中山的顶部及山岙中的局部凹地，其分布高度一般在海拔700~1 200m，与黄壤交错分布，连片面积很少超过7hm^2。主要分布在临安、丽水、龙游、龙泉、乐清和余姚等地，以临安昌化的千亩田面积最大（41.33hm^2）。全省总面积为380hm^2，占土壤总面积的0.004%。

（一）形成特点

所处海拔较高，气温低，降水多，湿度大。冬季多冰雪，夏季多云雾，自然植被以耐湿的草甸灌丛为主，如杜鹃、箭竹、白茅、拟麦氏草等，并散生马尾松、黄山松等林木，但由于风大，这些林木生长稀疏矮小。

有机质积聚是其形成过程中最显著的特点。在凉湿气候条件下，茂密的草甸植物残体矿化过程缓慢，有机质大量积聚，有时还与草甸植物大量的活根交织在一起，形成深厚而松软的草根层。另外，由于所处地形平缓，有时地面积水或土体内滞水，使土体中产生氧化还原过程，因此在心土层常有铁、锰锈斑，甚至在底土层可见潜育现象。

成土母质多是富铝风化物的再积物，因而土壤保留着富铝化的特征。如黏粒矿物中含有较多的高岭石；土壤矿物质组成中盐基成分很低，致使ba值小于0.4，Bu层（锈色斑纹化淀积层）黏粒硅铝率偏低为2.8。由于年降水量较高，促使土壤淋溶过程，土体中盐基成分淋失，土壤中盐基饱和度低，故山地草甸土也有生草黄壤之称。

（二）理化性状

山地草甸土的剖面一般为A-Bu-C型，有的地方还出现泥炭质土层。表土层较为深厚，平均为42cm；有机质积累明显，平均含量154g/kg，高的达200g/kg。其中粗有机质较多，腐殖质组成中以胡敏酸为主，胡敏酸与富里酸之比2.72。山地草甸土的颗粒组成因母质种类不同而有差异，但一般黏粒含量不高而使土壤质地较粗，多为黏壤土，并常夹有许多砾石。土壤反应呈酸性，新鲜土样的水浸pH值5.4~6.0，土壤风干后，由于铁解作用使pH值降至4.0~5.0，致土壤的盐基高度不饱和，心土层的盐基饱和度小于10%。表土层由于生物富集作用，盐基饱和度稍高，但也只有22.2%。底土层由于盐基物质的淀积作用，盐基饱和度略高于心土层，为12.8%。与黄壤一样，山地草甸土的交换性酸中，以交换性铝为主，表土层占79%，心土层占85%以上。游离氧化铁的活化度、络合度高，而晶化度低，主要因为有机质的大量存在使大量氧化铁被活化和络合，致使表层的铁的活化度高达54.5%，络合度高达49.0%。虽然土壤剖面中心土层由于有机质减少而使铁的活化度降低，晶化度提高，但是由于表土层的铁的螯移作用，其铁的络合度仍较高，达57.4%。底土层因有潜育现象，铁的活化度则高达72.8%。据统计，A、Bu和C层铁的晶胶比分别为0.84、3.44和0.37。

（三）分类构成

暂分山地草甸土1个亚类，山草甸土1个土属（图2-27）。

山地草甸土虽然有机质含量高，氮、磷、钾养分丰富，但由于大多地处偏远，交通不便，气温偏低，目前多处于自然荒芜状态，耕作利用极少。

图2-27　典型土体：山地草甸土土类—山地草甸土亚类—山草甸土土属—山草甸土土种　（杭州市临安区）

十、基性岩土

主要分布于新（昌）嵊（州）盆地，金华、衢州、丽水等地有少量存在。基性岩土成土母质为新近纪玄武岩风化物。因侵蚀强烈，基性岩土壤性质（盐基饱和、剖面发育差）明显不同于玄武岩区的红壤（红黏土），也不同于火山灰土（不含水铝英石，其碱溶性铝含量较低），风化程度比红壤性土弱，曾称为玄武岩幼年土。全省总面积为1.867万 hm^2，只占全省土壤总面积的0.04%。

（一）理化性状

基性岩土剖面发育弱，风化淋溶弱，ba值0.41～0.86，明显高于同母质发育的红壤；土壤呈中性至微酸性反应，pH值5.6～7.0；盐基饱和度高，一般在80%以上。剖面构型A-（B）-C，土层厚度50cm左右，颜色为浊黄色（或浊黄棕色）。

土壤表土层疏松，含少量有机质和石砾，质地为壤质黏土，粉黏比1左右，块状结构；心土层较紧实，母质层夹有半分化岩石碎屑。黏粒矿物以蒙脱石为主，伴有少量伊利石、高岭石。阳离子交换量高（土壤为30cmol/kg，黏粒为80cmol/kg）。黏粒硅铝率在3.45～4.15。土壤全铁含量较高，但铁游离度较低（小于20%），不同于红壤；铁活化度较高，在20%～35%。矿质养分较丰富，磷、钙、锌、硼含量高，适于花生、桑树等农作物的生长。

（二）分类构成

设基性岩土1个亚类，棕泥土1个土属（图2-28）。

由于基性岩土淋溶程度较弱，所以能逐步释放较多的矿质养分，尤其是磷、钙、锌、硼等营养元素，肥力持久，因此成为新昌小京生花生、牛心柿，嵊州优质蚕桑等名优土特产的优势种植区域。

图2-28 典型土体：基性岩土土类—基性岩土亚类—棕泥土土属—棕泥土土种（新昌县）

第三节 土地利用现状

根据浙江省土地更新调查省级汇总资料：全省农用地面积约为872.7万 hm^2，由林地、耕地、园地、草地、坑塘水面、农村道路和其他土地等构成。其中，林地占64.7%，耕地占22.0%，园地占7.9%，草地面积最小，占比不足0.01%。林地、耕地和园地合计约占农用地面积的95%。从全省农用地的区域分布情况看，丽水市分布面积最大，占全省农用地面积的18.64%，其次是杭州市占16.0%，其他依次是温州市11.2%、金华市10.8%、台州市9.2%、衢州市9.0%、宁波市7.8%、绍兴市7.8%、湖州市5.4%、嘉兴市3.2%；舟山市分布面积最小，仅占全省农用地面积的1.0%。从11个市农用地构成看，嘉兴市耕地面积占全市农用地面积比重达74.0%为最高，其余10市均为林地占比最大，其中以丽水市居首，比重高达84.2%（图2-29）。

一、耕地

根据全省土地更新调查省级汇总资料：全省耕地面积191.65万 hm^2，分灌溉水田、望天田、水浇地、旱地和菜地5种类型。其中，灌溉水田面积为125.14万 hm^2，望天田面积为26.8万 hm^2，水浇地面积为2.96万 hm^2，旱地面积为35.68万 hm^2，菜地面积为1.07万 hm^2（表2-4）。耕地构成和分布具有“类型多样、面积差异大、区域分布不平衡”等特点。

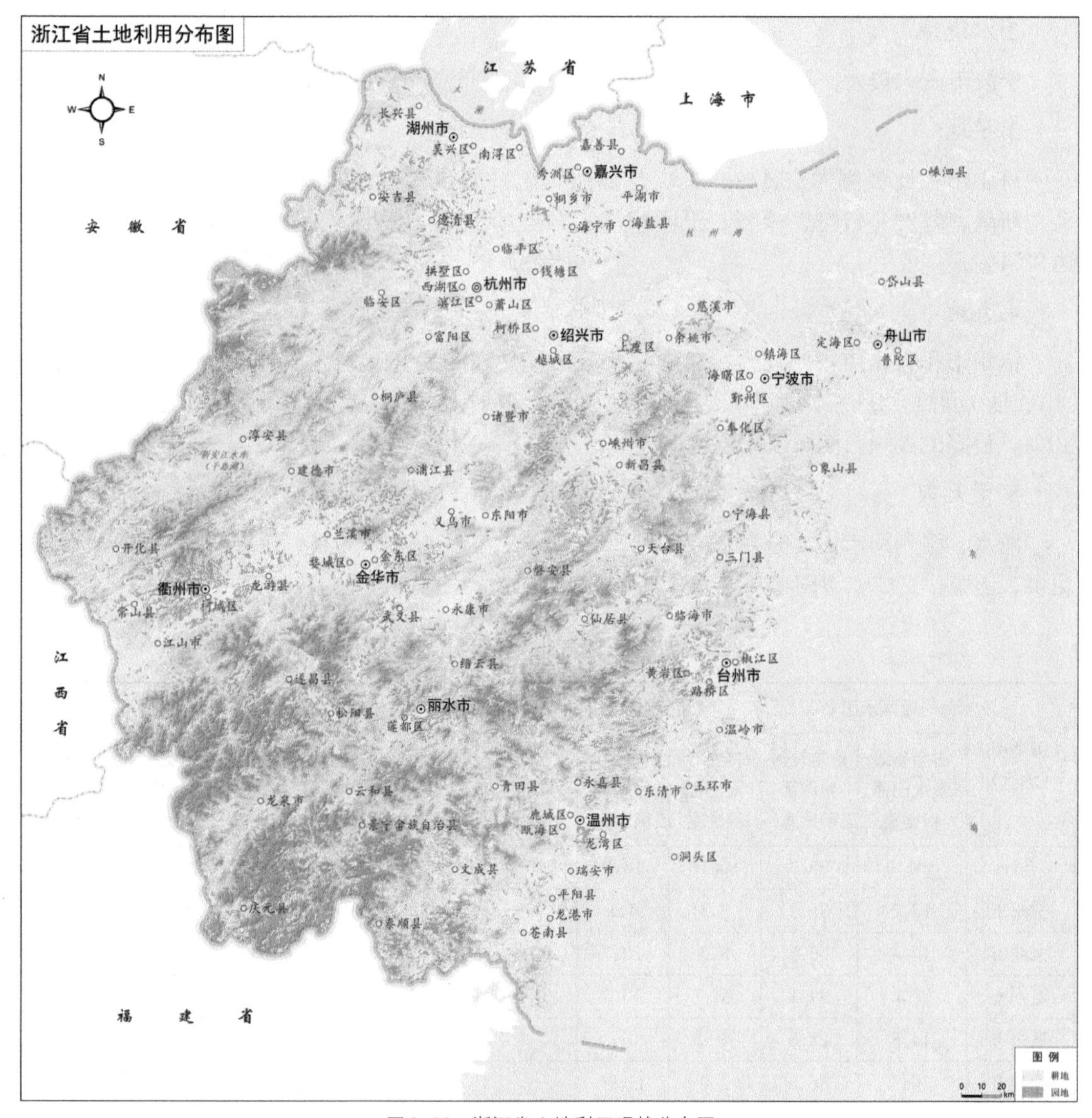

图2-29　浙江省土地利用现状分布图

（一）类型构成

全省耕地构成以灌溉水田所占比重最大，为65.3%，旱地次之，占18.6%，再次是望天田，占14.0%，水浇地和菜地占比均较小，分别为1.5%和0.6%。

1.灌溉水田

全省除丽水市外，其余10市耕地构成均以灌溉水田所占比重居首位。缘于地处水网平原地区，境内河网密布，水源充足，以及农田水利设施配套完善，嘉兴和湖州两市灌溉水田占全市耕地面积比重最大，分别为88.6%和86.6%。丽水和温州市灌溉水田面积比重相对较小，占比均不足40%。

2. 水浇地

宁波市占比较大，其中慈溪市占比达66.8%，其他各市仅温州占比较小，为0.1%。

3. 旱地

舟山市占比最高为53.1%，其次是温州、绍兴和台州市，湖州市占比最小为9.1%。洞头、新昌、磐安、普陀、嵊泗、玉环和岱山等县（市、区）占比均超过50%，最大的洞头区达93.4%。

4. 菜地

杭州市和舟山市占比较大，其中江干区占比达80.3%。90个县（市、区）中，有69个县（市、区）灌溉水田占本县（市、区）耕地面积比重最大，其中有61个县（市、区）比重超过50%，最高的湖州市南浔区比重达98.7%。

5. 望天田

丽水、温州两市占比分为52.7%和30.4%，占比超过50%的县（市、区）有景宁、泰顺、龙泉、遂昌、文成、青田和永嘉等，其中景宁最高，达82.0%。

表2-4　浙江省耕地构成与区域分布

省/市（地区）	灌溉水田（%）		望天田（%）		水浇地（%）		旱地（%）		菜地（%）	
	占全省灌溉水田面积比重	占本辖区耕地面积比重	占全省望天田面积比重	占本辖区耕地面积比重	占全省水浇地面积比重	占本辖区耕地面积比重	占全省旱地面积比重	占本辖区耕地面积比重	占全省菜地面积比重	占本辖区耕地面积比重
合计	100.0	65.3	100.0	14.0	100.0	1.6	100.0	18.6	100.0	0.5
杭州市	13.2	75.7	3.3	4.1	—	—	10.8	17.6	54.2	2.6
宁波市	10.4	63.2	8.3	10.7	99.9	14.3	6.3	10.9	17.7	0.9
温州市	7.4	39.1	26.7	30.5	0.1	0.0	20.0	30.2	4.8	0.2
嘉兴市	14.8	88.6	—	—	—	—	6.5	11.1	5.6	0.3
湖州市	10.3	86.6	2.2	3.9	—	—	3.8	9.1	4.7	0.4
绍兴市	10.0	65.5	6.0	8.4	—	—	13.9	26.1	0.2	0
金华市	12.9	71.9	7.4	8.8	—	—	12.1	19.2	1.6	0.1
衢州市	7.3	69.0	7.9	15.9	—	—	5.5	14.9	3.2	0.2
舟山市	0.8	45.3	0	0.1	—	—	3.4	53.1	3.2	1.5
台州市	9.0	60.7	10.2	14.8	—	—	12.5	24.2	4.3	0.3
丽水市	3.9	34.3	28.0	52.7	—	—	5.2	13.0	0.5	0

资料来源：马奇，2009。

（二）区域分布

受生物、气候、地貌结构、地理环境以及人类垦殖活动的综合影响，全省耕地分布地域差异非常明显。主要分布在平原地区以及海拔250m以下的低丘缓坡地带，集中分布在杭嘉湖平原、萧绍宁平原、东南沿海平原以及苕溪、钱塘江、曹娥江、甬江、椒江、瓯江、飞云江、鳌江等水系冲积、堆积形成的河谷平原，金衢、天（台）仙（居）、新嵊、诸暨、浦江、丽阳和松古等大小盆地。地域分布上，灌溉水田主要分布在水网平原、滨海平原、河谷平原、大小盆地的底部及河谷地区，田块较为平缓，且具有良好蓄水条件，排灌方便。由于耕作历史悠久，生产条件优越，灌溉水田是全省质量最好、生产力最高的耕地，也是全省耕地分布集中的地区，是资源保护的重点区域。望天田主要分布在全省丘陵山区的山坡、山垄、岗背和台地上，并筑有田坎蓄水，主要依靠天然降雨和自流灌水种植，抗旱能力差。水浇地仅在个别县（市、区）有所分布，依赖外力引水浇灌，主要生产棉麻等经济作物。旱地是浙江仅次于灌溉水田的耕地类型，主要分布在丘陵山坡、山麓及岗背、台地上，多与望天田交错分布，其间一般筑有地坎，部分山区旱地坡度较高，以种植大豆、小麦、油菜等经济作物为主。菜地主要集中在城市周围。

在市域分布上，温州市、金华市、杭州市、嘉兴市和宁波市耕地面积占全省耕地面积均超过10%，舟山耕地面积最小，仅占1.2%。不同类型构成中，灌溉水田在11个市均有分布，以嘉兴市面积最大，占全省灌溉水田面积的14.8%，杭州市、金华市、宁波市和湖州市均超过10%，舟山市最少仅占0.8%；区域超过2.8万 hm^2的有萧山、长兴、诸暨等11个县（市、区），合计占全省灌溉水田面积的29.3%。水浇地仅分布在宁波市和温州市，以宁波市为主，占全省水浇地面积的99.9%。旱地以温州市分布面积最大，占全省旱地面积的19.9%，绍兴市、台州市、金华市和杭州市占全省旱地面积比重也均在10%以上；上虞、瑞安、苍南、诸暨、永嘉和新昌分布面积均超过1万 hm^2，6县（市）合计占全省旱地面积的20.8%。望天田在11个市也都有分布，其中以丽水、温州两市分布最多，分别占全省望天田面积的28.0%和26.7%；永嘉、文成、泰顺、龙泉、青田、宁海和景宁均超过1万 hm^2，7县（市）合计占全省望天田面积的46.6%。菜地主要分布在杭州市和宁波市，合计占全省菜地面积的71.9%，其他各市只有零星分布。

二、可调整农地

全省可调整农地面积为16.1万 hm^2，分可调整果园、可调整桑园、可调整茶园、可调整其他园地、可调整有林地、可调整未成林造林地、可调整苗圃和可调整养殖水面8种类型。以可调整养殖水面和可调整果园为主，分别占全省可调整农地面积的34.6%和31.2%，其余各可调整地类所占比重均在10%以下，可调整未成林造林地所占比重最小，仅为1.5%。

可调整农地主要分布在宁波市、杭州市和绍兴市，分别占全省可调整农地面积的22.6%、14.0%和12.5%，舟山市最少仅占2.9%。其中，可调整果园主要分布在衢州市、宁波市、台州市、金华市和丽水市，合计占全省可调整果园面积的72.8%，常山、衢江、柯城、象山等19县（市、区）可调整果园面积均在1 000hm^2以上；可调整桑园主要分布在湖州市、嘉兴市、杭州市和绍兴市，合计占全省可调整桑园面积的90.9%；可调整茶园主要分布在绍兴市和丽水市，合计占全省可调整茶园面积的68.4%，绍兴、松阳、遂昌、永嘉、新昌、嵊州和余姚可调整桑园面积均在400hm^2以上；可调整其他园地主要分布在宁波市、杭州市和绍兴市，合计占全省可调整其他园地面积的78.3%，集中在奉化、临安、平阳、诸暨、长兴、绍兴和义乌，可调整其他园地面积均在500hm^2以上；可调整林地主要分布在宁波市和杭州市，合计占全省可调整林地面积的55.7%，绍兴、遂昌、岱山、桐庐、镇海、北仑和鄞州可调整林地面积均在500hm²以上；可调整养殖水面主要分布在宁波市、杭州市、湖州市和绍兴市，合计占全省可调整养殖水面面积的70.4%，诸暨、象山县、宁海县、余杭等县（市、区）可调整养殖水面面积均在1 000hm²以上。

衢州市、金华市、台州市、丽水市、舟山市和温州市可调整果园占其可调整农地面积的比重较大，分别为79.0%、69.7%、55.8%、51.7%、44.6%和31.3%，其中常山、青田和黄岩分别高达99.6%、99.2%和97.3%；比重相对较低的是湖州市，仅为6.7%。嘉兴市和湖州市可调整桑园占其可调整农地面积比重较高，分别为20.8%和19.1%，淳安、海盐分别占71.8%、67.6%；比重较小的是台州市、宁波市、温州市和舟山市，均在1%以下。丽水市、绍兴市和温州市可调整茶园占其可调整农地面积的比重较高，分别为38.5%、22.2%和17.3%，遂昌、永嘉、松阳分别为69.1%、64.4%、61.5%；比重较小的是嘉兴市和舟山市，均在1%以下。温州市、宁波市和杭州市可调整其他园地占其可调整农地面积的比重较高，分别为18.5%、16.3%和14.5%，临安、平阳和奉化分别为88.8%、71.9%和63.5%；舟山市、台州市、丽水市和嘉兴市比重较小，均在1%以下。可调整有林地占其可调整农地面积比重均相对较小，最大的宁波市为7.8%，最小的温州市为0.6%。可调整未成林造林地占其可调整农地面积比重除舟山市为13.5%外，其他各市比重均较小。可调整苗圃占其可调整农地面积比重也相对较小，最大的温州市为9.9%，最小的衢州市为0.2%。湖州市、嘉兴市、宁波市、杭州市和绍兴市可调整养殖水面占其可调整农地面积的比重较大，分别为54.6%、50.4%、40.6%、39.1%和35.5%，南浔、三门、宁海、萧山和吴兴所占比重均超过80%；比重最小的丽水市仅为1.0%。

三、园地

全省园地面积为69.23万hm²，分果园、桑园、茶园和其他园地4个类型。其中：果园面积为36.99万hm²，占全省园地面积的53.5%；桑园面积为8.60万hm²，占12.4%；茶园面积为17.81万hm²，占25.7%；其他园地面积为5.83万hm²，占8.4%。“类型齐全、差异明显、团块状地域分布”构成了浙江园地的基本特点。

(一)类型构成

全省园地类型构成以果园所占比重最大为53.5%，茶园、桑园和其他园地分别占25.7%、12.4%和8.4%。各市构成上，宁波市、温州市、金华市、衢州市、舟山市、台州市和丽水市果园占其园地面积的比重最大，占比均在60%以上；有50个县（市、区）占比超过50%，嵊泗最高达100%；嘉兴市、湖州市和绍兴市果园占比均小于30%。嘉兴市和湖州市桑园占其园地面积的比重居首，分别为82.8%和54.5%，南浔、桐乡、和海宁占比分别高达99.4%、98.2%和85.7%；宁波市、温州市、舟山市和台州市所占比重均不足1%。绍兴市和杭州市茶园占其园地面积的比重最大，分别为54.5%和43.1%，有16个县（市、区）占比超过50%，杭州市西湖区最高达92.6%；嘉兴市仅占0.5%。其他园地在各市园地中的比重均较小，其中舟山市和台州市仅为0.8%和0.4%。

(二)区域分布

由于种植历史和环境条件影响，浙江园地的地理空间分布差异明显，境内水网平原、滨海平原、河谷盆地及丘陵山区都有园地分布。其中果园多分布在浙东、温台沿海平原及丘陵和金衢丽盆地，桑园主要分布在浙北水网平原和低缓丘陵山区，茶园主要分布在浙东、浙西、浙西北和金衢盆地的丘陵山区。其中坡度小于2° 的园地面积占全省园地面积的32％左右，坡度在2°～6° 的园地面积占12％左右，坡度在6°～15° 的园地面积占24％左右，坡度在15°～25° 的园地面积占22％左右，坡度在25° 以上的园地面积占10％左右。

园地在全省11市均有分布，杭州市、衢州市、金华市、丽水市、绍兴市和台州市园地面积占全省园地面积均超过10％，杭州市分布15.9％比重最大，淳安县以4.55万 hm^2面积位居第一，舟山市园地面积最小，仅占0.6％。不同类型园地市域分布上，果园分布面积以衢州市和台州市最大，分别占全省果园面积的17.5％和17.1％，金华市、丽水市次之，分别占14.2％和12.7％；衢江、常山、临海等10县（市、区）面积均在1万 hm^2以上，合计面积达14.11万 hm^2，占全省果园面积的38.1％。桑园主要集中在湖州市和嘉兴市，两市桑园面积合计占全省桑园面积的70.6％，南浔、桐乡面积均超1万 hm^2，海宁、德清、淳安、吴兴、海盐和秀洲等县（市、区）面积也在3 000hm^2以上；除杭州市、绍兴市分占13.2％和7.1％外，其他各市分布较少。茶园主要分布在杭州市和绍兴市，两市合计占全省茶园面积的48.5％，淳安、嵊州、新昌、建德等县（市、区）分布面积均超5 000hm^2；金华市占比10.6％，其余除嘉兴市和舟山市所占比重较小外各市分布较为平均。其他园地主要分布在杭州市、衢州市和宁波市，三市合计占全省其他园地面积的55.4％，面积超6 000hm^2的有临安、开化和奉化，德清、遂昌、新昌、余杭、江山和庆元等县（市、区）面积也在2 000hm^2以上，杭州市占比最高，为22.0％，其次是衢州市，占19.8％，舟山市和台州市所占比重最小，分别为0.1％和0.5％。

四、未利用地

全省未利用地面积为83.82万 hm^2，占全省土地总面积的7.9％，分未利用土地和其他土地两种类型。其中，全省未利用土地28.16万 hm^2，占全省未利用地面积的33.6％；其他土地55.66万 hm^2，占66.4％。其中，衢州市、金华市、舟山市和丽水市未利用地类型构成均以未利用土地为主，嘉兴市、湖州市等其他各市以其他土地为主。

全省未利用地以温州市分布面积最大，占全省未利用地面积的20.2％，宁波市、台州市和杭州市分别占17.7％、14.4％和11.9％，其他各市面积分布比重均在8％以下，舟山市最小仅占3％。分布最多的慈溪市面积达4.40万 hm^2，象山、宁海、乐清、瑞安、永嘉、临海、温岭、上虞和苍南等县（市、区）分布面积均在2万 hm^2以上。

（一）未利用土地

全省未利用土地面积为28.16万hm^2，分荒草地、盐碱地、沼泽地、沙地、裸土地、裸岩石砾地和其他未利用土地7种类型。其中荒草地面积为22.28万 hm^2，占全省未利用土地面积的79.1％；盐碱地面积为1 800hm^2，占0.6％；沼泽地面积分布很少；沙地面积为500hm^2，占0.2％；裸土地面积为2 700hm^2，占1.0％；裸岩石砾地面积为4.74万 hm^2，占16.9％；其他未利用土地面积为6 400hm^2，占2.3％。

全省未利用土地以温州市和杭州市分布居多，嘉兴市最少仅占0.3％，除嘉兴市以其他未利用土地占比较大外，其他各市未利用土地均以荒草地构成为主。因地势高、坡度陡、利用难度大，荒草地主要分布在浙西南、浙西北和浙东南丘陵山区，其中永嘉面积最大超1万hm^2；盐碱地集中分布在宁波市，象山、镇海面积均超500hm^2；沙地主要集中在金华市，仅东阳市面积就有300hm^2；裸土地超100hm^2的有衢江、天台、诸暨、龙游、绍兴和江山等县(市、区)；21个县(市、区)裸岩石砾地面积大于1 000hm^2，永嘉县4 340hm^2居全省首位；其他未利用土地分布最多的是淳安县，面积为3 300hm^2。

(二)其他土地

全省其他土地面积为55.66万hm^2，分河流水面、湖泊水面、苇地和滩涂4种类型。其中，河流水面面积为30.31万hm^2，占全省其他土地面积的54.5%；湖泊水面面积为7 300hm^2，占1.3%；苇地面积为2 200hm^2，占0.4%；滩涂面积为24.4万hm^2，占43.8%。

全省其他土地的构成主要以河流水面与滩涂为主，两者合计占比98.3%，湖泊水面和苇地构成比重均很小。其中，杭州市、嘉兴市、湖州市、绍兴市、金华市、衢州市和丽水市均以河流水面为主，占比均在70%以上，最大的湖州市达96.1%；宁波市、温州市、舟山市和台州市则以滩涂为主，占比均在50%以上，最大的舟山市达92.9%。全省滩涂分布主要集中在宁波市、温州市和台州市，三市合计占全省滩涂面积的87.2%。分布面积居前的县(市、区)分别为：慈溪市3.88万hm^2、象山县1.92万hm^2、宁海县1.62万hm^2、温岭市1.51万hm^2、乐清市1.41万hm^2、临海市1.28万hm^2、玉环县1.23万hm^2、瑞安市1.23万hm^2、温州市龙湾区1.23万hm^2、三门县1.06万hm^2。

第四节　农业功能分区

农业是社会稳定和国民经济持续发展的“压舱石”。浙江地处东南沿海经济发达地区，农耕历史悠久、农业生产水平较高，是一个农、林、牧、渔各业全面发展的综合性农业区域，素有“鱼米之乡，丝绸之府，文物之邦，旅游之地”之称。浙江农业的功能大致可分为四大类，即生产性功能、保障性功能、生活性功能和生态性功能。其中生产性功能是浙江农业的基本功能和传统功能，其他三大类功能是农业生产性功能的内生功能和派生功能。农业不仅能够保障粮食供给、提供多种农副产品，而且还能在促进农民就业增收、推进工业化进程、缓解能源危机、推动生物质产业发展、传承历史文化、保护生态环境等方面发挥重要功能。农业不仅具有经济功能，更具有巨大的社会功能。随着经济发展和科技进步，农业的传统功能不断强化，派生功能日益彰显(图2-30)。

耕地是发挥农业生产性及其内生、派生功能的重要空间资源和物质基础，而农业基本功能和派生功能的不断转换及其在经济社会发展中占比的动态变化则直接影响着耕地资源的开发利用方式及其土壤的发育方向和“熟化程度”，彼此相互联系、相互制约、相互影响。改革开放以来，浙江农业大致经历了基本恢复(1979—1989年)、“一优两高”(1990—1998年)和全面调整与优化(1999年至今)3个阶段，农村经营体制与经营方式发生了根本性的转变。尤其是进入21世纪以后，在提前基本实现农业现代化和“八八战略”的总目标指引下，绿色农业和特色农业在“高效生态农业”总战略下成为浙江农业发展的主旋律。“长三角”都市圈的崛起和内部区域的差异化发展，使得都市农业方兴未艾；我国加入世贸组织后倒逼传统农业

图2-30　浙江省农业功能分区分布图

接轨国际，发挥区域特色、实现优势互补和外向转型成为浙江现代农业发展的主攻方向。与此同时，随着传统农业向现代农业的转变，浙江农业的现代化、区域化、专业化、集约化、标准化和功能多样化等的特征日趋明显，区域主导产业逐步形成，农业生态功能不断加强，并由一产全面向二、三产业延伸，文旅结合、乡村旅游，“农家乐”“渔家乐”等休闲观光农业成为浙江农业新的经济增长点。

农业产业结构的调整与优化通过种植制度改变、设施装备提升和单位投入产出强度变化等对存量与增量耕地资源的开发利用和发育程度影响都是巨大的。随着新型工业化和城市化进程的进一步加快，单位可投入强度的进一步提高，不同农业功能比较效益的进一步牵引，人为因素在耕地资源的空间分布（数量）和产出效能（质量）两方面的影响比重越来越大。因此，单纯以地貌类型或种植结构要素进行常规的农业分区已不足以反映现代农业发展阶段对当前耕地资源的影响变化程度及未来演变发展趋势。根据浙江区域农业自然资源和产业特征相似性、农业发展方向、途径和措施类似性，考虑省内主导优势农产品区域化布局、专业化生产、基地化建设、其他农产品发展综合因素以及城镇空间结构、布局形态与县（市、区）界线完整性，兼顾区块地理特征和经济、社会、技术条件差异，统筹城乡产业发展、区域协调、优势互补、配套改革和规划建设等因素，参考省内历次相关区划成果，全省划分为六大农业功能区，即浙东北都市型、外向型农业区，浙东南沿海城郊型、外向型农业区，浙中盆地丘陵综合型特色农业区，浙西南生态型绿色农业区，浙西北生态型绿色农业区和沿海岛屿蓝色渔（农）业区（表2-5）。

表2-5　浙江省农业功能分区

农业功能分区	市、县（市、区）范围
浙东北都市型、外向型农业区	杭州市区、嘉兴市区、海宁、平湖、嘉善、海盐、桐乡、湖州市区、德清、宁波市、慈溪、余姚、绍兴市区、上虞，合计面积1.78万 km^2
浙东南沿海城郊型、外向型农业区	奉化、象山、宁海、三门、临海、台州市区、温岭、玉环、温州市区、乐清、瑞安、平阳、苍南，合计面积1.64万 km^2
浙中盆地丘陵综合型特色农业区	金华市区、兰溪、东阳、义乌、永康、武义、浦江、衢州市区、江山、常山、龙游、诸暨、嵊州、新昌、天台、仙居，合计面积2.51万 km^2
浙西南生态型绿色农业区	丽水市区、遂昌、松阳、龙泉、云和、景宁、青田、缙云、庆元、磐安、文成、永嘉、泰顺，合计面积2.42万 km^2
浙西北生态型绿色农业区	临安、富阳、桐庐、建德、淳安、安吉、长兴、开化，合计面积1.91万 km^2
沿海岛屿蓝色渔（农）业区	舟山市区、岱山、嵊泗、洞头和台州列岛、南麂列岛、北麂列岛、东矶列岛等岛屿以及全省沿海滩涂、浅海和岛屿的周边海域，合计面积0.15万 km^2

资料来源：卫新、胡豹，2006。

一、浙东北都市型、外向型农业区

位于浙江省东北部、长江三角洲南翼，北与国际大都市上海市相连，是全省农村经济最发达地区，也是人均耕地拥有量最大的区域。区内地貌特征以平原为主，有江、河和湖泊淤积而成的水网平原和江、河冲积而成的滨海平原，其中杭嘉湖平原和宁绍平原为省内两个最大的平原。大部地势低平，海拔一般在10m以下，水网密布，湖荡众多。耕地面积占平原区域土地面积的1/3强，且以水田为主，占耕地面积的80%以上。耕地土壤种类有水稻土、潮土、滨海盐土等，以水稻土面积最大，约占耕地的3/4。各类土壤土层深厚，熟化程度高，有机质含量丰富，微酸性，适种性广，有利于发展粮、油、菜、桑等多种农作物。滨海平原部分土壤虽然熟化程度较低，但质地轻松，通透性强，养分容易释放，特别有利于发展蔬菜、花卉苗木等产业。众多的湖荡水域可大力发展淡水养殖业。农业生产条件较好，形成了水产、蔬菜瓜果、竹笋、畜禽、水果、花卉苗木、茶叶、蚕茧等优势产业带（区），和以“稻—麦”“稻—蔬菜”“稻—油菜”“稻—绿肥”“稻—渔（虾）”等为主的农作物“间套轮”种植模式，以温室“畜—菜”“渔—菜”共生互补生态模式为主的设施种养结合模式，以及以“菇—菜”“果—菜”“粮—果”等按空间梯次分布的（设施）立体种植模式。是浙江粮食、油菜籽、蔬菜瓜果、蚕茧、茶叶、花卉苗木、特色干鲜果、竹笋、畜牧和水产等优势产品的重要产区，也是全省农业产业结构调整的先行区。

域内浙江八大水系中钱塘江、曹娥江、甬江、苕溪4条过境，可利用水资源总量丰富。农业气候资源光照充足，虽热量较低，大部在≥10℃年积温线5 300℃以北，但仍可基本满足多熟制和多种作物生长的要求。存量耕地面积大，但后备资源潜力不足，占补平衡日趋困难。区域内部目前初步形成了大、中、小城市相配套的环杭州湾都市群，航运、铁路、公路、水路和海运互相连接，交通便捷，区位优势突出。该区以接轨长三角，参与国际竞争，服务城市为目标，依托区内大中城市的“城市圈”效应，扩大外向联系，有选择地主动承接上海大都市圈农业转移，着重发展绿色蔬菜、特种水产品、生态畜禽、蚕桑、花卉苗木等具有较高成长性和发展潜力的产业，积极建立面向国际市场和长三角地区城市群的“菜篮子”都市型农业，建成全省未来现代农业发展的核心与龙头。

二、浙东南沿海城郊型、外向型农业区

位于浙江省东南沿海，光照充足，雨水充沛，是浙江人均耕地最少的区域。陆域地貌上以滨海平原、丘陵、山地阶梯式向内陆延伸，形成多样的土地类型。区域内的温（岭）黄（岩）平原和温（州）瑞（安）平原，是浙江的重要平原之一，也是浙江的重要产粮区，适宜多种农作物生长，是全省蔬菜、瓜果、粮食重点产区；丘陵、山地土层深厚，肥力较好，适宜发展具有特色的茶、果和林业。蔬菜瓜果、特色林果是区域内最具优势农业产业，形成了“蔬菜—瓜果”“粮—（菜）瓜果”“粮—经济作物（果蔗）”“林果—经济作物”“竹—菜”等多位一体农业发展模式。

域内海岸线长，优良港口多，交通便利，民营经济发达。区域海涂资源丰富是其重要资源特点之一，潮间带滩涂地，涂面平整，涂质黏细、肥沃，港湾水体交换良好。水热资源丰富，年平均温度17~18℃，≥10℃年积温在部分地区在5 600℃以上；年日照时数1 700~1 900 h；无霜期265~284 d，是浙江热量条件最优越的地区之一。全年降水量1 500~1 700mm，水资源总量为280亿m^3。有利于发展多熟制和柑橘、枇杷等喜温经济果木生长。该区充分利用光热资源优势，合理有效配置农业生产要素，以发展高价值外向型农业为主要方向，重点培育蔬菜瓜果、水产品、特色水果、茶叶、竹笋（马蹄笋）和食用菌等优势特色产品，进一步提升市场潜力大、经济效益高的外向型农业和特色农业比重，形成一批在省内外具有较强影响力和竞争力的特色优势农产品产业带、产业区，不断提高农业外向度。

三、浙中盆地丘陵综合型特色农业区

位于浙江省中部，地貌特征以金衢盆地为主，是全省最大的内陆盆地，也是浙北平原和浙西南山地的结合部，历来是浙江省农业综合发展较好的区域。区域内光热条件优越，土地类型复杂多样，农产品种类丰富，有利于农林牧渔各业全面发展。近年来，通过农产品品种和结构的调整创新，逐步涌现出一批特色农产品和全国“特色之乡”，形成了具有明显特色和区域优势的主要产品和产业区，以及与农业资源基本适应的特色农产品种植结构和布局。其中，盆地周缘的江河上游农林区，以立体农业循环模式和产业链循环模式相结合为主，采取“林—药—果”“林—茶”“林—菌”等模式，重点发展中药材、食用菌、茶叶、香榧、板栗等农产品，打造以林业及林特产品加工为依托的林业产业循环经济链。低丘岗地生态农业区，以能源与资源循环模式、产业链循环模式为重点，发展以“猪、沼、果（菜、鱼）”“果—粮—

猪”“桑—粮—猪”“粮—经济作物（甘蔗、席草等）”等为主的种养循环模式，突出粮、果、畜、经济作物等产业化开发，建立绿色农产品生产基地。中西部河谷平原高效农业区，以立体农业循环模式、产业链循环模式、能源与资源循环模式为主，发展“粮—菜—畜”“粮—牧—渔”“粮—渔—果”立体养殖以及“三位一体”和“四位一体”等农业发展模式。

域内地貌特征为丘陵盆地和山地丘陵，其中浙中是浙江最大的盆地区域，以金衢盆地为主体，四周分布有浦江、南马、永康、武义、峡口、墩头、常山、宣平等10多个盆地，构成了环状相间的盆地群。丘陵起伏平缓，底部开阔，由河谷中部向南北两侧呈梯状分布，依次由河滩地、河谷平畈、低丘岗地、山垄地组成。地处亚热带气候区，光热水资源丰富，四季分明。耕地后备资源相对丰富，开发潜力大。低丘区具备较好的垦造立地条件，土层深厚，坡度平缓，但基础肥力较低，地带性土壤以红壤为主，具有“酸、黏、瘦”的特点。该区以金华、衢州两市为轴心，浙赣铁路和杭金衢高速公路为轴线，通过点—轴渐进扩散式开发，实行种养结合、农牧结合，以综合性特色农业为主要发展模式，带动中部地区农业产业转换和升级，形成参与市场经济大循环的农业生产体系和格局。重点培育蔬菜、特色干鲜果、茶叶、花木、珍珠、优质畜禽、蜂产品、毛竹、食用菌等有特色、有较高成长性和成熟性的产业。

四、浙西南生态型绿色农业区

位于浙江西南部丘陵山区，历来以林业生产经营为主，与浙西北部丘陵山区共同构成浙江八大水系的源头区域。是浙江山地面积最广，农业生产条件相对较差，经济开发程度较低、农村经济相对落后的一个区域。该区域以中低山为主，山岭起伏，山峰林立。山地间有壶镇、丽水、碧湖、松古、云和、龙泉等山间盆地，为主要农区；土壤以红壤、黄壤为主，土层深厚，基础条件较好。自然生态条件优越，有利于林特产品生产，是浙江主要林业基地。同时，也是浙江重要水果、高山蔬菜、名优茶主产区之一，还是浙江重要的中药材生产基地。

本区是瓯江、飞云江、鳌江、灵江等水系的发源地，也是下游平原地区重要的生态保护屏障。森林覆盖率较高，生态环境优良，大气、水和土壤环境质量基本达到国家绿色食品产地标准，有利于发展绿色农产品生产。由于地势高低相差悬殊，气候垂直性差异十分明显，局地小气候资源丰富。由于该区域降雨集中在梅雨期间，易遭夏秋季高温干旱，冬季易发生冻害。该区以维护生态平衡，发展绿色农业、特色农业、生态农业和休闲观光农业为主，积极打造浙江“绿谷”。充分发挥林业在生态系统中的主导作用，重点发展高山蔬菜、食用菌、竹（笋）业、中药材、茶叶以及特色经济林果等特色优势产业和产品。同时，加强对天然林、自然保护区和湿地等区域的全面、重点保护，避免低效林地的过度开发，目标是建成浙江重要的生物多样性和生物种质资源保护基地。

五、浙西北生态型绿色农业区

位于浙江西北部丘陵山区，与浙西南部丘陵山区共同构成浙江八大水系的源头区域。区域地貌以低山丘陵为主，坡度较缓，土层深厚，境内有天目山、白际山、千里岗等山脉，为东、西苕溪源头。区内地形起伏多变，气候阴湿多雨，昼夜温差大，有利于茶叶、竹笋、高山蔬菜、山核桃、板栗等经济作物生长。虽然地处丘陵山区，但距上海、杭州、湖州、嘉兴等大中城市较近，区位优越，交通便捷，城乡居民收入水平较高，城乡发展较为协调，多种经济特产作物在省内有着相当优势地位。目前，以竹笋、高山蔬菜、山核桃为特色的农产品生产已有相当规模且已成为区内最具竞争力的优势产业。建成区域特色明显、经济效益显著的珍稀干果、竹笋、木制品、花木、山地精品水果、木本粮油、木本药材七大产业带。按照“山上戴帽、山腰种果、山下养猪、山塘养鱼”的山地立体开发思路，大力发展“林—粮—果”“粮—果—茶”“粮—经（药）—畜”“粮—畜—渔”“果（茶）—蔬—畜”“茶—果—蔬”等山区林地和高山台地立体农业模式。

该区农业发展以维护东、西苕溪源头、钱塘江流域和杭嘉湖平原生态环境，构筑具有浙西北部山区特色的产品型都市农业和绿色生态型都市农业和休闲观光旅游型农业为主，重视森林资源保护，优化林分结构，强化生态屏障，重点发展竹笋、茶叶、特色干鲜果、高山蔬菜等特色优势产业和产品。同时，积极建立现代林业生态体系和产业体系，打造生态防护林，建设一批高质量、有区域特色的经济林果商品生产基地，创建一批省级以上优质名牌。

六、沿海岛屿蓝色渔（农）业区

区内海域辽阔，海岸线长，港湾众多，岛屿、港湾相互交错，耕地面积小，滩涂面积大，海洋生物资源丰富。水温、盐度适中，水质肥沃，饵料丰富，适宜多种鱼、虾、贝、藻等多种生物生长与繁衍，有利于发展海水产品养殖和盐业生产。海水养殖优势品种主要为对虾、青蟹、梭子蟹、大黄鱼、泥蚶、柽子、紫菜等。

农业发展定位以海岛蓝色渔业型农业为主要方向，立足海洋资源优势，实行开发与保护并重，加快培育海洋经济与产业的新增长点。重视海岛生态体系建设，建立以生态公益林为主体，兼顾商品林发展，多林种、多树种、多功能的海岛森林生态防护体系。强化近海渔业资源的增殖、保护和海域的合理开发利用，大力发展虾鱼混养、虾贝类混养、鱼藻贝类混养等浅海、滩涂立体海水养殖模式；同时结合海岛水资源状况，调整农业种植结构，重点发展旱粮和高效节水型作物，大力发展节水型农业。积极推广薄露灌溉、免耕直播、保护性耕作、喷滴灌、微蓄微灌等农业节水技术，提高农业水利用效率。

第三章 耕地地力评价

浙江省省级耕地质量调查与地力汇总评价采用与县域耕地地力评价相同的技术路线，即耕地地力综合指数法。主要步骤包括：资料收集与整理—数据遴选甄别及补充调查—数据库建立—评价指标体系建立—耕地地力评价—结果验证—成果输出。评价数据主要来源于县域耕地地力评价数据、测土配方施肥调查点位数据，并进行了严格的筛选审核。在评价过程中，应用GIS空间分析、层次分析、模糊数学等方法，形成评价单元，构建评价指标体系与模型，完成耕地地力汇总评价，生成耕地地力评价等级图等成果。

第一节 评价原则与依据

耕地地力是在一定区域内，耕地本身土壤理化性状、所处自然环境条件、农田基础设施及耕作施肥管理水平等因素相互作用表现出来的综合特征。耕地地力评价是对耕地在一定利用方式下、各种自然要素相互作用下所表现出来的实际或潜在生产能力的评价，揭示耕地实际或潜在生产能力的高低。作物产量是评判耕地地力高低指标的最终参照物。

一、评价的原则

1.综合因素研究与主导因素分析相结合原则

耕地是一个自然经济综合体，耕地地力是各类要素的综合体现。因此，对耕地地力的评价涉及耕地的自然条件、土壤状况、管理措施等诸多要素。所谓综合因素研究是指对耕地土壤立地条件、气候因素、土壤理化性状、土壤管理、障碍因素等相关因素进行综合全面地研究、分析与评价，以全面了解耕地地力状况。主导因素分析则是指对耕地地力起决定作用的、相对稳定的因子，在评价中进行着重研判，把综合因素与主导因素结合起来进行评价则可以对耕地地力做出科学准确的评定。

2.共性评价与专题研究相结合原则

浙江耕地类型多样，土壤理化性状、环境条件、管理水平等不一，耕地地力水平有较大的差异。一方面，考虑省域内耕地地力评价目标的一致性和评价结果的可比性，便于评价成果在更大尺度上为管理与生产服务，针对不同的耕地利用等状况，选用统一的、共同的评价指标和标准，即耕地地力的评价不针对某一特定的利用类型，反映可比较的潜在生产能力的高低。另一方面，为了了解不同利用类型的耕地地力状况及其内部的差异情况，对有代表性的主要类型耕地进行专题性深入研究。共性的评价与专题研究相结合，使整个的评价和研究具有更大的应用价值。

3.定量和定性相结合原则

耕地系统是一个复杂的灰色系统，定量和定性要素共存，相互作用，相互影响。因此，为了保证评价结果的客观合理，宜采用定量和定性评价相结合的方法。在总体上，为了保证评价结果的客观合理，尽量采用定量评价方法，对可定量化的评价因子如有机质等养分含量、耕层厚度等按其数值参与计算，对非数量化的定性因子如土壤表层质地、土体构型等则进行量化处理，确定其相应的指数，并建立评价数据库，以计算机进行运算和处理，尽量避免人为随意性因素影响。在评价因素筛选、权重确定、评价标准、等级确定等评价过程中，尽量采用定量化的数学模型，在此基础上则充分运用人工智能和专家知识，对评价的中间过程和评价结果进行必要的定性调整，定量与定性相结合，从而保证评价结果的科学性。

4. 采用GIS支持的自动化评价方法原则

自动化、定量化评价技术方法是当前耕地质量与地力评价的重要方向。近年来，随着计算机技术，特别是GIS技术在大范围评价中的不断应用和发展，基于GIS的自动化评价方法已不断成熟，评价精度和评价效率大大提高。耕地地力评价工作通过数据库建立、评价模型及其与GIS空间叠加等分析模型的结合，实现了全数字化、自动化的评价流程，在一定的程度上代表了当前耕地地力评价的最优技术方法。

5. 可行性与实用性原则

从可行性角度出发，浙江省耕地地力汇总评价的主要基础数据源自省内各县（市、区）的耕地地力评价成果。在核查各项目县耕地地力评价各类基础信息的基础上，最大程度利用项目县原有数据与图件信息，可以大大提高评价工作效率。同时，为使汇总评价成果与县域评价成果有效衔接和对比，汇总评价方法与县域耕地地力评价方法保持相对一致。从实用性角度出发，为确保评价结果科学准确，省级汇总评价指标的选取采用全省尺度，针对省域实际特点，体现评价实用目标，使评价成果在耕地资源的利用管理和粮食作物生产中发挥切实指导作用。

二、评价的依据

耕地地力反映耕地本身的生产能力，因此，耕地地力的评价应依据与此相关的各类要素，具体包括以下3个方面。

1.自然环境要素

指耕地所处的自然环境条件，包括耕地所处的地形地貌条件、水文地质条件、成土母质条件以及土地利用状况等。耕地所处的自然环境条件对耕地质量具有重要的影响。

2.土壤理化性状要素

主要包括土壤剖面与土体构型、耕层厚度、质地、容重、障碍层类型等物理性状，有机质、氮、磷、钾等主要养分，中微量元素、土壤pH值、盐分含量等化学性状等。不同的耕地土壤理化性状，其耕地地力也存在较大的差异。

3.农田基础设施与管理要素

包括耕地的灌排条件、水土保持工程建设、培肥管理条件、施肥水平等良好的农田基础设施与较高的管理水平对耕地质量的提升具有重要的作用。

三、评价技术流程

耕地地力评价技术流程如图3-1所示。在确定评价目标后，首先建立耕地地力评价指标体系、确定评价单元；然后根据评价方法需要，确定各评价因素权重、评价因素水平分值等；根据样点数据开展评价单元属性赋值，完成数据校核；最后开展等级划分和结果分析。

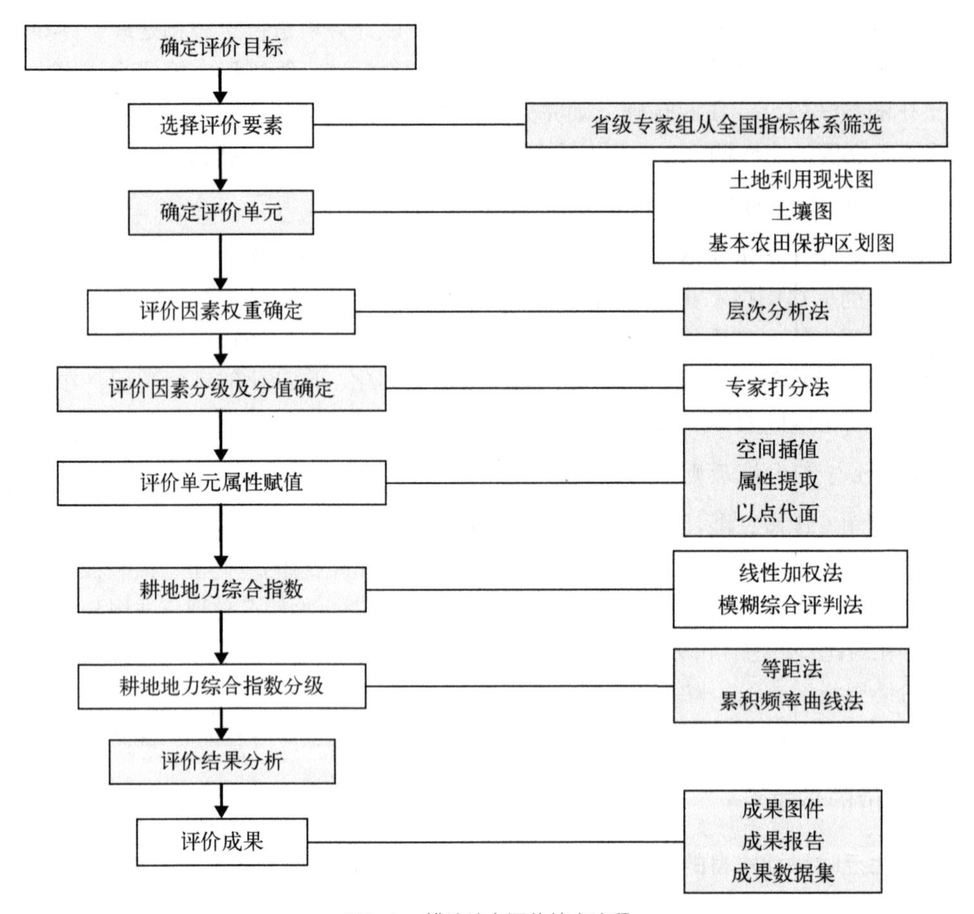

图3-1　耕地地力评价技术流程

第二节　调查方法与内容

一、确定采样点位

根据《农业部2007年耕地地力调查项目实施方案》要求，为了使土壤调查所获取的信息具有一定的典型性和代表性，提高工作效率，节省人力和资金，在布点和采样时主要遵循以下原则：

（1）根据评价工作要求和现有工作基础，确定平均每5 000亩1个样点的布设标准，不同地形条件和利用方式在此基础上进行适当加密。

（2）具有广泛的代表性，兼顾各种土地利用类型、各种土壤类型。

（3）兼顾均匀性，综合考虑样点的位置分布，覆盖所有农业县（区、市）范围。

（4）样点布设结合测土配方施肥项目实施、耕地地力长期定位监测等因素，确保相关田间数据的延续性、完整性。

（5）顶层设计，一点多用。合理布设的样点一经确定后进行内业固化，不随意增减或替换。

基于上述原则，在充分考虑地形地貌、土壤类型与分布、肥力高低、作物种类的基础上，兼顾样点典型性、代表性和均匀性等因素，省级耕地地力汇总评价合计布设样点7 311个。

二、样品采集

（一）样品采集

土壤样品采集是土壤分析工作的一个重要环节。采集有代表性的样品，是使测定结果能如实反映其所代表的区域或地块客观情况的先决条件。采集样品地点的确定与采样点数的多少直接关系到耕地地力评价的精度，掌握布点、采样等技术是土壤分析工作的基础。

采样时间为现有前茬作物收获后（或大田作物收获前几天），下茬作物尚未使用底肥或种植以前，保证所采土样能真实地反映地块的地力和质量状况。

调查、取样。通过向农民了解本村的农业生产情况，确定具有代表性的田块，田块面积要求在1亩以上，并在采样田块的中心用GPS定位仪进行定位。按调查表格的内容逐项对确定采样田块的户主进行调查、填写。调查严格遵循实事求是的原则，对那些说不清楚的农户，通过访问地力水平相当、位置基本一致的其他农户或对实物进行核对推算。长方形地块采用“S”法，而近方形田块多采用“X”法和棋盘形采样法。每个地块一般取10～15个小样点土壤，各小样点充分混合后，用四分法留取1.5kg组成一个土壤样品，同时挑出根系、秸秆、石块、虫体等杂物。采样工具采用不锈钢土钻（铁、锰等微量元素采用木铲）基本符合厚薄、宽窄、数量的均匀特征。采样深度0～20cm。填写两张标签，内外各具，注明采样编号、采样地点、采样人、采样日期等。采样的同时，填写采样地块基本情况调查表和农户施肥情况调查表。

（二）田间调查

田间调查主要是通过两种方式来完成的，一种是收集和分析相关学科已有的调查成果和资料；另一种是野外实际调查和测定。

调查的内容基本可分为三个方面：自然成土因素的调查研究，土壤剖面形态的观察研究，农业生产条件的调查研究。

1.自然成土因素的调查研究

该项调查主要是通过收集和分析相关学科已有的调查成果和资料来完成的。通过咨询当地气象站，获得积温、无霜期、降水等相关资料；借助《浙江土壤》和《浙江省土种志》等相关资料，辅以实地考察和专家分析，掌握了实际的海拔高度、坡度、地貌类型、成土母质等自然成土因素。

2. 土壤剖面形态的观察研究

结合《浙江土壤》和《浙江省土种志》的结果，通过对土壤坡面的实际调查和测定，基本掌握了浙江省各地区不同土壤的土层厚度、土壤质地、土壤干湿度、土壤孔隙度、土壤排水状况、土壤侵蚀情况等相关信息。

3. 农业生产条件的调查研究

根据《全国耕地地力调查项目技术规程》野外调查的要求，设计了采样地块基本情况调查表和农户施肥情况调查表，调查的主要内容有：采样编号、采样时间、采样经纬度、采样点所在地级市、县（市、区）、镇（街道、乡）、村名称、地貌类型、土壤类型、抗旱（排涝）能力、剖面构型、有效土层厚度、耕层质地、耕层厚度、常年耕作制度、熟制、海拔高度、坡度、地表砾石度、冬季地下水位、主栽作物产量、化肥施用量。为确保调查内容的准确性、一致性，保证调查过程万无一失，根据表格设计内容，编制了调查表格的填表说明，对调查人员进行专项培训。在实际操作过程中，要求工作人员必须现场取样，现场调查，以确保调查内容真实有效。

三、土壤样品的制备

从野外采回的土壤样品要及时放到样品风干场，摊成薄薄一层，置于干净整洁的室内通风处自然风干，严禁暴晒，并注意防止酸碱等气体及灰尘的污染。风干过程中要经常翻动土样并将大土块捏碎以加速干燥，同时剔除侵入体。

风干后的土样按照不同的分析要求研磨过筛，充分混匀后，装入样品瓶中备用。瓶内外各放标签一张，写明编号、采样地点、土壤名称、采样深度、样品粒径、采样日期、采样人及制样时间、制样人等项目。制备好的样品要妥善存储，避免日晒、高温、潮湿和酸碱等气体的污染。全部分析工作结束，分析数据核实无误后，试样一般保存3～12个月，以备查询。

1. 一般化学分析试样

将风干后的样品平铺在制样板上，用木棍或塑料棍碾压，直至全部样品通过2mm孔径筛为止。通过2mm孔径筛的土样可供pH值、盐分、交换性能及有效养分等项目的测定。

将通过2mm孔径筛的土样用四分法取出一部分继续碾磨，使之全部通过0.25mm孔径筛，供有机质、全氮等项目的测定。

2. 微量元素分析试样

用于微量元素分析的土样，其处理方法同一般化学分析样品，但在采样、风干、研磨、过筛、运输、储存等环节，不要接触容易造成样品污染的铁、铜等金属器具。采样、制样推荐使用不锈钢、木、竹或塑料工具，过筛使用尼龙网筛等。通过2mm孔径尼龙筛的样品可用于测定土壤有效态微量元素。

3. 颗粒分析试样

将风干土样反复碾碎，用2mm孔径筛过筛。留在筛上的碎石称量后保存，同时将过筛的土壤称重，计算石砾质量百分数。将通过2mm孔径筛的土样混匀后盛于广口瓶内，用于颗粒分析及其他物理性状测定。

若风干土样中有铁锰结核、石灰结核或半风化体，不能用木棍碾碎，应先将其拣出称量保存，然后再碾碎。

四、样品分析与质量控制

（一）分析化验

分析化验是进行耕地地力评价工作的重要组成部分，是掌握耕地地力和农业环境质量信息，进行农业生产和耕地地力管理的基础，是解决耕地障碍和农业环境质量问题不可或缺的重要手段。当采集的样品送达实验室后，需对每一个样品的分析化验都经过样品制备→样品前处理→分析测试→数据处理→检测报告整理5个环节，每个环节都与分析质量密切相关。因此，需对每一个环节进行强化技术管理，对分析化验的全过程进行严格的质量控制，以确保分析结果真实有效。各项测定方法具体如表3-1所示。

表3-1　土壤样品检测项目和方法

分析项目	检测方法	方法来源
土壤pH值	土壤检测　第2部分：土壤pH值的测定	NY/T 1121.2
耕层土壤容重	土壤检测　第4部分：土壤容重的测定	NY/T 1121.4
耕层土壤含盐量	土壤检测　第16部分：土壤水溶性盐总量的测定	NY/T 1121.16
有机质	土壤检测　第6部分：土壤有机质的测定	NY/T 1121.6
全氮	土壤全氮测定法（半微量开氏法）	NY/T 53
有效磷	土壤检测　第7部分：酸性土壤有效磷的测定 中性和石灰性土壤有效磷的测定	NY/T 1121.7 LY/T 1233
缓效钾、速效钾	土壤速效钾和缓效钾含量的测定	NY/T 889
有效铜、锌、铁、锰	二乙三胺五乙酸（DTPA）浸提法	NY/T 890
有效硼	土壤检测　第8部分：土壤有效硼的测定	NY/T 1121.8
有效硫	土壤检测　第14部分：土壤有效硫的测定	NY/T 1121.14
有效钼	土壤检测　第9部分：土壤有效钼的测定	NY/T 1121.9

（二）分析质量控制

1. 实验室

实验室布局、配套设施、仪器均应满足承担项目的检测质量要求，主要承担土壤有机质、大量元素、pH值、微量元素等常规分析与化验。

2. 人员

按照要求，化验室都配备相应水平的专业技术人员，并进行专业培训，检测水平达到要求的标准，且持证上岗。检测分析时，严格按照检测标准、检测实施细则进行操作，确保检测数据准确可靠。

3.仪器设备

每台仪器在使用前都进行自检，以确定仪器设备的运行状况，其完好率达到100%，确保检测数据准确。

4.操作规程

化验分析方法采用国家标准或行业标准；

对每批样品都做两个空白样进行基础实验控制；

标准曲线控制：按照实验室样品检测操作要求，对每批样品检测都做标准曲线；

每次标准曲线的相关系数γ都要求大于0.99，对相关系数γ小于0.99的要求重做；

精密度控制：每批样品分析时都做两个平行。平行双样测定结果其误差范围小于5%为合格，个别大于5%的重做；

准确度控制：在检测过程中，每批样品都使用标准样品，进行内参样掺插，判断检测是否准确。若标准样检测结果超出误差范围，则此批检测所有样品重检。

第三节　耕地地力评价技术

省级耕地地力汇总评价包括耕地地力等级评价和耕地理化性状分级评价两个方面。主要过程包括以下几个方面。

一、评价指标选取

耕地地力即为耕地生产能力，由耕地所处的自然背景、土壤本身特性和耕作管理水平等要素构成。耕地地力主要由三大因素决定：一是立地条件，就是与耕地地力直接相关的地形地貌及成土条件，包括成土时间与母质；二是土壤条件，包括土体构型、耕作层土壤的理化性状、土壤特殊理化指标；三是农田基础设施及培肥水平等。为了准确反映省域耕地地力水平，依据耕地产能与评价指标“显著性”、评价指标间“非显著性”和评价指标“可获得”原则，采用《浙江省耕地质量评定与地力分等定级技术规范》(DB33/T 895)，选择地貌类型、坡度、冬季地下水位、地表砾石度、剖面构型、耕层厚度、耕层质地、容重、pH值、阳离子交换量、水溶性盐总量、有机质、有效磷、速效钾、排涝/抗旱能力15项因子，作为省级耕地地力汇总评价的指标体系，详见表3-2。

表3-2　浙江省耕地地力评价指标体系

目标层	状态层	指标层
耕地地力	立地条件	地貌类型
		坡度
		冬季地下水位

（续表）

目标层	状态层	指标层
耕地地力	立地条件	地表砾石度
	剖面性状	剖面构型
		耕层厚度
	理化性状	耕层质地
		容重
		pH 值
		阳离子交换量（CEC）
		水溶性盐总量
		有机质
		有效磷
		速效钾
	土壤管理	抗旱／排涝能力

二、评价指标分级及分值确定

本次耕地地力汇总评价采用指标分值线性加权方法计算评价单元综合地力指数，因此，首先需要建立指标的分级标准，并确定相应的分值，形成指标分级和分值体系表。具体参照浙江省耕地地力评价指标分级分值标准，分值1表示最好，分值0.1表示最差。具体如下：

（1）地貌类型。

水网平原	滨海平原	河谷平原大畈	河谷平原	低丘	低丘大畈	高丘	低山	中山	高山
1.0	0.8	0.7	0.7	0.5	0.5	0.3	0.3	0.2	0.1

（2）坡度（°）。

≤3°	3°～6°	6°～10°	10°～15°	15°～25°	>25°
1.0	0.8	0.7	0.4	0.1	0

（3）冬季地下水位（距地面，cm）。

≤20	20～50	50～80	80～100	>100
0.1	0.4	0.7	1.0	0.8

（4）地表砾石度（1mm以上颗粒占比，%）。

≤10	10～25	>25
1.0	0.5	0.2

（5）剖面构型。

水田	A-Ap-W-C	A-Ap-P-C A-Ap-Gw-G	A-Ap-C A-Ap-G
	1.0	0.8	0.3
旱地	A-[B]-C	A-[B]C-C	A-C
	1.0	0.5	0.1

（6）耕层厚度（cm）。

≤8.0	8.0～12	12～16	16～20	>20
0.3	0.6	0.8	0.9	1.0

（7）耕层质地。

砂土、壤砂土	壤土、砂黏壤土、砂壤土、粉壤土、粉黏壤土	黏壤土	黏土、重黏土、砂黏土、粉黏土
0.5	0.9	1.0	0.7

（8）容重（g/cm^3）。

0.9～1.1	≤0.9或1.1～1.3	>1.3
1.0	0.8	0.5

（9）pH值。

≤4.5	4.5～5.5	5.5～6.5	6.5～7.5	7.5～8.5	>8.5
0.2	0.4	0.8	1.0	0.7	0.2

（10）阳离子交换量（cmol/kg）。

≤5	5～10	10～15	15～20	>20
0.1	0.4	0.6	0.9	1.0

（11）水溶性盐总量（g/kg）。

≤1	1～2	2～3	3～4	4～5	>5
1.0	0.8	0.5	0.3	0.2	0.1

（12）有机质（g/kg）。

≤10	10～20	20～30	30～40	>40
0.3	0.5	0.8	0.9	1.0

（13）有效磷（mg/kg）。

Olsen法。

≤5	5～10	10～15	15～20或>40	20～30	30～40
0.2	0.5	0.7	0.8	0.9	1.0

Bray法。

≤7	7～12	12～18	18～25或>50	25～35	35～50
0.2	0.5	0.7	0.8	0.9	1.0

（14）速效钾（mg/kg）。

≤50	50～80	80～100	100～150	>150
0.3	0.5	0.7	0.9	1.0

（15）排涝（抗旱）能力。

排涝能力。

一日暴雨一日排出	一日暴雨二日排出	一日暴雨三日排出
1.0	0.6	0.2

抗旱能力（d）。

>70	50～70	30～50	≤30
1.0	0.8	0.4	0.2

注：表中的指标区间，如10～20，表示大于10且小于等于20的区间范围。

三、评价指标权重确立

对参与评价的15个指标确定权重体系，同样参照浙江省耕地地力评价指标体系中的权重分配，具体见表3-3。

表3-3　浙江省耕地地力评价体系各指标权重

序号	指标	权重	序号	指标	权重
1	地貌类型	0.10	9	pH值	0.06
2	坡度	0.05	10	阳离子交换量	0.08
3	冬季地下水位	0.05	11	水溶性盐总量	0.04
4	地表砾石度	0.06	12	有机质	0.10
5	剖面构型	0.05	13	有效磷	0.06
6	耕层厚度	0.07	14	速效钾	0.06
7	耕层质地	0.08	15	排涝/抗旱能力	0.10
8	容重	0.04			

四、评价单元确定

（一）评价单元确定原则

评价单元是由影响耕地地力的诸要素所组成的一个空间实体，是评价最小的单元。评价单元的确定合理与否直接关系到评价结果合理性以及评价工作量的大小。评价单元内耕地的基本条件、个体属性基本一致，不同评价单元之间既有差异又存在可比性。评价单元建立的常用方法有叠加法、网格法、地块法、图斑法等，不同方法适用情况不同。

1. 叠加法

依据评价原则，选择相应的基本图件进行叠加，并合并小于上图面积的图斑，作为评价单元，能够较好地满足各个单元划分的原则与要求，需要原始叠加的基本图件很好地吻合。

2. 网格法

选用一定大小的网格，构成覆盖评价区域范围的初步单元体系，划分方法简单快捷，便于计算机操作，但不能体现单元地块间的差异性和图斑地块的完整性。

3. 地块法

以底图上明显的地物界线或权属界线，将耕地地力评价因素相对均一的地块，作为评价单元，单元划分符合实际情况；但客观依据不足，主观随意性大。

4. 图斑法

将原有的土地利用现状图作为工作底图，选取耕地作为评价单元，与土地利用调查结果保持一致，便于跨部门共享，操作方便。

（二）评价单元形成

根据全国耕地地力调查与质量评价工作实践，省级耕地地力汇总评价单元采用叠加法，即以浙江省第二次全国土地利用调查成果中1：500 000土地利用现状图上的耕地图斑与浙江省第二次土壤普查成果中1：250 000土壤图（最小分类为土属）、浙江省行政区划图（以县级行政区为最小对象）进行叠加，并进行土壤类型校正和小图斑归并。

首先，从1：500 000土地利用现状图上提取耕地图斑形成耕地分布图；然后，将耕地分布图和土壤图、行政区图进行叠加处理，形成含有土壤类型和行政区信息的评价单元，具有土属一致、土地利用类型一致的特点，如图3-2所示。

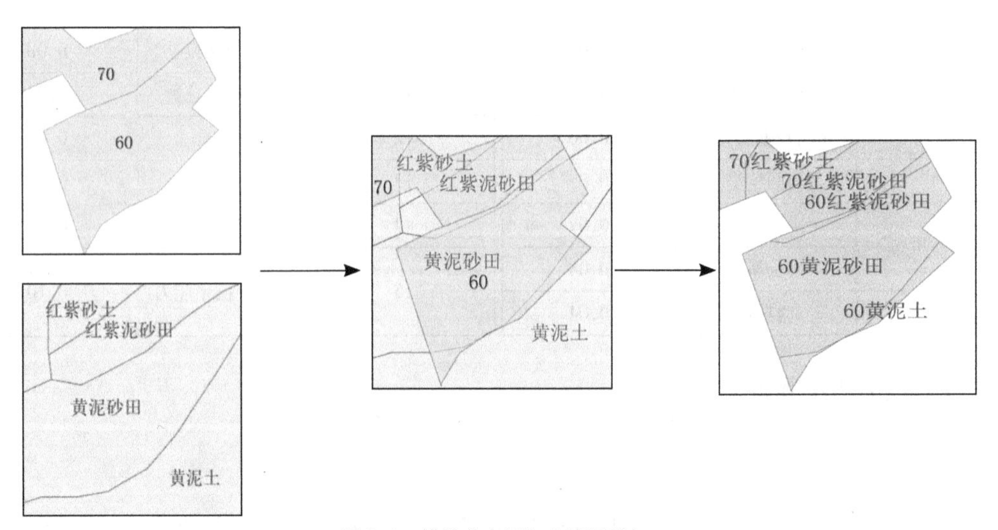

图3-2 耕地分布图与土壤图叠加

由于第二次全国土壤普查形成的土壤图成图于20世纪80年代，与第二次全国土地调查相隔近30年，其间土地利用情况发生了很大变化，既有大量的旱地变为了水田，也有大量的水田变为了园地、旱地，等等。因此，两图叠加形成的单元，会出现土地利用类型与土壤类型命名逻辑明显不一致的情形。比如：评价单元的土地利用类型是水田，土壤类型为黄泥砂土，而黄泥砂土却是旱地土壤类型；同样，处于旱地的红紫泥砂田也存在利用现状与土壤命名逻辑不一致的问题。因此，需要以土地利用现状调查结果为基准，将黄泥砂土调整为黄泥砂田，相应地，已为旱地的红紫泥砂田则调整为红紫泥砂土。如图3-3所示，左侧为调整前的两种典型情况，右侧为调整后的情况。

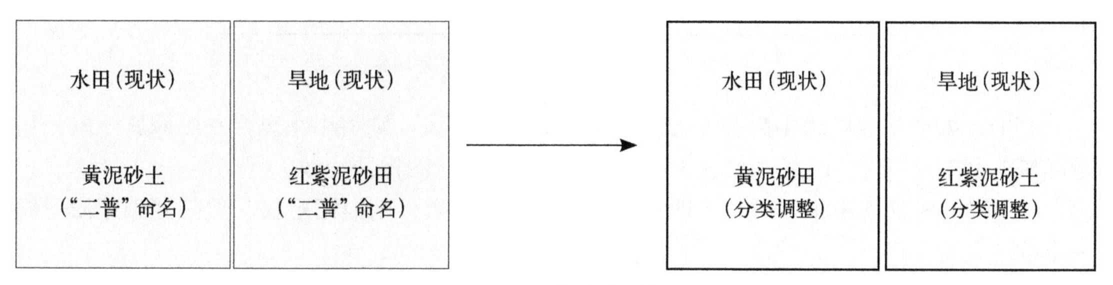

图3-3　土壤类型调整

由于耕地分布图、土壤图性质不同，成图年代和比例尺也相差较大，两类图叠加后形成大量细小图斑，如图3-4所示，需要对这些小图斑进行归并。

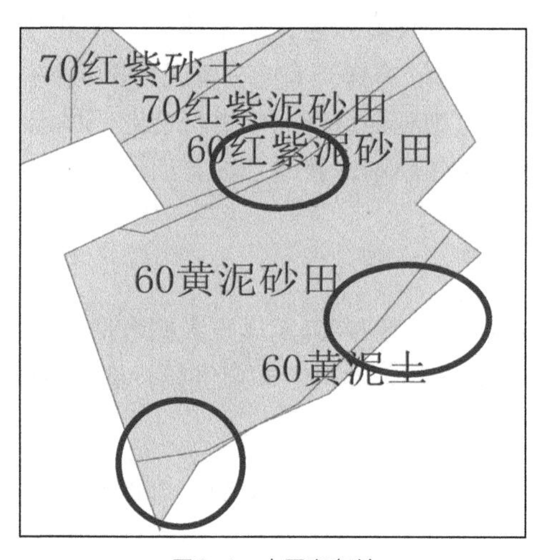

图3-4　小图斑归并

在《第二次全国土地调查成果数据缩编技术指标规范（试行）》中，关于各类用地最小图上图斑面积有如下规定：对于1：250 000的图，耕地图斑的图上面积最小为$5mm^2$，折算为实地面积是$31.25hm^2$；对于1：500 000的图，耕地图斑的图上面积最小为$4mm^2$，折算为实地面积是$100hm^2$。由于省级耕地地力汇总评价单元是1：250 000土壤图与1：500 000耕地分布图叠加的结果，因此参照上述标准，将评价单元图的比例尺按1：250 000处理，确定对实地面积小于$31.25hm^2$的图斑进行合并。

评价单元由耕地分布图与土壤图叠加产生，与小图斑相邻的图斑中总存在与其土地利用类型一致或者土壤类型一致的大图斑。在小图斑归并到相邻大图斑过程中，遵循如下原则：

（1）土地利用类型一致优先归并，即水田归并到水田，旱地归并到旱地，如图3-5所示。

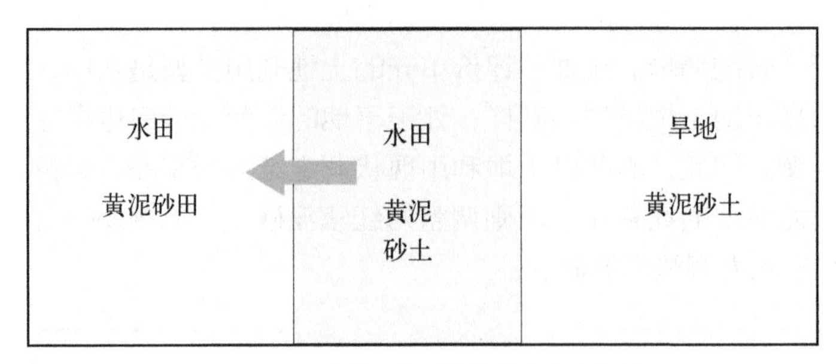

图3-5　土地利用类型优先的小图斑归并

同时，如果相邻图斑中有多个土地利用类型一致图斑，则将小图斑合并到原属于同一耕地图斑的大单元，使得图斑界线总体上与原土地利用现状图保持一致。

（2）若小图斑与相邻单元的土地利用现状类型均一致，则根据土属一致归并到原属于同一土壤单元的大图斑。

五、评价样点筛选

（一）评价样点的甄别遴选原则

基于省级耕地地力汇总评价的尺度效应，根据评价、成图的需求等，在反复试验成图精度的基础上，按平均5 000亩至少1个样点（长三角区为5 000～10 000亩1个样点）的密度从县域耕地地力评价与测土配方施肥项目样点中进行预选。样点筛选按照广泛代表性、兼顾均匀性、时效一致性、数据完整性原则，兼顾土壤类型、行政区划、地貌类型等因素，具体原则如下：

1. 均匀性原则

首先，根据各行政区划内耕地面积来确定样点大概数量，基本保证每个乡镇和重点村都有样点；其次，充分考虑空间分布均匀性确定样点位置，基本保证空间上全范围覆盖。

2. 完整性原则

完整性主要指样点调查资料和化验资料基本完整，即评价所需数据项相对完整。

3. 代表性原则

充分考虑土壤类型、地貌类型、土地利用方式、地力水平等各类主要因素，保证样点具有典型代表性。

（1）土壤类型。充分考虑每一种土壤类型，尤其确保当地主要土壤类型必须包含点位，覆盖到所有土属。

（2）地貌类型。充分考虑地貌类型，保证不同地貌类型均有点位分布。

（3）土地利用方式。充分考虑土地利用方式，包含水田和旱地。

（4）地力水平。充分考虑不同地力水平，高产、中产、低产等地块均考虑有点位分布。

（二）评价样点的甄别遴选过程

基于上述原则，在计算确定各行政区大概样点数量后，主要通过以下3个方面甄别。

1.基于样点数据可靠性和完整性的筛选

主要从两个方面因素来进行样点筛选：

（1）剔除某一指标和周围样点存在严重偏差的样点；

（2）同一点位附近，选择数据完整性更好的样点。

图3-6中，左图是某一区域内样点速效钾的含量示意图，明显下方样点的速效钾数据和上方的数据有严重偏差，因此该样点将被删除；右图所示为某一小区域内有3个样点，3个样点的部分调查和化验数据如表3-4所示，可见编号为3的样点，数据完整性明显好于其他两个样点，所以该样点将被保留，而其他2个样点被删除。

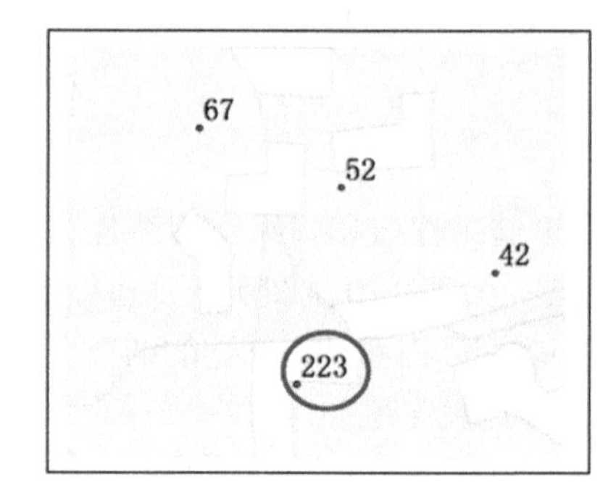

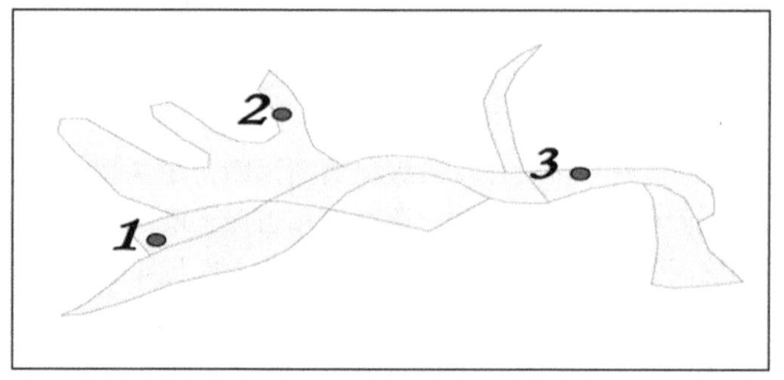

图3-6　基于样点数据可靠性和完整性的筛选示例

表3-4　某一小区域多个样点数据属性

编号	地表砾石度	剖面构型	耕层质地	耕层厚度	pH 值	容重	CEC	有机质	…
1	–	A–Ap–Gw–G	壤土	16	4.7	–	–	21.5	…
2	–	A–Ap–W–C	壤土	18	5.1	–	–	23.5	…
3	6	A–Ap–W–C	黏壤土	16	5.7	1.12	13.2	41.3	…

2.基于土壤类型筛选

通过土壤类型筛选的目的是在土壤类型层面上尽可能确保评价单元与样点之间的对应。由于省级耕地地力汇总评价采用1：250 000土壤图，而已开展的县域耕地地力评价使用的是1：50 000土壤图，因此土壤图图斑的边界有很大差异。由于边界的差异，同一样点对应于1：250 000和1：50 000土壤图上的土壤类型会存在不一致，如图3-7所示，位于左侧的样点，在县级1：50 000土壤图上是石砂土，在省级1：250 000土壤图上是洪积泥砂田。针对

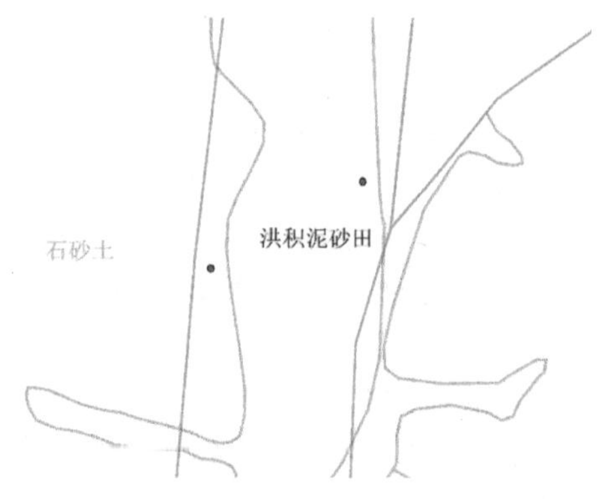

图3-7　同一样点对应于1：250 000和1：50 000土壤图上的土壤类型

黑色、黄色分别为1：250 000、1：50 000土壤图边界

这一情形，按照土壤类型一致的原则进行样点筛选，过程如图3-8所示。

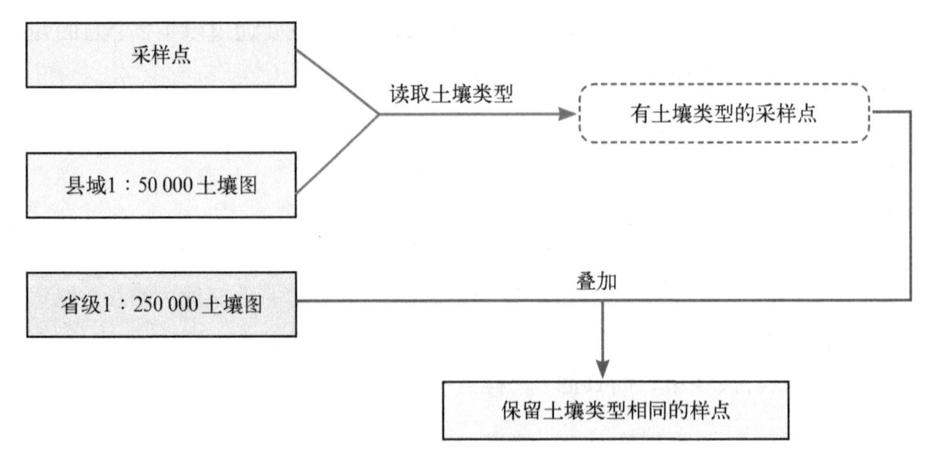

图3-8　基于土壤类型筛选方法

具体操作步骤如下：

（1）首先为调查点从县级土壤图读取土壤类型；然后将这些采样点和省级土壤图叠加，根据空间叠合关系，筛选土壤类型和省级土壤图一致的调查点。如图3-9左图所示，省级土属为培泥砂田的区域，落在上面的样点县域土属有黄泥砂田和培泥砂田两种，筛选的结果为：县域土属为黄泥砂田的样点被删除，而县域土属为培泥砂田的样点被保留。

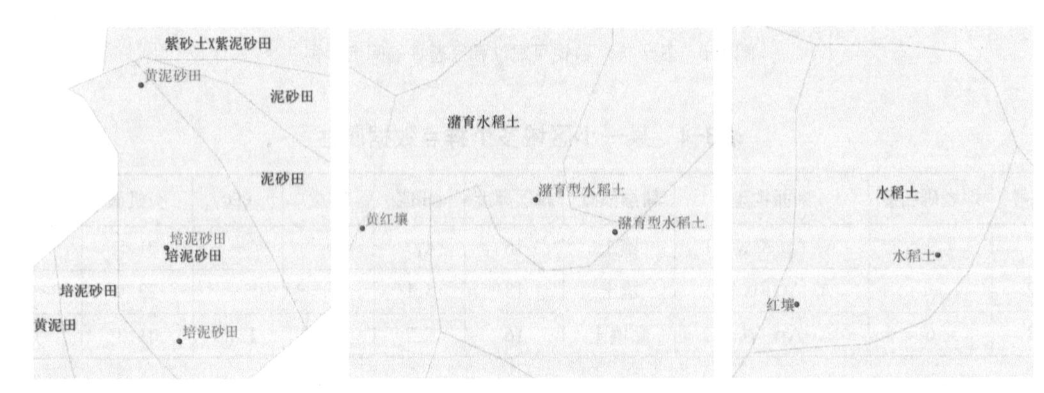

图3-9　基于土壤类型筛选示例

（2）筛选的过程中，如果落在某一区域内的所有样点的县域土属与省级土属均不一致，则以亚类为标准，保留亚类相同的样点，如图3-9中图所示，县域亚类为黄红壤的样点将被删除，县域亚类为潴育型水稻土的样点将被保留。同样，如果没有相同的亚类，则核对土类，保留相同土类的样点，如图3-9右图所示，保留土壤类型为水稻土的样点，删除土壤类型为红壤的样点。

（3）如果采样点的土属、亚类和土类与其所处区域在1：250 000土壤图上的土壤类型均不一致，则根据评价单元在1：50 000土壤图上的各土属构成比例，对样点进行取舍，使得采样点的土壤类型比例接近评价单元的土壤类型比例。

3.基于地力等级筛选

在基于样点的土壤类型筛选完成后，再根据样点的地力等级进一步筛选，目的是使得所选样点的地力等级尽可能接近评价单元所覆盖的大比例尺下的县域评价单元等级分布。具体分为以下3个步骤。

（1）提取评价单元的县域评价地力等级。通过“按面积加权处理”，从县域耕地地力评价的等级数据中提取评价单元地力等级信息。

如图3-10所示，黄色范围内的评价单元内有3～5级的县域耕地评价单元，单元大小不一，采用面积加权计算黄色范围内评价单元的县域耕地地力评价结果，示例区为3.6级。

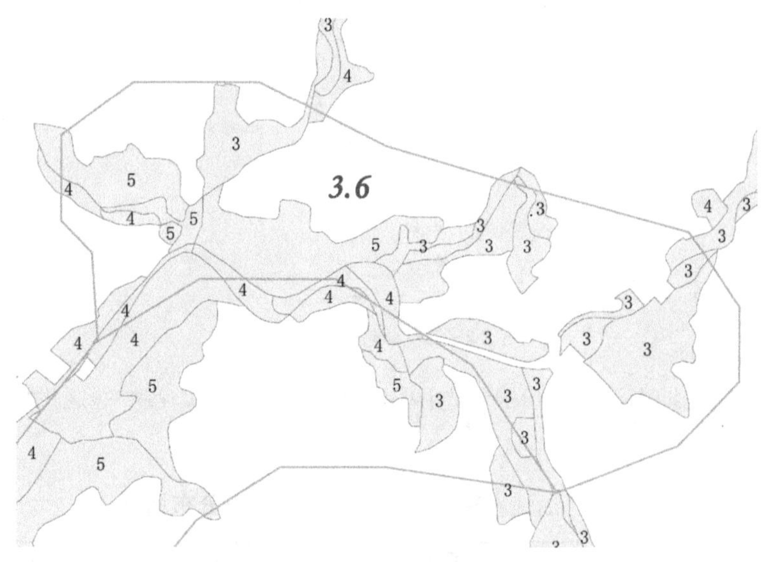

图3-10　不同比例尺评价单元叠加

（2）提取样点的县域评价地力等级。根据样点的点位空间位置，从县域耕地地力评价等级分布图中提取地力等级。如图3-11所示，样点读取所在区域的县域耕地地力评价等级，然后赋值。

图3-11　基于县域耕地地力评价成果读取样点等级

（3）样点选取。将省级评价单元和有等级的采样点叠合，选取在同一评价单元内和评价单元等级最接近的样点。

如图3-12所示，根据评价单元和采样点等级相近的原则，圆圈内的样点将被删除。如果同一评价单元内有多个等级和评价单元等级相同的样点，则保留其中数据完整且空间分布更合理的样点，以保证1个评价单元内只有1个评价样点。

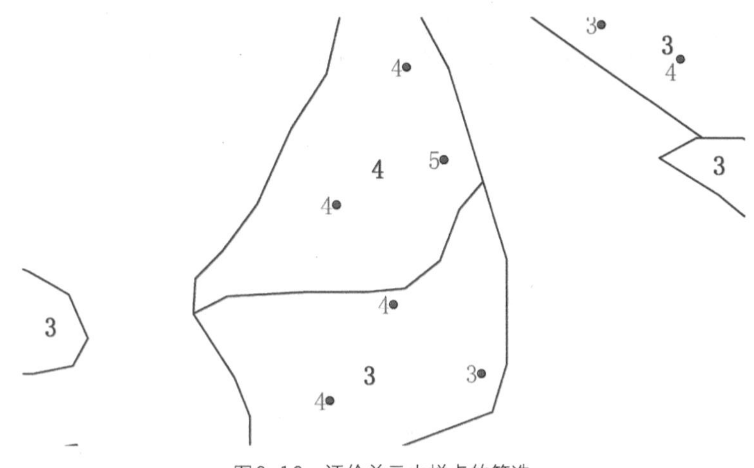

图3-12　评价单元内样点的筛选

浙江省省级耕地地力汇总评价最终选取样点数为7 311个。各个地区耕地面积和样点数量如表3-5所示。

表3-5　浙江省耕地地力汇总评价样点分布情况

地　区	面积（万 hm²）	面积占比（%）	样点数	样点占比（%）
杭州市	19.607	10.2	692	9.5
宁波市	19.945	10.4	770	10.5
温州市	25.835	13.4	990	13.5
嘉兴市	19.577	10.2	761	10.4
湖州市	15.099	7.9	639	8.7
绍兴市	18.791	9.8	714	9.8
金华市	23.064	12.0	822	11.2
衢州市	13.191	6.9	543	7.4
舟山市	2.527	1.3	63	0.9
台州市	18.882	9.8	690	9.4
丽水市	15.576	8.1	627	8.6
总数	192.093	100.0	7 311	100.0

六、评价单元指标赋值

为每个耕地地力评价单元指标赋值是耕地地力评价的关键环节。在工作中，评价单元除了从土地利用现状单元继承相关属性外，还需根据指标数据的类型和特点采用不同的方法为每个耕地地力评价单元赋值。通常的方法有空间叠加、以点代面、空间插值、区域统计等。

（一）空间叠加方式

对于地貌类型、灌溉排涝能力等成较大区域连片分布的描述型指标数据，可以先编绘相应的底图，形成地貌分区图、灌溉能力分区图等，再把耕地地力评价单元图与其进行空间叠加分析，从而为评价单元赋值。当评价单元与专题图上的多个矢量多边形相交时，采用面积占优法进行属性值选择。

（二）以点代面方式

对于剖面构型、质地等一般描述型属性，根据调查点分布图，利用以点代面的方法为评价单元赋值。当单元内含有一个调查点时，直接根据调查点属性值赋值；当单元内没有调查点时，一般以土壤类型作为限制条件，根据相同土壤类型中距离最近的调查点属性值赋值；当单元内包含多个调查点时，需要对点作一致性分析后再赋值，如土壤类型一致。

（三）空间插值和区域统计方式

对于有机质、有效磷、速效钾等定量属性，分两个步骤。首先将各个要素进行Kriging空间插值计算，并转换成Grid数据格式；然后分别与评价单元图进行区域统计（Zonal Statistics）分析，获取评价单元相应要素的属性值。

七、耕地地力等级划分

（一）计算耕地地力指数

应用线性加权法，计算每个评价单元的综合地力指数（IFI）。计算公式为：$IFI = \sum F_i \times C_i$（式中：$IFI$ 代表耕地地力综合指数；F_i代表第 i个因子的隶属度；C_i代表第 i个因子的权重）。

（二）划分地力等级

应用等距法确定耕地地力综合指数分级方案，将耕地地力等级分为三等七级，见表3-6。

表3-6　浙江省耕地地力评价等级划分

地力等级		耕地综合地力指数（IFI）
一等	一级	≥0.90
	二级	0.90～0.80
二等	三级	0.80～0.70
	四级	0.70～0.60
三等	五级	0.60～0.50
	六级	0.40～0.50
	七级	<0.40

八、评价结果与验证

省级耕地地力汇总评价覆盖全省82个县（市、区）（考虑其数量、占比及图斑大小等因素，汇总评价不涉及杭州市上城区、下城区、拱墅区、江干区和西湖区，区划调整前的宁波市海曙区、江东区以及舟山嵊泗县等，下同），合计评价面积为192.093万 hm^2。其中一等地（一、二级耕地）面积56.083万 hm^2，占总面积的29.2%，对应年粮食生产能力为≥1 000kg/亩；二等地（三、四级耕地）面积126.983万 hm^2，占总面积的66.1%，对应年粮食生产能力为800～1 000kg/亩；三等地（五、六和七级耕地）面积9.027万 hm^2，占总面积的4.7%，对应年粮食生产能力为600～800kg/亩和≤600kg/亩。

经实地详细核查及对以往生产实际中获得的几万组田间调查数据进行统计分析，综合地力指数和实际产量之间存在很好的相关关系（图3-13），其拟和方程为 y=870.92x+277.78（R^2=0.286 7，n=21 565），经检验达到了极显著水平（$P_{0.01}$）。

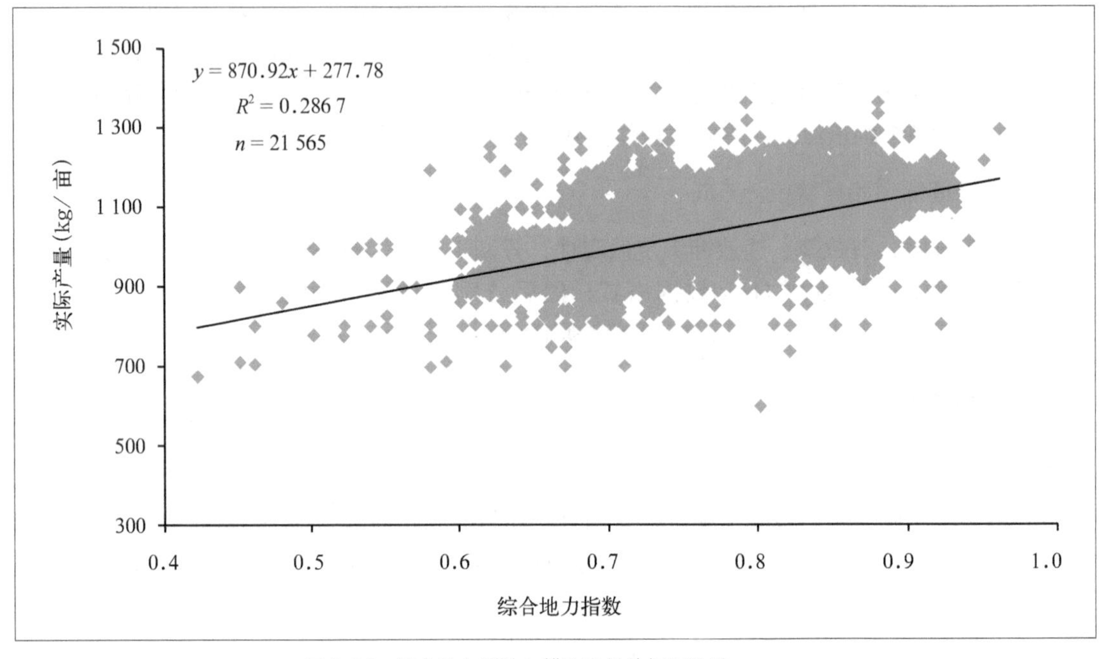

图3-13 综合地力指数与耕地产能的相互关系

由于浙江在2008年采用与本次汇总评价一致的“耕地地力评价指标体系、评价方法和分级标准”开展了全省“千万亩标准农田分等定级与上图入库”工作，涉及全省81个县（市、区）共1 141.2万亩耕地，评价结果为：一等标准农田450.0万亩（占39.4%）、二等标准农田662.2万亩（占58.0%）、三等标准农田29.0万亩（占2.6%）。因此采用经验法，以2008年标准农田分等定级成果为参考，借助GIS空间叠加分析功能，将省级耕地地力汇总评价结果与2008年千万亩标准农田重叠部分的评价结果进行吻合程度分析，结果表明，汇总评价结果中属于标准农田区域范围的耕地其地力等级与标准农田分等定级结果吻合程度达80%以上，据此判断，省级耕地地力汇总评价结果总体基本准确。

第四节 耕地资源管理信息系统建立与应用

随着计算机的出现和发展，以计算机技术为核心的信息处理技术作为当代科技革命的主要标准之一，已广泛渗入人类生产和生活的方方面面。地理信息系统（GIS）作为信息处理技术的一种，是20世纪60年代以来发展起来的一门新兴技术。它是利用现代计算机图形和数据库技术来处理地理空间及其相关数据的计算机系统，是融地理学、测量学、几何学、计算机科学和应用对象为一体的综合性高新技术。其最大的特点就在于：它能把地球表面空间事物的地理位置及其特征有机地结合在一起，并通过计算机屏幕形象、直观地显示出来，同时其拥有强大的空间数据和属性数据的管理功能。

耕地资源信息系统以行政区域内耕地资源为管理对象，主要应用地理信息系统技术对辖区的地形、地貌、土壤、土地利用、农田水利、土壤污染、农业生产基本情况、基本农田保护区等资料进行统一管理，构建耕地资源基础信息系统，并将此数据平台与各类管理模型结合，对辖区内的耕地资源进行系统的动态管理，为农业决策者、农民和农业技术人员提供耕地地力动态变化、土壤适宜性、施肥咨询、作物营养诊断等多方位的信息服务。图3-14概要描述了耕地资源管理信息系统层次关系。

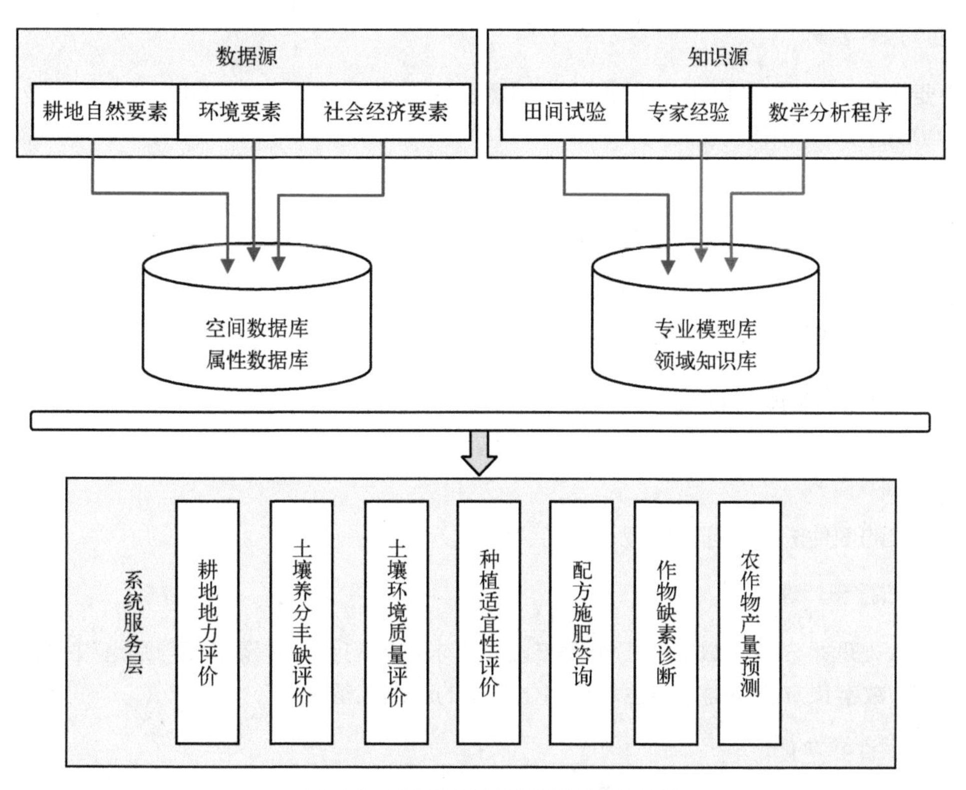

图3-14 耕地资源管理信息系统层次关系

一、资料收集与整理

耕地地力评价是以耕地的各性状要素为基础的，因此，必须广泛地收集与评价有关的各类自然和社会经济因素资料，为评价工作做好数据的准备。本次耕地地力评价，我们收集获取的资料主要包括以下几个方面。

（一）野外调查资料

按野外调查点获取，主要包括地形地貌、土壤母质、水文、土层厚度、表层质地、耕地利用现状、灌排条件、作物长势产量、管理措施水平等。

（二）室内化验分析资料

包括有机质、全氮、速效氮、全磷、速效磷、速效钾等大量养分含量，交换性钙、交换性镁等中量养分含量，有效铜、锌、铁、锰、硼、钼等微量养分含量，以及pH值、土壤容重、阳离子交换量和盐分等。

（三）社会经济统计资料

以行政区划为基本单位的人口、土地面积、作物及蔬菜瓜果面积，以及各类投入产出等社会经济指标数据。

（四）图件资料

主要包括浙江省1：50 000的行政区划图、地形图、土壤图、地貌分区图，以及最新的1：10 000的土地利用现状图等。

（五）其他文字资料

包括年粮食单产、总产、种植面积统计资料，农村及农业生产基本情况资料，历年土壤肥力监测点田间记载及分析结果资料，近几年主要粮食作物、主要品种产量构成资料，浙江土壤、浙江省土种志及第二次全国土壤普查时形成的记录册等。

二、空间数据库的建立

（一）图件整理

对收集的图件进行筛选、整理、命名、编号。

（二）数据预处理

图形预处理是为简化数字化工作而按设计要求进行的图层要素整理与筛选过程，预处理按照一定的数字化方法来确定，也是数字化工作的前期准备。

（三）图件数字化

地图数字化工作包括几何图形数字化与属性数字化。属性数字化采用键盘录入方法。图形数字化的方法很多，其中常用的方法是手扶跟踪数字化和扫描屏幕数字化两种。本次采用的是扫描屏幕数字化。具体过程如下：先用大幅面的扫描仪将经过预处理的原始地图扫描成

300dpi的栅格地图，然后在ArcMap中打开栅格地图，进行空间定位，确定各种容差之后，进行屏幕上手动跟踪图形要素而完成数字化工作；数字化工作完成之后对数字地图进行矢量拓扑关系检查与修正；然后再对数字地图进行坐标转换与投影变换，本次工作中，所有矢量数据统一采用高斯—克吕格投影，3度分带，中央经线为东经120度，大地基准坐标系采用北京1954坐标系，高程基准采用1956年黄海高程系。最后，所有矢量数据都转换成ESRI的ShapeFile文件。

（四）空间数据库内容

耕地资源管理信息系统空间数据库包含的主要矢量图层见表3-7，各空间要素层的属性信息在属性数据库中介绍。

表3-7　耕地资源管理信息系统空间数据库主要图层

序号	图层名称	图层类型
1	行政区划图	面(多边形)
2	行政注记	点
3	行政界线图	线
4	地貌类型图	面(多边形)
5	交通道路图	线
6	水系分布图	面(多边形)
7	1∶10 000土地利用现状图	面(多边形)
8	土壤图	面(多边形)
9	耕地地力评价单元图	面(多边形)
10	耕地地力评价成果图	面(多边形)
11	耕地地力调查点位图	点
12	测土配方施肥采样点位图	点
13	第二次土壤普查点位图	点
14	各类土壤养分图	面(多边形)

三、属性数据库的建立

属性数据包括空间属性数据与非空间属性数据，前者指与空间要素一一对应的要素属性，后者指各类调查、统计报表数据。

（一）空间属性数据库结构定义

本次工作在满足《县域耕地资源管理信息系统数据字典》要求的基础上，根据浙江省实际加以适当补充，对空间属性信息数据结构进行了详细定义。表3-8至表3-11分别描述了土地利用现状要素、土壤类型要素、耕地地力调查取样点要素、耕地地力评价单元要素的数据结构定义。

表3-8　土地利用现状图要素属性结构

字段中文名	字段英文名	字段类型	字段长度	小数位	说明
目标标识码	FID	Int	10		系统自动产生
乡镇代码	XZDM	Char	9		
乡镇名称	XZMC	Char	20		
权属代码	QSDM	Char	12		指行政村
权属名称	QSMC	Char	20		指行政村
权属性质	QSXZ	Char	3		
地类代码	DLDM	Char	5	0	
地类名称	DLMC	Char	20	0	
毛面积	MMJ	Float	10	1	单位：m^2
净面积	JMJ	Float	10	1	单位：m^2

表3-9　土壤类型图要素属性结构

字段中文名	字段英文名	字段类型	字段长度	小数位	说明
目标标识码	FID	Int	10		系统自动产生
土种代码	XTZ	Char	10		
土种名称	XTZ	Char	20		
土属名称	XTS	Char	20		
亚类名称	XYL	Char	20		
土类名称	XTL	Char	20		
省土种名称	STZ	Char	20		
省土属名称	STS	Char	20		
省亚类名称	SYL	Float	20		
省土类名称	STL	Float	20		
面积	MJ	Float	10	1	单位：m^2
备注	BZ	Char	20		

表3-10　耕地地力调查取样点位图要素属性结构

字段中文名	字段英文名	字段类型	字段长度	小数位	说明
目标标识码	FID	Int	10		系统自动产生
统一编号	CODE	Char	19		
采样地点	ADDR	Char	20		

（续表）

字段中文名	字段英文名	字段类型	字段长度	小数位	说明
东经	EL	Char	16		
北纬	NB	Char	16		
采样日期	DATE	Date			
地貌类型	DMLX	Char	20		
地形坡度	DXPD	Float	4	1	
地表砾石度	LSD	Float	4	1	
成土母质	CTMZ	Char	16		
耕层质地	GCZD	Char	12		
耕层厚度	GCHD	Int			
剖面构型	PMGX	Char	12	1	
排涝能力	PLNL	Char	20		
抗旱能力	KHNL	Char	20		
地下水位	DXSW	Int	4		
土壤阳离子交换量	CEC	Float	8	1	
容重	BD	Float	8	2	
水溶性盐总量	QYL	Float	8	2	
pH 值	PH	Float	8	1	
有机质	OM	Float	8	2	
有效磷	AP	Float	8	2	
速效钾	AK	Float	8	2	

表3-11　耕地地力评价单元图要素属性结构

字段中文名	字段英文名	字段类型	字段长度	小数位	说明
目标标识码	FID	Int	10		系统自动产生
单元编号	CODE	Char	19		
乡镇代码	XZDM	Char	9		
乡镇名称	XZMC	Char	20		
权属代码	QSDM	Char	12		
权属名称	QSMC	Char	20		

（续表）

字段中文名	字段英文名	字段类型	字段长度	小数位	说明
地类代码	DLDM	Char	5	0	
地类名称	DLMC	Char	20	0	
毛面积	MMJ	Float	10	1	单位：m^2
净面积	JMJ	Float	10	1	单位：m^2
校正面积	XZMJ	Float	10	1	单位：m^2
土种代码	XTZ	Char	10		
土种名称	XTZ	Char	20		
地貌类型	DMLX	Char	20		
地形坡度	DXPD	Float	4	1	
地表砾石度	LSD	Float	4	1	
耕层质地	GCZD	Char	12		
耕层厚度	GCHD	Int			
剖面构型	PMGX	Char	12		
排涝能力	PLNL	Char	20		
抗旱能力	KHNL	Char	20		
地下水位	DXSW	Int			
土壤阳离子交换量	CEC	Float	8	2	
容重	BD	Float	8	2	
水溶性盐总量	SRYY	Float	8	2	
pH 值	PH	Float	3	1	
有机质	OM	Float	8	2	
有效磷	AP	Float	8	2	
速效钾	AK	Float	8	2	
地力指数	DLZS	Float	6	3	
地力等级	DLDJ	Int	1		

（二）空间属性数据的入库

空间属性数据库的建立与数据入库可独立于空间数据库和地理信息系统，可以在 Excel、Access、FoxPro下建立，最终通过 ArcGIS的 Join工具实现数据关联。具体操作为：在数字化过程中建立每个图形单元的标识码，同时在 Excel中整理好每个图形单元的属性数据，接着将此图形单元的属性数据转化成关系数据库软件FoxPro的格式，最后利用标识码字段，将属性数据与空间数据在ArcMap中通过Join命令操作，这样就完成了空间数据库与属性数据库的联接，形成统一的数据库，也可以在ArcMap中直接进行属性定义和属性录入。

（三）非空间属性数据库的建立

非空间属性信息，主要通过Microsoft Access 2007存储。主要包括浙江省土种对照表、农业基本情况统计表、社会经济发展基本情况表、历年土壤肥力监测点情况统计表、年粮食生产情况表等。数据录入前应仔细审核，数值型资料应注意量纲、上下限，地名应注意汉字多音字、繁简体、简全称等问题，审核定稿后再录入。如审查土壤类型代码表的土壤名称是否按国家标准命名，土壤代码是否与土壤图对应；数据表中化验数据的极值是否属于正常范围。通过审查修正，进一步提高数据资料质量。

（四）规范基层土壤命名

由于浙江省第二次土壤普查以县为单位独立调查和成图。在土壤类型的命名上，高级分类（土类和亚类）使用全省统一命名，而土壤基层分类采用地方习惯命名或通俗命名，导致不同县（市、区）之间存在“同土异名”“同名异土”现象。因此，省级耕地地力汇总评价在县域耕地地力评价的基础上，通过省、县两级土壤志的详细比对、审核，把县级分散独立的土种名称与分类归属逐一对应到《浙江省土种志》（浙江科学技术出版社，1993年）中的统一命名与分类体系；采用野外路线调查、遥感影像判读和代表性剖面诊断，修正存疑类型，从而解决“同土异名”“同名异土”现象，进一步完善全省土壤分类命名系统（图3-15）。

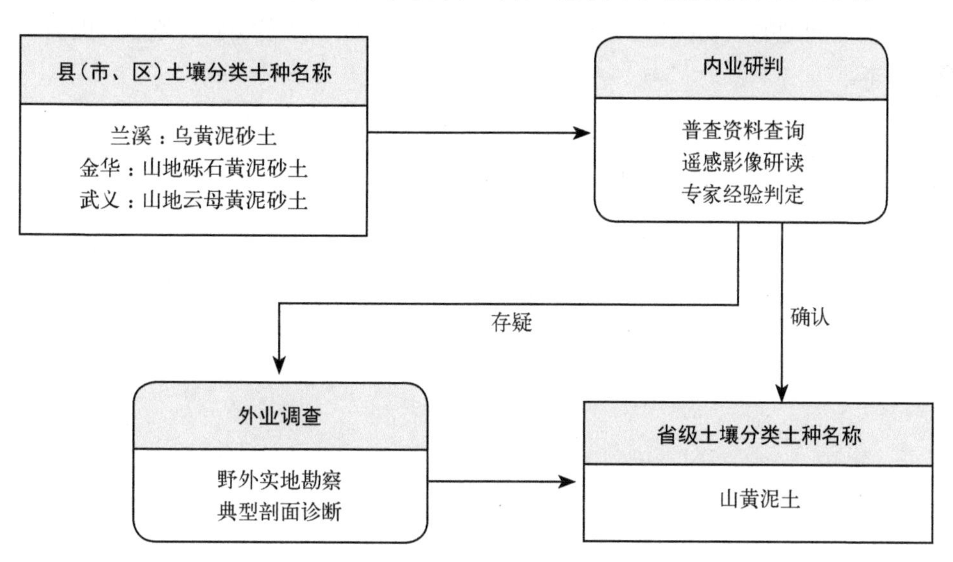

图3-15 土壤基层分类命名规范方法

同时，为便于计算机识别与共享，对浙江省土壤分类命名进行统一的数字编码，建立了“G+2位数字”编码土类、“G+4位数字”编码亚类、“G+6位数字”编码土属和“G+8位数字”编码土种的连续土壤分类编码体系，其前缀字母“G”表示该分类体系属于地理发生（Genetic）分类，区别于土壤系统分类，使得编码更科学、易读，也极大地方便计算机检索处理。

四、信息管理系统研发应用

结合耕地资源管理需要，基于GIS组件开发了耕地资源信息系统，除基本的数据入库、数据编辑、专题图制作外，主要包括取样点上图、化验数据分析、耕地地力评价、成果统计报表输出、作物配方施肥等专业功能。利用该系统开展了耕地地力评价、土壤养分状况评价、耕地地力评价成果统计分析及成果专题图件制作。在此基础上，利用大量的田间试验分析结果，优化作物测土配方施肥模型参数，形成本地化的作物配方施肥模型，指导农民科学施肥。

为了更好地发挥耕地地力评价成果的作用，更便捷地向公众提供耕地资源与科学施肥信息服务，我们基于 WebGIS开发了网络版耕地资源管理与配方施肥信息系统，只需要普通的IE浏览器就可访问，同时满足不同层面的用户需求。该系统主要对外发布耕地资源分布、土壤养分状况、地力等级状况、耕地地力评价调查点与测土配方施肥调查点有关土壤元素化验信息，以及主要农业产业布局，重点提供本地主要农作物的科学施肥咨询服务。

基于县域耕地地力调查评价和省级汇总评价创建的多（异）源海量数据融合集成、多尺度系列比例尺数据库与处理框架平台技术，完成覆盖全省1：10 000、局部1：2 000的大比例尺土壤资源、耕地地力与养分等级量化评价，摸清了全省粮食产能家底与资源环境潜力，实现“土壤资源、耕地利用和施肥技术”三位一体管理，并广泛应用于自然资源评估、环境承载力评价和耕地质量年度变更调查等诸多领域。延伸开发的“浙江省现代农业地理信息系统”“县域耕地地力管理与配方施肥信息系统”、PC端“测土配方施肥专家咨询系统”、触摸屏“测土配方与智能配肥”一体化系统以及“野外助手”“施肥咨询”等手机 APP，不仅实现科学施肥农事信息主动推送与智慧技术服务，也是有效运用数字赋能手段解决政府公共管理服务领域热点、难点问题的成功探索，更为现阶段浙江省全面开展的数字政务建设提供了技术样板和基础版本。

第四章　耕地地力等级分析

第一节　耕地地力等级面积与分布

一、耕地地力等级

采用指标加权累加，计算每个评价单元的综合耕地地力指数，按等距法将全省耕地等级由高到低依次划分为三等七级。综合考虑各等级耕地数量、占比及图斑大小等因素，在省级汇总分析时，将七级地合到六级地一并统计（下同）。各等级面积与比例见表4-1，耕地地力等级分布如图4-1所示。

表4-1　浙江省耕地地力等级面积与比例

耕地地力等级		综合地力指数	面积（万 hm^2）	占比（%）
一等	一级	≥0.90	3.706	1.93
	二级	0.90～0.80	52.377	27.27
二等	三级	0.80～0.70	68.027	35.41
	四级	0.70～0.60	58.956	30.69
三等	五级	0.60～0.50	8.864	4.61
	六级	<0.50	0.163	0.09

基于浙江省第二次全国土地调查及年度变更调查资料，省级耕地地力汇总评价合计面积为192.093万 hm^2。其中，一级地面积为3.706万 hm^2，占全省耕地面积的1.93%；二级地面积为52.377万 hm^2，占27.27%；三级地面积为68.027万 hm^2，占35.41%；四级地面积为58.956万 hm^2，占30.69%；五级地面积为8.864万 hm^2，占4.61%；六级地面积为1 630hm^2，占0.09%。耕地地力加权平均等级为3.19级，浙江省耕地地力整体属于中等偏上水平。

浙江省一等地（一、二级耕地）面积56.083万 hm^2，占浙江省耕地总面积的29.20%。主要分布在浙东北都市型、外向型农业区和浙东南沿海城郊型、外向型农业区等区域。土壤类型以水稻土、潮土为主。这部分耕地基础地力较高，地形起伏较小，土层深厚，所处区域的各项评价指标均相对较好，土壤肥沃，具备较好的农田基础设施，满足农作物生长所需的灌排条件，无明显障碍因素，土地生产性能高。

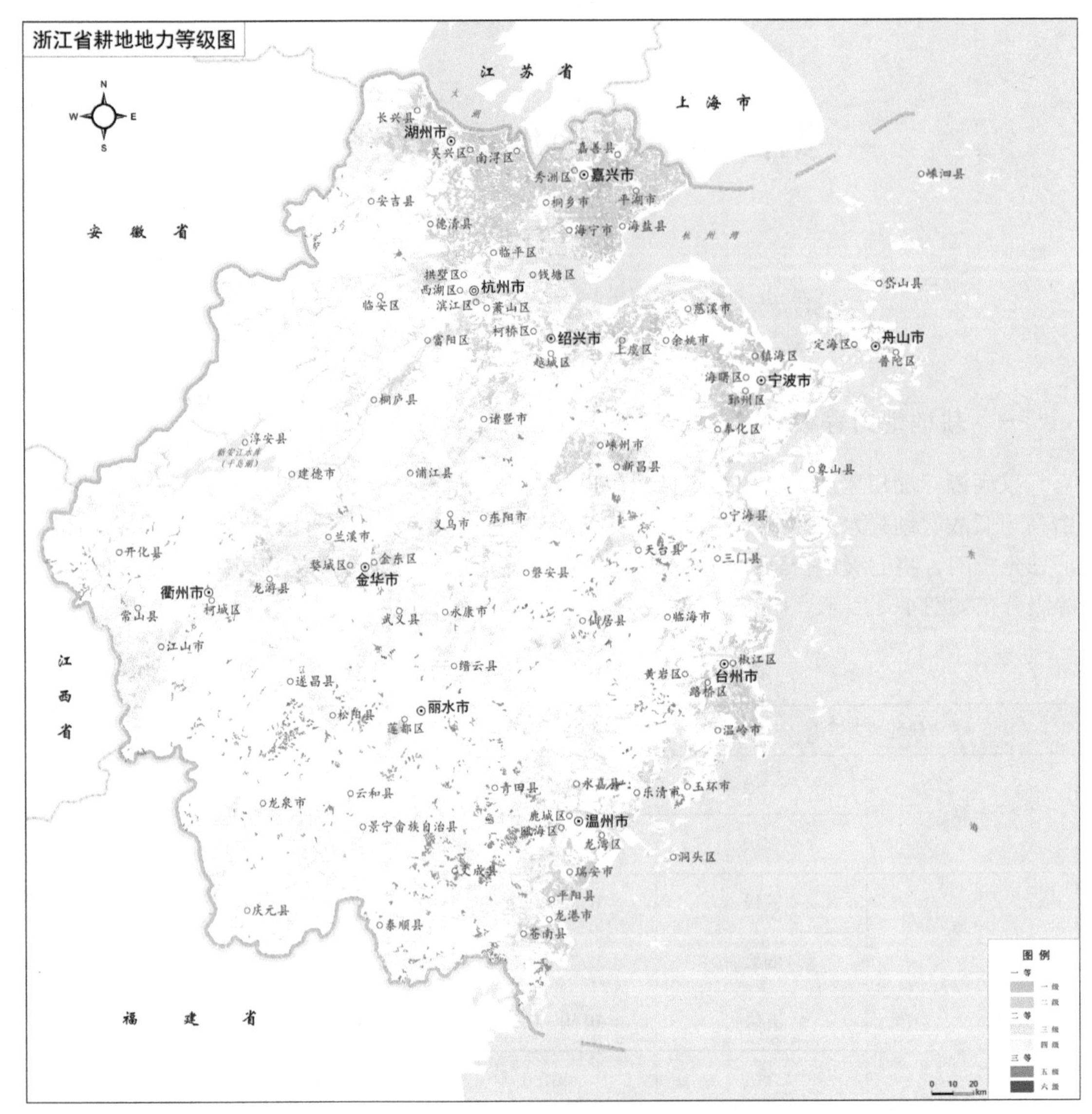

图4-1 浙江省耕地地力等级分布图

二等地（三、四级耕地）面积126.983万 hm^2，占浙江省耕地总面积的66.11%。主要分布在浙中盆地丘陵综合型特色农业区和浙西南生态型绿色农业区等区域，土壤类型以水稻土、潮土、紫色土为主。这部分耕地基础地力较高，地形起伏较小，土层深厚，土壤养分含量较高，农田基础设施完善，无明显障碍因素。

三等地（五、六级耕地）面积9.027万 hm^2，占浙江省耕地总面积的4.70%。主要分布在浙西南生态型绿色农业区、浙东南沿海城郊型、外向型农业区以及浙中盆地丘陵综合型特色农业区，土壤类型以红壤、水稻土为主，立地条件较差，地形起伏较大，土壤养分贫瘠，基础地力较低，水利设施条件落后，灌溉条件不足，部分耕地存在障碍因素。

评价区域的地貌类型主要归纳为水网平原、河谷平原、滨海平原、低丘、高丘、低山和中山七种类型。其中水网平原区耕地面积49.552万 hm^2，占浙江省耕地总面积的比例为25.80%；河谷平原区耕地面积为34.845万 hm^2，占18.14%；滨海平原区耕地面积为21.237万 hm^2，占11.06%；低丘区耕地面积为57.025万 hm^2，占29.69%；高丘区耕地面积为24.947万 hm^2，占12.99%；低山区耕地面积为3.244万 hm^2，占1.69%；中山区耕地面积为1.242万 hm^2，占0.65%。区域内共有9个土类，分别是水稻土、红壤、黄壤、紫色土、石灰（岩）土、粗骨土、基性岩土、潮土、滨海盐土。其中，水稻土、红壤、潮土、粗骨土、滨海盐土5个土类面积较大，分别为112.842万 hm^2、42.696万 hm^2、9.217万 hm^2、6.742万 hm^2、5.856万 hm^2，占浙江省耕地总面积的比例分别为58.74%、22.23%、4.80%、3.51%、3.05%。

二、不同农业功能区耕地地力等级状况

如前所述，根据浙江区域农业自然资源和产业特征、地理特点、经济社会发展差异和产业布局规划，全省划分为浙东北都市型、外向型农业区，浙东南沿海城郊型、外向型农业区，浙中盆地丘陵综合型特色农业区，浙西南生态型绿色农业区，浙西北生态型绿色农业区和沿海岛屿蓝色渔（农）业区六大农业功能区，各农业功能区耕地地力等级情况见表4-2。

表4-2　浙江省不同农业功能区耕地地力等级面积与比例

耕地地力等级		浙东北都市型、外向型农业区	浙东南沿海城郊型、外向型农业区	浙中盆地丘陵综合型特色农业区	浙西南生态型绿色农业区	浙西北生态型绿色农业区	沿海岛屿蓝色渔（农）业区	小计
一级地	面积（万 hm^2）	3.368	0.137	0.138	—	0.062	—	3.706
	所占比例（%）	6.12	0.39	0.27	—	0.31	—	1.93
二级地	面积（万 hm^2）	31.701	11.909	4.548	0.399	2.754	1.065	52.377
	所占比例（%）	57.59	33.55	9.00	1.42	13.61	39.41	27.27
三级地	面积（万 hm^2）	17.135	12.750	21.923	6.171	8.588	1.461	68.027
	所占比例（%）	31.13	35.92	43.39	21.98	42.43	54.03	35.41
四级地	面积（万 hm^2）	2.735	8.358	21.790	17.523	8.375	0.177	58.956
	所占比例（%）	4.97	23.55	43.12	62.41	41.38	6.56	30.69
五级地	面积（万 hm^2）	0.111	2.261	2.094	3.937	0.459	—	8.864
	所占比例（%）	0.20	6.37	4.14	14.02	2.27	—	4.61
六级地	面积（万 hm^2）	—	0.080	0.036	0.047	—	—	0.163
	所占比例（%）	—	0.23	0.07	0.17	—	—	0.08
总计	面积（万 hm^2）	55.050	35.496	50.528	28.077	20.239	2.703	192.093
	所占比例（%）	28.66	18.48	26.30	14.62	10.54	1.41	100.00

（一）浙东北都市型、外向型农业区耕地地力等级

浙东北都市型、外向型农业区耕地面积55.050万 hm^2，占浙江省耕地总面积的28.66%。其中，一级地面积为3.368万 hm^2，占浙东北都市型、外向型农业区耕地面积的比例为6.12%；二级地面积为31.701万 hm^2，占57.59%；三级地面积为17.135万 hm^2，占31.13%；

四级地面积为2.735万 hm²，占4.97%；五级地面积为1 110hm²，占0.20%（图4-2）。

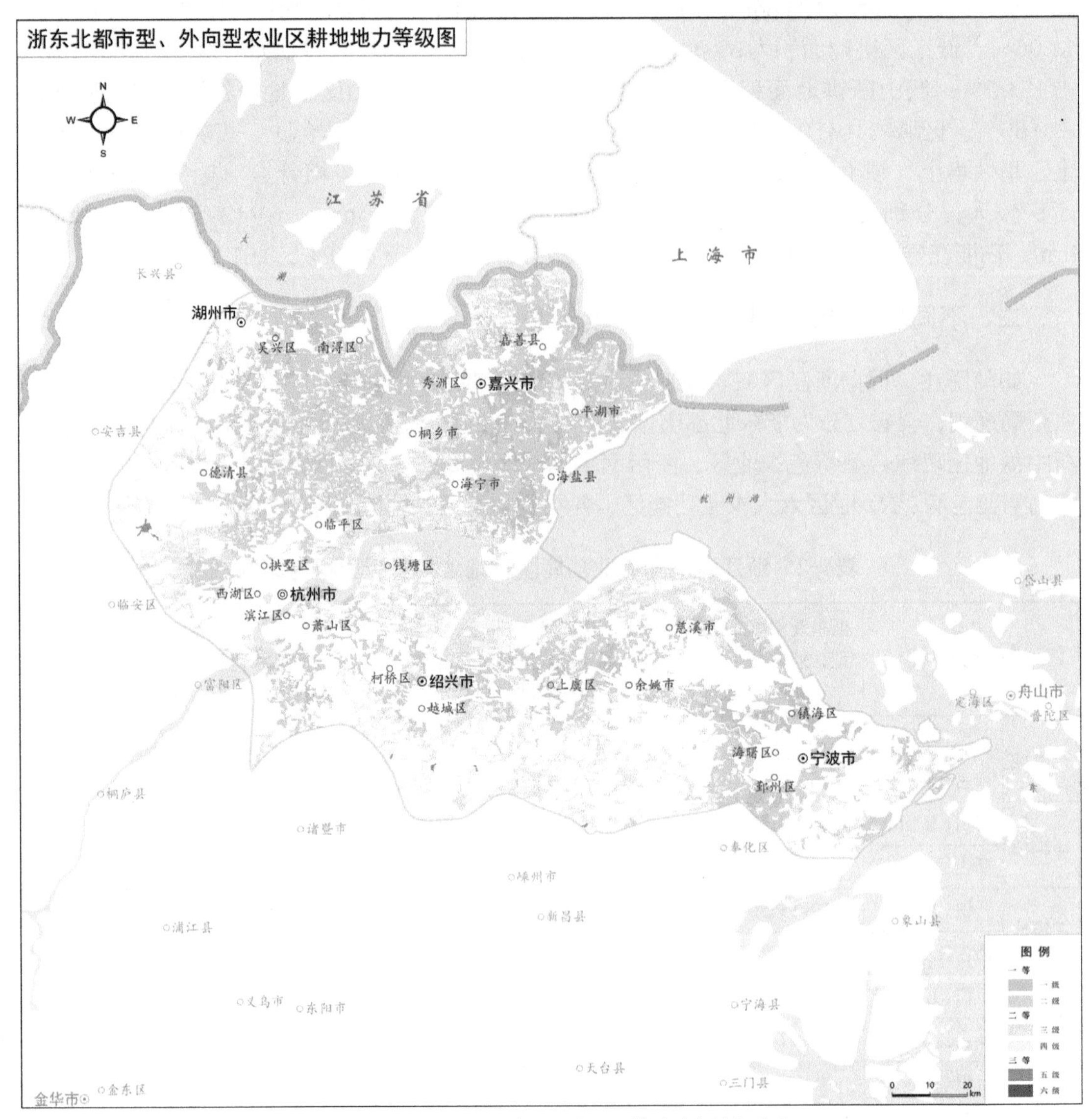

图4-2　浙东北都市型、外向型农业区耕地地力等级分布图

（二）浙东南沿海城郊型、外向型农业区耕地地力等级

浙东南沿海城郊型、外向型农业区耕地面积35.496万 hm²，占浙江省耕地总面积的18.48%。其中，一级地面积为1 370hm²，占浙东南沿海城郊型、外向型农业区耕地面积的比例为0.39%；二级地面积为11.909万 hm²，占35.55%；三级地面积为12.750万 hm²，占35.92%；四级地面积为8.358万 hm²，占23.55%；五级地面积为2.261万 hm²，占6.37%；六级地面积为800hm²，占0.23%（图4-3）。

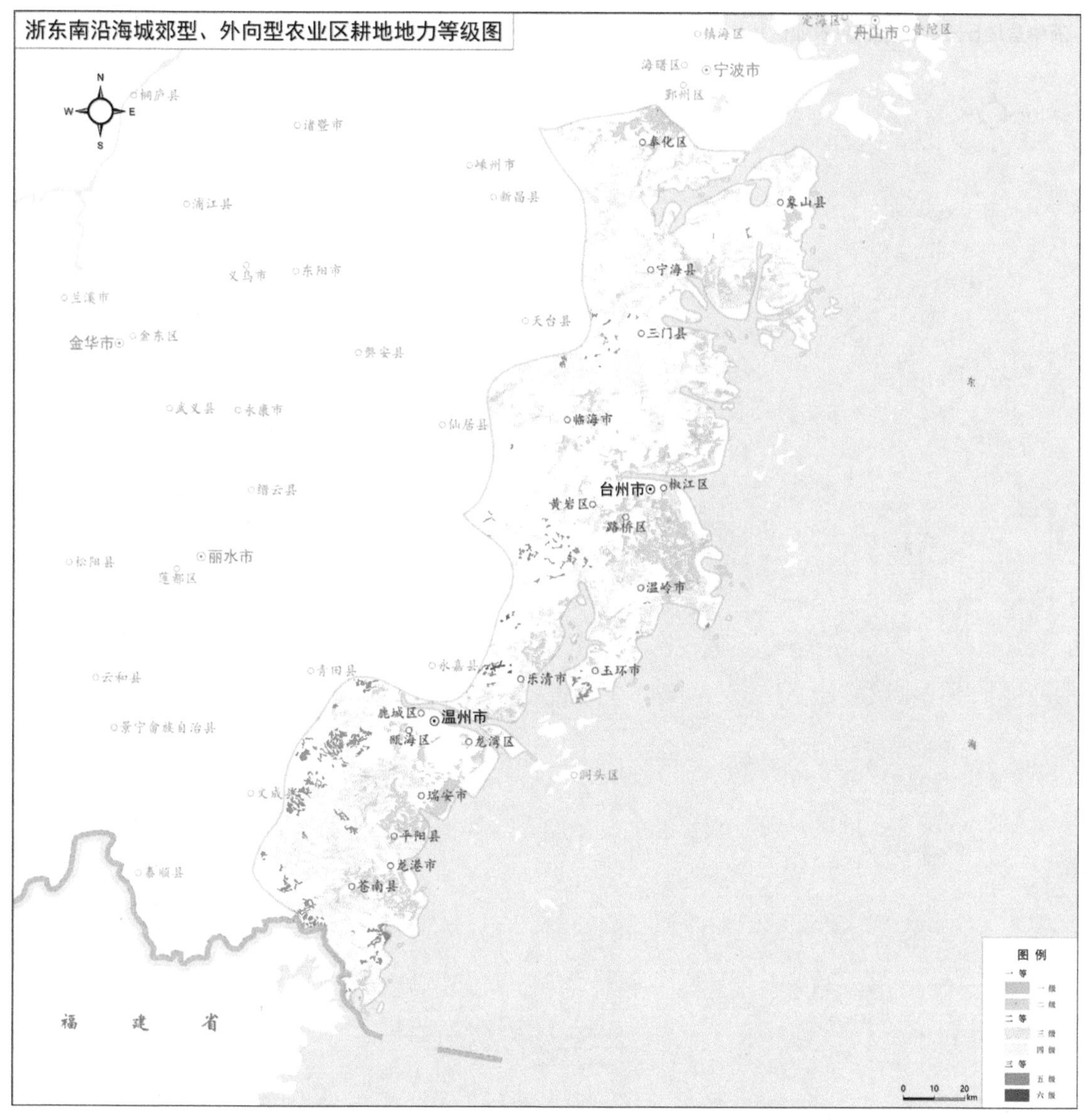

图4-3 浙东南沿海城郊型、外向型农业区耕地地力等级分布图

（三）浙中盆地丘陵综合型特色农业区耕地地力等级

浙中盆地丘陵综合型特色农业区耕地面积50.528万 hm^2，占浙江省耕地总面积的26.30%。其中，一级地面积为1 380hm^2，占浙中盆地丘陵综合型特色农业区耕地面积的比例为0.27%；二级地面积为4.548万 hm^2，占9.00%；三级地面积为21.923万 hm^2，占43.39%；四级地面积为21.790万 hm^2，占43.12%；五级地面积为2.094万 hm^2，占4.14%；六级地面积为360hm^2，占0.07%（图4-4）。

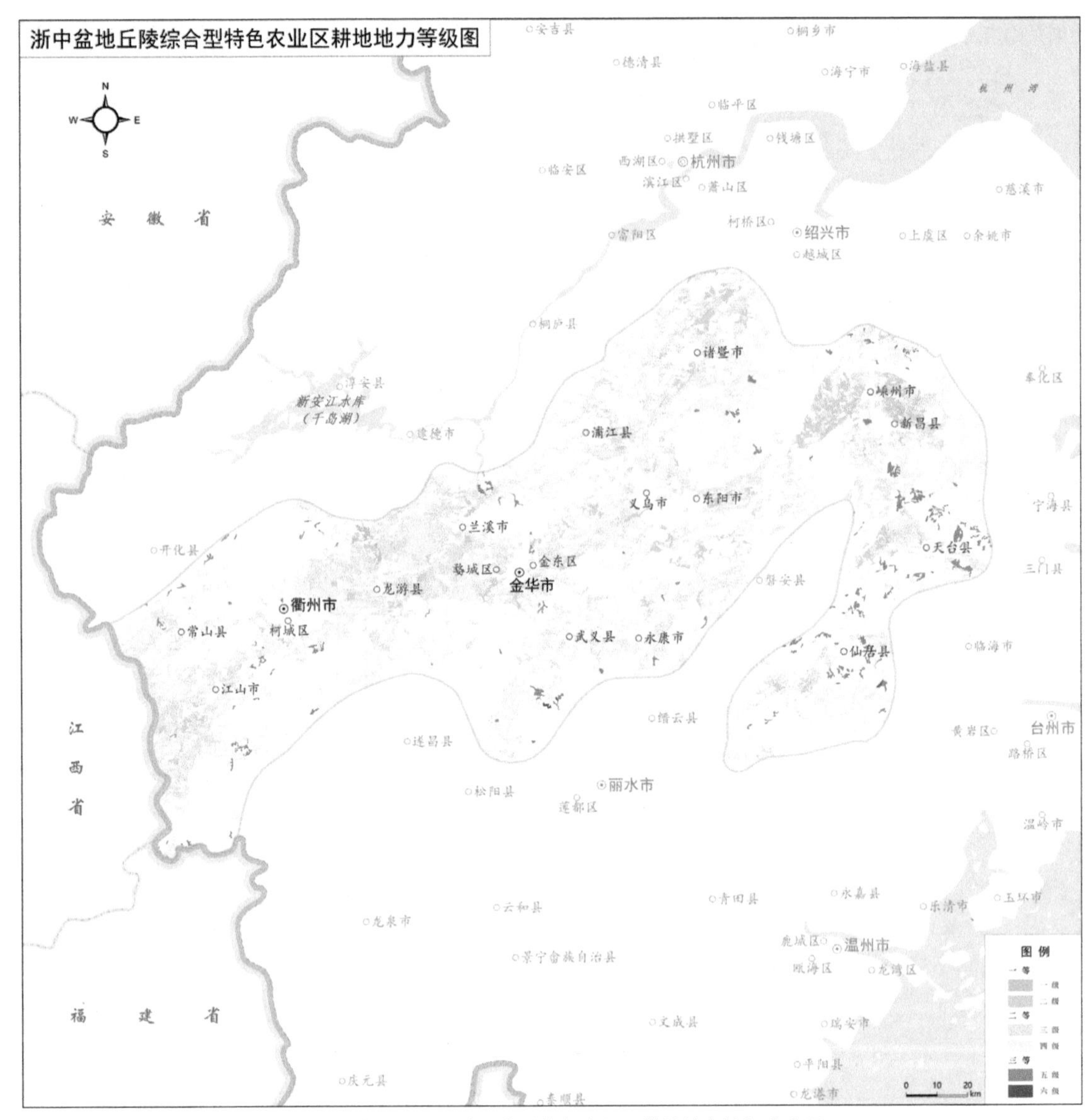

图4-4 浙中盆地丘陵综合型特色农业区耕地地力等级分布图

(四) 浙西南生态型绿色农业区耕地地力等级

浙西南生态型绿色农业区耕地面积28.077万 hm^2，占浙江省耕地总面积的14.62%。其中，二级地面积为3 990hm^2，占浙西南生态型绿色农业区耕地面积的比例为1.42%；三级地面积为6.171万 hm^2，占21.98%；四级地面积为17.523万 hm^2，占62.41%；五级地面积为3.937万 hm^2，占14.02%；六级地面积为470hm^2，占0.17%（图4-5）。

图4-5　浙西南生态型绿色农业区耕地地力等级分布图

（五）浙西北生态型绿色农业区耕地地力等级

浙西北生态型绿色农业区耕地面积20.239万 hm^2，占浙江省耕地总面积的10.54%。其中，一级地面积为620hm^2，占浙西北生态型绿色农业区耕地面积的比例为0.31%；二级地面积为2.754万 hm^2，占13.61%；三级地面积为8.588万 hm^2，占42.43%；四级地面积为8.375万 hm^2，占41.38%；五级地面积为4 590hm^2，占2.27%（图4-6）。

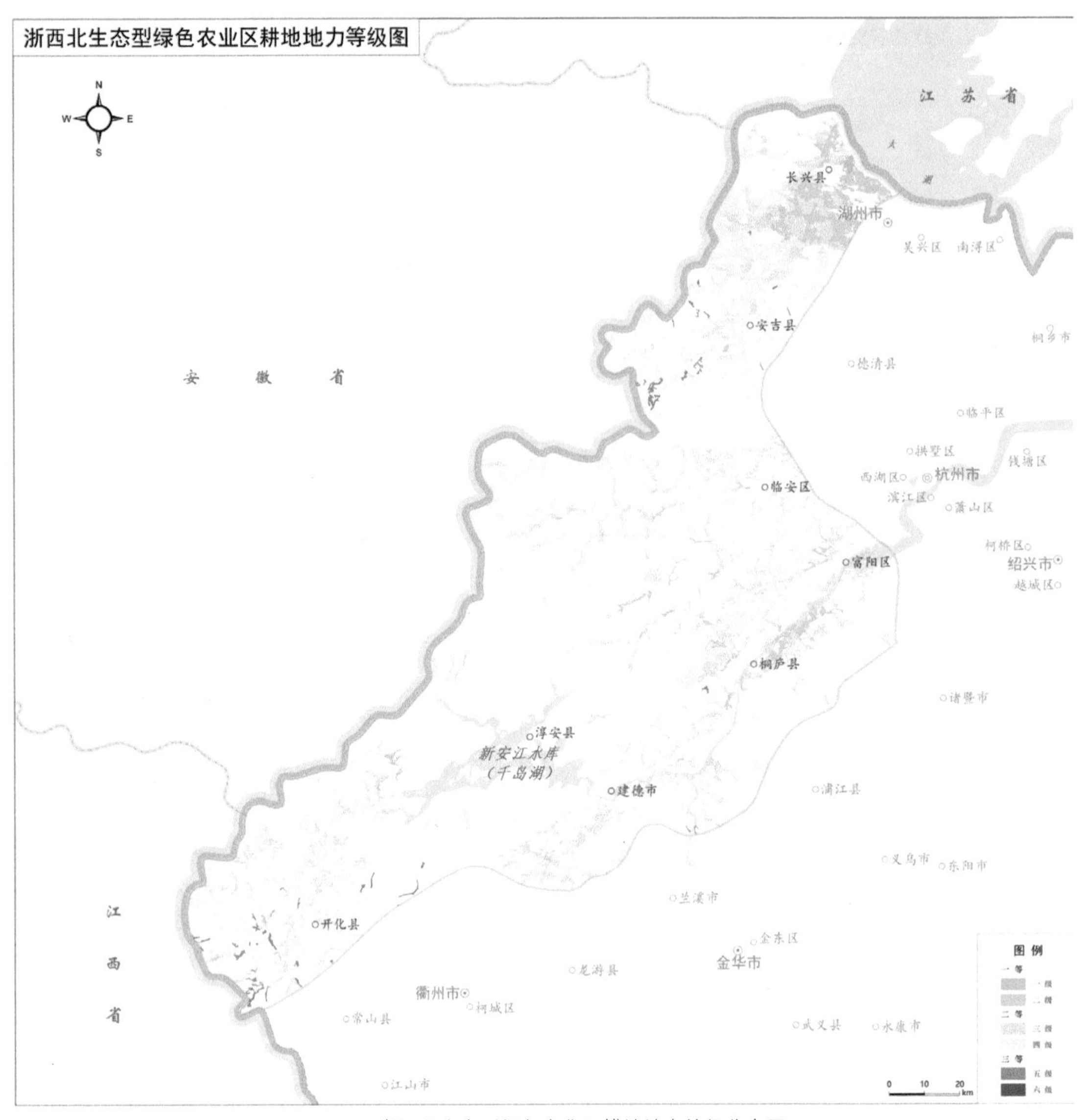

图4-6 浙西北生态型绿色农业区耕地地力等级分布图

(六)沿海岛屿蓝色渔(农)业区耕地地力等级

沿海岛屿蓝色渔(农)业区耕地面积2.703万 hm^2,占浙江省耕地总面积的1.41%。其中,二级地面积为1.065万 hm^2,占沿海岛屿蓝色渔(农)业区耕地面积的比例为39.41%;三级地面积为1.461万 hm^2,占54.03%;四级地面积为1 770 hm^2,占6.56%(图4-7)。

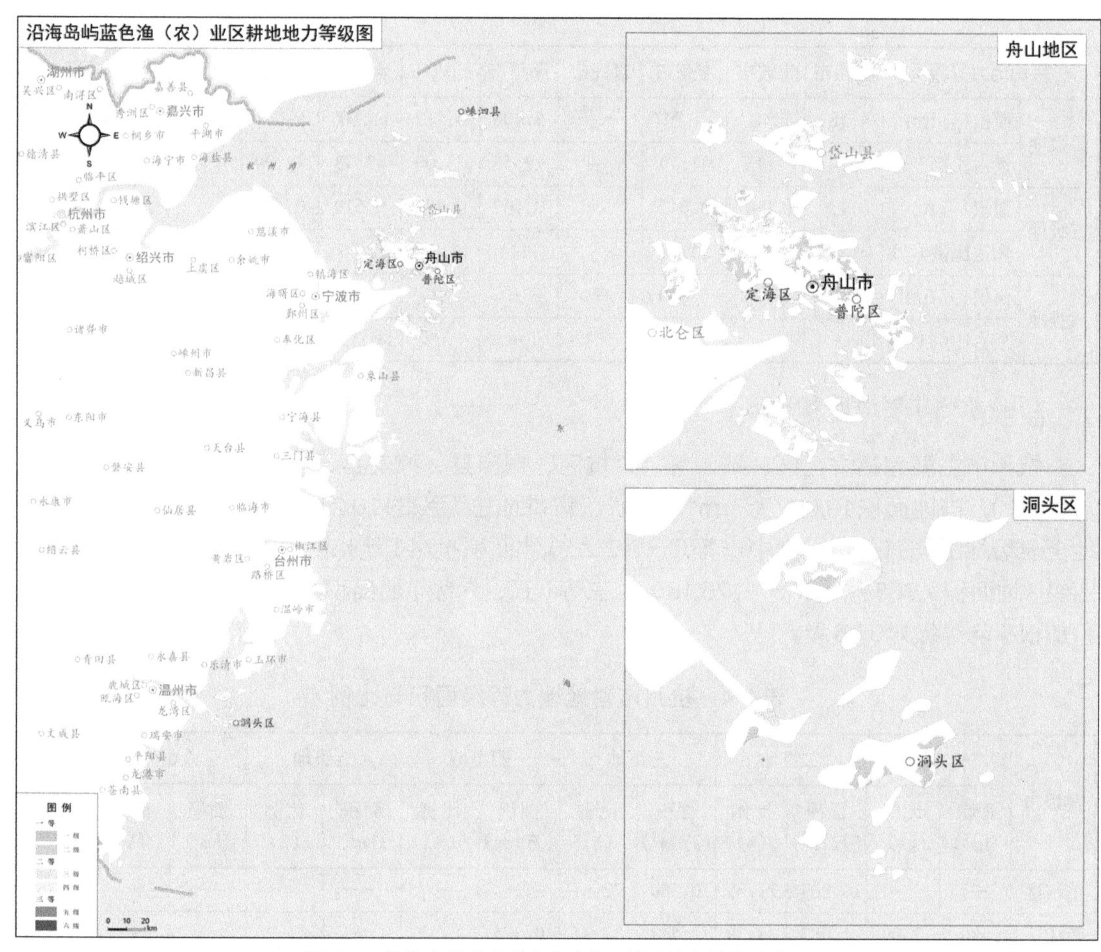

图4-7 沿海岛屿蓝色渔(农)业区耕地地力等级分布图

三、各地级市耕地地力等级分布

根据行政区划，浙江省划分为杭州市、宁波市、温州市、嘉兴市、湖州市、绍兴市、金华市、衢州市、舟山市、台州市和丽水市11个地级市，各市耕地地力等级情况见表4-3。

表4-3 浙江省各市耕地地力等级面积与比例

耕地地力等级		杭州市	宁波市	温州市	嘉兴市	湖州市	绍兴市	金华市	衢州市	舟山市	台州市	丽水市
一级地	面积(万 hm^2)	0.066	1.156	0.026	1.459	0.606	0.161	—	0.112	—	0.119	—
	所占比例(%)	0.34	5.80	0.10	7.45	4.02	0.86	—	0.85	—	0.63	—
二级地	面积(万 hm^2)	4.678	8.499	4.642	13.332	7.947	4.607	1.263	0.544	0.993	5.788	0.085
	所占比例(%)	23.86	42.61	17.97	68.10	52.63	24.52	5.48	4.12	39.31	30.66	0.55
三级地	面积(万 hm^2)	9.948	8.763	7.248	4.787	2.973	7.479	10.240	6.252	1.412	5.987	2.938
	所占比例(%)	50.74	43.94	28.06	24.45	19.69	39.80	44.40	47.40	55.88	31.71	18.86

（续表）

耕地地力等级		杭州市	宁波市	温州市	嘉兴市	湖州市	绍兴市	金华市	衢州市	舟山市	台州市	丽水市
四级地	面积（万 hm²）	4.787	1.487	10.797	—	3.406	6.212	11.008	5.671	0.122	5.538	9.930
	所占比例（%）	24.41	7.45	41.79	—	22.56	33.06	47.73	42.99	4.81	29.33	63.75
五级地	面积（万 hm²）	0.127	0.040	3.042	—	0.167	0.331	0.519	0.612	—	1.437	2.588
	所占比例（%）	0.65	0.20	11.77	—	1.11	1.76	2.25	4.64	—	7.61	16.62
六级地	面积（万 hm²）	—	—	0.080	—	—	—	0.035	—	—	0.013	0.035
	所占比例（%）	—	—	0.31	—	—	—	0.15	—	—	0.07	0.22

（一）杭州市耕地地力等级

杭州市主要包括滨江区、萧山区、余杭区、桐庐县、淳安县、建德市、富阳区和临安区（表4-4），耕地面积19.607万 hm^2，占浙江省耕地总面积的10.21%。耕地地力等级在一级地至五级地上均有分布，其中一等（一、二级）地面积4.744万 hm^2，占24.20%；二等（三、四级）地面积7.368万 hm^2，占75.15%；三等（五、六级）地面积1 270hm^2，占0.65%。面积加权平均等级为3.06级。

表4-4 杭州市耕地地力等级面积与比例

县级市	一级地		二级地		三级地		四级地		五级地		六级地		合计（万 hm²）
	面积（hm²）	比例（%）	面积（万 hm²）	比例（%）	面积（万 hm²）	比例（%）	面积（万 hm²）	比例（%）	面积（hm²）	比例（%）	面积（hm²）	比例（%）	
滨江区	—	—	0.207	27.39	0.550	72.61	—	—	—	—	—	—	0.757
萧山区	480	1.09	1.483	33.29	2.548	57.21	0.375	8.42	—	—	—	—	4.454
余杭区	180	0.48	2.019	53.76	1.263	33.63	0.386	10.27	700	1.87	—	—	3.756
桐庐县	—	—	0.414	19.19	1.212	56.23	0.530	24.58	—	—	—	—	2.155
淳安县	—	—	0.096	9.34	0.384	37.15	0.523	50.66	300	2.86	—	—	1.033
建德市	—	—	0.035	1.38	1.415	55.05	1.092	42.50	280	1.08	—	—	2.570
富阳区	—	—	0.359	15.08	1.321	55.54	0.699	29.39	—	—	—	—	2.379
临安区	—	—	0.065	2.58	1.256	50.18	1.182	47.23	—	—	—	—	2.502

（二）宁波市耕地地力等级

宁波市主要包括江北区、北仑区、镇海区、鄞州区、象山县、宁海县、余姚市、慈溪市和奉化区（表4-5），耕地面积19.945万 hm^2，占浙江省耕地总面积的10.38%。耕地地力等级在一级地至五级地上均有分布，其中一等（一、二级）地面积9.655万 hm^2，占48.41%；二等（三、四级）地面积10.250万 hm^2，占51.39%；三等（五、六级）地面积400hm^2，占0.20%。面积加权平均等级为2.62级。

（三）温州市耕地地力等级

温州市主要包括鹿城区、龙湾区、瓯海区、洞头区、永嘉县、平阳县、苍南县、文成县、泰顺县、瑞安市和乐清市（表4-6），耕地面积25.835万 hm^2，占浙江省耕地总面积的13.45%。耕地地力等级在一级地至六级地上均有分布，其中一等（一、二级）地面积4.668万 hm^2，占18.07%；二等（三、四级）地面积18.045万 hm^2，占69.85%；三等（五、六级）地面积3.122万 hm^2，占12.09%。面积加权平均等级为3.48级。

表4-5　宁波市耕地地力等级面积与比例

县级市	一级地		二级地		三级地		四级地		五级地		六级地		合计（万 hm^2）
	面积（hm^2）	比例（%）	面积（万 hm^2）	比例（%）	面积（万 hm^2）	比例（%）	面积（hm^2）	比例（%）	面积（hm^2）	比例（%）	面积（hm^2）	比例（%）	
江北区	3 550	59.23	0.245	40.77	—	—	—	—	—	—	—	—	0.600
北仑区	530	5.08	0.549	53.01	0.400	38.65	340	3.26	—	—	—	—	1.035
镇海区	2 530	41.52	0.314	51.58	0.042	6.90	—	—	—	—	—	—	0.609
鄞州区	2 880	9.11	2.154	68.10	0.695	21.96	260	0.84	—	—	—	—	3.164
象山县	—	—	0.470	20.64	1.290	56.62	5 030	22.08	150	0.67	—	—	2.278
宁海县	—	—	0.772	24.44	1.973	62.45	3 970	12.58	170	0.53	—	—	3.159
余姚市	2 050	5.81	1.843	52.17	1.167	33.05	3 100	8.76	80	0.22	—	—	3.532
慈溪市	—	—	1.087	31.68	2.302	67.10	420	1.22	—	—	—	—	3.431
奉化区	20	0.11	1.065	49.83	0.895	41.87	1 750	8.19	—	—	—	—	2.137

表4-6　温州市耕地地力等级面积与比例

县级市	一级地		二级地		三级地		四级地		五级地		六级地		合计（万 hm^2）
	面积（hm^2）	比例（%）	面积（万 hm^2）	比例（%）	面积（万 hm^2）	比例（%）	面积（万 hm^2）	比例（%）	面积（万 hm^2）	比例（%）	面积（hm^2）	比例（%）	
鹿城区	130	1.68	0.323	41.26	0.149	18.98	0.284	36.27	0.014	1.81	—	—	0.784
龙湾区	—	—	0.309	90.15	0.034	9.85	—	—	—	—	—	—	0.343
瓯海区	—	—	0.121	23.09	0.098	18.79	0.187	35.74	0.117	22.39	—	—	0.524
洞头区	—	—	0.072	40.79	0.049	27.56	0.056	31.65	—	—	—	—	0.176
永嘉县	—	—	0.313	7.71	2.583	63.52	1.170	28.77	—	—	—	—	4.066
平阳县	130	0.38	0.557	17.00	0.937	28.61	1.658	50.65	0.110	3.35	—	—	3.274
苍南县	—	—	1.181	31.78	0.722	19.43	1.309	35.22	0.504	13.57	—	—	3.717
文成县	—	—	—	—	0.279	8.20	2.269	66.71	0.853	25.09	—	—	3.401
泰顺县	—	—	—	—	0.238	6.97	2.846	83.40	0.329	9.63	—	—	3.412
瑞安市	—	—	1.121	29.69	1.165	30.84	0.674	17.83	0.817	21.63	—	—	3.777
乐清市	—	—	0.644	27.27	0.996	42.15	0.345	14.59	0.297	12.59	800	3.40	2.362

（四）嘉兴市耕地地力等级

嘉兴市主要包括南湖区、秀洲区、嘉善县、海盐县、海宁市、平湖市和桐乡市（表

4-7），耕地面积19.577万 hm^2，占浙江省耕地总面积的10.19%。耕地地力等级在一级地至三级地上均有分布，其中一等（一、二级）地面积14.79万 hm^2，占75.55%；二等（三、四级）地面积4.787万 hm^2，占24.45%。面积加权平均等级为2.18级。

表4-7　嘉兴市耕地地力等级面积与比例

县级市	一级地		二级地		三级地		四级地		五级地		六级地		合计（万 hm^2）
	面积（hm^2）	比例（%）	面积（万 hm^2）	比例（%）	面积（万 hm^2）	比例（%）	面积（hm^2）	比例（%）	面积（hm^2）	比例（%）	面积（hm^2）	比例（%）	
南湖区	5 980	27.41	1.471	67.42	0.113	5.16	—	—	—	—	—	—	2.182
秀洲区	20	0.09	1.942	71.06	0.788	28.84	—	—	—	—	—	—	2.733
嘉善县	1 310	5.63	1.536	66.05	0.659	28.32	—	—	—	—	—	—	2.326
海盐县	6 610	23.73	2.08	74.71	0.043	1.56	—	—	—	—	—	—	2.784
海宁市	670	2.09	1.225	38.44	1.894	59.47	—	—	—	—	—	—	3.186
平湖市	—	—	2.512	90.89	0.252	9.11	—	—	—	—	—	—	2.764
桐乡市	—	—	2.565	71.20	1.038	28.80	—	—	—	—	—	—	3.603

（五）湖州市耕地地力等级

湖州市主要包括吴兴区、南浔区、德清县、长兴县、安吉县（表4-8），耕地面积15.099万 hm^2，占浙江省耕地总面积的7.86%。耕地地力等级在一级地至五级地上均有分布，其中一等（一、二级）地面积8.553万 hm^2，占56.65%；二等（三、四级）地面积6.379万 hm^2，占42.25%；三等（五、六级）地面积0.167万 hm^2，占1.11%。面积加权平均等级为2.71级。

表4-8　湖州市耕地地力等级面积与比例

县级市	一级地		二级地		三级地		四级地		五级地		六级地		合计（万 hm^2）
	面积（hm^2）	比例（%）	面积（万 hm^2）	比例（%）	面积（万 hm^2）	比例（%）	面积（万 hm^2）	比例（%）	面积（hm^2）	比例（%）	面积（hm^2）	比例（%）	
吴兴区	2 210	9.73	1.737	76.34	0.290	12.76	0.027	1.16	—	—	—	—	2.275
南浔区	2 240	7.00	2.944	91.89	0.035	1.11	—	—	—	—	—	—	3.204
德清县	980	4.28	1.511	66.01	0.557	24.33	0.123	5.38	—	—	—	—	2.290
长兴县	620	1.42	1.737	39.39	1.672	37.92	0.933	21.17	50	0.11	—	—	4.409
安吉县	—	—	0.017	0.60	0.418	14.30	2.323	79.54	1 620	5.56	—	—	2.921

（六）绍兴市耕地地力等级

绍兴市主要包括越城区、柯桥区、上虞区、新昌县、诸暨市和嵊州市（表4-9），耕地面积18.791万 hm^2，占浙江省耕地总面积的9.78%。耕地地力等级在一级地至五级地上均有分布，其中一等（一、二级）地面积4.768万 hm^2，占25.38%；二等（三、四级）地面积13.699万 hm^2，占72.86%；三等（五、六级）地面积0.331万 hm^2，占1.76%。面积加权平均等级为3.13级。

表4-9 绍兴市耕地地力等级面积与比例

县级市	一级地		二级地		三级地		四级地		五级地		六级地		合计（万 hm²）
	面积（hm²）	比例（%）	面积（万 hm²）	比例（%）	面积（万 hm²）	比例（%）	面积（万 hm²）	比例（%）	面积（hm²）	比例（%）	面积（hm²）	比例（%）	
越城区	—	—	0.610	49.47	0.561	45.49	0.062	5.05	—	—	—	—	1.234
柯桥区	—	—	0.415	25.89	0.532	33.21	0.622	38.80	330	2.09	—	—	1.602
上虞区	1 450	4.12	1.252	35.45	1.404	39.78	0.729	20.65	—	—	—	—	3.530
新昌县	160	0.52	0.242	7.84	1.211	39.16	1.493	48.30	1 290	4.18	—	—	3.092
诸暨市	—	—	0.651	12.01	2.466	45.49	2.224	41.02	800	1.48	—	—	5.422
嵊州市	—	—	1.437	36.73	1.304	33.35	1.082	27.67	880	2.25	—	—	3.911

（七）金华市耕地地力等级

金华市主要包括婺城区、金东区、武义县、浦江县、磐安县、兰溪市、义乌市、东阳市和永康市（表4-10），耕地面积23.064万 hm²，占浙江省耕地总面积的12.01%。耕地地力等级在二级地至六级地上均有分布，其中一等（二级）地面积1.263万 hm²，占5.48%；二等（三、四级）地面积21.247万 hm²，占92.12%；三等（五、六级）地面积0.554万 hm²，占2.40%。面积加权平均等级为3.49级。

表4-10 金华市耕地地力等级面积与比例

县级市	一级地		二级地		三级地		四级地		五级地		六级地		合计（万 hm²）
	面积（hm²）	比例（%）	面积（hm²）	比例（%）	面积（万 hm²）	比例（%）	面积（万 hm²）	比例（%）	面积（hm²）	比例（%）	面积（hm²）	比例（%）	
婺城区	—	—	1 540	4.91	1.670	53.40	1.253	40.07	510	1.62	—	—	3.128
金东区	—	—	1 660	9.64	1.107	64.09	0.432	24.99	220	1.28	—	—	1.727
武义县	—	—	210	0.81	0.716	28.02	1.678	65.69	1 170	4.60	220	0.88	2.554
浦江县	—	—	780	4.72	1.158	69.94	0.420	25.34	—	—	—	—	1.656
磐安县	—	—	—	—	0.134	8.27	1.308	80.67	1 670	10.31	120	0.75	1.622
兰溪市	—	—	1 440	3.79	1.704	44.93	1.853	48.87	910	2.40	—	—	3.792
义乌市	—	—	1 700	6.75	1.093	43.40	1.251	49.69	40	0.15	—	—	2.518
东阳市	—	—	4 550	13.05	1.930	55.32	1.074	30.79	290	0.84	—	—	3.488
永康市	—	—	750	2.91	0.728	28.23	1.739	67.41	370	1.45	—	—	2.580

（八）衢州市耕地地力等级

衢州市主要包括柯城区、衢江区、常山县、开化县、龙游县和江山市（表4-11），耕地面积13.191万 hm²，占浙江省耕地总面积的6.87%。耕地地力等级在一级地至五级地上均有分布，其中一等（一、二级）地面积0.655万 hm²，占4.97%；二等（三、四级）地面积11.923万 hm²，占90.39%；三等（五、六级）地面积0.612万 hm²，占4.64%。面积加权平均等级为3.49级。

表4-11　衢州市耕地地力等级面积与比例

县级市	一级地		二级地		三级地		四级地		五级地		六级地		合计（万 hm²）
	面积（hm²）	比例（%）	面积（hm²）	比例（%）	面积（万 hm²）	比例（%）	面积（万 hm²）	比例（%）	面积（hm²）	比例（%）	面积（hm²）	比例（%）	
柯城区	—	—	360	9.42	0.192	49.83	0.148	38.35	90	2.41	—	—	0.386
衢江区	—	—	500	2.26	0.778	34.87	1.276	57.19	1 270	5.69	—	—	2.230
常山县	—	—	—	—	0.590	40.25	0.788	53.73	880	6.02	—	—	1.466
开化县	—	—	310	1.38	0.911	40.14	1.092	48.13	2 350	10.35	—	—	2.269
龙游县	1 120	3.91	2 360	8.25	1.753	61.40	0.755	26.43	—	—	—	—	2.855
江山市	—	—	1 900	4.78	2.028	50.91	1.613	40.48	1 530	3.84	—	—	3.984

（九）舟山市耕地地力等级

舟山市主要包括定海区、普陀区和岱山县（表4-12），耕地面积2.527万 hm²，占浙江省耕地总面积的1.32％。耕地地力等级在二级地至四级地上均有分布，其中一等（二级）地面积0.993万 hm²，占39.31％；二等（三、四级）地面积1.533万 hm²，占60.69％。面积加权平均等级为2.65级。

表4-12　舟山市耕地地力等级面积与比例

县级市	一级地		二级地		三级地		四级地		五级地		六级地		合计（hm²）
	面积（hm²）	比例（%）	面积（hm²）	比例（%）	面积（hm²）	比例（%）	面积（hm²）	比例（%）	面积（hm²）	比例（%）	面积（hm²）	比例（%）	
定海区	—	—	6 660	46.56	6 860	47.91	790	5.53	—	—	—	—	14 310
普陀区	—	—	3 010	40.23	4 440	59.31	30	0.46	—	—	—	—	7 480
岱山县	—	—	260	7.51	2 820	81.30	390	11.20	—	—	—	—	3 470

（十）台州市耕地地力等级

台州市主要包括椒江区、黄岩区、路桥区、玉环县、三门县、天台县、仙居县、温岭市和临海市（表4-13），耕地面积18.882万 hm²，占浙江省耕地总面积的9.83％。耕地地力等级在一级地至六级地上均有分布，其中一等（一、二级）地面积5.907万 hm²，占31.28％；二等（三、四级）地面积11.525万 hm²，占61.04％；三等（五、六级）地面积1.450万 hm²，占7.68％。面积加权平均等级为3.25级。

（十一）丽水市耕地地力等级

丽水市主要包括莲都区、青田县、缙云县、遂昌县、松阳县、云和县、庆元县、景宁县和龙泉市（表4-14），耕地面积15.576万 hm²，占浙江省耕地总面积的8.11％。耕地地力等级在二级地至六级地上均有分布，其中一等（二级）地面积0.086万 hm²，占0.55％；二等（三、四级）地面积12.867万 hm²，占82.61％；三等（五、六级）地面积2.623万 hm²，占16.84％。面积加权平均等级为3.99级。

表4-13 台州市耕地地力等级面积与比例

县级市	一级地		二级地		三级地		四级地		五级地		六级地		合计（万 hm²）
	面积（hm²）	比例（%）	面积（万 hm²）	比例（%）	面积（万 hm²）	比例（%）	面积（万 hm²）	比例（%）	面积（hm²）	比例（%）	面积（hm²）	比例（%）	
椒江区	—	—	0.495	58.11	0.357	41.89	—	—	—	—	—	—	0.851
黄岩区	—	—	0.231	22.26	0.324	31.15	0.384	36.93	1 000	9.66	—	—	1.040
路桥区	200	1.80	0.985	88.22	0.111	9.97	—	—	—	—	—	—	1.117
玉环县	—	—	0.222	24.82	0.312	34.89	0.220	24.61	1 400	15.69	—	—	0.894
三门县	—	—	0.419	19.30	0.693	31.88	0.998	45.94	620	2.87	—	—	2.172
天台县	100	0.37	0.301	11.04	0.837	30.68	0.897	32.91	6 820	25.00	—	—	2.727
仙居县	—	—	0.142	4.70	0.658	21.84	1.815	60.23	3 860	12.80	130	0.43	3.013
温岭市	—	—	1.695	49.95	1.282	37.79	0.398	11.72	180	0.54	—	—	3.393
临海市	890	2.42	1.298	35.33	1.414	38.48	0.825	22.47	480	1.31	—	—	3.674

表4-14 丽水市耕地地力等级面积与比例

县级市	一级地		二级地		三级地		四级地		五级地		六级地		合计（万 hm²）
	面积（hm²）	比例（%）	面积（hm²）	比例（%）	面积（hm²）	比例（%）	面积（万 hm²）	比例（%）	面积（hm²）	比例（%）	面积（hm²）	比例（%）	
莲都区	—	—	650	6.46	3 060	30.21	0.461	45.45	1 810	17.88	—	—	1.014
青田县	—	—	—	—	340	1.35	1.714	68.19	7 490	29.78	170	0.69	2.514
缙云县	—	—	40	0.22	5 030	30.22	1.040	62.48	1 070	6.42	110	0.66	1.664
遂昌县	—	—	—	—	2 180	12.36	1.245	70.72	2 980	16.93	—	—	1.761
松阳县	—	—	30	0.15	1 870	10.78	0.723	41.57	8 200	47.12	70	0.38	1.740
云和县	—	—	—	—	160	2.35	0.510	75.42	1 500	22.24	—	—	0.676
庆元县	—	—	100	0.55	5 810	33.27	1.151	65.91	50	0.26	—	—	1.747
景宁县	—	—	—	—	7 040	35.85	1.248	63.50	130	0.65	—	—	1.965
龙泉市	—	—	40	0.17	3 880	15.56	1.838	73.63	2 660	10.65	—	—	2.497

四、不同土壤类型耕地地力状况

全省耕地共含9个土类，即水稻土、红壤、黄壤、紫色土、石灰（岩）土、粗骨土、基性岩土、潮土和滨海盐土，面积分别为112.842万 hm^2、42.696万 hm^2、4.861万 hm^2、7.713万 hm^2、1.138万 hm^2、6.742万 hm^2、1.027万 hm^2、9.217万 hm^{2}和5.856万 hm^2，分别占耕地总面积的58.74%、22.23%、2.53%、4.02%、0.59%、3.51%、0.53%、4.80%和3.05%（表4-15）。其耕地地力状况如下。

（一）水稻土

耕地中水稻土面积为112.842万 hm^2，占全省耕地面积的58.74%。其中潴育水稻土面积

46.761万 hm^2，占水稻土面积的41.44%；渗育水稻土面积26.997万 hm^2，占23.92%；淹育水稻土面积13.263万 hm^2，占11.75%；潜育水稻土面积7 670hm^2，占0.68%；脱潜水稻土面积25.054万 hm^2，占22.20%（表4-16）。

表4-15 浙江省不同土壤类型耕地地力等级面积与比例

耕地地力等级		水稻土	红壤	黄壤	紫色土	石灰（岩）土	粗骨土	基性岩土	潮土	滨海盐土	小计
一级地	面积（万 hm^2）	3.489	0.075	—	0.009	—	0.026	—	0.107	—	3.706
	所占比例（%）	3.09	0.18	—	0.11	—	0.38	—	1.16	—	1.93
二级地	面积（万 hm^2）	44.043	2.628	—	0.359	0.129	0.373	0.249	3.619	0.978	52.377
	所占比例（%）	39.03	6.15	—	4.65	11.33	5.53	24.19	39.27	16.70	27.27
三级地	面积（万 hm^2）	39.008	13.080	0.859	2.951	0.485	2.649	0.342	4.700	3.952	68.027
	所占比例（%）	34.57	30.64	17.67	38.26	42.62	39.30	33.29	50.99	67.49	35.41
四级地	面积（万 hm^2）	23.736	22.285	3.151	4.013	0.473	3.231	0.384	0.764	0.920	58.956
	所占比例（%）	21.03	52.19	64.81	52.03	41.59	47.92	37.36	8.29	15.71	30.69
五级地	面积（万 hm^2）	2.521	4.549	0.845	0.368	0.051	0.454	0.045	0.026	0.005	8.864
	所占比例（%）	2.23	10.65	17.38	4.77	4.46	6.73	4.39	0.28	0.09	4.61
六级地	面积（万 hm^2）	0.047	0.079	0.007	0.013	—	0.009	0.008	—	—	0.163
	所占比例（%）	0.04	0.19	0.14	0.17	—	0.14	0.78	—	—	0.08
合计	面积（万 hm^2）	112.842	42.696	4.861	7.713	1.138	6.742	1.027	9.217	5.856	192.093
	所占比例（%）	58.74	22.23	2.53	4.02	0.59	3.51	0.53	4.80	3.05	100.00

表4-16 浙江省水稻土耕地面积与比例

土类名称	亚类名称	面积（万 hm^2）	比例（%）
水稻土	潴育水稻土	46.761	41.44
	渗育水稻土	26.997	23.92
	脱潜水稻土	25.054	22.20
	淹育水稻土	13.263	11.75
	潜育水稻土	0.767	0.68
合计		112.842	100.00

在浙江水稻土中，一级地的面积为3.489万 hm^2，占3.09%；二级地的面积为44.043万 hm^2，占39.03%；三级地的面积为39.008万 hm^2，占34.57%；四级地的面积为23.736万 hm^2，占21.03%；五级地的面积为2.521万 hm^2，占2.23%；六级地的面积为470hm^2，占0.04%（表4-15）。

（二）红壤

耕地中红壤面积为42.696万 hm^2，占全省耕地面积的22.23%。其中黄红壤面积31.172万

hm²，占红壤面积的73.01%；红壤面积7.218万 hm²，占16.90%；红壤性土面积3.320万 hm²，占7.78%；棕红壤面积4 900hm²，占1.15%；饱和红壤面积4 970hm²，占1.16%（表4-17）。

在浙江红壤中，一级地的面积为750hm²，占0.18%；二级地的面积为2.628万 hm²，占6.15%；三级地的面积为13.080万 hm²，占30.64%；四级地的面积为22.285万 hm²，占52.19%；五级地的面积为4.549万 hm²，占10.65%；六级地的面积为790hm²，占0.19%（表4-15）。

表4-17　浙江省红壤耕地面积与比例

土类名称	亚类名称	面积（万 hm²）	比例（%）
红壤	黄红壤	31.172	73.01
	红壤	7.218	16.90
	红壤性土	3.320	7.78
	棕红壤	0.490	1.15
	饱和红壤	0.497	1.16
合计		42.696	100.00

（三）黄壤

耕地中黄壤面积为4.861万 hm²，占全省耕地面积的2.53%。其中黄壤亚类面积4.861万 hm²，占黄壤面积的100.00%（表4-18）。

在浙江黄壤中，三级地的面积为8 590hm²，占17.67%；四级地的面积为3.151万 hm²，占64.81%；五级地的面积为8 450hm²，占17.38%；六级地的面积为70hm²，占0.14%（表4-15）。

表4-18　浙江省黄壤耕地面积与比例

土类名称	亚类名称	面积（万 hm²）	比例（%）
黄壤	黄壤	4.861	100.00
合计		4.861	100.00

（四）紫色土

耕地中紫色土面积为42.696万 hm²，占全省耕地面积的4.02%。其中石灰性紫色土面积4.929万 hm²，占紫色土面积的63.91%；酸性紫色土面积2.784万 hm²，占36.09%（表4-19）。

表4-19　浙江省紫色土耕地面积与比例

土类名称	亚类名称	面积（万 hm²）	比例（%）
紫色土	石灰性紫色土	4.929	63.91
	酸性紫色土	2.784	36.09
合计		7.713	100.00

在浙江紫色土中，一级地的面积为90hm^2，占0.11%；二级地的面积为3 590hm^2，占4.65%；三级地的面积为2.951万hm^2，占38.26%；四级地的面积为4.013万hm^2，占52.03%；五级地的面积为3 680hm^2，占4.77%；六级地的面积为130hm^2，占0.17%（表4-15）。

（五）粗骨土

耕地中粗骨土面积为6.742万hm^2，占全省耕地面积的3.51%。其中酸性粗骨土亚类面积6.742万hm^2，占粗骨土面积的100.00%（表4-20）。

在浙江粗骨土中，一级地的面积为260hm^2，占0.38%；二级地的面积为3 730hm^2，占5.53%；三级地的面积为2.649万hm^2，占39.30%；四级地的面积为3.231万hm^2，占47.92%；五级地的面积为4 540hm^2，占6.73%；六级地的面积为90hm^2，占0.14%（表4-15）。

表4-20　浙江省粗骨土耕地面积与比例

土类名称	亚类名称	面积（万hm^2）	比例（%）
粗骨土	酸性粗骨土	6.742	100.00
合计		6.742	100.00

（六）潮土

耕地中潮土面积为9.217万hm^2，占全省耕地面积的4.80%。其中灰潮土亚类面积9.217万hm^2，占潮土面积的100.00%（表4-21）。

在浙江潮土中，一级地的面积为1 070hm^2，占1.16%；二级地的面积为3.619万hm^2，占39.27%；三级地的面积为4.70万hm^2，占50.99%；四级地的面积为7 640hm^2，占8.29%；五级地的面积为260hm^2，占0.28%（表4-15）。

表4-21　浙江省潮土耕地面积与比例

土类名称	亚类名称	面积（万hm^2）	比例（%）
潮土	灰潮土	9.217	100.00
合计		9.217	100.00

（七）滨海盐土

耕地中滨海盐土面积为5.856万hm^2，占全省耕地面积的3.05%。其中滨海盐土面积4.030万hm^2，占滨海盐土面积的68.82%；潮滩盐土面积1.826万hm^2，占31.18%（表4-22）。

表4-22　浙江省滨海盐土耕地面积与比例

土类名称	亚类名称	面积（万hm^2）	比例（%）
滨海盐土	滨海盐土	4.030	68.82
	潮滩盐土	1.826	31.18
合计		5.856	100.00

在浙江滨海盐土中，二级地的面积为9 780hm^2，占16.70%；三级地的面积为3.952

万 hm^2，占67.49％；四级地的面积为9 200hm^2，占15.71％；五级地的面积为50hm^2，占0.09％（表4-15）。

（八）石灰（岩）土

耕地中石灰（岩）土面积为1.138万 hm^2，占全省耕地面积的0.59％。其中黑色石灰土面积210hm^2，占石灰（岩）土面积的1.88％；棕色石灰土面积1.117万 hm^2，占98.12％（表4-23）。

在浙江石灰（岩）土中，二级地的面积为1 290hm^2，占11.33％；三级地的面积为4 850hm^2，占42.62％；四级地的面积为4 730hm^2，占41.59％；五级地的面积为510hm^2，占4.46％（表4-15）。

表4-23　浙江省石灰（岩）土耕地面积与比例

土类名称	亚类名称	面积（万 hm^2）	比例（%）
石灰（岩）土	黑色石灰土	0.021	1.88
	棕色石灰土	1.117	98.12
合计		1.138	100.00

（九）基性岩土

耕地中基性岩土面积为1.027万 hm^2，占全省耕地面积的0.53％。其中基性岩土亚类面积1.027万 hm^2，占基性岩土面积的100.00％（表4-24）。

在浙江基性岩土中，二级地的面积为2 490hm^2，占24.19％；三级地的面积为3 420hm^2，占33.29％；四级地的面积为3 840hm^2，占37.36％；五级地的面积为450hm^2，占4.39％；六级地的面积为80hm^2，占0.78％（表4-15）。

表4-24　浙江省基性岩土耕地面积与比例

土类名称	亚类名称	面积（万 hm^2）	比例（%）
基性岩土	基性岩土	1.027	100.00
合计		1.027	100.00

第二节　一级地耕地地力等级特征

一、一级地分布特征

（一）区域分布

浙江省一级地面积为3.706万 hm^2，占全省耕地面积的1.93％。主要分布在浙东北都市型、外向型农业区，面积为3.368万 hm^2，占浙江省一级地面积的90.90％；其次是浙中盆地丘陵综合型特色农业区，面积1 380hm^2，占3.72％；浙东南沿海城郊型、外向型农业区面积1 370hm^2，占3.70％；浙西北生态型绿色农业区面积620hm^2，仅占1.69％（表4-25）。

表4-25 浙江省各农业功能区一级地面积与比例

农业功能区	面积（万 hm²）	比例（%）
浙东北都市型、外向型农业区	3.368	90.90
浙东南沿海城郊型、外向型农业区	0.137	3.70
浙中盆地丘陵综合型特色农业区	0.138	3.72
浙西北生态型绿色农业区	0.062	1.69
总计	3.706	100.00

从行政区划看，一级地较多分布在嘉兴市，面积为1.459万hm²，占一级地面积的比例为39.36%；其次是宁波市，面积为1.156万hm²，占31.21%；湖州市一级地面积为6 060hm²，占16.36%；绍兴市一级地面积为1 610hm²，占4.36%；台州市一级地面积为1 190hm²，占3.21%；衢州市一级地面积为1 120hm²，占3.01%；杭州市一级地面积为660hm²，占1.79%；温州市一级地面积为260hm²，占0.70%（表4-26）。

一级地在县域分布上差异较大，杭州市一级地主要分布在萧山区和余杭区，面积分别为480hm²和180hm²，分别占杭州市一级地面积的72.84%和27.16%；宁波市一级地面积比例超过10.00%的区县有江北区、鄞州区、镇海区、余姚市，面积分别为3 550hm²、2 880hm²、2 530hm²和2 050hm²，占比分别为30.74%、24.91%、21.86%和17.73%；温州市一级地主要分布在鹿城区和平阳县，面积均为130hm²，分别占温州市一级地面积的51.15%和48.85%；嘉兴市一级地主要分布在海盐县和南湖区，面积分别为6 610hm²和5 980hm²，分别占嘉兴市一级地面积的45.29%和41.01%；湖州市一级地主要分布在南浔区和吴兴区，面积分别为2 240hm²和2 210hm²，分别占湖州市一级地面积的37.02%和36.53%；绍兴市一级地主要分布在上虞区和新昌县，面积分别为1 450hm²和160hm²，分别占绍兴市一级地面积的90.02%和9.98%；衢州市一级地只分布在龙游县，面积为1 120hm²；台州市一级地主要分布在临海市和路桥市，面积分别为890hm²和200hm²，分别占台州市一级地面积的74.68%和16.92%（表4-26）。

表4-26 浙江省各市一级地面积与比例

区域		面积（万 hm²）	比例（%）
杭州市	萧山区	0.048	72.84
	余杭区	0.018	27.16
小计		0.066	100.00
宁波市	江北区	0.355	30.74
	北仑区	0.053	4.55
	镇海区	0.253	21.86
	鄞州区	0.288	24.91
	余姚市	0.205	17.73
小计		1.156	100.00

（续表）

区域		面积（万 hm²）	比例（%）
温州市	鹿城区	0.013	51.15
	平阳县	0.013	48.85
小计		0.026	100.00
嘉兴市	南湖区	0.598	41.01
	秀洲区	0.002	0.17
	嘉善县	0.131	8.97
	海盐县	0.661	45.29
	海宁市	0.067	4.56
小计		1.459	100.00
湖州市	吴兴区	0.221	36.53
	南浔区	0.224	37.02
	德清县	0.098	16.16
	长兴县	0.062	10.30
小计		0.606	100.00
绍兴市	上虞区	0.145	90.02
	新昌县	0.016	9.98
小计		0.161	100.00
衢州市	龙游县	0.112	100.00
小计		0.112	100.00
台州市	路桥区	0.020	16.92
	天台县	0.010	8.40
	临海市	0.089	74.68
小计		0.119	100.00

（二）土壤类型

从土壤类型上看，浙江省一级地的耕地土壤类型分为水稻土、红壤、紫色土、粗骨土、潮土5个土类，其中水稻土面积3.489万 hm²、红壤面积760hm²、紫色土面积90hm²、粗骨土面积260hm²、潮土面积1 070hm²。在水稻土5个亚类中，脱潜水稻土的面积占比最大，占一级地水稻土面积的比例为48.66％，其次是潴育水稻土，占39.33％，其他亚类的占比较小，均在10.00％以下。在红壤2个亚类中，黄红壤的面积占比最大，占一级地红壤面积的比例为83.14％（表4-27）。

二、一级地属性特征

（一）地形部位

浙江省一级地主要分布在水网平原、滨海平原、河谷平原3种地形部位，其中水网平原面积较大，为3.562万 hm^2，占一级地面积的96.13%；滨海平原面积为1 170hm^2，占3.17%；河谷平原面积为260hm^2，占0.70%（表4-28）。

表4-27　不同土壤类型一级地面积与比例

土类名称	亚类名称	面积（万 hm^2）	比例（%）
水稻土	潴育水稻土	1.372	39.33
	渗育水稻土	0.328	9.40
	脱潜水稻土	1.698	48.66
	淹育水稻土	0.066	1.89
	潜育水稻土	0.025	0.73
小计		3.489	100.00
红壤	黄红壤	0.063	83.14
	红壤	0.013	16.86
小计		0.076	100.00
紫色土	石灰性紫色土	0.009	100.00
粗骨土	酸性粗骨土	0.026	100.00
潮土	灰潮土	0.107	100.00

表4-28　一级地地形部位分布面积与比例

地形部位	面积（万 hm^2）	比例（%）
水网平原	3.562	96.13
滨海平原	0.117	3.17
河谷平原	0.026	0.70
总计	3.706	100.00

（二）剖面构型和耕层质地

浙江省一级地的剖面构型分为A-[B]-C、A-Ap-G、A-Ap-Gw-G、A-Ap-P-C和A-Ap-W-C 5种类型，其面积分别为2 520hm^2、1 840hm^2、1.086万 hm^2、1 280hm^2、2.055万 hm^2，分别占一级地面积的6.81%、4.98%、29.30%、3.46%、55.46%。耕层质地归并为黏土、重壤、中壤、轻壤4种类型，其中重壤面积较大，为2.584万 hm^2，占69.73%；其次是中壤和黏土，面积分别为8 370hm^2和2 380hm^2，分别占22.60%和6.44%；轻壤面积较少，仅占1.23%（表4-29）。

（三）抗旱 / 排涝能力

浙江省一级地以抗旱能力为评价指标的面积为1.261万 hm^2，占一级地面积的34.03%，包括抗旱能力＞70 d、50～70 d两种类型：其中抗旱能力＞70 d耕地面积为9 820hm^2，占本类别面积的77.89%；抗旱能力50～70 d耕地面积为2 790hm^2，占本类别面积的22.11%。以排涝能力为评价指标的面积为2.445万 hm^2，占一级地面积的65.97%，包括一日暴雨一日排出、一日暴雨二日排出两种类型，其中一日暴雨一日排出耕地面积为2.415万 hm^2，占本类别面积的98.80%；一日暴雨二日排出耕地面积为290hm^2，占本类别面积的1.20%（表4-30）。

表4-29　不同剖面构型和耕层质地的一级地面积与比例

项目		面积（万 hm^2）	比例（%）
剖面构型	A-[B]-C	0.252	6.81
	A-Ap-G	0.184	4.98
	A-Ap-Gw-G	1.086	29.30
	A-Ap-P-C	0.128	3.46
	A-Ap-W-C	2.055	55.46
总计		3.706	100.00
耕层质地	黏土	0.238	6.44
	重壤	2.584	69.73
	中壤	0.837	22.60
	轻壤	0.046	1.23
总计		3.706	100.00

表4-30　不同抗旱/排涝能力的一级地面积与比例

项目		面积（万 hm^2）	比例（%）
抗旱能力	＞70 d	0.982	77.89
	50～70 d	0.279	22.11
总计		1.261	100.00
排涝能力	一日暴雨一日排出	2.415	98.80
	一日暴雨二日排出	0.029	1.20
总计		2.445	100.00

（四）土壤容重

浙江省一级地的土壤容重分4个等级，其中≤0.90g/cm^{3}面积为1 490hm^2，占一级地面积的4.02%；0.90～1.10g/cm^{3}面积为2.463万 hm^2，占一级地面积的66.47%；1.10～1.30g/cm^{3}面积为1.073万 hm^2，占一级地面积的28.96%；＞1.30g/cm^{3}面积为210hm^2，占一级地面积的0.56%（表4-31）。

（五）耕层厚度

浙江省一级地的耕层厚度分4个等级，其中耕层厚度为8.0～12cm的面积为390hm^2，占一级地面积的1.05%；耕层厚度为12～16cm的面积为2.288万 hm^2，占一级地面积的61.74%；耕层厚度为16～20cm的面积为1.175万 hm^2，占一级地面积的31.72%；耕层厚度＞20cm的面积为2 040hm^2，占一级地面积的5.49%（表4-32）。

表4-31　不同土壤容重的一级地面积与比例

土壤容重（g/cm³）	面积（万 hm²）	比例（%）
≤0.90	0.149	4.02
0.90～1.10	2.463	66.47
1.10～1.30	1.073	28.96
>1.30	0.021	0.56
总计	3.706	100.00

表4-32　不同耕层厚度的一级地面积与比例

耕层厚度（cm）	面积（万 hm²）	比例（%）
8.0～12	0.039	1.05
12～16	2.288	61.74
16～20	1.175	31.72
>20	0.204	5.49
总计	3.706	100.00

（六）酸碱度与土壤养分含量

表4-33为一级地土壤酸碱度及土壤有机质、有效磷、速效钾、阳离子交换量和水溶性盐总量的平均值。其中土壤酸碱度平均值为6.17，土壤有机质平均含量为36.18g/kg、有效磷含量平均为27.72mg/kg、速效钾含量平均为121.64mg/kg、阳离子交换量平均为21.66cmol/kg、水溶性盐总量平均为0.59g/kg。

综合来看，浙东北都市型、外向型农业区土壤阳离子交换量较高；浙东南沿海城郊型、外向型农业区一级地的土壤有机质、有效磷、速效钾含量较高；浙中盆地丘陵综合型特色农业区土壤有机质、有效磷、速效钾含量较高；浙西北生态型绿色农业区土壤水溶性盐总量较高。

表4-33　一级地土壤酸碱度与养分含量平均值

主要养分指标	酸碱度	有机质（g/kg）	有效磷（mg/kg）	速效钾（mg/kg）	阳离子交换量（cmol/kg）	水溶性盐总量（g/kg）
浙东北都市型、外向型农业区	6.16	36.19	27.74	118.90	21.90	0.55
浙东南沿海城郊型、外向型农业区	6.46	37.97	29.48	152.00	20.99	0.90
浙中盆地丘陵综合型特色农业区	6.27	36.28	27.77	146.06	19.88	0.79
浙西北生态型绿色农业区	5.77	29.54	20.54	94.60	15.90	1.55
平均值	6.17	36.18	27.72	121.64	21.66	0.59

第三节 二级地耕地地力等级特征

一、二级地分布特征

(一)区域分布

浙江省二级地面积为52.377万 hm^2，占全省耕地面积的27.27%。主要分布在浙东北都市型、外向型农业区，面积为31.701万 hm^2，占浙江省二级地面积的60.52%；其次是浙东南沿海城郊型、外向型农业区，面积11.909万 hm^2，占22.74%；浙中盆地丘陵综合型特色农业区面积4.548万 hm^2，占8.68%；浙西北生态型绿色农业区面积2.754万 hm^2，占5.26%；沿海岛屿蓝色渔(农)业区面积1.065万 hm^2，占2.03%；浙西南生态型绿色农业区面积3 990hm^2，仅占0.76%(表4-34)。

表4-34 浙江省各农业功能区二级地面积与比例

农业功能区	面积(万 hm^2)	比例(%)
浙东北都市型、外向型农业区	31.701	60.52
浙东南沿海城郊型、外向型农业区	11.909	22.74
浙中盆地丘陵综合型特色农业区	4.548	8.68
浙西南生态型绿色农业区	0.399	0.76
浙西北生态型绿色农业区	2.754	5.26
沿海岛屿蓝色渔(农)业区	1.065	2.03
总计	52.377	100.00

从行政区划看，二级地较多分布在嘉兴市，面积为13.332万 hm^2，占二级地面积的比例为25.45%；其次是宁波市，面积为8.499万 hm^2，占16.23%；湖州市二级地面积为7.947万 hm^2，占15.17%；台州市二级地面积为5.788万 hm^2，占11.05%；杭州市二级地面积为4.678万 hm^2，占8.93%；温州市二级地面积为4.642万 hm^2，占8.86%；绍兴市二级地面积为4.607万 hm^2，占8.80%；金华市二级地面积为1.263万 hm^2，占2.41%；舟山市二级地面积为9 930hm^2，占1.90%；衢州市二级地面积为5 440hm^2，占1.04%；丽水市二级地面积为850hm^2，仅占0.16%(表4-35)。

二级地在县域分布上差异较大，杭州市二级地主要分布在余杭区和萧山区，面积分别为2.019万 hm^{2}和1.483万 hm^2，分别占杭州市二级地面积的43.16%和31.69%；宁波市二级地面积比例超过10.00%的有鄞州区、余姚区、慈溪区、奉化区，面积分别为2.154万 hm^2、1.843万 hm^2、1.087万 hm^{2}和1.065万 hm^2，占比分别为25.35%、21.68%、12.79%和12.53%；温州市二级地面积比例超过10.00%的有苍南县、瑞安市、乐清市、平阳县，面积分别为1.181万 hm^2、1.121万 hm^2、6 440hm^{2}和5 570hm^2，占比分别为25.45%、24.16%、13.87%和11.99%；嘉兴市二级地主要分布在桐乡市、平湖市和海盐县，面积分别为2.565万 hm^2、2.512万 hm^{2}和2.080万 hm^2，分别占嘉兴市二级地面积的19.24%、18.84%和

15.60％；湖州市二级地主要分布在南浔区、吴兴区和长兴县，面积分别为2.944万 hm^2、1.737万 hm^2 和1.737万 hm^2，分别占湖州市二级地面积的37.05％、21.86％和21.86％；绍兴市二级地主要分布在嵊州市和上虞区，面积分别为1.437万 hm^2 和1.252万 hm^2，分别占绍兴市二级地面积的31.18％和27.17％；金华市二级地主要分布在东阳市、义乌市和金东区，面积分别为4 550hm^2、1 700hm^2 和1 660hm^2，分别占金华市二级地面积的36.04％、13.46％和13.18％；衢州市二级地主要分布在龙游县和江山市，面积分别为2 360hm^2 和1 900hm^2，分别占衢州市二级地面积的43.33％和35.00％；舟山市二级地主要分布在定海区和普陀区，面积分别为6 660hm^2 和3 010hm^2，分别占舟山市二级地面积的67.06％和30.31％；台州市二级地主要分布在温岭市、临海市和路桥市，面积分别为1.695万 hm^2、1.298万 hm^2 和9 850hm^2，分别占台州市二级地面积的29.28％、22.43％和17.02％；丽水市二级地主要分布在莲都区和庆元县，面积分别为650hm^2 和100hm^2，分别占丽水市二级地面积的76.59％和11.32％（表4-35）。

表4-35 浙江省各市二级地面积与比例

区域		面积（万 hm^2）	比例（%）
杭州市	滨江区	0.207	4.43
	萧山区	1.483	31.69
	余杭区	2.019	43.16
	桐庐县	0.414	8.84
	淳安县	0.096	2.06
	建德市	0.035	0.76
	富阳区	0.359	7.67
	临安区	0.065	1.38
小计		4.678	100.00
宁波市	江北区	0.245	2.88
	北仑区	0.549	6.46
	镇海区	0.314	3.70
	鄞州区	2.154	25.35
	象山县	0.470	5.53
	宁海县	0.772	9.09
	余姚市	1.843	21.68
	慈溪市	1.087	12.79
	奉化区	1.065	12.53
小计		8.499	100.00
温州市	鹿城区	0.323	6.97
	龙湾区	0.309	6.65
	瓯海区	0.121	2.61

（续表）

区域		面积（万 hm^2）	比例（%）
温州市	洞头区	0.072	1.55
	永嘉县	0.313	6.75
	平阳县	0.557	11.99
	苍南县	1.181	25.45
	瑞安市	1.121	24.16
	乐清市	0.644	13.87
小计		4.642	100.00
嘉兴市	南湖区	1.471	11.04
	秀洲区	1.942	14.57
	嘉善县	1.536	11.52
	海盐县	2.080	15.60
	海宁市	1.225	9.19
	平湖市	2.512	18.84
	桐乡市	2.565	19.24
小计		13.332	100.00
湖州市	吴兴区	1.737	21.86
	南浔区	2.944	37.05
	德清县	1.511	19.02
	长兴县	1.737	21.86
	安吉县	0.017	0.22
小计		7.947	100.00
绍兴市	越城区	0.610	13.25
	柯桥区	0.415	9.00
	上虞区	1.252	27.17
	新昌县	0.242	5.26
	诸暨市	0.651	14.14
	嵊州市	1.437	31.18
小计		4.607	100.00
金华市	婺城区	0.154	12.17
	金东区	0.166	13.18
	武义县	0.021	1.63
	浦江县	0.078	6.19
	兰溪市	0.144	11.39
	义乌市	0.170	13.46
	东阳市	0.455	36.04

（续表）

区域		面积（万 hm^2）	比例（%）
金华市	永康市	0.075	5.94
小计		1.263	100.00
衢州市	柯城区	0.036	6.68
	衢江区	0.050	9.25
	开化县	0.031	5.74
	龙游县	0.236	43.33
	江山市	0.190	35.00
小计		0.544	100.00
舟山市	定海区	0.666	67.06
	普陀区	0.301	30.31
	岱山县	0.026	2.63
小计		0.993	100.00
台州市	椒江区	0.495	8.55
	黄岩区	0.231	4.00
	路桥区	0.985	17.02
	玉环县	0.222	3.83
	三门县	0.419	7.24
	天台县	0.301	5.20
	仙居县	0.142	2.45
	温岭市	1.695	29.28
	临海市	1.298	22.43
小计		5.788	100.00
丽水市	莲都区	0.065	76.59
	缙云县	0.004	4.20
	松阳县	0.003	3.06
	庆元县	0.010	11.32
	龙泉市	0.004	4.82
小计		0.085	100.00

（二）土壤类型

从土壤类型上看，浙江省二级地的耕地土壤类型分为水稻土、红壤、紫色土、粗骨土、潮土、滨海盐土、石灰（岩）土、基性岩土8个土类，其中水稻土面积44.043万 hm^2，红壤面积2.628万 hm^2，紫色土面积3 590hm^2，粗骨土面积3 730hm^2，潮土面积3.619万 hm^2，滨海盐土面积9 780hm^2，石灰（岩）土面积1 290hm^2，基性岩土面积2 490hm^2。在水稻土5个亚类中，脱潜水稻土的面积占比最大，占二级地水稻土面积的比例为41.47%，其次是潴育水稻土，占31.41%，再次是渗育水稻土，占24.37%，其他亚类的比例较小，均在10.00%以下。在红壤5个亚类中，黄红壤的面积占比最大，占二级地红壤面积的比例为60.05%，其次是红壤，占22.05%，再次是红壤性土，占10.44%，其他亚类的比例较小，均在10.00%以下。在紫色土2个亚类中，石灰性紫色土的面积占比最大，占二级地紫色土面积的比例为55.04%。在滨海盐土2个亚类中，滨海盐土的面积占比最大，占二级地滨海盐土面积的比例为81.84%（表4-36）。

表4-36　不同土壤类型二级地面积与比例

土类名称	亚类名称	面积（万 hm^2）	比例（%）
水稻土	潴育水稻土	13.834	31.41
	渗育水稻土	10.732	24.37
	脱潜水稻土	18.265	41.47
	淹育水稻土	1.001	2.27
	潜育水稻土	0.210	0.48
小计		44.043	100.00
红壤	黄红壤	1.578	60.05
	红壤	0.579	22.05
	红壤性土	0.274	10.44
	棕红壤	0.016	0.61
	饱和红壤	0.180	6.85
小计		2.628	100.00
紫色土	石灰性紫色土	0.198	55.04
	酸性紫色土	0.161	44.96
小计		0.359	100.00
粗骨土	酸性粗骨土	0.373	100.00
潮土	灰潮土	3.619	100.00
滨海盐土	滨海盐土	0.800	81.84
	潮滩盐土	0.178	18.16
小计		0.978	100.00
石灰（岩）土	棕色石灰土	0.129	100.00
基性岩土	基性岩土	0.249	100.00

二、二级地属性特征

（一）地形部位

浙江省二级地分布在水网平原、滨海平原、河谷平原大畈、河谷平原、低丘、高丘6种地形部位，其中水网平原面积较大，为35.630万 hm^2，占二级地面积的68.02%；滨海平原面积为8.768万 hm²，占16.74%；河谷平原面积为5.728万 hm²，占10.94%；低丘面积为1.115万 hm²，占2.13%；河谷平原大畈面积为1.046万 hm²，占2.00%；高丘面积为900hm²，占0.17%（表4-37）。

表4-37　二级地地形部位分布面积与比例

地形部位	面积（万 hm²）	比例（%）
水网平原	35.630	68.02
滨海平原	8.768	16.74
河谷平原大畈	1.046	2.00
河谷平原	5.728	10.94
低丘	1.115	2.13
高丘	0.090	0.17
总计	52.377	100.00

（二）剖面构型和耕层质地

浙江省二级地的剖面构型分 A-[B]-C、A-[B]C-C、A-Ap-C、A-Ap-G、A-Ap-Gw-G、A-Ap-P-C、A-Ap-W-C和 A-C 8种类型，其面积分别为4.328万 hm²、360hm²、3.897万 hm²、2.091万 hm²、15.256万 hm²、8.272万 hm²、18.435万 hm²、610hm²，分别占二级地面积的8.26%、0.07%、7.44%、3.99%、29.13%、15.79%、35.20%和0.12%。耕层质地归并为黏土、重壤、中壤、轻壤、砂壤、砂土6种类型，其中重壤面积较大，为17.975万 hm²，占34.32%；其次是中壤和黏土，面积分别为17.226万 hm²和15.489万 hm²，分别占32.89%和29.57%；砂土、砂壤、轻壤面积较少，分别占1.41%、1.36%、0.45%（表4-38）。

表4-38　不同剖面构型和耕层质地的二级地面积与比例

项目		面积（万 hm²）	比例（%）
剖面构型	A-[B]-C	4.328	8.26
	A-[B]C-C	0.036	0.07
	A-Ap-C	3.897	7.44
	A-Ap-G	2.091	3.99
	A-Ap-Gw-G	15.256	29.13
	A-Ap-P-C	8.272	15.79
	A-Ap-W-C	18.435	35.20
		0.061	0.12
总计		52.377	100.00

（续表）

项目		面积（万 hm^2）	比例（%）
耕层质地	黏土	15.489	29.57
	重壤	17.975	34.32
	中壤	17.226	32.89
	轻壤	0.237	0.45
	砂壤	0.711	1.36
	砂土	0.739	1.41
总计		52.377	100.00

（三）抗旱 / 排涝能力

浙江省二级地以抗旱能力为评价指标的面积为18.987万 hm^2，占二级地面积的36.25%，包括抗旱能力＞70 d、50～70 d、30～50 d、<30 d 4种类型：其中抗旱能力＞70 d耕地面积为5.280万 hm^2，占本类别面积27.81%；抗旱能力50～70 d耕地面积为11.6万 hm^2，占本类别面积61.10%；抗旱能力30～50 d耕地面积为1.849万 hm^2，占本类别面积9.74%；抗旱能力 <30 d耕地面积为2 570hm^2，占本类别面积1.35%。以排涝能力为评价指标的面积为33.391万 hm^2，占二级地面积63.75%，包括一日暴雨一日排出、一日暴雨二日排出、一日暴雨三日排出三种类型，其中一日暴雨一日排出耕地面积为18.18万 hm^2，占本类别面积54.45%；一日暴雨二日排出耕地面积为14.406万 hm^2，占本类别面积43.14%；一日暴雨三日排出耕地面积为8 040hm^2，占本类别面积2.41%（表4-39）。

（四）土壤容重

浙江省二级地的土壤容重分4个等级，其中≤0.90g/cm^3面积为1.127万 hm^2，占二级地面积的2.15%；0.90～1.10g/cm^3面积为25.082万 hm^2，占二级地面积的47.89%；1.10～1.30g/cm^3面积为22.555万 hm^2，占二级地面积的43.06%；＞1.30g/cm^3面积为3.613万 hm^2，占二级地面积的6.90%（表4-40）。

表4-39 不同抗旱/排涝能力的二级地面积与比例

项目		面积（万 hm^2）	比例（%）
抗旱能力	>70 d	5.280	27.81
	50～70 d	11.600	61.10
	30～50 d	1.849	9.74
	<30 d	0.257	1.35
总计		18.987	100.00
排涝能力	一日暴雨一日排出	18.180	54.45
	一日暴雨二日排出	14.406	43.14
	一日暴雨三日排出	0.804	2.41
总计		33.391	100.00

表4-40　不同土壤容重的二级地面积与比例

土壤容重（g/cm³）	面积（万 hm²）	比例（%）
≤0.90	1.127	2.15
0.90～1.10	25.082	47.89
1.10～1.30	22.555	43.06
>1.30	3.613	6.90
总计	52.377	100.00

（五）耕层厚度

浙江省二级地的耕层厚度分4个等级，其中8.0～12cm面积为4.428万 hm²，占二级地面积的8.45%；12～16cm面积为23.086万 hm²，占二级地面积的44.08%；16～20cm面积为20.94万 hm²，占二级地面积的39.98%；＞20cm面积为3.924万 hm²，占二级地面积的7.49%（表4-41）。

（六）酸碱度与土壤养分含量

表4-42为二级地土壤酸碱度及土壤有机质、有效磷、速效钾、阳离子交换量和水溶性盐总量的平均值。土壤酸碱度平均值为6.15，土壤有机质平均含量为31.89g/kg、有效磷平均含量为21.95mg/kg、速效钾平均含量为109.22mg/kg、阳离子交换量平均为17.28cmol/kg、水溶性盐总量平均为0.69g/kg。

表4-41　不同耕层厚度的二级地面积与比例

耕层厚度（cm）	面积（万 hm²）	比例（%）
8.0～12	4.428	8.45
12～16	23.086	44.08
16～20	20.940	39.98
>20	3.924	7.49
总计	52.377	100.00

表4-42　二级地土壤酸碱度与养分含量平均值

主要养分指标	酸碱度	有机质（g/kg）	有效磷（mg/kg）	速效钾（mg/kg）	阳离子交换量（cmol/kg）	水溶性盐总量（g/kg）
浙东北都市型、外向型农业区	6.26	32.61	21.56	103.77	18.60	0.60
浙东南沿海城郊型、外向型农业区	6.20	32.75	24.55	128.08	16.47	0.88
浙中盆地丘陵综合型特色农业区	5.56	27.36	22.74	98.58	14.04	0.36
浙西南生态型绿色农业区	5.31	30.89	35.12	95.49	10.35	0.17
浙西北生态型绿色农业区	6.02	30.91	14.30	81.64	15.20	1.02
沿海岛屿蓝色渔（农）业区	6.32	28.33	17.27	173.14	14.54	1.56
平均值	6.15	31.89	21.95	109.22	17.28	0.69

综合来看，浙东北都市型、外向型农业区土壤有机质含量、阳离子交换量较高；浙东南沿海城郊型、外向型农业区二级地的土壤有机质含量较高；浙中盆地丘陵综合型特色农业区土壤有效磷、速效钾含量尚可；浙西南生态型绿色农业区土壤有效磷含量较高；浙西北生态型绿色农业区土壤有机质含量、阳离子交换量较高；沿海岛屿蓝色渔（农）业区土壤速效钾含量、水溶性盐总量较高。

第四节　三级地耕地地力等级特征

一、三级地分布特征

（一）区域分布

浙江省三级地面积为68.027万 hm^2，占全省耕地面积的35.41%。主要分布在浙中盆地丘陵综合型特色农业区，面积为21.923万 hm^2，占浙江省三级地面积的32.23%；其次是浙东北都市型、外向型农业区，面积17.135万 hm^2，占25.19%；浙东南沿海城郊型、外向型农业区面积12.75万 hm^2，占18.74%；浙西北生态型绿色农业区面积8.588万 hm^2，占12.62%；浙西南生态型绿色农业区面积6.171万 hm^2，占9.07%；沿海岛屿蓝色渔（农）业区面积1.461万 hm^2，仅占2.15%（表4-43）。

表4-43　浙江省各农业功能区三级地面积与比例

农业功能区	面积（万 hm^2）	比例（%）
浙东北都市型、外向型农业区	17.135	25.19
浙东南沿海城郊型、外向型农业区	12.750	18.74
浙中盆地丘陵综合型特色农业区	21.923	32.23
浙西南生态型绿色农业区	6.171	9.07
浙西北生态型绿色农业区	8.588	12.62
沿海岛屿蓝色渔（农）业区	1.461	2.15
总计	68.027	100.00

从行政区划看，三级地较多分布在金华市，面积为10.240万 hm^2，占全省三级地面积的比例为15.05%；其次是杭州市，面积为9.948万 hm^2，占14.62%；宁波市三级地面积为8.763万 hm^2，占12.88%；绍兴市三级地面积为7.479万 hm^2，占10.99%；温州市三级地面积为7.248万 hm^2，占10.65%；衢州市三级地面积为6.252万 hm^2，占9.19%；台州市三级地面积为5.987万 hm^2，占8.80%；嘉兴市三级地面积为4.787万 hm^2，占7.04%；湖州市三级地面积为2.972万 hm^2，占4.37%；丽水市三级地面积为2.938万 hm^2，占4.32%；舟山市三级地面积为1.412万 hm^2，仅占2.08%（表4-44）。

三级地在县域分布上差异较大，杭州市三级地主要分布在萧山区和建德市，面积分别为2.548万 hm^2和1.415万 hm^2，分别占杭州市三级地面积的25.61%和14.22%；宁波市三级地主要分布在慈溪市和宁海县，面积分别为2.302万 hm^2、1.973万 hm^2，分别占宁波市三级地面积的26.27％、22.51％；温州市三级地面积比例超过10.00％的区县有永嘉县、瑞安市、乐清市、平阳县，面积分别为2.583万 hm^2、1.165万 hm^2、9 960hm^2和9 370hm^2，占比分别为35.63％、16.07％、13.74％和12.92％；嘉兴市三级地主要分布在海宁市和桐乡市，面积分别为1.894万 hm^2和1.038万 hm^2，分别占嘉兴市三级地面积的39.57％和21.67％；湖州市三级地主要分布在长兴县、德清县和安吉县，面积分别为1.672万 hm^2、5 570hm^2和4 180hm^2，分别占湖州市三级地面积的56.25％、18.74％和14.05％；绍兴市三级地面积比例超过10.00％的区县有诸暨市、上虞区、嵊州市、新昌县，面积分别为2.466万 hm^2、1.404万 hm^2、1.304万 hm^2和1.211万 hm^2，占比分别为32.97％、18.78％、17.44％和16.19％；金华市三级地主要分布在东阳市、兰溪市和婺城区，面积分别为1.930万 hm^2、1.704万 hm^2和1.670万 hm^2，分别占金华市三级地面积的18.85％、16.64％和16.31％；衢州市三级地主要分布在江山市和龙游县，面积分别为2.028万 hm^2和1.753万 hm^2，分别占衢州市三级地面积的32.44％和28.04％；舟山市三级地主要分布在定海区和普陀区，面积分别为6 860hm^2和4 440hm^2，分别占舟山市三级地面积的48.55％和31.44％；台州市三级地主要分布在临海市和温岭市，面积分别为1.414万 hm^2和1.282万 hm^2，分别占台州市三级地面积的23.61％和21.41％；丽水市三级地主要分布在景宁县、庆元县和缙云县，面积分别为7 040hm^2、5 810hm^2和5 030hm^2，分别占丽水市三级地面积的23.98％、19.78％和17.12％（表4-44）。

表4-44 浙江省各市三级地面积与比例

区域		面积（万 hm^2）	比例（%）
杭州市	滨江区	0.550	5.53
	萧山区	2.548	25.61
	余杭区	1.263	12.70
	桐庐县	1.212	12.18
	淳安县	0.384	3.86
	建德市	1.415	14.22
	富阳区	1.321	13.28
	临安区	1.256	12.62
小计		9.948	100.00
宁波市	北仑区	0.400	4.57
	镇海区	0.042	0.48
	鄞州区	0.695	7.93
	象山县	1.290	14.72
	宁海县	1.973	22.51
	余姚市	1.167	13.32
	慈溪市	2.302	26.27
	奉化区	0.895	10.21
小计		8.763	100.00

（续表）

区域		面积（万 hm^2）	比例（%）
温州市	鹿城区	0.149	2.05
	龙湾区	0.034	0.47
	瓯海区	0.098	1.36
	洞头区	0.049	0.67
	永嘉县	2.583	35.63
	平阳县	0.937	12.92
	苍南县	0.722	9.96
	文成县	0.279	3.85
	泰顺县	0.238	3.28
	瑞安市	1.165	16.07
	乐清市	0.996	13.74
小计		7.248	100.00
嘉兴市	南湖区	0.113	2.35
	秀洲区	0.788	16.47
	嘉善县	0.659	13.76
	海盐县	0.043	0.91
	海宁市	1.894	39.57
	平湖市	0.252	5.26
	桐乡市	1.038	21.67
小计		4.787	100.00
湖州市	吴兴区	0.290	9.77
	南浔区	0.035	1.19
	德清县	0.557	18.74
	长兴县	1.672	56.25
	安吉县	0.418	14.05
小计		2.972	100.00
绍兴市	越城区	0.561	7.50
	柯桥区	0.532	7.11
	上虞区	1.404	18.78
	新昌县	1.211	16.19
	诸暨市	2.466	32.97
	嵊州市	1.304	17.44
小计		7.479	100.00
金华市	婺城区	1.670	16.31
	金东区	1.107	10.81

（续表）

区域		面积（万 hm^2）	比例（%）
金华市	武义县	0.716	6.99
	浦江县	1.158	11.31
	磐安县	0.134	1.31
	兰溪市	1.704	16.64
	义乌市	1.093	10.67
	东阳市	1.930	18.85
	永康市	0.728	7.11
小计		10.240	100.00
衢州市	柯城区	0.192	3.08
	衢江区	0.778	12.44
	常山县	0.590	9.44
	开化县	0.911	14.57
	龙游县	1.753	28.04
	江山市	2.028	32.44
小计		6.252	100.00
舟山市	定海区	0.686	48.55
	普陀区	0.444	31.44
	岱山县	0.282	20.00
小计		1.412	100.00
台州市	椒江区	0.357	5.96
	黄岩区	0.324	5.41
	路桥区	0.111	1.86
	玉环县	0.312	5.21
	三门县	0.693	11.57
	天台县	0.837	13.97
	仙居县	0.658	10.99
	温岭市	1.282	21.41
	临海市	1.414	23.61
小计		5.987	100.00
丽水市	莲都区	0.306	10.42
	青田县	0.034	1.15
	缙云县	0.503	17.12
	遂昌县	0.218	7.41
	松阳县	0.187	6.38
	云和县	0.016	0.54

（续表）

区域		面积（万 hm^2）	比例（%）
丽水市	庆元县	0.581	19.78
	景宁县	0.704	23.98
	龙泉市	0.388	13.22
小计		2.938	100.00

（二）土壤类型

从土壤类型上看，浙江省三级地的耕地土壤类型分为水稻土、红壤、黄壤、紫色土、粗骨土、潮土、滨海盐土、石灰（岩）土和基性岩土9个土类，其中水稻土面积39.008万 hm^2，红壤面积13.080万 hm^2，黄壤面积8 590hm^2，紫色土面积2.951万 hm^2，粗骨土面积2.649万 hm^2，潮土面积4.700万 hm^2，滨海盐土面积3.952万 hm^2，石灰（岩）土面积4 850hm^2，基性岩土面积3 420hm^2。在水稻土5个亚类中，潴育水稻土的面积占比最大，占三级地水稻土面积的比例为47.66％，其次是渗育水稻土，占28.97％，再次是脱潜水稻土，占12.95％，其他亚类的比例较小，均在10.00％以下。在红壤5个亚类中，黄红壤的面积占比最大，占三级地红壤面积的比例为70.27％，其次是红壤，占19.35％，其他亚类的比例较小，均在10.00％以下。在紫色土2个亚类中，石灰性紫色土的面积占比最大，占三级地紫色土面积的比例为69.41％。在滨海盐土2个亚类中，滨海盐土的面积占比最大，占三级地滨海盐土面积的比例为69.05％。在石灰（岩）土2个亚类中，棕色石灰土的面积占比最高，占三级地石灰（岩）土面积的比例为98.38％（表4-45）。

表4-45　不同土壤类型三级地面积与比例

土类名称	亚类名称	面积（万 hm^2）	比例（%）
水稻土	潴育水稻土	18.590	47.66
	渗育水稻土	11.301	28.97
	脱潜水稻土	5.052	12.95
	淹育水稻土	3.779	9.69
	潜育水稻土	0.287	0.73
小计		39.008	100.00
红壤	黄红壤	9.192	70.27
	红壤	2.532	19.35
	红壤性土	0.960	7.34
	棕红壤	0.087	0.67
	饱和红壤	0.309	2.36
小计		13.080	100.00
黄壤	黄壤	0.859	100.00
紫色土	石灰性紫色土	2.049	69.41

（续表）

土类名称	亚类名称	面积（万 hm^2）	比例（%）
紫色土	酸性紫色土	0.903	30.59
小计		2.952	100.00
粗骨土	酸性粗骨土	2.649	100.00
潮土	灰潮土	4.700	100.00
滨海盐土	滨海盐土	2.729	69.05
	潮滩盐土	1.223	30.95
小计		3.952	100.00
石灰（岩）土	黑色石灰土	0.008	1.62
	棕色石灰土	0.477	98.38
小计		0.485	100.00
基性岩土	基性岩土	0.342	100.00

二、三级地属性特征

（一）地形部位

浙江省三级地分布在水网平原、滨海平原、河谷平原大畈、河谷平原、低丘、低丘大畈、高丘、低山和中山9种地形部位，其中河谷平原面积较大，为19.545万 hm^2，占三级地面积的28.73%；低丘面积为19.475万 hm^2，占28.63%；滨海平原面积为11.013万 hm^2，占16.19%；水网平原面积为10.321万 hm^2，占15.17%；河谷平原大畈面积为2.727万 hm^2，占4.01%；高丘面积为2.570万 hm^2，占3.78%；低丘大畈面积为1.601万 hm^2，占2.35%；低山面积为6 280hm^2，占0.92%；中山面积为1 480hm^2，占0.22%（表4-46）。

表4-46　三级地地形部位分布面积与比例

地形部位	面积（万 hm^2）	比例（%）
水网平原	10.321	15.17
滨海平原	11.013	16.19
河谷平原大畈	2.727	4.01
河谷平原	19.545	28.73
低丘	19.475	28.63
低丘大畈	1.601	2.35
高丘	2.570	3.78
低山	0.628	0.92
中山	0.148	0.22
总计	68.027	100.00

（二）剖面构型和耕层质地

浙江省三级地的剖面构型分A-[B]-C、A-[B]C-C、A-Ap-C、A-Ap-G、A-Ap-Gw-G、A-Ap-P-C、A-Ap-W-C和A-C 8种类型，其面积分别为7.255万 hm^2、9 560hm^2、5.955万 hm^2、1.425万 hm^2、5.691万 hm^2、9.904万 hm^2、34.349万 hm^2、2.493万 hm^2，分别占三级地面积的10.66%、1.41%、8.75%、2.10%、8.37%、14.56%、50.49%和3.66%。耕层质地归并为黏土、重壤、中壤、轻壤、砂壤、砂土6种类型，其中中壤面积较大，为31.344万 hm^2，占46.08%；其次是重壤和黏土，面积分别为16.854万 hm^2和12.930万 hm^2，分别占24.77%和19.01%；砂土、砂壤、轻壤面积较少，分别占4.79%、4.10%、1.26%（表4-47）。

表4-47　不同剖面构型和耕层质地的三级地面积与比例

项目		面积（万 hm^2）	比例（%）
剖面构型	A-[B]-C	7.255	10.66
	A-[B]C-C	0.956	1.41
	A-Ap-C	5.955	8.75
	A-Ap-G	1.425	2.10
	A-Ap-Gw-G	5.691	8.37
	A-Ap-P-C	9.904	14.56
	A-Ap-W-C	34.349	50.49
	A-C	2.493	3.66
总计		68.027	100.00
耕层质地	黏土	12.930	19.01
	重壤	16.854	24.77
	中壤	31.344	46.08
	轻壤	0.854	1.26
	砂壤	2.788	4.10
	砂土	3.257	4.79
总计		68.027	100.00

（三）抗旱/排涝能力

浙江省三级地以抗旱能力为评价指标的面积为44.511万 hm^2，占三级地面积的65.43%，包括抗旱能力＞70 d、50～70 d、30～50 d、<30 d 4种类型：其中抗旱能力＞70 d耕地面积为2.617万 hm^2，占本类别面积5.88%；抗旱能力50～70 d耕地面积为14.071万 hm^2，占本类别面积31.61%；抗旱能力30～50 d耕地面积为18.613万 hm^2，占本类别面积41.82%；抗旱能力<30 d耕地面积为9.211万 hm^2，占本类别面积20.69%。以排涝能力为评价指标的面积为23.517万 hm^2，占三级地面积的34.57%，包括一日暴雨一日排出、一日暴雨二日排出、一日暴雨三日排出三种类型，其中一日暴雨一日排出耕地面积为12.086万 hm^2，占本类别面

积51.39%；一日暴雨二日排出耕地面积为8.313万 hm^2，占本类别面积35.35%；一日暴雨三日排出耕地面积为3.118万 hm^2，占本类别面积13.26%（表4-48）。

表4-48　不同抗旱/排涝能力的三级地面积与比例

项目		面积（万 hm^2）	比例（%）
抗旱能力	>70d	2.617	5.88
	50~70d	14.071	31.61
	30~50d	18.613	41.82
	<30d	9.211	20.69
总计		44.511	100.00
排涝能力	一日暴雨一日排出	12.086	51.39
	一日暴雨二日排出	8.313	35.35
	一日暴雨三日排出	3.118	13.26
总计		23.517	100.00

（四）土壤容重

浙江省三级地的土壤容重分4个等级，其中≤0.90g/cm^3面积为9 740hm^2，占三级地面积的1.43%；0.90~1.10g/cm^3面积为25.792万 hm^2，占三级地面积的37.91%；1.10~1.30g/cm^3面积为37.11万 hm^2，占三级地面积的54.55%；>1.30g/cm^3面积为4.151万 hm^2，占三级地面积的6.10%（表4-49）。

表4-49　不同土壤容重的三级地面积与比例

土壤容重（g/cm^3）	面积（万 hm^2）	比例（%）
≤0.90	0.974	1.43
0.90~1.10	25.792	37.91
1.10~1.30	37.110	54.55
>1.30	4.151	6.10
总计	68.027	100.00

（五）耕层厚度

浙江省三级地的耕层厚度分5个等级，其中≤8.0cm面积为230hm^2，占三级地面积的0.03%；8.0~12cm面积为3.854万 hm^2，占三级地面积的5.67%；12~16cm面积为30.743万 hm^2，占三级地面积的45.19%；16~20cm面积为27.228万 hm^2，占三级地面积的40.03%；>20cm面积为6.180万 hm^2，占三级地面积的9.08%（表4-50）。

（六）酸碱度与土壤养分含量

表4-51为三级地土壤酸碱度及土壤有机质、有效磷、速效钾、阳离子交换量和水溶性盐总量的平均值。土壤酸碱度平均值为5.72，土壤有机质平均含量为28.29g/kg、有效磷平

均含量为24.91mg/kg、速效钾平均含量为87.02mg/kg、阳离子交换量平均为12.66cmol/kg、水溶性盐总量平均为0.60g/kg。

表4-50 不同耕层厚度的三级地面积与比例

耕层厚度（cm）	面积（万 hm^2）	比例（%）
≤8.0	0.023	0.03
8.0～12	3.854	5.67
12～16	30.743	45.19
16～20	27.228	40.03
>20	6.180	9.08
总计	68.027	100.00

表4-51 三级地土壤酸碱度与养分含量平均值

主要养分指标	酸碱度	有机质（g/kg）	有效磷（mg/kg）	速效钾（mg/kg）	阳离子交换量（cmol/kg）	水溶性盐总量（g/kg）
浙东北都市型、外向型农业区	6.42	26.83	19.74	89.33	14.18	0.63
浙东南沿海城郊型、外向型农业区	5.70	30.35	29.98	100.40	13.18	0.86
浙中盆地丘陵综合型特色农业区	5.43	26.66	22.37	83.39	12.51	0.42
浙西南生态型绿色农业区	5.17	31.68	44.31	70.91	9.31	0.33
浙西北生态型绿色农业区	5.77	29.46	18.47	73.92	12.89	0.73
沿海岛屿蓝色渔（农）业区	6.71	27.66	16.88	167.84	12.08	1.44
平均值	5.72	28.29	24.91	87.02	12.66	0.60

综合来看，浙东北都市型、外向型农业区土壤阳离子交换量较高；浙东南沿海城郊型、外向型农业区三级地的土壤有机质含量、阳离子交换量、水溶性盐总量较高；浙中盆地丘陵综合型特色农业区土壤有效磷含量尚可；浙西南生态型绿色农业区土壤有机质、有效磷含量较高；浙西北生态型绿色农业区土壤有机质含量、阳离子交换量较高；沿海岛屿蓝色渔（农）业区土壤速效钾含量、水溶性盐总量较高。

第五节 四级地耕地地力等级特征

一、四级地分布特征

（一）区域分布

浙江省四级地面积为58.956万 hm^2，占全省耕地面积的30.69%。主要分布在浙中盆地丘陵综合型特色农业区，面积为21.79万 hm^2，占浙江省四级地面积的36.96%；其次是浙西南生态型绿色农业区，面积17.523万 hm²，占29.72%；浙西北生态型绿色农业区面积8.375万 hm²，占14.20%；浙东南沿海城郊型、外向型农业区面积8.358万 hm²，占14.18%；浙东北都市型、外向型农业区面积2.735万 hm²，占4.64%；沿海岛屿蓝色渔（农）业区面积1 770hm²，仅占0.30%（表4-52）。

表4-52 浙江省各农业功能区四级地面积与比例

农业功能区	面积（万 hm²）	比例（%）
浙东北都市型、外向型农业区	2.735	4.64
浙东南沿海城郊型、外向型农业区	8.358	14.18
浙中盆地丘陵综合型特色农业区	21.790	36.96
浙西南生态型绿色农业区	17.523	29.72
浙西北生态型绿色农业区	8.375	14.20
沿海岛屿蓝色渔（农）业区	0.177	0.30
总计	58.956	100.00

从行政区划看，四级地较多分布在金华市，面积为11.08万 hm²，占四级地面积的比例为18.67%；其次是温州市，面积为10.797万 hm²，占18.31%；丽水市四级地面积为9.930万 hm²，占16.84%；绍兴市四级地面积为6.212万 hm²，占10.54%；衢州市四级地面积为5.671万 hm²，占9.62%；台州市四级地面积为5.538万 hm²，占9.39%；杭州市四级地面积为4.787万 hm²，占8.12%；湖州市四级地面积为3.406万 hm²，占5.78%；宁波市四级地面积为1.487万 hm²，占2.52%；舟山市四级地面积为1 210hm²，占0.21%（表4-53）。

表4-53 浙江省各市四级地面积与比例

区域		面积（万 hm²）	比例（%）
杭州市	萧山区	0.375	7.83
	余杭区	0.386	8.06
	桐庐县	0.530	11.07
	淳安县	0.523	10.93
	建德市	1.092	22.82
	富阳区	0.699	14.60
	临安区	1.182	24.69
小计		4.787	100.00
宁波市	北仑区	0.034	2.27
	鄞州区	0.026	1.78
	象山县	0.503	33.83
	宁海县	0.397	26.72
	余姚市	0.310	20.82
	慈溪市	0.042	2.81

（续表）

区域		面积（万 hm^2）	比例（%）
宁波市	奉化区	0.175	11.77
小计		1.487	100.00
温州市	鹿城区	0.284	2.63
	瓯海区	0.187	1.73
	洞头区	0.056	0.52
	永嘉县	1.170	10.83
	平阳县	1.658	15.36
	苍南县	1.309	12.12
	文成县	2.269	21.02
	泰顺县	2.846	26.35
	瑞安市	0.674	6.24
	乐清市	0.345	3.19
小计		10.797	100.00
湖州市	吴兴区	0.027	0.78
	德清县	0.123	3.62
	长兴县	0.933	27.40
	安吉县	2.323	68.20
小计		3.406	100.00
绍兴市	越城区	0.062	1.00
	柯桥区	0.622	10.01
	上虞区	0.729	11.74
	新昌县	1.493	24.04
	诸暨市	2.224	35.80
	嵊州市	1.082	17.42
小计		6.212	100.00
金华市	婺城区	1.253	11.39
	金东区	0.432	3.92
	武义县	1.678	15.24
	浦江县	0.420	3.81
	磐安县	1.308	11.89
	兰溪市	1.853	16.83
	义乌市	1.251	11.37
	东阳市	1.074	9.76
	永康市	1.739	15.80
小计		11.008	100.00

（续表）

区域		面积（万 hm²）	比例（%）
衢州市	柯城区	0.148	2.61
	衢江区	1.276	22.49
	常山县	0.788	13.89
	开化县	1.092	19.25
	龙游县	0.755	13.31
	江山市	1.613	28.44
小计		5.671	100.00
舟山市	定海区	0.079	65.13
	普陀区	0.003	2.85
	岱山县	0.039	32.02
小计		0.121	100.00
台州市	黄岩区	0.384	6.93
	玉环县	0.220	3.97
	三门县	0.998	18.02
	天台县	0.897	16.21
	仙居县	1.815	32.77
	温岭市	0.398	7.18
	临海市	0.825	14.91
小计		5.538	100.00
丽水市	莲都区	0.461	4.64
	青田县	1.714	17.26
	缙云县	1.040	10.47
	遂昌县	1.245	12.54
	松阳县	0.723	7.28
	云和县	0.510	5.13
	庆元县	1.151	11.59
	景宁县	1.248	12.57
	龙泉市	1.838	18.51
小计		9.930	100.00

四级地在县域分布上差异较大，杭州市四级地主要分布在临安区和建德市，面积分别为1.182万 hm^2和1.092万 hm^2，分别占杭州市四级地面积的24.69％和22.82％；宁波市四级地主要分布在象山县、宁海县和余姚市，面积分别为5 030hm^2、3 970hm^2、3 100hm^2，分别占宁波市四级地面积的33.83％、26.72％、20.82％；温州市四级地面积比例超过10.00％的区县有泰顺县、文成县、平阳县、苍南县、永嘉县，面积分别为2.846万 hm^2、2.269万 hm^2、1.658万 hm^2、1.309万 hm^2和1.170万 hm^2，占比分别为26.35％、21.02％、15.36％、

12.12%和10.83%；湖州市四级地主要分布在安吉县和长兴县，面积分别为2.323万 hm^2 和9 330 hm^2，分别占湖州市四级地面积的68.20%和27.40%；绍兴市四级地主要分布在诸暨市和新昌县，面积分别为2.224万 hm^2 和1.493万 hm^2，分别占绍兴市四级地面积的35.80%和24.04%；金华市四级地主要分布在兰溪市、永康市和武义县，面积分别为1.853万 hm^2、1.739万 hm^2 和1.678万 hm^2，分别占金华市四级地面积的16.83%、15.80%和15.24%；衢州市四级地主要分布在江山市和衢江区，面积分别为1.613万 hm^2 和1.276万 hm^2，分别占衢州市四级地面积的28.44%和22.49%；舟山市四级地主要分布在定海区和岱山县，面积分别为790 hm^2 和390 hm^2，分别占舟山市四级地面积的65.13%和32.02%；台州市四级地主要分布在仙居县和三门县，面积分别为1.815万 hm^2 和9 980 hm^2，分别占台州市四级地面积的32.77%和18.02%；丽水市四级地主要分布在龙泉市、青田县和景宁县，面积分别为1.838万 hm^2、1.714万 hm^2 和1.248万 hm^2，分别占丽水市四级地面积的18.51%、17.26%和12.57%（表4-53）。

（二）土壤类型

从土壤类型上看，浙江省四级地的耕地土壤类型分为水稻土、红壤、黄壤、紫色土、粗骨土、潮土、滨海盐土、石灰（岩）土和基性岩土9个土类，其中水稻土面积23.736万 hm^2，红壤面积22.285万 hm^2，黄壤面积3.151万 hm^2，紫色土面积4.013万 hm^2，粗骨土面积3.231万 hm^2，潮土面积7 640 hm^2，滨海盐土面积9 200 hm^2，石灰（岩）土面积4 730 hm^2，基性岩土面积3 840 hm^2。在水稻土5个亚类中，潴育水稻土的面积占比最大，占四级地水稻土面积的比例为51.51%，其次是淹育水稻土，占29.03%，再次是渗育水稻土，占18.47%，其他亚类的比例较小，均在10.00%以下。在红壤5个亚类中，黄红壤的面积占比最大，占四级地红壤面积的比例为75.13%，其次是红壤，占15.48%，其他亚类的比例较小，均在10.00%以下。在紫色土2个亚类中，石灰性紫色土的面积占比最大，占四级地紫色土面积的比例为64.37%。在滨海盐土2个亚类中，滨海盐土的面积占比最大，占四级地滨海盐土面积的比例为54.40%。在石灰（岩）土2个亚类中，棕色石灰土的面积占比最高，占四级地石灰（岩）土面积的比例为97.15%（表4-54）。

表4-54　不同土壤类型四级地面积与比例

土类名称	亚类名称	面积（万 hm^2）	比例（%）
水稻土	潴育水稻土	12.227	51.51
	渗育水稻土	4.383	18.47
	脱潜水稻土	0.039	0.17
	淹育水稻土	6.888	29.02
	潜育水稻土	0.199	0.84
小计		23.736	100.00
红壤	黄红壤	16.743	75.13
	红壤	3.449	15.48
	红壤性土	1.698	7.62

（续表）

土类名称	亚类名称	面积（万 hm^2）	比例（%）
红壤	棕红壤	0.386	1.73
	饱和红壤	0.008	0.03
小计		22.285	100.00
黄壤	黄壤	3.151	100.00
紫色土	石灰性紫色土	2.583	64.37
	酸性紫色土	1.430	35.63
小计		4.013	100.00
粗骨土	酸性粗骨土	3.231	100.00
潮土	灰潮土	0.764	100.00
滨海盐土	滨海盐土	0.501	54.40
	潮滩盐土	0.420	45.60
小计		0.921	100.00
石灰（岩）土	黑色石灰土	0.013	2.85
	棕色石灰土	0.460	97.15
小计		0.473	100.00
基性岩土	基性岩土	0.384	100.00

二、四级地属性特征

（一）地形部位

浙江省四级地分布在水网平原、滨海平原、河谷平原大畈、河谷平原、低丘、低丘大畈、高丘、低山和中山9种地形部位，其中低丘面积较大，为31.286万 hm^2，占四级地面积的53.07％；高丘面积为16.955万 hm^2，占28.76％；河谷平原面积为5.093万 hm^2，占8.64％；低山面积为2.204万 hm^2，占3.74％；滨海平原面积为1.339万 hm^2，占2.27％；低丘大畈面积为8 070hm^2，占1.37％；中山面积为6 250hm^2，占1.06％；河谷平原大畈面积为6 070hm^2，占1.03％；水网平原面积为390hm^2，占0.07％（表4-55）。

表4-55　四级地地形部位分布面积与比例

地形部位	面积（万 hm^2）	比例（%）
水网平原	0.039	0.07
滨海平原	1.339	2.27
河谷平原大畈	0.607	1.03
河谷平原	5.093	8.64
低丘	31.286	53.07
低丘大畈	0.807	1.37

（续表）

地形部位	面积（万 hm^2）	比例（%）
高丘	16.955	28.76
低山	2.204	3.74
中山	0.625	1.06
总计	58.956	100.00

（二）剖面构型和耕层质地

浙江省四级地的剖面构型分 A–[B]–C、A–[B]C–C、A–Ap–C、A–Ap–G、A–Ap–Gw–G、A–Ap–P–C、A–Ap–W–C和 A–C 8种类型，其面积分别为5.467万 hm^2、1.407万 hm^2、12.169万 hm^2、6 920hm^2、1.063万 hm^2、4.166万 hm^2、30.665万 hm^2、3.327万 hm^2，分别占四级地面积的9.27%、2.39%、20.64%、1.17%、1.80%、7.07%、52.01%和5.64%。耕层质地归并为黏土、重壤、中壤、轻壤、砂壤、砂土6种类型，其中中壤面积较大，为27.108万 hm^2，占45.98%；其次是重壤和黏土，面积分别为11.094万 hm^2和9.935万 hm^2，分别占18.82%和16.85%；砂土、砂壤、轻壤面积较少，分别占8.12%、7.27%、2.96%（表4–56）。

表4–56　不同剖面构型和耕层质地的四级地面积与比例

项目		面积（万 hm^2）	比例（%）
剖面构型	A–[B]–C	5.467	9.27
	A–[B]C–C	1.407	2.39
剖面构型	A–Ap–C	12.169	20.64
	A–Ap–G	0.692	1.17
	A–Ap–Gw–G	1.063	1.80
	A–Ap–P–C	4.166	7.07
	A–Ap–W–C	30.665	52.01
	A–C	3.327	5.64
总计		58.956	100.00
耕层质地	黏土	9.935	16.85
	重壤	11.094	18.82
	中壤	27.108	45.98
	轻壤	1.745	2.96
	砂壤	4.285	7.27
	砂土	4.789	8.12
总计		58.956	100.00

（三）抗旱/排涝能力

浙江省四级地的以抗旱能力为评价指标的面积为50.391万 hm^2，占四级地面积的

85.44%，包括抗旱能力＞70 d、50～70 d、30～50 d、<30 d 4种类型：其中抗旱能力＞70 d耕地面积为750hm^2，占本类别面积的0.15%；抗旱能力50～70 d耕地面积为7 320hm^2，占本类别面积的1.45%；抗旱能力30～50 d耕地面积为15.536万 hm^2，占本类别面积的30.83%；抗旱能力<30 d耕地面积为34.048万 hm^2，占本类别面积的67.57%。以排涝能力为评价指标的面积为8.586万 hm^2，占四级地面积的14.53%，包括一日暴雨一日排出、一日暴雨二日排出、一日暴雨三日排出三种类型，其中一日暴雨一日排出耕地面积为2.059万 hm^2，占本类别面积的23.98%；一日暴雨二日排出耕地面积为4.470万 hm^2，占本类别面积的52.06%；一日暴雨三日排出耕地面积为2.057万 hm^2，占本类别面积的23.95%（表4-57）。

表4-57　不同抗旱/排涝能力的四级地面积与比例

项目		面积（万 hm^2）	比例（%）
抗旱能力	>70 d	0.075	0.15
	50～70 d	0.732	1.45
	30～50 d	15.536	30.83
	<30 d	34.048	67.57
总计		50.391	100.00
排涝能力	一日暴雨一日排出	2.059	23.98
	一日暴雨二日排出	4.470	52.06
	一日暴雨三日排出	2.057	23.95
总计		8.586	100.00

（四）土壤容重

浙江省四级地的土壤容重分4个等级，其中≤0.90g/cm^{3}面积为8 910hm^2，占四级地面积的1.51%；0.90～1.10g/cm^{3}面积为21.757万 hm^2，占四级地面积的36.90%；1.10～1.30g/cm^{3}面积为31.698万 hm^2，占四级地面积的53.76%；＞1.30g/cm^{3}面积为4.611万 hm^2，占四级地面积的7.82%（表4-58）。

表4-58　不同土壤容重的四级地面积与比例

土壤容重（g/cm^3）	面积（万 hm^2）	比例（%）
≤0.90	0.891	1.51
0.90～1.10	21.757	36.90
1.10～1.30	31.698	53.76
>1.30	4.611	7.82
总计	58.956	100.00

（五）耕层厚度

浙江省四级地的耕层厚度分5个等级，其中≤8.0cm面积为210hm^2，占四级地面积的0.04%；8.0～12cm面积为2.902万 hm^2，占四级地面积的4.92%；12～16cm面积为27.023万 hm^2，占四级地面积的45.84%；16～20cm面积为23.309万 hm^2，占四级地面积的39.54%；＞20cm面积为5.701万 hm^2，占四级地面积的9.67%（表4-59）。

表4-59　不同耕层厚度的四级地面积与比例

耕层厚度（cm）	面积（万 hm^2）	比例（%）
≤8.0	0.021	0.04
8.0～12	2.902	4.92
12～16	27.023	45.84
16～20	23.309	39.54
＞20	5.701	9.67
总计	58.956	100.00

（六）酸碱度与土壤养分含量

表4-60为四级地土壤酸碱度及土壤有机质、有效磷、速效钾、阳离子交换量和水溶性盐总量的平均值。土壤酸碱度平均值为5.30，土壤有机质平均含量为27.75g/kg、有效磷平均含量为27.34mg/kg、速效钾平均含量为70.60mg/kg、阳离子交换量平均为10.95cmol/kg、水溶性盐总量平均为0.54g/kg。

表4-60　四级地土壤酸碱度与养分含量平均值

主要养分指标	酸碱度	有机质（g/kg）	有效磷（mg/kg）	速效钾（mg/kg）	阳离子交换量（cmol/kg）	水溶性盐总量（g/kg）
浙东北都市型、外向型农业区	5.77	32.93	16.72	80.59	11.65	0.65
浙东南沿海城郊型、外向型农业区	5.20	28.94	33.83	69.74	10.39	0.66
浙中盆地丘陵综合型特色农业区	5.32	24.92	21.54	73.60	11.27	0.47
浙西南生态型绿色农业区	5.13	29.95	38.48	66.96	9.81	0.49
浙西北生态型绿色农业区	5.54	27.73	15.12	67.49	12.99	0.71
沿海岛屿蓝色渔（农）业区	6.30	31.03	16.52	130.33	10.86	1.43
平均值	5.30	27.75	27.34	70.60	10.95	0.54

综合来看，浙东北都市型、外向型农业区土壤有机质含量、阳离子交换量较高；浙东南沿海城郊型、外向型农业区四级地的土壤有效磷含量、水溶性盐总量较高；浙中盆地丘陵综合型特色农业区土壤有效磷含量、阳离子交换量尚可；浙西南生态型绿色农业区土壤有机质、有效磷含量较高；浙西北生态型绿色农业区土壤阳离子交换量较高；沿海岛屿蓝色渔（农）业区土壤有机质、速效钾含量、水溶性盐总量较高。

第六节　五级地耕地地力等级特征

一、五级地分布特征

（一）区域分布

浙江省五级地面积为8.864万 hm^2，占全省耕地面积的4.61%。主要分布在浙西南生态型绿色农业区，面积为3.937万 hm^2，占浙江省五级地面积的44.42%；其次是浙东南沿海城郊型、外向型农业区，面积2.261万 hm^2，占25.51%；浙中盆地丘陵综合型特色农业区面积2.094万 hm^2，占23.63%；浙西北生态型绿色农业区4 590hm^2，占5.18%；浙东北都市型、外向型农业区面积1 110hm^2，占1.25%；沿海岛屿蓝色渔（农）业区无五级地分布（表4-61）。

表4-61　浙江省各农业功能区五级地面积与比例

农业功能区	面积（万 hm^2）	比例（%）
浙东北都市型、外向型农业区	0.111	1.25
浙东南沿海城郊型、外向型农业区	2.261	25.51
浙中盆地丘陵综合型特色农业区	2.094	23.63
浙西南生态型绿色农业区	3.937	44.42
浙西北生态型绿色农业区	0.459	5.18
总计	8.864	100.00

从行政区划看，五级地较多分布在温州市，面积为3.042万 hm^2，占五级地面积的比例为34.32%；其次是丽水市，面积为2.588万 hm^2，占29.20%；台州市五级地面积为1.437万 hm^2，占16.21%；衢州市五级地面积为6 120hm^2，占6.91%；金华市五级地面积为5 190hm^2，占5.86%；绍兴市五级地面积为3 310hm^2，占3.74%；湖州市五级地面积为1 670hm^2，占1.89%；杭州市五级地面积为1 270hm^2，占1.44%；宁波市五级地面积为400hm^2，占0.45%（表4-62）。

五级地在县域分布上差异较大，杭州市五级地主要分布在余杭区和淳安县，面积分别为700hm^2和300hm^2，分别占杭州市五级地面积的55.04%和23.17%；宁波市五级地主要分布在宁海县和象山县，面积分别为170hm^2、150hm^2，分别占宁波市五级地面积的42.10%、38.68%；温州市五级地面积比例超过10.00%的区县有文成县、瑞安县、苍南县、泰顺县，面积分别为8 530hm^2、8 170hm^2、5 040hm^2和3 290hm^2，占比分别为28.06%、26.86%、16.58%和10.80%；湖州市五级地主要分布在安吉县，面积为1 620hm^2，分别占湖州市五级地面积的97.22%；绍兴市五级地主要分布在新昌县和嵊州市，面积分别为1 290hm^2和880hm^2，分别占绍兴市五级地面积的39.04%和26.62%；金华市五级地主要分布在磐安县、武义县和兰溪市，面积分别为1 670hm^2、1 170hm^2和910hm^2，分别占金华市五级地面积的32.21%、22.61%和17.54%；衢州市五级地主要分布在开化县和江山市，面积分别为2 350hm^2和1 530hm^2，分别占衢州市五级地面积的38.36%和24.99%；台州市五级地主要分布在天台县和仙居县，面积分别为6 820hm^{2}和3 860hm^2，分别占台州市五级地面积的47.45％和26.84％；丽水市五级地主要分布在松阳县、青田县和遂昌县，面积分别为8 200hm^2、7 490hm^{2}和2 980hm^2，分别占丽水市五级地面积的31.67％、28.93％和11.52％（表4-62）。

表4-62 浙江省各市五级地面积与比例

区域		面积（万 hm^2）	比例（%）
杭州市	余杭区	0.070	55.04
	淳安县	0.030	23.17
	建德市	0.028	21.78
小计		0.127	100.00
宁波市	象山县	0.015	38.68
	宁海县	0.017	42.10
	余姚市	0.008	19.22
小计		0.040	100.00
温州市	鹿城区	0.014	0.47%
	瓯海区	0.117	3.86
	平阳县	0.110	3.61
	苍南县	0.504	16.58
	文成县	0.853	28.06
	泰顺县	0.329	10.80
	瑞安市	0.817	26.86
	乐清市	0.297	9.77
小计		3.042	100.00
湖州市	长兴县	0.005	2.78
	安吉县	0.162	97.22
小计		0.167	100.00
绍兴市	柯桥区	0.033	10.11
	新昌县	0.129	39.04
	诸暨市	0.080	24.23
	嵊州市	0.088	26.62
小计		0.331	100.00
金华市	婺城区	0.051	9.77
	金东区	0.022	4.27
	武义县	0.117	22.61
	磐安县	0.167	32.21
	兰溪市	0.091	17.54

（续表）

区域		面积（万 hm^2）	比例（%）
金华市	义乌市	0.004	0.72
	东阳市	0.029	5.66
	永康市	0.037	7.22
小计		0.519	100.00
衢州市	柯城区	0.009	1.52
	衢江区	0.127	20.72
	常山县	0.088	14.42
	开化县	0.235	38.36
	江山市	0.153	24.99
小计		0.612	100.00
台州市	黄岩区	0.100	6.99
	玉环县	0.140	9.76
	三门县	0.062	4.35
	天台县	0.682	47.45
	仙居县	0.386	26.84
	温岭市	0.018	1.27
	临海市	0.048	3.35
小计		1.437	100.00
丽水市	莲都区	0.181	7.00
	青田县	0.749	28.93
	缙云县	0.107	4.13
	遂昌县	0.298	11.52
	松阳县	0.820	31.67
	云和县	0.150	5.80
	庆元县	0.005	0.18
	景宁县	0.013	0.49
	龙泉市	0.266	10.27
小计		2.588	100.00

（二）土壤类型

从土壤类型上看，浙江省五级地的耕地土壤类型分为水稻土、红壤、黄壤、紫色土、粗骨土、潮土、滨海盐土、石灰（岩）土和基性岩土9个土类，其中水稻土面积2.521万 hm^2，红壤面积4.549万 hm^2，黄壤面积8 450hm^2，紫色土面积3 680hm^2，粗骨土面积4 540hm^2，潮土面积260hm^2，滨海盐土面积50hm^2，石灰（岩）土面积510hm^2，基性岩土面积450hm^2。在水稻土4个亚类中，潴育水稻土的面积占比最大，占五级地水稻土面积的比例为58.80%，其次是潴育水稻土，占29.33％，再次是渗育水稻土，占10.05％，其他亚类的比例较小，均在10.00％以下。在红壤3个亚类中，黄红壤的面积占比最大，占五级地红壤面积的比例为77.31％，其次是红壤，占14.17％，其他亚类的比例较小，均在10.00％以下。在紫色土2个亚类中，酸性紫色土的面积占比最大，占五级地紫色土面积的比例为75.14％（表4-63）。

表4-63 不同土壤类型五级地面积与比例

土类名称	亚类名称	面积（万 hm^2）	比例（%）
水稻土	潴育水稻土	0.739	29.33
	渗育水稻土	0.253	10.05
	淹育水稻土	1.482	58.80
	潜育水稻土	0.046	1.82
小计		2.521	100.00
红壤	黄红壤	3.517	77.31
	红壤	0.645	14.17
	红壤性土	0.388	8.52
小计		4.549	100.00
黄壤	黄壤	0.845	100.00
紫色土	石灰性紫色土	0.092	24.86
	酸性紫色土	0.277	75.14
小计		0.368	100.00
粗骨土	酸性粗骨土	0.454	100.00
潮土	灰潮土	0.026	100.00
滨海盐土	潮滩盐土	0.005	100.00
石灰（岩）土	棕色石灰土	0.051	100.00
基性岩土	基性岩土	0.045	100.00

二、五级地属性特征

（一）地形部位

浙江省五级地分布在河谷平原、低丘、低丘大畈、高丘、低山和中山6种地形部位，其中高丘面积较大，为5.186万 hm^2，占五级地面积的58.51％；低丘面积为2.697万 hm^2，占30.43％；中山面积为4 690hm^2，占5.29％；低山面积为4 120hm^2，占4.65％；河谷平原面积为720hm^2，占0.82％；低丘大畈面积为270hm^2，占0.30％（表4-64）。

（二）剖面构型和耕层质地

浙江省五级地的剖面构型分A-[B]-C、A-[B]C-C、A-Ap-C、A-Ap-G、A-Ap-Gw-G、A-Ap-P-C、A-Ap-W-C和A-C 8种类型，其面积分别为4 210hm^2、2 440hm^2、3.815万 hm^2、940hm^2、2 720hm^2、3 010hm^2、2.375万 hm^2、1.341万 hm^2，分别占五级地

面积的4.75％、2.76％、43.05％、1.06％、3.06％、3.40％、26.80％、15.13％。耕层质地归并为黏土、重壤、中壤、轻壤、砂壤、砂土6种类型，其中中壤面积较大，为3.565万 hm^2，占40.22％；其次是砂土、黏土和砂壤，面积分别为2.182万 hm^2、1.163万 hm^2和1.030万 hm^2，分别占24.61％、13.13％和11.62％；重壤、轻壤面积较少，分别占7.85％、2.57％（表4-65）。

表4-64　五级地地形部位分布面积与比例

地形部位	面积（万 hm^2）	比例（%）
河谷平原	0.072	0.82
低丘	2.697	30.43
低丘大畈	0.027	0.30
高丘	5.186	58.51
低山	0.412	4.65
中山	0.469	5.29
总计	8.864	100.00

表4-65　不同剖面构型和耕层质地的五级地面积与比例

项目		面积（万 hm^2）	比例（%）
剖面构型	A-[B]-C	0.421	4.75
	A-[B]C-C	0.244	2.76
	A-Ap-C	3.815	43.05
	A-Ap-G	0.094	1.06
	A-Ap-Gw-G	0.272	3.06
	A-Ap-P-C	0.301	3.40
	A-Ap-W-C	2.375	26.80
	A-C	1.341	15.13
总计		8.864	100.00
耕层质地	黏土	1.163	13.13
	重壤	0.696	7.85
	中壤	3.565	40.22
	轻壤	0.228	2.57
	砂壤	1.030	11.62
	砂土	2.182	24.61
总计		8.864	100.00

（三）抗旱/排涝能力

浙江省五级地以抗旱能力为评价指标的面积为8.428万 hm^2，占五级地面积的95.08％，包括抗旱能力50～70 d、30～50 d、<30 d 3种类型：其中抗旱能力50～70 d耕地面积为

500hm^2，占本类别面积的0.57％；抗旱能力30～50 d耕地面积为1.086万 hm^2，占本类别面积的12.25％；抗旱能力<30 d耕地面积为7.292万 hm^2，占本类别面积的82.26％。以排涝能力为评价指标的面积为4 360hm^2，占五级地面积的4.92％，包括一日暴雨一日排出、一日暴雨二日排出、一日暴雨三日排出三种类型，其中一日暴雨一日排出耕地面积为870hm^2，占本类别面积的19.91％；一日暴雨二日排出耕地面积为1 210hm^2，占本类别面积的27.70％；一日暴雨三日排出耕地面积为2 280hm^2，占本类别面积的52.38％（表4-66）。

表4-66　不同抗旱/排涝能力的五级地面积与比例

项目		面积（万 hm^2）	比例（%）
抗旱能力	50～70 d	0.050	0.57
	30～50 d	1.086	12.25
	<30 d	7.292	82.26
总计		8.428	100.00
排涝能力	一日暴雨一日排出	0.087	19.91
	一日暴雨二日排出	0.121	27.70
	一日暴雨三日排出	0.228	52.38
总计		0.436	100.00

（四）土壤容重

浙江省五级地的土壤容重分4个等级，其中≤0.90g/cm^{3}面积为1 430hm^2，占五级地面积的1.62％；0.90～1.10g/cm^{3}面积为2.808万 hm^2，占五级地面积的31.68％；1.10～1.30g/cm^{3}面积为5.201万 hm^2，占五级地面积的58.68％；＞1.30g/cm^{3}面积为7 120hm^2，占五级地面积的8.03％（表4-67）。

表4-67　不同土壤容重的五级地面积与比例

土壤容重（g/cm^3）	面积（万 hm^2）	比例（%）
≤0.90	0.143	1.62
0.90～1.10	2.808	31.68
1.10～1.30	5.201	58.68
>1.30	0.712	8.03
总计	8.864	100.00

（五）耕层厚度

浙江省五级地的耕层厚度分5个等级，其中≤8.0cm面积为190hm^2，占五级地面积的0.22％；8.0～12cm面积为6 370hm^2，占五级地面积的7.19％；12～16cm面积为4.851万 hm^2，占五级地面积的54.73％；16～20cm面积为2.731万 hm^2，占五级地面积的30.81％；＞20cm面积为6 260hm^2，占五级地面积的7.06％（表4-68）。

表4-68　不同耕层厚度的五级地面积与比例

耕层厚度(cm)	面积(万 hm^2)	比例(%)
≤8.0	0.019	0.22
8.0~12	0.637	7.19
12~16	4.851	54.73
16~20	2.731	30.81
>20	0.626	7.06
总计	8.864	100.00

(六)酸碱度与土壤养分含量

表4-69为五级地土壤酸碱度及土壤有机质、有效磷、速效钾、阳离子交换量和水溶性盐总量的平均值。土壤酸碱度平均值为5.18，土壤有机质平均含量为25.19g/kg、有效磷平均含量为30.35mg/kg、速效钾平均含量为62.01mg/kg、阳离子交换量平均为9.55cmol/kg、水溶性盐总量平均为0.76g/kg。

综合来看，浙东北都市型、外向型农业区土壤速效钾含量、阳离子交换量较高；浙东南沿海城郊型、外向型农业区五级地的土壤有机质、有效磷含量、水溶性盐总量较高；浙中盆地丘陵综合型特色农业区土壤有效磷、速效钾含量、阳离子交换量较高；浙西南生态型绿色农业区土壤有机质、有效磷含量较高；浙西北生态型绿色农业区土壤有机质含量、阳离子交换量较高。

表4-69　五级地土壤酸碱度与养分含量平均值

主要养分指标	酸碱度	有机质(g/kg)	有效磷(mg/kg)	速效钾(mg/kg)	阳离子交换量(cmol/kg)	水溶性盐总量(g/kg)
浙东北都市型、外向型农业区	5.07	21.79	9.73	91.21	10.50	0.56
浙东南沿海城郊型、外向型农业区	5.14	27.14	31.25	58.58	9.46	1.52
浙中盆地丘陵综合型特色农业区	5.29	19.64	21.88	74.21	9.94	0.51
浙西南生态型绿色农业区	5.11	27.37	37.56	56.48	9.15	0.53
浙西北生态型绿色农业区	5.42	25.39	12.17	59.93	11.09	1.09
平均值	5.18	25.19	30.35	62.01	9.55	0.76

第七节　六级地耕地地力等级特征

一、六级地分布特征

(一)区域分布

浙江省六级地面积为1 630hm^2，占全省耕地面积的0.09%。主要分布在浙东南沿海城郊型、外向型农业区，面积为800hm²，占浙江省六级地面积的49.29%；其次是浙西南生态型绿色农业区，面积470hm²，占28.87%；浙中盆地丘陵综合型特色农业区面积360hm²，占21.83%（表4-70）。

表4-70　浙江省各农业功能区六级地面积与比例

农业功能区	面积（hm²）	比例（%）
浙东南沿海城郊型、外向型农业区	800	49.29
浙中盆地丘陵综合型特色农业区	360	21.83
浙西南生态型绿色农业区	470	28.87
总计	1 630	100.00

从行政区划看，六级地较多分布在温州市，面积为800hm²，占六级地面积的比例为49.08%；其次是丽水市，面积为350hm²，占21.47%；金华市六级地面积为350hm²，占21.47%；台州市六级地面积为130hm²，占7.98%（表4-71）。

六级地在县域分布上差异较大，温州市六级地皆分布在乐清市，面积为800hm²；金华市六级地主要分布在武义县，面积为220hm²，占金华市六级地面积的64.91%；台州市六级地皆分布在仙居县，面积为130hm²；丽水市六级地主要分布在青田县和缙云县，面积分别为170hm²和110hm²，分别占丽水市六级地面积的49.45%和31.44%（表4-71）。

表4-71　浙江省各市六级地面积与比例

区域		面积（hm²）	比例（%）
温州市	乐清市	800	100.00
金华市	武义县	220	64.91
	磐安县	120	35.09
小计		350	100.00
台州市	仙居县	130	100.00
丽水市	青田县	170	49.45
	缙云县	110	31.44
	松阳县	70	19.11
小计		350	100.00

（二）土壤类型

从土壤类型上看，浙江省六级地的耕地土壤类型分为水稻土、红壤、黄壤、紫色土、粗骨土和基性岩土6个土类，其中水稻土面积470hm²，红壤面积790hm²，黄壤面积70hm²，紫色土面积130hm²，粗骨土面积90hm²，基性岩土面积80hm²（表4-72）。

表4-72　不同土壤类型六级地面积与比例

土类名称	亚类名称	面积（hm^2）	比例（%）
水稻土	淹育水稻土	470	100.00
红壤	黄红壤	790	100.00
黄壤	黄壤	70	100.00
紫色土	酸性紫色土	130	100.00
粗骨土	酸性粗骨土	90	100.00
基性岩土	基性岩土	80	100.00

二、六级地属性特征

（一）地形部位

浙江省六级地分布在低丘、高丘2种地形部位，其中高丘面积较大，为1 460hm^2，占六级地面积的89.37%；低丘面积为170hm^2，占10.63%（表4-73）。

表4-73　六级地地形部位分布面积与比例

地形部位	面积（hm^2）	比例（%）
低丘	170	10.63
高丘	1 460	89.37
总计	1 630	100.00

（二）剖面构型和耕层质地

浙江省六级地的剖面构型分A-Ap-C、A-Ap-W-C和A-C 3种类型，其面积分别为1 040hm^2、460hm^2、130hm^2，分别占六级地面积的63.97%、28.00%和8.03%。耕层质地归并为重壤、中壤、砂土3种类型，其中砂土面积较大，为1 410hm^2，占86.89%；其次是中壤，面积为170hm^2，占10.59%；重壤面积较少，为40hm^2，占2.52%（表4-74）。

表4-74　不同剖面构型和耕层质地的六级地面积与比例

项目		面积（hm^2）	比例（%）
剖面构型	A-Ap-C	1 040	63.97
	A-Ap-W-C	460	28.00
	A-C	130	8.03
总计		1 630	100.00
耕层质地	重壤	40	2.52
	中壤	170	10.59
	砂土	1 410	86.89
总计		1 630	100.00

（三）抗旱/排涝能力

浙江省六级地的以抗旱能力为评价指标的面积为1 630hm²，占六级地面积的100.00%，仅包括抗旱能力<30d一种类型，其耕地面积为1 630hm²，占本类别面积100.00%（表4-75）。

表4-75　不同抗旱/排涝能力的六级地面积与比例

项目		面积（hm²）	比例（%）
抗旱能力	<30d	1 630	100.00
总计		1 630	100.00

（四）土壤容重

浙江省六级地的土壤容重分4个等级，其中≤0.90g/cm³面积为110hm²，占六级地面积的6.73%；0.90～1.10g/cm³面积为120hm²，占六级地面积的7.20%；1.10～1.30g/cm³面积为1 180hm²，占六级地面积的72.27%；>1.30g/cm³面积为220hm²，占六级地面积的13.80%（表4-76）。

表4-76　不同土壤容重的六级地面积与比例

土壤容重（g/cm³）	面积（hm²）	比例（%）
≤0.90	110	6.73
0.90～1.10	120	7.20
1.10～1.30	1 180	72.27
>1.30	220	13.80
总计	1 630	100.00

（五）耕层厚度

浙江省六级地的耕层厚度分2个等级，其中8.0～12cm面积为1 000hm²，占六级地面积的61.42%；12～16cm面积为630hm²，占六级地面积的38.58%（表4-77）。

表4-77　不同耕层厚度的六级地面积与比例

耕层厚度（cm）	面积（hm²）	比例（%）
8.0～12	1 000	61.42
12～16	630	38.58
总计	1 630	100.00

（六）酸碱度与土壤养分含量

表4-78为六级地土壤酸碱度及土壤有机质、有效磷、速效钾、阳离子交换量和水溶性盐总量的平均值。土壤酸碱度平均值为4.94，土壤有机质平均含量为15.28g/kg、有效磷平均

含量为26.63mg/kg、速效钾平均含量为55.14mg/kg、阳离子交换量平均为8.25cmol/kg、水溶性盐总量平均为0.36g/kg。

综合来看，浙东南沿海城郊型、外向型农业区六级地的土壤有机质、有效磷含量、阳离子交换量较高；浙中盆地丘陵综合型特色农业区土壤速效钾含量、阳离子交换量较高；浙西南生态型绿色农业区土壤有机质、有效磷含量、水溶性盐总量较高。

表4-78　六级地土壤酸碱度与养分含量平均值

主要养分指标	酸碱度	有机质 (g/kg)	有效磷 (mg/kg)	速效钾 (mg/kg)	阳离子交换量 (cmol/kg)	水溶性盐总量 (g/kg)
浙东南沿海城郊型、外向型农业区	5.15	14.75	25.13	49.00	8.27	0.11
浙中盆地丘陵综合型特色农业区	4.72	12.74	24.30	80.00	10.90	0.32
浙西南生态型绿色农业区	4.82	17.87	30.43	46.14	6.34	0.72
平均值	4.94	15.28	26.63	55.14	8.25	0.36

第五章　耕地土壤主要养分性状

生产实践和科学试验表明，土壤养分是评价耕地质量的重要因素。土壤有机质及主要营养元素构建了耕地质量的基本特性，是水、气、肥、热四大因素中最重要的组成部分。土壤有机质、氮、磷、钾、中量元素和微量元素的储量和有效态含量的状况，是衡量耕地产能高低的重要标志。

土壤有机质及主要营养元素也是作物生长发育所必需的物质基础，其含量的高低直接影响作物的生长发育及产量与品质。土壤有机质是土壤的重要组成部分，其本身可作为土壤养分的储藏库，同时深刻地影响土壤的物理、化学和生物学性质。土壤有机质也深刻影响着土壤的质地和结构。在丰富的有机质下，土壤可以形成稳定的有机无机复合体，构建良好的土壤结构，为微生物栖息繁衍和作物根系生长提供良好的环境条件。农作物生长、发育对氮、磷、钾等养分的需求量较大，养分供应不足是农产品产量和品质提升的主要限制因子，因此，需要通过科学施肥才能保障作物的正常生长。但另一方面，肥料的不合理使用也会引起周边水体富营养化或诱发土壤退化。中微量元素在植物体内数量不多，甚至很少，但是它们和大量元素的作用一样，有其专一性和不可替代性。当作物缺乏某一种中、微量元素时，生长发育就会受到抑制，导致减产或品质下降，严重时甚至绝收，而土壤是供给植物吸收利用中、微量元素的主要场所。

土壤中的有机质及主要营养元素受母质、气候、地貌、植被以及生产活动等因素的影响。省级汇总评价对7 311个耕层土样进行了化验分析，参照第二次土壤普查时土壤有机质及主要营养元素分级标准，结合《耕地质量评定与地力分等定级技术规范》(DB33/T 895—2013)，确定全省耕地土壤养分指标分级标准(表5-1)。

表5-1　浙江省土壤养分指标分级标准

项目	单位	分级标准					
		一级	二级	三级	四级	五级	六级
有机质	g/kg	>50	40~50	30~40	20~30	10~20	<10
全氮	g/kg	>2.5	2.0~2.5	1.5~2.0	1.0~1.5	0.5~1.0	<0.5
有效磷	mg/kg	>40	30~40	20~30	10~20	5~10	<5
速效钾	mg/kg	>200	150~200	100~150	50~100	30~50	<30
缓效钾	mg/kg	>1 500	1 200~1 500	900~1 200	750~900	500~750	<500
有效铜	mg/kg	>1.8	1.5~1.8	1~1.5	0.5~1	0.2~0.5	<0.2
有效锌	mg/kg	>3	1.5~3	1~1.5	0.5~1	0.3~0.5	<0.3

（续表）

项目	单位	分级标准					
		一级	二级	三级	四级	五级	六级
有效铁	mg/kg	>20	15~20	10~15	4.5~10	2.5~4.5	<2.5
有效锰	mg/kg	>30	20~30	15~20	10~15	5~10	<5
有效硼	mg/kg	>2	1.5~2	1~1.5	0.5~1	0.2~0.5	<0.2
有效钼	mg/kg	>0.3	0.25~0.3	0.2~0.25	0.15~0.2	0.1~0.15	<0.1
有效硅	mg/kg	>200	100~200	50~100	25~50	12~25	<12

第一节　土壤有机质

土壤有机质是指存在于土壤中的所有含炭的有机物质，包括土壤中各种动、植物残体，微生物体及其分解和合成的各种有机物质。在风化和成土的过程中，最早出现于母质中的有机体是微生物，随着生物的进化和成土过程的发展，动、植物残体就成为土壤有机质的基本来源。进入土壤的有机物质的组成相当复杂，作为有机质最主要来源的各种植物残体，其化学组成和各种成分的含量，因植物种类、器官、年龄等的不同而有很大的差异。有机质的含量在不同土壤中差异很大，高的可达50g/kg以上，低的不足5g/kg。

土壤有机质是耕地质量的重要物质基础，是耕地质量的核心，在一定程度上可反映土壤生产能力水平的高低。有机质在耕地质量上的作用是多方面的，是土壤微生物生命活动的能源，是维持土壤生物多样性的重要保障。此外，由于有机质可提高土壤阳离子交换量、增加土壤蓄水能力、改善土壤结构和团聚体稳定性，它对土壤水、气、热等因素的调节，对土壤理化性质及耕性的改善都有显著的作用。同时，土壤有机质中的腐殖质能吸附和溶解某些农药，并能与重金属形成溶于水的络合物，随水排出土壤，有助于消除或减少对作物的毒害和对土壤的污染，几乎所有土壤科学研究者和土地管理者都倡导维持高水平的土壤有机质含量。近年来，温室效应（CO_2、CH_4）与陆地碳汇关联研究，通过土壤固碳途径来降低大气二氧化碳的浓度也成为保持或提高土壤有机质水平的关注热点。土壤有机质是众多学者公认的衡量土壤质量的重要指标，当土壤有机质水平达到一定值时，土壤理化性状可基本满足农作物生长的需要，小于此值时土壤容易产生不良的理化性状，并将明显影响土壤的生产功能和生态功能。

一、浙江省耕地土壤有机质含量空间差异

根据省级汇总评价7 311个耕层土样化验分析结果，全省耕层土壤有机质平均含量为29.26 g/kg，变化范围为2.40~69.9 g/kg。依据浙江省土壤养分指标分级标准（表5-1），耕层有机质含量在一级至六级的点位占比分别为3%、20%、32%、28%、12%和5%（图5-1A）。

全省六大农业功能区中，浙东北都市型、外向型农业区耕地土壤有机质含量最高，平均为31.0g/kg，变动范围为3.0 ~ 69.7g/kg；其次是浙东南沿海城郊型、外向型农业区和浙西

南生态型绿色农业区，平均分别为30.8g/kg和30.4g/kg，变动范围分别为3.2～69.0g/kg和2.7～69.9g/kg；浙西北生态型绿色农业区和沿海岛屿蓝色渔（农）业区略低，含量平均分别为28.7g/kg和28.3g/kg，变动范围分别为2.5～56.9g/kg和5.9～57.0g/kg；浙中盆地丘陵综合型特色农业区的土壤有机质含量最低，平均为25.9g/kg，变动范围为2.4～68.3g/kg（图5-1B）。

11个地级市中，以绍兴市耕地土壤有机质含量最高，平均为33.0g/kg，变动范围为2.4～69.3g/kg；宁波市次之，平均为31.8g/kg，变动范围为3.6～69.7g/kg；丽水市、温州市平均含量均在30g/kg以上，分别为30.8g/kg、30.5g/kg，变动范围分别为2.7～69.9g/kg和3.1～68.8g/kg；其他各市平均含量变动范围为24.4～29.8g/kg（图5-1C）。

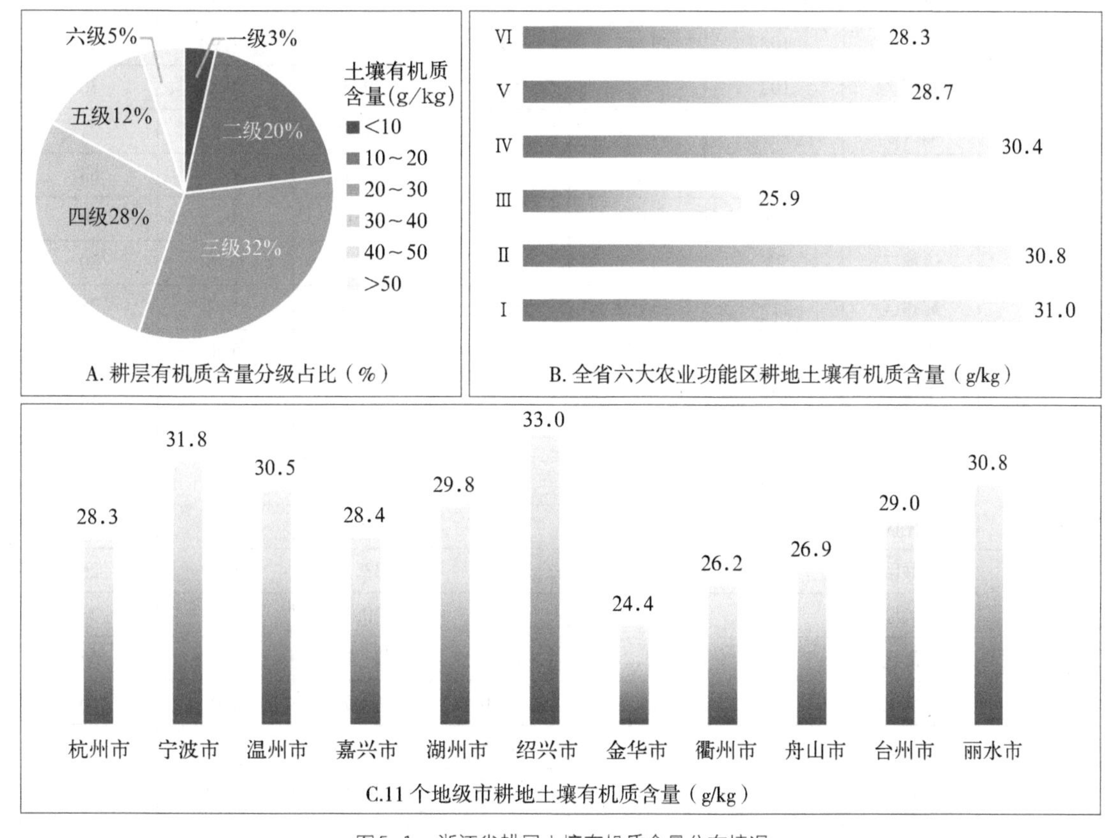

图5-1 浙江省耕层土壤有机质含量分布情况

Ⅰ—浙东北都市型、外向型农业区　Ⅳ—浙西南生态型绿色农业区
Ⅱ—浙东南沿海城郊型、外向型农业区　Ⅴ—浙西北生态型绿色农业区
Ⅲ—浙中盆地丘陵综合型特色农业区　Ⅵ—沿海岛屿蓝色渔（农）业区

全省各县（市、区）中，温州市洞头区耕地土壤有机质含量最高，平均含量高达50.7g/kg；其次是宁波市鄞州区，平均43.6g/kg。慈溪市、桐乡市、义乌市、衢州市柯城区和天台县，含量相对较低，变动范围为17.3～18.5g/kg；杭州市江干区和滨江区最低，平均含量分别为11.9g/kg、11.2g/kg，其他县（市、区）均大于20g/kg。有机质含量变异系数以慈溪市最大，为66%，宁波市江北区次之，为63%；嘉兴市南湖区、温州市洞头区、杭州市滨江区变异系数最低，分别为18%、16%、13%。其他县（市、区）变异系数均高于20%（表5-2）。

表5-2　浙江省各县（市、区）耕地土壤有机质含量

区域		点位数（个）	最小值（g/kg）	最大值（g/kg）	平均值（g/kg）	标准差（g/kg）	变异系数（%）
杭州市	江干区	6	5.4	21.1	11.9	5.5	46
	西湖区	8	21.6	45.0	33.4	9.1	27
	滨江区	3	9.7	12.6	11.2	1.4	13
	萧山区	124	4.4	66.1	24.0	14.6	61
	余杭区	113	8.4	56.2	30.0	9.1	30
	桐庐县	85	6.5	51.9	24.8	8.0	32
	淳安县	43	5.6	45.6	29.2	8.8	30
	建德市	108	12.3	56.9	30.9	7.9	26
	富阳区	102	2.5	56.1	29.3	10.6	36
	临安区	100	11.3	52.2	31.6	6.8	21
宁波市	江北区	19	3.6	60.3	32.1	20.3	63
	北仑区	55	15.5	59.2	34.0	10.2	30
	镇海区	23	12.7	55.8	39.0	11.5	30
	鄞州区	115	19.0	69.7	43.6	12.2	28
	象山县	77	9.2	40.0	24.5	6.4	26
	宁海县	139	8.9	62.1	29.3	8.3	28
	余姚市	137	11.4	68.5	37.9	14.7	39
	慈溪市	119	5.2	55.3	17.3	11.4	66
	奉化区	86	8.5	61.3	33.6	12.4	37
温州市	鹿城区	19	19.9	48.5	33.2	8.7	26
	龙湾区	16	13.6	44.7	30.1	8.5	28
	瓯海区	36	3.2	63.6	37.6	13.3	35
	洞头区	4	38.9	57.0	50.7	8.0	16
	永嘉县	193	6.9	65.8	31.2	10.7	34
	平阳县	123	3.3	58.7	30.1	13.0	43
	苍南县	124	10.9	50.8	30.0	7.3	24
	文成县	117	7.0	50.0	24.7	8.6	35
	泰顺县	143	3.1	67.0	34.5	11.5	33
	瑞安市	109	15.0	68.8	35.3	10.9	31
	乐清市	106	9.2	52.7	23.1	9.4	40
嘉兴市	南湖区	69	14.2	53.5	36.5	6.4	18
	秀洲区	106	7.9	52.6	29.9	12.6	42
	嘉善县	113	15.5	57.9	37.2	7.4	20
	海盐县	99	11.6	64.2	32.0	9.9	31

（续表）

区域		点位数（个）	最小值（g/kg）	最大值（g/kg）	平均值（g/kg）	标准差（g/kg）	变异系数（%）
嘉兴市	海宁市	133	4.5	44.7	19.8	9.3	47
	平湖市	104	12.8	55.8	32.9	8.8	27
	桐乡市	137	5.9	45.1	18.2	8.1	45
湖州市	吴兴区	75	20.0	60.0	33.8	10.8	32
	南浔区	140	3.4	58.4	32.7	11.7	36
	德清县	100	8.6	59.3	30.9	11.1	36
	长兴县	170	12.2	55.4	29.0	7.8	27
	安吉县	154	6.9	53.9	25.3	7.8	31
绍兴市	越城区	48	18.2	65.6	39.2	10.7	27
	柯桥区	74	6.4	69.3	37.8	14.7	39
	上虞区	128	3.0	63.1	36.1	16.3	45
	新昌县	104	15.0	59.5	34.0	10.6	31
	诸暨市	208	10.1	66.9	35.5	9.3	26
	嵊州市	152	2.4	48.9	22.2	7.3	33
金华市	婺城区	103	5.2	47.4	27.1	9.6	36
	金东区	66	4.4	45.2	23.0	9.0	39
	武义县	89	3.4	50.3	25.3	8.8	35
	浦江县	64	7.0	52.6	24.3	8.1	33
	磐安县	60	5.6	48.9	24.0	7.7	32
	兰溪市	129	7.2	45.3	24.2	7.6	31
	义乌市	91	2.4	36.3	17.7	7.8	44
	东阳市	129	12.4	42.5	27.0	6.6	24
	永康市	91	7.5	43.4	25.3	8.1	32
衢州市	柯城区	21	3.4	27.3	18.3	7.2	40
	衢江区	90	7.7	32.8	18.8	5.8	31
	常山县	65	6.4	42.2	22.5	7.5	33
	开化县	77	8.5	52.5	31.4	9.0	28
	龙游县	120	8.4	54.0	28.0	9.7	35
	江山市	170	4.0	68.3	29.0	10.9	38
舟山市	定海区	28	6.8	44.3	29.5	9.0	31
	普陀区	22	11.4	39.1	24.2	9.4	39
	岱山县	13	5.9	42.1	25.8	11.5	45

（续表）

区域		点位数（个）	最小值（g/kg）	最大值（g/kg）	平均值（g/kg）	标准差（g/kg）	变异系数（%）
台州市	椒江区	34	13.4	55.2	35.9	11.3	31
	黄岩区	39	11.6	68.5	37.9	10.0	26
	路桥区	45	10.0	62.1	36.7	11.9	32
	玉环县	28	13.3	47.5	26.1	9.9	38
	三门县	80	7.5	50.0	26.3	10.0	38
	天台县	102	6.0	46.4	18.5	8.0	43
	仙居县	108	6.9	59.4	24.5	9.2	38
	温岭市	118	7.2	69.0	34.1	13.2	39
	临海市	136	7.7	61.6	31.3	11.0	35
丽水市	莲都区	36	7.5	39.5	21.8	7.7	35
	青田县	102	4.5	57.5	27.1	8.8	32
	缙云县	66	4.6	60.9	33.7	9.9	29
	遂昌县	72	9.1	29.4	20.0	4.6	23
	松阳县	77	12.4	53.5	30.3	8.5	28
	云和县	31	14.7	55.5	36.4	10.1	28
	庆元县	75	2.7	67.5	36.6	13.2	36
	景宁县	65	9.6	69.9	32.6	12.7	39
	龙泉市	103	13.0	69.9	36.6	11.9	33

二、不同类型耕地土壤有机质含量及其影响因素

（一）主要土类的有机质含量

1.各土类的有机质含量差异

浙江省主要土壤类型耕地有机质平均含量从高到低依次为：黄壤、石灰（岩）土、水稻土、红壤、基性岩土、粗骨土、紫色土、潮土和滨海盐土。其中黄壤有机质含量最高，平均34.2g/kg，变动范围为2.7~68.2g/kg；石灰（岩）土、水稻土次之，平均分别为30.7g/kg和30.4g/kg，变动范围分别为5.6~49.7g/kg和2.4~69.9g/kg；第三层次是红壤、基性岩土、粗骨土、紫色土和潮土，平均含量均大于20g/kg，变动范围为23.2~28.6g/kg；滨海盐土最低，为16.8g/kg，变动范围为3.0~45.4g/kg（图5-2）。

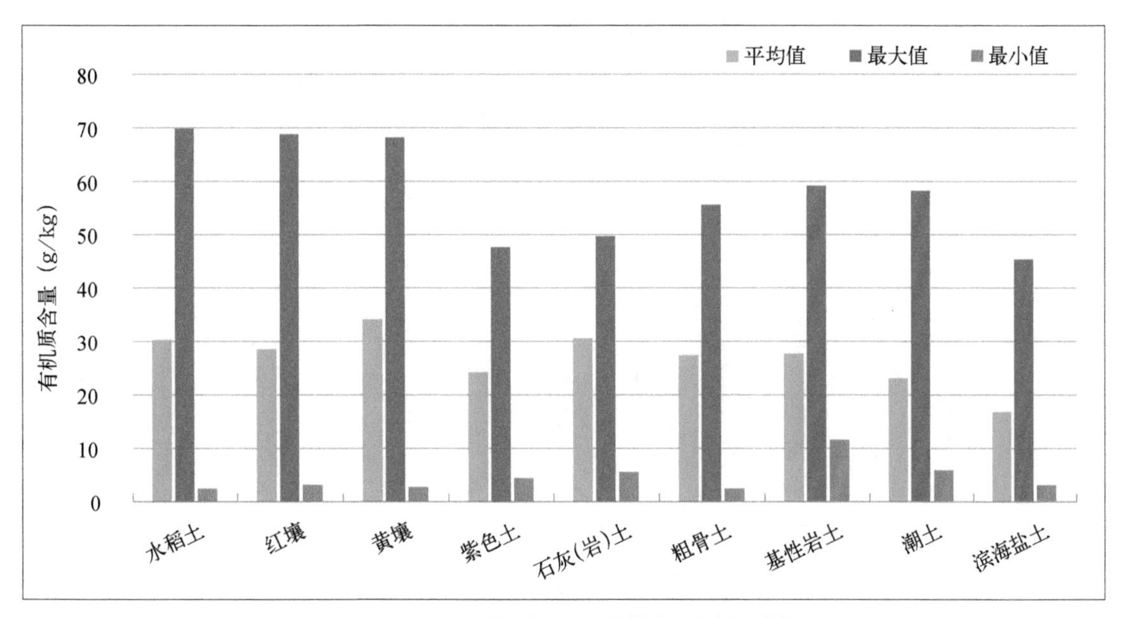

图5-2　浙江省不同土类耕地土壤有机质含量

2.主要土类的土壤有机质含量在农业功能区间的差异

同一土类土壤的有机质平均含量在不同农业功能区也有差异，见图5-3。

水稻土有机质平均含量以浙东北都市型、外向型农业区最高，为34.2g/kg，浙东南沿海城郊型、外向型农业区次之，为32.1g/kg，浙西南生态型绿色农业区再次之，为31.0g/kg，浙西北生态型绿色农业区和沿海岛屿蓝色渔（农）业区差不多，分别为29.0g/kg、28.7g/kg，浙中盆地丘陵综合型特色农业区最低，为25.9g/kg。

黄壤有机质平均含量除了浙中盆地丘陵综合型特色农业区略低，为28.6g/kg，其他各区均大于30g/kg，其中浙西北生态型绿色农业区最高，为37.3g/kg。

紫色土有机质平均含量在浙东南沿海城郊型、外向型农业区最高，为33.0g/kg，其他各区在23.0～25.8g/kg，其中浙东北都市型、外向型农业区和沿海岛屿蓝色渔（农）业区没有采集到紫色土。

粗骨土有机质平均含量以沿海岛屿蓝色渔（农）业区最高，为36.3g/kg，浙东北都市型、外向型农业区次之，为34.2g/kg，其他区小于30g/kg，在25.4～29.8g/kg。

潮土有机质平均含量在浙西北生态型绿色农业区最高，为27.0g/kg，沿海岛屿蓝色渔（农）业区最低，仅有16.7g/kg，其他各区均大于20g/kg，在20.3～24.5g/kg。

滨海盐土分布在浙东北都市型、外向型农业区，浙东南沿海城郊型、外向型农业区和沿海岛屿蓝色渔（农）业区，土壤有机质平均含量以浙东南沿海城郊型、外向型农业区最高，为23.7g/kg，其他两区均小于20g/kg，分别为15.2g/kg、18.2g/kg。

红壤平均有机质含量在沿海岛屿蓝色渔（农）业区最高，达41.3g/kg，其次为浙东北都市型、外向型农业区，为32.9g/kg，其他各分区差异不大，在27.7～28.7g/kg。

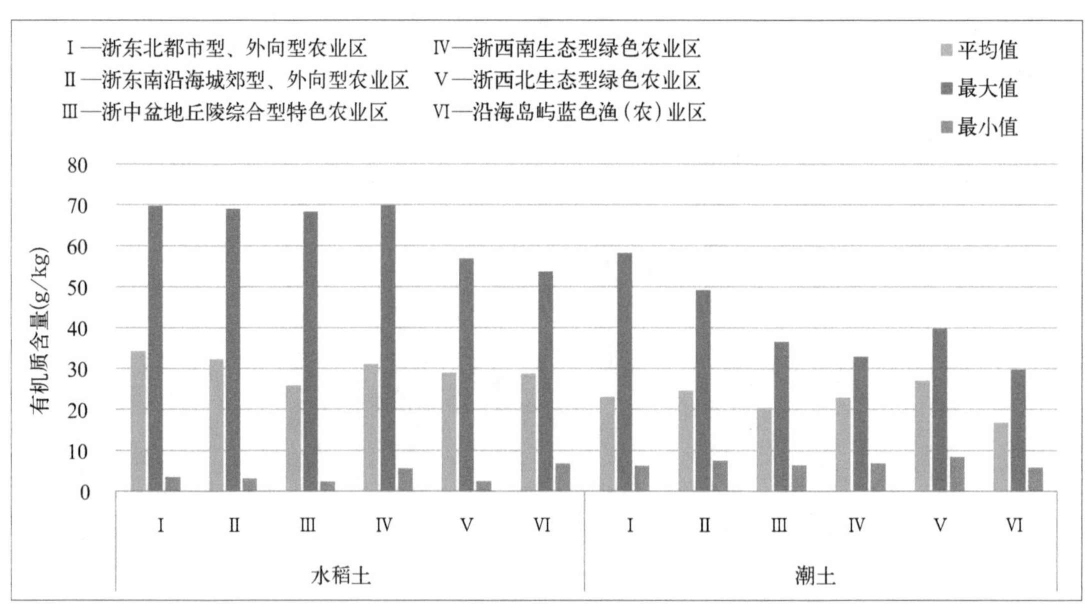

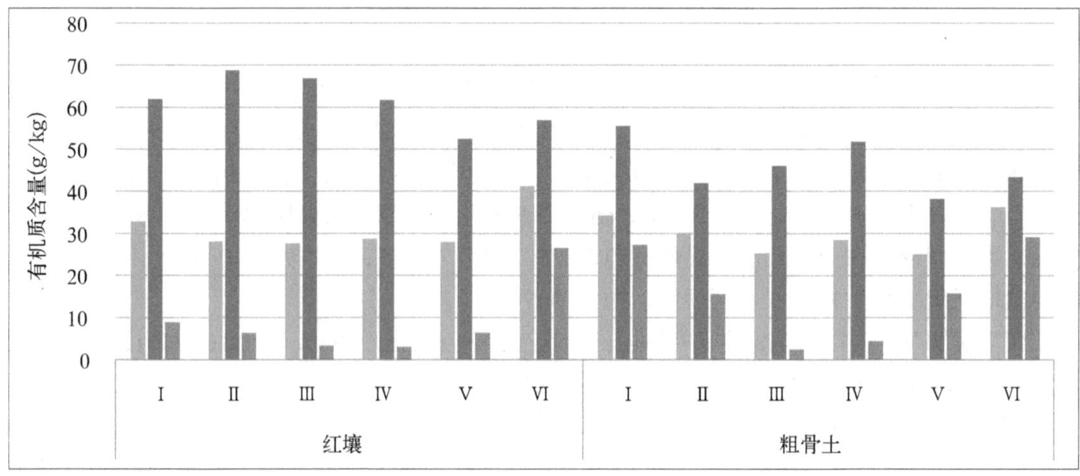

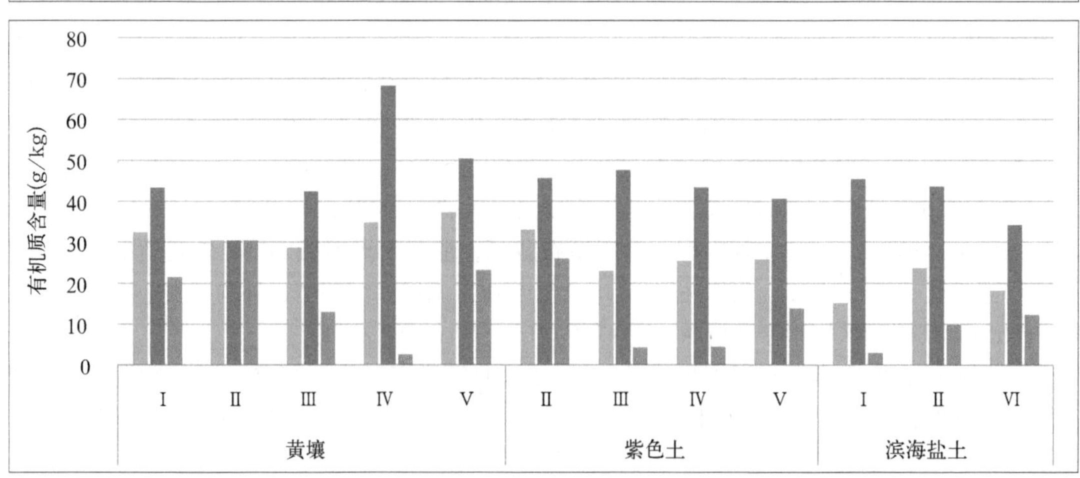

图5-3　浙江省主要土类耕地土壤有机质含量在不同农业功能区的差异

（二）主要亚类的有机质含量

饱和红壤有机质含量最高，达55.1g/kg；脱潜水稻土次之，为37.6g/kg；黄壤、潜育水稻土、棕色石灰土也较高，均大于30g/kg，分别为34.2g/kg、33.1g/kg和31.1g/kg；滨海盐土平均含量最低，小于20g/kg，为16.7g/kg；其他各亚类均大于20g/kg，在21.7～29.2g/kg之间（表5-3）。

变异系数以滨海盐土最高（饱和红壤、潮滩盐土、黑色石灰土样点数为2，未统计变异系数），为56%；基性岩土次之，为55%；灰潮土、红壤性土、红壤、潜育水稻土4个亚类的变异系数高于40%；棕红壤最低，为26%；其他各亚类变异系数在30%～39%之间。

表5-3　浙江省主要亚类耕地土壤有机质含量

亚类	样点数（个）	最小值（g/kg）	最大值（g/kg）	平均值（g/kg）	标准差（g/kg）	变异系数（%）
潴育水稻土	2 391	2.4	69.4	29.2	11.0	38
渗育水稻土	1 109	3.4	61.4	28.4	11.1	39
脱潜水稻土	833	3.3	69.0	37.6	11.3	30
淹育水稻土	749	3.2	69.9	28.9	11.2	39
潜育水稻土	104	3.8	69.7	33.1	13.1	40
黄红壤	780	3.1	68.8	29.0	10.3	36
红壤	152	3.4	61.7	28.9	11.7	41
红壤性土	68	6.0	62.0	24.4	10.2	42
棕红壤	14	15.4	33.6	21.7	5.5	26
饱和红壤	2	53.2	57.0	55.1	2.9	—
黄壤	122	2.7	68.2	34.2	12.6	37
石灰性紫色土	70	4.4	47.7	23.2	8.9	38
酸性紫色土	59	6.8	45.7	25.5	8.3	33
酸性粗骨土	178	2.4	55.6	27.5	9.8	36
灰潮土	491	5.9	58.3	23.2	11.1	48
滨海盐土	149	3.0	45.4	16.7	9.3	56
潮滩盐土	2	15.1	41.2	28.2	18.4	—
黑色石灰土	2	19.2	30.2	24.7	7.7	—
棕色石灰土	26	5.6	49.7	31.1	9.2	30
基性岩土	10	11.6	59.2	27.8	15.1	55

（三）地貌类型与土壤有机质含量

不同地貌类型间，水网平原土壤有机质含量最高，平均33.5g/kg；其次是高丘和低山，其平均含量分别为30.9g/kg和30.8g/kg；再者是河谷平原和低丘，其平均含量分别为28.4g/kg、27.2g/kg；滨海平原土壤有机质平均含量为24.2g/kg；而平均含量最低的是中山，为21.3g/kg。出现有机质含量平原相对较低，究其原因主要是不同平原的土壤类型不同所致。变异系数以滨海平原最大，为48%；中山次之，为45%；在其他地貌类型中变异系数变动范围为36%~39%（图5-4）。

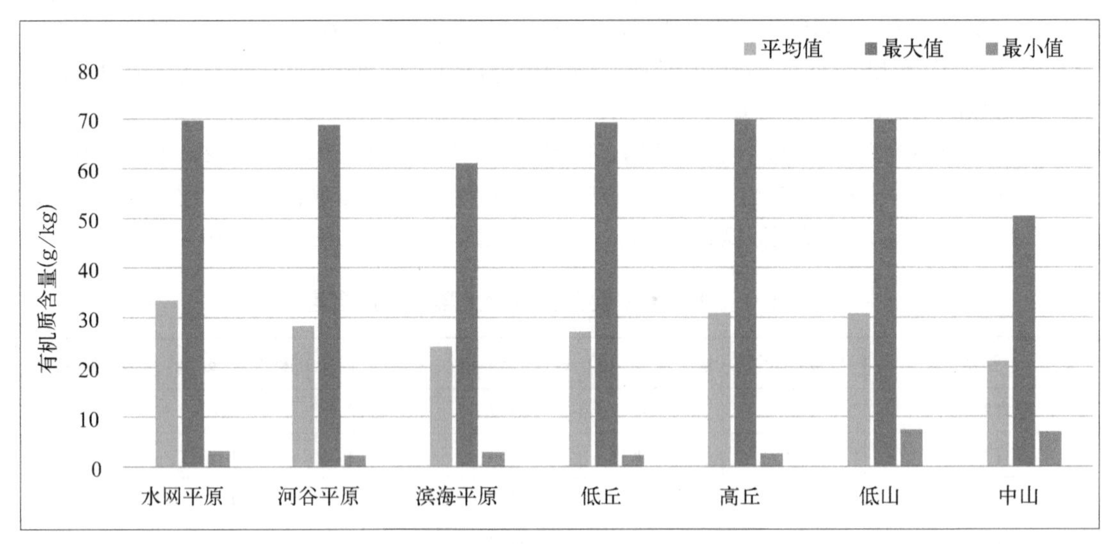

图5-4　浙江省不同地貌类型耕地土壤有机质含量

（四）土壤质地与土壤有机质含量

土壤质地影响到土壤水热状况和保肥供肥能力，从而影响土壤有机质的含量。质地黏重的土壤，其土壤有机质含量往往较高。浙江省的不同土壤质地中，砂土、砂壤、轻壤、中壤、重壤、黏土的有机质含量平均值依次为25.1g/kg、25.7g/kg、29.9g/kg、29.1g/kg、29.7g/kg、30.9g/kg（图5-5）。

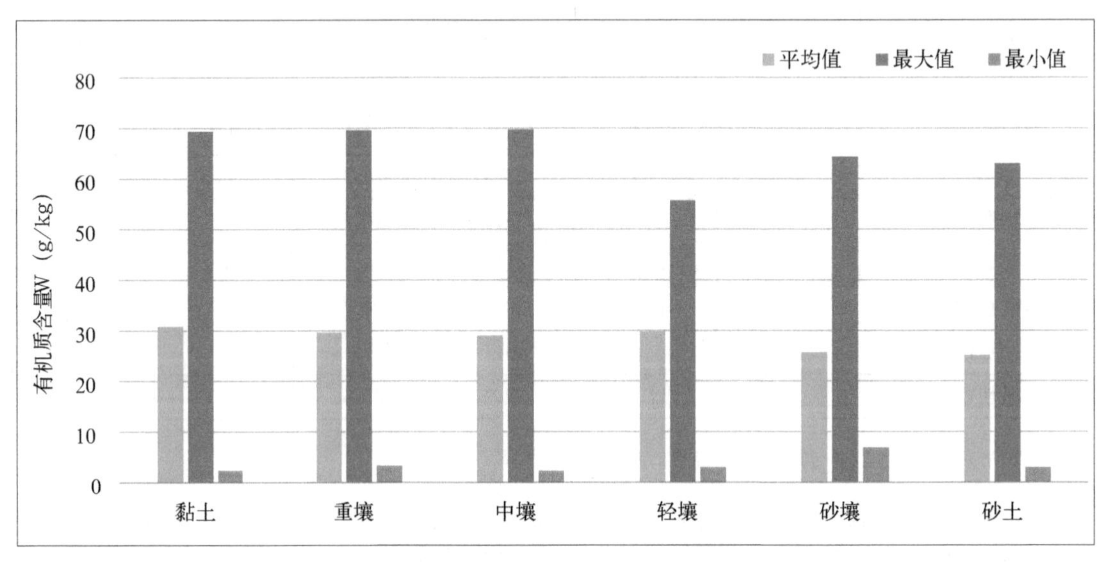

图5-5　浙江省不同质地耕地土壤有机质含量

三、土壤有机质分级面积与分布

（一）土壤有机质含量分级面积

根据浙江省域土壤有机质含量状况，参照浙江省土壤养分指标分级标准（表5-1），将土壤有机质含量划分为6级。全区耕地土壤有机质含量分级面积占比如图5-6所示。

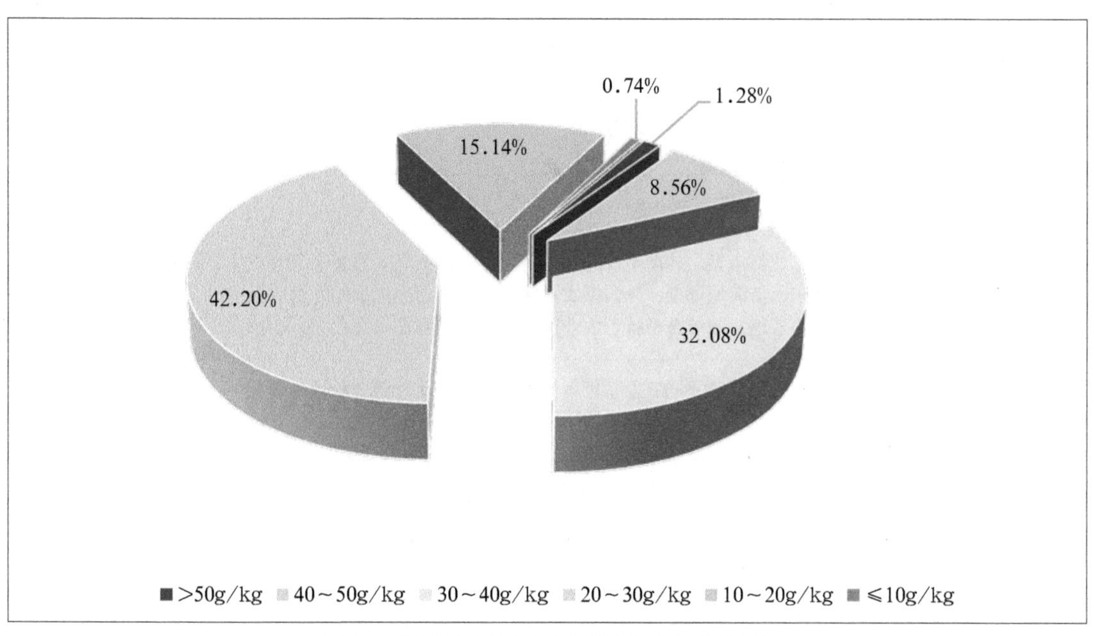

图5-6　浙江省耕地土壤有机质含量分级面积占比

土壤有机质含量大于50g/kg的耕地共2.46万 hm^2，占全省耕地面积的1.28%；土壤有机质含量在40～50g/kg的耕地共16.44万 hm^2，占全省耕地面积的8.56%；土壤有机质含量在30～40g/kg的耕地共61.62万 hm^2，占全省耕地面积的32.08%；土壤有机质含量在20～30g/kg的耕地共81.07万 hm^2，占全省耕地面积的42.20%；土壤有机质高于20g/kg的前4级耕地面积共161.60万 hm^2，占全省耕地面积的84.1%。土壤有机质含量在10～20g/kg的耕地共29.08万 hm^2，占全省耕地面积的15.14%；土壤有机质含量小于10g/kg的耕地面积较少，为1.42万 hm^2，仅占全省耕地面积的0.74%。可见，浙江省耕地土壤有机质含量总体较高，以中等偏上水平为主。

（二）土壤有机质含量地域分布特征

在不同的农业功能区其土壤有机质含量有差异（图5-7、图5-8）。

土壤有机质含量大于50g/kg的耕地主要分布在浙东北都市型、外向型农业区，面积为1.71万 hm^2，占全省耕地面积的0.89%；其次是浙西南生态型绿色农业区和浙东南沿海城郊型、外向型农业区，面积分别为3 900 hm^2、1 900 hm^2，其他各区也有少量分布，均不到1 000 hm^2。

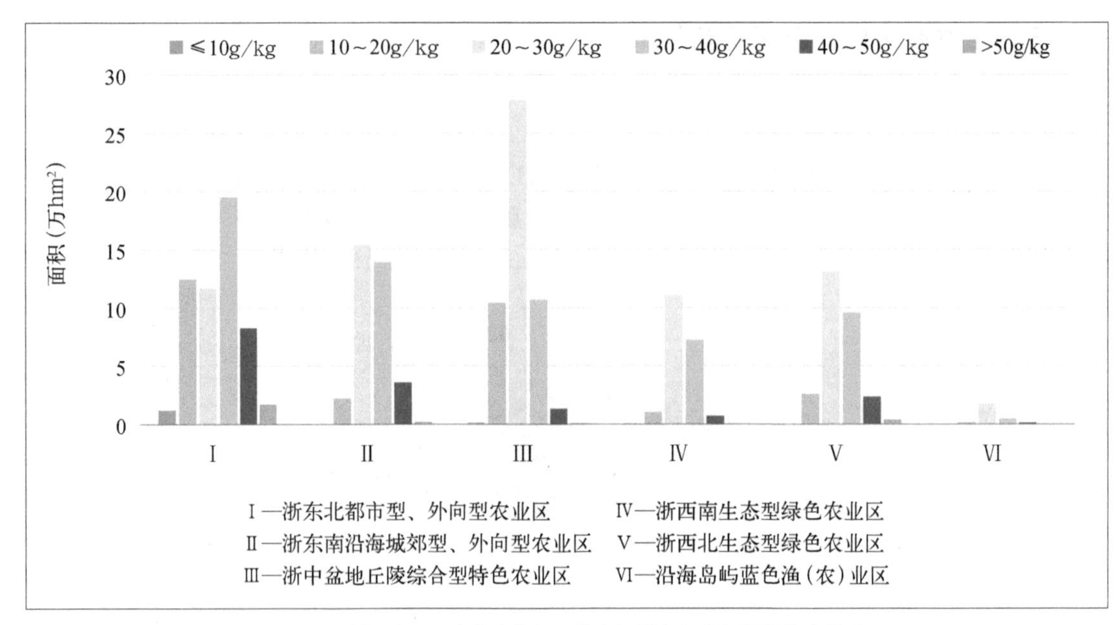

图5-7　浙江省不同农业功能区土壤有机质含量分级面积分布情况

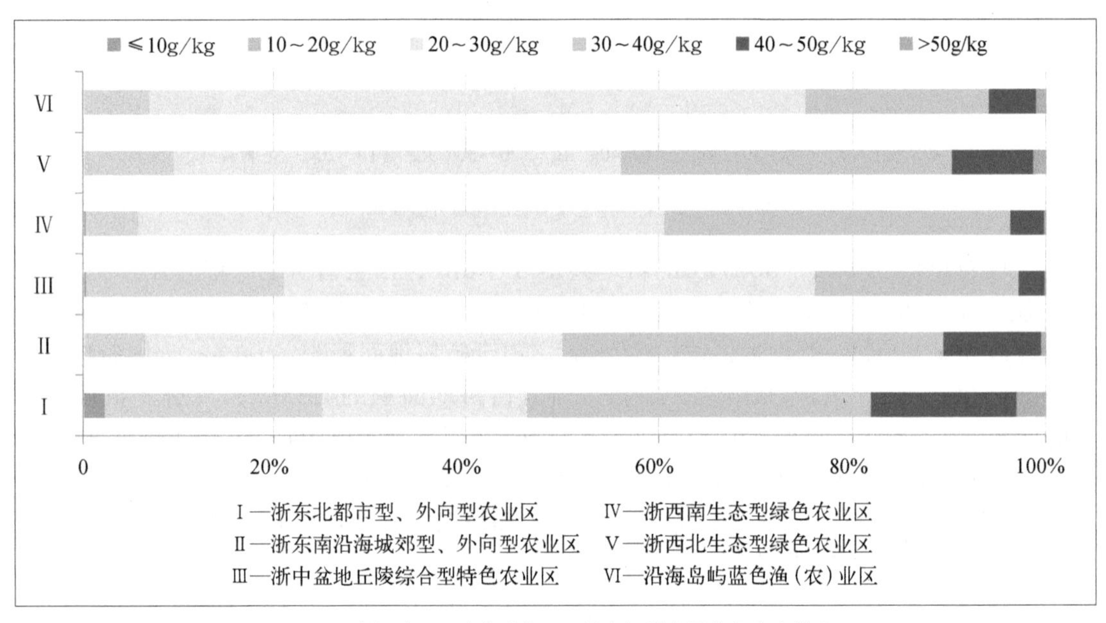

图5-8　浙江省不同农业功能区土壤有机质含量分级占比情况

土壤有机质含量40～50g/kg的耕地主要分布在浙东北都市型、外向型农业区，面积为8.30万 hm^2，占全省耕地面积的4.32%；其次是浙东南沿海城郊型、外向型农业区和浙西南生态型绿色农业区，面积分别为3.60万 hm^2、2.37万 hm^2，分别占全省耕地面积的1.87%、1.23%；再次是浙中盆地丘陵综合型特色农业区，面积为1.35万 hm^2，占全省耕地面积的0.70%；浙西北生态型绿色农业区有7 000hm^2，占全省耕地面积的0.37%；沿海岛屿蓝色渔（农）业区最少，只有1 300hm^2。

土壤有机质含量为30～40g/kg的耕地，在浙东北都市型、外向型农业区分布最多，面积为19.56万 hm²，占全省耕地面积的10.18%；其次是浙东南沿海城郊型、外向型农业区，面积为13.95万 hm²，占全省耕地面积的7.26%；然后是浙中盆地丘陵综合型特色农业区和浙西南生态型绿色农业区，面积分别为10.73万 hm²、9.61万 hm²，分别占全省耕地面积的5.59%、5.00%；浙西北生态型绿色农业区有7.27万 hm²，占全省耕地面积的3.78%；沿海岛屿蓝色渔（农）业区最少，面积为5 000hm²，仅占全省耕地面积的0.26%。

土壤有机质含量为20～30g/kg的耕地主要分布在浙中盆地丘陵综合型特色农业区，面积达27.87万 hm²，占全省耕地面积的14.51%；沿海岛屿蓝色渔（农）业区分布最少，面积为1.79万 hm²，占全省耕地面积的0.93%；其他各区都有超过10万 hm²的分布，面积在11.13万～15.45万 hm²，占比在2.79%～8.04%。

土壤有机质含量为10～20g/kg的耕地，主要分布在浙东北都市型、外向型农业区和浙中盆地丘陵综合型特色农业区，面积分别为12.49万 hm²、10.47万 hm²，分别占全省耕地面积的6.50%和5.45%；浙西南生态型绿色农业区和浙东南沿海城郊型、外向型农业区，面积分别为2.61万 hm²和2.25万 hm²，占比在1%以上；浙西北生态型绿色农业区有1.08万 hm²，沿海岛屿蓝色渔（农）业区最少，面积不到2 000hm²。

土壤有机质含量小于10g/kg的耕地主要分布在浙东北都市型、外向型农业区，面积为1.21万 hm²，浙中盆地丘陵综合型特色农业区有1 400hm²，其他区分布的面积有极少量分布。

在不同地级市之间土壤有机质含量有差异（表5-4）。

表5-4 浙江省耕地土壤有机质含量不同等级区域分布特征

等级（g/kg）	地级市	面积（万 hm²）	占本市比例（%）	占全省比例（%）
>50	杭州市	0.07	0.36	0.04
	宁波市	1.11	5.56	0.58
	温州市	0.25	0.98	0.13
	嘉兴市	0.02	0.09	0.01
	湖州市	0.09	0.61	0.05
	绍兴市	0.53	2.82	0.28
	金华市	0.03	0.14	0.02
	衢州市	0.08	0.63	0.04
	台州市	0.28	1.47	0.14
40～50	杭州市	1.14	5.81	0.59
	宁波市	3.79	19.01	1.97
	温州市	2.51	9.70	1.30
	嘉兴市	1.07	5.48	0.56
	湖州市	1.01	6.71	0.53
	绍兴市	3.44	18.32	1.79

（续表）

等级（g/kg）	地级市	面积（万 hm²）	占本市比例（%）	占全省比例（%）
40～50	金华市	0.06	0.25	0.03
	衢州市	0.26	1.98	0.14
	台州市	1.75	9.24	0.91
	丽水市	1.42	9.10	0.74
30～40	杭州市	7.04	35.90	3.67
	宁波市	5.61	28.15	2.92
	温州市	9.79	37.91	5.10
	嘉兴市	8.44	43.09	4.39
	湖州市	5.26	34.86	2.74
	绍兴市	6.82	36.32	3.55
	金华市	2.40	10.40	1.25
	衢州市	3.97	30.08	2.07
	舟山市	0.54	21.25	0.28
	台州市	5.87	31.09	3.06
	丽水市	5.87	37.70	3.06
20～30	杭州市	6.90	35.18	3.59
	宁波市	5.51	27.62	2.87
	温州市	11.57	44.78	6.02
	嘉兴市	4.68	23.88	2.43
	湖州市	8.11	53.73	4.22
	绍兴市	5.56	29.59	2.89
	金华市	15.96	69.21	8.31
	衢州市	6.32	47.92	3.29
	舟山市	1.81	71.58	0.94
	台州市	8.08	42.82	4.21
	丽水市	6.56	42.13	3.42
10～20	杭州市	4.24	21.61	2.21
	宁波市	3.18	15.92	1.65
	温州市	1.71	6.60	0.89
	嘉兴市	5.23	26.73	2.72
	湖州市	0.62	4.08	0.32
	绍兴市	2.28	12.15	1.19
	金华市	4.52	19.59	2.35
	衢州市	2.59	19.67	1.35
	舟山市	0.18	7.04	0.09

（续表）

等级（g/kg）	地级市	面积（万 hm^2）	占本市比例（%）	占全省比例（%）
10～20	台州市	3.09	16.38	1.61
	丽水市	1.44	9.27	0.75
≤10	杭州市	0.22	1.12	0.11
	宁波市	0.75	3.76	0.39
	温州市	0.00	0.01	0.00
	嘉兴市	0.14	0.71	0.07
	绍兴市	0.15	1.00	0.08
	金华市	0.13	0.69	0.07
	衢州市	0.01	0.11	0.01
	台州市	0.01	0.04	0.00

土壤有机质含量大于50g/kg的耕地，占全省耕地面积的1.28%。宁波市分布最多，面积为1.11万 hm^2，占本市耕地面积的5.56%，占全省耕地面积的0.85%；其次是绍兴市，面积为5 300hm^2，占本市耕地面积的2.82%，占全省耕地面积的0.28%；再次是台州市和温州市，分别为2 800hm^2、2 500hm^2；其他各市有少量分布，均不足1 000hm^2。

土壤有机质含量为40～50g/kg的耕地，占全省耕地面积的9.84%。宁波市分布最多，面积为3.79万 hm^2，占本市耕地面积的19.01%，占全省耕地面积的1.97%；其次是绍兴市，面积为3.44万 hm^2，占本市耕地面积的18.32%，占全省耕地面积的1.79%；再次是温州市，面积为2.51万 hm^2，占本市耕地面积的9.70%，占全省耕地面积的1.30%；然后是台州市、丽水市、杭州市、嘉兴市和湖州市，面积均大于1万 hm^2，分别为1.75万 hm^2、1.42万 hm^2、1.14万 hm^2、1.07万 hm^2和1.01万 hm^2，占全省耕地面积的比例在0.53%～0.91%；衢州市有少量分布，面积为2 600hm^2，金华市更少，仅有600hm^2，舟山市没有发现土壤有机质含量超过40g/kg。

土壤有机质含量为30～40g/kg的耕地，占比较高，占全省耕地面积的32.08%，且在各地市均有较多分布，其中温州市最多，有9.79万 hm^2，占本市耕地面积的37.91%，占全省耕地面积的5.10%；其次是嘉兴市，面积为8.44万 hm^2，占本市耕地面积的43.09%，占全省耕地面积的4.39%；而舟山市分布最少，只有5 400hm^2，但占本市耕地面积的22.25%；其他各区均有超过2万 hm^2的分布。

土壤有机质含量为20～30g/kg的耕地，占全省耕地面积的42.20%，占比最大，在各区都有较多分布，以金华市分布最多，有15.96万 hm^2，占本市耕地面积的69.21%，占全省耕地面积的8.31%；其次是温州市，面积为11.57万 hm^2，占本市耕地面积的44.78%，占全省耕地面积的6.02%；舟山市最少，面积为1.81万 hm^2，占全省耕地面积不到1%，但占本市耕地面积的71.58%，也就是说舟山市的大部分耕地有机质含量在20～30g/kg；其他各区均有不少分布，面积在4.68万～8.11万 hm^2，占比在2.43%～4.22%。

土壤有机质含量为10～20g/kg的耕地，占比相对较小，为15.14%。其中嘉兴市、金华市、杭州市分别有5.23万 hm^2、4.52万 hm^2、4.24万 hm^2，占全省耕地面积比例均大于

2.0%；其次是宁波市、台州市、衢州市、绍兴市，面积超过2万 hm^2，全省占比超过1.0%。其他各市有少量分布，占全省耕地面积比例均在1.0%以下。

土壤有机质含量小于10g/kg的耕地，占比非常小，只有0.74%，主要分布在宁波市，面积为7 500 hm^2，占本市耕地面积的3.79%，占全省耕地面积的0.39%；其次杭州市有2 200 hm^2，占本市耕地面积的1.12%，占全省耕地面积的0.11%；绍兴市、嘉兴市、金华市，有1 500 hm^2、1 400 hm^2、1 300 hm^2，占全省耕地面积的0.8%、0.7%、0.7%；衢州市、台州市和温州市有极少分布，其他市则没有发现。

四、土壤有机质调控

有机质在土壤中存在矿质化和腐殖质化两个主要的生物化学过程，前者是有机质中养分的释放过程，后者是有机质（腐殖质）形成和积累的过程。因此，通常土壤有机质含量并不总是不变的，而是在一定空间和时间上存在变化或波动，并形成某种水平的平衡。影响耕地土壤有机质矿质化和腐殖质化的因素很多，主要为有机质的碳氮比和物理状态、土壤水热状况、土壤通气状况、土壤质地和土壤酸碱性等。除此之外，农业管理是影响耕地土壤有机质转化循环的另一个最为重要的因素，它通过改变土壤有机质的循环过程和反应强度，最终影响有机质的平衡水平。就浙江省而言，耕层有机质含量处于四级（10~15g/kg）及以下的土壤，总体占的比例不大，主要分布在嘉兴的桐乡、秀洲、海宁地区，台州的天台、仙居地区，杭州的萧山、宁波的慈溪、温州的乐清和金华的义乌地区，在生产中应注重土壤有机质的提升，主要有以下路径。

（一）因地制宜加大有机肥料投入

1.种植绿肥

种植绿肥可为土壤提供丰富的有机物质和氮、磷、钾等养分，改善农业生态环境及土壤的理化性状，提高土壤有机质含量。浙江省域四个农业二级区自然条件与种植制度均适宜多品种、多途径发展绿肥，实现综合利用，促进用地与养地相结合。如单季稻（双季稻）冬闲田区，大力发展紫云英、黑麦草、蚕（豌）豆等冬绿肥；单季稻—蔬菜区，实行绿色蔬菜残余物翻压还田；果园套种三叶草、紫云英和蚕（豌）豆等多种经济绿肥。多年试验资料显示：绿肥生物量大，有机物质含量丰富，一般为10%~20%，易腐烂分解，可不断地更新土壤腐殖质。亩翻耕鲜紫云英1 500kg，当年土壤有机质含量可增加2g/kg以上。一般在耕地地力较高的田块，绿肥可起到维持土壤有机质水平的作用；而在耕地质量差的田块，绿肥翻压则能明显提升土壤有机质含量。

2.秸秆还田

秸秆中含有大量的有机物质、氮磷钾和微量元素，将其归还于土壤中，可以提高土壤有机质含量、改善土壤理化性状，具有蓄水保墒、培肥地力、改善农业生态环境和提高农业综合生产能力，是增加土壤有机质和提高作物产量的一项有效措施。浙江种植制度复杂，秸秆直接还田呈多样化。如单季稻—麦（油）或单季稻—蔬菜区域，水稻秸秆全量覆盖冬麦（油菜）或蔬菜、麦（油菜）秸秆覆盖或墒沟埋草还田作单季稻基肥；稻—稻—冬季（空闲田）区，早稻秸秆机耕粉碎还田，晚稻秸秆整草还田等。根据不同农区机械化程度、种植方式、田间设施和气候条件等，宜推行机械粉碎深翻还田、果园枝条腐熟还田技术等。一般禾本科作物秸秆含纤维素、木质素较多，应适当加入一些含氮量高的腐熟有机肥或化学氮肥，调节碳氮比以加速有机质的转化。禾本科作物秸秆腐殖化作用比豆科植物进行慢，但能形成较多的腐殖质。田间试验结果显示：年秸秆还田450kg/亩，土壤有机质年均提升0.45%～8.55%，平均提升3.09%。并随着秸秆还田年限的增加，土壤有机质含量逐年提高，年均递增0.7g/kg以上。

3.增施农家肥和商品有机肥

充分利用各种畜禽粪便堆沤腐熟制成有机肥料，增加耕地有机肥投入，既可促进农业废弃资源的循环利用，又可提升土壤有机质含量水平，可谓一举两得。浙江省以往素有积制、施用厩肥等农家肥的习惯，但在20世纪80年代后逐年减少。近年来，随着畜禽规模养殖场的快速发展，各地普遍出台商品有机肥施用补贴政策，养殖废弃物资源化利用率较高。不同原料的商品有机肥量或农家肥施用效果差异较大，不同种植制度中，商品有机肥优先施用在菜园、果园、茶园和新垦耕地区域，对于季节茬口紧、秸秆直接还田难、绿肥种植少的水田区域，也应提倡施用农家肥或商品有机肥。当前应进一步改进有机肥积制方法和商品化工艺技术，重视发展生物有机肥和有机无机复混肥深加工，提高工效，减少损失，增进肥效，以提高农民施用的积极性。

（二）土壤改良和科学施肥

土壤有机质的积累除了与有机物质投入量有关外，还需要有一个良好的土壤环境。土壤过酸、过碱、盐分过多、结构不良都会影响土壤中微生物的活动，从而影响土壤有机质的提升。因此，在开展耕地土壤有机质的提升时，也应同时做好土壤改良工作，通过灌排、耕作等措施，改善土壤水、气、热状况，从而达到促进或调节土壤有机质转化的效果。合理的耕作，如翻耕结合施用有机肥料、冬季深翻晒垡等，既可加厚耕作层，改善土壤结构和耕性，降低土壤容重，增强土壤通透性，又可调节土壤固、液、气三相物质比例，使土肥水相融，促进微生物的活动，改善作物的环境条件，加速土壤熟化，实现土壤有机质良性循环。测土配方施肥技术强调有机、无机相结合，在合理施用有机肥的基础上，确定氮磷钾以及其他中微量元素的合理施肥量及施用方法，以满足作物均衡吸收各种营养，维持耕地质量水平，在达到优质、高效、高产的同时，相应增加了生物产量，从而增加了根系及地上部分以还田方式进入土壤的有机物质量以及归还土壤的养分数量，促进土壤中碳、氮的良性循环，达到有机与无机养分平衡、维护或提高土壤有机质的目的。

（三）合理轮作与用养结合

浙江农作物复种指数较高，土壤基础产出多半处于较高的水平，投入不足或种植不当会使部分土壤有机质含量降低，耕地质量下降。合理的耕作和轮作，既能调节进入土壤中的有机质种类、数量及其在不同深度土层中的分布，又能调节有机质转化的水、气、热条件，控制转化方向和强度。合理轮作倒茬应遵循充分用地并积极养地、用养结合的原则，既要考虑茬口特性，又要考虑作物特性，合理搭配耗地作物（如水稻、小麦、玉米）、自养作物（豆科粮油蔬菜）、养地作物（草木樨、紫云英等绿肥）。如粮食与经济等大田作物2～3年轮种一茬绿肥作物。豆科作物与粮棉作物轮作，用豆类作物代替绿肥解决粮肥争地的矛盾。大田作物间种蚕豆、豌豆等。水稻与油菜、瓜果蔬菜水旱轮作，使土壤处于好气和嫌气分解交替进行状态，有利于土壤腐殖质的形成，并改善土壤通气状况和土壤结构。实行合理轮作、间作制度，调整种植结构，做到用地与养地相结合，不仅可以保持和提高土壤有机质含量，而且还能改善农产品品质，对促进农业可持续发展，具有重要的意义。此外，冬季增加地表覆盖度（或种植绿肥），推行少耕免耕、推行旱地灌溉、控制水土流失也可降低土壤有机质的降解、促进土壤有机质的提升。

土壤有机质的积累是一个长期、逐渐缓进的过程，大量、连续秸秆还田并不能无限提高土壤有机质含量，绿肥翻压也会引起激发效应，其积累在某一阶段通常存在一个最大的保持容量（饱和水平），因此土壤有机质提升应遵循生态平衡和经济有效的原则。由于土壤性状、环境条件、耕作利用方式的差异，不同地区、不同土壤的有机质积累潜力会有很大的差异，故在培肥土壤时必须加强耕地质量的长期、定位监测，根据变化态势及时调整培肥方案，从而实现对耕地质量的动态管理。

第二节　土壤全氮

氮是构成植物活体结构物质和生活物质的主要元素，是植物体所有蛋白质（包括所有的酶）、氨基酸、核酸和叶绿素的重要组成部分，是植物生长必需的营养“三要素”之一，占植物干重的0.3%～5%。氮素是叶绿素的组成成分，也是植物体内许多酶、维生素和能量系统的组成部分，因而对植物生长发育的影响十分明显。当植株缺氮时，蛋白质等含氮物质的合成过程明显下降，而当氮素供应过多时，往往导致作物氮素的过量吸收，植株组织柔软多汁，植株徒长，叶片软披，容易倒伏和发生病虫害。在作物生产中，作物对氮的需求量较大，土壤供氮不足是农产品产量下降和品质降低的主要诱因。同时氮素肥料施用过剩会造成周边水体富营化、地下水硝态积累和毒害等。土壤中的氮的来源主要有3条途径：一是大气中分子氮的生物固定，二是雨水和灌溉水带入的氮，三是施用有机肥和化学肥料。土壤中氮的损失主要有两个途径：一是淋洗损失，如硝酸盐的淋失；二是气体损失，反硝化作用和氨挥发。土壤中各种形态的氮素也一直处在动态变化之中，主要包括以下几个方面：有机氮的矿化、铵的硝化、无机态氮的固定、铵离子的矿物固定等。

一、浙江省耕地土壤全氮含量空间差异

根据省级汇总评价7 311个耕层土样化验分析结果，浙江省耕层土壤全氮平均含量为1.39g/kg，变化范围为0.1～9.6g/kg。根据浙江省土壤养分指标分级标准（表5-1），耕层全氮含量在一级至六级的点位占比分别为12%、15%、20%、18%、9%和26%（图5-9A）。

全省六大农业功能区中，浙西北生态型绿色农业区耕地土壤全氮含量最高，平均为2.1g/kg，在0.4～9.6g/kg之间变动；其次是浙东北都市型、外向型农业区、沿海岛屿蓝色渔（农）业区和浙东南沿海城郊型、外向型农业区，平均分别为2.0g/kg、1.9g/kg和1.8g/kg，变动范围分别为0.1～8.1g/kg、0.7～2.9g/kg和0.1～5.8g/kg；浙西南生态型绿色农业区略低，含量平均为1.5g/kg，变动范围为0.1～3.7g/kg；浙中盆地丘陵综合型特色农业区的土壤全氮含量最低，平均为1.4g/kg，变动范围为0.1～5.2g/kg（图5-9B）。

11个地级市中，以杭州市、湖州市耕地土壤全氮含量最高，平均皆为2.1g/kg，变动范围分别为0.4～9.6g/kg和0.1～8.1g/kg；宁波市次之，平均2.0g/kg，变动范围为0.1～5.3g/kg；湖州市、嘉兴市、舟山市和台州市，平均含量均为1.7g/kg，变动范围为0.1～8.1g/kg、0.3～3.8g/kg、0.7～2.3g/kg和0.2～5.8g/kg；金华市和丽水市最低，平均含量均为1.5g/kg，变动范围为0.2～4.3g/kg和0.1～3.6g/kg；其余两市平均含量均为1.6g/kg（图5-9C）。

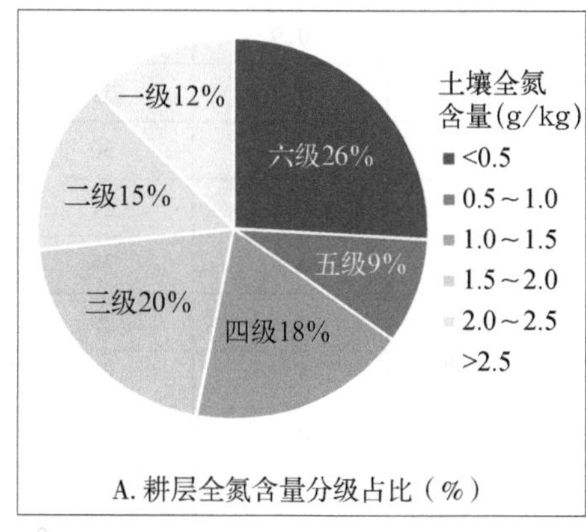

A. 耕层全氮含量分级占比（%）

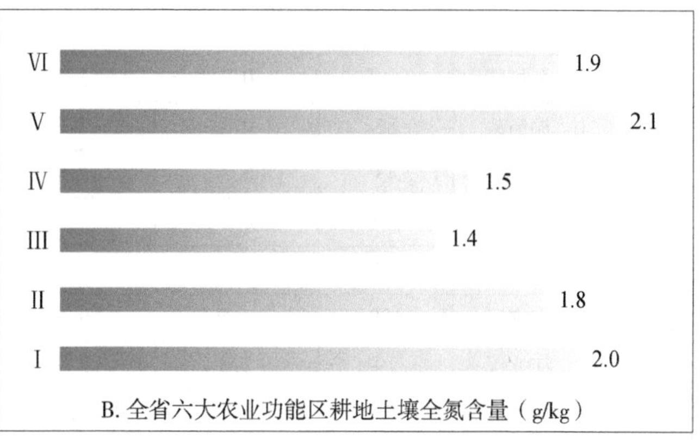

B. 全省六大农业功能区耕地土壤全氮含量（g/kg）

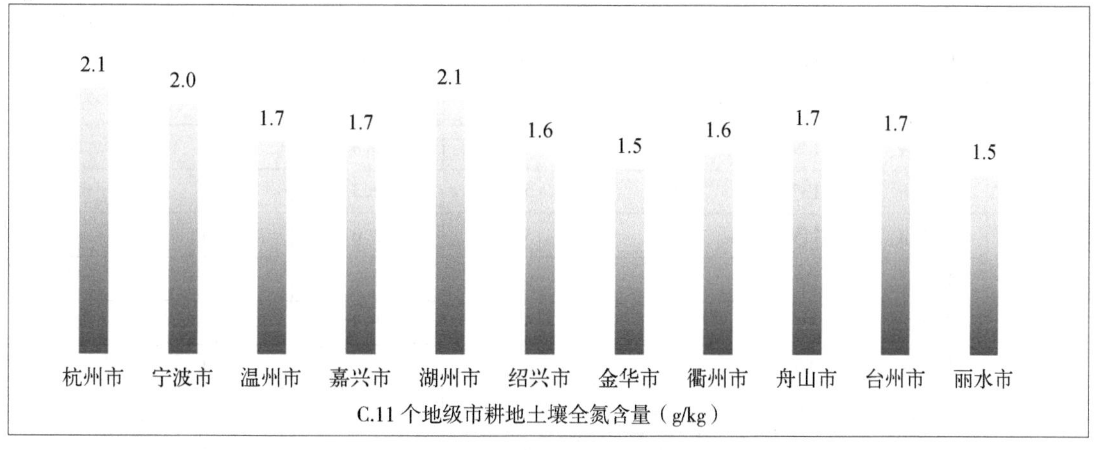

C.11 个地级市耕地土壤全氮含量（g/kg）

图5-9　浙江省耕层土壤全氮含量分布情况

Ⅰ—浙东北都市型、外向型农业区　Ⅳ—浙西南生态型绿色农业区
Ⅱ—浙东南沿海城郊型、外向型农业区　Ⅴ—浙西北生态型绿色农业区
Ⅲ—浙中盆地丘陵综合型特色农业区　Ⅵ—沿海岛屿蓝色渔（农）业区

全省各县（市、区）中，杭州市临安区耕地土壤全氮含量最高，平均含量高达4.2g/kg；其次是湖州市吴兴区，平均3.4g/kg。杭州市滨江区相对较低，平均0.8g/kg；宁波市镇海区和奉化区、诸暨市、龙泉市最低，平均含量均为0.2g/kg；杭州市江干区、宁波市鄞州区，均没有检测到土壤全氮；其他各县（市、区）均大于1.0g/kg。全氮含量变异系数以宁波市镇海区最高，为271%，乐清市次之，为119%；宁波市江北区和舟山市定海区变异系数较低，分别为7%、9%；杭州市滨江区变异系数最低，为5%。其他各县（市、区）变异系数均高于10%（表5-5）。

表5-5　浙江省各县（市、区）耕地土壤全氮含量

区域		点位数（个）	最小值（g/kg）	最大值（g/kg）	平均值（g/kg）	标准差（g/kg）	变异系数（%）
杭州市	江干区	6	0	0	0	0	—
	西湖区	8	1.3	2.7	2.1	0.5	24
	滨江区	3	0.8	0.9	0.8	0	5
	萧山区	124	0.4	4.3	1.5	0.9	59
	余杭区	113	0.7	3.9	2.2	0.7	31
	桐庐县	85	0.7	2.8	1.7	0.5	30
	淳安县	43	0.8	2.8	1.6	0.4	27
	建德市	108	0.8	3.5	1.9	0.5	24
	富阳区	102	0.7	3.3	1.9	0.5	29
	临安区	100	0.6	9.6	4.2	2.1	50
宁波市	江北区	19	2.8	3.3	3.0	0.2	7
	北仑区	55	1.7	3.0	2.3	0.4	18
	镇海区	23	0.1	3.1	0.2	0.6	271
	鄞州区	115	0	0	0	0	—
	象山县	77	0.7	4.0	2.1	0.6	27
	宁海县	139	0.3	3.2	1.8	0.5	26
	余姚市	137	0.1	5.3	2.3	1.1	47
	慈溪市	119	0.7	3.4	2.0	1.0	48
	奉化区	86	0.2	0.5	0.2	0.1	31
温州市	鹿城区	19	0.9	3.5	1.8	0.7	37
	龙湾区	16	0.2	4.5	1.9	0.9	45
	瓯海区	36	1.0	3.8	2.3	0.7	33
	洞头区	4	2.0	2.9	2.5	0.4	15
	永嘉县	193	0.7	3.7	1.9	0.6	32
	平阳县	123	0.4	3.3	1.7	0.5	32
	苍南县	124	0.3	2.8	1.7	0.4	26
	文成县	117	0.4	3.1	1.3	0.5	36
	泰顺县	143	0.3	3.1	1.6	0.5	30
	瑞安市	109	0.8	3.8	2.0	0.7	35
	乐清市	106	0.1	4.8	1.3	1.6	119
嘉兴市	南湖区	69	0.7	3.1	2.2	0.4	18
	秀洲区	106	0.7	3.7	2.0	0.8	38
	嘉善县	113	0.9	3.5	2.1	0.4	19

（续表）

区域		点位数（个）	最小值（g/kg）	最大值（g/kg）	平均值（g/kg）	标准差（g/kg）	变异系数（%）
嘉兴市	海盐县	99	0.7	3.8	1.8	0.6	33
	海宁市	133	0.3	2.6	1.2	0.6	50
	平湖市	104	0.6	2.9	1.8	0.5	29
	桐乡市	137	0.3	2.7	1.2	0.4	35
湖州市	吴兴区	75	0.6	8.1	3.4	2.0	59
	南浔区	140	0.6	3.3	2.0	0.6	32
	德清县	100	0.1	4.0	1.8	0.8	43
	长兴县	170	1.0	3.0	1.6	0.4	22
	安吉县	154	0.4	3.3	1.7	0.5	29
绍兴市	越城区	48	0.8	4.3	2.5	0.7	30
	柯桥区	74	0.1	6.0	2.8	1.2	43
	上虞区	128	0.5	3.7	2.1	0.9	43
	新昌县	104	0.6	4.0	2.1	0.6	30
	诸暨市	208	0.1	0.4	0.2	0.1	27
	嵊州市	152	0.7	4.1	1.9	0.5	26
金华市	婺城区	103	0.3	2.3	1.3	0.5	35
	金东区	66	0.2	2.4	1.3	0.5	40
	武义县	89	0.2	2.8	1.6	0.6	35
	浦江县	64	0.7	2.1	1.3	0.3	25
	磐安县	60	0.5	2.2	1.4	0.3	25
	兰溪市	129	0.5	3.0	1.7	0.5	30
	义乌市	91	0.4	4.3	1.5	0.9	57
	东阳市	129	0.7	2.4	1.4	0.3	25
	永康市	91	1.0	3.9	2.2	0.6	30
衢州市	柯城区	21	0.6	1.7	1.0	0.3	32
	衢江区	90	0.1	3.5	1.5	0.6	41
	常山县	65	0.2	5.2	1.6	0.7	43
	开化县	77	0.5	3.3	1.9	0.5	28
	龙游县	120	0.7	3.6	1.6	0.8	47
	江山市	170	0.4	3.8	1.6	0.6	38
舟山市	定海区	28	1.5	1.6	1.5	0.1	9
	普陀区	22	0.7	2.1	1.7	0.6	37
	岱山县	13	1.1	2.3	1.8	0.4	22

（续表）

区域		点位数（个）	最小值（g/kg）	最大值（g/kg）	平均值（g/kg）	标准差（g/kg）	变异系数（%）
台州市	椒江区	34	0.9	3.2	2.0	0.7	34
	黄岩区	39	0.9	5.8	2.7	0.8	31
	路桥区	45	0.6	3.7	2.3	0.9	38
	玉环县	28	1.7	2.5	2.1	0.3	14
	三门县	80	0.6	2.4	1.5	0.4	28
	天台县	102	0.3	3.4	1.2	0.5	44
	仙居县	108	0.2	3.2	1.4	0.6	40
	温岭市	118	0.5	3.3	1.9	0.7	36
	临海市	136	0.4	3.7	1.7	0.7	41
丽水市	莲都区	36	0.2	2.3	1.2	0.8	66
	青田县	102	0.1	3.1	1.1	1.0	93
	缙云县	66	0.5	2.9	2.1	0.5	23
	遂昌县	72	1.0	3.6	1.9	0.9	48
	松阳县	77	1.2	3.3	1.8	0.5	26
	云和县	31	1.5	3.5	2.0	0.5	25
	庆元县	75	1.0	2.2	1.2	0.3	26
	景宁县	65	1.6	2.5	1.9	0.4	20
	龙泉市	103	0.1	0.3	0.2	0	28

二、不同类型耕地土壤全氮含量及其影响因素

（一）主要土类的全氮含量

1.各土类的全氮含量差异

浙江省主要土壤类型耕地全氮平均含量从高到低依次为：基性盐土、石灰（岩）土、黄壤、水稻土、红壤、粗骨土、紫色土、潮土和滨海盐土。其中基性岩土、石灰（岩）土全氮含量最高，平均含量均为2.0g/kg，变动范围为1.4～3.3g/kg和0.1～7.5g/kg；黄壤、水稻土和红壤次之，平均含量均为1.4g/kg，变动范围为0.1～9.6g/kg；第三层次是粗骨土、紫色土和潮土，平均含量均大于1.0g/kg，变动范围为0.1～6.7g/kg；滨海盐土最低，平均含量为0.8g/kg，变动范围为0.4～2.9g/kg（图5-10）。

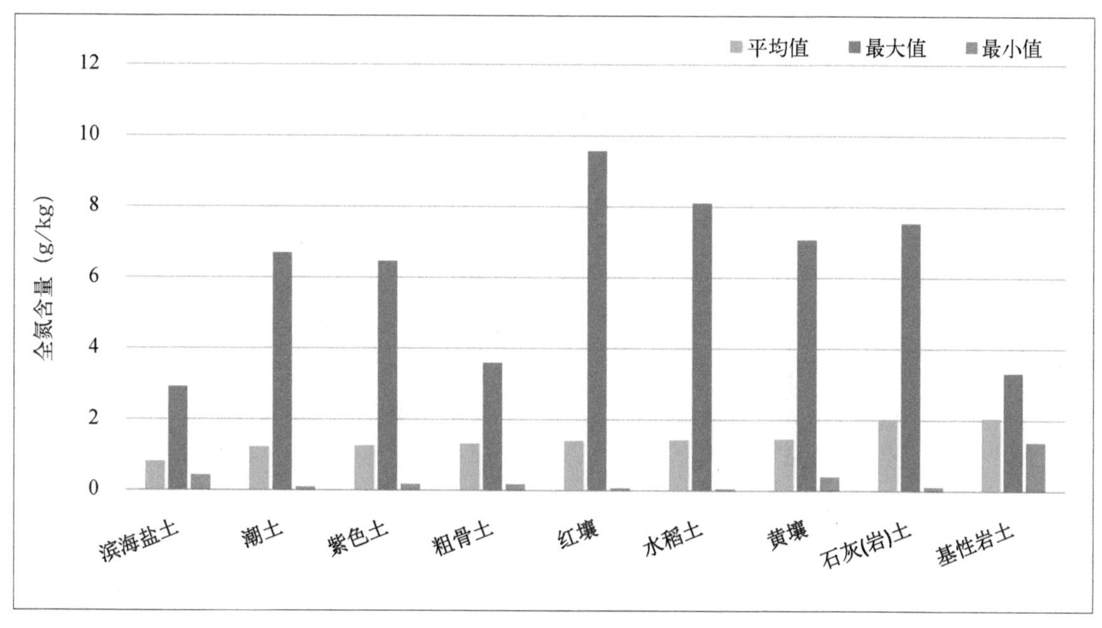

图5-10　浙江省不同土类耕地土壤全氮含量

2.主要土类的土壤全氮含量在农业功能区间的差异

同一土类土壤的全氮平均含量在不同农业功能区也有差异，见图5-11。

水稻土全氮平均含量以浙东北都市型、外向型农业区最高，为1.8g/kg，浙东南沿海城郊型、外向型农业区和浙西北生态型绿色农业区次之，均为1.5g/kg，浙中盆地丘陵综合型特色农业区、浙西南生态型绿色农业区再次之，均为1.1g/kg，沿海岛屿蓝色渔（农）业区最低，为0.5g/kg。

黄壤全氮平均含量以浙西北生态型绿色农业区最高，为3.6g/kg，浙东南沿海城郊型、外向型农业区次之，为1.7g/kg，其他各区小于1.5g/kg，变动范围为1.1~1.5g/kg，其中沿海岛屿蓝色渔（农）业区没有采集到黄壤。

紫色土全氮平均含量在浙西北生态型绿色农业区最高，为1.8g/kg，其他各区变动范围为1.0~1.4g/kg，其中浙东北都市型、外向型农业区和沿海岛屿蓝色渔（农）业区没有采集到紫色土。

粗骨土全氮平均含量以浙东南沿海城郊型、外向型农业区最高，为1.6g/kg，浙中盆地丘陵综合型特色农业区、浙西南生态型绿色农业区、浙西北生态型绿色农业区次之，变动范围为1.3~1.5g/kg，浙东北都市型、外向型农业区最低，为0.8g/kg，其中沿海岛屿蓝色渔（农）业区采集到的粗骨土没有检测出全氮。

潮土全氮平均含量在浙东北都市型、外向型农业区和浙东南沿海城郊型、外向型农业区最高，为1.3g/kg，浙中盆地丘陵综合型特色农业区次之，仅有1.2g/kg，其他各区均小于1.0g/kg，变动范围为0.4~1.0g/kg，沿海岛屿蓝色渔（农）业区最低，为0.4g/kg。

滨海盐土分布在浙东北都市型、外向型农业区，浙东南沿海城郊型、外向型农业区和沿海岛屿蓝色渔（农）业区，土壤全氮平均含量以浙东南沿海城郊型、外向型农业区最高，为1.2g/kg，其他两区均为0.7g/kg。

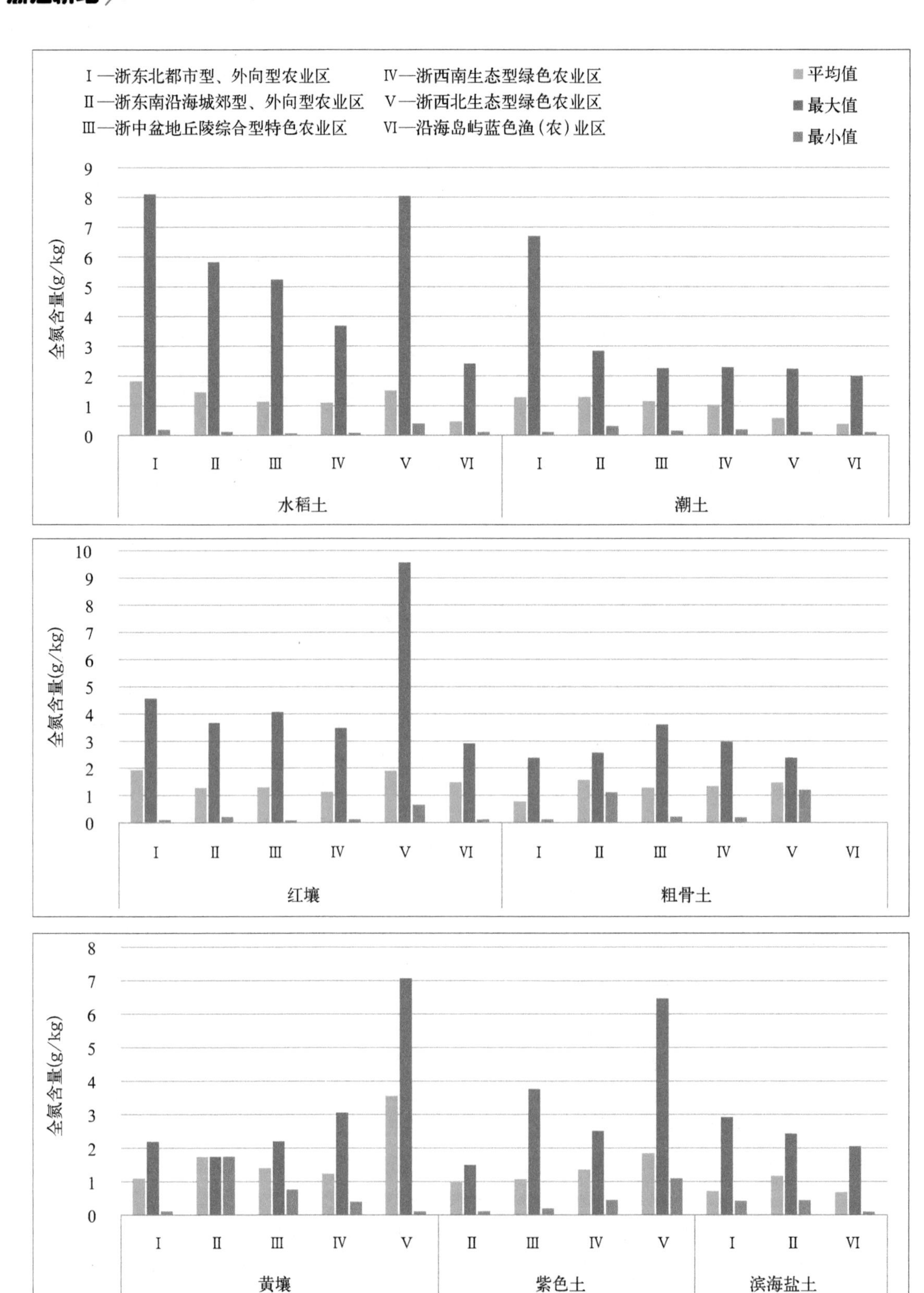

图5-11 浙江省主要土类耕地土壤全氮含量在不同农业功能区的差异

红壤平均全氮含量在浙东北都市型、外向型农业区和浙西北生态型绿色农业区最高，达1.9g/kg，其余各分区差异不大，变动范围为1.1～1.5g/kg。

（二）主要亚类的全氮含量

饱和红壤全氮含量最高，达2.8g/kg；基性岩土、棕色石灰土次之，为2.0g/kg；脱潜水稻土、黑色石灰土、潮滩盐土也较高，均大于1.5g/kg，分别为1.8g/kg、1.8g/kg和1.7g/kg；棕红壤平均含量最低，小于0.5g/kg，为0.4g/kg；棕红壤平均含量较低，为0.8g/kg；其他各亚类均大于1.0g/kg，在1.2～1.5g/kg之间（表5-6）。

变异系数以棕红壤最高（饱和红壤、潮滩盐土、黑色石灰土样点数为2，未统计变异系数），为174%；红壤性土次之，为110%；棕色石灰土、黄壤、酸性紫色土、淹育水稻土、灰潮土5个亚类的变异系数高于80%；基性岩土最低，低于30%，为29%；其他各亚类变异系数在60%~79%之间。

表5-6 浙江省主要亚类耕地土壤全氮含量

亚类	样点数（个）	最小值（g/kg）	最大值（g/kg）	平均值（g/kg）	标准差（g/kg）	变异系数（%）
潴育水稻土	2 391	0.1	8.0	1.4	1.1	78
渗育水稻土	1 109	0.1	8.1	1.4	1.1	74
脱潜水稻土	833	0.1	6.0	1.8	1.2	63
淹育水稻土	749	0.1	8.0	1.2	1.0	85
潜育水稻土	104	0.1	4.0	1.5	1.1	72
黄红壤	780	0.1	7.4	1.4	1.1	78
红壤	152	0.1	5.4	1.3	1.0	79
红壤性土	68	0.1	9.6	1.3	1.5	110
棕红壤	14	0.1	2.3	0.4	0.8	174
饱和红壤	2	2.7	2.9	2.8	0.2	—
黄壤	122	0.4	7.1	1.4	1.3	86
石灰性紫色土	70	0.2	3.8	1.3	0.8	60
酸性紫色土	59	0.2	6.5	1.3	1.1	85
酸性粗骨土	178	0.2	3.6	1.3	0.9	66
灰潮土	491	0.1	6.7	1.2	1.0	80
滨海盐土	149	0.4	2.9	0.8	0.6	76
潮滩盐土	2	1.2	2.3	1.7	0.8	—
黑色石灰土	2	1.7	1.9	1.8	0.1	—
棕色石灰土	26	0.1	7.5	2.0	1.8	88
基性岩土	10	1.4	3.3	2.0	0.6	29

（三）地貌类型与土壤全氮含量

不同地貌类型间，水网平原土壤全氮含量最高，平均1.7g/kg；其次是河谷平原、高丘和低丘，其平均含量分别为1.5g/kg、1.3g/kg和1.3g/kg；再者是中山和滨海平原，其平均含量均为1.0g/kg；而平均含量最低的是低山，为0.9g/kg。变异系数以低山最大，为141%；滨海平原、低丘、高丘次之，分别为90%、88%和74%；在其他地貌类型中，变异系数在63%~67%之间（图5-12）。

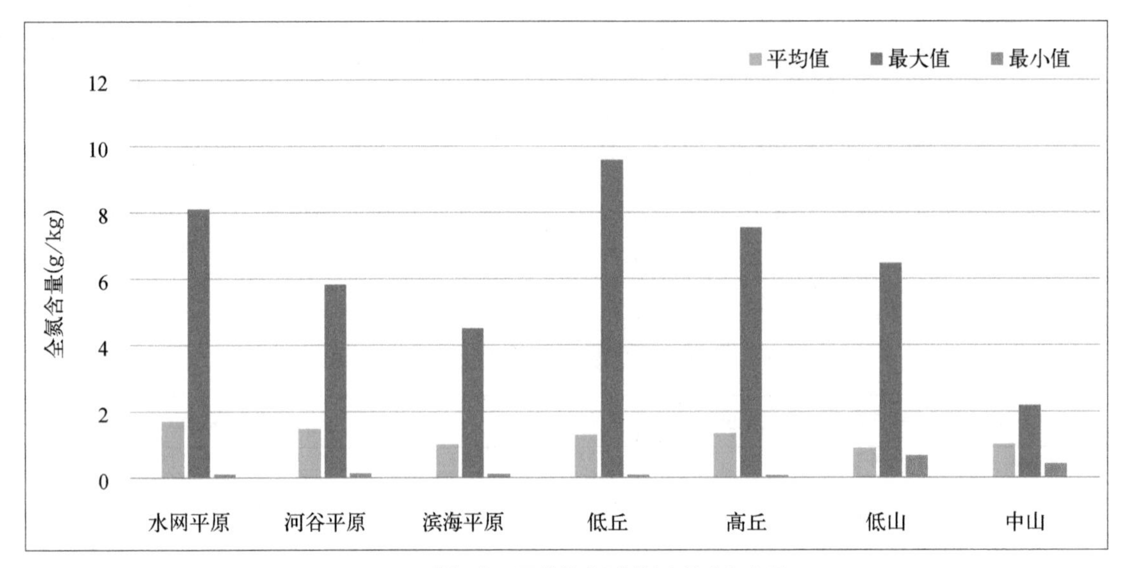

图5-12　浙江省不同地貌类型耕地土壤全氮含量

（四）土壤质地与土壤全氮含量

浙江省的不同土壤质地中，砂土、砂壤、轻壤、中壤、重壤、黏土的全氮含量平均值依次为1.08g/kg、1.43g/kg、1.41g/kg、1.40g/kg、1.45g/kg、1.39g/kg（图5-13）。

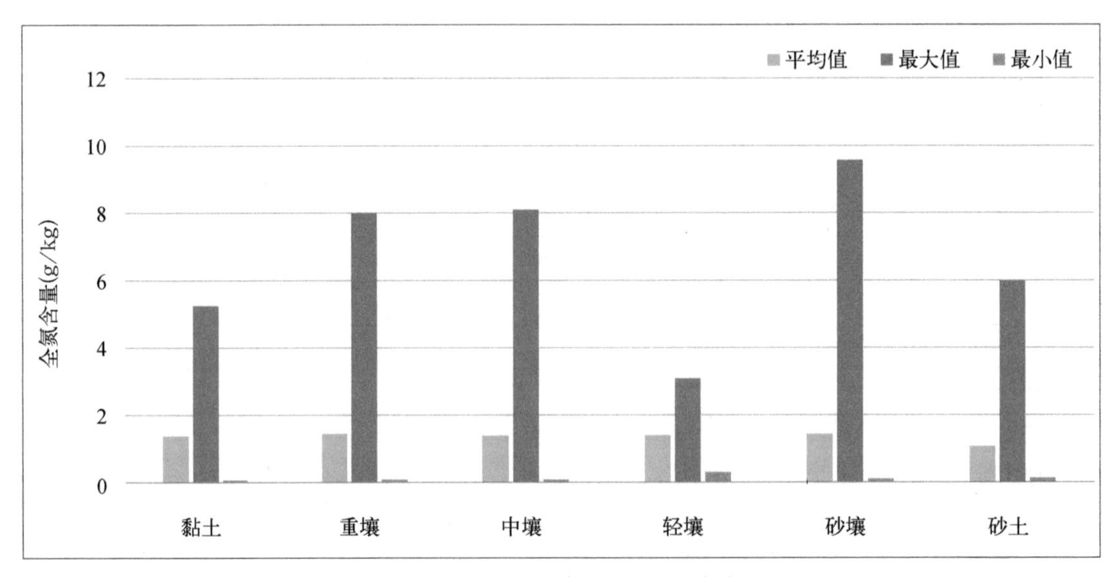

图5-13　浙江省不同质地耕地土壤全氮含量

三、土壤全氮分级面积与分布

（一）土壤全氮含量分级面积

根据浙江省域土壤全氮含量状况，参照浙江省土壤养分指标分级标准（表5-1），将土壤全氮含量划分为6级。全区耕地土壤全氮含量分级面积占比如图5-14所示。

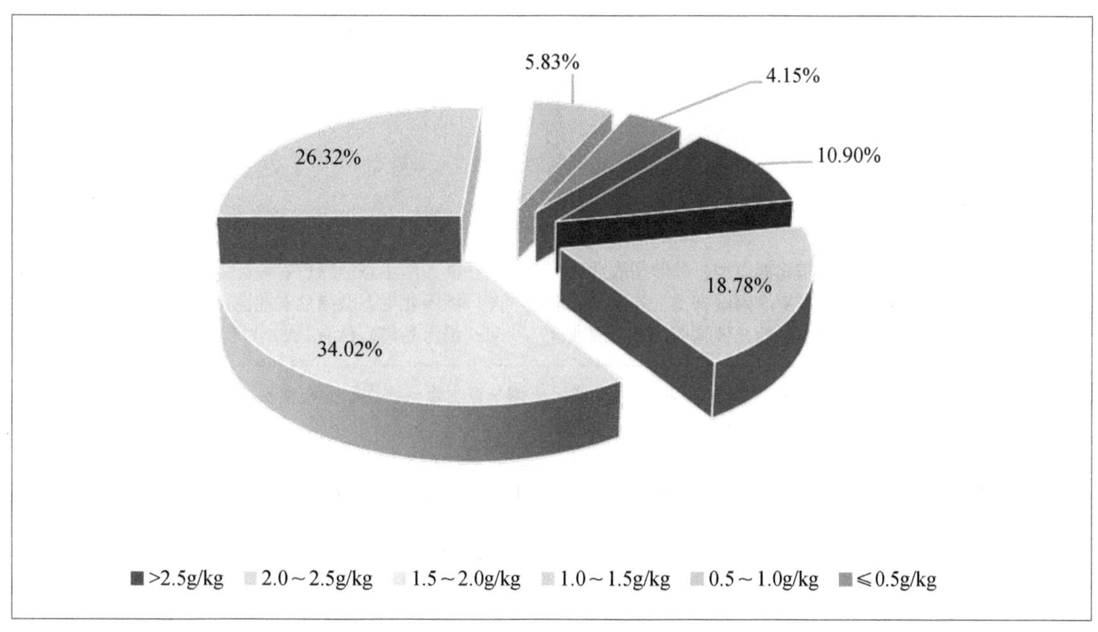

图5-14 浙江省耕地土壤全氮含量分级面积占比

土壤全氮含量大于2.5g/kg的耕地共20.93万 hm^2，占全省耕地面积的10.9%；土壤全氮含量在2.0～2.5g/kg的耕地共36.08万 hm^2，占全省耕地面积的18.78%；土壤全氮含量在1.5～2.0g/kg的耕地共65.35万 hm^2，占全省耕地面积的34.02%，占比最高的；土壤全氮含量在1.0～1.5g/kg的耕地共50.55万 hm^2，占全省耕地面积的26.32%；土壤全氮高于1.0g/kg的前4级耕地面积共172.91万 hm^2，占全省耕地面积的90.0%。土壤全氮含量在0.5～1.0g/kg的耕地共11.2万 hm^2，占全省耕地面积的5.83%；土壤全氮含量小于0.5g/kg的耕地面积较少，为7.98万 hm^2，仅占全省耕地面积的4.15%。可见，浙江省耕地土壤全氮含量总体较高，以中等偏上水平为主。

（二）土壤全氮含量地域分布特征

在不同的农业功能区其土壤全氮含量有差异（图5-15、图5-16）。

土壤全氮含量大于2.5g/kg的耕地主要分布在浙东北都市型、外向型农业区，面积为12.48万 hm^2，占全省耕地面积的6.50%；其次是浙东南沿海城郊型、外向型农业区和浙西北生态型绿色农业区，面积分别为4.11万 hm^2、2.43万 hm^2，分别占全省耕地面积的2.14%和1.27%；再次是浙中盆地丘陵综合型特色农业区，面积为1.20万 hm^2；浙西南生态型绿色农业区有6 800 hm^2，占全省耕地面积的0.35%；沿海岛屿蓝色渔（农）业区最少，只有300 hm^2。

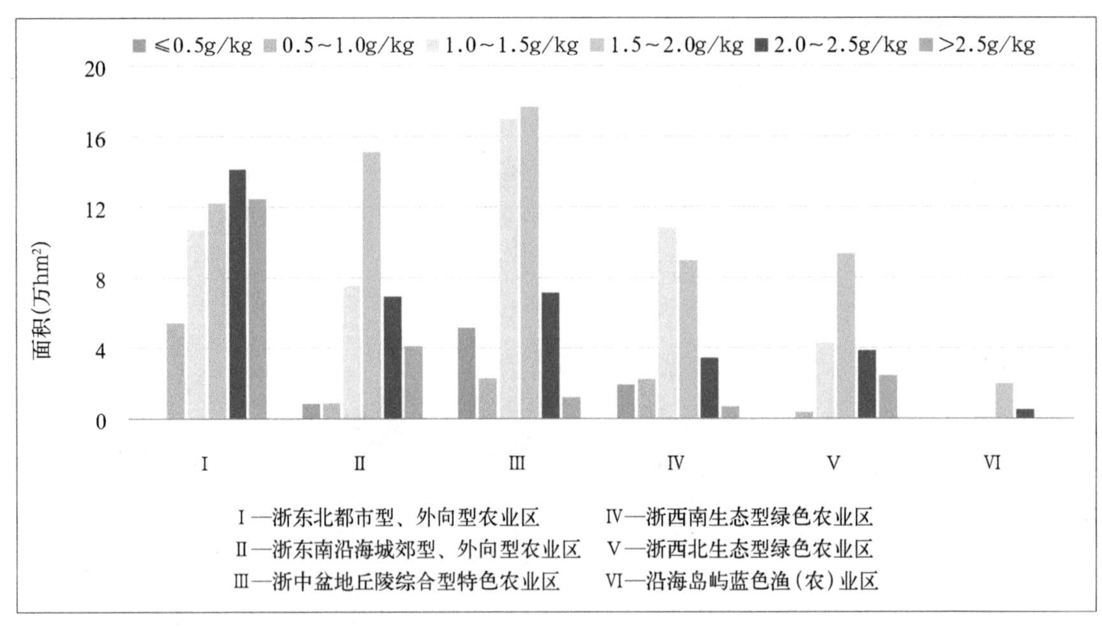

图5-15 浙江省不同农业功能区土壤全氮含量分级面积分布情况

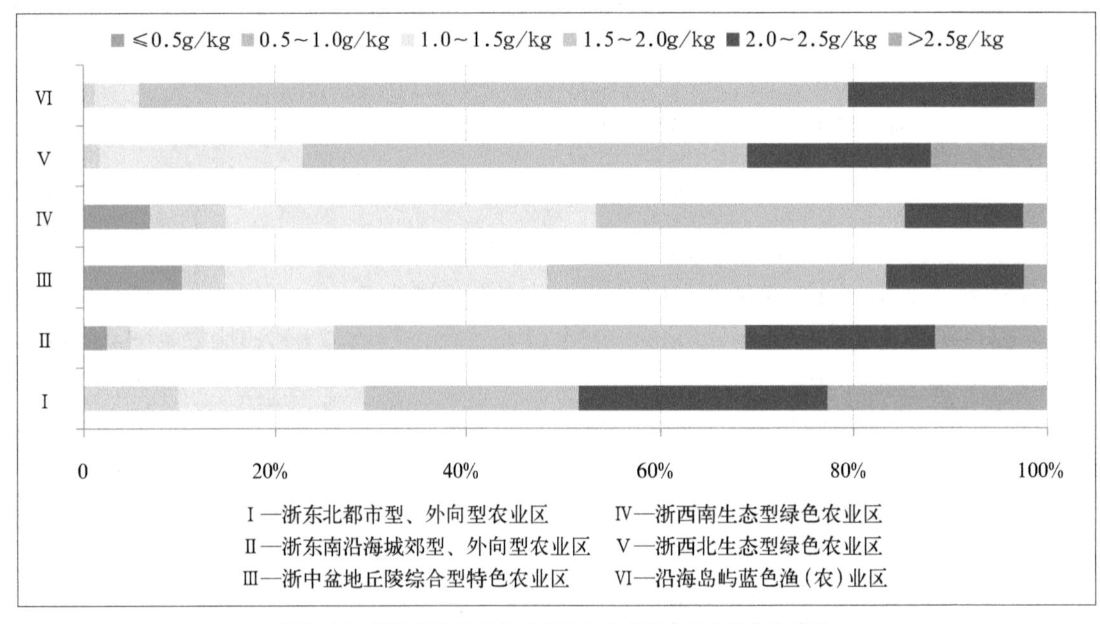

图5-16 浙江省不同农业功能区土壤全氮含量分级占比情况

土壤全氮含量2.0~2.5g/kg的耕地主要分布在浙东北都市型、外向型农业区，面积为14.16万 hm²，占全省耕地面积的7.37%；其次是浙中盆地丘陵综合型特色农业区和浙东南沿海城郊型、外向型农业区，面积分别为7.17万 hm²、6.95万 hm²，分别占全省耕地面积的3.73%、3.62%；再次是浙西北生态型绿色农业区和浙西南生态型绿色农业区，面积分别为3.84万 hm²、3.44万 hm²，分别占全省耕地面积的2.00%、1.79%；沿海岛屿蓝色渔（农）业区最少，只有5 200hm²。

土壤全氮含量为1.5～2.0g/kg的耕地，在浙中盆地丘陵综合型特色农业区分布最多，面积为17.7万 hm²，占全省耕地面积的9.21%；其次是浙东南沿海城郊型、外向型农业区，面积为15.13万 hm²，占全省耕地面积的7.88%；然后是浙东北都市型、外向型农业区，面积为12.22万 hm²，占全省耕地面积的6.86%；浙西北生态型绿色农业区和浙西南生态型绿色农业区分别有9.34万 hm²、8.97万 hm²，分别占全省耕地面积的4.86%、4.67%；沿海岛屿蓝色渔（农）业区最少，面积为1.99万 hm²，仅占全省耕地面积的1.04%。

土壤全氮含量为1.0～1.5g/kg的耕地主要分布在浙中盆地丘陵综合型特色农业区，面积达17.01万 hm²，占全省耕地面积的8.86%；其次是浙西南生态型绿色农业区和浙东北都市型、外向型农业区，面积分别为10.84万hm²、10.74万hm²，分别占全省耕地面积的5.64%、5.59%；再次是浙东南沿海城郊型、外向型农业区，面积为7.56万 hm²，占全省耕地面积的3.94%；浙西北生态型绿色农业区有4.28万 hm²，占全省耕地面积的2.23%；沿海岛屿蓝色渔（农）业区分布最少，面积为1 200hm²，占全省耕地面积的0.06%。

土壤全氮含量为0.5～1.0g/kg的耕地，主要分布在浙东北都市型、外向型农业区，面积为5.44万 hm²，占全省耕地面积的2.83%；浙中盆地丘陵综合型特色农业区和浙西南生态型绿色农业区，面积分别为2.28万 hm²和2.22万 hm²，占比在1%以上；浙东南沿海城郊型、外向型农业区有8 800hm²，浙西北生态型绿色农业区有3 500hm²，沿海岛屿蓝色渔（农）业区最少，面积不到1 000hm²。

土壤全氮含量小于0.5g/kg的耕地主要分布在浙中盆地丘陵综合型特色农业区，面积为5.17万 hm²，浙西南生态型绿色农业区有1.94万 hm²，浙东南沿海城郊型、外向型农业区有8 600hm²，浙东北都市型、外向型农业区分布面积仅100hm²，其他两区均没有发现土壤全氮含量低于0.5g/kg。

在不同地级市之间土壤全氮含量有差异（表5-7）。

表5-7　浙江省耕地土壤全氮含量不同等级区域分布特征

等级（g/kg）	地级市	面积（万 hm²）	占本市比例（%）	占全省比例（%）
>2.5	杭州市	3.59	18.31	1.87
	宁波市	7.01	35.16	3.65
	温州市	1.65	6.39	0.86
	嘉兴市	0.68	3.47	0.35
	湖州市	2.37	15.70	1.23
	绍兴市	2.95	15.70	1.54
	金华市	0.39	1.69	0.20
	衢州市	0.46	3.49	0.24
	台州市	1.35	7.15	0.70
	丽水市	0.48	3.08	0.25
2.0～2.5	杭州市	4.73	24.12	2.46
	宁波市	4.89	24.52	2.55
	温州市	3.11	12.04	1.62

（续表）

等级（g/kg）	地级市	面积（万 hm²）	占本市比例（%）	占全省比例（%）
2.0~2.5	嘉兴市	5.28	26.97	2.75
	湖州市	2.69	17.81	1.4
	绍兴市	4.61	24.53	2.4
	金华市	2.87	12.45	1.49
	衢州市	1.82	13.8	0.95
	台州市	3.33	17.64	1.73
	丽水市	2.32	14.89	1.21
	舟山市	0.43	17.00	0.22
1.5~2.0	杭州市	5.05	25.75	2.63
	宁波市	4.62	23.17	2.41
	温州市	11.62	44.99	6.05
	嘉兴市	6.39	32.64	3.33
	湖州市	6.78	44.90	3.53
	绍兴市	3.92	20.86	2.04
	金华市	7.80	33.82	4.06
	衢州市	6.43	48.75	3.35
	台州市	6.47	34.27	3.37
	丽水市	4.33	27.79	2.25
	舟山市	1.94	76.68	1.01
1.0~1.5	杭州市	3.70	18.87	1.93
	宁波市	2.96	14.84	1.54
	温州市	7.67	29.69	3.99
	嘉兴市	5.14	26.25	2.68
	湖州市	3.24	21.46	1.69
	绍兴市	1.13	6.01	0.59
	金华市	11.03	47.83	5.74
	衢州市	4.08	30.93	2.12
	台州市	6.73	35.65	3.5
	丽水市	4.75	30.49	2.47
	舟山市	0.12	4.74	0.06
0.5~1.0	杭州市	2.54	12.95	1.32
	宁波市	0.45	2.26	0.23
	温州市	0.92	3.56	0.48
	嘉兴市	2.08	10.62	1.08
	湖州市	0.02	0.13	0.01

（续表）

等级（g/kg）	地级市	面积（万 hm²）	占本市比例（%）	占全省比例（%）
0.5～1.0	绍兴市	1.09	5.80	0.57
	金华市	0.93	4.03	0.48
	衢州市	0.39	2.96	0.20
	台州市	0.98	5.19	0.51
	丽水市	1.76	11.3	0.92
	舟山市	0.04	1.58	0.02
≤0.5	宁波市	0.01	0.05	0.01
	温州市	0.86	3.33	0.45
	嘉兴市	0.01	0.05	0.01
	绍兴市	5.09	27.09	2.65
	金华市	0.04	0.17	0.02
	衢州市	0.01	0.08	0.01
	台州市	0.02	0.11	0.01
	丽水市	1.94	12.45	1.01

土壤全氮含量大于2.5g/kg的耕地，占全省耕地面积的10.89％。宁波市分布最多，面积为7.01万 hm^2，占本市耕地面积的35.16％，占全省耕地面积的3.65％；其次是杭州市，面积为3.59万 hm^2，占本市耕地面积的18.31％，占全省耕地面积的1.87％；再次是绍兴市和湖州市，分别为2.95万 hm^2、2.37万 hm^2；然后是温州市和台州市，面积均大于1万 hm^2，分别为1.65万 hm^2、1.35万 hm^2，分别占全省耕地面积的比例为0.86％、0.7％；其他各市有少量分布，占全省耕地面积比例均在0.5％以下。

土壤全氮含量为2.0～2.5g/kg的耕地，占全省耕地面积的18.78％。嘉兴市分布最多，面积为5.28万 hm^2，占本市耕地面积的26.97％，占全省耕地面积的2.75％；其次是宁波市、杭州市、绍兴市，面积在4.61万～4.89万 hm^2，占全省耕地面积的2.4％～2.55％；再次是台州市和温州市，面积分别为3.33万 hm^2、3.11万 hm^2，分别占全省耕地面积的1.73％、1.62％；然后是金华市、湖州市和丽水市，面积均大于2万 hm^2，分别为2.87万 hm^2、2.69万 hm^2和2.32万 hm^2，占全省耕地面积的比例在1.21％～1.49％；衢州市分布面积小于2万 hm^2，为1.82万 hm^2；舟山市最少，仅有4 300hm^2。

土壤全氮含量为1.5～2.0g/kg的耕地，占全省耕地面积的34.03％，占比最大，且在各地市均有较多分布，其中温州市最多，有11.62万 hm^2，占本市耕地面积的44.99％，占全省耕地面积的6.05％；其次是金华市，面积为7.80万 hm^2，占本市耕地面积的33.82％，占全省耕地面积的4.06％；而舟山市分布最少，只有1.94万 hm^2，但占本市耕地面积的76.68％，也就是说舟山市的大部分耕地全氮含量在1.5～2.0g/kg；其他各区均有超过2万 hm^2的分布。

土壤全氮含量为1.0～1.5g/kg的耕地，占比较高，占全省耕地面积的26.31％，在各地市都有较多分布，其中在金华市的分布最多，达11.03万 hm^2，占本市耕地面积的47.83％，占全省耕地面积的5.74％；其次是温州市，面积为7.67万 hm^2，占本市耕地面积的29.69％，占全省耕地面积的3.99％；舟山市最少，面积仅为1 200hm^2，占全省耕地面积不到0.5％；绍兴市次之，面积为1.13万 hm^2，占全省耕地面积的0.59％；其他各区均有不少分布，面积在2.96万～6.73万 hm^2，占比在1.54％～3.5％。

土壤全氮含量为0.5～1.0g/kg的耕地，占比相对较小，为5.82％。其中杭州市、嘉兴市分别有2.54万 hm^2、2.08万 hm^2，占全省耕地面积比例均大于1.0％；其次是丽水市、绍兴市、台州市，面积分别为1.76万 hm^2、1.09万 hm^2、9 800hm^2，全省占比均超过0.5％。其他各市有少量分布，占全省耕地面积比例均在0.5％以下。

土壤全氮含量小于0.5g/kg的耕地，占比最小，只有4.17％，主要分布在绍兴市，面积为5.09万 hm^2，占本市耕地面积的27.09％，占全省耕地面积的2.65％；其次丽水市有1.94万 hm^2，占本市耕地面积的12.45％，占全省耕地面积的1.01％；金华市、台州市、宁波市、嘉兴市和衢州市有极少分布，其他市则没有发现。

四、土壤氮素调控

土壤全氮反映土壤氮素的总储量和供氮潜力。土壤中氮素的含量受自然因素如母质、植被、温度和降水量等影响，同时也受人为因素如利用方式、耕作、施肥及灌溉等措施的影响，通常土壤全氮含量水田高于旱地，黏土高于砂土，较高的氮素含量往往被看成土壤肥沃程度的重要标志。一般认为，肥沃水稻土的养分指标为：有机质含量20～40g/kg，全氮1.5～2.0g/kg。

土壤中的氮素在微生物的作用下可以转化成多种形态，涉及的过程包括生物固氮、矿化、固定、挥发和硝化反硝化作用等。一般认为土壤有效氮包括铵态氮、硝态氮和易水解和氧化的有机氮，是植物吸收的主要形态。土壤有效氮素不足，直接影响农作物的高产稳产，但一旦氮肥施用过量，氮素就会淋失，对环境造成影响。因此，土壤氮素管理主要包括土壤氮素含量的保持与提高和土壤氮素供应状况及其调节等两个方面，前者与土壤培肥密切相关，后者则是为了充分发挥施肥等措施的作用，以满足当季作物的生长需求。就浙江省而言，耕层全氮含量处于四级（1.0～1.5g/kg）及以下的土壤，总体占的比例不大，主要分布在嘉兴的海宁、桐乡地区，台州的仙居地区，杭州的萧山地区，温州的乐清、文成地区，绍兴的诸暨、上虞地区和丽水的龙泉、青田地区，其分布与有机质含量处于四级及以下的土壤具有明显的一致性。氮素调控主要有以下措施。

（一）精准施用化学氮肥

无机态氮只占土壤全氮的1％，含量较低，而作物对氮素营养的丰欠状况极为敏感，多数土壤氮素不能满足作物生长的要求，需通过施肥来予以调节和补充。但氮肥的过量施用会造成利用率降低，经济效益下降，并引起地下水、地表水和大气的污染，影响人体健康。因此，应根据土壤供氮能力，合理施用氮肥来提高氮肥利用率，减少环境污染，提高作物产量和品质。不同区域土壤条件差异大、耕作制度变化多，需充分考虑土壤—作物生态体系，根据不同区域土壤条件、作物产量潜力和养分综合管理要求，合理制定各区域、作物单位面积氮肥限量标准，确定全年及每季作物的施氮品种、数量和时期，以达到发挥氮肥最佳经济效益的效果。

（二）增施有机肥

土壤氮素包括有机态氮和无机态氮两种形式，并以有机态为主，土壤全氮含量随土壤有机质含量而变化，两者呈密切正相关。有机态氮主要来源于土壤腐殖质、动植物残体或施入的人畜粪尿、堆肥、绿肥等。对于长期不同培肥措施的土壤—作物体系，作物吸收土壤有效氮库中无机氮的同时，又吸收从土壤有机氮库中矿化出来的有效氮部分，而每年施入的有机、无机氮肥又对土壤中不同氮库进行补充。因此，土壤中增施各类有机物质，相应地会增加土壤全氮量，但因不同有机肥源的C/N比值差异较大而增量不一。同时，水热条件、土壤质地和耕作利用方式等也影响有机物质矿化作用，应根据不同的耕作制度合理地选择不同的有机肥源和施用数量。

（三）调整肥料施用结构

试验研究表明，单施氮肥效果较差，合理的氮磷钾配比可显著增加作物产量，提高耕地质量，减少肥料对环境的影响。生产实际中应充分利用测土配方施肥成果，制定各种作物的肥料配方，大力推广应用配方肥，在施用有机肥的基础上，配施配方肥，达到土壤养分平衡。大力推广高效新型氮肥，如包膜尿素、脲胺、硝基氮化物等新型缓控释氮肥，减缓氮素释放速率，提高氮肥利用率，减少氮素损失。有条件的地方，可施入适量的生物碳，充分利用生物碳的比表面积大和较强的阳离子交换量，将养分吸附滞留在土壤里，增加土壤中的氮素含量。

（四）改进施肥方式

推广先进适用的施肥设备，改表施、撒施为机械深施，减少氮肥挥发和流失；在有滴、喷灌条件的蔬菜、果树等经济作物上，推行施肥与灌溉相结合、节水与节肥相协调的土肥水耦合技术，推广精量化、一体化施肥技术，提高肥料利用效率。

第三节　土壤有效磷

土壤磷含量主要取决于母质类型和磷矿石肥料，地壳含磷量（P）约为0.12%。长期受耕作施肥等人为因素的影响，耕地土壤含磷量的局部变异很大。通常将土壤磷划分为无机态磷和有机态磷。磷是植物生长发育必需的“三大营养元素”之一。植物体内磷（P_2O_5）的含量一般占植物干重的0.2%～1.1%，其中有机态磷约占全磷的85%，无机态磷仅占15%左右。磷是植物体内重要化合物的组成成分，并广泛参与各种重要的代谢活动。植物缺磷的症状较为复杂，常表现为生长迟缓、植株矮小、结实状况差，严重缺磷时，植株几乎停止生长；如禾谷类作物，在缺磷时，会表现为：分蘖小或不分蘖，分蘖和抽穗均延迟，叶片灰绿并可能出现紫红色，根系发育不良，次生根少。

一、浙江省耕地土壤有效磷含量空间差异

根据省级汇总评价7 311个耕层土样化验分析结果，浙江省耕层土壤有效磷的平均含量为25.16mg/kg，变化范围为0.6～164.3mg/kg。根据浙江省土壤养分指标分级标准（表

5-1），耕层有效磷含量在一级至六级的点位占比分别为19%、8%、12%、23%、20%和18%（图5-17A）。

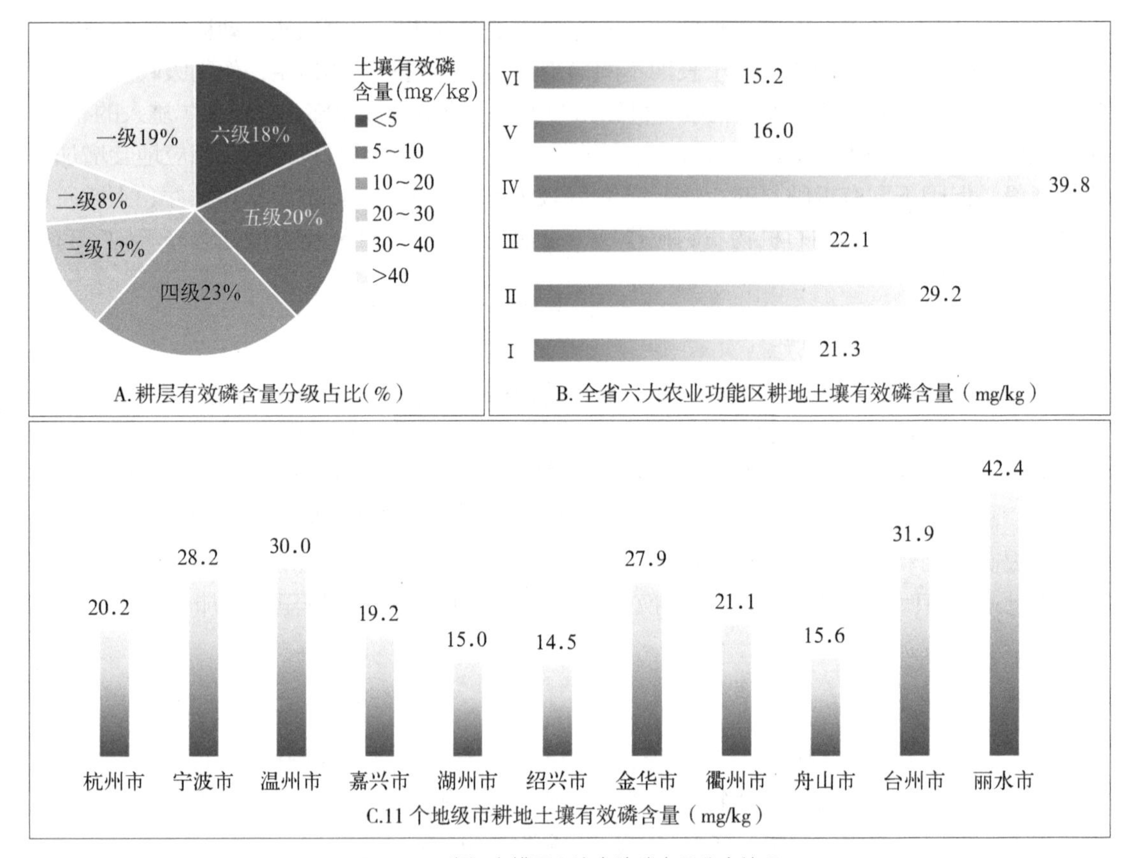

图5-17　浙江省耕层土壤有效磷含量分布情况

Ⅰ—浙东北都市型、外向型农业区　Ⅳ—浙西南生态型绿色农业区
Ⅱ—浙东南沿海城郊型、外向型农业区　Ⅴ—浙西北生态型绿色农业区
Ⅲ—浙中盆地丘陵综合型特色农业区　Ⅵ—沿海岛屿蓝色渔（农）业区

全省六大农业功能区中，浙西南生态型绿色农业区土壤有效磷含量最高，平均为39.8mg/kg，变动范围为0.6~164.3mg/kg；其次是浙东南沿海城郊型、外向型农业区，浙中盆地丘陵综合型特色农业区和浙东北都市型、外向型农业区，平均分别为29.2mg/kg、22.1mg/kg和21.3mg/kg，变动范围分别为0.6~163.4mg/kg、0.6~159.8mg/kg和0.6~163.9mg/kg；浙西北生态型绿色农业区略低，含量平均为16.0mg/kg，变动范围为0.6~113.3mg/kg；沿海岛屿蓝色渔（农）业区的土壤有效磷含量最低，平均为15.2mg/kg，变动范围为1.3~83.4mg/kg（图5-17B）。

11个地级市中，以丽水市耕地土壤有效磷含量最高，平均为42.4mg/kg，变动范围为0.7~164.3mg/kg；台州市、温州市次之，平均分别为31.9mg/kg、30.0mg/kg，变动范围分别为0.7~159.8mg/kg、0.6~163.4mg/kg；接着是宁波市、金华市、衢州市和杭州市，平均含量分别为28.2mg/kg、27.9mg/kg、21.1mg/kg和20.2mg/kg，变动范围分别为0.6~163.9mg/kg、0.6~160.1mg/kg、0.7~158.1mg/kg和0.9~113.3mg/kg；绍兴市、湖州市最低，平均含量分别为14.5mg/kg、15.0mg/kg，变动范围分别为0.6~141.8mg/kg

和0.6～110.0mg/kg；舟山市、嘉兴市较低，平均含量分别为15.6mg/kg、19.2mg/kg，变动范围分别为1.3～83.4mg/kg和1.0～97.7mg/kg（图5-17C）。

全省各县（市、区）中，松阳县耕地土壤有效磷含量最高，平均含量高达60.0mg/kg；其次是宁波市北仑区，平均59.8mg/kg。安吉县、长兴县和温州市洞头区含量相对较低，平均分别为8.8mg/kg、8.4mg/kg、7.7mg/kg；诸暨市最低，平均含量为7.0mg/kg；其他各县（市、区）均大于10.0mg/kg。有效磷含量变异系数以绍兴市越城区最大，为179%，苍南县次之，为148%；杭州市江干区最低，为37%；湖州市吴兴区、杭州市西湖区和温州市洞头区变异系数较低，分别为44%、48%、49%；其他各县（市、区）变异系数均高于50%（表5-8）。

表5-8　浙江省各县（市、区）耕地土壤有效磷含量

区域		点位数（个）	最小值（mg/kg）	最大值（mg/kg）	平均值（mg/kg）	标准差（mg/kg）	变异系数（%）
杭州市	江干	6	17.3	67.6	46.1	17.2	37
	西湖区	8	3.7	25.2	16.9	8.2	48
	滨江区	3	29.6	82.3	52.1	27.2	52
	萧山区	124	1.0	95.6	24.3	20.6	85
	余杭区	113	1.7	76.6	10.7	13.1	123
	桐庐县	85	1.2	96.0	22.3	17.6	79
	淳安县	43	3.2	113.3	23.7	21.8	92
	建德市	108	1.5	104.9	19.7	21.3	108
	富阳区	102	1.3	103.0	23.5	23.9	102
	临安区	100	0.9	87.6	17.8	18.4	104
宁波市	江北区	19	9.0	90.1	31.8	24.3	76
	北仑区	55	1.0	163.9	59.8	43.9	73
	镇海区	23	1.8	126.6	41.3	37.3	90
	鄞州区	115	0.8	163.0	32.7	29.9	91
	象山县	77	1.0	103.0	21.5	20.7	96
	宁海县	139	0.8	154.2	33.6	31.6	94
	余姚市	137	0.7	84.6	16.5	14.1	86
	慈溪市	119	3.0	116.0	20.4	17.8	87
	奉化区	86	0.6	161.8	24.6	35.4	144
温州市	鹿城区	19	4.1	106.2	31.7	27.8	88
	龙湾区	16	0.9	83.3	19.7	23.9	121
	瓯海区	36	2.4	139.2	46.9	40.3	86
	洞头区	4	2.4	11.3	7.7	3.8	49
	永嘉县	193	0.7	148.4	43.3	35.0	81
	平阳县	123	1.0	146.1	26.3	29.6	112

（续表）

区域		点位数（个）	最小值（mg/kg）	最大值（mg/kg）	平均值（mg/kg）	标准差（mg/kg）	变异系数（%）
温州市	苍南县	124	0.6	135.9	17.2	25.3	148
	文成县	117	1.4	134.3	23.5	25.6	109
	泰顺县	143	0.6	145.0	32.4	32.2	99
	瑞安市	109	0.9	133.0	26.5	27.7	104
	乐清市	106	4.8	163.4	29.1	31.0	107
嘉兴市	南湖区	69	7.8	86.0	35.6	20.3	57
	秀洲区	106	2.4	65.2	15.7	13.4	85
	嘉善县	113	1.6	97.7	21.7	18.2	84
	海盐县	99	1.0	94.1	18.6	19.5	105
	海宁市	133	3.0	78.0	14.5	12.5	86
	平湖市	104	1.3	74.4	15.1	11.5	76
	桐乡市	137	1.1	94.7	19.7	16.3	83
湖州市	吴兴区	75	10.5	110.0	52.1	22.7	44
	南浔区	140	3.2	44.5	10.5	7.3	70
	德清县	100	1.0	75.6	14.1	13.1	93
	长兴县	170	0.6	64.3	8.4	10.3	123
	安吉县	154	1.1	43.7	8.8	6.9	78
绍兴市	越城区	48	0.7	98.7	11.3	20.3	179
	柯桥区	74	1.9	85.1	13.3	15.4	116
	上虞区	128	0.6	139.0	20.6	28.5	138
	新昌县	104	0.7	141.8	16.8	23.4	140
	诸暨市	208	0.8	80.6	7.0	8.5	122
	嵊州市	152	0.8	141.4	19.9	23.3	117
金华市	婺城区	103	0.8	130.0	35.0	35.4	101
	金东区	66	0.6	156.3	49.5	46.3	94
	武义县	89	0.6	48.3	12.8	12.1	95
	浦江县	64	1.0	132.9	30.1	31.5	105
	磐安县	60	0.8	160.1	50.9	44.6	88
	兰溪市	129	1.0	100.0	25.4	26.9	106
	义乌市	91	0.7	116.6	20.1	18.4	91
	东阳市	129	1.1	148.3	25.4	26.2	103
	永康市	91	0.8	142.7	17.2	19.2	112
衢州市	柯城区	21	1.5	145.1	38.0	37.9	100
	衢江区	90	3.2	121.0	19.6	17.9	91
	常山县	65	1.3	90.8	23.4	19.0	81

（续表）

区域		点位数（个）	最小值（mg/kg）	最大值（mg/kg）	平均值（mg/kg）	标准差（mg/kg）	变异系数（%）
衢州市	开化县	77	1.0	86.0	18.1	18.3	101
	龙游县	120	0.8	87.4	12.9	14.1	110
	江山市	170	0.7	158.1	26.0	34.4	132
舟山市	定海区	28	2.0	47.0	10.6	12.6	119
	普陀区	22	2.1	83.4	21.3	20.8	98
	岱山县	13	1.3	83.2	16.9	22.9	136
台州市	椒江区	34	1.1	54.2	12.1	11.6	96
	黄岩区	39	2.5	151.3	49.4	40.8	83
	路桥区	45	1.3	58.8	16.0	12.5	78
	玉环县	28	2.2	125.0	30.8	26.0	84
	三门县	80	0.8	147.5	46.4	38.2	82
	天台县	102	1.1	115.3	20.0	21.1	105
	仙居县	108	2.1	159.8	35.9	35.7	99
	温岭市	118	2.4	157.6	30.0	27.9	93
	临海市	136	0.7	142.3	35.9	33.1	92
丽水市	莲都区	36	1.3	156.3	52.5	45.9	87
	青田县	102	1.0	156.9	44.2	40.0	90
	缙云县	66	0.7	153.9	34.4	31.6	92
	遂昌县	72	0.9	100.7	29.9	27.1	91
	松阳县	77	1.3	162.8	60.0	46.7	78
	云和县	31	2.8	164.3	53.4	41.5	78
	庆元县	75	2.9	150.0	38.6	29.6	77
	景宁县	65	1.2	144.9	40.8	36.5	89
	龙泉市	103	0.8	159.1	38.4	39.4	103

二、不同类型耕地土壤有效磷含量及其影响因素

（一）主要土类的有效磷含量

1.各土类的有效磷含量差异

浙江省主要土壤类型耕地有效磷平均含量从高到低依次为：黄壤、粗骨土、滨海盐土、红壤、紫色土、潮土、水稻土、石灰（岩）土、基性岩土。其中黄壤、粗骨土有效磷含量最高，平均含量分别为38.2mg/kg、36.9mg/kg，变动范围分别为0.9～147.1mg/kg和1.1～160.1mg/kg；第二层次是滨海盐土、红壤、紫色土、潮土和水稻土，平均含量均大于20.0mg/kg，变动范围为23.9～29.1mg/kg；石灰（岩）土较低，平均含量为18.4mg/kg，变动范围为1.0～111.3mg/kg；基性岩土最低，平均含量为8.5mg/kg，变动范围为

1.7～21.7mg/kg（图5-18）。

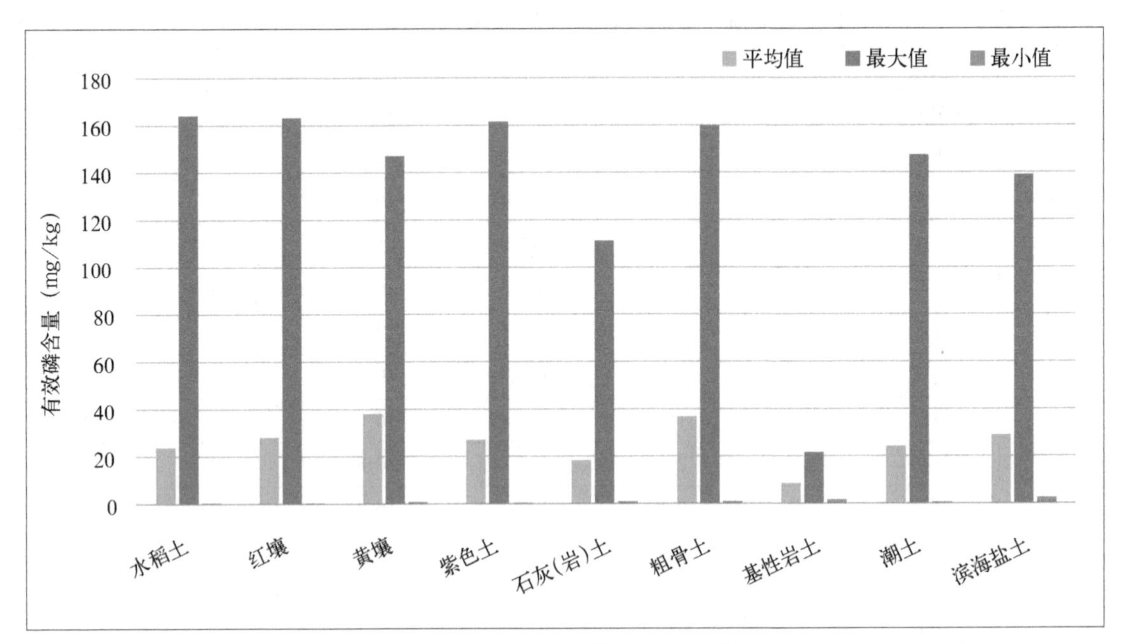

图5-18 浙江省不同土类耕地土壤有效磷含量

2. 主要土类的土壤有效磷含量在农业功能区间的差异

同一土类土壤的有效磷平均含量在不同农业功能分区也有差异，见图5-19。

水稻土有效磷平均含量以浙西南生态型绿色农业区最高，为40.8mg/kg，浙东南沿海城郊型、外向型农业区，浙中盆地丘陵综合型特色农业区和浙东北都市型、外向型农业区次之，分别为27.5mg/kg、21.4mg/kg、20.3mg/kg，浙西北生态型绿色农业区再次之，为15.2mg/kg，沿海岛屿蓝色渔（农）业区最低，为12.7mg/kg。

黄壤有效磷平均含量以在浙中盆地丘陵综合型特色农业区最高，为45.9mg/kg，浙西南生态型绿色农业区和浙东南沿海城郊型、外向型农业区次之，分别为38.7mg/kg、38.4mg/kg，浙西北生态型绿色农业区再次之，为28.2mg/kg，浙东北都市型、外向型农业区最低，为15.3mg/kg，沿海岛屿蓝色渔（农）业区没有采集到黄壤。

紫色土有效磷平均含量在浙东南沿海城郊型、外向型农业区最高，为65.7mg/kg，浙西南生态型绿色农业区和浙中盆地丘陵综合型特色农业区次之，分别为29.2mg/kg、28.3mg/kg，浙西北生态型绿色农业区再次之，为14.1mg/kg，浙东北都市型、外向型农业区和沿海岛屿蓝色渔（农）业区均没有采集到紫色土。

粗骨土有效磷平均含量以浙西南生态型绿色农业区和浙东南沿海城郊型、外向型农业区最高，分别为49.6mg/kg、47.0mg/kg，浙东北都市型、外向型农业区次之，为37.2mg/kg，浙中盆地丘陵综合型特色农业区、沿海岛屿蓝色渔（农）业区再次之，分别为26.4mg/kg、25.6mg/kg，浙西北生态型绿色农业区最低，为13.3mg/kg。

潮土有效磷平均含量在浙西南生态型绿色农业区最高，为43.2mg/kg，浙东南沿海城郊型、外向型农业区，浙中盆地丘陵综合型特色农业区和沿海岛屿蓝色渔（农）业区次之，在31.4～32.2mg/kg，浙东北都市型、外向型农业区再次之，为22.2mg/kg，浙西北生态型绿色农业区最低，为14.8mg/kg。

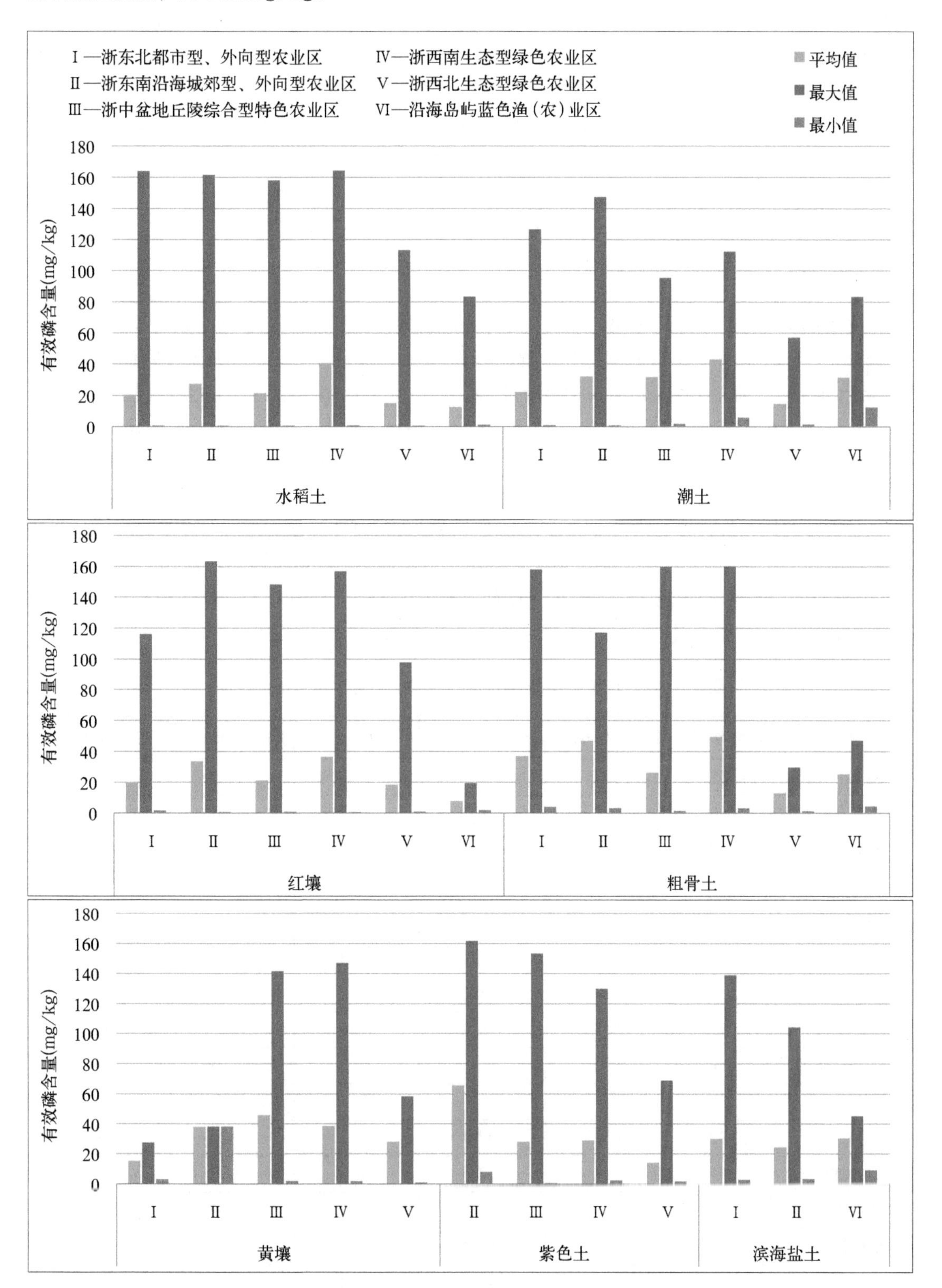

图5-19　浙江省主要土类耕地土壤有效磷含量在不同农业功能区的差异

滨海盐土分布在浙东北都市型、外向型农业区，浙东南沿海城郊型、外向型农业区和沿海岛屿蓝色渔（农）业区，土壤有效磷平均含量以沿海岛屿蓝色渔（农）业区和浙东北都市型、外向型农业区最高，分别为30.5mg/kg、30.2mg/kg，浙东南沿海城郊型、外向型农业区为24.5mg/kg。

红壤平均有效磷含量在浙西南生态型绿色农业区和浙东南沿海城郊型、外向型农业区最高，分别为36.6mg/kg、33.9mg/kg，浙中盆地丘陵综合型特色农业区和浙东北都市型、外向型农业区次之，分别为21.4mg/kg、20.3mg/kg，浙西北生态型绿色农业区再次之，为18.7mg/kg，沿海岛屿蓝色渔（农）业区最低，仅7.8mg/kg。

（二）主要亚类的有效磷含量

黄壤有效磷平均含量最高，达38.2mg/kg；酸性粗骨土、淹育水稻土较高，分别为36.9mg/kg、32.0mg/kg；饱和红壤、基性岩土、黑色石灰土平均含量最低，均小于10.0mg/kg，分别为5.3mg/kg、8.5mg/kg和9.7mg/kg；潮滩盐土、脱潜水稻土、棕色石灰土、潜育水稻土和棕红壤较低，均小于20.0mg/kg，分别为19.7mg/kg、19.1mg/kg、19.1mg/kg、18.1mg/kg和11.3mg/kg；其他各亚类，平均含量均大于20.0mg/kg，变动范围为21.7～29.8mg/kg（表5-9）。

变异系数均较高，以石灰性紫色土（饱和红壤、潮滩盐土、黑色石灰土样点数为2，未统计变异系数）最高，为143%；潜育水稻土次之，为142%；红壤、棕色石灰土、酸性紫色土3个亚类的变异系数高于120%；黄壤、滨海盐土、基性岩土变异系数皆低于100%，其中基性岩土最低，为79%；其他各亚类变异系数变动范围为101%～118%。

表5-9　浙江省主要亚类耕地土壤有效磷含量（mg/kg）

亚类	样点数（个）	最小值（mg/kg）	最大值（mg/kg）	平均值（mg/kg）	标准差（mg/kg）	变异系数（%）
潴育水稻土	2 391	0.6	163.9	24.3	27.50	113
渗育水稻土	1 109	0.7	156.3	21.7	24.61	114
脱潜水稻土	833	0.6	141.0	19.1	22.45	118
淹育水稻土	749	0.8	164.3	32.0	33.84	106
潜育水稻土	104	0.7	152.9	18.1	25.65	142
黄红壤	780	0.6	163.4	29.8	32.63	109
红壤	152	0.7	138.3	22.4	28.74	128
红壤性土	68	0.7	146.2	26.0	28.17	108
棕红壤	14	0.9	34.7	11.3	11.95	106
饱和红壤	2	2.4	8.1	5.3	4.03	—
黄壤	122	0.9	147.1	38.2	34.25	90
石灰性紫色土	70	0.6	153.4	25.8	36.79	143
酸性紫色土	59	1.0	161.8	28.6	34.62	121
酸性粗骨土	178	1.1	160.1	36.9	38.10	103
灰潮土	491	0.7	147.5	24.2	24.53	101

（续表）

亚类	样点数（个）	最小值（mg/kg）	最大值（mg/kg）	平均值（mg/kg）	标准差（mg/kg）	变异系数（%）
滨海盐土	149	2.6	139.0	29.2	25.52	87
潮滩盐土	2	5.6	33.7	19.7	19.87	—
黑色石灰土	2	2.0	17.3	9.7	10.82	—
棕色石灰土	26	1.0	111.3	19.1	23.20	121
基性岩土	10	1.7	21.7	8.5	6.70	79

（三）地貌类型与土壤有效磷含量

不同地貌类型间，低山土壤有效磷含量最高，平均40.7mg/kg；其次是高丘，其平均含量为32.7mg/kg；水网平原平均含量最低，为19.5mg/kg；其他各地貌类型土壤有效磷平均含量均大于20.0mg/kg，变动范围为23.0 ~ 27.8g/kg。变异系数以中山最大，为127%；低丘、河谷平原次之，分别为118%、111%；低山最低，为92%；在其他地貌类型中，变异系数变动范围为100% ~ 109%（图5-20）。

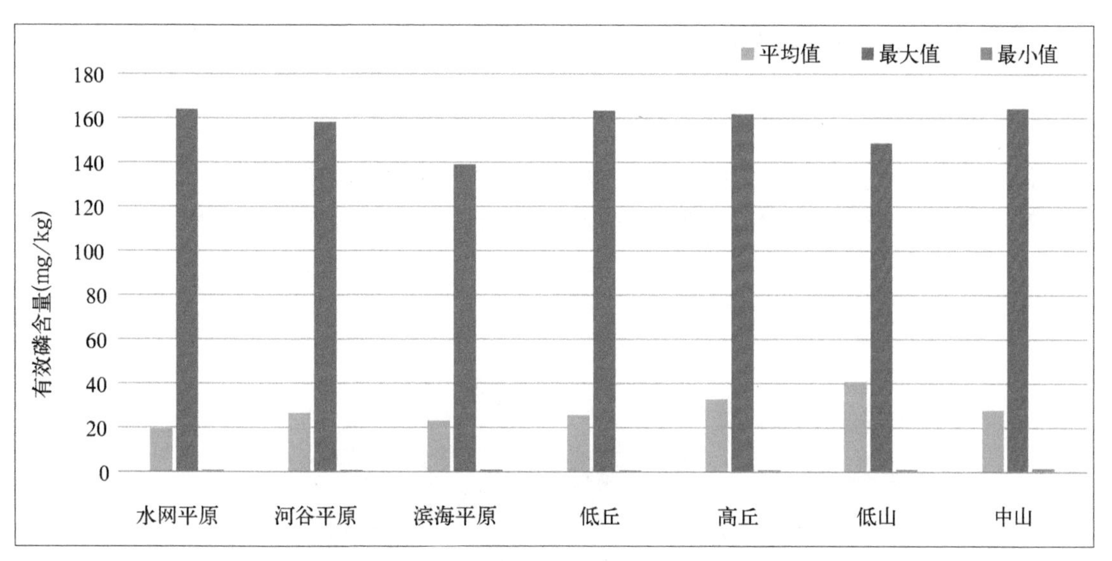

图5-20 浙江省不同地貌类型耕地土壤有效磷含量

（四）土壤质地与土壤有效磷含量

浙江省的不同土壤质地中，砂土、砂壤、轻壤、中壤、重壤、黏土的有效磷含量平均值依次为31.6mg/kg、32.8mg/kg、40.5mg/kg、27.0mg/kg、22.0mg/kg、20.3mg/kg（图5-21）。

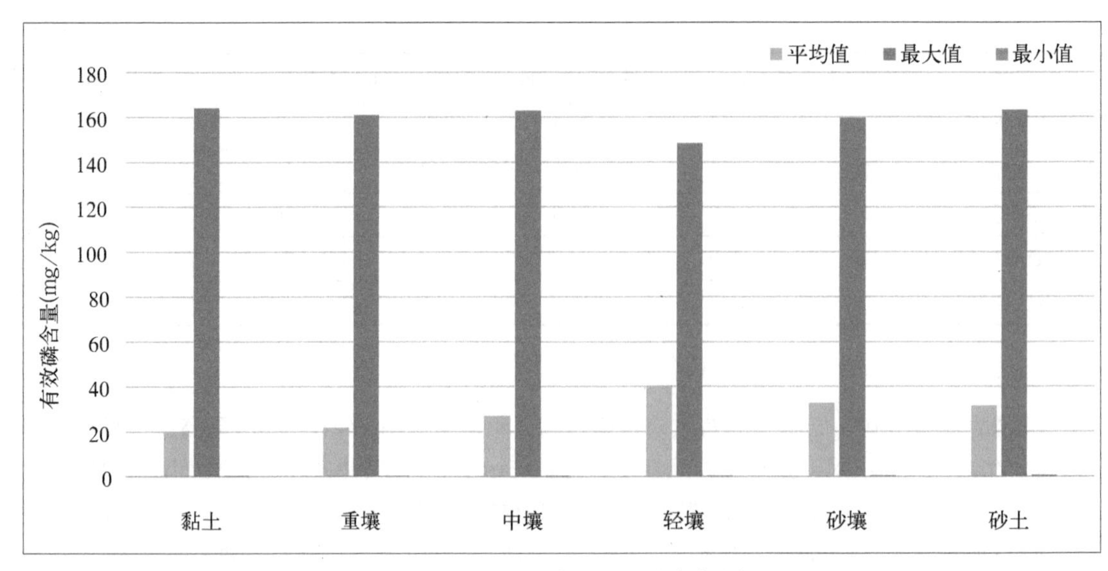

图5-21　浙江省不同质地耕地土壤有效磷含量

三、土壤有效磷分级面积与分布

(一)土壤有效磷含量分级面积

根据浙江省域土壤有效磷含量状况，参照浙江省土壤养分指标分级标准(表5-1)，将土壤有效磷含量划分为6级。全区耕地土壤有效磷含量分级面积占比如图5-22所示。

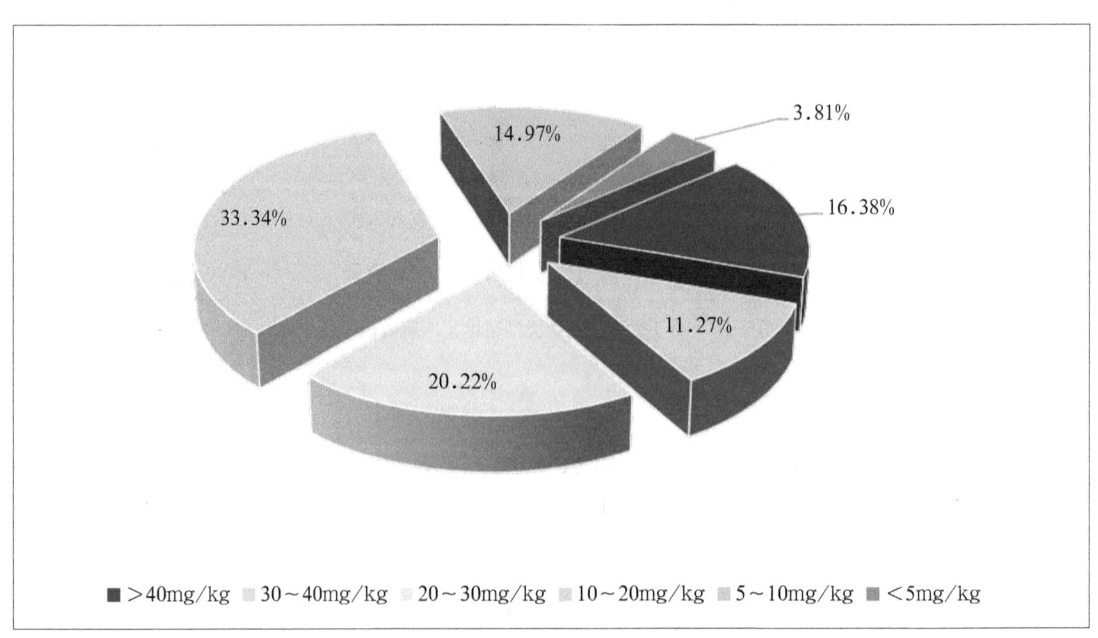

图5-22　浙江省耕地土壤有效磷含量分级面积占比

土壤有效磷含量大于40mg/kg的耕地共31.46万 hm^2，占全省耕地面积的16.38%；土壤有效磷含量在30～40mg/kg的耕地共21.66万hm^2，占全省耕地面积的11.27%；土壤有效磷含量在20～30mg/kg的耕地共38.84万hm^2，占全省耕地面积的20.22%；土壤有效磷含量在10～20mg/kg的耕地共64.05万hm^2，占全省耕地面积的33.34%；土壤有效磷高于10mg/kg的前4级耕地面积共156.01万hm^2，占全省耕地面积的81.22%。土壤有效磷含量在5～10mg/kg的耕地共28.75万hm^2，占全省耕地面积的14.97%；土壤有效磷含量小于5mg/kg的耕地面积较少，为7.33万hm^2，仅占全省耕地面积的3.81%。可见，浙江省耕地土壤有效磷含量总体较高，以中等偏上水平为主。

（二）土壤有效磷含量地域分布特征

在不同的农业功能区其土壤有效磷含量有差异（图5-23、图5-24）。

土壤有效磷含量大于40mg/kg的耕地主要分布在浙西南生态型绿色农业区，面积为11.18万hm^2，占全省耕地面积的5.82%；其次是浙东南沿海城郊型、外向型农业区，面积为7.45万hm^2；再次是浙东北都市型、外向型农业区和浙中盆地丘陵综合型特色农业区，面积分别为5.93万hm^2、5.76万hm^2；浙西北生态型绿色农业区有1.01万hm^2，占全省耕地面积的0.52%；沿海岛屿蓝色渔（农）业区最少，只有1 300hm^2。

土壤有效磷含量为30～40mg/kg的耕地主要分布在浙东北都市型、外向型农业区，面积为6.09万hm^2，占全省耕地面积的3.17%；其次是浙东南沿海城郊型、外向型农业区，面积为5.16万hm^2，占全省耕地面积的2.69%；再次是浙西南生态型绿色农业区和浙中盆地丘陵综合型特色农业区，面积分别为4.75万hm^2、4.43万hm^2，分别占全省耕地面积的2.47%、2.31%；浙西北生态型绿色农业区有1.04万hm^2，占全省耕地面积的0.54%；沿海岛屿蓝色渔（农）业区最少，只有1 900hm^2。

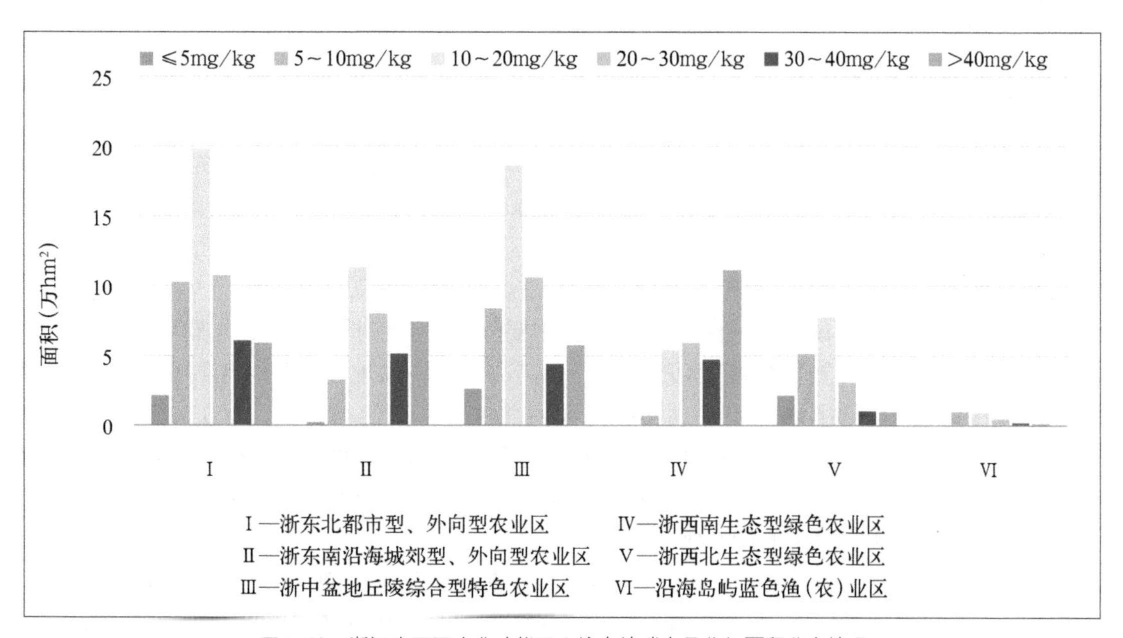

图5-23　浙江省不同农业功能区土壤有效磷含量分级面积分布情况

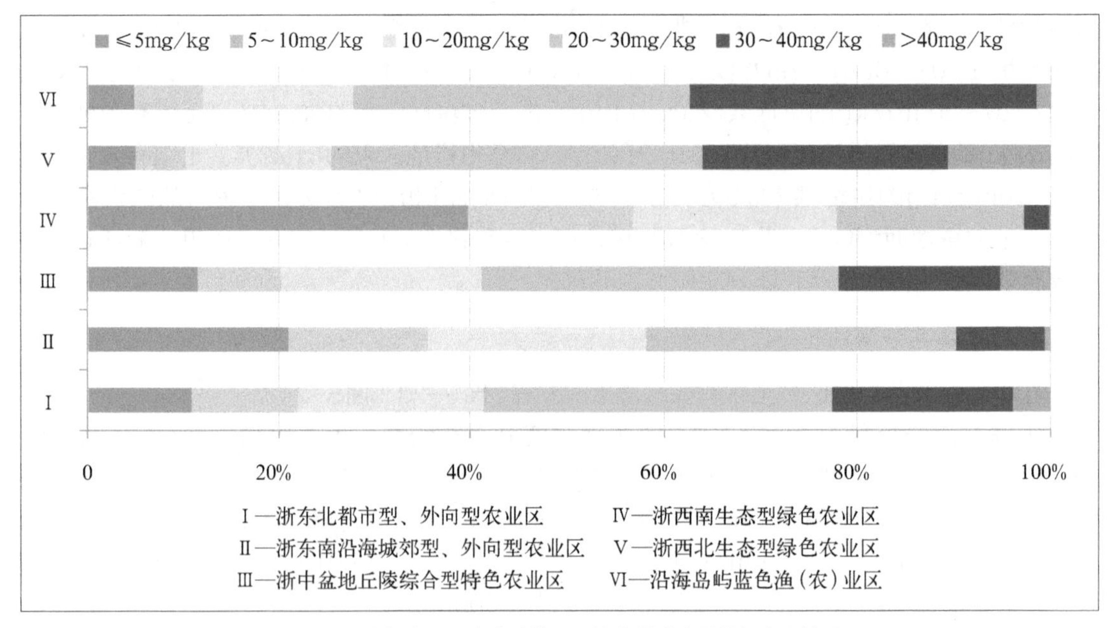

图5-24 浙江省不同农业功能区土壤有效磷含量分级占比情况

土壤有效磷含量为20~30mg/kg的耕地，在浙东北都市型、外向型农业区和浙中盆地丘陵综合型特色农业区分布最多，面积分别为10.77万 hm^2、10.61万 hm^2，且分别占全省耕地面积的5.60%、5.52%；其次是浙东南沿海城郊型、外向型农业区，面积为8.01万 hm^2，占全省耕地面积的4.17%；然后是浙西南生态型绿色农业区，面积为5.92万 hm^2，占全省耕地面积的3.08%；浙西北生态型绿色农业区有3.10万 hm^2，占全省耕地面积的1.61%；沿海岛屿蓝色渔(农)业区最少，面积为4 300hm^2，仅占全省耕地面积的0.22%。

土壤有效磷含量为10~20mg/kg的耕地，在浙东北都市型、外向型农业区和浙中盆地丘陵综合型特色农业区分布最多，面积分别为19.83万 hm^2、18.66万 hm^2，且分别占全省耕地面积的10.32%、9.71%；其次是浙东南沿海城郊型、外向型农业区，面积为11.38万 hm^2，占全省耕地面积的5.93%；然后是浙西北生态型绿色农业区，面积为7.79万 hm^2，占全省耕地面积的4.05%；浙西南生态型绿色农业区有5.46万 hm^2，占全省耕地面积的2.84%；沿海岛屿蓝色渔(农)业区最少，面积为9 400hm^2，占全省耕地面积的0.49%。

土壤有效磷含量为5~10mg/kg的耕地，主要分布在浙东北都市型、外向型农业区，面积为10.27万 hm^2，占全省耕地面积的5.35%；其次是浙中盆地丘陵综合型特色农业区，有8.41万 hm^2的分布，占比为4.38%；再次是浙西北生态型绿色农业区，有5.13万 hm^2；然后是浙东南沿海城郊型、外向型农业区为3.26万 hm^2，占比为1.70%；沿海岛屿蓝色渔(农)业区有9 700hm^2，占全省耕地面积的0.50%；浙西南生态型绿色农业区最少，面积为7 200hm^2，占全省耕地面积的0.37%。

土壤有效磷含量小于5mg/kg的耕地主要分布在浙中盆地丘陵综合型特色农业区，面积为2.66万 hm^2，浙东北都市型、外向型农业区和浙西北生态型绿色农业区皆为2.17万 hm^2；浙东南沿海城郊型、外向型农业区分布较少，为2 300hm^2；浙西南生态型绿色农业区、沿海岛屿蓝色渔(农)业区最少，分布面积分别为500hm^2、400hm^2。

在不同地级市之间土壤有效磷含量有差异(表5-10)。

表5-10　浙江省耕地土壤有效磷含量不同等级区域分布特征

等级（mg/kg）	地级市	面积（万 hm²）	占本市比例（%）	占全省比例（%）
>40	杭州市	1.78	9.09	0.93
	宁波市	3.59	18.00	1.87
	温州市	5.88	22.75	3.06
	嘉兴市	0.78	3.98	0.41
	湖州市	1.34	8.87	0.70
	绍兴市	1.30	6.91	0.68
	金华市	4.14	17.93	2.15
	衢州市	1.06	8.06	0.55
	舟山市	0.13	5.19	0.07
	台州市	4.47	23.67	2.33
	丽水市	7.00	44.92	3.64
30～40	杭州市	2.05	10.46	1.07
	宁波市	2.43	12.17	1.26
	温州市	3.43	13.27	1.78
	嘉兴市	2.00	10.20	1.04
	湖州市	0.85	5.60	0.44
	绍兴市	1.00	5.34	0.52
	金华市	2.61	11.30	1.36
	衢州市	1.00	7.60	0.52
	舟山市	0.19	7.52	0.10
	台州市	3.26	17.26	1.70
	丽水市	2.85	18.27	1.48
20～30	杭州市	3.89	19.84	2.02
	宁波市	4.69	23.53	2.44
	温州市	5.84	22.60	3.04
	嘉兴市	4.45	22.74	2.32
	湖州市	1.05	6.96	0.55
	绍兴市	2.45	13.03	1.27
	金华市	4.93	21.38	2.57
	衢州市	3.04	23.02	1.58
	舟山市	0.42	16.75	0.22
	台州市	4.89	25.91	2.55
	丽水市	3.18	20.45	1.66

（续表）

等级（mg/kg）	地级市	面积（万 hm^2）	占本市比例（%）	占全省比例（%）
10～20	杭州市	7.60	38.76	3.96
	宁波市	7.43	37.25	3.87
	温州市	8.01	31.00	4.17
	嘉兴市	9.22	47.09	4.80
	湖州市	4.27	28.27	2.22
	绍兴市	4.76	25.33	2.48
	金华市	8.50	36.86	4.43
	衢州市	5.90	44.75	3.07
	舟山市	0.85	33.47	0.44
	台州市	5.23	27.69	2.72
	丽水市	2.29	14.67	1.19
5～10	杭州市	3.12	15.90	1.62
	宁波市	1.73	8.68	0.90
	温州市	2.48	9.59	1.29
	嘉兴市	3.08	15.75	1.61
	湖州市	5.65	37.44	2.94
	绍兴市	5.90	31.39	3.07
	金华市	2.65	11.51	1.38
	衢州市	2.01	15.22	1.05
	舟山市	0.90	35.79	0.47
	台州市	0.99	5.25	0.52
	丽水市	0.23	1.49	0.12
≤5	杭州市	1.17	5.95	0.61
	宁波市	0.07	0.37	0.04
	温州市	0.20	0.79	0.11
	嘉兴市	0.04	0.23	0.02
	湖州市	1.94	12.87	1.01
	绍兴市	3.38	17.99	1.76
	金华市	0.23	1.02	0.12
	衢州市	0.18	1.33	0.09
	舟山市	0.03	1.29	0.02
	台州市	0.04	0.21	0.02
	丽水市	0.03	0.21	0.02

土壤有效磷含量大于40mg/kg的耕地，占全省耕地面积的16.38%。在丽水市分布最

多，面积为7.00万 hm^2，占本市耕地面积的44.92%，占全省耕地面积的3.64%；其次是温州市，面积为5.88万 hm^2，占本市耕地面积的22.75%，占全省耕地面积的3.06%；再次是台州市和金华市，分别为4.47万 hm^2、4.14万 hm^2；然后是宁波市，面积为3.59万 hm^2，占全省耕地面积的比例为1.87%；杭州市、湖州市、绍兴市和衢州市，面积均大于1万 hm^2，分别为1.78万 hm^2、1.34万 hm^2、1.30万 hm^2和1.06万 hm^2，占全省耕地面积的比例在0.55%～0.93%；其他各市有少量分布，占全省耕地面积比例均在0.5%以下。

土壤有效磷含量为30～40mg/kg的耕地，占比相对较小，占全省耕地面积的11.27%。在温州市和台州市分布最多，面积分别为3.43万 hm^2、3.26万 hm^2，分别占全省耕地面积的1.78%、1.70%；其次是丽水市、金华市、宁波市、杭州市和嘉兴市，面积在2.00万～2.85万 hm^2，占全省耕地面积的比例在1.04%～1.48%；再次是衢州市和绍兴市，面积皆为1.00万 hm^2，均占全省耕地面积的0.52%；然后是湖州市，面积为8 500hm^2，占全省耕地面积的0.44%；舟山市最少，仅有1 900hm^2。

土壤有效磷含量为20～30mg/kg的耕地，占比较高，占全省耕地面积的20.22%，在各地市均有较多分布，其中温州市最多，有5.84万 hm^2，占本市耕地面积的22.60%，占全省耕地面积的3.04%；其次是金华市，面积为4.93万 hm^2，占本市耕地面积的21.38%，占全省耕地面积的2.57%；而舟山市分布最少，只有4 200hm^2，湖州市次之，面积为1.05万 hm^2；其他各区均有超过2万 hm^2的分布。

土壤有效磷含量为10～20mg/kg的耕地，占全省耕地面积的33.34%，占比最大，且在各地市都有较多分布，其中在嘉兴市的分布最多，有9.22万 hm^2，占本市耕地面积的47.09%，占全省耕地面积的4.80%；其次是金华市、温州市，面积分别为8.50万 hm^2、8.01万 hm^2，分别占全省耕地面积的4.43%、4.17%；舟山市最少，面积仅为8 500hm^2，占全省耕地面积不到0.50%；丽水市次之，面积为2.29万 hm^2，占全省耕地面积的1.19%；其他各区均有不少分布，面积在4.27万～7.60万 hm^2，占全省耕地面积比例范围为2.22%～3.96%。

土壤有效磷含量为5～10mg/kg的耕地，占全省耕地面积的14.97%。其中绍兴市、湖州市分别有5.90万 hm^2、5.65万 hm^2，分别占全省耕地面积比例的3.07%、2.94%；其次是杭州市、嘉兴市，面积分别为3.12万 hm^2、3.08万 hm^2，全省占比均超过1.5%；再次是金华市、温州市和衢州市，分别为2.65万 hm^2、2.48万 hm^2和2.01万 hm^2，全省占比均超过1.0%。其他各市有少量分布，占全省耕地面积比例均在1.0%以下。

土壤有效磷含量小于5mg/kg的耕地，占比最小，只有3.81%，主要分布在绍兴市，面积为3.38万 hm^2，占本市耕地面积的17.99%，占全省耕地面积的1.76%；其次丽水市和湖州市有1.94万 hm^2、1.17万 hm^2，分别占全省耕地面积的1.01%、0.61%；其他各市有极少分布，占全省耕地面积比例均在0.15%以下。

四、土壤磷素调控

土壤磷含量除受成土母质影响外，还受土壤质地、剖面层次、有机质积累、耕作与施肥等因素的影响。磷素在土壤中的移动较为微弱，但是在长期的成土和利用过程中，土壤磷素不仅有大的地带性差异，而且在一个局部范围内也可以通过淋溶、淀积和人为活动而重新分布。通常情况下，植物吸收的磷主要是无机态正磷酸根离子，土壤全磷含量只能反映土壤磷的储备情况，它和土壤有效磷供应之间相关性并不明显，但如果土壤全磷含量很低，则作物缺磷的可能性很大。土壤磷可被植物直接吸收的主要包括水溶性的、弱酸溶性的磷素，其生物有效性供应能力可用有效磷含量表示，其含量变化不但与不同生物气候条件下土壤不同形态磷间的动态平衡有关，而且还与土壤水分条件、耕作施肥等密切相关。长期施用磷肥是土壤有效磷积累的主要原因。

土壤无机态磷是土壤磷的主体，占旱地土壤全磷量的70%以上，在水稻土中占55%~70%。土壤有机磷一般占20%~50%，土壤有机磷与土壤有机质含量之间有良好的线性关系。土壤溶液中的磷是植物最直接的磷源，主要是以 HPO_4^{2-} 和 $H_2PO_4^-$ 态存在，因此土壤溶液中磷的浓度常用来表征土壤当季供磷能力。磷循环属于较简单的沉积型循环，缓冲力较小；磷和氮不同，基本上不会挥发损失，也较少随水流失。一般四级（有效磷10~20mg/kg）及以下土壤施用磷肥大多数作物均有较显著的增产作用，但当季利用率大致在10%~20%。磷利用率低的主要原因是由于磷的固定作用，即水溶性磷在土壤中容易与钙、镁、铁、铝等结合形成难溶性磷化物，因此土壤磷素调控主要是促进磷素释放，增强供应能力，提高土壤有效磷的含量水平。

（一）调节土壤环境，促进磷素释放

1. 调节土壤pH值

在靠近中性附近，土壤磷的固定较弱，有效性相对较高。在酸性土壤上施用石灰，降低其酸性，可减少土壤中的活性 Al^{3+}、Fe^{3+} 数量，降低难溶性磷化物的形成和固磷作用。同时，由于土壤酸度降低有利于土壤微生物的活动，因而增强了有机磷的矿化过程，增加了磷素供应。

2. 增加土壤有机质

土壤有机质含量的增加，一方面增加了土壤有机磷的储备，另一方面有机质可以与铁、铝、钙、镁发生络合作用，降低 Fe^{3+}、Al^{3+}、Ca^{2+} 浓度，减弱磷的化学固定作用。有机质还可以在土壤固相表面形成胶膜，并与磷酸根竞争羟基铝化合物表面的吸附位，从而降低酸性土壤对磷的吸附量。

3. 土壤淹水

淹水条件下土壤氧化还原电位降低，土壤中的高价铁被还原成低价铁，形成溶解度较高的磷酸铁盐；土壤氧化还原电位降低，酸性土壤的pH值将上升，促使土壤中的活性铁、铝沉淀，磷的固定可以减少；而碱性土壤pH值下降，可以促使磷酸钙盐的溶解，提高磷的有效性；同时闭蓄态磷表面铁胶膜的溶解也可以提高磷的有效性。

（二）防止土壤侵蚀，减少磷素损失

在一些水土流失严重的地区，地表径流土壤可以将土壤磷素迁移到水体，一方面造成土壤磷损失，另一方面污染水环境。因此，水土保持是减少磷素损失的重要途径。

（三）科学施用磷肥，提高磷的利用率

速效磷肥通常用作基肥，应采取集中施用的方法，尽量减少或避免与土壤的接触面，把磷肥施在根系附近。普通磷肥与有机肥混合堆沤后一起施用，效果较好。酸性土壤上施用磷

矿粉，有利于提高磷矿粉的有效性。磷肥施用还应考虑到土壤条件、作物种类和轮作制度，选择适宜的方法和施用期。一般磷肥优先分配于喜磷作物和越冬作物，且旱重水轻，如油—稻、肥—稻的轮作模式下，在前茬作物上施磷肥有助于提高磷的叠加利用率。强调磷肥与其他营养元素肥料的配合施用，促进作物营养平衡，也是提高磷肥利用率的重要途径。

第四节　土壤速效钾

土壤钾按化学组成可分为矿物钾、非交换性钾、交换性钾和水溶性钾。按植物营养有效性可分为无效钾、缓效性钾和速效性钾。土壤矿物钾是土壤中含钾原生矿物和含钾次生矿物的总称。含钾原生矿物主要包括：钾长石，含钾7.7％～12.5％；微斜长石，含钾7.0％～11.5％；白云母，含钾6.5％～9.0％；黑云母，含钾5.0％～7.5％等。含钾次生矿物主要包括：伊利石、蛭石等。非交换性钾是指存在于膨胀性层状硅酸盐矿物层间和颗粒边缘上的一部分钾。交换性钾是指在带负电荷胶体表面的钾离子。水溶态钾是以离子形态存在于土壤溶液中的钾，浓度一般为2～5mg/L，是能被植物直接吸收利用的钾。植物体中钾含量与含氮量相近，但比含磷量高，在喜钾植物或高产条件下，植物中钾的含量甚至超过氮。植物体内钾（K_2O）的含量占干物重的0.3％～5.0％，钾也是植物生长发育必需的“三大营养元素”之一。钾和氮、磷一样在植物体内有较大的移动性，再利用率高，且集中分布在代谢最活跃的器官和组织中。缺钾时通常表现为老叶的叶缘先发黄，进而变褐，焦枯似灼烧状。由于钾在改善作物品质方面起着很好的作用，因此，钾常被公认为“品质元素”。

一、浙江省耕地土壤速效钾含量空间差异

根据省级汇总评价7 311个耕层土样化验分析结果，浙江省耕层土壤速效钾平均含量为86.48mg/kg，变化范围为8.0～247.0mg/kg。根据浙江省土壤养分指标分级标准（表5–1），耕层速效钾含量在一级至六级的点位占比分别为3％、8％、21％、45％、18％和6％（图5–25A）。

全省六大农业功能区中，沿海岛屿蓝色渔（农）业区土壤速效钾含量最高，平均为165.3mg/kg，变动范围为14.0～244.0mg/kg；其次是浙东北都市型、外向型农业区和浙东南沿海城郊型、外向型农业区，平均分别为99.2mg/kg和98.7mg/kg，变动范围分别为11.0～247.0mg/kg和8.0～245.0mg/kg；浙中盆地丘陵综合型特色农业区和浙西北生态型绿色农业区略低，含量平均分别为80.7mg/kg和70.8mg/kg，变动范围分别为8.0～242.0mg/kg和10.0～247.0mg/kg；浙西南生态型绿色农业区的土壤速效钾含量最低，平均为66.2mg/kg，变动范围为8.0～241.0mg/kg（图5–25B）。

11个地级市中，以舟山市耕地土壤速效钾含量最高，平均169.1mg/kg，变动范围为14.0～244.0mg/kg；台州市次之，平均102.8mg/kg，变动范围为8.0～245.0mg/kg；接着是嘉兴市、宁波市，平均含量均在100.0mg/kg以上，分别为102.7mg/kg、102.4mg/kg，变动范围分别为14.0～247.0mg/kg和11.0～246.0mg/kg；其他各市平均含量变动范围为69.5～84.7mg/kg（图5–25C）。

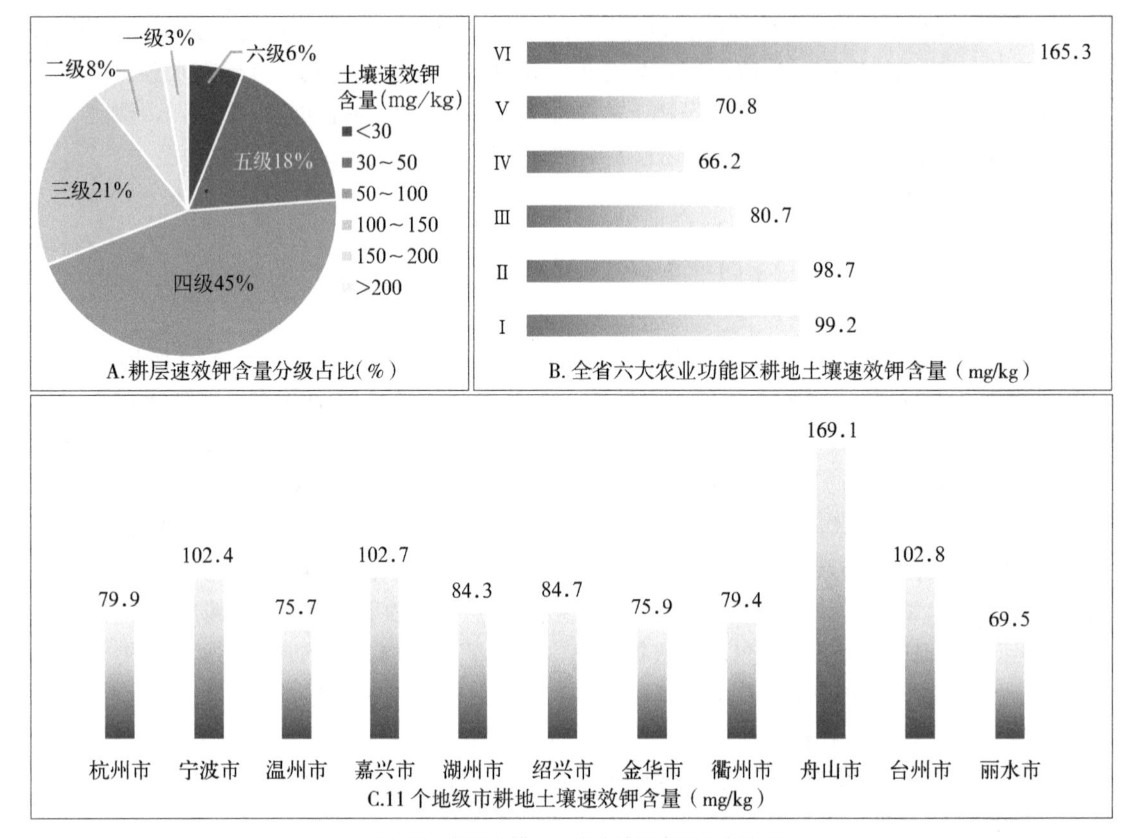

图5-25 浙江省耕层土壤速效钾含量分布情况

Ⅰ—浙东北都市型、外向型农业区　Ⅳ—浙西南生态型绿色农业区
Ⅱ—浙东南沿海城郊型、外向型农业区　Ⅴ—浙西北生态型绿色农业区
Ⅲ—浙中盆地丘陵综合型特色农业区　Ⅵ—沿海岛屿蓝色渔(农)业区

全省各县(市、区)中，舟山市普陀区耕地土壤速效钾含量最高，平均含量高达200.1mg/kg；其次是温州市龙湾区、舟山市定海区和台州市路桥区，平均分别为162.3mg/kg、158.0mg/kg、150.6mg/kg。建德市最低，平均含量为48.3mg/kg，其他各县(市、区)均大于50.0mg/kg。速效钾含量变异系数以三门县最大，为76%，青田县、义乌市次之，分别为74%、71%；舟山市普陀区变异系数最低，为16%。其他各县(市、区)变异系数均高于20%(表5-11)。

表5-11　浙江省各县(市、区)耕地土壤速效钾含量

区域		点位数(个)	最小值(mg/kg)	最大值(mg/kg)	平均值(mg/kg)	标准差(mg/kg)	变异系数(%)
杭州市	江干区	6	30.0	142.0	76.3	38.8	51
	西湖区	8	35.0	152.0	78.5	41.7	53
	滨江区	3	75.0	135.0	100.7	30.9	31
	萧山区	124	28.0	176.0	76.1	32.7	43
	余杭区	113	43.0	220.0	116.0	39.4	34
	桐庐县	85	26.0	247.0	88.1	46.5	53

（续表）

区域		点位数（个）	最小值（mg/kg）	最大值（mg/kg）	平均值（mg/kg）	标准差（mg/kg）	变异系数（%）
杭州市	淳安县	43	20.0	198.0	72.4	46.7	64
	建德市	108	15.0	207.0	48.3	24.7	51
	富阳区	102	31.0	223.0	85.3	41.7	49
	临安区	100	10.0	188.0	68.3	29.6	43
宁波市	江北区	19	45.0	156.0	99.2	28.8	29
	北仑区	55	38.0	244.0	132.6	45.6	34
	镇海区	23	62.0	200.0	135.6	36.3	27
	鄞州区	115	11.0	237.0	84.1	38.4	46
	象山县	77	17.0	231.0	114.6	60.8	53
	宁海县	139	19.0	241.0	90.2	62.2	69
	余姚市	137	24.0	230.0	111.1	36.3	33
	慈溪市	119	18.0	246.0	92.1	51.8	56
	奉化区	86	12.0	242.0	109.1	59.8	55
温州市	鹿城区	19	16.0	161.0	75.1	39.5	53
	龙湾区	16	20.0	244.0	162.3	56.9	35
	瓯海区	36	15.0	245.0	95.6	61.0	64
	洞头区	4	62.0	158.0	105.5	39.6	38
	永嘉县	193	14.0	180.0	56.0	29.9	53
	平阳县	123	15.0	243.0	90.8	51.6	57
	苍南县	124	18.0	213.0	76.0	42.2	55
	文成县	117	8.0	177.0	70.1	36.7	52
	泰顺县	143	12.0	195.0	53.8	32.4	60
	瑞安市	109	23.0	201.0	88.0	42.7	49
	乐清市	106	26.0	234.0	95.6	53.1	56
嘉兴市	南湖区	69	57.0	206.0	115.5	31.6	27
	秀洲区	106	64.0	196.0	97.9	22.2	23
	嘉善县	113	79.0	227.0	127.1	27.7	22
	海盐县	99	29.0	240.0	109.6	47.4	43
	海宁市	133	25.0	185.0	87.4	32.7	37
	平湖市	104	14.0	229.0	87.9	35.4	40
	桐乡市	137	29.0	247.0	100.8	40.8	41
湖州市	吴兴区	75	28.0	180.0	97.7	35.7	37
	南浔区	140	32.0	198.0	103.4	28.9	28
	德清县	100	31.0	230.0	96.6	38.7	40
	长兴县	170	15.0	145.0	69.1	23.7	34

（续表）

区域		点位数（个）	最小值（mg/kg）	最大值（mg/kg）	平均值（mg/kg）	标准差（mg/kg）	变异系数（%）
湖州市	安吉县	154	15.0	165.0	69.1	32.5	47
绍兴市	越城区	48	20.0	173.0	84.9	33.4	39
	柯桥区	74	34.0	171.0	73.6	21.3	29
	上虞区	128	33.0	225.0	93.2	37.3	40
	新昌县	104	8.0	191.0	63.8	40.2	63
	诸暨市	208	24.0	235.0	82.3	37.6	46
	嵊州市	152	37.0	239.0	100.5	39.6	39
金华市	婺城区	103	8.0	240.0	73.8	44.4	60
	金东区	66	27.0	242.0	92.6	51.7	56
	武义县	89	22.0	139.0	69.2	25.3	37
	浦江县	64	25.0	178.0	88.5	37.1	42
	磐安县	60	21.0	228.0	86.2	45.8	53
	兰溪市	129	16.0	234.0	70.9	41.4	58
	义乌市	91	14.0	241.0	73.7	52.2	71
	东阳市	129	17.0	217.0	81.6	44.3	54
	永康市	91	18.0	91.0	58.0	18.2	31
衢州市	柯城区	21	27.0	143.0	75.6	31.6	42
	衢江区	90	27.0	205.0	87.1	35.5	41
	常山县	65	11.0	192.0	74.3	43.1	58
	开化县	77	28.0	178.0	73.2	26.5	36
	龙游县	120	25.0	222.0	87.3	45.0	52
	江山市	170	21.0	231.0	75.1	47.2	63
舟山市	定海区	28	68.0	224.0	158.0	42.4	27
	普陀区	22	131.0	244.0	200.1	33.0	16
	岱山县	13	14.0	218.0	140.4	67.7	48
台州市	椒江区	34	30.0	240.0	124.9	57.7	46
	黄岩区	39	34.0	210.0	71.8	35.1	49
	路桥区	45	55.0	239.0	150.6	47.1	31
	玉环县	28	46.0	190.0	108.7	48.9	45
	三门县	80	9.0	234.0	84.8	64.3	76
	天台县	102	20.0	239.0	86.6	52.4	60
	仙居县	108	30.0	217.0	100.7	41.1	41
	温岭市	118	8.0	245.0	123.4	67.5	55
	临海市	136	10.0	220.0	95.8	57.3	60
丽水市	莲都区	36	28.0	221.0	89.0	49.8	56

（续表）

区域		点位数（个）	最小值（mg/kg）	最大值（mg/kg）	平均值（mg/kg）	标准差（mg/kg）	变异系数（%）
丽水市	青田县	102	10.0	203.0	56.3	41.8	74
	缙云县	66	25.0	187.0	84.2	35.1	42
	遂昌县	72	10.0	185.0	68.1	38.0	56
	松阳县	77	18.0	187.0	65.8	40.5	62
	云和县	31	24.0	241.0	72.8	46.8	64
	庆元县	75	28.0	182.0	75.4	27.7	37
	景宁县	65	8.0	168.0	80.8	38.7	48
	龙泉市	103	13.0	216.0	57.7	39.5	69

二、不同类型耕地土壤速效钾含量及其影响因素

（一）主要土类的速效钾含量

1.各土类的速效钾含量差异

浙江省主要土壤类型耕地速效钾平均含量从高到低依次为：滨海盐土、潮土、水稻土、石灰（岩）土、粗骨土、红壤、基性岩土、紫色土和黄壤。其中滨海盐土速效钾含量最高，平均107.2mg/kg，变动范围为18.0～245.0mg/kg；潮土次之，平均为98.2mg/kg，变动范围为20.0～247.0mg/kg；第三层次是水稻土、石灰（岩）土、粗骨土、红壤、基性岩土和紫色土，平均含量均大于70.0mg/kg，变动范围为73.4～87.6mg/kg；黄壤最低，为68.2mg/kg，变动范围为10.0～225.0mg/kg（图5-26）。

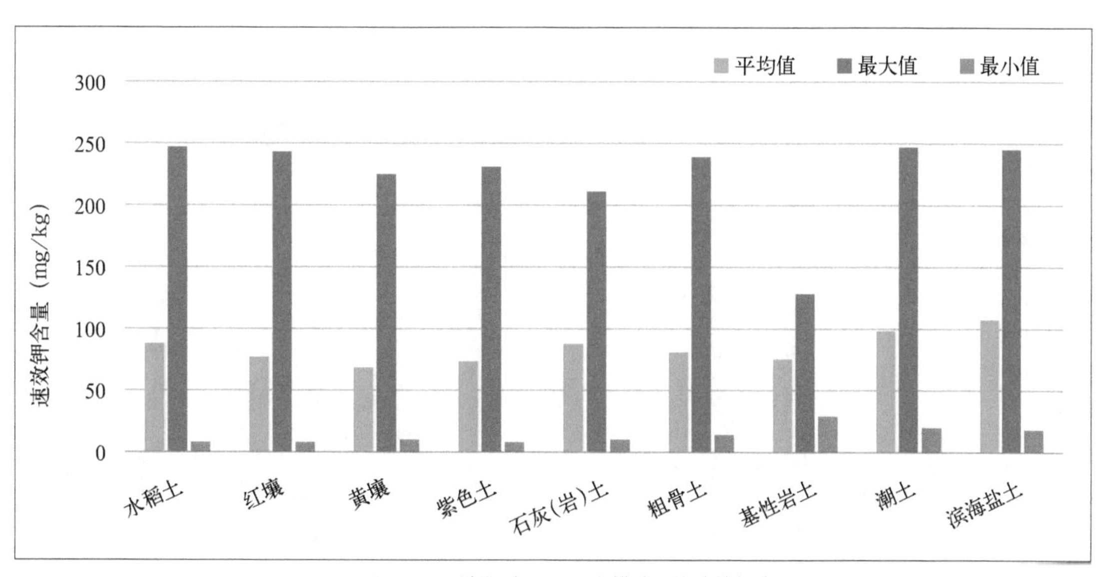

图5-26 浙江省不同土类耕地土壤速效钾含量

2.主要土类的土壤速效钾含量在农业功能区间的差异

同一土类土壤的速效钾平均含量在不同农业功能区也有差异，见图5-27。

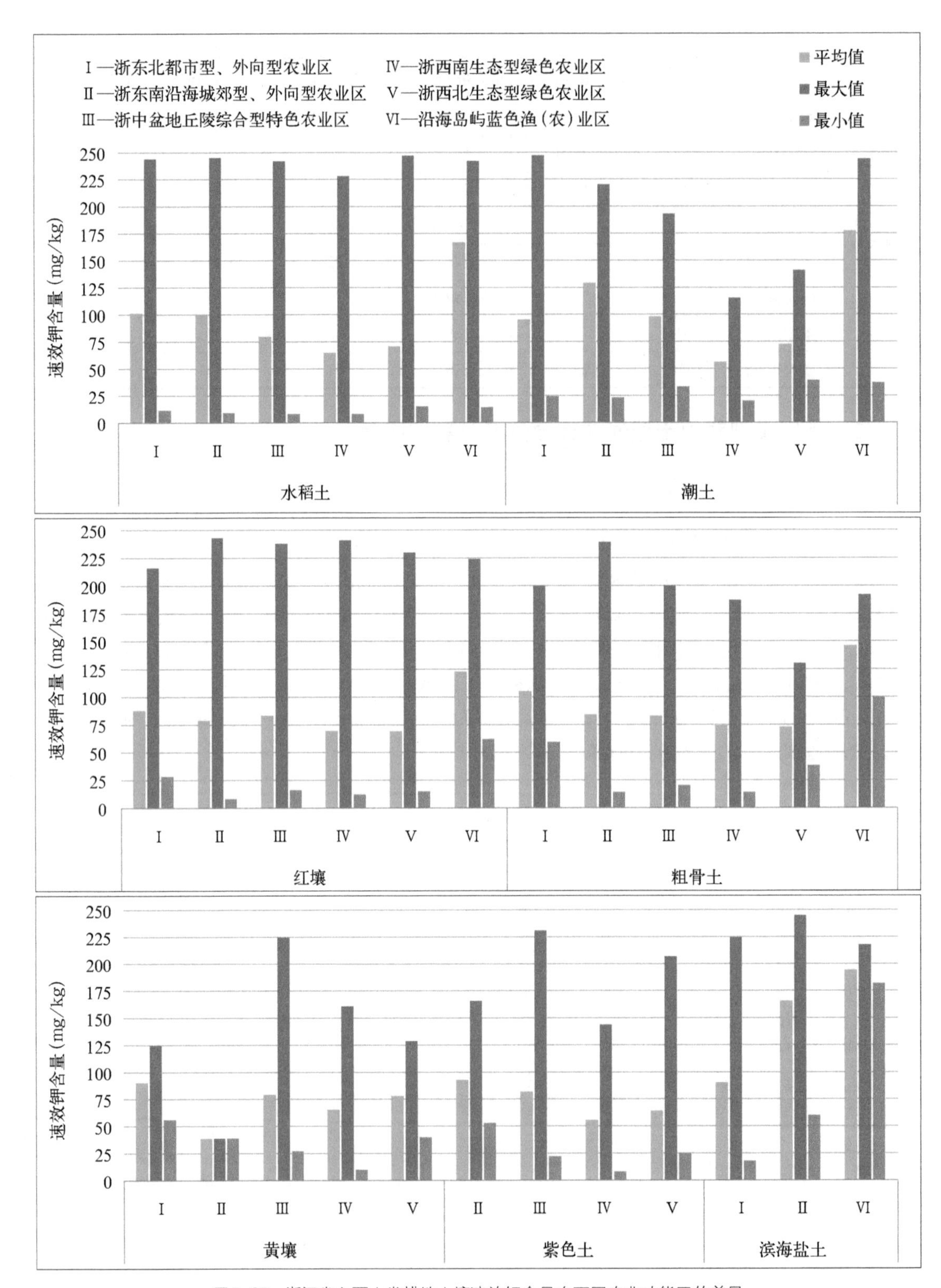

图5-27　浙江省主要土类耕地土壤速效钾含量在不同农业功能区的差异

水稻土速效钾平均含量以沿海岛屿蓝色渔（农）业区最高，为166.7mg/kg，浙东北都市型、外向型农业区和浙东南沿海城郊型、外向型农业区次之，分别为101.3mg/kg、100.5mg/kg，浙中盆地丘陵综合型特色农业区和浙西北生态型绿色农业区再次之，分别为79.7mg/kg、70.8mg/kg，浙西南生态型绿色农业区最低，为64.6mg/kg。

黄壤速效钾平均含量除了浙东南沿海城郊型、外向型农业区略低，为39.0mg/kg，其他各区均大于50.0mg/kg，其中浙东北都市型、外向型农业区最高，为90.5mg/kg。

紫色土速效钾平均含量在浙东南沿海城郊型、外向型农业区最高，为93.0mg/kg，其他各区变动范围为56.0～82.1mg/kg，其中浙东北都市型、外向型农业区和沿海岛屿蓝色渔（农）业区没有采集到紫色土。

粗骨土速效钾平均含量以沿海岛屿蓝色渔（农）业区最高，为146.0mg/kg，浙东北都市型、外向型农业区次之，为105.0mg/kg，其他区小于100.0mg/kg，变动范围为72.9～84.2mg/kg。

潮土速效钾平均含量在沿海岛屿蓝色渔（农）业区最高，为177.4mg/kg，浙东南沿海城郊型、外向型农业区次之，为129.3mg/kg，浙西南生态型绿色农业区最低，仅有55.9mg/kg，其他各区均大于60.0mg/kg，变动范围为72.6～97.9mg/kg。

滨海盐土分布在浙东北都市型、外向型农业区，浙东南沿海城郊型、外向型农业区和沿海岛屿蓝色渔（农）业区，土壤速效钾平均含量以沿海岛屿蓝色渔（农）业区最高，为194.8mg/kg，浙东南沿海城郊型、外向型农业区次之，为165.9mg/kg，浙东北都市型、外向型农业区小于100.0mg/kg，为90.5mg/kg。

红壤速效钾平均含量在沿海岛屿蓝色渔（农）业区最高，平均含量达122.8mg/kg，其余各分区平均含量均小于100.0mg/kg，变动范围为69.3～83.5mg/kg。

（二）主要亚类的速效钾含量

滨海盐土速效钾含量最高，达107.3mg/kg；脱潜水稻土次之，为106.8mg/kg；潮滩盐土、灰潮土、渗育水稻土也较高，均大于90mg/kg，分别为99.5mg/kg、98.2mg/kg和96.1mg/kg；酸性紫色土和黄壤平均含量最低，均小于70mg/kg，分别为67.9mg/kg、68.2mg/kg；其他各亚类均大于70mg/kg，变动范围为71.5～87.9mg/kg（表5-12）。

变异系数以酸性粗骨土最高（饱和红壤、潮滩盐土、黑色石灰土样点数为2，未统计变异系数），为66%；石灰性紫色土、红壤、红壤性土和淹育水稻土较高，分别为64%、62%、62%、61%；脱潜水稻土、基性岩土最低，分别为36%、37%；其他各亚类变异系数均大于40%，变动范围为47%～57%。

表5-12　浙江省主要亚类耕地土壤速效钾含量

亚类	样点数（个）	最小值（mg/kg）	最大值（mg/kg）	平均值（mg/kg）	标准差（mg/kg）	变异系数（%）
潴育水稻土	2 391	8.0	247.0	82.3	43.73	53
渗育水稻土	1 109	9.0	245.0	96.1	51.15	53
脱潜水稻土	833	10.0	245.0	106.8	38.08	36
淹育水稻土	749	9.0	244.0	71.5	43.40	61
潜育水稻土	104	12.0	235.0	82.9	46.76	56
黄红壤	780	8.0	243.0	74.5	42.45	57

（续表）

亚类	样点数（个）	最小值（mg/kg）	最大值（mg/kg）	平均值（mg/kg）	标准差（mg/kg）	变异系数（%）
红壤	152	13.0	234.0	85.8	53.38	62
红壤性土	68	16.0	238.0	84.5	52.05	62
棕红壤	14	28.0	140.0	75.1	37.47	50
饱和红壤	2	62.0	98.0	80.0	25.46	—
黄壤	122	10.0	225.0	68.2	36.35	53
石灰性紫色土	70	22.0	231.0	78.0	49.98	64
酸性紫色土	59	8.0	218.0	67.9	44.87	66
酸性粗骨土	178	14.0	239.0	80.7	43.14	53
灰潮土	491	20.0	247.0	98.2	46.01	47
滨海盐土	149	18.0	245.0	107.3	57.03	53
潮滩盐土	2	60.0	139.0	99.5	55.86	—
黑色石灰土	2	10.0	154.0	82.0	101.82	—
棕色石灰土	26	15.0	211.0	87.9	50.04	57
基性岩土	10	29.0	128.0	75.2	28.15	37

（三）地貌类型与土壤速效钾含量

不同地貌类型间，滨海平原土壤速效钾含量最高，平均123.8mg/kg；其次是水网平原，其平均含量为102.9mg/kg；再者是河谷平原、低山和低丘，其平均含量分别为78.4mg/kg、76.6mg/kg、75.6mg/kg；中山土壤速效钾的平均含量为70.4mg/kg；而平均含量最低的是高丘，为66.9mg/kg。变异系数以高丘最大，为60%；水网平原最低，为38%；其他地貌类型的变异系数变动范围为49%～59%（图5-28）。

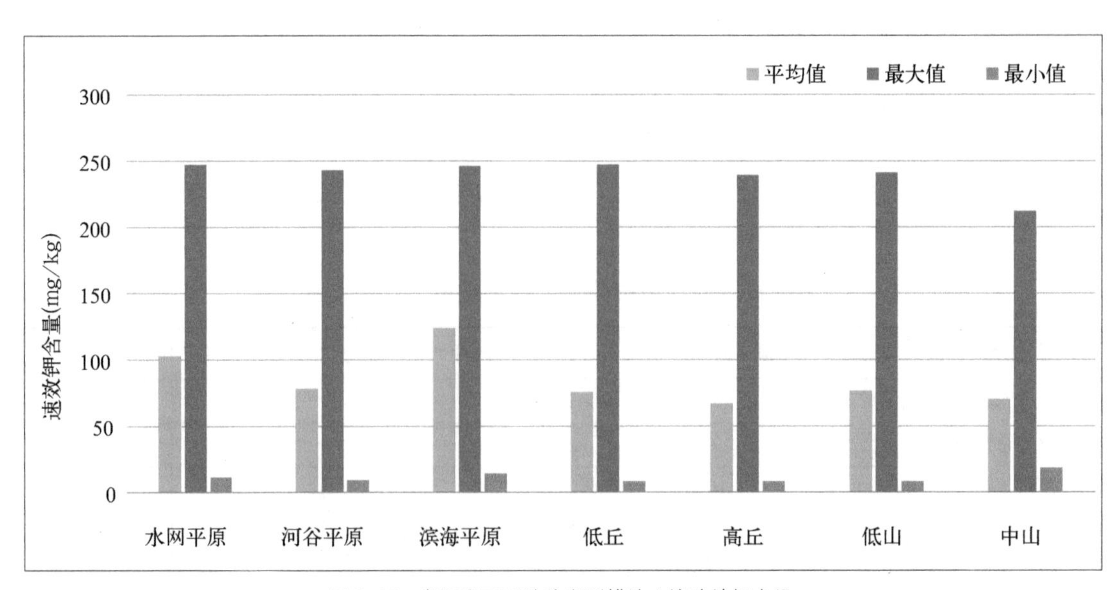

图5-28　浙江省不同地貌类型耕地土壤速效钾含量

（四）土壤质地与土壤速效钾含量

浙江省的不同土壤质地中，砂土、砂壤、轻壤、中壤、重壤、黏土的速效钾含量平均值依次为68.1mg/kg、77.6mg/kg、68.8mg/kg、80.0mg/kg、89.7mg/kg、104.5mg/kg（图5-29）。

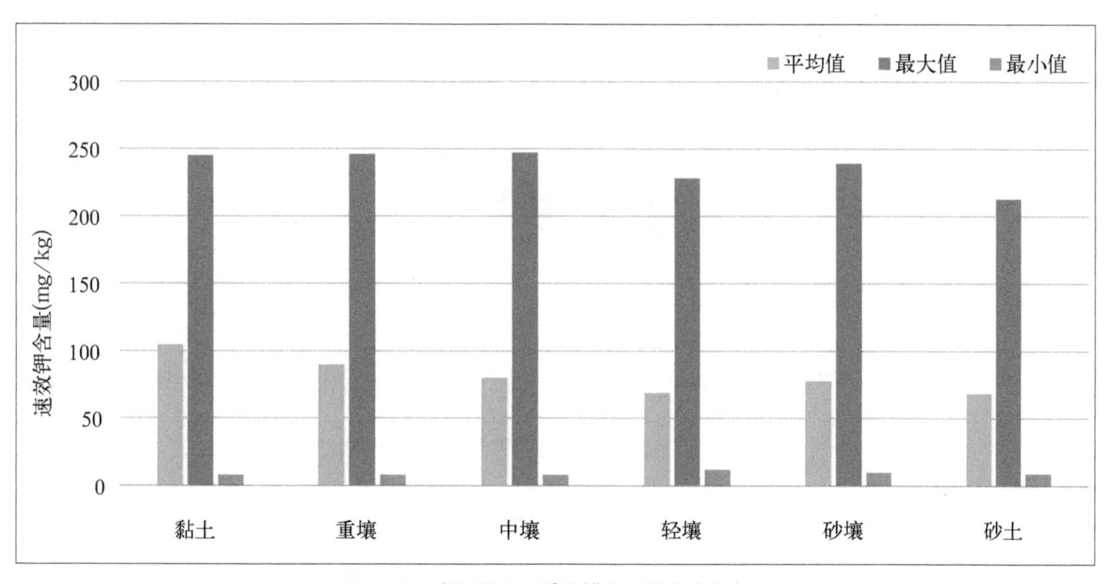

图5-29　浙江省不同质地耕地土壤速效钾含量

三、土壤速效钾分级面积与分布

（一）土壤速效钾含量分级面积

根据浙江省域土壤速效钾含量状况，参照浙江省土壤养分指标分级标准（表5-1），将土壤速效钾含量划分为6级。全区耕地土壤速效钾含量分级面积占比如图5-30所示。

土壤速效钾含量大于200mg/kg的耕地共1.44万 hm^2，占全省耕地面积的0.75%；土壤速效钾含量在150～200mg/kg的耕地共17.2万 hm^2，占全省耕地面积的8.95%；土壤速效钾含量在100～150mg/kg的耕地共116.22万 hm^2，占全省耕地面积的60.50%，占比最高；土壤速效钾含量在50～100mg/kg的耕地共46.93万 hm^2，占全省耕地面积的24.43%；土壤速效钾高于50mg/kg的前4级耕地面积共181.79万 hm^2，占全省耕地面积的94.64%。土壤速效钾含量在30～50mg/kg的耕地共8.87万 hm^2，占全省耕地面积的4.62%；土壤速效钾含量小于30mg/kg的耕地面积较少，为1.43万 hm^2，仅占全省耕地面积的0.74%。可见，浙江省耕地土壤速效钾含量总体较高，以中等偏上水平为主。

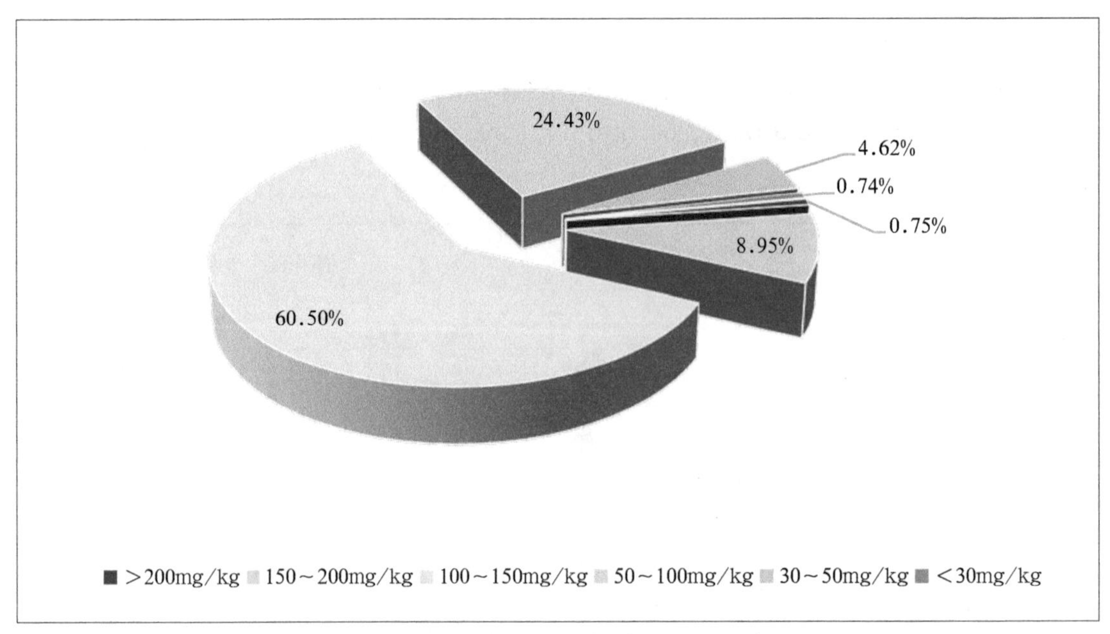

图5-30　浙江省耕地土壤速效钾含量分级面积占比

（二）土壤速效钾含量地域分布特征

在不同的农业功能区其土壤速效钾含量有差异（图5-31、图5-32）。

土壤速效钾含量大于200mg/kg的耕地主要分布在浙东南沿海城郊型、外向型农业区，面积为9 600hm^2，占全省耕地面积的0.50%；其他各区也有少量分布，平均不到1 000hm^2；浙西南生态型绿色农业区没有发现土壤速效钾含量大于200mg/kg的耕地。

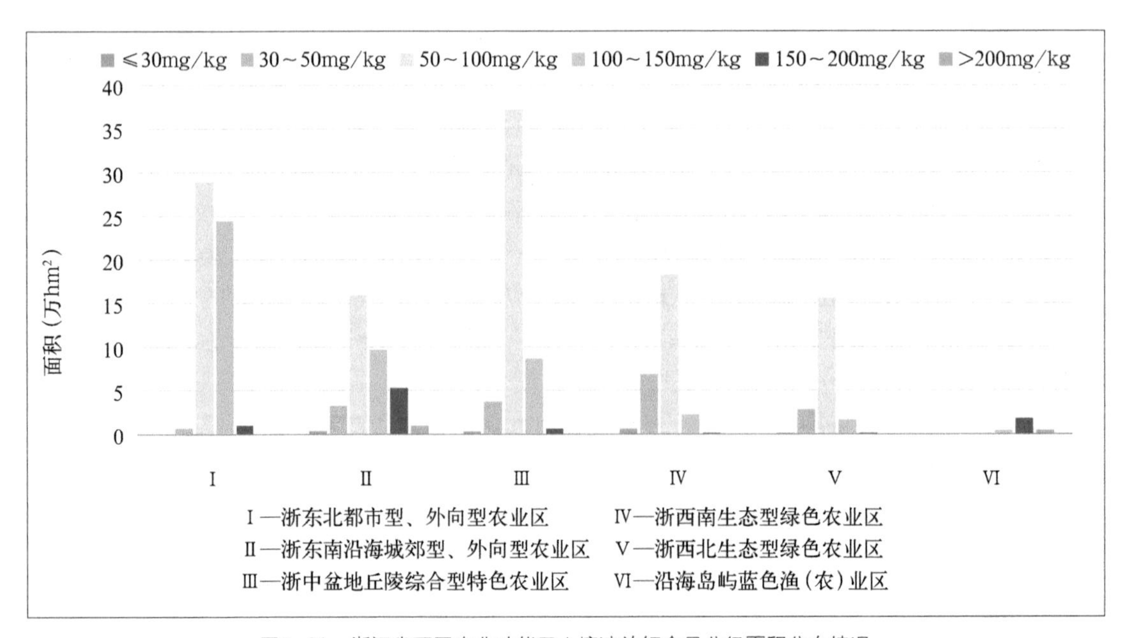

图5-31　浙江省不同农业功能区土壤速效钾含量分级面积分布情况

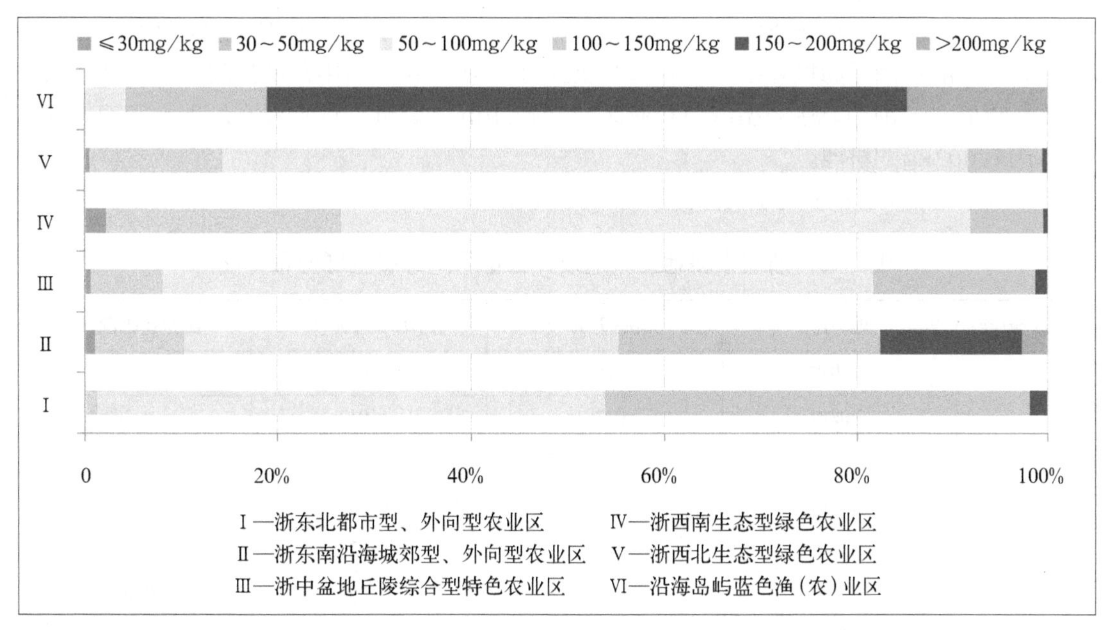

图5-32 浙江省不同农业功能区土壤速效钾含量分级占比情况

土壤速效钾含量为150～200mg/kg的耕地主要分布在浙东南沿海城郊型、外向型农业区，面积为5.27万 hm^2，占全省耕地面积的2.74%；其次是沿海岛屿蓝色渔（农）业区，面积为1.79万 hm^2，占全省耕地面积的0.93%；再次是浙东北都市型、外向型农业区和浙中盆地丘陵综合型特色农业区，面积分别为9 800hm^2和6 100hm^2，分别占全省耕地面积的0.51%、0.32%；浙西南生态型绿色农业区有1 200hm^2，占全省耕地面积的0.06%；浙西北生态型绿色农业区最少，只有1 000hm^2。

土壤速效钾含量为100～150mg/kg的耕地，在浙东北都市型、外向型农业区分布最多，面积为24.43万 hm^2，占全省耕地面积的12.72%；其次是浙东南沿海城郊型、外向型农业区和浙中盆地丘陵综合型特色农业区，面积分别为9.67万 hm^2、8.64万 hm^2，分别占全省耕地面积的5.04%、4.50%；然后是浙西南生态型绿色农业区和浙西北生态型绿色农业区，面积分别为2.18万 hm^2、1.60万 hm^2，分别占全省耕地面积的1.14%、0.83%；沿海岛屿蓝色渔（农）业区最少，面积为4 000hm^2，仅占全省耕地面积的0.21%。

土壤速效钾含量为50～100mg/kg的耕地主要分布在浙中盆地丘陵综合型特色农业区，面积达37.21万 hm^2，占全省耕地面积的19.37%；其次是浙东北都市型、外向型农业区，面积为28.95万 hm^2，占全省耕地面积的15.07%；沿海岛屿蓝色渔（农）业区分布最少，面积为1 100hm^2，占全省耕地面积的0.06%；其他各区都有超过15万 hm^2的分布，面积在15.65万～18.32万 hm^2，占比在8.15%～9.54%。

土壤速效钾含量为30～50mg/kg的耕地，主要分布在浙西南生态型绿色农业区，面积为6.83万 hm^2，占全省耕地面积的3.55%；其次是浙中盆地丘陵综合型特色农业区和浙东南沿海城郊型、外向型农业区，有3.71万 hm^2和3.23万 hm^2的分布，占全省耕地面积的1.93%、1.68%；浙西北生态型绿色农业区有2.78万 hm^2，占全省耕地面积的1.45%；浙东北都市型、外向型农业区较少，面积仅为6 600hm^2；沿海岛屿蓝色渔（农）业区没有发现土壤速效钾含量为30～50mg/kg的耕地。

土壤速效钾含量小于30mg/kg的耕地主要分布在浙西南生态型绿色农业区，面积为6 300hm²，浙东南沿海城郊型、外向型农业区有3 800hm²，浙中盆地丘陵综合型特色农业区有3 300hm²，浙西北生态型绿色农业区有1 000hm²，其他两区均没有发现土壤速效钾含量低于30mg/kg的耕地。

在不同地级市之间土壤速效钾含量有差异（表5-13）。

表5-13　浙江省耕地土壤速效钾含量不同等级区域分布特征

等级（mg/kg）	地级市	面积（万 hm²）	占本市比例（%）	占全省比例（%）
>200	杭州市	0.02	0.09	0.01
	宁波市	0.38	1.91	0.20
	温州市	0.03	0.10	0.01
	嘉兴市	0.01	0.05	0.00
	湖州市	0.00	0.02	0.00
	绍兴市	0.01	0.05	0.01
	金华市	0.02	0.10	0.01
	舟山市	0.40	15.81	0.21
	台州市	0.56	2.96	0.29
150～200	杭州市	0.36	1.85	0.19
	宁波市	1.65	8.28	0.86
	温州市	1.11	4.28	0.58
	嘉兴市	0.30	1.52	0.16
	湖州市	0.02	0.13	0.01
	绍兴市	0.10	0.56	0.05
	金华市	0.21	0.91	0.11
	衢州市	0.18	1.35	0.09
	舟山市	1.77	70.16	0.92
	台州市	3.09	16.36	1.61
	丽水市	0.08	0.53	0.04
100～150	杭州市	4.21	21.45	2.19
	宁波市	8.07	40.46	4.20
	温州市	4.51	17.45	2.35
	嘉兴市	10.61	54.20	5.52
	湖州市	3.97	26.31	2.07
	绍兴市	4.07	21.67	2.12
	金华市	2.75	11.93	1.43
	衢州市	1.65	12.54	0.86
	舟山市	0.34	13.40	0.18

(续表)

等级(mg/kg)	地级市	面积(万 hm^2)	占本市比例(%)	占全省比例(%)
100~150	台州市	5.32	28.20	2.77
	丽水市	1.42	9.14	0.74
50~100	杭州市	12.59	64.20	6.55
	宁波市	8.82	44.23	4.59
	温州市	14.53	56.23	7.56
	嘉兴市	8.62	44.01	4.49
	湖州市	10.46	69.28	5.45
	绍兴市	13.49	71.79	7.02
	金华市	17.95	77.81	9.34
	衢州市	10.55	79.99	5.49
	舟山市	0.02	0.63	0.01
	台州市	8.54	45.24	4.45
	丽水市	10.66	68.44	5.55
30~50	杭州市	2.33	11.89	1.21
	宁波市	1.01	5.05	0.52
	温州市	5.49	21.27	2.86
	嘉兴市	0.04	0.22	0.02
	湖州市	0.64	4.26	0.34
	绍兴市	0.99	5.28	0.52
	金华市	1.94	8.42	1.01
	衢州市	0.79	5.99	0.41
	台州市	1.01	5.37	0.53
	丽水市	2.94	18.89	1.53
≤30	杭州市	0.10	0.52	0.05
	宁波市	0.01	0.07	0.01
	温州市	0.17	0.67	0.09
	绍兴市	0.12	0.65	0.06
	金华市	0.19	0.83	0.10
	衢州市	0.02	0.13	0.01
	台州市	0.35	1.87	0.18
	丽水市	0.47	3.00	0.24

土壤速效钾含量大于200mg/kg的耕地，占全省耕地面积的0.74%。台州市分布最多，面积为5 600hm^2，占本市耕地面积的2.96%，占全省耕地面积的0.29%；其次是舟山市，面积为4 000hm^2，占本市耕地面积的15.81%，占全省耕地面积的0.21%；再次是宁波市，为

3 800hm^2；其他各市有少量分布，均不足1 000hm^2，衢州市和丽水市没有发现土壤速效钾含量超过200mg/kg。

土壤速效钾含量为150~200mg/kg的耕地，占全省耕地面积的4.62%。在台州市分布最多，面积为3.09万hm^2，占本市耕地面积的16.36%，占全省耕地面积的1.61%；其次是舟山市，面积为1.77万hm^2，占全省耕地面积仅0.92%，但占本市耕地面积的70.16%，也就是说舟山市的大部分耕地速效钾含量在150~200mg/kg；再次是宁波市，面积为1.65万hm^2，占本市耕地面积的8.28%，占全省耕地面积的0.86%；然后是温州市，面积为1.11万hm^2，占本市耕地面积的4.28%，占全省耕地面积的0.58%；杭州市、嘉兴市、金华市、衢州市、绍兴市皆有少量分布，分别为3 600hm^2、3 000hm^2、2 100hm^2、1 800hm^2、1 000hm^2，占全省耕地面积的比例在0.05%~0.19%；丽水市、湖州市更少，面积均小于1 000hm^2。

土壤速效钾含量为100~150mg/kg的耕地，占全省耕地面积的24.43%，其中嘉兴市最多，有10.61万hm^2，占本市耕地面积的54.20%，占全省耕地面积的5.52%；其次是宁波市，面积为8.07万hm^2，占本市耕地面积的40.46%，占全省耕地面积的4.20%；而衢州市、丽水市分布较少，分别为1.65万hm^2、1.42万hm^2，分别占全省耕地面积的0.86%、0.74%；舟山市分布最少，只有3 400hm^2，但占本市耕地面积的13.40%；其他各区均有超过2万hm^{2}的分布。

土壤速效钾含量为50~100mg/kg的耕地，占全省耕地面积的60.50%，占比最大，在各区都有较多分布，其中在金华市分布最多，有17.95万hm^2，占本市耕地面积的77.81%，占全省耕地面积的9.34%；其次是温州市，面积为14.53万hm^2，占本市耕地面积的56.23%，占全省耕地面积的7.56%；舟山市最少，面积为200hm^2，占全省耕地面积仅0.01%；其他各区均有不少分布，面积在8.54~13.49万hm^2，占比在4.45%~7.02%。

土壤速效钾含量为30~50mg/kg的耕地，占比相对较小，为8.95%。其中温州市最多，有5.49万hm^2，占全省耕地面积比例为2.86%，大于2.0%；其次是丽水市、杭州市，面积均超过2万hm^2，全省占比均超过1.0%；然后是金华市，面积为1.94万hm^2，占全省耕地面积比例为1.01%。其他各市有少量分布，占全省耕地面积比例均在1.0%以下。

土壤速效钾含量小于30mg/kg的耕地，占比最小，只有0.75%，主要分布在丽水市，面积为4 700hm^2，占本市耕地面积的3.00%，占全省耕地面积的0.24%；其次台州市有3 500hm^2，占本市耕地面积的1.87%，占全省耕地面积的0.18%；金华市、温州市、绍兴市、杭州市，分别有1 900hm^2、1 700hm^2、1 200hm^2、1 000hm^2，分别占全省耕地面积的0.1%、0.09%、0.06%、0.05%；宁波市、衢州市有极少分布，其他市则没有发现。

四、土壤钾素调控

土壤中钾的绝大部分（95%以上）都存在于土壤矿物的晶格中或晶层间，土壤含钾量与成土的岩石矿物类型、风化成土条件及土壤本身特性有密切关系。因此，土壤钾含量可因母质、气候等的不同有很大的变化，低的不足5g/kg，高的可达30g/kg以上，总体上南方土壤钾的含量低于北方土壤。

土壤速效性钾是植物可以当季吸收利用的形态，是土壤肥力高低的重要标志。影响土壤速效钾的主要因素包括成土母质、土壤风化程度、土壤酸碱度、土壤质地、土壤胶体类型、土壤阳离子交换量、盐基饱和度（BS）、陪补离子种类和数量、有机质含量、耕作施肥与灌水等。浙江省属集约型多熟制农业区域，复种指数高，钾肥需求量大；与此同时，高产品种的引进和科学栽培技术的应用使得作物产量不断提高，从土壤中带走的钾素越来越多，加剧了土壤钾素的消耗，致使部分地区土壤钾素亏缺严重，大部分土壤速效钾含量在三级（100～150mg/kg）以下。根据区域土壤钾素现状、土壤性状和耕作制度特点，提高增量效应、促进养分循环应是土壤钾素调控的主要路径。

（一）优化钾肥施用策略

1.因土施钾

钾肥应首先投放在土壤严重缺钾的区域，一般土壤速效钾低于80mg/kg时，增施钾肥效果显著，土壤速效钾在80～120mg/kg时，可暂不施钾；因土质施钾，砂质土壤速效钾含量一般较低，应增施钾肥，黏质土壤速效钾含量通常较高，可少施或不施；缺钾又缺硫的土壤可施用硫酸钾，盐碱地不宜施用氯化钾，在多雨地区或具有灌溉条件、排水状况良好的地区多数作物可以施用氯化钾。

2.因作物施钾

钾素可以促进糖代谢，因此，生产实践中凡是以收获碳水化合物为主的作物，如薯类、纤维类、糖用植物等，施用钾肥后，不但产量增加，而且品质也明显提高；钾素促进了糖的代谢，相应也促进了油脂的形成，因此，花生、大豆、油菜等油料作物施用钾肥能提高油脂含量；杨梅、葡萄、桃等经济作物增加钾肥用量，可明显改善果实风味。

3.因农作制度施钾

麦—稻轮作制中，由于水旱轮作，干湿交替，因此土壤缺钾程度减轻。当土壤速效钾含量低于60mg/kg时，小麦应增施钾肥，高于80mg/kg时可以少施或暂不施用钾肥；稻—稻轮作制度中，因为早稻施用有机肥多，晚稻在“双抢”季节插秧，有机肥施用少，而且晚稻搁田、烤田的次数和天数与早稻相比较少，土壤钾素不能很快释放出来，晚稻比早稻更容易出现缺钾的情况，所以晚稻施钾增产效果比早稻好。

4.因种植环境施钾

钾能增强植物的抗寒、抗旱、抗盐碱、抗病虫害能力，在较为恶劣的环境条件或气候条件下施用钾肥的效果更佳。如干旱条件下，供钾充足的作物气孔调节灵敏，蒸腾失水减少，根系发达，吸水能力增强；钾供给充足还可减少水稻胡麻斑病、条叶枯病、稻瘟病的发生。盐土施用钾肥比非盐土多施20%～30%，可达到相近的增产效果。

（二）改进钾肥施用技术

作物生长的前期钾需求量较大，生长后期对钾的吸收显著减少，此外，钾在植物体内移动性大的情况下，缺钾症状出现较迟，因此，钾肥应早施，须掌握“重施基肥、轻施追肥、分层施用、看苗追肥”的原则，但对保水保肥能力差的土壤，钾肥应分次施用，基肥追肥兼施，钾在土壤中移动性小的情况下，钾离子在土壤中的扩散较慢，根系吸收钾的多少首先取决于根量及其与土壤的接触面积，因此提倡钾肥深施，并集中施用在作物根系多、吸收能力强的土层中。

(三)拓展土壤增钾途径

浙江省秸秆资源丰富，而作物吸收的钾主要保留在作物秸秆中，实施作物秸秆还田是增加土壤钾含量的有效措施；有机肥和绿肥也富含一定的钾素，增施有机肥和种植绿肥也可作为增加土壤钾含量的有效途径；钾含量较为丰富的土壤，施用生物钾肥可将难溶性钾转化为有效钾，增加作物可吸收利用的钾素含量。

第五节　土壤缓效钾

土壤中黑云母、水化云母(伊利石)以及蛭石、绿泥石—蛭石、云母—蒙脱石等矿物膨胀性层状硅酸盐矿物层间和颗粒边缘上的钾，包括被2：1型层状黏土矿物如蛭石、蒙脱石和一些过渡矿物晶格固定的交换性钾或溶液钾，以及天然层状矿物如黑云母和伊利石层间固有的钾，统称为非交换态钾或缓效钾。缓效钾一般占土壤全钾量的2%~8%，但不同土类的缓效钾含量差异很大。土壤钾的几种形态之间并无绝对的界限，彼此存在着一定的化学平衡关系。结构态钾(矿物钾)主要经过风化缓慢转化为非交换态钾，这是一种不可逆的释放反应，而非交换态钾转化为交换态钾或水溶态钾，则是可逆的。非交换态钾经风化析出水溶态钾、交换态钾，水溶态钾、交换态钾也可在土壤干湿交替影响下，进入2：1型黏土矿物晶片层间而被固定，固定后其生物有效性降低，但在一定条件下仍可以逐渐释放，供植物吸收利用。缓效性钾与速效钾是否保持动态平衡，是评价土壤供钾潜力的一个重要指标。近年来的研究和实践表明，缓效态钾是土壤速效钾的直接来源和后备，单纯用速效钾含量去反映供钾能力是不够的，只有两个指标相结合，才能更客观地衡量土壤的供钾水平。

淹水和晒垡可以促进土壤含钾矿物的风化和对被晶格固定钾的释放，因此，水旱轮作和熟化培肥应是耕作土壤调控钾素性态的有效方法。

一、浙江省耕地土壤缓效钾含量空间差异

根据从省级汇总评价7 311个耕层土样中选取出的6 161个耕层土样化验分析结果，浙江省耕层土壤缓效钾平均含量为316.25mg/kg，变化范围为42.0~1 524.0mg/kg。根据浙江省土壤养分指标分级标准(表5-1)，耕层缓效钾含量在一级至六级的点位占比分别为0、1%、2%、2%、7%和88%(图5-33A)。

全省六大农业功能区中，沿海岛屿蓝色渔(农)业区土壤缓效钾含量最高，平均为525.1mg/kg，变动范围为166.0~1 202.0mg/kg；其次是浙东南沿海城郊型、外向型农业区和浙东北都市型、外向型农业区，平均分别为420.5mg/kg和317.9mg/kg，变动范围分别为60.0~1 283.0mg/kg和45.0~1 208.0mg/kg；浙西北生态型绿色农业区和浙中盆地丘陵综合型特色农业区略低，平均含量分别为301.0mg/kg和285.1mg/kg，变动范围分别为85.0~1 381.0mg/kg和42.0~1 524.0mg/kg；浙西南生态型绿色农业区的土壤缓效钾含量最低，平均为242.0mg/kg，变动范围为43.0~1 367.0mg/kg(图5-33B)。

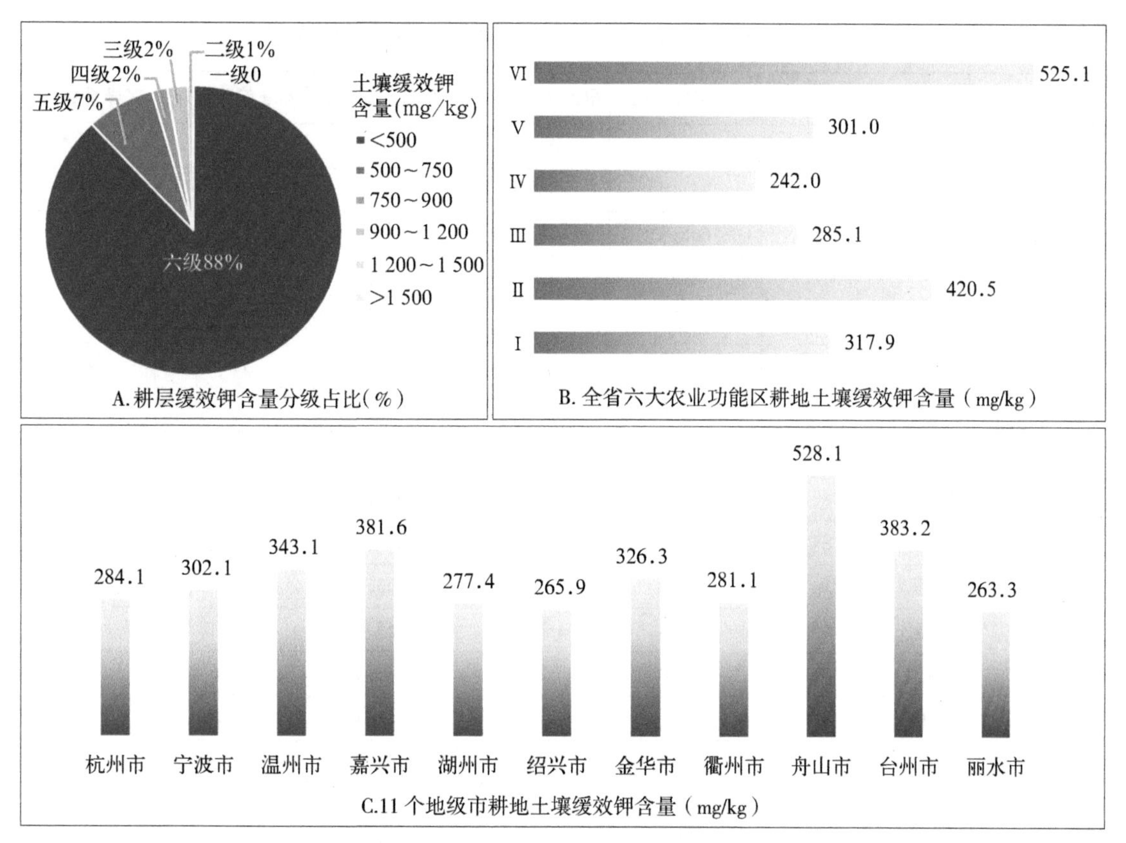

图5-33　浙江省耕层土壤缓效钾含量分布情况

Ⅰ—浙东北都市型、外向型农业区　Ⅳ—浙西南生态型绿色农业区
Ⅱ—浙东南沿海城郊型、外向型农业区　Ⅴ—浙西北生态型绿色农业区
Ⅲ—浙中盆地丘陵综合型特色农业区　Ⅵ—沿海岛屿蓝色渔（农）业区

11个地级市中，以舟山市耕地土壤缓效钾含量最高，平均528.1mg/kg，变动范围166.0~1 202.0mg/kg；台州市、嘉兴市次之，平均含量分别为383.2mg/kg、381.6mg/kg，变动范围分别为61.0~1 202.0mg/kg、98.0~1 157.0mg/kg；接着是温州市、金华市和宁波市，平均含量均在300.0mg/kg以上，分别为343.1mg/kg、326.3mg/kg、302.1mg/kg，变动范围分别为52.0~1 283.0mg/kg、83.2~1 435.0mg/kg和72.0~ 1 208.0mg/kg；其他各市平均含量变动范围为263.3~284.1mg/kg（图5-33C）。

全省各县（市、区）中，岱山县和台州市椒江区耕地土壤缓效钾含量最高，平均含量分别高达968.5mg/kg、948.2mg/kg；其次是温州市龙湾区、瓯海区和杭州市滨江区，平均分别为842.5mg/kg、830.7mg/kg、755.0mg/kg；松阳县最低，平均含量为131.4mg/kg；衢州市衢江区较低，平均含量为149.3mg/kg，其他各县（市、区）均大于150.0mg/kg。缓效钾含量变异系数以衢州市柯城区最高，为122%，玉环县次之，为86%；杭州市江干区变异系数最低，为9%，开化县次之，为10%。其他县（市、区）变异系数均高于10%（表5-14）。

表5-14 浙江省各县（市、区）耕地土壤缓效钾含量

区域		点位数（个）	最小值（mg/kg）	最大值（mg/kg）	平均值（mg/kg）	标准差（mg/kg）	变异系数（%）
杭州市	江干区	6	506.0	637.0	560.2	48.3	9
	西湖区	7	241.0	386.0	302.3	50.5	17
	滨江区	3	668.0	832.0	755.0	82.5	11
	萧山区	103	95.0	724.0	278.3	98.5	35
	余杭区	96	99.0	541.0	261.5	104.4	40
	桐庐县	71	85.0	471.0	174.2	71.1	41
	淳安县	35	347.0	1 381.0	560.0	253.5	45
	建德市	92	112.0	368.0	259.1	50.2	19
	富阳区	89	94.0	724.0	356.1	132.0	37
	临安区	84	173.0	296.5	208.4	22.3	11
宁波市	江北区	16	220.0	400.0	263.2	41.6	16
	北仑区	46	250.0	1 208.0	453.8	191.0	42
	镇海区	19	170.0	322.0	238.4	42.6	18
	鄞州区	97	72.0	1 080.0	254.4	130.6	51
	象山县	64	138.0	806.0	344.8	153.4	45
	宁海县	116	102.0	1 208.0	326.9	214.3	66
	余姚市	115	88.0	611.0	251.1	89.4	36
	慈溪市	100	284.0	441.0	340.1	43.3	13
	奉化区	72	88.5	1 080.0	246.1	148.6	60
温州市	鹿城区	17	120.0	1 283.0	517.7	373.5	72
	龙湾区	13	224.0	1 128.0	842.5	207.5	25
	瓯海区	30	60.0	1 283.0	830.7	458.3	55
	洞头区	4	439.0	559.0	479.0	54.2	11
	永嘉县	165	53.0	1 283.0	249.6	182.9	73
	平阳县	103	137.0	798.0	394.0	223.8	57
	苍南县	104	61.0	1 283.0	291.2	217.0	75
	文成县	98	63.5	415.0	204.1	76.3	37
	泰顺县	120	52.0	674.0	164.9	72.5	44
	瑞安市	91	140.0	1 000.0	327.3	160.6	49
	乐清市	91	189.0	1 087.0	643.9	316.8	49
嘉兴市	南湖区	58	425.0	834.0	583.1	98.4	17
	秀洲区	88	169.0	554.0	421.8	87.5	21
	嘉善县	94	167.0	725.0	380.9	86.6	23
	海盐县	84	158.0	1 157.0	489.4	190.9	39

（续表）

区域		点位数（个）	最小值（mg/kg）	最大值（mg/kg）	平均值（mg/kg）	标准差（mg/kg）	变异系数（%）
嘉兴市	海宁市	112	98.0	834.0	356.5	158.0	44
	平湖市	87	128.0	763.0	250.8	97.4	39
	桐乡市	114	144.0	834.0	293.5	122.5	42
湖州市	吴兴区	63	45.0	762.0	221.7	109.8	50
	南浔区	117	77.0	489.0	198.6	55.8	28
	德清县	85	67.5	509.0	200.9	117.7	59
	长兴县	143	121.0	793.0	320.2	102.0	32
	安吉县	129	121.0	793.0	378.9	150.6	40
绍兴市	越城区	40	144.0	472.0	295.8	58.4	20
	柯桥区	62	139.0	1 208.0	378.4	217.4	57
	上虞区	107	144.0	1 080.0	323.0	133.4	41
	新昌县	87	56.0	732.0	242.2	121.6	50
	诸暨市	176	91.0	1 208.0	231.6	155.4	67
	嵊州市	127	97.0	520.0	217.3	79.5	37
金华市	婺城区	86	330.0	1 380.0	579.7	180.2	31
	金东区	56	97.0	680.0	301.2	112.0	37
	武义县	75	83.2	725.0	189.3	82.8	44
	浦江县	54	173.0	303.0	243.9	25.8	11
	磐安县	50	85.0	449.0	250.9	90.1	36
	兰溪市	108	105.0	477.0	225.1	78.0	35
	义乌市	76	100.0	1 435.0	459.2	186.7	41
	东阳市	108	105.0	480.0	326.2	96.2	29
	永康市	76	220.0	402.0	312.6	41.8	13
衢州市	柯城区	18	70.0	1 293.0	226.8	277.2	122
	衢江区	77	42.0	388.0	149.3	64.5	43
	常山县	54	107.0	740.0	267.7	134.7	50
	开化县	68	178.0	282.5	220.6	23.0	10
	龙游县	100	122.0	686.0	293.1	102.6	35
	江山市	142	218.0	1 524.0	385.1	168.1	44
舟山市	定海区	28	166.0	1 202.0	318.6	189.8	60
	普陀区	22	342.0	889.0	546.4	183.8	34
	岱山县	13	279.0	1 202.0	948.2	257.2	27

（续表）

区域		点位数（个）	最小值（mg/kg）	最大值（mg/kg）	平均值（mg/kg）	标准差（mg/kg）	变异系数（%）
台州市	椒江区	29	819.0	1 202.0	968.5	111.4	11
	黄岩区	33	222.0	767.0	322.6	154.0	48
	路桥区	38	186.0	1 202.0	306.4	156.2	51
	玉环县	24	103.0	1 202.0	261.6	225.2	86
	三门县	67	282.0	1 000.0	412.3	123.5	30
	天台县	85	61.0	1 000.0	245.1	106.8	44
	仙居县	91	65.0	383.0	201.6	72.5	36
	温岭市	99	70.0	1 202.0	454.4	311.0	68
	临海市	114	166.0	1 167.0	472.0	306.2	65
丽水市	莲都区	31	47.0	723.0	216.3	141.5	65
	青田县	86	65.0	1 367.0	375.3	189.6	51
	缙云县	55	135.0	640.0	303.2	103.1	34
	遂昌县	60	100.0	635.0	312.1	141.9	45
	松阳县	65	43.0	343.0	131.4	64.2	49
	云和县	26	54.5	723.0	267.4	138.9	52
	庆元县	62	67.5	1 042.0	350.3	211.9	60
	景宁县	57	69.0	327.0	216.7	66.8	31
	龙泉市	88	72.0	370.0	177.3	63.4	36

二、不同类型耕地土壤缓效钾含量及其影响因素

（一）主要土类的缓效钾含量

1.各土类的缓效钾含量差异

浙江省主要土壤类型耕地缓效钾平均含量从高到低依次为：滨海盐土、潮土、水稻土、紫色土、红壤、粗骨土、黄壤、石灰（岩）土和基性岩土。其中滨海盐土缓效钾含量最高，平均375.6mg/kg，变动范围为116.0～1 078.0mg/kg；潮土、水稻土次之，平均含量分别为341.0mg/kg和324.2mg/kg，变动范围分别为77.0～1 524.0mg/kg、42.0～1 435.0mg/kg；第三层次是紫色土、红壤、粗骨土、黄壤和石灰（岩）土，平均含量均大于250.0mg/kg，变动范围为250.5～281.6mg/kg；基性岩土最低，为180.5mg/kg，变动范围为121.0～265.0mg/kg（图5-34）。

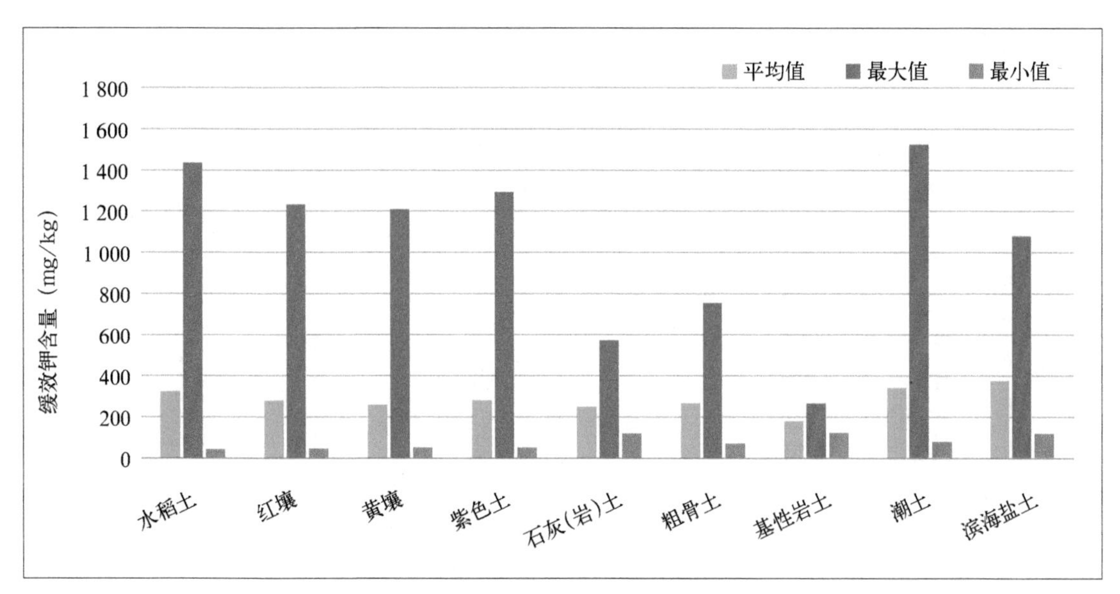

图5-34 浙江省不同土类耕地土壤缓效钾含量

2.主要土类的土壤缓效钾含量在农业功能区间的差异

同一土类土壤的缓效钾平均含量在不同农业功能区也有差异，见图5-35。

水稻土缓效钾平均含量以沿海岛屿蓝色渔（农）业区最高，为523.0mg/kg，浙东南沿海城郊型、外向型农业区次之，为445.1mg/kg，浙东北都市型、外向型农业区和浙西北生态型绿色农业区再次之，分别为316.4mg/kg、313.8mg/kg，浙中盆地丘陵综合型特色农业区较低，为281.6mg/kg，浙西南生态型绿色农业区最低，为251.2mg/kg。

黄壤缓效钾平均含量以浙东北都市型、外向型农业区最高，为750.0mg/kg，浙东南沿海城郊型、外向型农业区次之，为650.8mg/kg，浙中盆地丘陵综合型特色农业区和浙西北生态型绿色农业区再次之，分别为292.6mg/kg、254.6mg/kg，浙西南生态型绿色农业区最低，为220.5mg/kg，沿海岛屿蓝色渔（农）业区没有采集到黄壤。

紫色土缓效钾平均含量以浙中盆地丘陵综合型特色农业区最高，为334.5mg/kg，浙东南沿海城郊型、外向型农业区和浙西北生态型绿色农业区次之，分别为275.0mg/kg、247.3mg/kg，浙西南生态型绿色农业区最低，为172.7mg/kg，其中浙东北都市型、外向型农业区和沿海岛屿蓝色渔（农）业区没有采集到紫色土。

粗骨土缓效钾平均含量以浙东北都市型、外向型农业区最高，为312.4mg/kg，其他各区均小于300.0mg/kg，变动范围为250.9～299.5mg/kg。

潮土缓效钾平均含量在沿海岛屿蓝色渔（农）业区最高，为692.0mg/kg，浙东南沿海城郊型、外向型农业区次之，为433.7mg/kg，浙东北都市型、外向型农业区和浙西北生态型绿色农业区再次之，分别为329.2mg/kg、302.8mg/kg，在浙中盆地丘陵综合型特色农业区较低，为297.1mg/kg，浙西南生态型绿色农业区最低，为259.3mg/kg。

滨海盐土分布在浙东北都市型、外向型农业区，浙东南沿海城郊型、外向型农业区和沿海岛屿蓝色渔（农）业区，土壤缓效钾平均含量以浙东南沿海城郊型、外向型农业区最高，为577.8mg/kg，沿海岛屿蓝色渔（农）业区次之，为448.0mg/kg，浙东北都市型、外向型农业区小于400.0mg/kg，为329.7mg/kg。

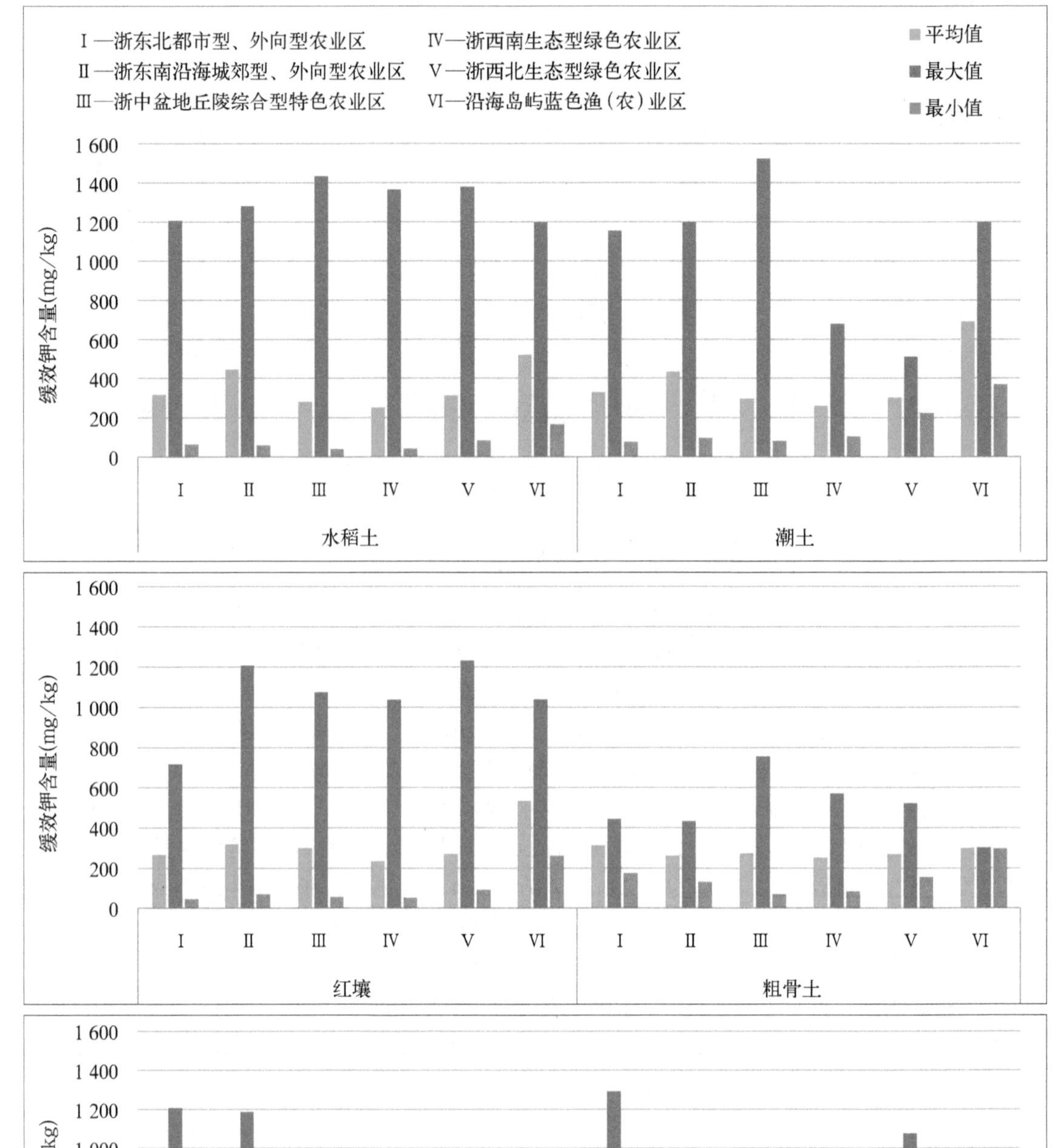

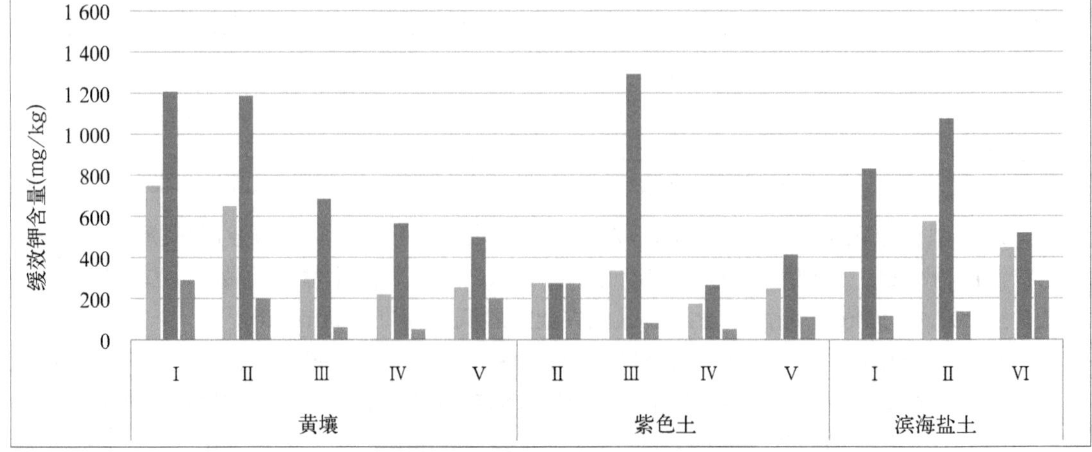

图5-35　浙江省主要土类耕地土壤缓效钾含量在不同农业功能区的差异

红壤的土壤缓效钾平均含量在沿海岛屿蓝色渔（农）业区最高，平均含量达532.2mg/kg，其余各分区平均含量均小于500.0mg/kg，变动范围为234.2～319.2mg/kg。

（二）主要亚类的缓效钾含量

饱和红壤土壤缓效钾平均含量最高，达459.0mg/kg；潮滩盐土次之，为396.0mg/kg；脱潜水稻土、滨海盐土也较高，均大于350.0mg/kg，分别为382.9mg/kg、375.3mg/kg；基性岩土的平均含量最低，小于200.0mg/kg，为180.5mg/kg；其他各亚类均大于200.0mg/kg，变动范围为229.1～341.0mg/kg。

变异系数以潜育水稻土最高（饱和红壤、潮滩盐土、黑色石灰土样点数为2，未统计变异系数），为77%；淹育水稻土和黄壤较高，分别为73%、71%；基性岩土最低，为32%，棕红壤次之为37%；其他各亚类变异系数皆高于40%，变动范围为43%～67%（表5-15）。

表5-15　浙江省主要亚类耕地土壤缓效钾含量

亚类	样点数（个）	最小值（mg/kg）	最大值（mg/kg）	平均值（mg/kg）	标准差（mg/kg）	变异系数（%）
潴育水稻土	1 989	42.0	1 381.0	304.9	173.56	57
渗育水稻土	954	59.0	1 380.0	336.7	221.84	66
脱潜水稻土	739	97.0	1 283.0	382.9	215.88	56
淹育水稻土	624	43.0	1 435.0	296.7	215.59	73
潜育水稻土	70	63.5	1 283.0	323.5	249.25	77
黄红壤	679	52.0	1 232.0	274.5	173.87	63
红壤	131	56.0	1 208.0	290.8	193.93	67
红壤性土	54	100.0	836.0	310.4	154.22	50
棕红壤	10	45.0	453.0	296.9	110.49	37
饱和红壤	2	457.0	461.0	459.0	2.83	—
黄壤	122	52.0	1 208.0	259.6	183.70	71
石灰性紫色土	58	82.0	1 293.0	323.3	166.66	52
酸性紫色土	46	52.0	800.0	229.1	136.23	59
酸性粗骨土	130	70.0	755.0	267.1	113.56	43
灰潮土	409	77.0	1 524.0	341.0	184.29	54
滨海盐土	111	116.0	1 078.0	375.3	186.47	50
潮滩盐土	2	138.0	654.0	396.0	364.87	—
黑色石灰土	2	189.0	282.0	235.5	65.76	—
棕色石灰土	21	119.0	571.0	251.9	109.13	43
基性岩土	8	121.0	265.0	180.5	58.14	32

（三）地貌类型与土壤缓效钾含量

不同地貌类型间，滨海平原土壤缓效钾含量最高，平均434.8mg/kg；其次是水网平原，其平均含量为357.4mg/kg；再者是河谷平原、低丘、中山和高丘，其平均含量分别为

296.5mg/kg、289.6mg/kg、259.1mg/kg、255.9mg/kg；而平均含量最低的是低山，为226.8mg/kg。变异系数以中山最大，为70%；低山最低，为33%；其他地貌类型的变异系数变动范围为55%~65%（图5-36）。

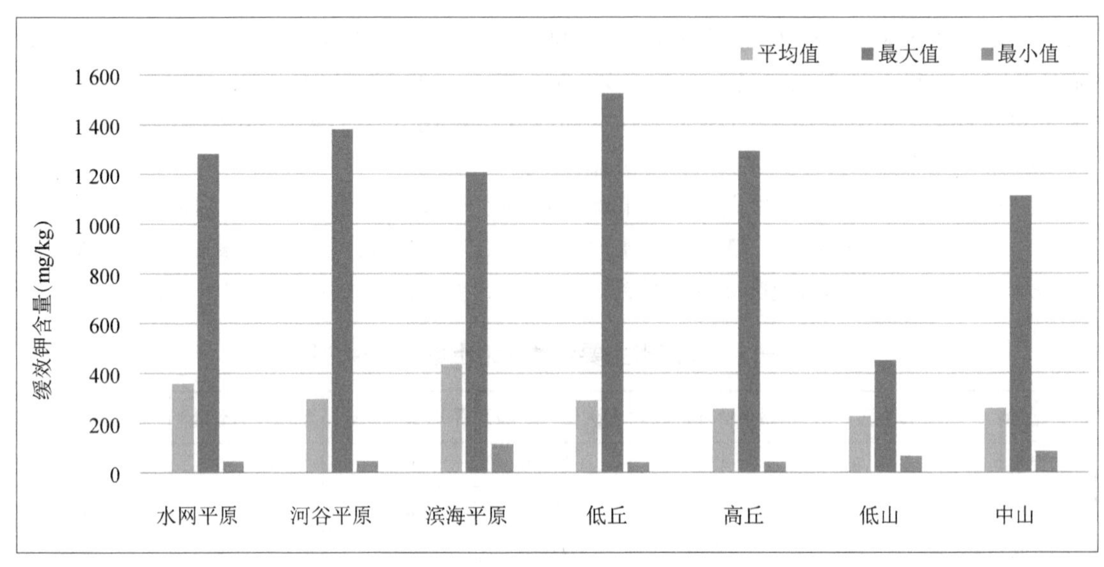

图5-36　浙江省不同地貌类型耕地土壤缓效钾含量

（四）土壤质地与土壤缓效钾含量

浙江省的不同土壤质地中，土壤缓效钾平均表现为：黏土>壤土>砂土，壤土各质地表现为：重壤>砂壤>中壤；砂土、砂壤、中壤、重壤、黏土的缓效钾含量平均值依次为294.0mg/kg、308.2mg/kg、294.2mg/kg、325.1mg/kg、359.2mg/kg（图5-37）。

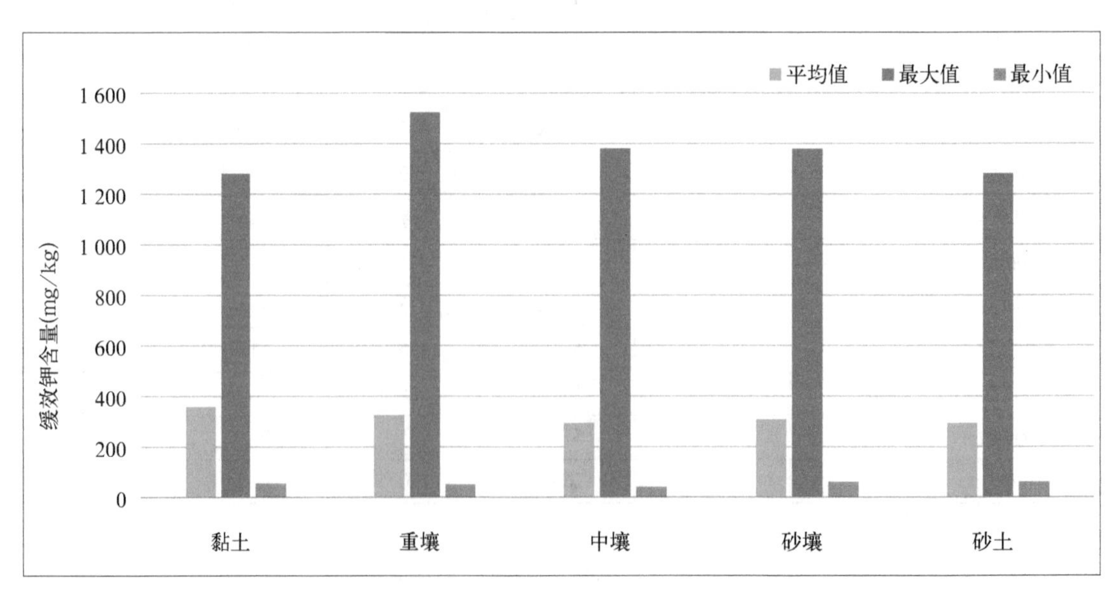

图5-37　浙江省不同质地耕地土壤缓效钾含量

三、土壤缓效钾分级面积与分布

（一）土壤缓效钾含量分级面积

根据浙江省域土壤缓效钾含量状况，参照浙江省土壤养分指标分级标准（表5-1），将土壤缓效钾含量划分为6级。全区耕地土壤缓效钾含量分级占比面积如图5-38所示。

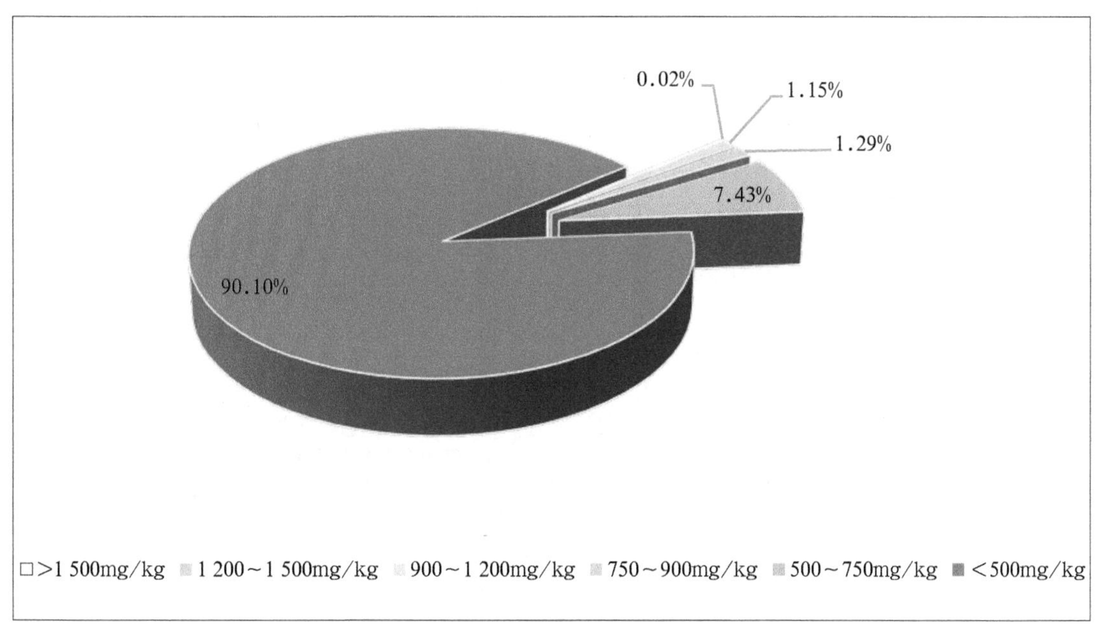

图5-38　浙江省耕地土壤缓效钾含量分级面积占比

浙江省没有发现土壤缓效钾含量大于1 500mg/kg的耕地；土壤缓效钾含量在1 200～1 500mg/kg的耕地共400hm²，占全省耕地面积的0.02%；土壤缓效钾含量在900～1 200mg/kg的耕地共2.22万hm²，占全省耕地面积的1.15%；土壤缓效钾含量在750～900mg/kg的耕地共2.48万hm²，占全省耕地面积的1.29%；土壤缓效钾高于750mg/kg的前4级耕地面积共4.74万hm²，占全省耕地面积的2.47%。土壤缓效钾含量在500～750mg/kg的耕地共14.27万hm²，占全省耕地面积的7.43%；土壤缓效钾含量小于500mg/kg的耕地面积最多，为173.08万hm²，占全省耕地面积的90.10%。可见，浙江省耕地土壤缓效钾含量总体较低，以中等偏下水平为主。

（二）土壤缓效钾地域分布特征

在不同的农业功能区其土壤缓效钾含量有差异（图5-39、图5-40）。

在六个农业功能分区中，皆没有发现土壤缓效钾含量大于1 500mg/kg的耕地。

土壤缓效钾含量为1 200～1 500mg/kg的耕地仅分布在浙西北生态型绿色农业区，面积为400hm²，占全省耕地面积的0.02%，其余五区皆没有发现土壤缓效钾含量为1 200～1 500mg/kg的耕地。

土壤缓效钾含量为900～1 200mg/kg的耕地，在浙东南沿海城郊型、外向型农业区分布最多，面积为1.75万hm²，占全省耕地面积的0.91%；其次是沿海岛屿蓝色渔（农）业区，面积为2 200hm^2，占全省耕地面积的0.12%；然后是浙中盆地丘陵综合型特色农业区，面积为1 300hm^2，占全省耕地面积的0.07%；浙西南生态型绿色农业区、浙东北都市型、外向型农业区、浙西北生态型绿色农业区分布较少，面积均不超过1 000hm^2，其中浙西北生态型绿色农业区分布最少，面积仅100hm^2。

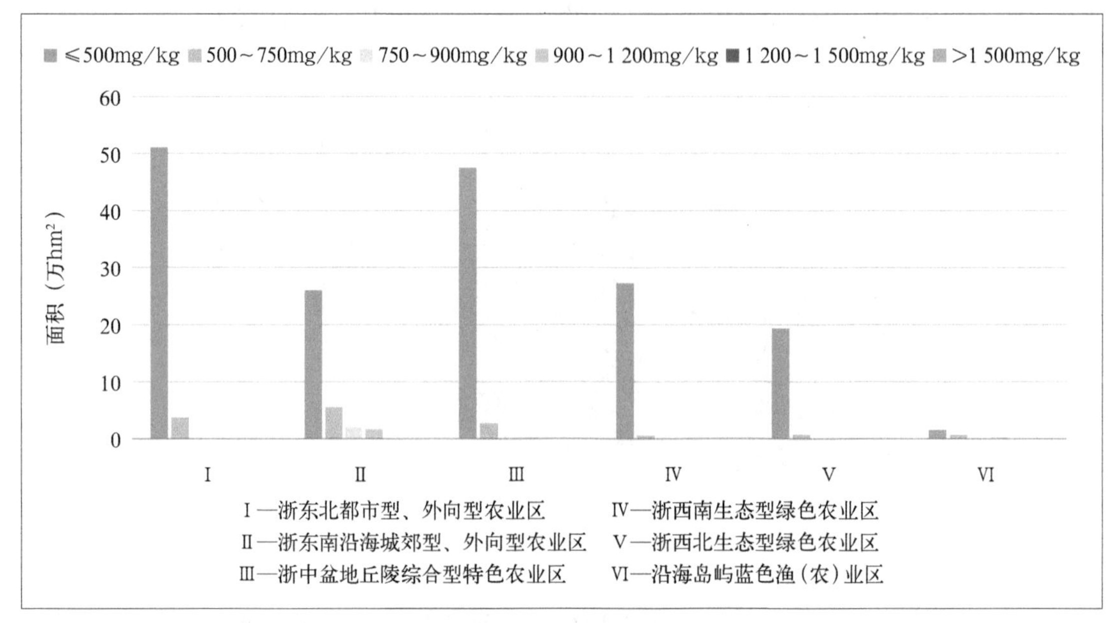

图5-39　浙江省不同农业功能区土壤缓效钾含量分级面积分布情况

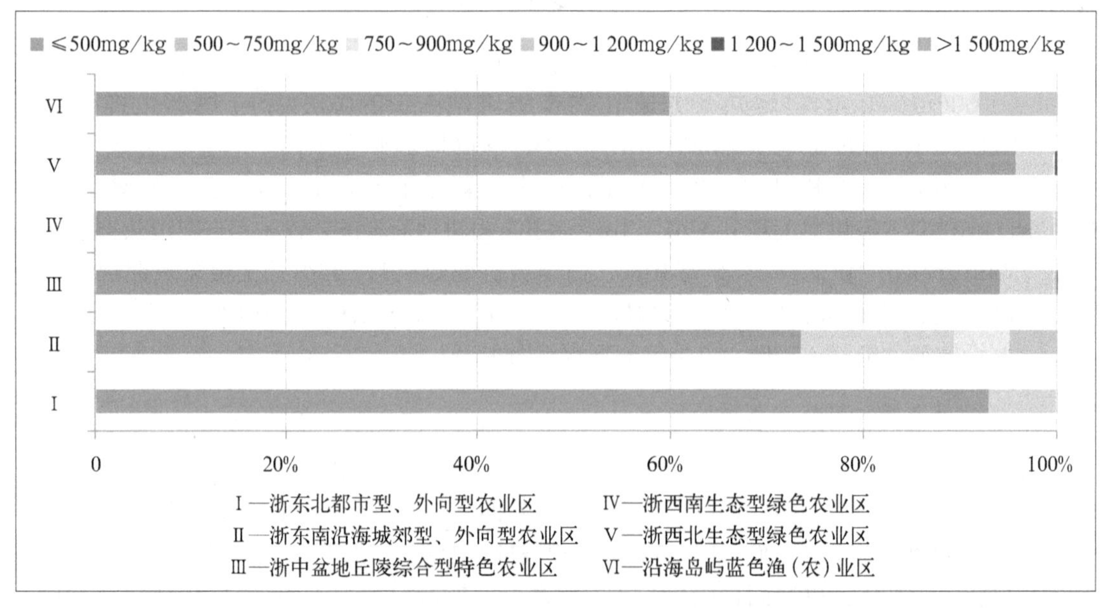

图5-40　浙江省不同农业功能区土壤缓效钾含量分级占比情况

土壤缓效钾含量为750～900mg/kg的耕地，在浙东南沿海城郊型、外向型农业区分布最多，面积为2.08万hm^2，占全省耕地面积的1.08%；其次是沿海岛屿蓝色渔（农）业区，面积为1 100hm^2，占全省耕地面积的0.05%；在浙中盆地丘陵综合型特色农业区，浙东北都市型、外向型农业区，浙西南生态型绿色农业区和浙西北生态型绿色农业区分布较少，面积均不超过1 000hm^2，其中浙西北生态型绿色农业区分布最少，面积仅500hm^2。

土壤缓效钾含量为500~750mg/kg的耕地，主要分布在浙东南沿海城郊型、外向型农业区，面积为5.56万 hm^2，占全省耕地面积的2.89%；其次是浙东北都市型、外向型农业区和浙中盆地丘陵综合型特色农业区，面积分别为3.79万 hm^{2}和2.75万 hm^2，分别占全省耕地面积的1.97%、1.43%；浙西北生态型绿色农业区和沿海岛屿蓝色渔（农）业区分布较少，分别有7 700hm^2、7 600hm^2；浙西南生态型绿色农业区分布最少，面积仅6 400hm^2。

土壤缓效钾含量小于500mg/kg的耕地，在浙东北都市型、外向型农业区分布最多，面积为51.15万 hm^2，占全省耕地面积的26.63%；其次是浙中盆地丘陵综合型特色农业区，面积为47.55万 hm^2，占全省耕地面积的24.75%；然后是浙西南生态型绿色农业区和浙东南沿海城郊型、外向型农业区，面积分别为27.31万 hm^2、26.11万 hm^2，分别占全省耕地面积的14.22%、13.59%；浙西北生态型绿色农业区分布较少，面积为19.37万 hm^2，占全省耕地面积的10.08%；沿海岛屿蓝色渔（农）业区分布最少，面积为1.62万 hm^2，占比小于1.0%。

在不同地级市之间土壤缓效钾含量有差异（表5-16）。

表5-16 浙江省耕地土壤缓效钾含量不同等级区域分布特征

等级（mg/kg）	地级市	面积（万 hm^2）	占本市比例（%）	占全省比例（%）
1 200~1 500	杭州市	0.04	0.18	0.02
	衢州市	0.00	0.02	0.00
900~1 200	杭州市	0.01	0.07	0.01
	宁波市	0.05	0.24	0.02
	温州市	0.94	3.65	0.49
	嘉兴市	0.00	0.02	0.00
	绍兴市	0.06	0.30	0.03
	金华市	0.06	0.25	0.03
	衢州市	0.04	0.31	0.02
	舟山市	0.22	8.76	0.12
	台州市	0.81	4.31	0.42
	丽水市	0.02	0.11	0.01
750~900	杭州市	0.05	0.27	0.03
	宁波市	0.09	0.45	0.05
	温州市	1.12	4.33	0.58
	嘉兴市	0.01	0.05	0.00
	绍兴市	0.05	0.26	0.03
	金华市	0.09	0.38	0.05
	衢州市	0.01	0.05	0.00

（续表）

等级（mg/kg）	地级市	面积（万 hm^2）	占本市比例（%）	占全省比例（%）
750～900	舟山市	0.11	4.17	0.05
	台州市	0.93	4.90	0.48
	丽水市	0.04	0.23	0.02
500～750	杭州市	0.57	2.91	0.30
	宁波市	0.61	3.07	0.32
	温州市	3.39	13.11	1.76
	嘉兴市	3.26	16.66	1.70
	湖州市	0.36	2.41	0.19
	绍兴市	0.21	1.13	0.11
	金华市	2.19	9.49	1.14
	衢州市	0.41	3.10	0.21
	舟山市	0.68	26.93	0.35
	台州市	2.09	11.09	1.09
	丽水市	0.49	3.15	0.26
≤500	杭州市	18.93	96.57	9.86
	宁波市	19.19	96.24	9.99
	温州市	20.39	78.90	10.61
	嘉兴市	16.30	83.28	8.49
	湖州市	14.73	97.59	7.67
	绍兴市	18.47	98.31	9.62
	金华市	20.73	89.87	10.79
	衢州市	12.73	96.51	6.63
	舟山市	1.52	60.15	0.79
	台州市	15.05	79.70	7.83
	丽水市	15.03	96.51	7.83

土壤缓效钾含量为1 200～1 500mg/kg的耕地，占比非常小，仅占全省耕地面积的0.02%，且只在杭州市和衢州市有分布，其中杭州市分布最多，面积为400hm^2，占全省耕地面积的0.02%，衢州市的分布面积则不足100hm^2。

土壤缓效钾含量为900～1 200mg/kg的耕地，占比相对较小，占全省耕地面积的1.15%，其中温州市最多，有9 400hm^2，占本市耕地面积的3.65%，占全省耕地面积的0.49%；其次是台州市，面积为8 100hm^2，占本市耕地面积的40.46%，占全省耕地面积的4.20%；而舟山市分布较少，面积为2 200hm^2，占全省耕地面积的比例为0.12%；其他各区均无超过1 000hm^{2}的分布；湖州市没有发现土壤缓效钾含量为900～1 200mg/kg的耕地。

土壤缓效钾含量为750～900mg/kg的耕地，占全省耕地面积的1.29%，温州市分布最多，有1.12万 hm^2，占本市耕地面积的4.33%，占全省耕地面积的0.58%；其次是台州市，面积为9 300hm^2，占本市耕地面积的4.90%，占全省耕地面积的0.48%；而舟山市分布较少，为1 100hm^2，占全省耕地面积的比例为0.05%；其他各区均无超过1 000hm^{2}的分布，其中湖州市没有发现土壤缓效钾含量为750～900mg/kg的耕地。

土壤缓效钾含量为500～750mg/kg的耕地，占全省耕地面积的7.43%。其中温州市、嘉兴市最多，分别有3.39万 hm^2、3.26万 hm^2，分别占全省耕地面积的1.76%、1.70%；其次是金华市、台州市，分布面积均超过2万 hm^2，全省占比均超过1.0%；其他各市均有少量分布，占全省耕地面积比例均在1.0%以下。

土壤缓效钾含量小于500mg/kg的耕地，占比最大，在各区都有较多分布，其中金华市分布最多，面积为20.73万 hm^2，占本市耕地面积的89.87%，占全省耕地面积的10.79%；其次是温州市，面积为20.39万 hm^2，占本市耕地面积的78.90%，占全省耕地面积的10.61%；衢州市分布较少，面积为12.73万 hm^2，占本市耕地面积的96.51%，占全省耕地面积的6.63%；舟山市分布最少，面积仅1.52万 hm^2，但占其本市耕地的60.15%，也就是说舟山市的大部分耕地土壤缓效钾含量小于500mg/kg；其他各区均有不少分布，面积在14.73万～19.19万 hm^2，占比在7.67%～9.99%。

第六节　土壤有效铜

铜是植物必需的微量营养元素。植物体内的铜，其功能大部分与酶有联系，主要起催化作用。大多数植物的含铜量在5～25mg/kg，根系含铜量大于地上部，而地上部分约70%分布于叶片。禾本科作物缺铜时植株丛生，通常从叶尖开始逐渐发白，严重时，不抽穗或不结实。缺铜果树顶梢上的叶片呈叶簇状，叶和果实均褪色，严重时，顶梢枯死，并逐渐向下扩展。土壤中的铜来自铜矿物，如黄铜矿，次生矿物中也含有一定数量的铜。土壤矿物风化后释放出的铜离子（Cu^{2+}）大部分被有机质所吸附。此外，土壤中还可能存在着碳酸铜、硝酸铜和磷酸铜。土壤中的铜，常被区分成水溶态铜、交换态铜、非交换态铜或酸溶态铜、难溶态铜或矿物铜等。土壤中铜的问题涉及缺铜和中毒两个方面，缺铜土壤主要是有机质土和砂质土，土壤中的铜过剩则会引起毒害问题。

一、浙江省耕地土壤有效铜含量空间差异

根据从省级汇总评价7 311个耕层土样中选取出的6 161个耕层土样化验分析结果，浙江省耕层土壤有效铜平均含量为3.8mg/kg，变化范围为0.1～76.3mg/kg。根据浙江省土壤养分指标分级标准（表5-1），耕层有效铜含量在一级至六级的点位占比分别为63%、5%、10%、12%、7%和3%（图5-41A）。

全省六大农业功能区中，浙东北都市型、外向型农业区土壤有效铜含量最高，平均为5.7mg/kg，变动范围为0.1～76.3mg/kg；其次是沿海岛屿蓝色渔（农）业区，平均为5.2mg/kg，变动范围为0.4～11.0mg/kg；浙西北生态型绿色农业区和浙东南沿海城郊型、外向型农业区再次之，含量平均分别为4.2mg/kg和4.1mg/kg，变动范围分别为0.1～27.2mg/kg、0.1～71.0mg/kg；浙中盆地丘陵综合型特色农业区略低，含量平均为2.3mg/kg，变动范围为0.1～24.7mg/kg；浙西南生态型绿色农业区的土壤有效铜含量最低，平均为1.8mg/kg，

变动范围为0.1～53.6mg/kg（图5-41B）。

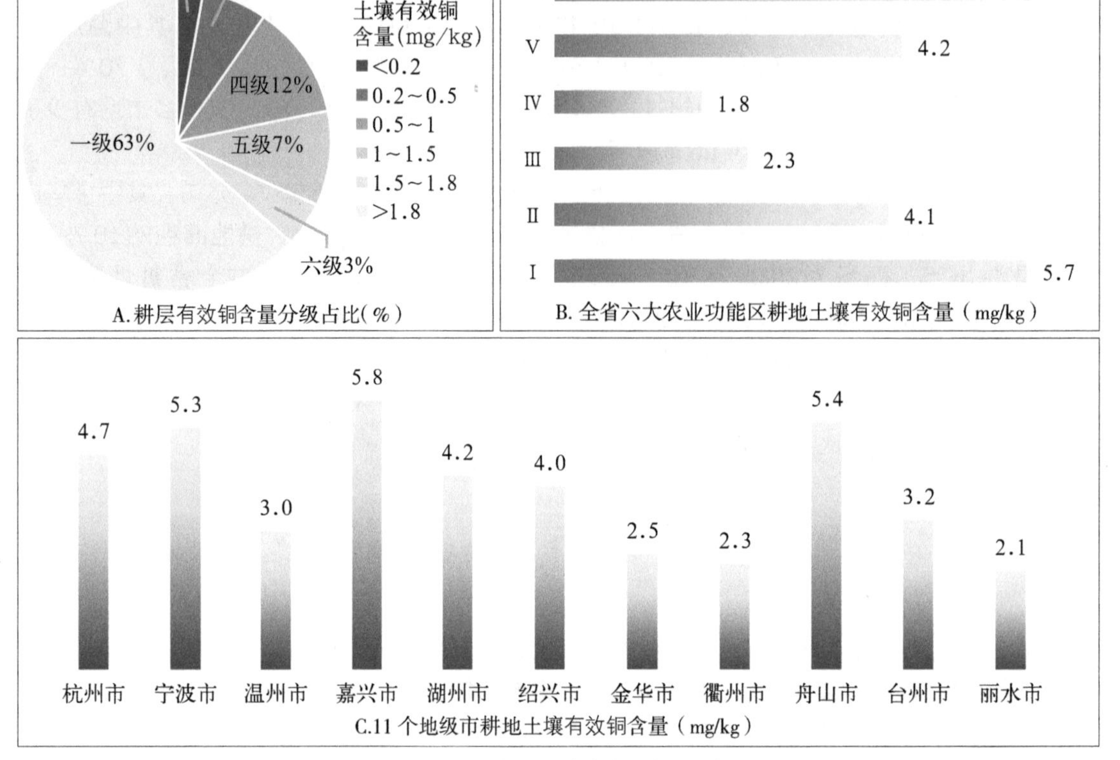

图5-41　浙江省耕层土壤有效铜含量分布情况

Ⅰ—浙东北都市型、外向型农业区　Ⅳ—浙西南生态型绿色农业区
Ⅱ—浙东南沿海城郊型、外向型农业区　Ⅴ—浙西北生态型绿色农业区
Ⅲ—浙中盆地丘陵综合型特色农业区　Ⅵ—沿海岛屿蓝色渔（农）业区

11个地级市中，以嘉兴市耕地土壤有效铜含量最高，平均5.8mg/kg，变动范围为0.8～27.4mg/kg；舟山市、宁波市次之，平均含量分别为5.4mg/kg、5.3mg/kg，变动范围分别为0.8～11.0mg/kg、0.2～76.3mg/kg；接着是杭州市、湖州市，平均含量均在4.0mg/kg以上，分别为4.7mg/kg、4.2mg/kg，变动范围分别为0.1～65.6mg/kg、0.2～17.8mg/kg；其他各市平均含量变动范围为2.1～4.0mg/kg（图5-41C）。

全省各县（市、区）中，杭州市滨江区耕地土壤有效铜含量最高，平均含量高达20.7mg/kg；其次是温州市瓯海区、杭州市西湖区和宁波市北仑区，平均含量分别为13.5mg/kg、12.9mg/kg、12.2mg/kg。磐安县最低，平均含量为0.5mg/kg；仙居县、义乌市、丽水市莲都区、缙云县、庆元县和泰顺县较低，平均含量变动范围为0.5～1.0mg/kg，其他县（市、区）均大于1.0mg/kg。有效铜含量变异系数以磐安县最大，为283%，仙居县次之，为269%；武义县变异系数最低，为14%；台州市椒江区、浦江县、嘉兴市秀洲区较低，分别为16%、16%、19%。其他县（市、区）变异系数皆高于20%（表5-17）。

表5-17　浙江省各县（市、区）耕地土壤有效铜含量

区域		点位数（个）	最小值（mg/kg）	最大值（mg/kg）	平均值（mg/kg）	标准差（mg/kg）	变异系数（%）
杭州市	江干区	6	1.8	11.2	5.9	4.1	70
	西湖区	7	6.8	34.2	12.9	10.0	78
	滨江区	3	11.6	36.9	20.7	14.0	68
	萧山区	103	0.3	10.6	4.2	2.5	60
	余杭区	96	0.1	65.6	6.3	6.9	109
	桐庐县	71	0.1	12.4	1.4	1.5	109
	淳安县	35	2.7	11.3	5.7	2.1	36
	建德市	92	0.1	27.2	3.7	3.0	80
	富阳区	89	0.6	27.2	7.3	5.0	68
	临安区	84	1.2	3.8	2.7	0.7	25
宁波市	江北区	16	2.1	11.5	3.8	2.3	59
	北仑区	46	4.0	36.3	12.2	8.2	67
	镇海区	19	1.2	6.4	2.8	1.3	46
	鄞州区	97	0.3	36.3	4.0	4.3	107
	象山县	64	0.3	36.3	2.4	4.5	188
	宁海县	116	0.3	24.7	4.0	3.0	75
	余姚市	115	0.2	76.3	6.8	9.3	138
	慈溪市	100	5.1	10.7	6.8	1.5	22
	奉化区	72	0.8	24.7	3.4	3.0	87
温州市	鹿城区	17	0.2	36.2	8.1	9.7	120
	龙湾区	13	0.3	71.0	8.9	19.3	218
	瓯海区	30	0.5	36.2	13.5	10.8	80
	洞头区	4	0.4	9.6	2.8	4.5	160
	永嘉县	165	0.1	36.2	1.8	3.4	187
	平阳县	103	0.2	3.8	1.2	1.0	83
	苍南县	104	0.4	36.2	3.0	6.1	203
	文成县	98	0.2	4.6	1.4	1.0	71
	泰顺县	120	0.1	15.4	0.9	1.7	187
	瑞安市	91	0.6	16.3	2.1	2.4	116
	乐清市	91	0.3	16.3	7.4	4.7	64
嘉兴市	南湖区	58	1.8	26.4	9.7	5.7	59
	秀洲区	88	1.9	8.9	6.0	1.2	19
	嘉善县	94	3.6	27.4	6.9	4.4	64
	海盐县	84	2.6	12.6	6.2	1.6	26

（续表）

区域		点位数（个）	最小值（mg/kg）	最大值（mg/kg）	平均值（mg/kg）	标准差（mg/kg）	变异系数（%）
嘉兴市	海宁市	112	0.8	26.4	4.9	3.1	62
	平湖市	87	2.8	26.4	5.1	2.4	47
	桐乡市	114	1.0	14.9	4.1	1.5	37
湖州市	吴兴区	63	0.6	17.8	3.3	2.2	67
	南浔区	117	0.9	17.8	5.1	2.3	45
	德清县	85	1.1	8.2	2.6	1.2	45
	长兴县	143	0.2	8.9	4.7	2.3	48
	安吉县	129	0.2	17.8	4.4	2.6	59
绍兴市	越城区	40	1.3	17.3	5.5	2.9	52
	柯桥区	62	0.5	36.3	7.1	5.7	80
	上虞区	107	1.5	36.3	6.4	4.8	74
	新昌县	87	0.2	6.3	1.6	1.4	87
	诸暨市	176	0.1	24.7	3.1	2.4	76
	嵊州市	127	0.1	9.0	2.8	1.8	63
金华市	婺城区	86	2.1	15.1	6.0	2.7	45
	金东区	56	0.4	9.9	3.1	2.2	71
	武义县	75	0.9	1.8	1.4	0.2	14
	浦江县	54	1.1	3.0	1.8	0.3	16
	磐安县	50	0.1	7.7	0.5	1.5	283
	兰溪市	108	0.1	23.5	3.0	3.1	101
	义乌市	76	0.1	7.6	0.8	1.1	140
	东阳市	108	0.1	15.1	2.2	1.9	85
	永康市	76	1.3	3.4	2.4	0.5	20
衢州市	柯城区	18	0.8	2.6	1.4	0.7	52
	衢江区	77	0.1	15.1	1.5	2.3	155
	常山县	54	1.0	7.6	2.2	1.3	57
	开化县	68	1.2	15.1	4.1	3.0	73
	龙游县	100	0.2	2.3	1.1	0.6	54
	江山市	142	0.2	11.1	2.9	1.7	60
舟山市	定海区	28	0.9	11.0	4.1	2.9	70
	普陀区	22	3.3	8.6	5.3	1.3	25
	岱山县	13	0.8	11.0	8.2	2.6	32

（续表）

区域		点位数（个）	最小值（mg/kg）	最大值（mg/kg）	平均值（mg/kg）	标准差（mg/kg）	变异系数（%）
台州市	椒江区	29	6.0	11.0	7.7	1.2	16
	黄岩区	33	0.7	16.3	1.6	2.7	169
	路桥区	38	0.8	11.0	5.3	3.3	62
	玉环县	24	0.1	10.7	2.2	2.3	107
	三门县	67	1.3	15.4	4.8	2.8	58
	天台县	85	0.2	21.7	2.0	2.3	120
	仙居县	91	0.2	15.4	0.6	1.6	269
	温岭市	99	0.2	11.0	4.5	2.6	57
	临海市	114	0.5	11.0	3.2	2.8	89
丽水市	莲都区	31	0.3	4.6	0.9	0.9	91
	青田县	86	0.2	26.4	2.7	3.1	117
	缙云县	55	0.1	1.4	0.8	0.4	47
	遂昌县	60	0.3	19.1	1.7	2.7	156
	松阳县	65	1.4	10.8	4.0	1.7	42
	云和县	26	0.1	26.4	2.0	5.0	251
	庆元县	62	0.1	6.2	1.0	1.1	108
	景宁县	57	0.2	5.3	1.0	0.8	76
	龙泉市	88	0.1	53.6	3.4	6.2	182

二、不同类型耕地土壤有效铜含量及其影响因素

（一）主要土类的有效铜含量

1.各土类的有效铜含量差异

浙江省主要土壤类型耕地有效铜平均含量从高到低依次为：滨海盐土、潮土、石灰（岩）土、水稻土、红壤、基性岩土、紫色土、粗骨土和黄壤。其中滨海盐土和潮土有效铜含量最高，平均含量分别为5.3mg/kg和5.2mg/kg，变动范围分别为0.3～36.9mg/kg、0.2～36.3mg/kg；石灰（岩）土和水稻土次之，平均含量分别为4.1mg/kg和3.9mg/kg，变动范围分别为0.3～27.2mg/kg、0.1～76.3mg/kg；第三层次是红壤、基性岩土、紫色土、粗骨土，平均含量均大于2.0mg/kg，变动范围为2.0～2.7mg/kg；水稻土最低，平均含量为1.8mg/kg，变动范围为0.1～19.8mg/kg（图5-42）。

2.主要土类的土壤有效铜含量在农业功能区间的差异

同一土类土壤的有效铜平均含量在不同农业功能区也有差异，见图5-43。

水稻土有效铜平均含量以浙东北都市型、外向型农业区和沿海岛屿蓝色渔（农）业区最高，分别为5.8mg/kg、5.5mg/kg，浙西北生态型绿色农业区和浙东南沿海城郊型、外向型农业区次之，均为4.4mg/kg，浙中盆地丘陵综合型特色农业区较低，为2.4mg/kg，浙西南

生态型绿色农业区最低，为2.0mg/kg。

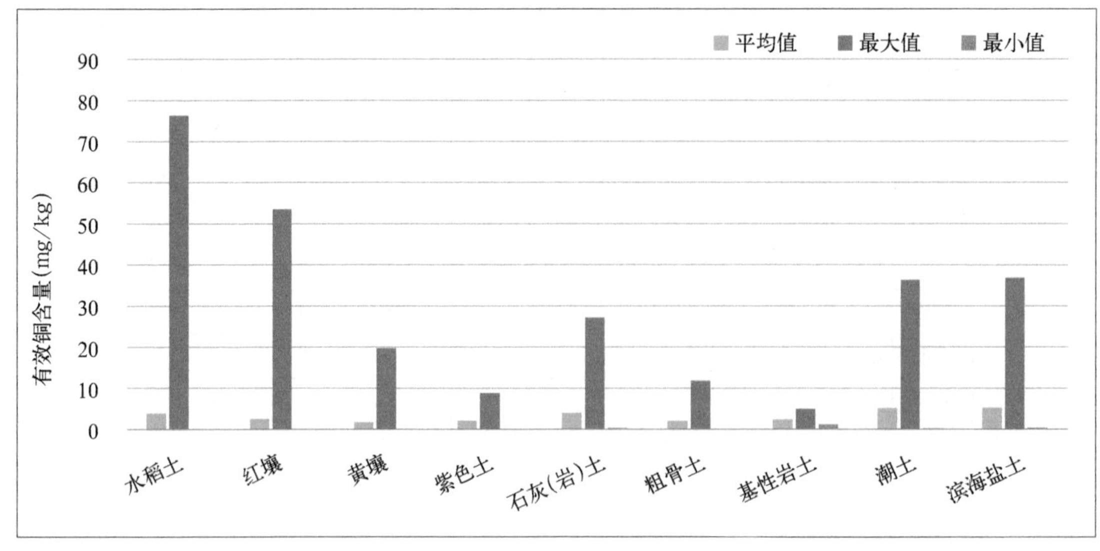

图5-42　浙江省不同土类耕地土壤有效铜含量

黄壤有效铜平均含量以浙东北都市型、外向型农业区最高，为8.4mg/kg，浙东南沿海城郊型、外向型农业区次之，为8.3mg/kg，浙西北生态型绿色农业区再次之，为3.6mg/kg，浙中盆地丘陵综合型特色农业区较低，为1.7mg/kg，浙西南生态型绿色农业区最低，为1.1mg/kg，沿海岛屿蓝色渔（农）业区没有采集到黄壤。

紫色土有效铜平均含量以浙西北生态型绿色农业区最高，为3.5mg/kg，浙中盆地丘陵综合型特色农业区和浙东南沿海城郊型、外向型农业区次之，分别为2.4mg/kg、2.0mg/kg，浙西南生态型绿色农业区最低，为0.9mg/kg，其中浙东北都市型、外向型农业区和沿海岛屿蓝色渔（农）业区没有采集到紫色土。

粗骨土有效铜平均含量以浙东北都市型、外向型农业区最高，为5.6mg/kg，浙东南沿海城郊型、外向型农业区和沿海岛屿蓝色渔（农）业区次之，分别为3.5mg/kg、3.0mg/kg，其他各区均小于2.0mg/kg，变动范围为1.4～1.9mg/kg。

潮土有效铜平均含量在沿海岛屿蓝色渔（农）业区最高，为6.2mg/kg，浙东北都市型、外向型农业区次之，为5.8mg/kg，浙西北生态型绿色农业区再次之，为4.8mg/kg，浙东南沿海城郊型、外向型农业区较低，为3.3mg/kg，浙中盆地丘陵综合型特色农业区和浙西南生态型绿色农业区最低，分别为1.4mg/kg、1.1mg/kg。

滨海盐土分布在浙东北都市型、外向型农业区，浙东南沿海城郊型、外向型农业区和沿海岛屿蓝色渔（农）业区，土壤有效铜平均含量以浙东北都市型、外向型农业区最高，为5.7mg/kg，沿海岛屿蓝色渔（农）业区与浙东南沿海城郊型、外向型农业区，平均含量皆为4.0mg/kg。

红壤有效铜平均含量以浙东北都市型、外向型农业区最高，为4.6mg/kg，浙西北生态型绿色农业区和沿海岛屿蓝色渔（农）业区次之，分别为3.6mg/kg、3.4mg/kg，浙东南沿海城郊型、外向型农业区再次之，为3.0mg/kg，浙中盆地丘陵综合型特色农业区较低，为2.3mg/kg，浙西南生态型绿色农业区最低，为1.7mg/kg。

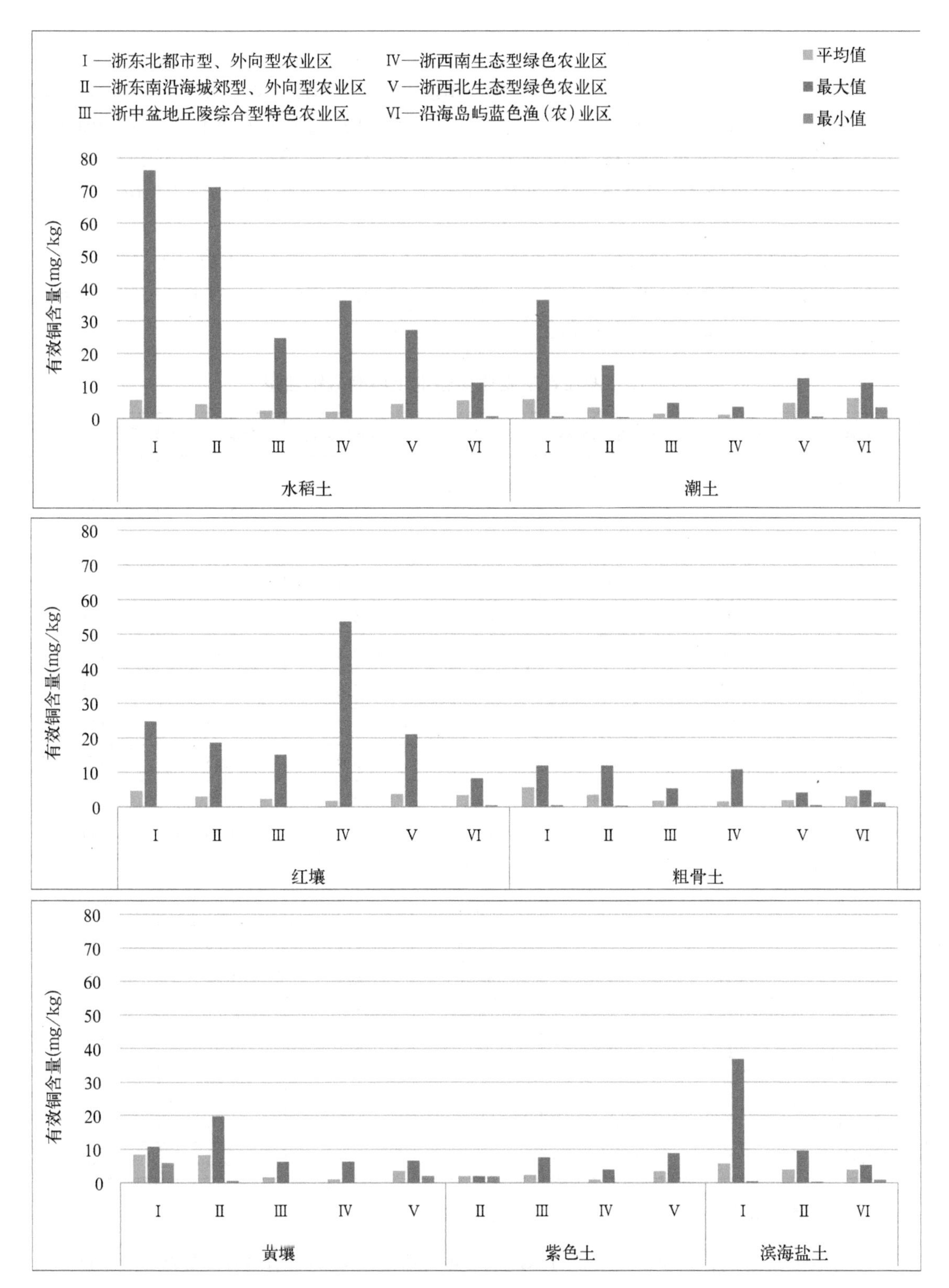

图5-43 浙江省主要土类耕地土壤有效铜含量在不同农业功能区的差异

（二）主要亚类的有效铜含量

脱潜水稻土有效铜平均含量最高，达5.9mg/kg；滨海盐土、灰潮土次之，分别为5.4mg/kg、5.2mg/kg；棕色石灰土、潜育水稻土也较高，均大于4.0mg/kg，均为4.2mg/kg；饱和红壤的平均含量最低，小于1.0mg/kg，为0.5mg/kg；潮滩盐土和黄壤较低，分别为1.1mg/kg、1.8mg/kg；其他各亚类均大于1.8mg/kg，变动范围为2.1～3.9mg/kg（表5-18）。

变异系数以潜育水稻土最高（饱和红壤、潮滩盐土、黑色石灰土样点数为2，未统计变异系数），为221%；基性岩土最低，为58%；棕红壤、灰潮土、滨海盐土3个亚类的变异系数低于80%；其他各亚类变异系数变动范围为82%～159%。

表5-18　浙江省主要亚类耕地土壤有效铜含量

亚类	样点数（个）	最小值（mg/kg）	最大值（mg/kg）	平均值（mg/kg）	标准差（mg/kg）	变异系数（%）
潴育水稻土	1 989	0.1	41.9	3.5	3.59	101
渗育水稻土	954	0.1	36.3	3.9	3.72	95
脱潜水稻土	739	0.3	76.3	5.9	5.82	98
淹育水稻土	624	0.1	36.2	2.9	3.87	136
潜育水稻土	70	0.1	65.6	4.2	9.19	221
黄红壤	679	0.1	24.7	2.5	2.85	113
红壤	131	0.1	53.6	3.6	5.45	152
红壤性土	54	0.1	15.4	2.2	2.94	131
棕红壤	10	0.6	7.1	3.9	2.45	63
饱和红壤	2	0.4	0.6	0.5	0.11	—
黄壤	122	0.1	19.8	1.8	2.86	159
石灰性紫色土	58	0.1	6.2	2.1	1.73	82
酸性紫色土	46	0.1	8.9	2.2	2.19	98
酸性粗骨土	130	0.1	11.9	2.1	2.30	111
灰潮土	409	0.2	36.3	5.2	3.74	72
滨海盐土	111	0.3	36.9	5.4	4.07	75
潮滩盐土	2	0.8	1.4	1.1	0.41	—
黑色石灰土	2	2.6	3.0	2.8	0.27	—
棕色石灰土	21	0.3	27.2	4.2	5.84	139
基性岩土	8	1.1	5.0	2.5	1.45	58

（三）地貌类型与土壤有效铜含量

不同地貌类型间，水网平原土壤有效铜含量最高，平均5.6mg/kg；其次是滨海平原，其平均含量为5.4mg/kg；再次是河谷平原，平均3.3mg/kg；然后是低丘、高丘和中山，其平均含量分别为2.9mg/kg、2.0mg/kg、2.0mg/kg；而平均含量最低的是低山，为1.1mg/

kg。变异系数以高丘最大，为154％；中山次之，为134％；水网平原最低，为85％；其他地貌类型的变异系数变动范围为93％～116％（图5-44）。

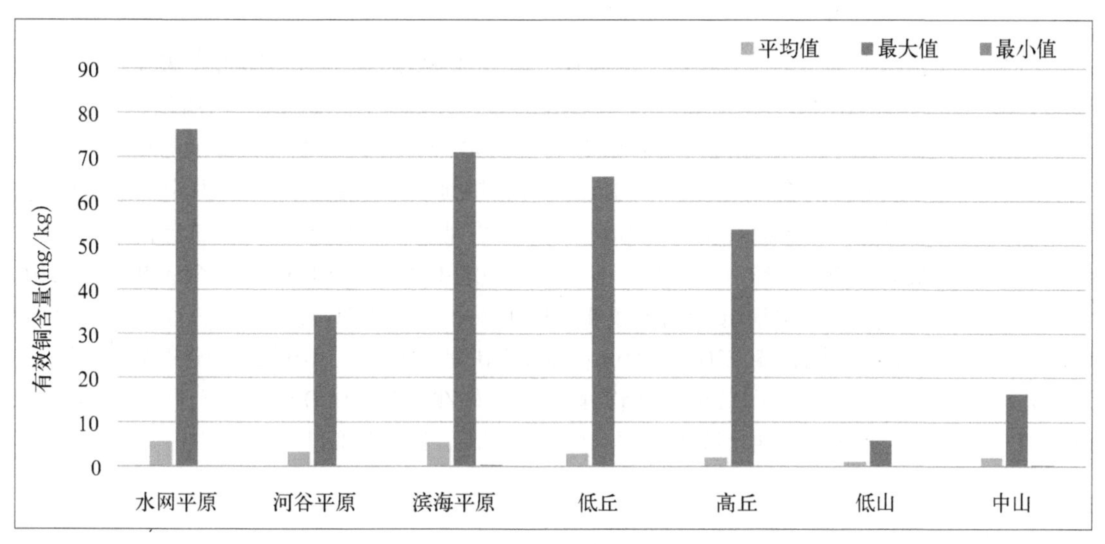

图5-44　浙江省不同地貌类型耕地土壤有效铜含量

（四）土壤质地与土壤有效铜含量

浙江省的不同土壤质地中，土壤有效铜平均表现为：黏土 >砂土 >壤土，壤土各质地表现为：重壤 >中壤 >砂壤；砂土、砂壤、中壤、重壤、黏土的有效铜含量平均值依次为3.7mg/kg、3.0mg/kg、3.3mg/kg、4.2mg/kg、4.4mg/kg（图5-45）。

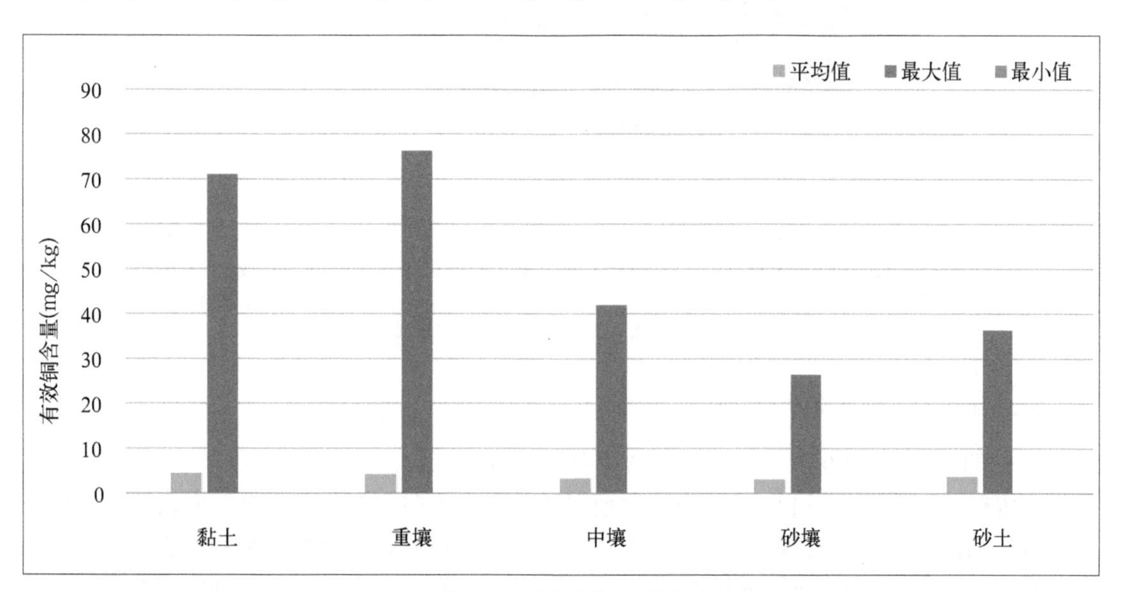

图5-45　浙江省不同质地耕地土壤有效铜含量

三、土壤有效铜分级面积与分布

（一）土壤有效铜含量分级面积

根据浙江省域土壤有效铜含量状况，参照浙江省土壤养分指标分级标准（表5-1），将土壤有效铜含量划分为6级。全区耕地土壤有效铜含量分级面积占比如图5-46所示。

土壤有效铜含量大于1.8mg/kg的耕地共139.06万 hm^2，占全省耕地面积的72.39%，占比最高；土壤有效铜含量在1.5~1.8mg/kg的耕地共11.13万 hm^2，占全省耕地面积的5.79%；土壤有效铜含量在1.0~1.5mg/kg的耕地共18.48万 hm^2，占全省耕地面积的9.62%；土壤有效铜含量在0.5~1.0mg/kg的耕地共17.68万 hm^2，占全省耕地面积的9.21%；土壤有效铜高于0.5mg/kg的前4级耕地面积共186.35万 hm^2，占全省耕地面积的97.01%。土壤有效铜含量在0.2~0.5mg/kg的耕地共5.15万 hm^2，占全省耕地面积的2.68%；土壤有效铜含量小于0.2mg/kg的耕地面积较少，为5 900hm^2，仅占全省耕地面积的0.31%。可见，浙江省耕地土壤有效铜含量总体较高，以中等偏上水平为主。

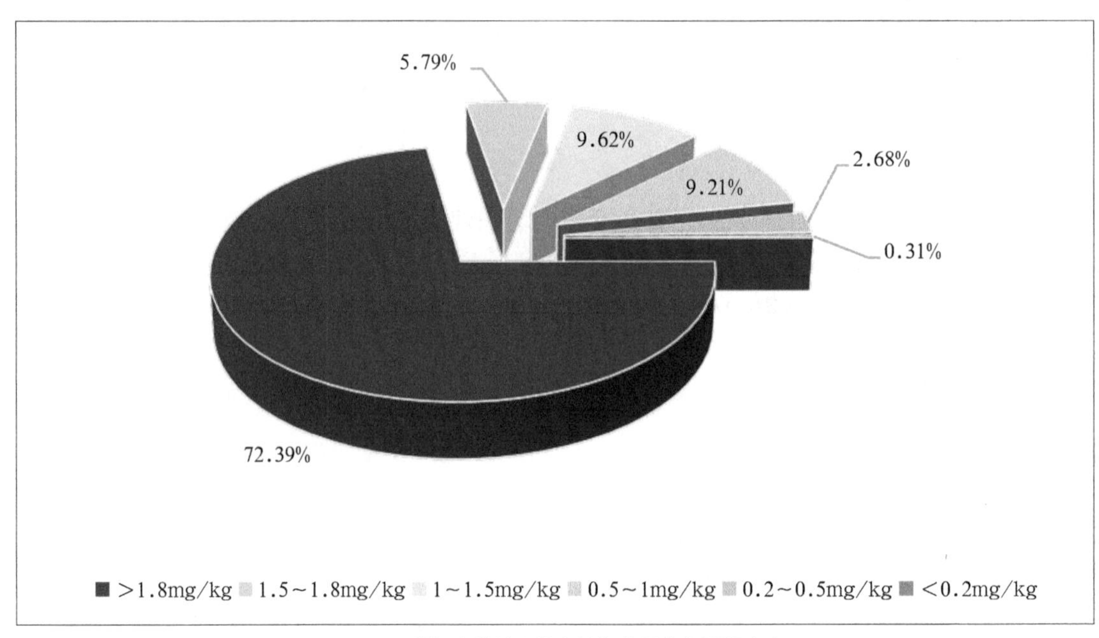

图5-46　浙江省耕地土壤有效铜含量分级面积占比

（二）土壤有效铜含量地域分布特征

在不同的农业功能区其土壤有效铜含量有差异（图5-47、图5-48）。

土壤有效铜含量大于1.8mg/kg的耕地主要分布在浙东北都市型、外向型农业区，面积达54.56万 hm^2，占全省耕地面积的28.40%；其次是浙中盆地丘陵综合型特色农业区，面积为29.94万 hm^2，占全省耕地面积的15.59%；再次是浙东南沿海城郊型、外向型农业区，面积为25.48万 hm^2，占全省耕地面积的13.27%；浙西北生态型绿色农业区和浙西南生态型绿色农业区，分别有18.08万 hm^2、8.48万 hm^2，分别占全省耕地面积的9.41%、4.41%；沿海岛屿蓝色渔（农）业区最少，只有2.52万 hm^2，占全省耕地面积的1.31%。

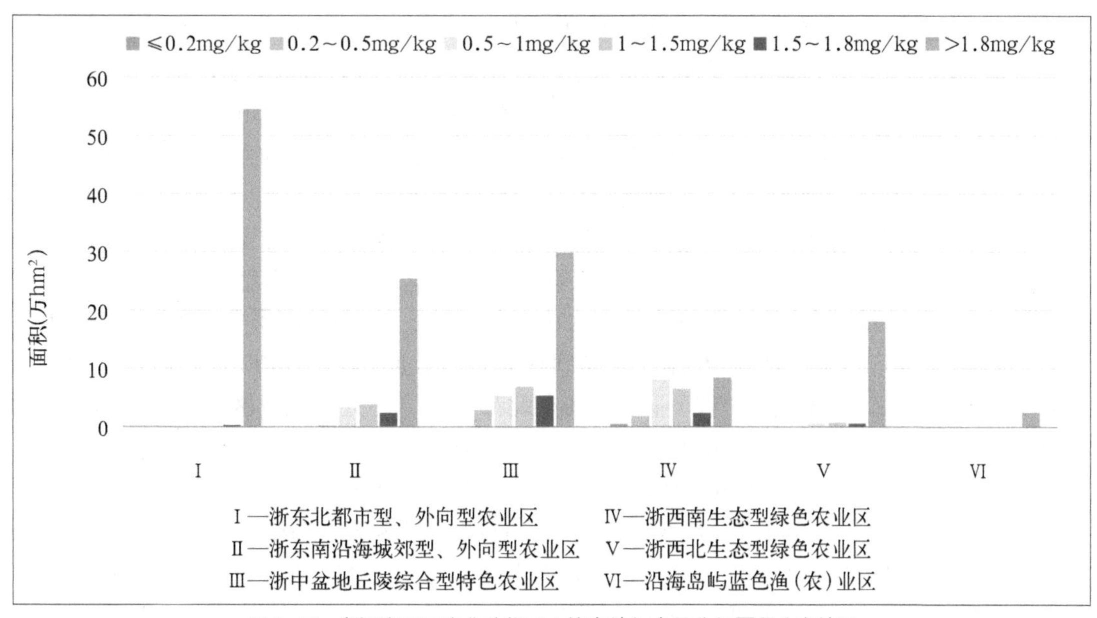

图5-47 浙江省不同农业功能区土壤有效铜含量分级面积分布情况

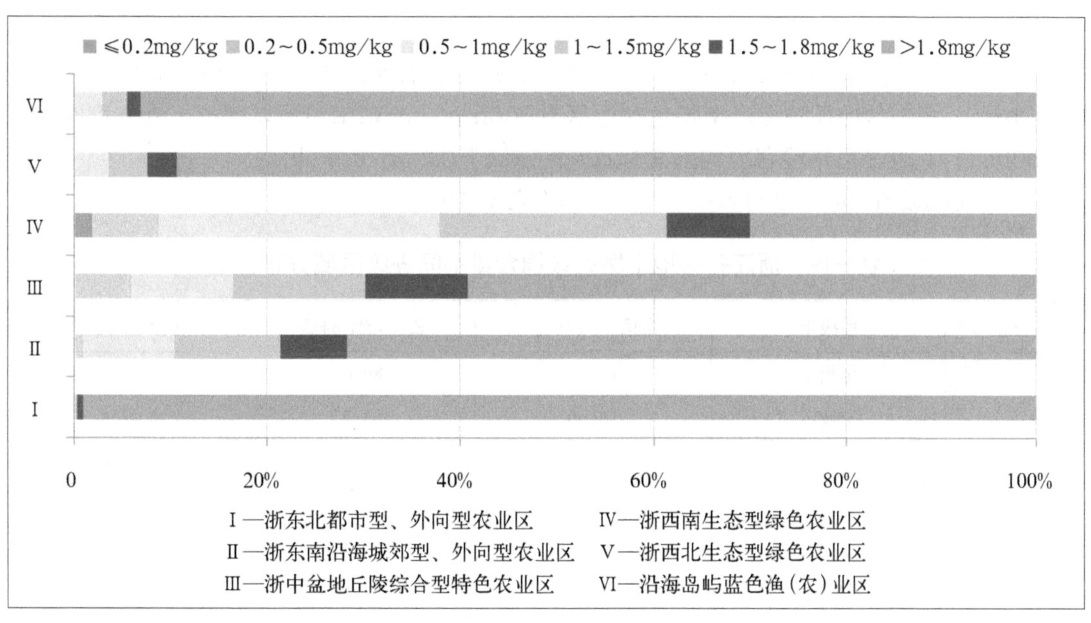

图5-48 浙江省不同农业功能区土壤有效铜含量分级占比情况

土壤有效铜含量为1.5～1.8mg/kg的耕地主要分布在浙中盆地丘陵综合型特色农业区，面积为5.36万 hm²，占全省耕地面积的2.79%；其次是浙东南沿海城郊型、外向型农业区和浙西南生态型绿色农业区，面积分别为2.42万 hm²、2.38万 hm²，分别占全省耕地面积的1.26%、1.24%；再次是浙西北生态型绿色农业区和浙东北都市型、外向型农业区，面积分别为6 100hm²和3 200hm²，分别占全省耕地面积的0.32%、0.17%；沿海岛屿蓝色渔（农）业区最少，只有400hm²。

土壤有效铜含量为1.0～1.5mg/kg的耕地，在浙中盆地丘陵综合型特色农业区和浙西南生态型绿色农业区分布最多，面积分别为6.91万 hm^2、6.61万 hm^2，分别占全省耕地面积的3.60％、3.44％；其次是浙东南沿海城郊型、外向型农业区，面积为3.92万 hm^2，占全省耕地面积的2.04％；然后是浙西北生态型绿色农业区，面积为8 300hm^2，占全省耕地面积的0.43％；浙东北都市型、外向型农业区和沿海岛屿蓝色渔（农）业区最少，面积分别为1 400hm^2、700hm^2，分别占全省耕地面积的0.07％、0.04％。

土壤有效铜含量为0.5～1.0mg/kg的耕地主要分布在浙西南生态型绿色农业区，面积为8.16万 hm^2，占全省耕地面积的4.25％；其次是浙中盆地丘陵综合型特色农业区和浙东南沿海城郊型、外向型农业区，面积分别为5.36万 hm^2、3.37万 hm^2，分别占全省耕地面积的2.79％、1.75％；然后是浙西北生态型绿色农业区，面积为6 900hm^2，占全省耕地面积的0.36％；沿海岛屿蓝色渔（农）业区和浙东北都市型、外向型农业区最少，面积分别为800hm^2、300hm^2，分别占全省耕地面积的0.04％、0.02％。

土壤有效铜含量为0.2～0.5mg/kg的耕地，主要分布在浙中盆地丘陵综合型特色农业区，面积为2.91万 hm^2，占全省耕地面积的1.52％；其次是浙西南生态型绿色农业区，面积为1.91万 hm^2，占全省耕地面积的1.00％；浙东南沿海城郊型、外向型农业区有2 900hm^2，占全省耕地面积的0.15％；浙西北生态型绿色农业区和浙东北都市型、外向型农业区分布最少，面积皆不足1 000hm^2；沿海岛屿蓝色渔（农）业区没有发现土壤有效铜含量为0.2～0.5mg/kg的耕地。

土壤有效铜含量小于0.2mg/kg的耕地主要分布在浙西南生态型绿色农业区，面积为5 300hm^2，浙中盆地丘陵综合型特色农业区有500hm^2，浙东南沿海城郊型、外向型农业区有100hm^2，其他三区均没有发现土壤有效铜含量低于0.2mg/kg的耕地。

在不同地级市之间土壤有效铜含量有差异（表5-19）。

表5-19　浙江省耕地土壤有效铜含量不同等级区域分布特征

等级（mg/kg）	地级市	面积（万 hm^2）	占本市比例（%）	占全省比例（%）
>1.8	杭州市	17.58	89.66	9.15
	宁波市	18.60	93.27	9.68
	温州市	10.37	40.12	5.40
	嘉兴市	19.58	100.00	10.19
	湖州市	14.71	97.45	7.66
	绍兴市	15.74	83.77	8.19
	金华市	13.44	58.26	7.00
	衢州市	7.96	60.32	4.14
	舟山市	2.44	96.49	1.27
	台州市	12.19	64.56	6.35
	丽水市	6.46	41.46	3.36
1.5～1.8	杭州市	0.55	2.81	0.29
	宁波市	0.80	4.03	0.42
	温州市	2.26	8.76	1.18

（续表）

等级(mg/kg)	地级市	面积(万 hm^2)	占本市比例(%)	占全省比例(%)
1.5～1.8	湖州市	0.20	1.30	0.10
	绍兴市	1.00	5.34	0.52
	金华市	2.39	10.35	1.24
	衢州市	1.25	9.45	0.65
	舟山市	0.04	1.44	0.02
	台州市	1.52	8.06	0.79
	丽水市	1.12	7.19	0.58
1～1.5	杭州市	0.78	3.97	0.40
	宁波市	0.45	2.24	0.23
	温州市	5.70	22.07	2.97
	湖州市	0.15	1.00	0.08
	绍兴市	1.12	5.94	0.58
	金华市	3.25	14.11	1.69
	衢州市	2.07	15.69	1.08
	舟山市	0.05	2.07	0.03
	台州市	1.85	9.80	0.96
	丽水市	3.06	19.66	1.59
0.5～1	杭州市	0.68	3.45	0.35
	宁波市	0.09	0.46	0.05
	温州市	6.54	25.31	3.40
	湖州市	0.04	0.23	0.02
	绍兴市	0.90	4.81	0.47
	金华市	2.38	10.34	1.24
	衢州市	1.49	11.32	0.78
	台州市	1.32	7.01	0.69
	丽水市	4.24	27.21	2.21
0.2～0.5	杭州市	0.02	0.12	0.01
	温州市	0.93	3.58	0.48
	湖州市	0	0.02	0
	绍兴市	0.03	0.14	0.01
	金华市	1.11	4.83	0.58
	衢州市	0.41	3.07	0.21
	台州市	1.99	10.52	1.03
	丽水市	0.66	4.27	0.35
≤0.2	温州市	0.04	0.16	0.02

（续表）

等级（mg/kg）	地级市	面积（万 hm^2）	占本市比例（%）	占全省比例（%）
≤0.2	金华市	0.49	2.11	0.25
	衢州市	0.02	0.15	0.01
	台州市	0.01	0.05	0
	丽水市	0.03	0.22	0.02

土壤有效铜含量大于1.8mg/kg的耕地，占全省耕地面积的72.39％，占比最大，在各区都有较多分布，其中在嘉兴市分布最多，面积为19.58万 hm^2，与本市耕地面积的占比接近100.00％，占全省耕地面积的10.19％；其次是宁波市、杭州市和绍兴市，面积分别为18.6万 hm^2、17.58万 hm^2、15.74万 hm^2，分别占全省耕地面积的9.68％、9.15％、8.19％；分布最少为舟山市，仅2.44万 hm^2，占全省耕地面积仅1.27％，但占本市耕地面积的96.49％，也就是说舟山市的大部分耕地有效铜含量大于1.8mg/kg；其他各市均有不少分布，面积在6.46万～14.71万 hm^2，占比在3.36％～7.66％。

土壤有效铜含量为1.5～1.8mg/kg的耕地，占全省耕地面积的5.79％。金华市分布最多，面积为2.39万 hm^2，占本市耕地面积的10.35％，占全省耕地面积的1.24％；其次是温州市，面积为2.26万 hm^2，占本市耕地面积的8.76％，占全省耕地面积的1.18％；再次是台州市、衢州市、丽水市、绍兴市，面积分别为1.52万 hm^2、1.25万 hm^2、1.12万 hm^2、1.00万 hm^2，分别占全省耕地面积的0.79％、0.65％、0.58％、0.52％；宁波市、杭州市、湖州市皆有少量分布，分别为8 000hm^2、5 500hm^2、2 000hm^2，占全省耕地面积的比例在0.10％～0.42％；舟山市最少，面积小于1 000hm^2。

土壤有效铜含量为1～1.5mg/kg的耕地，占全省耕地面积的9.62％，其中温州市最多，有5.70万 hm^2，占本市耕地面积的22.07％，占全省耕地面积的2.97％；其次是金华市、丽水市，面积分别为3.25万 hm^2、3.06万 hm^2，分别占全省耕地面积的1.69％、1.59％；而杭州市、宁波市、湖州市分布较少，分别为7 800hm^2、4 500hm^2、1 500hm^2，分别占全省耕地面积的比例为0.40％、0.23％、0.08％；舟山市分布最少，只有500hm^2；其他各区均有超过1万 hm^2的分布。

土壤有效铜含量为0.5～1.0mg/kg的耕地，占全省耕地面积的9.21％。温州市分布最多，有6.54万 hm^2，占本市耕地面积的25.31％，占全省耕地面积的3.40％；其次是丽水市，面积为4.24万 hm^2，占本市耕地面积的27.21％，占全省耕地面积的2.21％；而湖州市、宁波市最少，面积分别为400hm^2、900hm^2，分别仅占全省耕地面积的0.02％、0.05％；杭州市、绍兴市分布较少，面积分别为6 800hm^2、9 000hm^2，分别占全省耕地面积的0.35％、0.47％；其他各区均有不少分布，面积在1.32万～2.38万 hm^2，占比在0.69％～1.24％。

土壤有效铜含量为0.2～0.5mg/kg的耕地，占比相对较小，为2.68％。其中台州市最多，有1.99万 hm^2，占全省耕地面积比例为1.03％，大于1.0％；其次是金华市，面积为1.11万 hm^2，全省占比为0.58％；其他各市有少量分布，占全省耕地面积比例均在0.50％以下。

土壤有效铜含量小于0.2mg/kg的耕地，占比非常小，只有0.31％，主要分布在金华市，面积为4 900hm^2，占本市耕地面积的2.11％，占全省耕地面积的0.25％；温州市、丽水市、衢州市、台州市，面积分别为400hm^2、300hm^2、200hm^2、100hm^2，全省占比均小于

0.05%；其他各市则没有发现土壤有效铜含量小于0.2mg/kg的耕地。

四、土壤有效铜调控

土壤中铜的含量范围一般在2～100mg/kg，平均含量为20mg/kg。不同成土母质决定铜含量高低，土壤铜含量常常与其母质来源和抗风化能力有关，也与土壤质地间接相关。土壤全铜含量趋势，以母质排列为：基中性岩浆岩风化物>酸性岩浆岩风化物>沉积岩风化物（紫砂岩、砂岩）；潮沼相沉积物>海相沉积物>冲积物。浙江省土壤全铜含量无明显规律，浙江省为6.8～93.5mg/kg。有效铜含量浙江省有一定面积（约2.99%）呈现土壤缺铜。就浙江省而言，耕层有效铜含量处于四级（0.5～1.0mg/kg）及以下的土壤，总体占的比例不大，主要分布在浙江的苍南、泰顺、平阳一带，仙居、缙云一带和龙游、衢江一带。

一般情况下，土壤发生缺铜现象的有效铜临界含量为0.5mg/kg，低于0.2mg/kg时，属于严重缺铜土壤。土壤中有效态铜含量除受母质影响外，更大程度上受土壤有机质含量和耕作利用方式等的影响。有机质的积累和水耕措施可增加土壤中铜的有效性，因此浙江省耕地土壤缺铜主要发生在凝灰岩发育的土壤和砂质土壤上。针对土壤缺铜的情况，一般通过调整种植方式与土壤综合培肥进行调控，以及施用铜肥进行矫治。

（一）优化养分管理

由于大多数植物需铜量很微，一般不会缺铜。但铜含量较低的凝灰岩发育土壤或砂质土壤种植旱作，当作物体内铜的含量＜4mg/kg时，即可能发生缺铜症状。由于受母质类型和有机质含量高低的双重影响，水稻土和潮土耕作层的有效铜含量呈明显的区域分布，水稻土耕层有效铜以水网平原为最高，滨海平原区次之，河谷盆地和丘陵山区含量较低。潮土耕层有效铜含量依次为滨海平原区＞水网平原区＞河谷区。单子叶植物对缺铜敏感，燕麦和小麦是判断土壤是否缺铜的理想指示作物。

（二）提高土壤铜的有效性

在同一自然区中水田耕层有效铜平均含量高于旱地近一倍，因地制宜旱改水或实行水旱轮作，通过水耕措施可增加土壤中铜的有效性。同时，土壤有机质与土壤铜的有效态含量呈极显著正相关，适量施用有机肥可促进土壤中有机物质与铜离子发生络合、螯合作用，有助于提高土壤铜的有效性；但同时有机肥会降低活性态铜含量，增加有机结合态铜含量，在铜绝对量低的土壤上应该避免过量施用有机肥料。

（三）合理施用铜肥

铜肥的主要品种有硫酸铜、碱式硫酸铜、铜矿渣等。规模养殖场畜禽排泄物由于饲料添加剂的使用而含有一定量的有效铜，其制得的商品有机肥也可以作为铜的补充。基施铜肥宜与有机肥混合使用，除此之外，硫酸铜也适合浸种、拌种或根外追肥。

第七节　土壤有效锌

锌在自然界中广泛分布，是作物生长不可缺少的微量元素，植物正常含锌量为25～

150mg/kg。锌是作物体内碳酸酐酶等一些酶的重要组成成分，含锌的碳酸酐酶主要存在于叶绿体中，催化二氧化碳的水合作用，促进碳水化合物的转化，从而提高光合作用的强度。植物缺锌时，生长受抑制，尤其是节间生长严重受阻，叶片扩展和伸长受到抑制，出现小叶，并表现出叶片的脉间失绿或白化，典型症状如禾本科作物“白苗病”、果树“小叶病”“簇叶病”等。土壤中的锌主要来自成土母质，地壳中的大多数岩石都含有锌，但不同类型的岩石中锌的含量常有很大的差别。基性火成岩中的锌含量最高，酸性火成岩的锌含量较低，变质岩和某些沉积岩的锌含量处于中等水平。土壤中锌可能以水溶态锌、交换态锌、碳酸盐结合态锌、有机结合态锌、氧化锰结合态锌、氧化铁结合态锌、矿物中的锌等形式存在。

一、浙江省耕地土壤有效锌含量空间差异

根据从省级汇总评价7 311个耕层土样中选取出的6 161个耕层土样化验分析结果，浙江省耕层土壤有效锌平均含量为6.1mg/kg，变化范围为0.1～179.5mg/kg。根据浙江省土壤养分指标分级标准（表5-1），耕层有效锌含量在一级至六级的点位占比分别为49%、24%、11%、11%、5%和1%（图5-49A）。

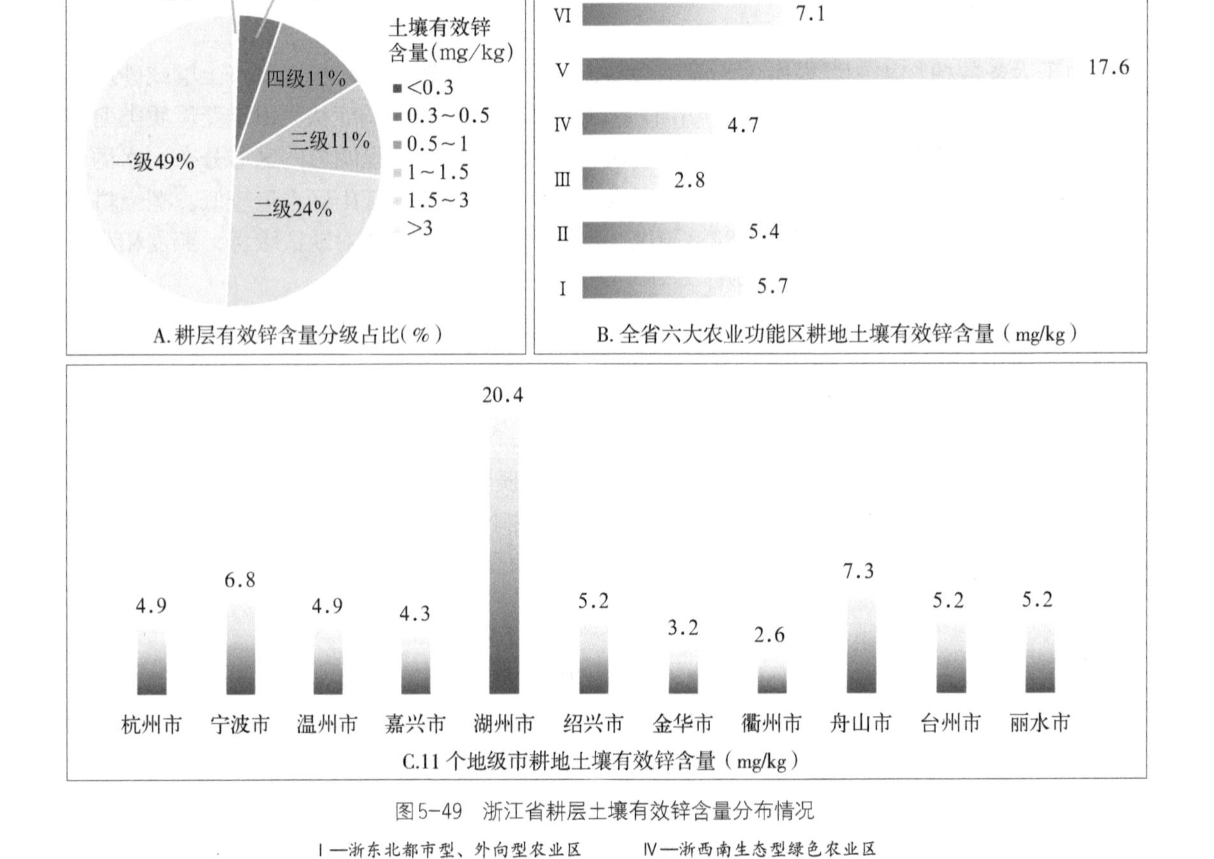

图5-49 浙江省耕层土壤有效锌含量分布情况

Ⅰ—浙东北都市型、外向型农业区　Ⅳ—浙西南生态型绿色农业区
Ⅱ—浙东南沿海城郊型、外向型农业区　Ⅴ—浙西北生态型绿色农业区
Ⅲ—浙中盆地丘陵综合型特色农业区　Ⅵ—沿海岛屿蓝色渔（农）业区

全省六大农业功能区中，浙西北生态型绿色农业区土壤有效锌含量最高，平均为

17.6mg/kg，变动范围为0.3～140.0mg/kg；其次是沿海岛屿蓝色渔（农）业区，平均为7.1mg/kg，变动范围为0.4～37.5mg/kg；浙东北都市型、外向型农业区和浙东南沿海城郊型、外向型农业区再次之，含量平均分别为5.7mg/kg和5.4mg/kg，变动范围分别为0.2～54.2mg/kg、0.3～179.5mg/kg；浙西南生态型绿色农业区略低，含量平均为4.7mg/kg，变动范围为0.1～65.4mg/kg；浙中盆地丘陵综合型特色农业区的土壤有效锌含量最低，平均为2.8mg/kg，变动范围为0.3～32.9mg/kg（图5-49B）。

11个地级市中，以湖州市耕地土壤有效锌含量最高，平均20.4mg/kg，变动范围为0.2～140.0mg/kg；舟山市、宁波市次之，平均含量分别为7.3mg/kg、6.8mg/kg，变动范围分别为0.4～37.5mg/kg、0.4～44.3mg/kg；接着是丽水市、绍兴市、台州市，平均含量均在5.0mg/kg以上，皆为5.2mg/kg，变动范围分别为0.1～65.4mg/kg、0.4～44.3mg/kg、0.3～179.5mg/kg；衢州市最低，平均含量为2.6mg/kg，变动范围为0.3～32.9mg/kg；其他各市平均含量变动范围为3.2～4.9mg/kg（图5-49C）。

全省各县（市、区）中，安吉县耕地土壤有效锌含量最高，平均含量高达72.3mg/kg；其次是杭州市滨江区、宁波市北仑区、松阳县和岱山县，平均含量分别为25.9mg/kg、19.1mg/kg、18.7mg/kg、15.2mg/kg；衢州市衢江区最低，平均含量为0.8mg/kg；江山市、义乌市、武义县和德清县较低，平均含量在1.0～1.5mg/kg之间，其他县（市、区）均大于1.5mg/kg。有效锌含量变异系数以义乌市最大，为339%，平湖市次之，为259%；台州市路桥区变异系数最低，为19%。其他县（市、区）变异系数均高于20%（表5-20）。

表5-20　浙江省各县（市、区）耕地土壤有效锌含量

区域		点位数（个）	最小值（mg/kg）	最大值（mg/kg）	平均值（mg/kg）	标准差（mg/kg）	变异系数（%）
杭州市	江干区	6	0.7	11.4	6.3	4.9	79
	西湖区	7	4.0	8.7	6.2	1.7	26
	滨江区	3	14.8	41.0	25.9	13.6	53
	萧山区	103	0.5	12.8	3.5	2.9	83
	余杭区	96	0.5	54.1	7.0	7.0	101
	桐庐县	71	0.8	9.0	1.6	1.2	78
	淳安县	35	0.9	17.7	7.5	4.4	59
	建德市	92	0.3	6.8	3.1	1.8	56
	富阳区	89	0.9	45.7	9.3	7.6	82
	临安区	84	1.6	4.0	2.4	0.6	24
宁波市	江北区	16	2.4	17.6	4.5	3.7	83
	北仑区	46	4.1	44.3	19.1	11.8	62
	镇海区	19	1.1	8.2	3.2	1.7	52
	鄞州区	97	0.4	44.3	6.1	7.7	126
	象山县	64	0.6	39.6	2.5	5.1	208
	宁海县	116	0.6	37.5	5.4	5.0	91

（续表）

区域		点位数（个）	最小值（mg/kg）	最大值（mg/kg）	平均值（mg/kg）	标准差（mg/kg）	变异系数（%）
宁波市	余姚市	115	0.8	17.7	4.7	2.8	59
	慈溪市	100	6.4	22.0	11.5	4.0	35
	奉化区	72	1.0	32.1	4.0	4.0	98
温州市	鹿城区	17	0.3	35.9	12.1	13.3	109
	龙湾区	13	0.4	46.3	8.4	14.9	178
	瓯海区	30	0.5	35.9	13.2	10.2	77
	洞头区	4	0.6	13.9	3.9	6.6	169
	永嘉县	165	0.3	35.9	3.9	3.8	96
	平阳县	103	0.4	8.6	2.1	2.7	127
	苍南县	104	0.4	35.9	3.1	5.6	181
	文成县	98	1.2	22.6	6.0	4.0	67
	泰顺县	120	0.3	32.5	3.2	3.8	119
	瑞安市	91	0.4	14.2	4.4	3.3	76
	乐清市	91	0.4	14.7	8.5	4.0	47
嘉兴市	南湖区	58	0.7	45.1	10.6	8.8	84
	秀洲区	88	0.6	10.5	5.3	2.1	40
	嘉善县	94	1.0	28.6	4.4	4.4	101
	海盐县	84	0.3	8.7	3.1	1.7	55
	海宁市	112	0.4	54.2	4.4	6.4	147
	平湖市	87	0.7	45.1	2.5	6.6	259
	桐乡市	114	0.7	26.4	2.2	2.9	134
湖州市	吴兴区	63	3.2	12.9	4.0	1.2	30
	南浔区	117	0.6	28.1	2.8	2.7	96
	德清县	85	0.2	5.5	1.3	1.0	76
	长兴县	143	0.7	46.0	6.6	5.0	76
	安吉县	129	12.9	140.0	72.3	24.5	34
绍兴市	越城区	40	1.0	44.3	8.5	8.6	101
	柯桥区	62	0.8	44.3	10.5	9.5	91
	上虞区	107	1.2	39.6	8.9	6.9	77
	新昌县	87	0.5	8.9	2.0	1.4	72
	诸暨市	176	0.5	32.1	2.9	3.0	102
	嵊州市	127	0.4	11.4	3.7	2.0	54
金华市	婺城区	86	2.2	32.9	8.5	5.6	66
	金东区	56	0.5	10.6	3.2	2.4	74

（续表）

区域		点位数（个）	最小值（mg/kg）	最大值（mg/kg）	平均值（mg/kg）	标准差（mg/kg）	变异系数（%）
金华市	武义县	75	0.5	9.8	1.5	1.3	89
	浦江县	54	0.6	2.5	1.9	0.4	22
	磐安县	50	0.3	15.2	2.5	2.7	108
	兰溪市	108	0.3	10.1	1.9	1.6	85
	义乌市	76	0.3	32.9	1.1	3.7	339
	东阳市	108	0.3	23.0	4.1	2.9	71
	永康市	76	1.1	4.5	2.9	0.8	28
衢州市	柯城区	18	1.5	4.3	3.1	0.9	28
	衢江区	77	0.3	1.4	0.8	0.3	43
	常山县	54	1.6	9.8	3.7	1.6	42
	开化县	68	3.6	32.9	7.8	5.6	72
	龙游县	100	1.2	3.9	2.2	0.7	30
	江山市	142	0.3	3.8	1.0	0.5	45
舟山市	定海区	28	0.5	37.5	4.0	7.0	178
	普陀区	22	2.4	28.2	7.0	5.2	74
	岱山县	13	0.4	37.5	15.2	10.8	71
台州市	椒江区	29	9.4	37.5	14.1	6.2	44
	黄岩区	33	0.5	13.0	2.2	2.5	114
	路桥区	38	3.3	6.7	5.1	1.0	19
	玉环县	24	0.3	37.5	4.0	8.0	199
	三门县	67	1.2	32.5	8.2	4.4	54
	天台县	85	0.3	22.7	3.3	3.2	99
	仙居县	91	0.3	32.5	2.3	5.1	220
	温岭市	99	0.3	179.5	10.1	23.0	228
	临海市	114	0.4	4.0	1.7	1.0	62
丽水市	莲都区	31	0.3	4.2	1.5	1.0	65
	青田县	86	0.1	32.8	4.0	4.9	123
	缙云县	55	0.5	5.0	2.0	0.9	44
	遂昌县	60	0.2	23.0	4.9	4.3	88
	松阳县	65	4.1	65.4	18.7	11.7	62
	云和县	26	0.3	32.8	4.1	6.1	150
	庆元县	62	0.4	7.7	2.5	1.7	69
	景宁县	57	0.2	6.0	2.3	1.4	59
	龙泉市	88	0.1	32.4	4.1	6.1	148

二、不同类型耕地土壤有效锌含量及其影响因素

（一）主要土类的有效锌含量

1.各土类的有效锌含量差异

浙江省主要土壤类型耕地有效锌平均含量从高到低依次为：石灰（岩）土、潮土、水稻土、粗骨土、红壤、黄壤、滨海盐土、紫色土和基性岩土。其中石灰（岩）土有效锌含量最高，平均含量为9.8mg/kg，变动范围为0.3～92.58mg/kg；潮土和水稻土次之，平均含量分别为6.4mg/kg和6.3mg/kg，变动范围分别为0.4～102.3mg/kg、0.1～179.5mg/kg；第三层次是粗骨土、红壤、黄壤、滨海盐土，平均含量均大于5.0mg/kg，变动范围为5.4～5.7mg/kg；紫色土较低，为3.4mg/kg，变动范围为0.3～44.32mg/kg；基性岩土最低，为2.1mg/kg，变动范围为0.8～4.9mg/kg（图5-50）。

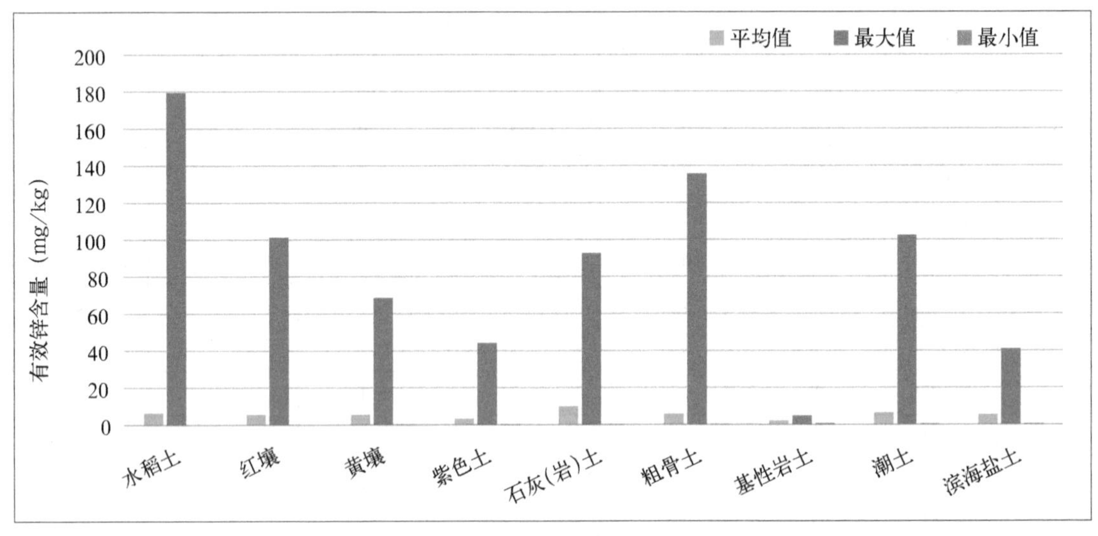

图5-50　浙江省不同土类耕地土壤有效锌含量

2.主要土类的土壤有效锌含量在农业功能区间的差异

同一土类土壤的有效锌平均含量在不同农业功能区也有差异，见图5-51。

水稻土有效锌平均含量以浙西北生态型绿色农业区最高，为19.0mg/kg，沿海岛屿蓝色渔（农）业区次之，为7.1mg/kg，浙东南沿海城郊型、外向型农业区和浙东北都市型、外向型农业区再次之，分别为5.7mg/kg、5.6mg/kg；浙西南生态型绿色农业区较低，为4.8mg/kg，浙中盆地丘陵综合型特色农业区最低，为2.9mg/kg。

黄壤有效锌平均含量以浙西北生态型绿色农业区和浙东北都市型、外向型农业区最高，分别为13.1mg/kg、11.3mg/kg，浙东南沿海城郊型、外向型农业区次之，为8.7mg/kg，浙西南生态型绿色农业区较低，为4.5mg/kg，浙中盆地丘陵综合型特色农业区最低，为3.3mg/kg，沿海岛屿蓝色渔（农）业区没有采集到黄壤。

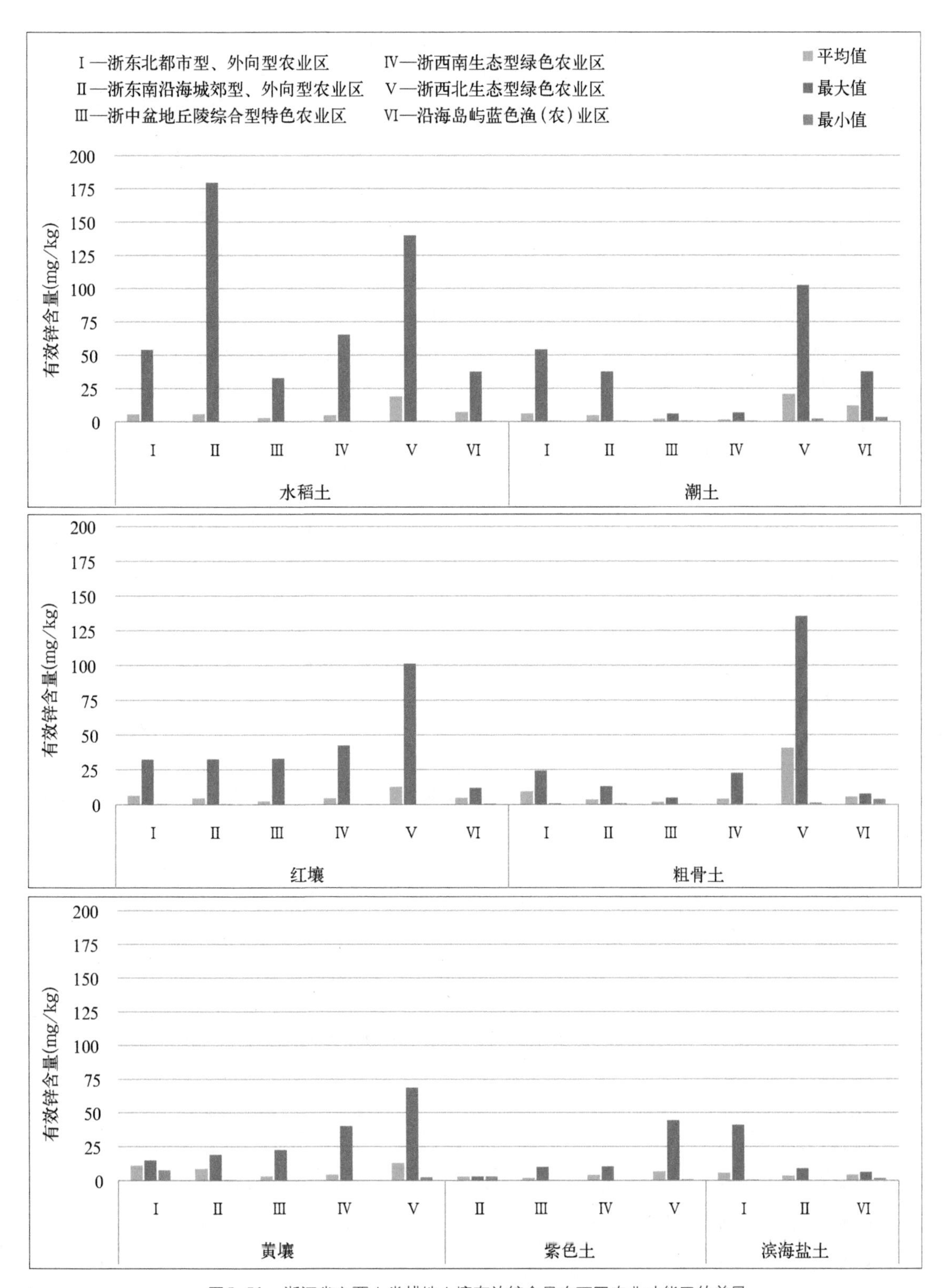

图5-51　浙江省主要土类耕地土壤有效锌含量在不同农业功能区的差异

紫色土有效锌平均含量以浙西北生态型绿色农业区最高，为6.9mg/kg，浙西南生态型绿色农业区和浙东南沿海城郊型、外向型农业区次之，分别为4.2mg/kg、3.1mg/kg，浙中盆地丘陵综合型特色农业区最低，为2.1mg/kg，其中浙东北都市型、外向型农业区和沿海岛屿蓝色渔（农）业区没有采集到紫色土。

粗骨土有效锌平均含量以浙西北生态型绿色农业区最高，达40.8mg/kg，浙东北都市型、外向型农业区次之，为9.5mg/kg，沿海岛屿蓝色渔（农）业区和浙西南生态型绿色农业区再次之，分别为5.7mg/kg、4.2mg/kg；浙东南沿海城郊型、外向型农业区较低，为3.8mg/kg，浙中盆地丘陵综合型特色农业区最低，为2.0mg/kg。

潮土有效锌平均含量在浙西北生态型绿色农业最高，为20.7mg/kg，沿海岛屿蓝色渔（农）业区次之，为12.0mg/kg，浙东北都市型、外向型农业区和浙东南沿海城郊型、外向型农业区再次之，分别为6.1mg/kg、4.8mg/kg，浙中盆地丘陵综合型特色农业区和浙西南生态型绿色农业区最低，分别为2.0mg/kg、1.5mg/kg。

滨海盐土分布在浙东北都市型、外向型农业区，浙东南沿海城郊型、外向型农业区和沿海岛屿蓝色渔（农）业区，土壤有效锌平均含量以浙东北都市型、外向型农业区最高，为5.8mg/kg，沿海岛屿蓝色渔（农）业区和浙东南沿海城郊型、外向型农业区，平均含量分别为4.5mg/kg、3.6mg/kg。

红壤有效锌平均含量以浙西北生态型绿色农业区最高，为12.9mg/kg，浙东北都市型、外向型农业区和沿海岛屿蓝色渔（农）业区次之，分别为6.6mg/kg、5.0mg/kg，浙东南沿海城郊型、外向型农业区和浙西南生态型绿色农业区再次之，皆为4.7mg/kg，浙中盆地丘陵综合型特色农业区最低，为2.5mg/kg。

（二）主要亚类的有效锌含量

棕红壤土壤有效锌平均含量最高，达18.0mg/kg；棕色石灰土次之，为10.4mg/kg；渗育水稻土、灰潮土、淹育水稻土、脱潜水稻土和潴育水稻土也较高，均大于6.0mg/kg；饱和红壤和潮滩盐土的平均含量最低，均小于1.0mg/kg，分别为0.6mg/kg、0.9mg/kg；石灰性紫色土、基性岩土较低，分别为1.9mg/kg、2.1mg/kg；其他各亚类均大于3.0mg/kg，在3.5~5.7mg/kg之间（表5-21）。

表5-21　浙江省主要亚类耕地土壤有效锌含量

亚类	样点数（个）	最小值（mg/kg）	最大值（mg/kg）	平均值（mg/kg）	标准差（mg/kg）	变异系数（%）
潴育水稻土	1 989	0.2	140.0	6.2	12.92	209
渗育水稻土	954	0.3	130.5	6.7	14.43	215
脱潜水稻土	739	0.2	179.5	6.2	10.65	171
淹育水稻土	624	0.1	98.6	6.3	11.91	188
潜育水稻土	70	0.4	93.8	5.6	11.97	213
黄红壤	679	0.1	101.3	5.6	10.62	190
红壤	131	0.3	39.9	4.8	5.96	125
红壤性土	54	0.3	80.2	4.9	11.68	239

（续表）

亚类	样点数（个）	最小值（mg/kg）	最大值（mg/kg）	平均值（mg/kg）	标准差（mg/kg）	变异系数（%）
棕红壤	10	1.6	87.6	18.0	29.29	162
饱和红壤	2	0.6	0.6	0.6	0.01	—
黄壤	122	0.3	68.8	5.5	9.18	168
石灰性紫色土	58	0.3	8.6	1.9	1.64	86
酸性紫色土	46	0.3	44.3	5.2	6.64	128
酸性粗骨土	130	0.4	135.6	5.7	15.23	266
灰潮土	409	0.4	102.3	6.4	9.18	143
滨海盐土	111	0.4	41.0	5.5	6.09	111
潮滩盐土	2	0.8	1.1	0.9	0.25	—
黑色石灰土	2	1.8	5.2	3.5	2.35	—
棕色石灰土	21	0.3	92.6	10.4	21.56	208
基性岩土	8	0.8	4.9	2.1	1.45	69

变异系数以酸性粗骨土最高（饱和红壤、潮滩盐土、黑色石灰土样点数为2，未统计变异系数），为266%；基性岩土最低，为69%；石灰性紫色土的变异系数低于90%；其他各亚类变异系数在111%~239%之间。

（三）地貌类型与土壤有效锌含量

不同地貌类型间，河谷平原土壤有效锌含量最高，平均7.6mg/kg；其次是低丘、滨海平原，其平均含量分别为6.6mg/kg、6.4mg/kg；再次是水网平原，平均5.6mg/kg；然后是高丘、中山，其平均含量分别为4.4mg/kg、4.0mg/kg；而平均含量最低的是低山，为2.5mg/kg。变异系数以河谷平原最大，为225%；低丘次之，为218%；低山最低，为63%；中山较低，为75%；其他地貌类型的变异系数在113%~152%之间（图5-52）。

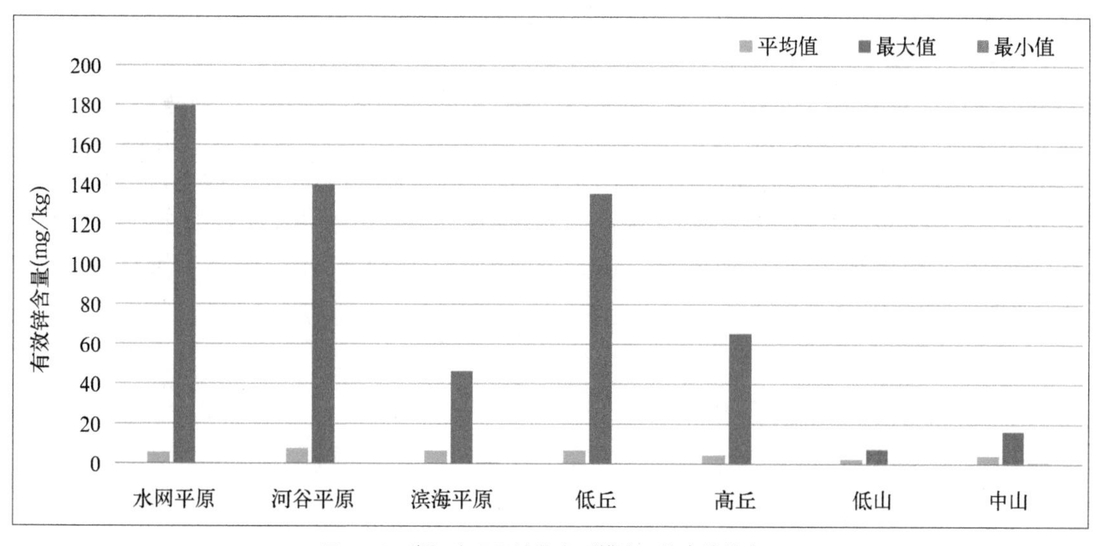

图5-52　浙江省不同地貌类型耕地土壤有效锌含量

（四）土壤质地与土壤有效锌含量

浙江省的不同土壤质地中，土壤有效锌平均表现为：黏土 >砂土 >壤土，壤土各质地表现为：砂壤 >重壤 >中壤；砂土、砂壤、中壤、重壤、黏土的有效锌含量平均值依次为 5.4mg/kg、7.9mg/kg、4.6mg/kg、6.6mg/kg、8.5mg/kg（图5-53）。

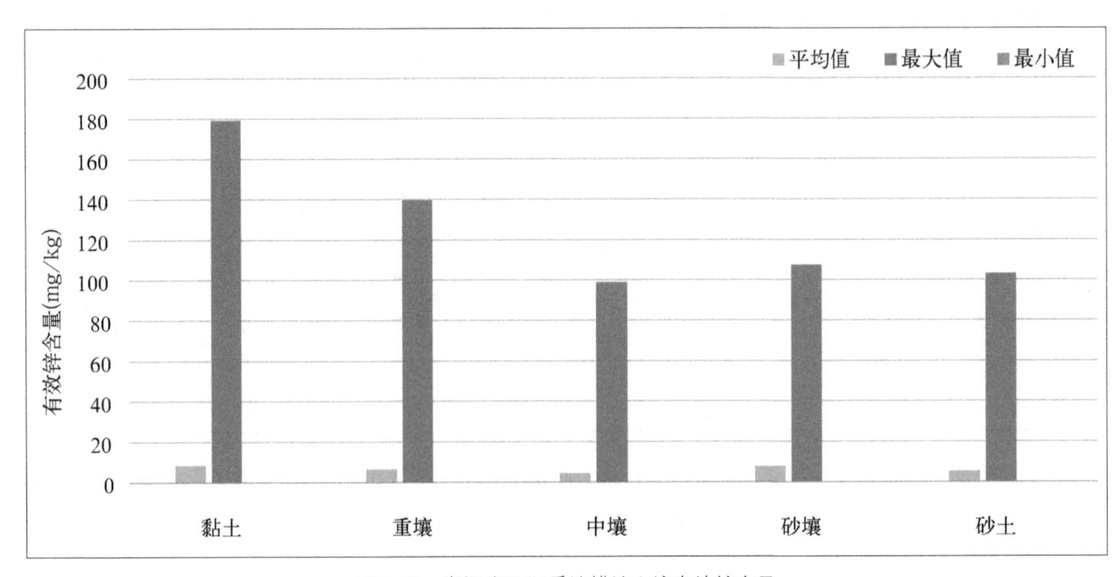

图5-53　浙江省不同质地耕地土壤有效锌含量

三、土壤有效锌分级面积与分布

（一）土壤有效锌含量分级面积

根据浙江省域土壤有效锌含量状况，参照浙江省土壤养分指标分级标准（表5-1），将土壤有效锌含量划分为6级。全区耕地土壤有效锌含量分级面积占比如图5-54所示。

土壤有效锌含量大于3.0mg/kg的耕地共111.05万 hm^2，占全省耕地面积的57.81%，占比最高；土壤有效锌含量在1.5~3.0mg/kg的耕地共53.92万 hm^2，占全省耕地面积的28.07%；土壤有效锌含量在1.0~1.5mg/kg的耕地共16.54万 hm^2，占全省耕地面积的8.61%；土壤有效锌含量在0.5~1.0mg/kg的耕地共10.14万 hm^2，占全省耕地面积的5.28%；土壤有效锌高于0.5mg/kg的前4级耕地面积共191.64万 hm^2，占全省耕地面积的99.76%。土壤有效锌含量在0.3~0.5mg/kg的耕地共4 500hm^2，占全省耕地面积的0.24%；浙江省没有发现土壤有效锌含量小于0.3mg/kg的耕地。可见，浙江省耕地土壤有效锌含量总体较高，以中等偏上水平为主。

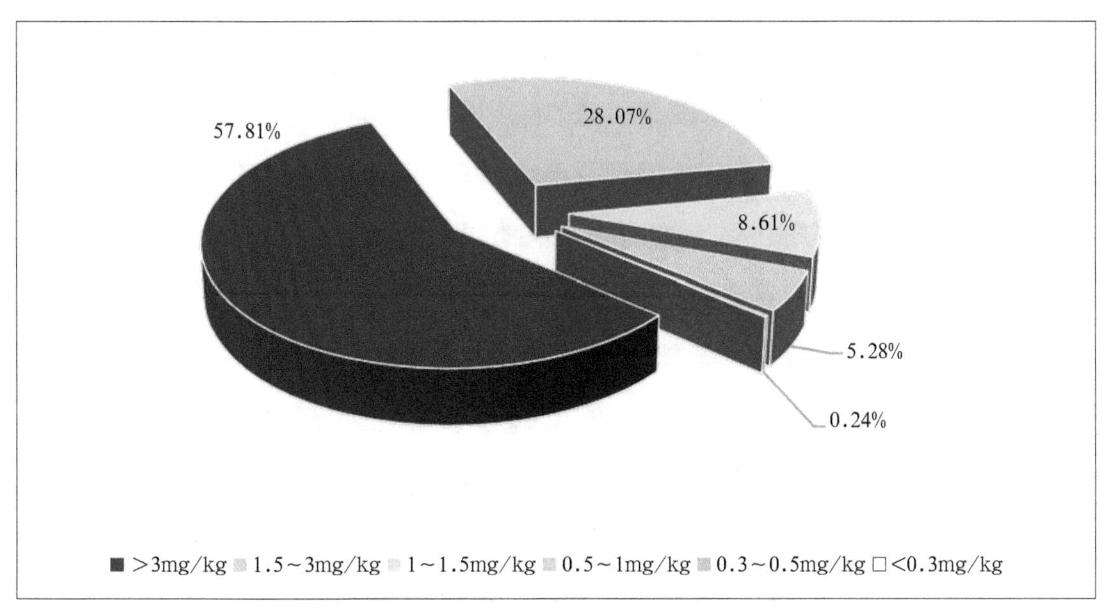

图5-54 浙江省耕地土壤有效锌含量分级面积占比

(二)土壤有效锌含量地域分布特征

在不同的农业功能区其土壤有效锌含量有差异(图5-55、图5-56)。

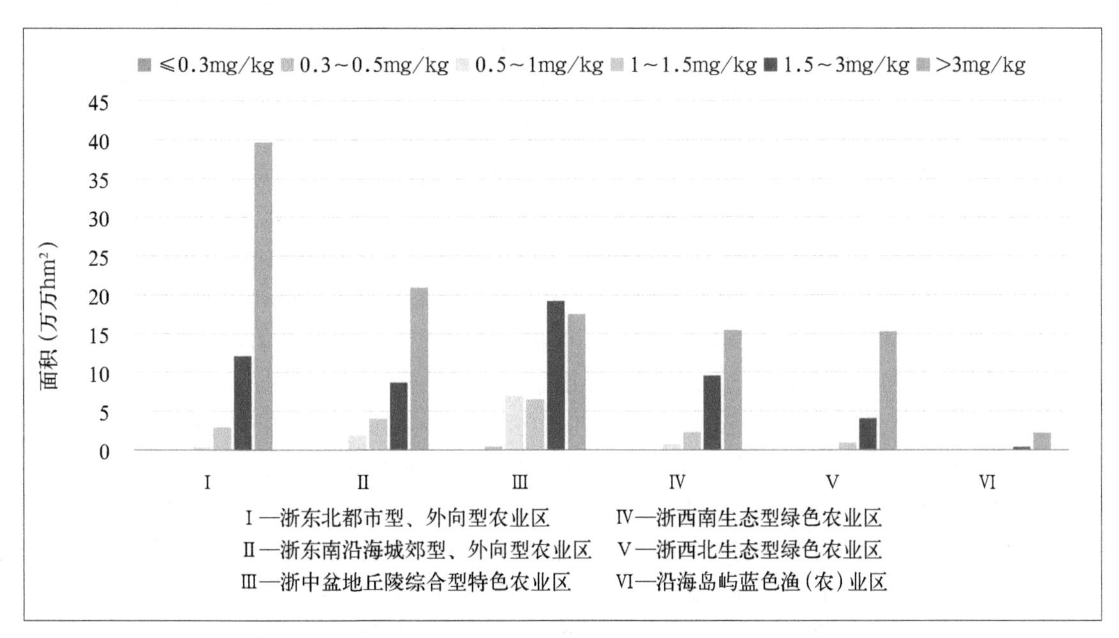

图5-55 浙江省不同农业功能区土壤有效锌含量分级面积分布情况

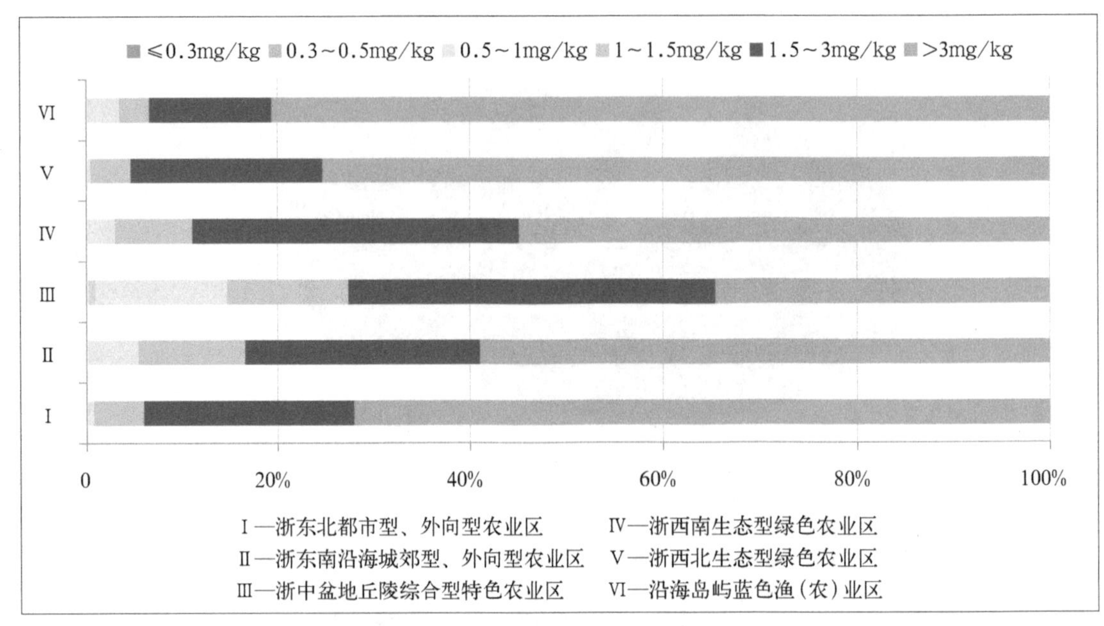

图5-56 浙江省不同农业功能区土壤有效锌含量分级占比情况

土壤有效锌含量大于3.0mg/kg的耕地主要分布在浙东北都市型、外向型农业区，面积达39.7万 hm^2，占全省耕地面积的20.67%；其次是浙东南沿海城郊型、外向型农业区，面积为20.95万 hm^2，占全省耕地面积的10.90%；再次是浙中盆地丘陵综合型特色农业区，面积为17.52万 hm^2，占全省耕地面积的9.12%；浙西南生态型绿色农业区和浙西北生态型绿色农业区，分别有15.44万 hm^2、15.27万 hm^2，分别占全省耕地面积的8.04%、7.95%；沿海岛屿蓝色渔（农）业区最少，只有2.18万 hm^2，占全省耕地面积的1.14%。

土壤有效锌含量为1.5～3.0mg/kg的耕地主要分布在浙中盆地丘陵综合型特色农业区，面积为19.20万 hm^2，占全省耕地面积的10.00%；其次是浙东北都市型、外向型农业区，面积为12.09万 hm^2，占全省耕地面积的6.30%；再次是浙西南生态型绿色农业区和浙东南沿海城郊型、外向型农业区，面积分别为9.56万 hm^2、8.67万 hm^2，分别占全省耕地面积的4.98%、4.51%；浙西北生态型绿色农业区，面积为4.04万 hm^2，占全省耕地面积的2.10%；沿海岛屿蓝色渔（农）业区最少，只有3 500hm^2。

土壤有效锌含量为1.0～1.5mg/kg的耕地，在浙中盆地丘陵综合型特色农业区分布最多，面积为6.45万 hm^2，占全省耕地面积的3.36%；其次是浙东南沿海城郊型、外向型农业区，面积为3.99万 hm^2，占全省耕地面积的2.08%；然后是浙东北都市型、外向型农业区和浙西南生态型绿色农业区，面积分别为2.90万 hm^2、2.26万 hm^2，分别占全省耕地面积的1.51%、1.18%；浙西北生态型绿色农业区较少，分布面积为8 500hm^2，占全省耕地面积的0.44%；沿海岛屿蓝色渔（农）业区最少，面积为900hm^2，仅占全省耕地面积的0.04%。

土壤有效锌含量为0.5～1.0mg/kg的耕地主要分布在浙中盆地丘陵综合型特色农业区，面积为6.95万 hm^2，占全省耕地面积的3.62%；其次是浙东南沿海城郊型、外向型农业区，面积为1.87万 hm^2，占全省耕地面积的0.97%；然后是浙西南生态型绿色农业区和浙东北都市型、外向型农业区，面积分别为7 900hm^2、3 500hm^2，分别占全省耕地面积的0.41%、0.18%；沿海岛屿蓝色渔（农）业区和浙西北生态型绿色农业区最少，面积分别为900hm^2、

700hm^2，分别占全省耕地面积的0.05％、0.04％。

土壤有效锌含量为0.3～0.5mg/kg的耕地，主要分布在浙中盆地丘陵综合型特色农业区，面积为4 100hm^2，占全省耕地面积的0.21％；浙西南生态型绿色农业区，浙东南沿海城郊型、外向型农业区和浙东北都市型、外向型农业区分布最少，面积皆不足500hm^2；其余两区均没有发现土壤有效锌含量为0.3～0.5mg/kg的耕地。

六个功能分区均没有发现土壤有效锌含量低于0.3mg/kg的耕地。

在不同地级市之间土壤有效锌含量有差异（表5-22）。

表5-22 浙江省耕地土壤有效锌含量不同等级区域分布特征

等级（mg/kg）	地级市	面积（万 hm^2）	占本市比例（%）	占全省比例（%）
>3.0	杭州市	12.84	65.51	6.69
	宁波市	15.80	79.21	8.22
	温州市	15.99	61.91	8.33
	嘉兴市	11.23	57.36	5.85
	湖州市	10.98	72.74	5.72
	绍兴市	10.90	57.99	5.67
	金华市	9.78	42.39	5.09
	衢州市	4.05	30.69	2.11
	舟山市	2.11	83.45	1.10
	台州市	9.89	52.37	5.15
	丽水市	7.48	48.01	3.89
1.5～3.0	杭州市	5.59	28.49	2.91
	宁波市	3.56	17.86	1.85
	温州市	5.66	21.90	2.95
	嘉兴市	6.90	35.25	3.59
	湖州市	2.57	17.00	1.34
	绍兴市	7.12	37.88	3.71
	金华市	8.07	35.01	4.20
	衢州市	3.04	23.04	1.58
	舟山市	0.34	13.43	0.18
	台州市	4.92	26.03	2.56
	丽水市	6.16	39.52	3.20
1.0～1.5	杭州市	1.10	5.62	0.57
	宁波市	0.46	2.32	0.24
	温州市	2.58	9.98	1.34
	嘉兴市	1.45	7.39	0.75
	湖州市	1.19	7.90	0.62

（续表）

等级（mg/kg）	地级市	面积（万 hm²）	占本市比例（%）	占全省比例（%）
1.0～1.5	绍兴市	0.70	3.74	0.37
	金华市	2.37	10.27	1.23
	衢州市	2.39	18.09	1.24
	舟山市	0.08	3.12	0.04
	台州市	2.80	14.84	1.46
	丽水市	1.42	9.10	0.74
0.5～1.0	杭州市	0.07	0.38	0.04
	宁波市	0.12	0.60	0.06
	温州市	1.59	6.17	0.83
	湖州市	0.35	2.33	0.18
	绍兴市	0.07	0.39	0.04
	金华市	2.52	10.91	1.31
	衢州市	3.66	27.78	1.91
	台州市	1.24	6.58	0.65
	丽水市	0.50	3.22	0.26
0.3～0.5	温州市	0.01	0.04	0.00
	湖州市	0.00	0.03	0.00
	金华市	0.33	1.43	0.17
	衢州市	0.05	0.40	0.03
	台州市	0.03	0.18	0.02
	丽水市	0.02	0.15	0.01

土壤有效锌含量大于3.0mg/kg的耕地，占全省耕地面积的57.81％，占比最大，在各区都有较多分布，其中在温州市、宁波市分布最多，面积分别为15.99万 hm²、15.8万 hm²，分别占全省耕地面积的8.33％、8.22％；其次是杭州市，面积为12.84万 hm²，占全省耕地面积的6.69％；分布最少为舟山市，仅2.11万 hm²，仅占全省耕地面积的1.10％，但占本市耕地面积的83.45％，也就是说舟山市的大部分耕地有效锌含量大于3.0mg/kg；其他各市均有不少分布，面积在4.05万～11.23万 hm²，占比在2.11％～5.85％。

土壤有效锌含量为1.5～3.0mg/kg的耕地，占全省耕地面积的28.07％。金华市分布最多，面积为8.07万 hm²，占本市耕地面积的35.01％，占全省耕地面积的4.20％；其次是绍兴市，面积为7.12万 hm²，占本市耕地面积的37.88％，占全省耕地面积的3.71％；再次是嘉兴市、丽水市，面积分别为6.90万 hm²、6.16万 hm²，分别占全省耕地面积的3.59％、3.20％；舟山市有少量分布，面积为3 400hm²，占全省耕地面积的比例为0.18％；其他各市均有不少分布，面积在2.57万～5.66万 hm²，占比在1.34％～2.95％。

土壤有效锌含量为1.0～1.5mg/kg的耕地，占全省耕地面积的8.61％，其中台州市最多，有2.80万 hm²，占本市耕地面积的14.84％，占全省耕地面积的1.46％；其次是温州市、衢州市和金华市，面积分别为2.58万 hm^2、2.39万 hm^2、2.37万 hm^2，分别占全省耕地面积的1.34%、1.24%、1.23%；而绍兴市、宁波市分布较少，分别为7 000hm^2、4 600hm^2，分别占全省耕地面积的比例为0.37%、0.24%；舟山市分布最少，只有800hm^2；其他各市均有超过1万 hm^2的分布。

土壤有效锌含量为0.5～1.0mg/kg的耕地，占全省耕地面积的5.28%。衢州市分布最多，有3.66万 hm^2，占本市耕地面积的27.78%，占全省耕地面积的1.91%；其次是金华市，面积为2.52万 hm^2，占本市耕地面积的10.91%，占全省耕地面积的1.31%；再次是温州市、台州市，面积分别为1.59万 hm^2、1.24万 hm^2，分别占全省耕地面积的0.83%、0.65%；丽水市、湖州市、宁波市分布较少，面积分别为5 000hm^2、3 500hm^2、1 200hm^2，分别占全省耕地面积的0.26%、0.18%、0.06%；杭州市、绍兴市分布最少，面积皆少于1 000hm^2，占比小于0.05%；其他各市则没有发现土壤有效锌含量为0.5～1.0mg/kg的耕地。

土壤有效锌含量为0.3～0.5mg/kg的耕地，占比非常小，只有0.24%，主要分布在金华市，面积为3 300hm^2，占本市耕地面积的1.43%，占全省耕地面积的0.17%；衢州市、台州市、丽水市、温州市、湖州市分布面积均小于1 000hm^2，全省占比均小于0.05%；其他各市则没有发现土壤有效锌含量为0.3～0.5mg/kg的耕地。

浙江省没有发现土壤有效锌含量小于0.3mg/kg的耕地。

四、土壤有效锌调控

影响土壤有效锌的因素主要包括成土母质、有机质、pH值、土壤水分、质地和施肥。土壤有效锌含量低于0.5mg/kg时易诱发作物缺锌症状。石灰性和碱性土壤中易发生氢氧化锌沉淀，因此锌的有效性较低；排水不良的水田土壤中，因还原作用强锌易形成硫化锌沉淀，其有效性也较低。在土壤过砂和过黏的情况下，因土壤全锌的缺乏或锌的固定，其有效性也常常较低。另外，某些锌较低的土壤中，长期过量施用氮肥和磷肥也可诱发缺锌问题。土壤酸化使土壤中锌的活性大大加强，有效锌含量明显提高。有机质与土壤锌的有效态含量呈极显著正相关，长期施用有机肥的土壤其有效锌也通常较高。土壤有效锌调控主要有以下路径。

（一）优化养分管理

因土、因作物补锌。植物对缺锌的敏感程度因种类不同而有差异。禾本科作物中玉米和水稻对锌最为敏感，通常可作为判断土壤有效锌丰缺的指示植物，在含锌量较低的土壤上种植此类作物尤其需要注意锌肥的补充。大量元素肥料施用不合理也会诱发微量元素的缺乏，如过量施用磷肥会诱发作物缺锌。因此，在农业生产中必须协调好微量元素与大量元素肥料之间的关系，只有将二者合理配合施用才能更好地发挥它们的增产效益。

（二）提高土壤锌的有效性

1.调节酸碱度

土壤有效锌与pH值关系十分紧密，在碱性或中性条件下，锌多呈氢氧化锌沉淀，降低了锌的有效性，因此，过碱土壤适当调酸有助于锌的溶出和供应。

2. 增施有机肥

一般情况下，土壤有机质与有效锌呈正相关，土壤中有机物质与锌离子发生络合、螯合作用，有助于提高土壤锌的有效性；但有些土壤如烂泥田、冷水田等，有机质虽高，但由于土温低、淹水时间长仍易诱发缺锌反应，应及时排水搁田，增强土壤通透性。

（三）合理施用锌肥

常见的锌肥包括硫酸锌、氯化锌等，均易溶于水。规模养殖场畜禽排泄物由于饲料添加剂的使用而含有一定量的有效锌，其制得的商品有机肥也可以作为锌的补充。锌肥可以基施、追施、浸种、拌种、喷施，一般以叶面肥喷施效果最好。作基肥时宜与有机肥混合施用，或拌干细土或酸性肥料混合施用，随耕地翻入土中，不宜与磷肥混用。由于锌肥在土壤中的残效期较长，因此不必连年施用，隔年基施即可。

第八节　土壤有效铁

铁是岩石圈的主要元素之一，其含量约为5%，土壤中铁的含量变化很大，一般为1%～4%，铁在植物体内（干重）的含量为100～300mg/kg，作为含量相对较大的微量元素，主要集中在叶绿体中。铁的土壤化学十分复杂，它的化学性状与氧、硫、碳密切相关。地壳中的大多数铁以铁镁硅酸盐矿物的形态存在，少量铁则存在于土壤有机质和次生矿物中。土壤中铁的形态很多，可区分为矿物态、有机态、土壤溶液中的和代换态铁。铁是植物有氧呼吸的酶的重要组成物质，参与呼吸作用，是植物能量代谢的重要物质，缺铁影响植物生理活性，也影响养分吸收。铁是铁氧还蛋白的组成物质，该蛋白质参与电子转移，促进氮素代谢正常进行。生物固氮的酶含铁，铁在生物固氮中起重要作用。铁虽不是叶绿素的成分，但是它在叶绿素的形成中是不可缺少的条件，植物缺少铁时因叶绿素形成出现障碍和受到破坏，叶片便会失绿。开始时叶色变淡，进而叶脉间失绿黄化，叶脉仍保持绿色，严重时叶片变成灰白色。铁在植物体内移动性低而不易重复利用，因此新生叶更易出现这类失绿现象。

一、浙江省耕地土壤有效铁含量空间差异

根据从省级汇总评价7 311个耕层土样中选取出的6 161个耕层土样化验分析结果，浙江省耕层土壤有效铁的平均含量为138.7mg/kg，变化范围为0.4～1 507.9mg/kg。根据浙江省土壤养分指标分级标准（表5-1），耕层有效铁含量在一级至六级的点位占比分别为91%、3%、2%、2%、0和2%（图5-57A）。

全省六大农业功能区中，浙东北都市型、外向型农业区土壤有效铁含量最高，平均为196.0mg/kg，变动范围为1.5～1 507.9mg/kg；其次是浙西北生态型绿色农业区，平均为187.7mg/kg，变动范围为6.9～1 097.0mg/kg；沿海岛屿蓝色渔（农）业区和浙东南沿海城郊型、外向型农业区再次之，含量平均分别为177.3mg/kg和141.2mg/kg，变动范围分别为18.7～686.0mg/kg、5.2～968.6mg/kg；浙中盆地丘陵综合型特色农业区略低，含量平均为88.5mg/kg，变动范围为0.5～557.0mg/kg；浙西南生态型绿色农业区的土壤有效铁含量最低，平均为78.2mg/kg，变动范围为0.4～968.6mg/kg（图5-57B）。

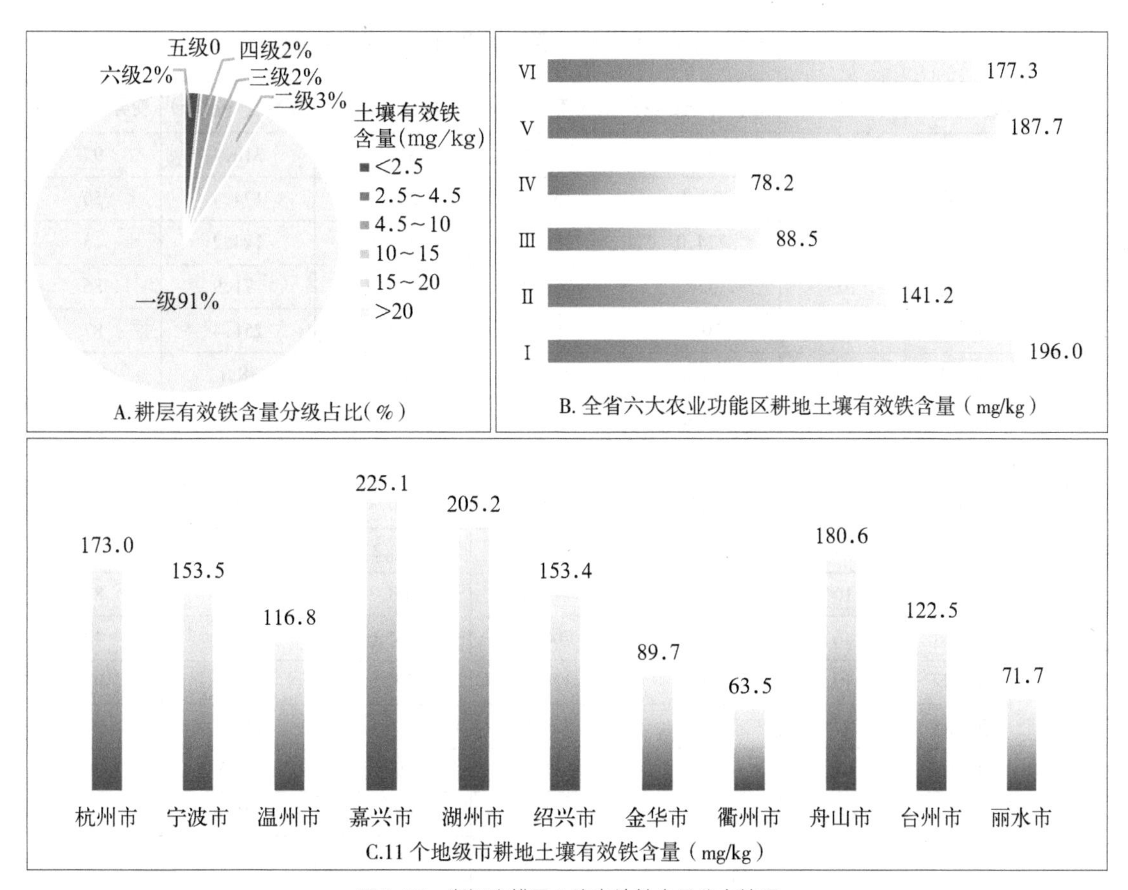

图5-57　浙江省耕层土壤有效铁含量分布情况

Ⅰ—浙东北都市型、外向型农业区　Ⅳ—浙西南生态型绿色农业区
Ⅱ—浙东南沿海城郊型、外向型农业区　Ⅴ—浙西北生态型绿色农业区
Ⅲ—浙中盆地丘陵综合型特色农业区　Ⅵ—沿海岛屿蓝色渔（农）业区

11个地级市中，以嘉兴市耕地土壤有效铁含量最高，平均含量225.1mg/kg，变动范围为38.0～931.0mg/kg；湖州市次之，平均含量为205.2mg/kg，变动范围为17.4～1 097.0mg/kg；接着是舟山市、杭州市、宁波市和绍兴市，平均含量均在150.0mg/kg以上，分别为180.6mg/kg、173.0mg/kg、153.5mg/kg、153.4mg/kg，变动范围分别为18.7～686.0mg/kg、5.0～1 507.9mg/kg、1.5～700.6mg/kg、0.7～700.6mg/kg；衢州市最低，平均含量为63.5mg/kg，变动范围为0.9～277.2mg/kg；其他各市平均含量变动范围为71.7～122.5mg/kg（图5-57C）。

全省各县（市、区）中，杭州市滨江区耕地土壤有效铁含量最高，平均含量高达829.6mg/kg；其次是温州市瓯海区，平均含量为506.8mg/kg。丽水市莲都区和义乌市最低，平均含量分别为14.3mg/kg、19.6mg/kg；缙云县、庆元县、景宁县较低，平均含量在23.0～27.5mg/kg之间，其他县（市、区）均大于30.0mg/kg。有效铁含量变异系数以义乌市最大，为193%，温州洞头区和云和县次之，分别为156%、151%；安吉县变异系数最低，为10%；杭州市滨江区、嘉兴市秀洲区和苍南县较低，分别为15%、17%、19%。其他县（市、区）变异系数均高于20%（表5-23）。

表5-23 浙江省各县（市、区）耕地土壤有效铁含量

区域		点位数（个）	最小值（mg/kg）	最大值（mg/kg）	平均值（mg/kg）	标准差（mg/kg）	变异系数（%）
杭州市	江干区	6	46.6	693.6	319.8	310.4	97
	西湖区	7	20.3	552.5	347.2	174.4	50
	滨江区	3	724.0	966.4	829.6	124.2	15
	萧山区	103	5.0	966.4	199.0	171.9	86
	余杭区	96	10.1	1 507.9	287.5	251.4	87
	桐庐县	71	16.8	366.2	45.6	48.1	105
	淳安县	35	39.0	313.1	81.2	54.8	67
	建德市	92	10.5	332.4	142.5	68.4	48
	富阳区	89	6.9	759.9	220.3	102.9	47
	临安区	84	52.4	131.2	91.2	22.6	25
宁波市	江北区	16	72.3	440.6	108.3	89.0	82
	北仑区	46	96.7	700.6	304.6	142.4	47
	镇海区	19	29.3	320.6	77.3	75.1	97
	鄞州区	97	9.2	700.6	125.8	121.7	97
	象山县	64	8.9	531.0	89.3	71.5	80
	宁海县	116	9.1	686.0	170.4	126.6	74
	余姚市	115	1.5	651.6	122.8	102.2	83
	慈溪市	100	98.1	305.7	175.5	65.2	37
	奉化区	72	17.2	531.0	172.9	125.9	73
温州市	鹿城区	17	8.8	968.6	244.2	261.0	107
	龙湾区	13	11.1	186.7	65.6	48.0	73
	瓯海区	30	16.4	968.6	506.8	391.3	77
	洞头区	4	23.3	418.3	125.5	195.2	156
	永嘉县	165	1.2	968.6	93.3	97.5	105
	平阳县	103	17.8	232.0	74.9	66.9	89
	苍南县	104	25.4	52.2	39.0	7.3	19
	文成县	98	25.9	602.2	124.5	107.5	86
	泰顺县	120	2.1	439.6	58.9	62.7	107
	瑞安市	91	5.2	377.5	107.4	78.3	73
	乐清市	91	15.8	592.6	227.6	141.9	62
嘉兴市	南湖区	58	53.0	931.0	304.6	143.4	47
	秀洲区	88	38.0	327.0	260.6	44.0	17
	嘉善县	94	62.0	325.0	230.6	48.9	21
	海盐县	84	62.0	531.0	254.0	80.8	32

（续表）

区域		点位数（个）	最小值（mg/kg）	最大值（mg/kg）	平均值（mg/kg）	标准差（mg/kg）	变异系数（%）
嘉兴市	海宁市	112	45.0	456.0	203.1	88.1	43
	平湖市	87	45.0	637.0	198.0	86.4	44
	桐乡市	114	83.0	321.0	173.6	40.2	23
湖州市	吴兴区	63	39.0	416.0	137.0	43.1	31
	南浔区	117	17.4	761.0	97.7	122.6	125
	德清县	85	17.4	565.0	107.5	85.1	79
	长兴县	143	19.3	1 097.0	340.0	245.7	72
	安吉县	129	189.4	301.8	250.9	26.3	10
绍兴市	越城区	40	17.2	700.6	166.2	137.2	83
	柯桥区	62	17.2	700.6	264.0	159.3	60
	上虞区	107	17.2	531.0	233.2	119.2	51
	新昌县	87	0.7	398.9	67.5	61.7	91
	诸暨市	176	8.0	476.5	122.3	83.7	68
	嵊州市	127	8.0	557.0	130.0	100.5	77
金华市	婺城区	86	23.3	277.2	159.8	41.4	26
	金东区	56	13.0	186.3	93.5	44.5	48
	武义县	75	34.0	211.6	68.9	27.0	39
	浦江县	54	73.7	173.6	95.2	20.9	22
	磐安县	50	0.5	275.8	52.3	48.5	93
	兰溪市	108	0.5	277.2	65.0	53.1	82
	义乌市	76	0.6	231.0	19.6	37.9	193
	东阳市	108	0.5	277.2	117.7	55.9	47
	永康市	76	25.0	208.0	113.8	27.2	24
衢州市	柯城区	18	18.2	134.8	62.9	49.6	79
	衢江区	77	0.9	277.2	45.7	58.3	128
	常山县	54	31.2	255.2	105.7	56.6	54
	开化县	68	33.2	277.2	94.2	64.3	68
	龙游县	100	18.9	126.5	64.4	37.5	58
	江山市	142	2.2	151.3	41.7	30.6	73
舟山市	定海区	28	20.0	686.0	133.1	183.5	138
	普陀区	22	29.2	316.0	117.0	92.2	79
	岱山县	13	18.7	686.0	390.6	180.1	46

（续表）

区域		点位数（个）	最小值（mg/kg）	最大值（mg/kg）	平均值（mg/kg）	标准差（mg/kg）	变异系数（%）
台州市	椒江区	29	176.9	686.0	334.6	128.0	38
	黄岩区	33	26.0	191.0	56.2	33.4	59
	路桥区	38	18.7	686.0	217.4	202.2	93
	玉环县	24	11.0	327.8	157.3	132.5	84
	三门县	67	30.4	439.6	145.7	121.6	83
	天台县	85	2.1	411.0	129.2	76.7	59
	仙居县	91	5.2	377.8	48.6	62.4	129
	温岭市	99	10.6	686.0	108.9	141.5	130
	临海市	114	11.7	686.0	100.8	136.2	135
丽水市	莲都区	31	8.8	28.9	14.3	4.5	31
	青田县	86	0.4	407.0	56.1	56.0	100
	缙云县	55	2.4	66.1	23.0	13.6	59
	遂昌县	60	22.8	136.4	98.0	24.8	25
	松阳县	65	24.2	414.6	216.9	81.5	38
	云和县	26	4.7	407.0	51.3	77.8	151
	庆元县	62	1.9	60.1	25.5	14.2	56
	景宁县	57	1.1	61.2	27.5	13.5	49
	龙泉市	88	0.9	252.8	79.7	54.0	68

二、不同类型耕地土壤有效铁含量及其影响因素

（一）主要土类的有效铁含量

1.各土类的有效铁含量差异

浙江省主要土壤类型耕地有效铁平均含量从高到低依次为：滨海盐土、潮土、水稻土、基性岩土、红壤、石灰（岩）土、粗骨土、黄壤和紫色土。其中滨海盐土有效铁含量最高，平均含量为213.8mg/kg，变动范围为7.6～966.4mg/kg；潮土次之，平均含量为172.1mg/kg，变动范围为1.5～686.0mg/kg；第三层次是水稻土、基性岩土、红壤，平均含量均大于100.0mg/kg，变动范围为108.4～144.5mg/kg；石灰（岩）土、粗骨土、黄壤的有效铁平均含量较低，分别为94.2mg/kg、90.4mg/kg、89.7mg/kg，变动范围分别为6.7～295.6mg/kg、0.5～406.5mg/kg、0.5～826.2mg/kg；紫色土最低，为68.9mg/kg，变动范围为0.6～245.9mg/kg（图5-58）。

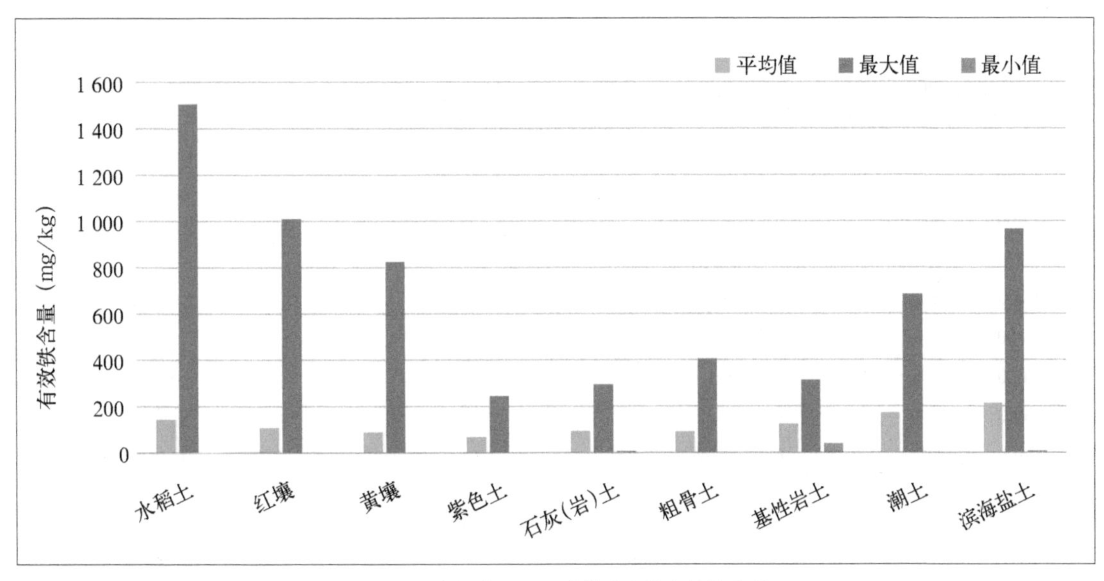

图5-58 浙江省不同土类耕地土壤有效铁含量

2.主要土类的土壤有效铁含量在农业功能区间的差异

同一土类土壤的有效铁平均含量在不同农业功能区也有差异，见图5-59。

水稻土有效铁平均含量以浙西北生态型绿色农业区最高，为203.6mg/kg，浙东北都市型、外向型农业区和沿海岛屿蓝色渔（农）业区次之，分别为196.0mg/kg、192.8mg/kg，浙东南沿海城郊型、外向型农业区再次之，为148.7mg/kg；浙中盆地丘陵综合型特色农业区较低，为92.8mg/kg，浙西南生态型绿色农业区最低，为79.1mg/kg。

黄壤有效铁平均含量以浙东北都市型、外向型农业区和浙东南沿海城郊型、外向型农业区最高，分别为372.9mg/kg、356.6mg/kg，浙西北生态型绿色农业区次之，为138.0mg/kg，浙西南生态型绿色农业区较低，为68.1mg/kg，浙中盆地丘陵综合型特色农业区最低，为51.7mg/kg，沿海岛屿蓝色渔（农）业区没有采集到黄壤。

紫色土有效铁平均含量以浙西北生态型绿色农业区最高，为88.1mg/kg，浙东南沿海城郊型、外向型农业区和浙中盆地丘陵综合型特色农业区次之，分别为72.9mg/kg、67.9mg/kg，浙西南生态型绿色农业区最低，为59.0mg/kg，其中浙东北都市型、外向型农业区和沿海岛屿蓝色渔（农）业区没有采集到紫色土。

粗骨土有效铁平均含量以浙东北都市型、外向型农业区最高，达219.1mg/kg，浙西北生态型绿色农业区次之，为191.7mg/kg，浙东南沿海城郊型、外向型农业区再次之，为120.4mg/kg；沿海岛屿蓝色渔（农）业区较低，为84.5mg/kg，浙中盆地丘陵综合型特色农业区和浙西南生态型绿色农业区最低，分别为66.8mg/kg、68.7mg/kg。

潮土有效铁平均含量在浙西北生态型绿色农业区最高，为300.5mg/kg，沿海岛屿蓝色渔（农）业区次之，为218.7mg/kg，浙东北都市型、外向型农业区和浙东南沿海城郊型、外向型农业区再次之，分别为180.8mg/kg、122.0mg/kg，浙中盆地丘陵综合型特色农业区较低，为66.8mg/kg；浙西南生态型绿色农业区最低，为37.0mg/kg。

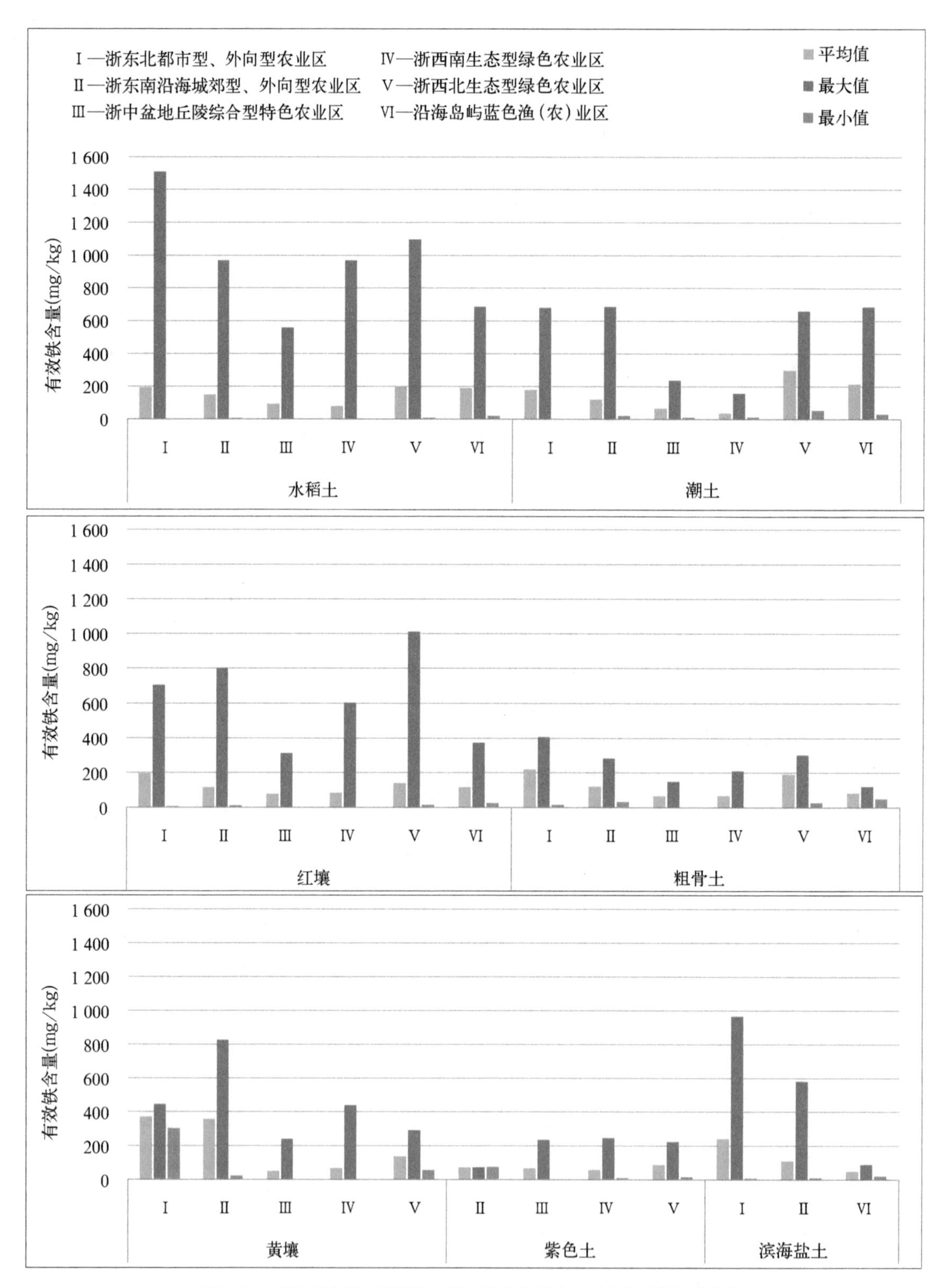

图5-59 浙江省主要土类耕地土壤有效铁含量在不同农业功能区的差异

滨海盐土分布在浙东北都市型、外向型农业区，浙东南沿海城郊型、外向型农业区和沿海岛屿蓝色渔（农）业区，土壤有效铁的平均含量以浙东北都市型、外向型农业区最高，为242.9mg/kg，浙东南沿海城郊型、外向型农业区和沿海岛屿蓝色渔（农）业区，平均含量分别为110.3mg/kg、51.0mg/kg。

红壤有效铁平均含量以浙东北都市型、外向型农业区最高，为198.4mg/kg，浙西北生态型绿色农业区次之，为139.9mg/kg，浙东南沿海城郊型、外向型农业区和沿海岛屿蓝色渔（农）业区再次之，分别为116.8mg/kg、116.5mg/kg，浙西南生态型绿色农业区较低，为84.3mg/kg，浙中盆地丘陵综合型特色农业区最低，为78.5mg/kg。

（二）主要亚类的有效铁含量

滨海盐土有效铁的平均含量最高，达216.8mg/kg；棕红壤和脱潜水稻土次之，分别为202.2mg/kg、200.9mg/kg；灰潮土也较高，大于150.0mg/kg，为172.1mg/kg；饱和红壤的平均含量最低，为25.6mg/kg；潮滩盐土较低，为45.3mg/kg；其他各亚类均大于50.0mg/kg，在56.5~142.0mg/kg之间（表5-24）。

表5-24　浙江省主要亚类耕地土壤有效铁含量

亚类	样点数（个）	最小值（mg/kg）	（mg/kg）最大值	平均值（mg/kg）	标准差（mg/kg）	变异系数（%）
潴育水稻土	1 989	0.5	1 097.0	135.5	122.43	90
渗育水稻土	954	0.6	1 507.9	142.0	133.51	94
脱潜水稻土	739	9.2	974.0	200.9	162.83	81
淹育水稻土	624	0.5	968.6	111.7	120.80	108
潜育水稻土	70	16.0	968.6	130.3	170.75	131
黄红壤	679	0.4	1 011.0	109.3	114.40	105
红壤	131	0.5	459.0	105.7	101.27	96
红壤性土	54	0.6	445.1	90.1	99.59	111
棕红壤	10	24.0	571.2	202.2	179.20	89
饱和红壤	2	23.3	27.9	25.6	3.25	—
黄壤	122	0.5	826.2	89.7	127.69	142
石灰性紫色土	58	0.6	155.8	56.5	44.34	79
酸性紫色土	46	8.8	245.9	84.6	68.29	81
酸性粗骨土	130	0.5	406.5	90.4	83.50	92
灰潮土	409	1.5	686.0	172.1	130.50	76
滨海盐土	111	7.6	966.4	216.8	203.11	94
潮滩盐土	2	28.6	62.0	45.3	23.62	—
黑色石灰土	2	63.5	72.6	68.1	6.43	—
棕色石灰土	21	6.7	295.6	96.7	82.87	86
基性岩土	8	40.0	315.3	123.8	97.88	79

变异系数以黄壤最高（饱和红壤、潮滩盐土、黑色石灰土样点数为2，未统计变异系数），为142%；灰潮土最低，为76%；石灰性紫色土、基性岩土的变异系数低于80%；其他各亚类变异系数在81%~131%之间。

（三）地貌类型与土壤有效铁含量

不同地貌类型间，水网平原土壤有效铁含量最高，平均194.6mg/kg；其次是滨海平原，其平均含量为172.8mg/kg；再次是河谷平原，平均130.5mg/kg；然后是中山、低丘，其平均含量分别为119.6mg/kg、112.3mg/kg；而平均含量最低的是低山，为48.7mg/kg；高丘较低，为91.8mg/kg。变异系数以中山最大，为116%；高丘次之，为112%；低山最低，为77%；水网平原较低，为79%；其他地貌类型的变异系数在86%~100%之间（图5-60）。

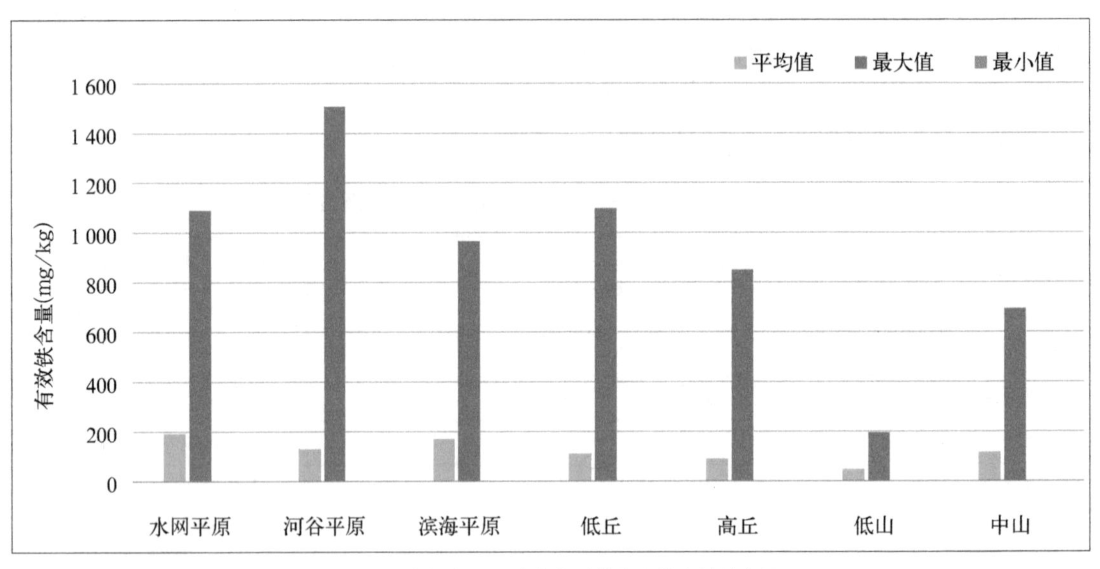

图5-60　浙江省不同地貌类型耕地土壤有效铁含量

（四）土壤质地与土壤有效铁含量

浙江省的不同土壤质地中，土壤有效铁平均表现为：砂土>黏土>壤土，壤土各质地表现为：重壤>砂壤>中壤；砂土、砂壤、中壤、重壤、黏土的有效铁含量平均值依次为160.0mg/kg、131.2mg/kg、126.9mg/kg、141.6mg/kg、157.2mg/kg（图5-61）。

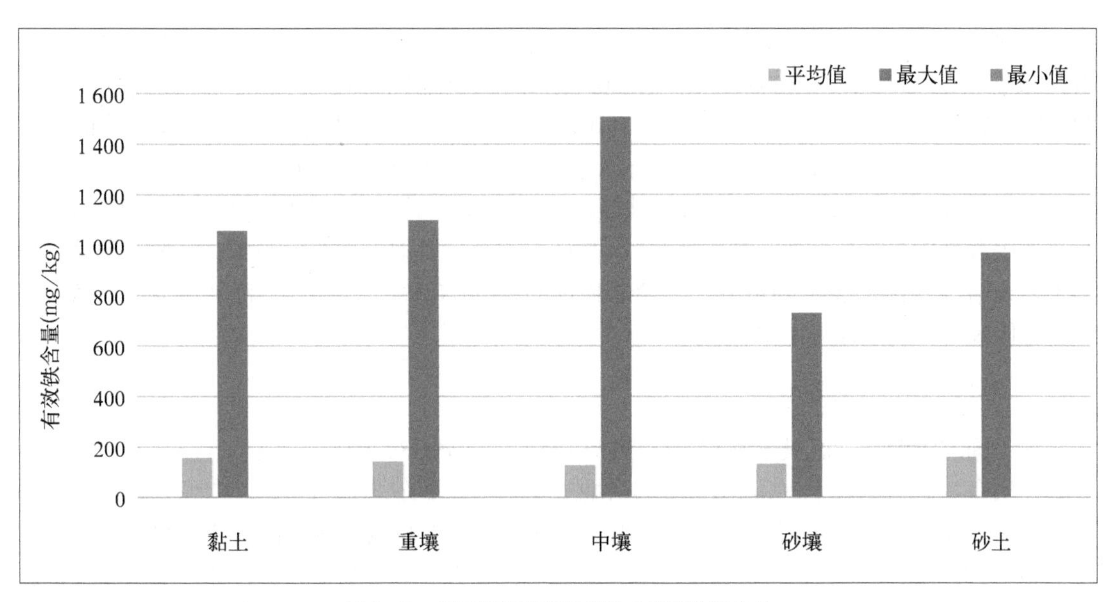

图5-61 浙江省不同质地耕地土壤有效铁含量

三、土壤有效铁分级面积与分布

(一)土壤有效铁含量分级面积

根据浙江省域土壤有效铁含量状况，参照浙江省土壤养分指标分级标准(表5-1)，将土壤有效铁含量划分为6级。全区耕地土壤有效铁含量分级面积占比如图5-62所示。

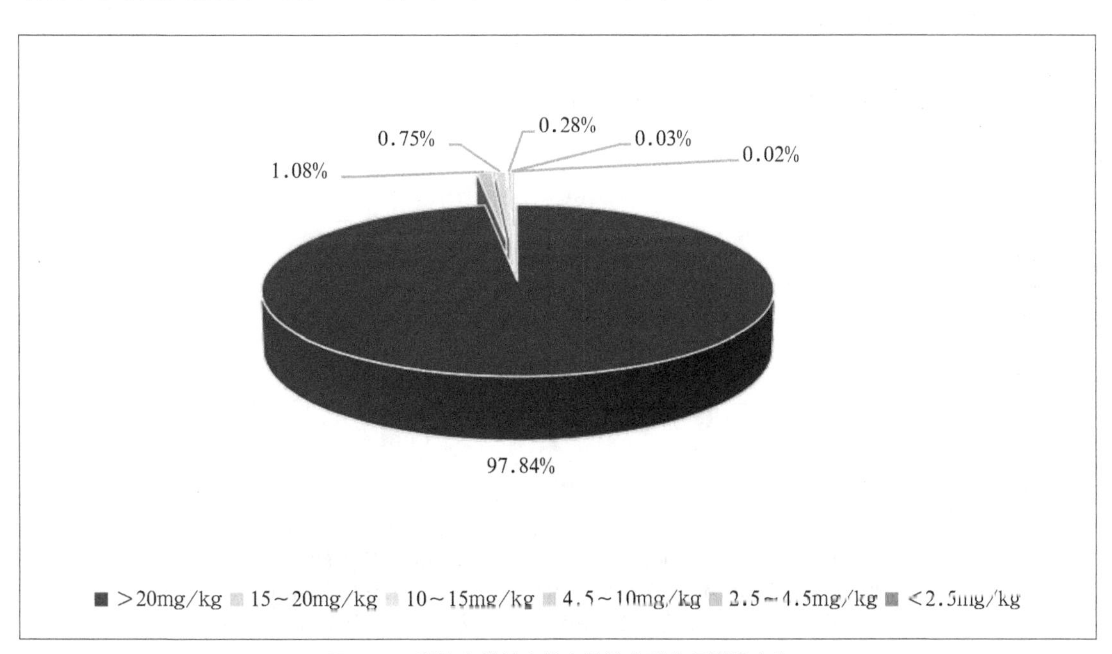

图5-62 浙江省耕地土壤有效铁含量分级面积占比

土壤有效铁含量大于20.0mg/kg的耕地共187.94万 hm^2，占全省耕地面积的97.84%，占比最高；土壤有效铁含量在15.0~20.0mg/kg的耕地共2.08万 hm^2，占全省耕地面积的1.08%；土壤有效铁含量在10.0~15.0mg/kg的耕地共1.45万 hm^2，占全省耕地面积的0.75%；土壤有效铁含量在4.5~10.0mg/kg的耕地共5 400hm^2，占全省耕地面积的0.28%；土壤有效铁高于4.5mg/kg的前4级耕地面积共192万 hm^2，占全省耕地面积的99.95%。土壤有效铁含量2.5~4.5mg/kg的耕地共700hm^2，占全省耕地面积的0.03%；土壤有效铁含量小于2.5mg/kg的耕地共300hm^2，占全省耕地面积的0.02%。可见，浙江省耕地土壤有效铁含量总体较高，以中等偏上水平为主。

（二）土壤有效铁含量地域分布特征

在不同的农业功能区其土壤有效铁含量有差异（图5-63、图5-64）。

土壤有效铁含量大于20.0mg/kg的耕地主要分布在浙东北都市型、外向型农业区，面积达55.04万 hm^2，占全省耕地面积的28.65%；其次是浙中盆地丘陵综合型特色农业区，面积为48.64万 hm^2，占全省耕地面积的25.32%；再次是浙东南沿海城郊型、外向型农业区，面积为35.5万 hm^2，占全省耕地面积的18.48%；浙西南生态型绿色农业区和浙西北生态型绿色农业区，分别有25.82万 hm^2、20.24万 hm^2，分别占全省耕地面积的13.44%、10.54%；沿海岛屿蓝色渔（农）业区最少，只有2.70万 hm^2，占全省耕地面积的1.41%。

土壤有效铁含量为15.0~20.0mg/kg的耕地，仅分布在浙西南生态型绿色农业区、浙中盆地丘陵综合型特色农业区和浙东北都市型、外向型农业区三个功能分区，其中浙西南生态型绿色农业区分布最多，面积为1.19万 hm^2，占全省耕地面积的0.62%；其次是浙中盆地丘陵综合型特色农业区，面积为8 800hm^2，占全省耕地面积的0.46%；浙东北都市型、外向型农业区的分布面积则不足100hm^2。

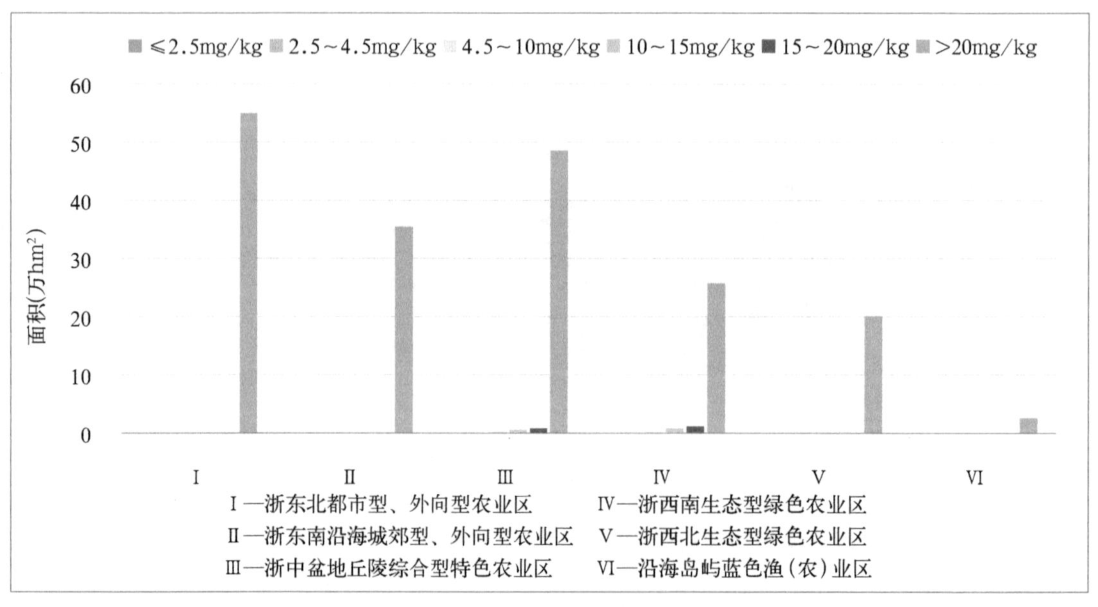

图5-63 浙江省不同农业功能区土壤有效铁含量分级面积分布情况

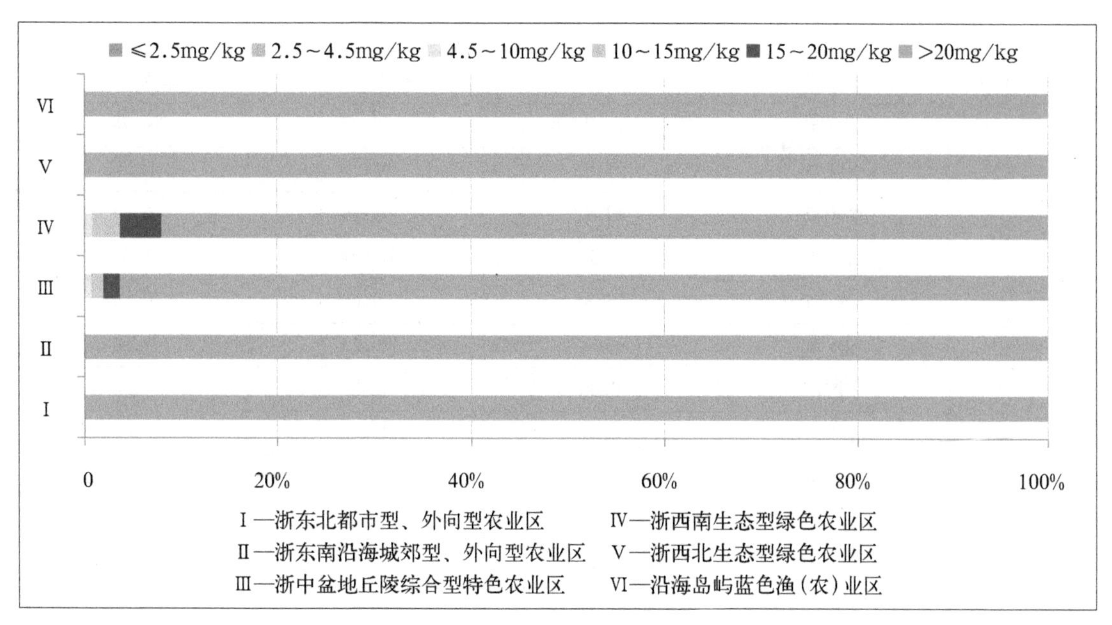

图5-64　浙江省不同农业功能区土壤有效铁含量分级占比情况

土壤有效铁含量为10.0～15.0mg/kg的耕地，仅分布在浙西南生态型绿色农业区、浙中盆地丘陵综合型特色农业区和浙东北都市型、外向型农业区三个功能分区，其中浙西南生态型绿色农业区分布最多，面积为8 200hm^2，占全省耕地面积的0.43%；其次是浙中盆地丘陵综合型特色农业区，面积为6 200hm^2，占全省耕地面积的0.32%；浙东北都市型、外向型农业区的分布面积则不足100hm^2。

土壤有效铁含量为4.5～10.0mg/kg的耕地，仅分布在浙中盆地丘陵综合型特色农业区、浙西南生态型绿色农业区两个功能分区，其中浙中盆地丘陵综合型特色农业区分布最多，面积为3 200hm^2，占全省耕地面积的0.16%；而浙西南生态型绿色农业区，面积为2 200hm^2，占全省耕地面积的0.11%。

土壤有效铁含量为2.5～4.5mg/kg的耕地，仅分布在浙中盆地丘陵综合型特色农业区、浙西南生态型绿色农业区两个功能分区，且分布耕地面积均不足1 000hm^2。

土壤有效铁含量小于2.5mg/kg的耕地，仅分布在浙中盆地丘陵综合型特色农业区，面积为300hm^2。

在不同地级市之间土壤有效铁含量有差异（表5-25）。

表5-25　浙江省耕地土壤有效铁含量不同等级区域分布特征

等级（mg/kg）	地级市	面积（万hm^2）	占本市比例（%）	占全省比例（%）
>20.0	杭州市	19.61	100.00	10.21
	宁波市	19.94	99.97	10.38
	温州市	25.80	99.86	13.43
	嘉兴市	19.58	100.00	10.19
	湖州市	15.10	100.00	7.86

（续表）

等级（mg/kg）	地级市	面积（万 hm^2）	占本市比例（%）	占全省比例（%）
>20.0	绍兴市	18.78	99.95	9.78
	金华市	21.93	95.10	11.42
	衢州市	12.42	94.19	6.47
	舟山市	2.53	100.00	1.32
	台州市	18.81	99.60	9.79
	丽水市	13.45	86.33	7.00
15.0~20.0	宁波市	0.00	0.02	0.00
	温州市	0.01	0.05	0.01
	绍兴市	0.01	0.05	0.00
	金华市	0.43	1.86	0.22
	衢州市	0.45	3.37	0.23
	台州市	0.08	0.40	0.04
	丽水市	1.10	7.08	0.57
10.0~15.0	宁波市	0.00	0.01	0.00
	温州市	0.02	0.10	0.01
	金华市	0.39	1.69	0.20
	衢州市	0.24	1.84	0.13
	丽水市	0.79	5.05	0.41
4.5~10.0	金华市	0.24	1.02	0.12
	衢州市	0.08	0.60	0.04
	丽水市	0.22	1.41	0.11
2.5~4.5	金华市	0.04	0.19	0.02
	丽水市	0.02	0.14	0.01
≤2.5	金华市	0.03	0.14	0.02

土壤有效铁含量大于20.0mg/kg的耕地，占全省耕地面积的97.84%，占比最大，在各区都有较多分布，其中在温州市分布最多，面积为25.8万 hm^2，占全省耕地面积的13.43%；其次是金华市，面积为21.93万 hm^2，占全省耕地面积的11.42%；分布最少为舟山市，仅2.53万 hm^2，占全省耕地面积仅1.32%，但占本市耕地面积接近100.00%，也就是说舟山市的几乎全部耕地的有效铁含量大于20.0mg/kg；其他各市均有不少分布，面积在12.42万~19.94万 hm^2之间，占比为6.47%~10.38%。

土壤有效铁含量为15.0~20.0mg/kg的耕地，占全省耕地面积的1.08%。丽水市分布最多，面积为1.10万 hm^2，占全省耕地面积的0.57%；其次是衢州市、金华市，面积分别为4 500hm^2、4 300hm^2，分别占全省耕地面积的0.23%、0.22%；台州市、温州市、绍兴市、宁波市均有少量分布，面积皆少于1 000hm^2，占全省耕地面积的比例皆低于0.05%；其他各市均未发现土壤有效铁含量15.0~20.0mg/kg的耕地。

土壤有效铁含量为10.0～15.0mg/kg的耕地，占全省耕地面积的0.75%，其中丽水市最多，有7 900hm^2，占本市耕地面积的5.05%，占全省耕地面积的0.41%；其次是金华市、衢州市，面积分别为3 900hm^2、2 400hm^2，分别占全省耕地面积的0.20%、0.13%；而温州市、宁波市均有少量分布，面积皆少于1 000hm^2，占全省耕地面积的比例低于0.05%；其他各市均未发现土壤有效铁含量10.0～15.0mg/kg的耕地。

土壤有效铁含量为4.5～10.0mg/kg的耕地，占全省耕地面积的0.28%，主要分布在金华市、丽水市，面积分别为2 400hm^2、2 200hm^2，分别占全省耕地面积的0.12%、0.11%；衢州市的分布面积小于1 000hm^2，全省占比小于0.05%；其他各市则没有发现土壤有效铁含量为4.5～10.0mg/kg的耕地。

土壤有效铁含量为2.5～4.5mg/kg的耕地，占比较小，只有0.03%，在金华市和丽水市的分布面积均不足1 000hm^2；其他各市则未发现土壤有效铁含量为2.5～4.5mg/kg的耕地。

土壤有效铁含量小于2.5mg/kg的耕地，占比非常小，只有0.02%，且仅分布在金华市。

四、土壤有效铁调控

一般情况下，土壤发生缺铁现象的有效铁临界含量为4.5mg/kg，低于2.5mg/kg时，属于严重缺铁土壤。酸性土壤上很难观察到缺铁现象。pH值高的钙质潮土、滨海盐土、石灰性紫色土和石灰（岩）土等土壤易生成难溶的氢氧化铁，土壤铁有效性降低。长期处于还原条件的酸性土壤，铁被还原成溶解度大的亚铁，有效铁增加，易使植物产生亚铁中毒。干旱少雨地区土壤中氧化环境占优，铁主要以Fe^{3+}性态存在，溶解度较低。石灰性土壤中，铁能与碳酸根生成难溶的碳酸盐，降低铁的有效性。因此，合理的农作制度安排和碱性、石灰性土壤应是土壤有效铁调控的重点。

（一）优化养分管理策略

因土、因作物补铁。由于作物产量大幅提高、微肥投入不足以及石灰性土壤游离碳酸钙含量高、自身碱性反应及氧化作用，易诱发植物缺铁失绿症（黄化病）。此外，高位泥炭土、砂质土、通气性不良的土壤、富含磷或大量施用磷肥的土壤、有机质含量低的酸性土壤以及基质栽培、设施栽培与过酸土壤上也易发生缺铁，需通过合理施用铁肥调控改善土壤有效铁含量水平。

作物缺铁常以果树发生较多，马铃薯、花生、烟草、桑、李、柑橘、桃、梨等作物都有可能发生缺铁失绿症。对铁素敏感的作物有花生、大豆、草莓、苹果、梨、桃和柑橘等，长三角地区以柑橘缺铁为主，多发生在石灰性紫砂土和海涂围垦的橘园，应定期进行土壤检测，防止发生缺铁症状。

（二）提高土壤铁的有效性

1.改变种植方式，实行水旱轮作

淹水有利于提高土壤中铁的有效性。长期旱作土壤中水溶性盐分呈增加趋势，土壤有效铁呈现下降趋势，改水田后土壤在还原条件下，亚铁离子数量大大增加。旱地土壤改善灌溉条件，保持土壤适当湿度，可改变局部土壤理化性状，有利于亚铁离子形成和与有机质的络合、螯合。

2.增施有机肥，提高土壤有机质

有机质与土壤铁的有效态含量呈极显著正相关，土壤中有机物质与铁离子发生络合、螯合作用，有助于铁的析出，从而提高土壤铁的有效性。

3.适当调节土壤酸碱度

过碱土壤应结合施用有机肥、酸性肥料或土壤调理剂等，适当降低土壤pH值，促进铁的溶出，提高土壤有效铁的含量。酸性和淹水还原条件下，铁可大量溶出并以亚铁形式存在于土壤溶液中，易使植物亚铁中毒，在生产中应加强土体排水，勤搁浅灌。

（三）科学施用铁肥

有效铁含量在临界值以下或有发生缺铁失绿症的土壤应补充含铁肥料。铁肥可分为无机、有机两大类，无机铁肥主要为硫酸亚铁；有机铁肥包括络合、螯合、复合有机铁肥，如乙二胺四乙酸铁（EDTA-Fe）、二乙烯三胺五乙酸铁（DTPA-Fe）、羟乙基乙二胺三乙酸铁（HEDTA-Fe）、柠檬酸铁、葡萄酸铁等。

有机铁肥多用作叶面喷施或叶肥制剂，特点是见效快、肥效高、可混性强，且不受土壤理化性状限制，适用范围广。有机铁肥作根外施用时，除常规叶面喷施外，也可采用吊针输液或钻孔置药等方法；果树类采用树干钉铁的方式也可起到补铁的作用。果树或生育期长的作物缺铁矫正时，一般应每半月左右喷施1次，连喷2~3次，以保证矫治效果。由于铁肥在土壤中易转化为无效铁，因此其后效较弱，需连年施用，或根据土壤检测情况确定。土壤施铁以七水硫酸亚铁等无机铁肥为主，一般应与生理酸性肥料或有机肥料混合施用，方能起到较好的效果。对于易缺铁作物种子或在缺铁土壤上播种，用铁肥浸种或包衣也可矫正播后生长缺铁症，一般浸种溶液浓度为1g/kg（硫酸亚铁），包衣剂铁含量以100g/kg为宜。

第九节　土壤有效锰

锰是植物体内重要生命元素之一，在植物的生长发育过程中发挥着重要作用。它在植物的光合放氧、维持细胞器的正常结构、活化酶活性等方面具有不可替代的作用。植物体内，锰的含量一般在20~500mg/kg，植物吸收土壤中的锰（有效锰）主要包括水溶态Mn^{2+}、交换态Mn^{2+}和一部分易还原态锰。植物缺锰时，叶片失绿并出现杂色斑点，而叶脉保持绿色，典型症状如豌豆“杂斑病”。锰是岩石圈中最丰富的化学元素之一。几乎所有岩石中都含有锰，其含量因岩种类而异，为350~3 000μg/g。火成岩的锰含量相差很大，基性火成岩远高于酸性火成岩，花岗岩的锰含量一般很低。土壤锰含量的变幅很大，变幅为0.01~10 000μg/g。土壤锰以二价、三价、四价存在，通常将锰分为水溶态锰、交换态锰、易还原态锰、有机态锰、矿物态锰、有效态锰等，不同形态的锰相互转化并保持平衡。

一、浙江省耕地土壤有效锰含量空间差异

根据从省级汇总评价7 311个耕层土样中选取出的6 161个耕层土样化验分析结果，浙江省耕层土壤有效锰的平均含量为48.6mg/kg，变动范围为0.1~977.7mg/kg。根据浙江

省土壤养分指标分级标准（表5-1），耕层有效锰含量在一级至六级的点位占比分别为48%、11%、8%、10%、12%和10%（图5-65A）。

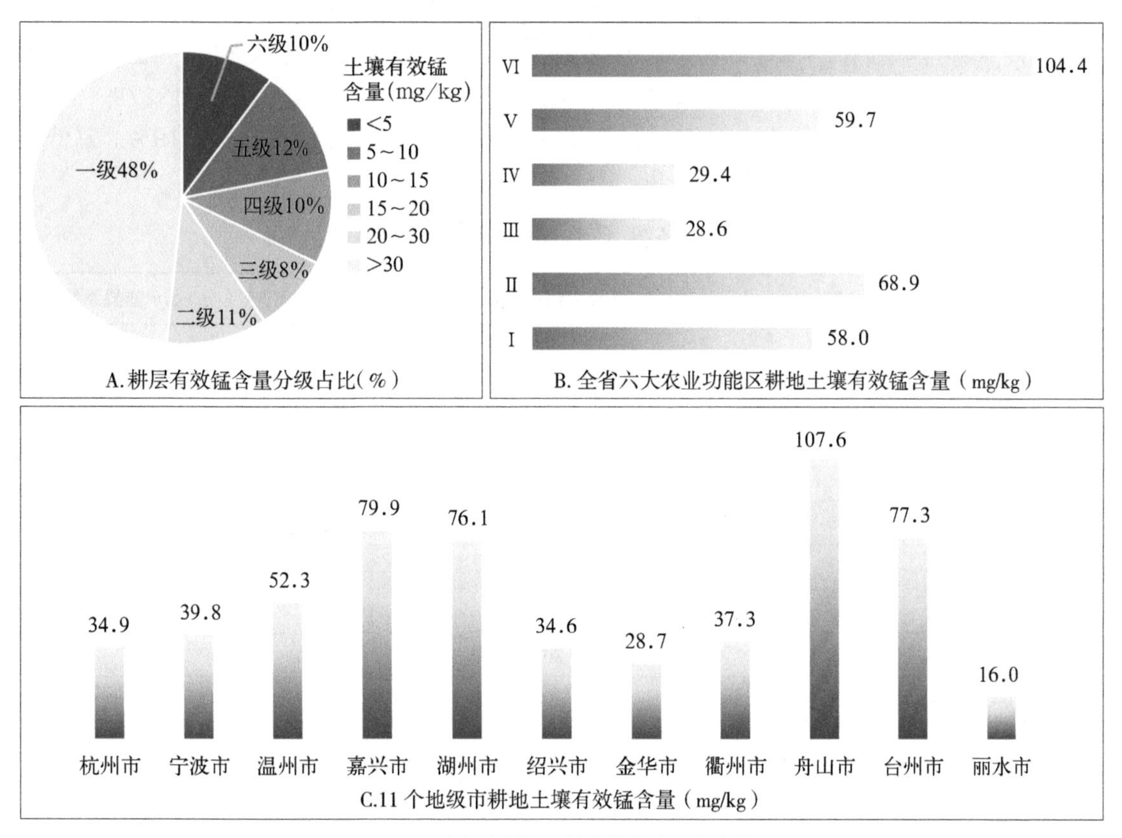

图5-65　浙江省耕层土壤有效锰含量分布情况

Ⅰ—浙东北都市型、外向型农业区　　Ⅳ—浙西南生态型绿色农业区
Ⅱ—浙东南沿海城郊型、外向型农业区　　Ⅴ—浙西北生态型绿色农业区
Ⅲ—浙中盆地丘陵综合型特色农业区　　Ⅵ—沿海岛屿蓝色渔（农）业区

全省六大农业功能区中，沿海岛屿蓝色渔（农）业区土壤有效锰含量最高，平均为104.4mg/kg，变动范围为1.1～299.4mg/kg；其次是浙东南沿海城郊型、外向型农业区，平均为68.9mg/kg，变动范围为0.8～977.7mg/kg；浙西北生态型绿色农业区和浙东北都市型、外向型农业区再次之，含量平均分别为59.7mg/kg和58.0mg/kg，变动范围分别为1.4～228.0mg/kg、0.1～401.6mg/kg；浙西南生态型绿色农业区略低，含量平均为29.4mg/kg，变动范围为0.1～306.4mg/kg；浙中盆地丘陵综合型特色农业区的土壤有效锰含量最低，平均为28.6mg/kg，变动范围为0.3～334.0mg/kg（图5-65B）。

11个地级市中，以舟山市耕地土壤有效锰含量最高，平均含量为107.6mg/kg，变动范围为5.4～299.4mg/kg；嘉兴市次之，平均含量为79.9mg/kg，变动范围为11.0～401.6mg/kg；接着是台州市、湖州市，平均含量均在70.0mg/kg以上，分别为77.3mg/kg、76.1mg/kg，变动范围分别为0.8～977.7mg/kg、3.2～295.0mg/kg；温州市再次之，平均含量为52.3mg/kg，变动范围为0.8～306.4mg/kg；丽水市最低，平均含量为16.0mg/kg，变动范围为0.1～191.8mg/kg；金华市较低，平均含量为28.7mg/kg，变动范围为0.3～195.7mg/kg；其他各市平均含量变动范围为34.6～39.8mg/kg（图5-65C）。

全省各县（市、区）中，台州市椒江区耕地土壤有效锰含量最高，平均含量高达229.7mg/kg；其次是岱山县，平均含量为215.6mg/kg。仙居县最低，平均含量为6.5mg/kg；义乌市、桐庐县较低，平均含量分别为9.2mg/kg、9.5mg/kg，其他县（市、区）均大于10.0mg/kg。有效锰含量变异系数以义乌市最大，为244%，仙居县次之，为227%；台州市路桥区变异系数最低，为14%；台州市椒江区、武义县较低，分别为16%、19%。其他县（市、区）变异系数均高于20%（表5-26）。

表5-26　浙江省各县（市、区）耕地土壤有效锰含量

区域		点位数（个）	最小值（mg/kg）	最大值（mg/kg）	平均值（mg/kg）	标准差（mg/kg）	变异系数（%）
杭州市	江干区	6	1.7	55.6	20.2	23.7	117
	西湖区	7	4.8	78.4	40.2	24.4	61
	滨江区	3	77.0	305.3	175.8	117.2	67
	萧山区	103	0.8	39.1	12.9	11.1	86
	余杭区	96	2.3	168.6	36.8	33.2	90
	桐庐县	71	2.9	97.4	9.5	11.5	120
	淳安县	35	17.0	161.8	53.6	31.0	58
	建德市	92	1.4	202.8	39.6	31.1	79
	富阳区	89	4.5	201.0	72.8	46.9	64
	临安区	84	9.3	53.8	23.3	11.9	51
宁波市	江北区	16	9.1	119.3	17.8	27.1	152
	北仑区	46	13.3	280.6	106.6	74.6	70
	镇海区	19	3.3	59.0	12.9	15.9	124
	鄞州区	97	2.7	280.6	26.1	41.1	158
	象山县	64	2.6	280.6	18.6	36.4	195
	宁海县	116	1.3	299.4	42.3	44.6	106
	余姚市	115	0.1	99.0	25.2	22.7	90
	慈溪市	100	12.6	125.7	45.2	32.1	71
	奉化区	72	2.1	280.6	58.6	57.0	97
温州市	鹿城区	17	1.3	306.4	88.5	91.9	104
	龙湾区	13	2.9	74.2	31.0	23.9	77
	瓯海区	30	8.1	306.4	137.1	107.9	79
	洞头区	4	1.1	197.5	52.7	96.6	183
	永嘉县	165	0.8	306.4	46.6	42.4	91
	平阳县	103	1.3	132.3	30.0	39.1	130
	苍南县	104	1.5	306.4	27.7	53.7	194
	文成县	98	7.7	213.2	72.7	46.8	64

（续表）

区域		点位数（个）	最小值（mg/kg）	最大值（mg/kg）	平均值（mg/kg）	标准差（mg/kg）	变异系数（%）
温州市	泰顺县	120	0.8	201.3	30.9	37.8	122
	瑞安市	91	4.0	201.3	52.4	48.8	93
	乐清市	91	1.5	195.1	90.1	53.0	59
嘉兴市	南湖区	58	44.1	388.0	142.1	71.5	50
	秀洲区	88	11.0	149.0	69.2	37.1	54
	嘉善县	94	22.6	197.0	72.1	41.8	58
	海盐县	84	50.0	310.0	140.6	43.9	31
	海宁市	112	13.0	401.6	92.9	72.3	78
	平湖市	87	17.0	190.0	45.3	36.0	80
	桐乡市	114	13.0	56.0	31.7	7.4	23
湖州市	吴兴区	63	23.4	113.0	52.9	19.1	36
	南浔区	117	20.7	167.0	79.2	37.4	47
	德清县	85	6.8	295.0	40.7	37.3	92
	长兴县	143	29.5	228.0	116.7	32.4	28
	安吉县	129	3.2	194.0	62.8	35.3	56
绍兴市	越城区	40	1.1	190.4	37.9	45.9	121
	柯桥区	62	3.3	280.6	65.8	58.3	89
	上虞区	107	3.3	280.6	55.1	50.9	92
	新昌县	87	0.8	139.2	13.4	25.7	191
	诸暨市	176	2.3	195.0	26.7	25.9	97
	嵊州市	127	1.6	334.0	26.4	35.4	134
金华市	婺城区	86	35.4	195.7	77.0	30.6	40
	金东区	56	1.6	56.1	22.8	12.5	55
	武义县	75	4.0	14.7	11.0	2.1	19
	浦江县	54	10.9	48.8	17.4	5.0	29
	磐安县	50	0.3	105.0	27.4	25.8	94
	兰溪市	108	0.3	195.7	18.9	28.5	150
	义乌市	76	0.5	123.6	9.2	22.4	244
	东阳市	108	0.4	136.4	35.1	21.4	61
	永康市	76	13.8	47.6	28.8	8.9	31
衢州市	柯城区	18	4.7	32.2	18.9	8.6	46
	衢江区	77	0.6	136.4	13.8	24.6	178
	常山县	54	10.0	123.6	34.9	24.2	69
	开化县	68	17.9	136.4	45.4	27.0	59
	龙游县	100	6.0	27.6	13.7	5.7	42

（续表）

区域		点位数（个）	最小值（mg/kg）	最大值（mg/kg）	平均值（mg/kg）	标准差（mg/kg）	变异系数（%）
衢州市	江山市	142	1.3	226.0	66.1	63.7	96
舟山市	定海区	28	5.4	90.0	47.7	24.4	51
	普陀区	22	82.7	173.0	120.2	25.3	21
	岱山县	13	12.9	299.4	215.6	75.3	35
台州市	椒江区	29	177.8	299.4	229.7	36.3	16
	黄岩区	33	4.1	90.2	21.1	17.4	82
	路桥区	38	78.0	122.0	97.3	13.7	14
	玉环县	24	0.8	201.3	62.9	47.7	76
	三门县	67	18.5	201.3	114.3	49.0	43
	天台县	85	2.3	108.0	40.2	32.0	80
	仙居县	91	1.3	132.3	6.5	14.7	227
	温岭市	99	22.5	977.7	160.5	130.8	82
	临海市	114	4.3	260.0	41.3	44.8	109
丽水市	莲都区	31	3.7	21.8	11.1	6.5	58
	青田县	86	1.1	82.2	17.6	16.5	94
	缙云县	55	2.6	80.6	15.2	15.4	101
	遂昌县	60	0.5	52.9	15.0	11.0	74
	松阳县	65	1.2	191.8	22.5	34.8	154
	云和县	26	1.3	82.2	16.1	17.0	106
	庆元县	62	0.8	80.9	13.0	13.0	99
	景宁县	57	0.1	30.0	12.0	7.2	60
	龙泉市	88	1.0	112.8	17.0	18.5	109

二、不同类型耕地土壤有效锰含量及其影响因素

（一）主要土类的有效锰含量

1.各土类的有效锰含量差异

浙江省主要土壤类型耕地有效锰平均含量从高到低依次为：基性岩土、潮土、滨海盐土、水稻土、红壤、紫色土、黄壤、粗骨土和石灰（岩）土。其中基性岩土有效锰含量最高，平均含量为74.8mg/kg，变动范围为9.4～334.0mg/kg；潮土次之，平均含量为61.6mg/kg，变动范围为1.3～324.0mg/kg；滨海盐土再次之，平均含量为53.6mg/kg，变动范围为1.3～977.7mg/kg；第四层次是水稻土、红壤、紫色土，平均含量均大于40.0mg/kg，变动范围为41.5～49.5mg/kg；黄壤、粗骨土的有效锰平均含量较低，分别为39.3mg/kg、32.4mg/kg，变动范围分别为0.3～205.6mg/kg、0.3～226.9mg/kg；石灰（岩）土最低，为28.4mg/kg，变动范围为3.6～89.0mg/kg（图5-66）。

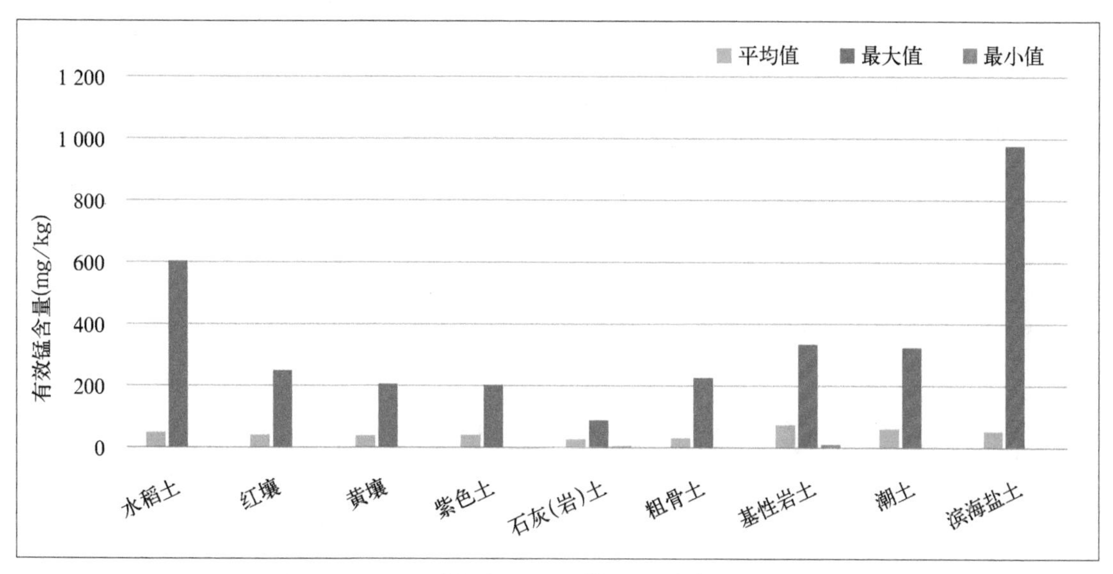

图5-66　浙江省不同土类耕地土壤有效锰含量

2. 主要土类的土壤有效锰含量在农业功能区间的差异

同一土类土壤的有效锰平均含量在不同农业功能区也有差异，见图5-67。

水稻土有效锰平均含量以沿海岛屿蓝色渔（农）业区最高，为104.6mg/kg，浙东南沿海城郊型、外向型农业区次之，为70.8mg/kg；浙西北生态型绿色农业区和浙东北都市型、外向型农业区再次之，分别为62.3mg/kg、60.0mg/kg；浙中盆地丘陵综合型特色农业区较低，为27.6mg/kg，浙西南生态型绿色农业区最低，为27.1mg/kg。

黄壤有效锰平均含量以浙东北都市型、外向型农业区最高，为122.5mg/kg；浙东南沿海城郊型、外向型农业区次之，为93.5mg/kg；浙西北生态型绿色农业区和浙中盆地丘陵综合型特色农业区较低，分别为49.8mg/kg、45.8mg/kg；浙西南生态型绿色农业区最低，为31.6mg/kg，沿海岛屿蓝色渔（农）业区没有采集到黄壤。

紫色土有效锰平均含量以浙西北生态型绿色农业区和浙西南生态型绿色农业区最高，分别为59.2mg/kg、55.2mg/kg，浙中盆地丘陵综合型特色农业区次之，为31.8mg/kg，浙东南沿海城郊型、外向型农业区最低，为15.9mg/kg，其中浙东北都市型、外向型农业区和沿海岛屿蓝色渔（农）业区没有采集到紫色土。

粗骨土有效锰平均含量以沿海岛屿蓝色渔（农）业区最高，为53.2mg/kg，浙东南沿海城郊型、外向型农业区，浙西北生态型绿色农业区和浙东北都市型、外向型农业区次之，分别为48.4mg/kg、47.5mg/kg、45.6mg/kg；浙西南生态型绿色农业区较低，为34.2mg/kg，浙中盆地丘陵综合型特色农业区最低，为23.2mg/kg。

潮土有效锰平均含量在沿海岛屿蓝色渔（农）业区最高，为156.7mg/kg，浙西北生态型绿色农业区次之，为104.4mg/kg，浙东南沿海城郊型、外向型农业区和浙东北都市型、外向型农业区再次之，分别为62.0mg/kg、60.9mg/kg，浙西南生态型绿色农业区较低，为37.4mg/kg；浙中盆地丘陵综合型特色农业区最低，为17.4mg/kg。

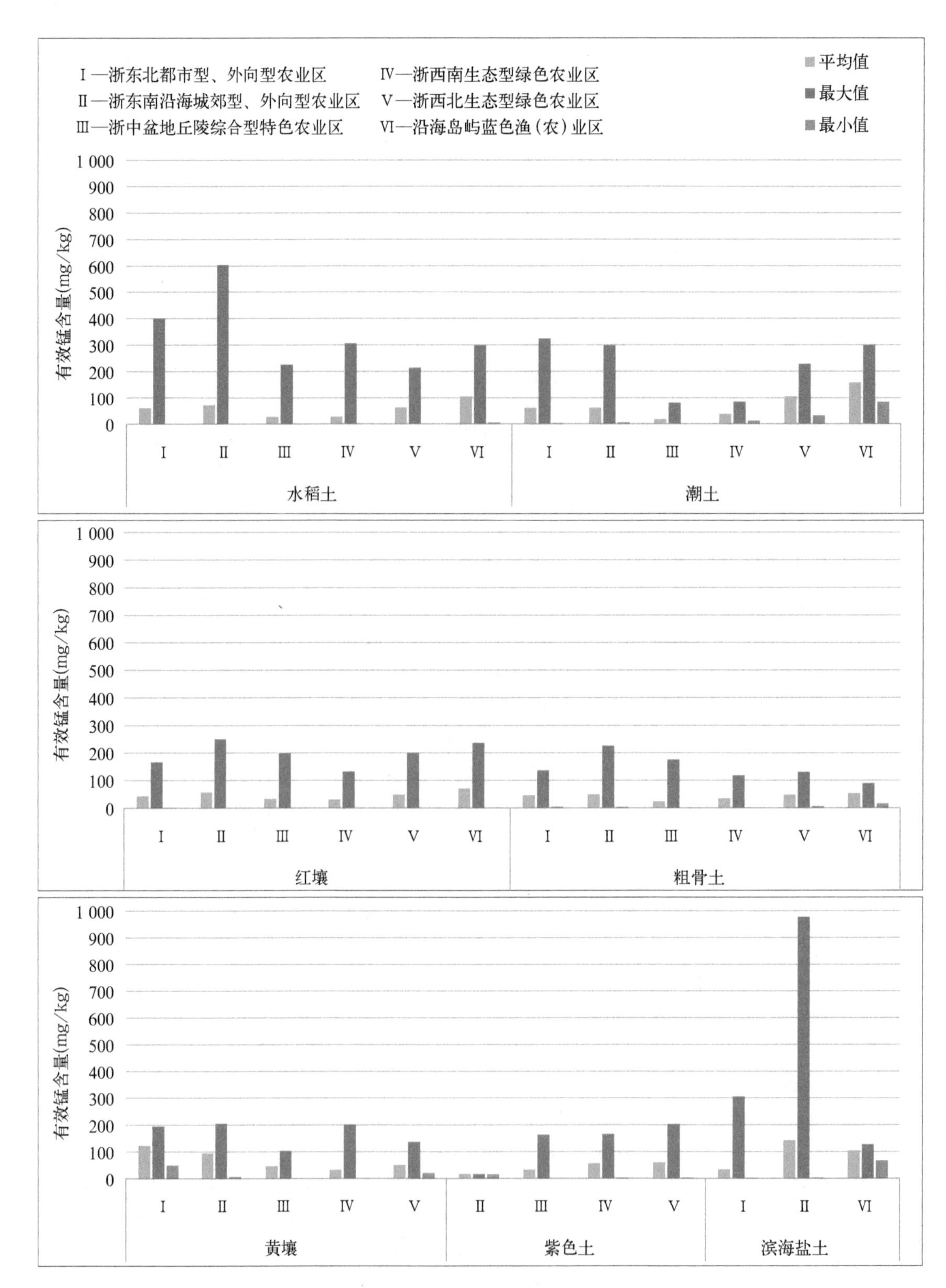

图5-67　浙江省主要土类耕地土壤有效锰含量在不同农业功能区的差异

滨海盐土分布在浙东北都市型、外向型农业区，浙东南沿海城郊型、外向型农业区和沿海岛屿蓝色渔（农）业区，土壤有效锰的平均含量以浙东南沿海城郊型、外向型农业区最高，为142.1mg/kg，浙东北都市型、外向型农业区和沿海岛屿蓝色渔（农）业区，平均含量分别为32.7mg/kg、103.2mg/kg。

红壤有效锰平均含量以沿海岛屿蓝色渔（农）业区最高，为70.9mg/kg，浙东南沿海城郊型、外向型农业区次之，为57.6mg/kg，浙西北生态型绿色农业区和浙东北都市型、外向型农业区再次之，分别为48.5mg/kg、43.2mg/kg，浙中盆地丘陵综合型特色农业区较低，为33.7mg/kg，浙西南生态型绿色农业区最低，为30.3mg/kg。

（二）主要亚类的有效锰含量

棕红壤有效锰的平均含量最高，达110.4mg/kg；基性岩土次之，为74.8mg/kg；脱潜水稻土、灰潮土也较高，大于60.0mg/kg，分别为65.2mg/kg、61.6mg/kg；饱和红壤的平均含量最低，为3.1mg/kg；黑色石灰土较低，为7.5mg/kg；其他各亚类均大于20.0mg/kg，在23.9～54.2mg/kg之间（表5-27）。

变异系数以滨海盐土最高（饱和红壤、潮滩盐土、黑色石灰土样点数为2，未统计变异系数），为200%；棕红壤最低，为32%；酸性紫色土、棕色石灰土的变异系数低于90%；其他各亚类变异系数在92%～146%之间。

表5-27　浙江省主要亚类耕地土壤有效锰含量

亚类	样点数（个）	最小值（mg/kg）	最大值（mg/kg）	平均值（mg/kg）	标准差（mg/kg）	变异系数（%）
潴育水稻土	1 989	0.3	414.8	45.6	50.26	110
渗育水稻土	954	0.5	603.4	52.5	62.72	119
脱潜水稻土	739	0.1	388.0	65.2	59.69	92
淹育水稻土	624	0.1	306.4	38.4	49.60	129
潜育水稻土	70	3.8	306.4	52.4	59.41	113
黄红壤	679	0.3	249.8	41.4	44.78	108
红壤	131	0.3	201.3	43.2	48.28	112
红壤性土	54	0.6	201.0	33.4	45.13	135
棕红壤	10	23.4	142.9	110.4	35.80	32
饱和红壤	2	1.1	5.0	3.1	2.76	—
黄壤	122	0.3	205.6	39.3	44.33	113
石灰性紫色土	58	0.4	202.8	32.4	42.40	131
酸性紫色土	46	2.3	165.0	53.0	42.88	81
酸性粗骨土	130	0.3	226.9	32.4	39.10	121
灰潮土	409	1.3	324.0	61.6	58.55	95
滨海盐土	111	1.3	977.7	54.2	108.38	200

（续表）

亚类	样点数（个）	最小值（mg/kg）	最大值（mg/kg）	平均值（mg/kg）	标准差（mg/kg）	变异系数（%）
潮滩盐土	2	18.6	29.2	23.9	7.50	—
黑色石灰土	2	3.6	11.4	7.5	5.52	—
棕色石灰土	21	4.2	89.0	30.4	24.44	80
基性岩土	8	9.4	334.0	74.8	109.24	146

（三）地貌类型与土壤有效锰含量

不同地貌类型间，滨海平原土壤有效锰含量最高，平均73.7mg/kg；其次是水网平原，其平均含量为67.5mg/kg；再次是中山、河谷平原，平均含量分别为46.3mg/kg、40.6mg/kg；然后是低丘、高丘，其平均含量分别为37.6mg/kg、33.7mg/kg；平均含量最低的是低山，为21.5mg/kg。变异系数以高丘最大，为125%；滨海平原次之，为121%；水网平原最低，为89%；中山较低，为93%；其他地貌类型的变异系数在100%~112%之间（图5-68）。

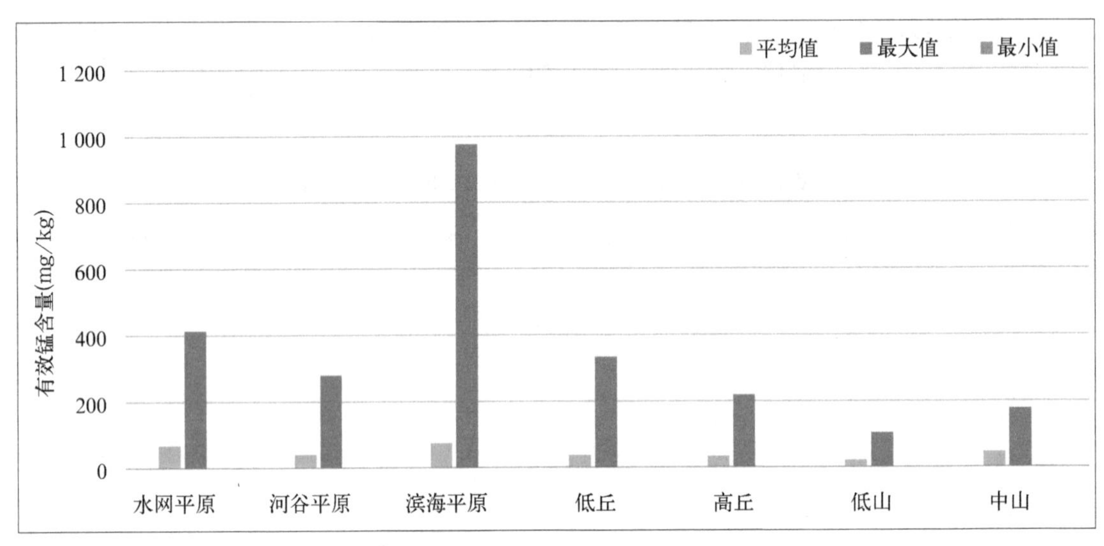

图5-68　浙江省不同地貌类型耕地土壤有效锰含量

（四）土壤质地与土壤有效锰含量

浙江省的不同土壤质地中，土壤有效锰平均表现为：黏土＞砂土＞壤土，壤土各质地表现为：重壤＞砂壤＞中壤；砂土、砂壤、中壤、重壤、黏土的有效锰含量平均值依次为45.6mg/kg、43.0mg/kg、40.5mg/kg、53.7mg/kg、61.4mg/kg（图5-69）。

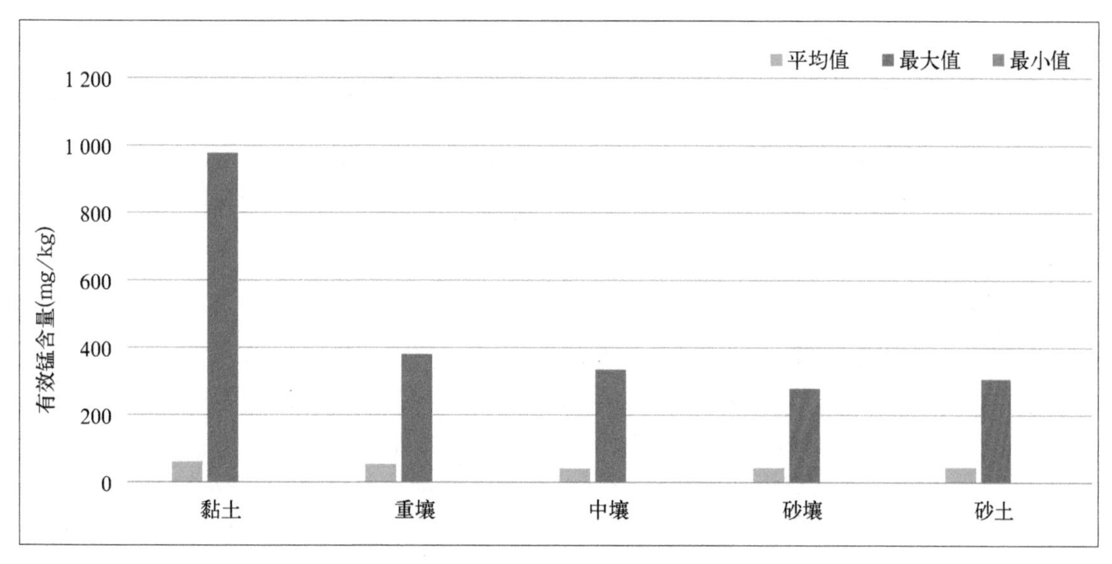

图5-69　浙江省不同质地耕地土壤有效锰含量

三、土壤有效锰分级面积与分布

(一) 土壤有效锰含量分级面积

根据浙江省域土壤有效锰含量状况，参照浙江省土壤养分指标分级标准(表5-1)，将土壤有效锰含量划分为6级。全区耕地土壤有效锰含量分级面积占比如图5-70所示。

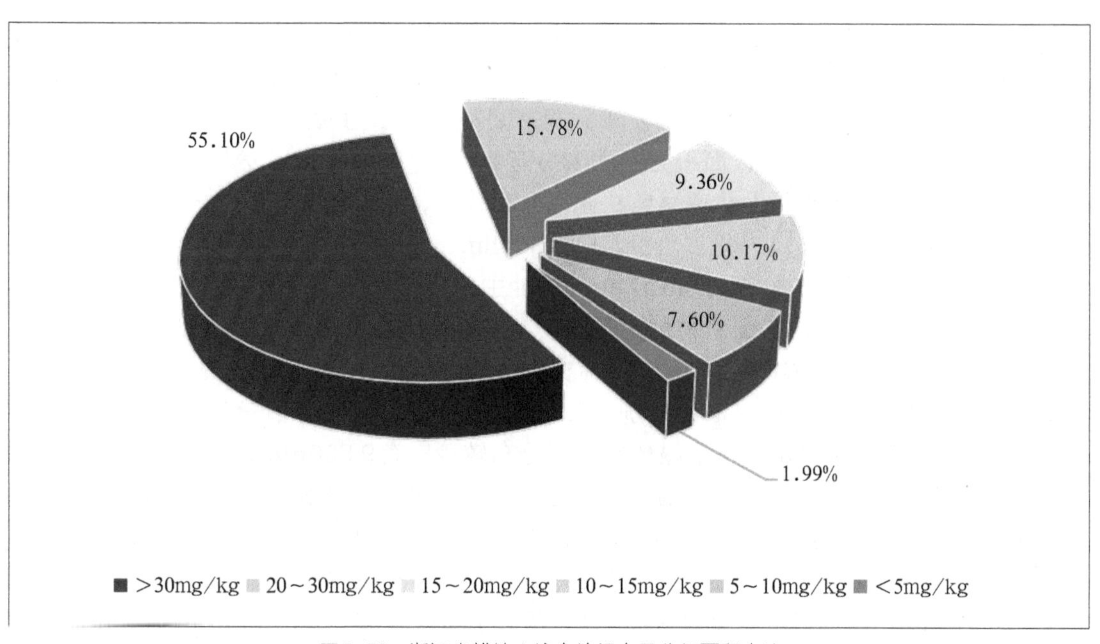

图5-70　浙江省耕地土壤有效锰含量分级面积占比

土壤有效锰含量大于30.0mg/kg的耕地共105.85万hm^2，占全省耕地面积的55.10%，占比最高；土壤有效锰含量在20.0～30.0mg/kg的耕地共30.31万hm^2，占全省耕地面积的15.78%；土壤有效锰含量在15.0~20.0mg/kg的耕地共17.98万 hm^2，占全省耕地面积的9.36%；土壤有效锰含量在10.0~15.0mg/kg的耕地共19.54万 hm^2，占全省耕地面积的10.17%；土壤有效锰含量高于10mg/kg的前4级耕地面积共173.67万 hm^2，占全省耕地面积的90.41%。土壤有效锰含量在5.0~10.0mg/kg的耕地共14.6万 hm^2，占全省耕地面积的7.60%；土壤有效锰含量小于5.0mg/kg的耕地共3.83万 hm^2，占全省耕地面积的1.99%。可见，浙江省耕地土壤有效锰含量总体较高，以中等偏上水平为主。

（二）土壤有效锰含量地域分布特征

在不同的农业功能区其土壤有效锰含量有差异（图5-71、图5-72）。

土壤有效锰含量大于30.0mg/kg的耕地主要分布在浙东北都市型、外向型农业区，面积达40.11万 hm^2，占全省耕地面积的20.88%；其次是浙东南沿海城郊型、外向型农业区，面积为23.15万 hm^2，占全省耕地面积的12.05%；再次是浙中盆地丘陵综合型特色农业区和浙西北生态型绿色农业区，面积分别为16.32万 hm^2、14.76万 hm^2，分别占全省耕地面积的8.50%、7.69%；浙西南生态型绿色农业区分布较少，有9.00万 hm^2，占全省耕地面积的4.68%；沿海岛屿蓝色渔（农）业区最少，只有2.50万 hm^2，占全省耕地面积的1.30%。

土壤有效锰含量为20.0~30.0mg/kg的耕地主要分布在浙中盆地丘陵综合型特色农业区，面积为11.01万 hm^2，占全省耕地面积的5.73%；其次是浙东北都市型、外向型农业区，面积为7.31万 hm^2，占全省耕地面积的3.80%；再次是浙西南生态型绿色农业区和浙东南沿海城郊型、外向型农业区，面积分别为4.74万 hm^2、4.60万 hm^2，分别占全省耕地面积的2.47%、2.39%；浙西北生态型绿色农业区分布较少，有2.56万 hm^2，占全省耕地面积的1.33%；沿海岛屿蓝色渔（农）业区最少，只有900 hm^2，占全省耕地面积的0.05%。

土壤有效锰含量为15.0~20.0mg/kg的耕地主要分布在浙中盆地丘陵综合型特色农业区，面积为7.23万 hm^2，占全省耕地面积的3.77%；其次是浙西南生态型绿色农业区，面积为4.29万 hm^2，占全省耕地面积的2.23%；再次是浙东南沿海城郊型、外向型农业区和浙东北都市型、外向型农业区，面积分别为2.85万 hm^2、2.74万 hm^2，分别占全省耕地面积的1.48%、1.43%；浙西北生态型绿色农业区分布较少，有8 300 hm^2，占全省耕地面积的0.43%；沿海岛屿蓝色渔（农）业区最少，只有300 hm^2，仅占全省耕地面积的0.01%。

土壤有效锰含量为10.0~15.0mg/kg的耕地主要分布在浙中盆地丘陵综合型特色农业区，面积为7.20万 hm^2，占全省耕地面积的3.75%；其次是浙西南生态型绿色农业区，面积为5.56万 hm^2，占全省耕地面积的2.89%；再次是浙东南沿海城郊型、外向型农业区和浙东北都市型、外向型农业区，面积分别为3.02万 hm^2、2.77万 hm^2，分别占全省耕地面积的1.57%、1.44%；浙西北生态型绿色农业区分布较少，有9 500 hm^2，占全省耕地面积的0.49%；沿海岛屿蓝色渔（农）业区最少，只有400 hm^2，仅占全省耕地面积的0.02%。

土壤有效锰含量为5.0~10.0mg/kg的耕地主要分布在浙中盆地丘陵综合型特色农业区，面积为5.84万 hm^2，占全省耕地面积的3.04%；其次是浙西南生态型绿色农业区，面积为3.91万 hm^2，占全省耕地面积的2.04%；再次是浙东北都市型、外向型农业区和浙东南沿海城郊型、外向型农业区，面积分别为1.96万 hm^2、1.73万 hm^2，分别占全省耕地面积的1.02%、0.90%；浙西北生态型绿色农业区分布较少，有1.11万 hm^2，占全省耕地面积的0.58%；沿海岛屿蓝色渔（农）业区最少，只有500 hm^2，仅占全省耕地面积的0.03%。

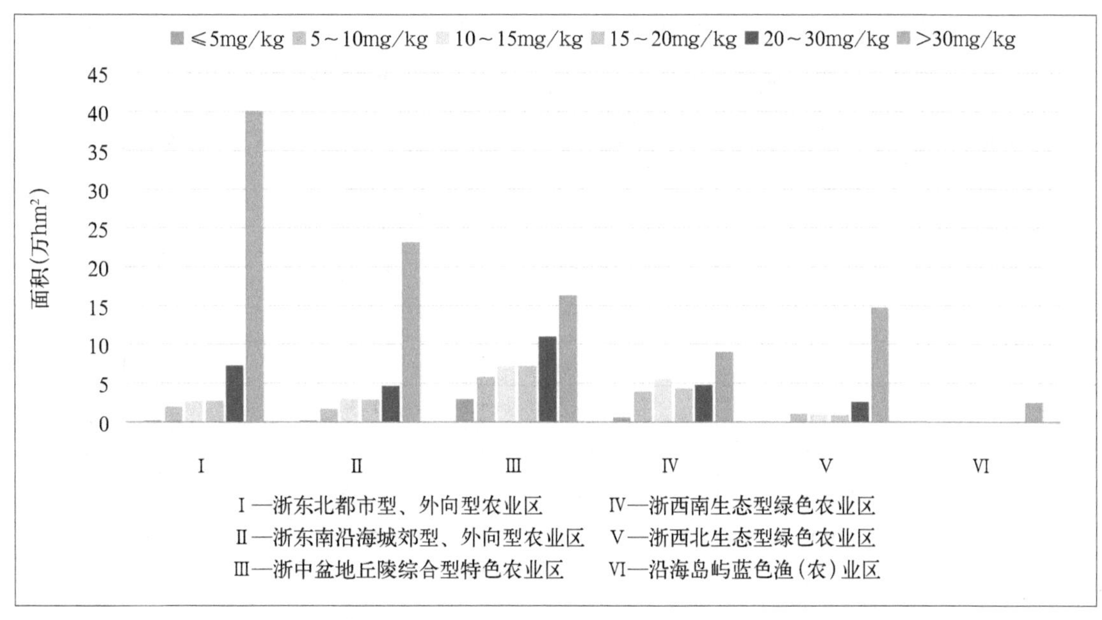

图5-71　浙江省不同农业功能区土壤有效锰含量分级面积分布情况

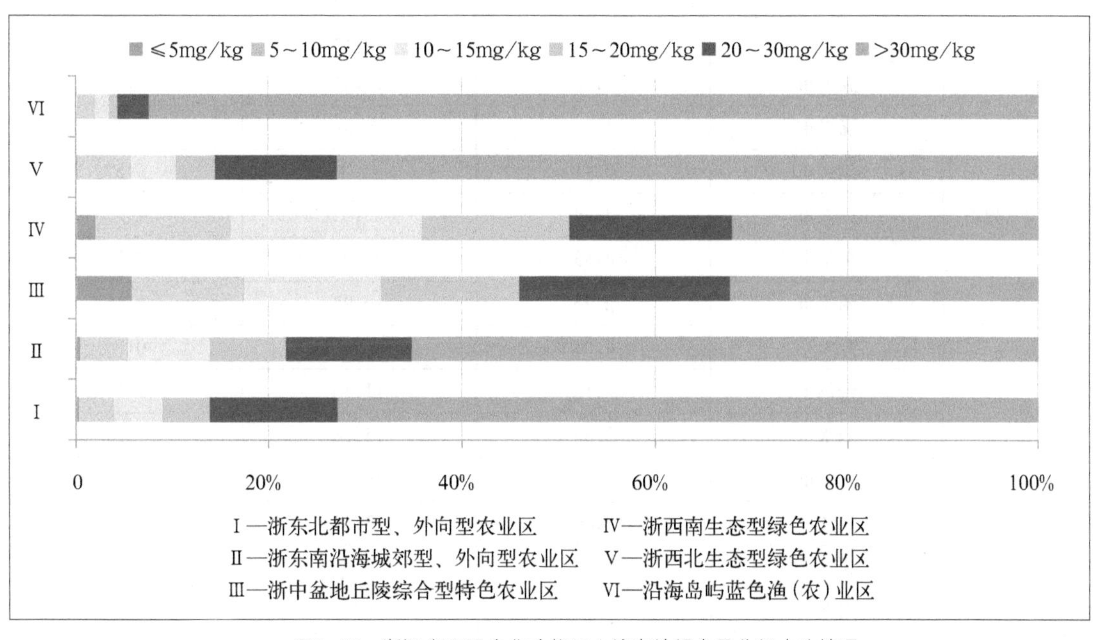

图5-72　浙江省不同农业功能区土壤有效锰含量分级占比情况

土壤有效锰含量小于5.0mg/kg的耕地主要分布在浙中盆地丘陵综合型特色农业区，面积为2.92万 hm²，占全省耕地面积的1.52%；其次是浙西南生态型绿色农业区，面积为5 700hm²，占全省耕地面积的0.30%；再次是浙东北都市型、外向型农业区和浙东南沿海城郊型、外向型农业区，面积分别为1 600hm²、1 500hm²，分别占全省耕地面积的0.076%、0.081%；浙西北生态型绿色农业区最少，分布面积仅300hm²，占全省耕地面积的0.02%；沿海岛屿蓝色渔（农）业区则未发现土壤有效锰含量小于5.0mg/kg的耕地。

在不同地级市之间土壤有效锰含量有差异（表5-28）。

表5-28 浙江省耕地土壤有效锰含量不同等级区域分布特征

等级（mg/kg）	地级市	面积（万 hm^2）	占本市比例（%）	占全省比例（%）
>30.0	杭州市	9.52	48.56	4.96
	宁波市	9.28	46.51	4.83
	温州市	15.87	61.44	8.26
	嘉兴市	18.34	93.68	9.55
	湖州市	14.38	95.26	7.49
	绍兴市	7.76	41.30	4.04
	金华市	8.06	34.96	4.20
	衢州市	6.36	48.18	3.31
	舟山市	2.42	95.83	1.26
	台州市	12.50	66.18	6.51
	丽水市	1.36	8.71	0.71
20.0~30.0	杭州市	4.24	21.64	2.21
	宁波市	3.83	19.18	1.99
	温州市	3.73	14.44	1.94
	嘉兴市	1.23	6.30	0.64
	湖州市	0.71	4.71	0.37
	绍兴市	4.74	25.22	2.47
	金华市	4.85	21.05	2.53
	衢州市	2.23	16.92	1.16
	舟山市	0.08	3.18	0.04
	台州市	2.18	11.56	1.14
	丽水市	2.47	15.88	1.29
15.0~20.0	杭州市	1.79	9.15	0.93
	宁波市	2.66	13.33	1.38
	温州市	2.02	7.84	1.05
	嘉兴市	0.00	0.02	0.00
	湖州市	0.00	0.02	0.00
	绍兴市	2.25	11.98	1.17
	金华市	3.49	15.15	1.82
	衢州市	1.48	11.25	0.77
	舟山市	0.03	0.99	0.01
	台州市	0.99	5.23	0.51
	丽水市	3.25	20.89	1.69

（续表）

等级（mg/kg）	地级市	面积（万 hm^2）	占本市比例（%）	占全省比例（%）
10.0~15.0	杭州市	1.72	8.78	0.90
	宁波市	2.94	14.75	1.53
	温州市	2.35	9.09	1.22
	绍兴市	1.80	9.56	0.93
	金华市	3.59	15.57	1.87
	衢州市	1.71	12.94	0.89
	台州市	0.85	4.48	0.44
	丽水市	4.58	29.43	2.39
5.0~10.0	杭州市	2.15	10.97	1.12
	宁波市	1.24	6.20	0.64
	温州市	1.67	6.46	0.87
	绍兴市	1.62	8.60	0.84
	金华市	2.14	9.27	1.11
	衢州市	1.21	9.19	0.63
	台州市	1.13	6.00	0.59
	丽水市	3.44	22.07	1.79
≤5.0	杭州市	0.18	0.91	0.09
	宁波市	0.01	0.04	0.00
	温州市	0.19	0.73	0.10
	绍兴市	0.63	3.34	0.33
	金华市	0.92	4.00	0.48
	衢州市	0.20	1.51	0.10
	台州市	1.24	6.55	0.64
	丽水市	0.47	3.02	0.24

土壤有效锰含量大于30.0mg/kg的耕地，占全省耕地面积的55.10%，占比最大，在各区都有较多分布，其中在嘉兴市分布最多，面积为18.34万 hm^2，占全省耕地面积的9.55%；其次是温州市，面积为15.87万 hm^2，占全省耕地面积的8.26%；分布最少为丽水市，仅1.36万 hm^2，占全省耕地面积的0.71%；舟山市分布较少，为2.42万 hm^2，占全省耕地面积的1.26%，但占本市耕地面积达95.83%，也就是说舟山市的几乎全部耕地有效锰含量大于30.0mg/kg；其他各市均有不少分布，面积在6.36万~14.38万 hm^2，占比在3.31%~7.49%。

土壤有效锰含量为20.0~30.0mg/kg的耕地，占全省耕地面积的15.78%。金华市分布最多，面积为4.85万 hm^2，占全省耕地面积的2.53%；其次是绍兴市、杭州市分布较多，面积分别为4.74万 hm^2、4.24万 hm^2，分别占全省耕地面积的2.47%、2.21%；再次是宁波市、温州市，面积分别为3.83万 hm^2、3.73万 hm^2，分别占全省耕地面积的1.99%、1.94%；丽水市、衢州市、台州市均有大于2万 hm^2的分布，占全省耕地面积的比例皆高于1.00%；分布最少为舟山市，仅800hm^2，占全省耕地面积不足0.10%；湖州市、嘉兴市分布较少，面积分别为7 100hm^2、1.23万 hm^2，占全省耕地面积皆不足1.00%。

土壤有效锰含量为15.0～20.0mg/kg的耕地，占全省耕地面积的9.36%，其中金华市、丽水市分布最多，面积分别为3.49万 hm^2、3.25万 hm^2，分别占全省耕地面积的1.82%、1.69%；其次是宁波市、绍兴市、温州市，面积分别为2.66万 hm^2、2.25万 hm^2、2.02万 hm^2，分别占全省耕地面积的1.38%、1.17%、1.05%；杭州市、衢州市、台州市，分布面积分别为1.79万 hm^2、1.48万 hm^2、9 900hm^2，占全省耕地面积的比例在0.51%～0.93%；而舟山市、嘉兴市、湖州市分布较少，面积皆少于1 000hm^2，占全省耕地面积的比例低于0.50%。

土壤有效锰含量为10.0～15.0mg/kg的耕地，占全省耕地面积的10.17%。丽水市分布最多，面积为4.58万 hm^2，占全省耕地面积的2.39%；其次是金华市分布较多，面积为3.59万 hm^2，占全省耕地面积的1.87%；再次是宁波市、温州市，面积分别为2.94万 hm^2、2.35万 hm^2，分别占全省耕地面积的1.53%、1.22%；绍兴市、杭州市、衢州市均有大于1万 hm^2的分布，面积分别为1.80万 hm^2、1.72万 hm^2、1.71万 hm^2，分别占全省耕地面积的比例分别为0.93%、0.90%、0.89%；分布最少为台州市，仅8 200hm^2，占全省耕地面积的0.44%；其他各市则没有发现土壤有效锰含量为10.0～15.0mg/kg的耕地。

土壤有效锰含量为5.0～10.0mg/kg的耕地，占比较小，为7.60%，丽水市分布最多，面积为3.44万 hm^2，占全省耕地面积的1.79%；其次是杭州市、金华市分布较多，面积分别为2.15万 hm^2、2.14万 hm^2，分别占全省耕地面积的1.12%、1.11%；再次是温州市、绍兴市，面积分别为1.67万 hm^2、1.62万 hm^2，分别占全省耕地面积的0.87%、0.84%；宁波市、衢州市、台州市均有大于1万 hm^2的分布，面积分别为1.24万 hm^2、1.21万 hm^2、1.13万 hm^2，分别占全省耕地面积的比例分别为0.64%、0.63%、0.59%；其他各市则没有发现土壤有效锰含量为5.0～10.0mg/kg的耕地。

土壤有效锰含量小于5.0mg/kg的耕地，占比最小，只有1.99%，其中台州市分布最多，面积为1.24万 hm^2，占全省耕地面积的0.64%；其次是金华市、绍兴市、丽水市、衢州市，面积分别为9 200hm^2、6 300hm^2、4 700hm^2、2 000hm^2，占全省耕地面积的比例均大于0.10%；温州市、杭州市、宁波市均分布较少，占全省耕地面积的比例皆不足0.10%；而其他各市则没有发现土壤有效锰含量小于5.0mg/kg的耕地。

四、土壤有效锰调控

由于土壤中对植物有效的锰主要是二价锰和易被还原为二价锰的离子或化合物，因此，DTPA-Mn和易还原态锰含量常被作为判断土壤锰丰缺的指标。土壤有效锰的含量易受土壤酸碱反应、碳酸盐含量和氧化还原等条件的影响而变化，土壤pH值和Eh值越低，锰有效性越高，而在碱性或石灰性土壤中锰形成MnO沉淀，有效性降低。土壤理化性状及不同农业利用方式对有效态锰含量的影响明显大于来源于母质的影响。有机质与土壤锰的有效态含量呈极显著正相关。一般在酸性土壤中易见锰毒害，而质地较轻的石灰性土壤上则多发生缺锰现象，如滨海盐土、石灰性土壤和砂质土壤等。土壤中有效锰的丰缺指标常以5.0mg/kg为临界值，浙江省土壤有效锰含量低于5.0mg/kg的耕地面积为3.83万 hm^2，占全省耕地面积的1.99%。土壤锰的调控措施主要有以下几个方面。

（一）根据土壤锰丰缺状况和作物种类确定施用范围

随着作物产量的增加和复种指数的提高，从土壤中带走的微量元素也越来越多，同时有机肥料和中微量元素肥料施用不足，致使土壤可供微量元素缺乏，尤其是碱性石灰性旱地土壤极易缺锰。一般对锰敏感的作物有豆科作物、草莓、小麦、马铃薯、洋葱、菠菜、油菜和果树等，相对而言，水稻、大麦等对锰不敏感。缺锰土壤或敏感作物施用锰肥对种子发芽、苗期生长及生殖器官的形成、促进根和茎的发育等都有良好作用。

（二）提高土壤锰有效性

1.改善土壤环境条件

微量元素锰的缺乏，往往不是因为土壤中锰含量低，而是其有效性低，通过调节土壤条件，如土壤酸碱度、土壤质地、有机质含量、土壤含水量等，可以有效改善土壤的锰营养条件。

2.增施有机肥

土壤有机质与土壤锰的有效态含量呈极显著正相关，土壤中有机物质与锰离子发生络合、螯合作用，有助于提高土壤锰的有效性。

（三）补施锰肥

有效锰含量在临界值以下或发生缺锰“杂斑病”的土壤应补充含锰肥料。锰肥种类很多，常用的有硫酸锰、氯化锰、含锰的其他肥料和工业废渣等。除工业废渣在严重缺乏土壤用作基施外，其他锰肥均可用作基肥、种肥和根外追肥。基施锰肥时须适量均匀，否则会引起植物中毒。可溶性锰肥用作基肥时应与生理酸性肥料或有机肥料混合均匀施用，以保持和提高施肥有效性。根外追肥一般在苗期、生长前期和花前期喷施效果更好，喷施液用量因植株大小疏密而异，不同生育阶段一次或多次连续进行。

第十节 土壤有效硼

植物体内硼的含量变幅为2～100mg/kg，一般双子叶植物的需硼量比单子叶植物高，繁殖器官含量高于营养器官，叶片高于枝条，枝条高于根系。硼以$B(OH)_3$形态被植物吸收，硼对植物具有特殊的营养功能，硼不是植物体的结构成分，硼的一切生理功能是与其能和糖或糖醇络合形成硼酯化合物有关。硼能促进体内碳水化合物的运输和代谢，参与半纤维素及细胞壁物质的合成，促进细胞伸长和细胞分裂，促进生殖器官的建成和发育，调节酚的代谢和木质化作用。硼还能提高豆科作物根瘤菌的固氮能力。土壤中硼的主要来源是矿物和岩石，其次是植物残体，火山活动和降雨也是硼的来源。各种岩石的硼含量有很大的差异，以海相沉积物为最多，大于500mg/kg；变质岩及陆相沉积物为5～12mg/kg；酸性火成岩为3～10mg/kg。土壤中硼的形态分为可溶态硼、吸附态硼、有机态硼和矿物中的硼，全硼含量只作为土壤中硼的储备，通常以水溶态硼代表有效态硼。适合作物生长的硼范围很窄，因而较易出现缺硼与硼毒害现象。作物缺硼时，易发生如油菜的“花而不实”、棉花的“蕾而不花”、大豆的“芽枯病”、柑橘的“硬化病”、甜菜的“心腐病”、芹菜的“茎裂病”等。相对于缺硼，硼毒害更严重，硼过量时成熟叶的叶尖和叶片边缘出现黄化症状。

一、浙江省耕地土壤有效硼含量空间差异

根据从省级汇总评价7 311个耕层土样中选取出的6 161个耕层土样化验分析结果，浙江省耕层土壤有效硼的平均含量为0.5mg/kg，变化范围为0.1～6.5mg/kg。根据浙江省土壤养分指标分级标准（表5-1），耕层有效硼含量在一级至六级的点位占比分别为1%、3%、6%、24%、36%和30%（图5-73A）。

全省六大农业功能区中，浙东北都市型、外向型农业区土壤有效硼含量最高，平均为0.7mg/kg，变动范围为0.1～6.5mg/kg；其次是沿海岛屿蓝色渔（农）业区、浙西北生态型绿色农业区和浙东南沿海城郊型、外向型农业区，含量平均皆为0.5mg/kg，变动范围分别为0.1～1.7mg/kg、0.1～2.9mg/kg、0.1～2.7mg/kg；浙中盆地丘陵综合型特色农业区略低，含量平均为0.3mg/kg，变动范围为0.1～3.1mg/kg；浙西南生态型绿色农业区的土壤有效硼含量最低，平均为0.2mg/kg，变动范围为0.1～2.9mg/kg（图5-73B）。

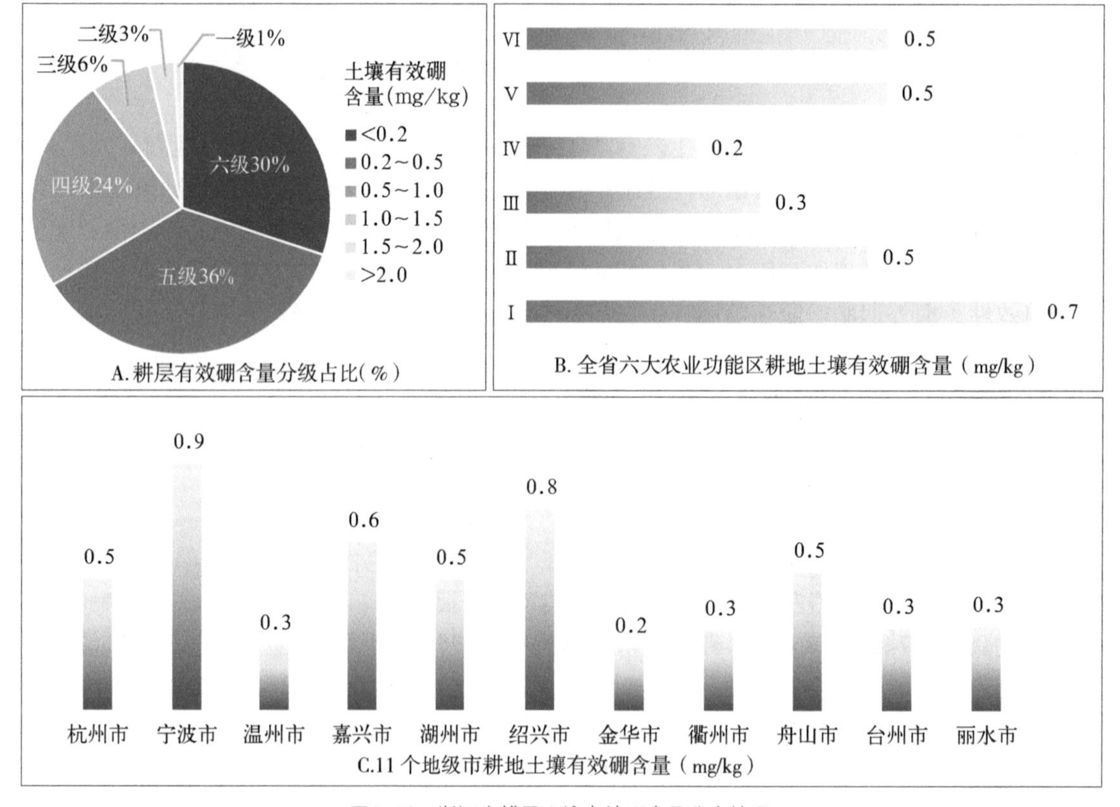

图5-73　浙江省耕层土壤有效硼含量分布情况

Ⅰ—浙东北都市型、外向型农业区　Ⅳ—浙西南生态型绿色农业区
Ⅱ—浙东南沿海城郊型、外向型农业区　Ⅴ—浙西北生态型绿色农业区
Ⅲ—浙中盆地丘陵综合型特色农业区　Ⅵ—沿海岛屿蓝色渔（农）业区

11个地级市中，以宁波市耕地土壤有效硼含量最高，平均含量为0.9mg/kg，变动范围为0.1～2.7mg/kg；绍兴市、嘉兴市次之，平均含量分别为0.8mg/kg、0.6mg/kg，变动范围分别为0.1～3.0mg/kg和0.1～1.9mg/kg；接着是舟山市、杭州市、湖州市，平均含量均

在0.5mg/kg以上，变动范围分别为0.1～1.7mg/kg、0.1～6.5mg/kg、0.1～1.7mg/kg；金华市最低，平均含量为0.2mg/kg，变动范围为0.1～2.7mg/kg；其他各市平均含量均为0.3mg/kg（图5-73C）。

全省各县（市、区）中，宁波市北仑区耕地土壤有效硼含量最高，平均含量为1.6mg/kg；其次是杭州市滨江区，平均含量为1.5mg/kg。仙居县和磐安县最低，平均含量皆低于0.1mg/kg，其他县（市、区）均大于1.0mg/kg。有效硼含量变异系数以衢州市衢江区最大，为209%，兰溪市次之，为165%；台州市路桥区变异系数最低，为10%。其他县（市、区）变异系数均高于10%（表5-29）。

表5-29　浙江省各县（市、区）耕地土壤有效硼含量

区域		点位数（个）	最小值（mg/kg）	最大值（mg/kg）	平均值（mg/kg）	标准差（mg/kg）	变异系数（%）
杭州市	江干区	6	0.2	1.7	0.8	0.5	61
	西湖区	7	0.1	0.6	0.4	0.2	45
	滨江区	3	1.2	2.1	1.5	0.5	30
	萧山区	103	0.1	3.6	0.6	0.4	70
	余杭区	96	0.1	6.5	0.5	0.7	148
	桐庐县	71	0.1	1.3	0.5	0.3	59
	淳安县	35	0.2	0.6	0.3	0.1	25
	建德市	92	0.1	1.4	0.4	0.3	64
	富阳区	89	0.1	2.9	0.6	0.7	125
	临安区	84	0.3	0.6	0.4	0.1	16
宁波市	江北区	16	0.7	1.4	0.9	0.2	20
	北仑区	46	0.9	2.7	1.6	0.4	25
	镇海区	19	0.5	1.6	0.8	0.4	43
	鄞州区	97	0.1	2.0	0.7	0.4	56
	象山县	64	0.2	2.0	0.5	0.3	52
	宁海县	116	0.1	2.7	1.1	0.6	58
	余姚市	115	0.1	1.7	0.8	0.3	31
	慈溪市	100	0.9	1.6	1.2	0.2	16
	奉化区	72	0.2	2.2	0.9	0.5	56
温州市	鹿城区	17	0.1	1.8	0.4	0.5	121
	龙湾区	13	0.2	2.4	0.6	0.6	105
	瓯海区	30	0.1	1.8	0.6	0.4	62
	洞头区	4	0.1	0.8	0.3	0.3	101
	永嘉县	165	0.1	1.8	0.2	0.2	91
	平阳县	103	0.1	0.4	0.2	0.1	65
	苍南县	104	0.1	1.8	0.3	0.2	65

（续表）

区域		点位数（个）	最小值（mg/kg）	最大值（mg/kg）	平均值（mg/kg）	标准差（mg/kg）	变异系数（%）
温州市	文成县	98	0.1	0.5	0.2	0.1	46
	泰顺县	120	0.1	0.6	0.1	0.1	61
	瑞安市	91	0.1	1.2	0.3	0.2	78
	乐清市	91	0.1	1.2	0.4	0.2	46
嘉兴市	南湖区	58	0.1	1.9	0.8	0.4	56
	秀洲区	88	0.1	1.1	0.9	0.1	14
	嘉善县	94	0.3	1.4	0.7	0.2	26
	海盐县	84	0.2	1.2	0.6	0.2	35
	海宁市	112	0.1	1.9	0.5	0.3	59
	平湖市	87	0.3	1.7	0.6	0.2	32
	桐乡市	114	0.3	0.8	0.6	0.2	32
湖州市	吴兴区	63	0.2	0.6	0.5	0.1	17
	南浔区	117	0.1	1.7	0.3	0.2	55
	德清县	85	0.1	1.5	0.8	0.3	37
	长兴县	143	0.1	1.7	0.7	0.3	50
	安吉县	129	0.1	0.5	0.3	0.1	26
绍兴市	越城区	40	0.2	1.8	0.9	0.4	45
	柯桥区	62	0.2	2.7	1.2	0.6	46
	上虞区	107	0.4	2.0	0.9	0.4	42
	新昌县	87	0.1	3.0	1.0	0.6	60
	诸暨市	176	0.1	2.7	0.5	0.5	104
	嵊州市	127	0.1	2.2	0.6	0.5	80
金华市	婺城区	86	0.3	2.7	0.6	0.4	66
	金东区	56	0.1	1.4	0.1	0.2	128
	武义县	75	0.1	1.6	0.1	0.2	135
	浦江县	54	0.1	0.9	0.1	0.1	76
	磐安县	50	0.1	0.2	0.1	0.0	52
	兰溪市	108	0.1	2.7	0.2	0.4	165
	义乌市	76	0.1	1.4	0.1	0.2	144
	东阳市	108	0.1	0.9	0.3	0.1	51
	永康市	76	0.1	0.4	0.2	0.1	31
衢州市	柯城区	18	0.2	0.4	0.3	0.1	28
	衢江区	77	0.1	2.9	0.2	0.4	209
	常山县	54	0.2	1.6	0.4	0.2	55
	开化县	68	0.3	2.9	0.8	0.5	62

（续表）

区域		点位数（个）	最小值（mg/kg）	最大值（mg/kg）	平均值（mg/kg）	标准差（mg/kg）	变异系数（%）
衢州市	龙游县	100	0.1	0.3	0.2	0.1	40
	江山市	142	0.1	3.1	0.2	0.4	148
舟山市	定海区	28	0.1	1.7	0.3	0.3	87
	普陀区	22	0.4	0.7	0.5	0.1	19
	岱山县	13	0.2	1.7	1.0	0.4	43
台州市	椒江区	29	0.7	1.7	1.0	0.3	27
	黄岩区	33	0.1	1.2	0.2	0.2	96
	路桥区	38	0.4	0.5	0.4	0.0	10
	玉环县	24	0.1	1.1	0.3	0.2	89
	三门县	67	0.1	1.1	0.4	0.2	50
	天台县	85	0.1	0.3	0.2	0.1	42
	仙居县	91	0.1	0.1	0.1	0.0	39
	温岭市	99	0.1	1.2	0.4	0.2	58
	临海市	114	0.1	1.7	0.3	0.3	90
丽水市	莲都区	31	0.1	0.8	0.2	0.2	74
	青田县	86	0.1	2.9	0.5	0.4	90
	缙云县	55	0.1	0.6	0.3	0.1	41
	遂昌县	60	0.2	0.5	0.3	0.1	27
	松阳县	65	0.1	1.3	0.2	0.2	99
	云和县	26	0.1	1.3	0.3	0.3	90
	庆元县	62	0.1	1.8	0.6	0.4	60
	景宁县	57	0.1	2.7	0.5	0.5	102
	龙泉市	88	0.1	0.3	0.1	0.1	55

二、不同类型耕地土壤有效硼含量及其影响因素

（一）主要土类的有效硼含量

1.各土类的有效硼含量差异

浙江省主要土壤类型耕地有效硼平均含量从高到低依次为：滨海盐土、潮土、基性岩土、石灰（岩）土、水稻土、红壤、粗骨土、紫色土和黄壤。其中滨海盐土有效硼含量最高，平均含量为0.8mg/kg，变动范围为0.2～3.6mg/kg；潮土次之，平均含量为0.7mg/kg，变动范围为0.1～2.1mg/kg；基性岩土再次之，平均含量为0.6mg/kg，变动范围为0.1～1.6mg/kg；第四层次是石灰（岩）土、水稻土，平均含量均为0.5mg/kg，变动范围分别为0.1～2.3mg/kg、0.1～6.5mg/kg；红壤的有效硼平均含量较低，为0.4mg/kg，变动范围为0.1～3.0mg/kg；粗骨土、紫色土、黄壤最低，平均含量皆为0.3mg/kg，变动范围分

别为0.1～1.9mg/kg、0.1～3.1mg/kg、0.1～2.7mg/kg（图5-74）。

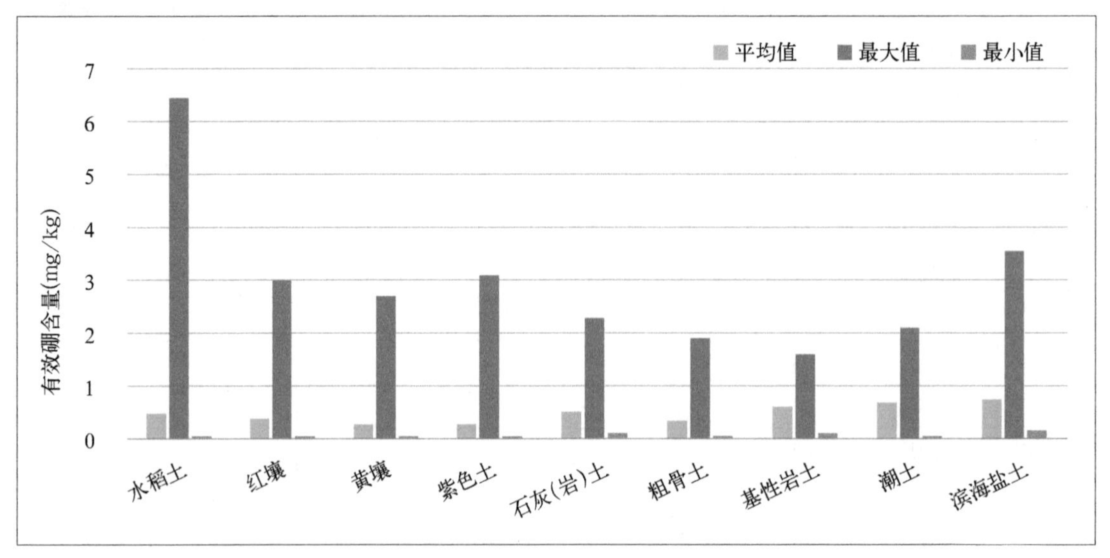

图5-74 浙江省不同土类耕地土壤有效硼含量

2. 主要土类的土壤有效硼含量在农业功能区间的差异

同一土类土壤的有效硼平均含量在不同农业功能区也有差异，见图5-75。

水稻土有效硼平均含量以浙东北都市型、外向型农业区最高，为0.7mg/kg，沿海岛屿蓝色渔（农）业区，浙东南沿海城郊型、外向型农业区和浙西北生态型绿色农业区次之，平均含量皆为0.5mg/kg；浙中盆地丘陵综合型特色农业区和浙西南生态型绿色农业区最低，平均含量皆为0.3mg/kg。

黄壤有效硼平均含量以浙东北都市型、外向型农业区最高，为1.7mg/kg；浙西北生态型绿色农业区次之，为0.5mg/kg；浙东南沿海城郊型、外向型农业区较低，为0.4mg/kg；浙西南生态型绿色农业区和浙中盆地丘陵综合型特色农业区最低，平均含量皆为0.2mg/kg，沿海岛屿蓝色渔（农）业区没有采集到黄壤。

紫色土有效硼平均含量以浙东南沿海城郊型、外向型农业区最高，为1.1mg/kg，浙西北生态型绿色农业区和浙中盆地丘陵综合型特色农业区次之，分别为0.4mg/kg、0.3mg/kg，浙西南生态型绿色农业区最低，为0.1mg/kg，其中浙东北都市型、外向型农业区和沿海岛屿蓝色渔（农）业区没有采集到紫色土。

粗骨土有效硼平均含量以浙东北都市型、外向型农业区最高，为0.9mg/kg，浙东南沿海城郊型、外向型农业区次之，为0.8mg/kg；浙西北生态型绿色农业区和浙中盆地丘陵综合型特色农业区较低，均为0.3mg/kg，沿海岛屿蓝色渔（农）业区和浙西南生态型绿色农业区最低，均为0.2mg/kg。

潮土有效硼平均含量在沿海岛屿蓝色渔（农）业区最高，为0.8mg/kg，浙东北都市型、外向型农业区和浙东南沿海城郊型、外向型农业区次之，均为0.7mg/kg，浙西北生态型绿色农业区再次之，为0.5mg/kg，浙中盆地丘陵综合型特色农业区较低，为0.2mg/kg；浙西南生态型绿色农业区最低，为0.1mg/kg。

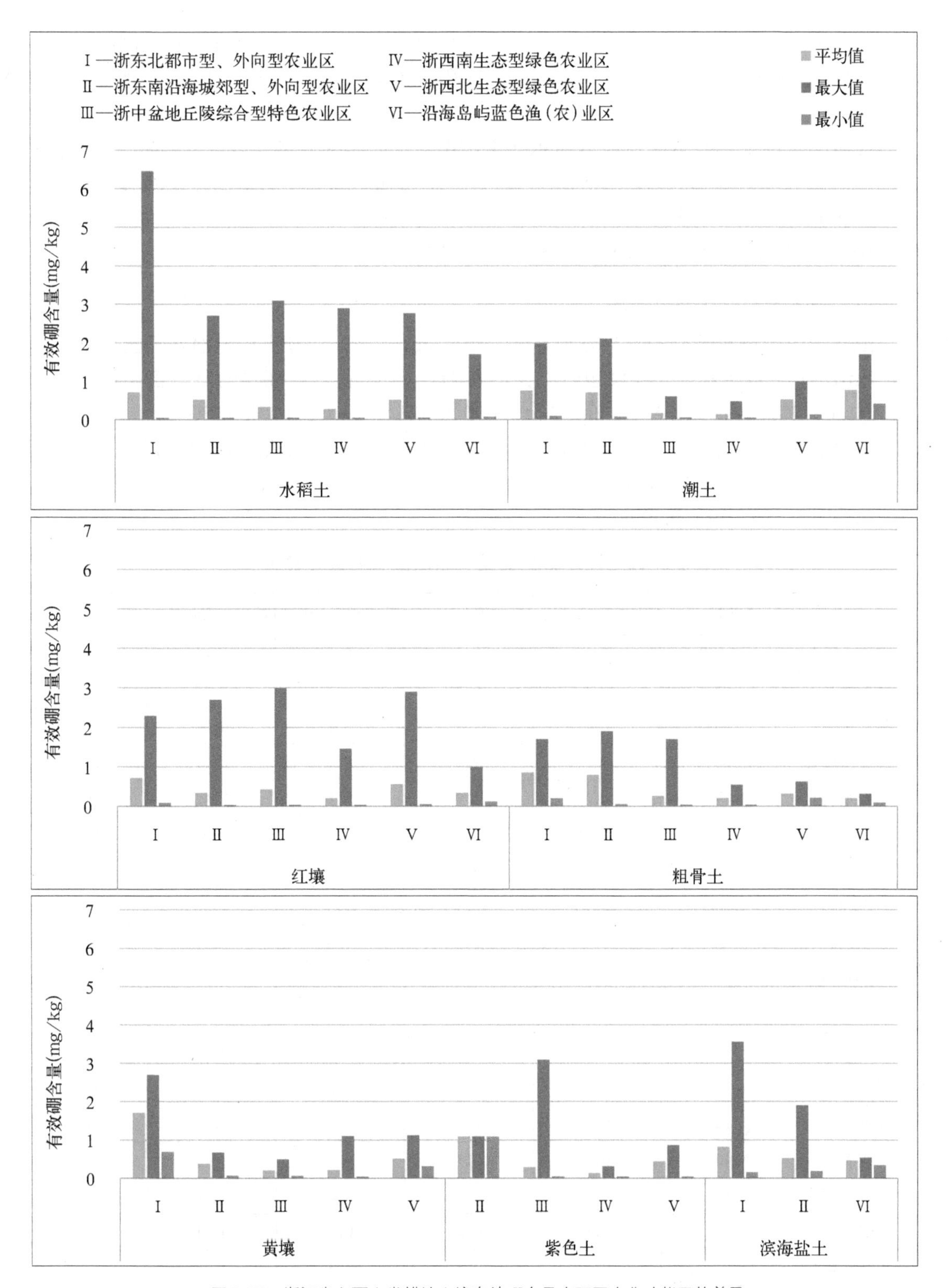

图5-75　浙江省主要土类耕地土壤有效硼含量在不同农业功能区的差异

滨海盐土分布在浙东北都市型、外向型农业区，浙东南沿海城郊型、外向型农业区和沿海岛屿蓝色渔（农）业区，土壤有效硼的平均含量以浙东北都市型、外向型农业区最高，为0.8mg/kg，浙东南沿海城郊型、外向型农业区和沿海岛屿蓝色渔（农）业区，平均含量均为0.5mg/kg。

红壤的土壤平均有效硼含量以浙东北都市型、外向型农业区最高，为0.7mg/kg，浙西北生态型绿色农业区次之，为0.6mg/kg，浙中盆地丘陵综合型特色农业区再次之，为0.4mg/kg，浙东南沿海城郊型、外向型农业区和沿海岛屿蓝色渔（农）业区较低，均为0.3mg/kg，浙西南生态型绿色农业区最低，为0.2mg/kg。

（二）主要亚类的有效硼含量

滨海盐土土壤有效硼的平均含量最高，达0.8mg/kg；灰潮土和脱潜水稻土次之，均为0.7mg/kg；基性岩土、红壤也较高，均为0.6mg/kg；饱和红壤的平均含量最低，为0.2mg/kg；其他各亚类均大于0.2mg/kg，在0.2～0.5mg/kg之间（表5-30）。

变异系数以石灰性紫色土最高（饱和红壤、潮滩盐土、黑色石灰土样点数为2，未统计变异系数），为153%；脱潜水稻土最低，为51%；棕红壤的变异系数低于60%；其他各亚类变异系数在61%～149%之间。

表5-30 浙江省主要亚类耕地土壤有效硼含量

亚类	样点数（个）	最小值（mg/kg）	最大值（mg/kg）	平均值（mg/kg）	标准差（mg/kg）	变异系数（%）
潴育水稻土	1 989	0.1	3.1	0.5	0.45	96
渗育水稻土	954	0.1	6.5	0.5	0.42	89
脱潜水稻土	739	0.1	2.7	0.7	0.34	51
淹育水稻土	624	0.1	2.9	0.3	0.37	111
潜育水稻土	70	0.1	1.9	0.4	0.42	94
黄红壤	679	0.1	2.9	0.4	0.38	108
红壤	131	0.1	3.0	0.6	0.66	117
红壤性土	54	0.1	2.9	0.3	0.50	149
棕红壤	10	0.3	1.0	0.5	0.27	54
饱和红壤	2	0.1	0.2	0.2	0.03	—
黄壤	122	0.1	2.7	0.3	0.31	110
石灰性紫色土	58	0.1	3.1	0.3	0.42	153
酸性紫色土	46	0.1	1.1	0.3	0.25	89
酸性粗骨土	130	0.1	1.9	0.3	0.40	116
灰潮土	409	0.1	2.1	0.7	0.42	61
滨海盐土	111	0.2	3.6	0.8	0.47	62
潮滩盐土	2	0.3	0.4	0.4	0.04	—
黑色石灰土	2	0.2	0.5	0.3	0.27	—
棕色石灰土	21	0.1	2.3	0.5	0.51	97
基性岩土	8	0.1	1.6	0.6	0.64	105

（三）地貌类型与土壤有效硼含量

不同地貌类型间，滨海平原土壤有效硼含量最高，平均0.7mg/kg；其次是水网平原，平均含量为0.6mg/kg；再次是低丘、中山，平均含量均为0.4mg/kg；平均含量最低的是低山、高丘和河谷平原，均为0.3mg/kg。变异系数以中山最大，为126%；高丘次之，为120%；水网平原最低，为58%；滨海平原较低，为59%；其他地貌类型的变异系数在100%~112%之间（图5-76）。

（四）土壤质地与土壤有效硼含量

浙江省的不同土壤质地中，土壤有效硼平均表现为：黏土>砂土>壤土，壤土各质地表现为：重壤>中壤>砂壤；砂土、砂壤、中壤、重壤、黏土的有效硼含量平均值依次为0.5mg/kg、0.4mg/kg、0.4mg/kg、0.5mg/kg、0.6mg/kg（图5-77）。

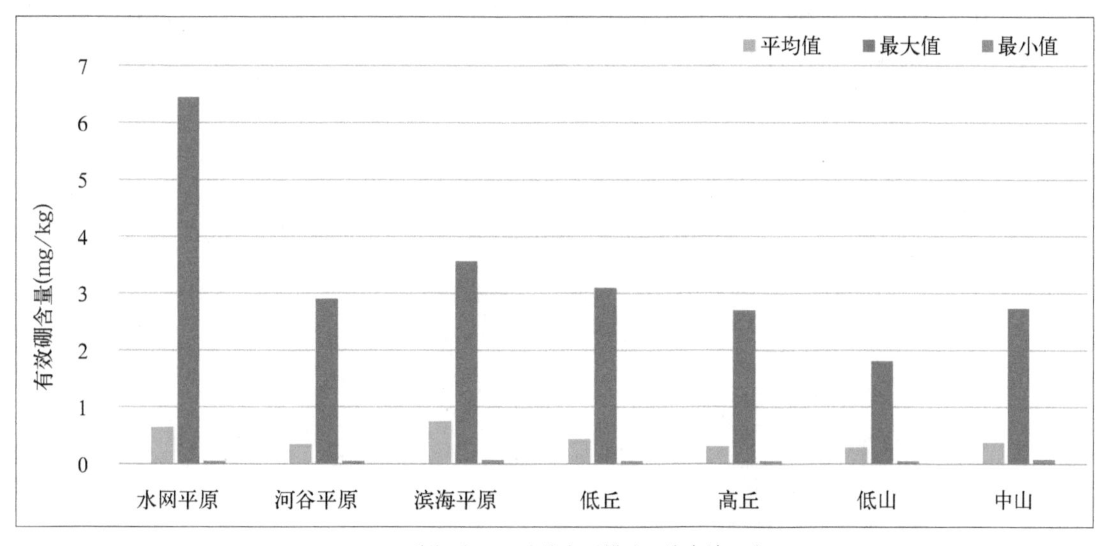

图5-76　浙江省不同地貌类型耕地土壤有效硼含量

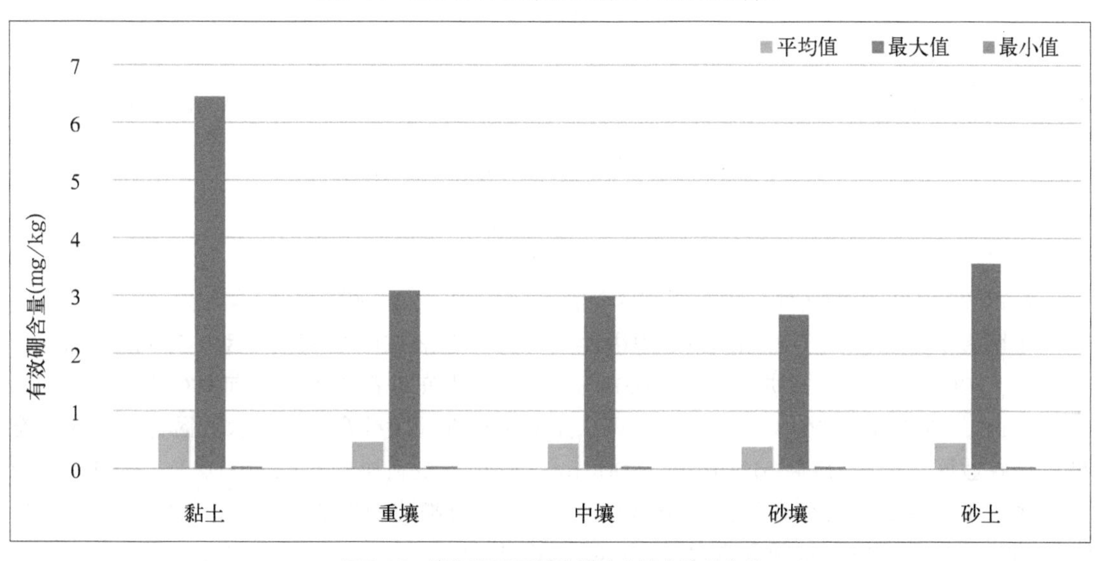

图5-77　浙江省不同质地耕地土壤有效硼含量

三、土壤有效硼分级面积与分布

（一）土壤有效硼含量分级面积

根据浙江省域土壤有效硼含量状况，参照浙江省土壤养分指标分级标准（表5-1），将土壤有效硼含量划分为6级。全区耕地土壤有效硼含量分级面积占比如图5-78所示。

土壤有效硼含量大于2.0mg/kg的耕地共4 000hm^2，占全省耕地面积的0.21%；土壤有效硼含量在1.5~2.0mg/kg的耕地共2.36万hm^2，占全省耕地面积的1.23%；土壤有效硼含量在1.0~1.5mg/kg的耕地共12.43万hm^2，占全省耕地面积的6.47%；土壤有效硼含量在0.5~1.0mg/kg的耕地共57.83万hm^2，占全省耕地面积的30.11%；土壤有效硼含量高于0.5mg/kg的前4级耕地面积共73.02万hm^2，占全省耕地面积的38.01%。土壤有效硼含量在0.2~0.5mg/kg的耕地共76.15万hm^2，占全省耕地面积的39.64%，占比最高；土壤有效硼含量小于0.2mg/kg的耕地共42.92万hm^2，占全省耕地面积的22.35%。可见，浙江省耕地土壤有效硼含量总体较低，以中等偏下水平为主。

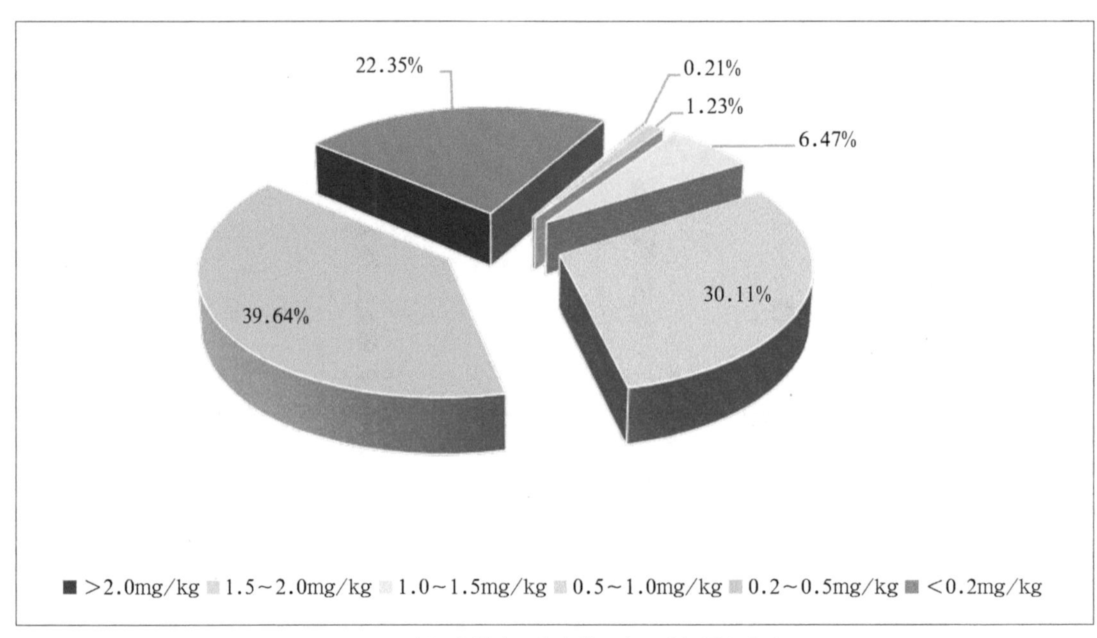

图5-78 浙江省耕地土壤有效硼含量分级面积占比

（二）土壤有效硼含量地域分布特征

在不同的农业功能区其土壤有效硼含量有差异（图5-79、图5-80）。

土壤有效硼含量大于2.0mg/kg的耕地主要分布在浙东南沿海城郊型、外向型农业区，面积为1 700hm^2，占全省耕地面积的0.09%；其次是浙东北都市型、外向型农业区，面积为1 500hm^2，占全省耕地面积的0.08%；再次是浙中盆地丘陵综合型特色农业区和浙西北生态型绿色农业区，面积分别为400hm^2、300hm^2，分别占全省耕地面积的0.02%、0.01%；浙西南生态型绿色农业区分布最少，有100hm^2，占全省耕地面积的0.01%；沿海岛屿蓝色渔（农）业区未发现土壤有效硼含量大于2.0mg/kg的耕地。

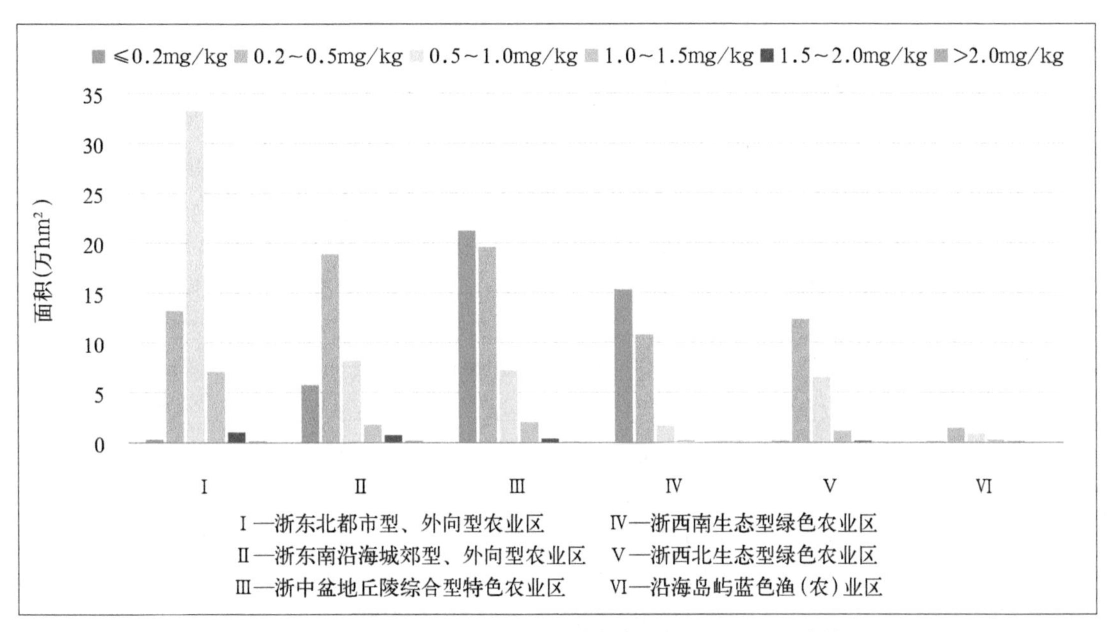

图5-79　浙江省不同农业功能区土壤有效硼含量分级面积分布情况

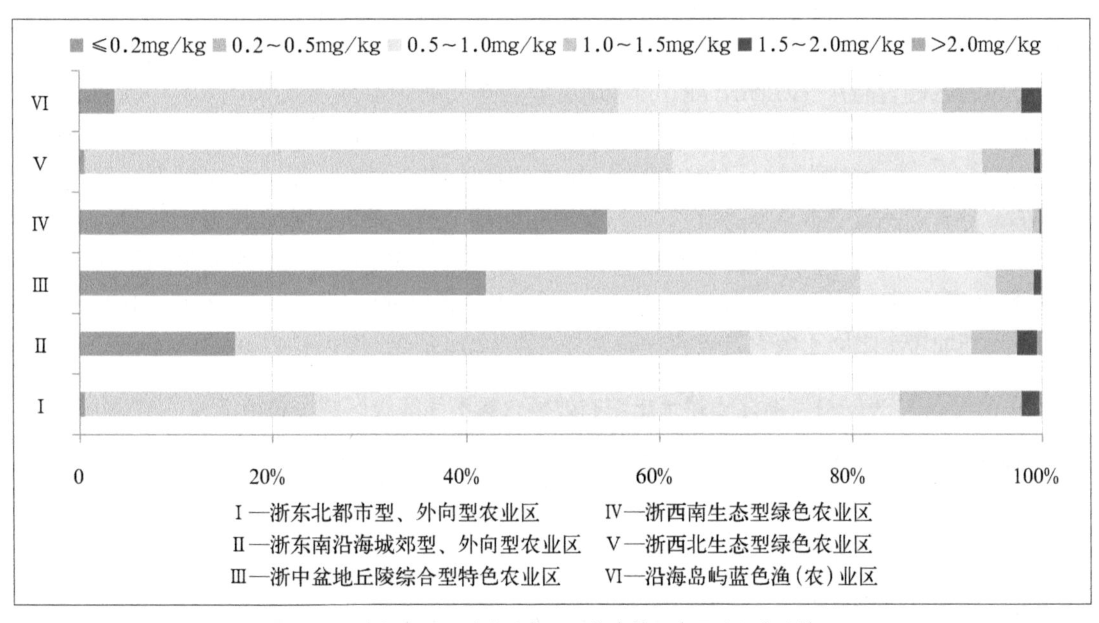

图5-80　浙江省不同农业功能区土壤有效硼含量分级占比情况

土壤有效硼含量为1.5～2.0mg/kg的耕地主要分布在浙东北都市型、外向型农业区，面积为1.01万 hm^2，占全省耕地面积的0.53%；其次是浙东南沿海城郊型、外向型农业区，面积为7 400hm^2，占全省耕地面积的0.38%；再次是浙中盆地丘陵综合型特色农业区，面积为3 800hm^2，占全省耕地面积的0.20%；浙西北生态型绿色农业区分布较少，有1 300hm^2，占全省耕地面积的0.07%；浙西南生态型绿色农业区和沿海岛屿蓝色渔（农）业区最少，面积皆不足1 000hm^2，分别占全省耕地面积的0.02%、0.03%。

土壤有效硼含量为1.0～1.5mg/kg的耕地主要分布在浙东北都市型、外向型农业区，面积为7.10万 hm^2，占全省耕地面积的3.69%；其次是浙中盆地丘陵综合型特色农业区，面积为2.03万 hm^2，占全省耕地面积的1.06%；再次是浙东南沿海城郊型、外向型农业区，面积为1.75万 hm^2，占全省耕地面积的0.91%；浙西北生态型绿色农业区分布较少，有1.12万 hm^2，占全省耕地面积的0.58%；浙西南生态型绿色农业区和沿海岛屿蓝色渔（农）业区最少，面积分别为2 000hm^2、2 300hm^2，分别占全省耕地面积的0.10%、0.12%。

土壤有效硼含量为0.5～1.0mg/kg的耕地主要分布在浙东北都市型、外向型农业区，面积为33.28万 hm^2，占全省耕地面积的17.32%；其次是浙东南沿海城郊型、外向型农业区，面积为8.20万 hm^2，占全省耕地面积的4.27%；再次是浙中盆地丘陵综合型特色农业区和浙西北生态型绿色农业区，面积分别为7.23万 hm^2、6.53万 hm^2，分别占全省耕地面积的3.77%、3.40%；浙西南生态型绿色农业区分布较少，有1.69万 hm^2，占全省耕地面积的0.88%；沿海岛屿蓝色渔（农）业区最少，为9 100hm^2，仅占全省耕地面积的0.47%。

土壤有效硼含量为0.2～0.5mg/kg的耕地主要分布在浙中盆地丘陵综合型特色农业区，面积为19.59万 hm^2，占全省耕地面积的10.20%；其次是浙东南沿海城郊型、外向型农业区，面积为18.87万 hm^2，占全省耕地面积的9.82%；再次是浙东北都市型、外向型农业区和浙西北生态型绿色农业区，面积分别为13.2万 hm^2、12.32万 hm^2，分别占全省耕地面积的6.87%、6.41%；浙西南生态型绿色农业区分布较少，但仍有10.76万 hm^2，占全省耕地面积的5.60%；沿海岛屿蓝色渔（农）业区最少，为1.41万 hm^2，仅占全省耕地面积的0.73%。

土壤有效硼含量小于0.2mg/kg的耕地主要分布在浙中盆地丘陵综合型特色农业区，面积为21.26万 hm^2，占全省耕地面积的11.07%；其次是浙西南生态型绿色农业区，面积为15.37万 hm^2，占全省耕地面积的8.00%；再次是浙东南沿海城郊型、外向型农业区，面积为5.76万 hm^2，占全省耕地面积的3.00%；浙东北都市型、外向型农业区分布较少，面积为3 200hm^2，占全省耕地面积的0.17%；沿海岛屿蓝色渔（农）业区和浙西北生态型绿色农业区最少，分布面积分别为1 000hm^2、1 200hm^2，占全省耕地面积的比例皆不足0.10%。

在不同地级市之间土壤有效硼含量有差异（表5-31）。

表5-31　浙江省耕地土壤有效硼含量不同等级区域分布特征

等级（mg/kg）	地级市	面积（万 hm^2）	占本市比例（%）	占全省比例（%）
>2.0	杭州市	0.07	0.33	0.03
	宁波市	0.21	1.07	0.11
	绍兴市	0.08	0.42	0.04
	金华市	0.01	0.05	0.01
	衢州市	0.01	0.10	0.01
	丽水市	0.01	0.09	0.01
1.5～2.0	杭州市	0.18	0.94	0.10
	宁波市	1.45	7.26	0.75
	温州市	0.03	0.10	0.01
	绍兴市	0.49	2.63	0.26

（续表）

等级(mg/kg)	地级市	面积(万 hm^2)	占本市比例(%)	占全省比例(%)
1.5~2.0	金华市	0.05	0.24	0.03
	衢州市	0.05	0.39	0.03
	舟山市	0.06	2.20	0.03
	丽水市	0.04	0.28	0.02
1.0~1.5	杭州市	0.81	4.14	0.42
	宁波市	5.61	28.14	2.92
	温州市	0.06	0.22	0.03
	嘉兴市	0.50	2.57	0.26
	湖州市	0.48	3.21	0.25
	绍兴市	3.75	19.97	1.95
	金华市	0.08	0.35	0.04
	衢州市	0.41	3.11	0.21
	舟山市	0.23	9.04	0.12
	台州市	0.30	1.57	0.15
	丽水市	0.19	1.23	0.10
0.5~1.0	杭州市	6.74	34.35	3.51
	宁波市	10.60	53.15	5.52
	温州市	1.45	5.63	0.76
	嘉兴市	15.23	77.81	7.93
	湖州市	5.60	37.08	2.91
	绍兴市	9.12	48.52	4.75
	金华市	1.72	7.48	0.90
	衢州市	1.93	14.65	1.01
	舟山市	0.86	34.05	0.45
	台州市	2.98	15.78	1.55
	丽水市	1.60	10.25	0.83
0.2~0.5	杭州市	11.54	58.84	6.01
	宁波市	2.07	10.39	1.08
	温州市	11.68	45.21	6.08
	嘉兴市	3.84	19.62	2.00
	湖州市	8.85	58.65	4.61
	绍兴市	5.10	27.13	2.65
	金华市	9.30	40.31	4.84
	衢州市	4.90	37.15	2.55

（续表）

等级（mg/kg）	地级市	面积（万 hm^2）	占本市比例（%）	占全省比例（%）
0.2~0.5	舟山市	1.38	54.56	0.72
	台州市	8.29	43.92	4.32
	丽水市	9.20	59.07	4.79
≤0.2	杭州市	0.27	1.38	0.14
	温州市	12.62	48.84	6.57
	湖州市	0.16	1.06	0.08
	绍兴市	0.25	1.34	0.13
	金华市	11.90	51.58	6.19
	衢州市	5.88	44.60	3.06
	舟山市	0.00	0.16	0.00
	台州市	7.31	38.73	3.81
	丽水市	4.53	29.07	2.36

土壤有效硼含量大于2.0mg/kg的耕地，仅占全省耕地面积的0.21%，占比最小，其中在宁波市分布最多，面积为2 100hm^2，占全省耕地面积的0.11%；其次是绍兴市、杭州市、丽水市、衢州市、金华市，面积皆不足1 000hm^2，占全省耕地面积的比例皆低于0.10%；其他各市则没有发现土壤有效硼含量大于2.0mg/kg的耕地。

土壤有效硼含量为1.5~2.0mg/kg的耕地，占比较小，为1.23%。在宁波市分布最多，面积为1.45万 hm^2，占全省耕地面积的0.75%；其次绍兴市，面积为4 900hm^2，占全省耕地面积的0.26%；再次是杭州市，面积为1 800hm^2，占全省耕地面积的0.10%；舟山市、金华市、衢州市、丽水市和温州市分布均不足1 000hm^2，占全省耕地面积的比例皆低于0.10%；其他各市则没有发现土壤有效硼含量1.5~2.0mg/kg的耕地。

土壤有效硼含量为1.0~1.5mg/kg的耕地，占全省耕地面积的6.47%，其中宁波市最多，面积为5.61万 hm^2，占全省耕地面积的2.92%；其次是绍兴市，面积为3.75万 hm^2，占全省耕地面积的1.95%；温州市、金华市分布最少，面积皆少于1 000hm^2，分别为600hm^2、800hm^2，占全省耕地面积的比例低于0.10%；而其他各市均有少量分布，面积为1 900~8 100hm^2，占全省耕地面积的比例在0.10%~0.42%之间。

土壤有效硼含量为0.5~1.0mg/kg的耕地，占全省耕地面积的30.11%。嘉兴市分布最多，面积为15.23万 hm^2，占全省耕地面积的7.93%；其次宁波市分布较多，面积为10.6万 hm^2，占全省耕地面积的5.52%；分布最少为舟山市，仅8 600hm^2，占全省耕地面积的0.45%；温州市、丽水市、金华市和衢州市分布较少，面积均少于2万 hm^2，占全省耕地面积的比例为0.76%~1.01%；其他各市均有不少分布，面积为2.98万~9.12万 hm^2，占比在1.55%~4.75%之间。

土壤有效硼含量为0.2~0.5mg/kg的耕地，占比最大，为39.64%，且在各区都有较多分布，其中温州市和杭州市分布最多，面积分别为11.68万 hm^2、11.54万 hm^2，分别占全省耕地面积的6.08%、6.01%；其次是金华市和丽水市，面积分别为9.30万 hm^2、

9.20万hm^2，分别占全省耕地面积的4.84%、4.79%；分布最少为舟山市，仅1.38万hm^2，占全省耕地面积的0.72%，但占本市耕地面积达54.46%，也就是说舟山市的大部分耕地有效硼含量为0.2~0.5mg/kg；其他各市均有不少分布，面积为2.07万~8.85万hm^2，占比在1.08%~4.61%之间。

土壤有效硼含量小于0.2mg/kg的耕地，占全省耕地面积的22.35%，其中温州市、金华市分布最多，面积分别为12.6万hm^2、11.9万hm^2，分别占全省耕地面积的6.57%、6.19%；其次是台州市、衢州市，面积分别为7.31万hm^2、5.88万hm^2，占全省耕地面积的比例均大于3.00%；再次是丽水市，面积为4.53万hm^2，占全省耕地面积的2.36%；而杭州市、绍兴市、湖州市和舟山市，均分布较少，占全省耕地面积的比例皆不足1.00%；其他各市则没有发现土壤有效硼含量小于0.2mg/kg的耕地。

四、土壤有效硼调控

土壤含硼量主要由土壤类型和成土母质决定，有明显的地带性。一般来说，由沉积岩尤其是海相沉积物发育的土壤和干旱地区土壤含硼量相对较多，浙江省红壤等酸性土壤的缺硼现象严重，干旱和半干旱地区的土壤则富集硼，严重时会导致植物发生硼中毒而生长受抑制。土壤中的硼大多以结合态存在，可溶态硼只占其中一小部分。

影响硼的有效性的主要因子有土壤类型、成土母质、酸碱度、有机质含量、质地以及胶体吸附类型等，不同类型土壤其含硼量有一定的差异，且有效性不同。土壤中硼的有效性与酸碱度有密切的关系，二者间呈负相关，在碱性条件下硼的有效性降低。有机质是土壤中硼的主要来源之一，有机质高的土壤中水溶态硼较多，此外有机质又通过对硼的吸附而影响硼的供给。质地轻的土壤其水溶态硼含量低于黏重土壤。土壤有效硼含量低于三级（1.0~1.5mg/kg）时作物有发生缺硼的可能，一般缺硼的临界含量为0.5mg/kg，低于0.2mg/kg时，则属于严重缺硼。但不同土壤的供硼强度和容量以及不同作物对硼的敏感度差异很大，因此评价土壤中硼的供给情况时，应考虑农作物的种类甚至品种，因土、因作物供硼应是土壤有效硼调控的主要路径。

（一）优化养分管理

因土、因作物施硼。缺硼与作物种类密切相关，各种作物需硼的情况不一样，对硼肥也有不同的反应。一般需硼多和对硼敏感的植物容易缺硼。在各种作物中，通常双子叶植物需硼较多，易缺硼，单子叶植物的需硼量仅为双子叶植物的1/4左右。豆科和十字花科植物的需硼量大于禾本科植物。禾本科植物需硼很少，对硼素不敏感，对硼反应很小或者毫无反应，不易缺硼，只有在严重缺硼的情况下，才会出现缺硼症状，对硼肥有反应。

除了不同种类的农作物需硼量有所不同以外，同种农作物的不同品种间也会有很大差异。甘蓝型油菜的需硼量很高，经常表现出缺硼症状，只开花不结实或结实很少，而芥菜型油菜则很少出现缺硼症状。因此土壤水溶态硼的临界含量因农作物的种类和品种而有所不同。就土壤而言，质地较轻的土壤，缺硼临界含量会稍低，黏重土壤则会相应高。此外，农作物轻度缺硼即潜在性缺硼时，并不表现出明显或典型的缺硼症状，易被忽略，应根据土壤中硼的情况和农作物的需硼特点，尽早制定养分管理策略。

（二）控制土壤硼的有效水平

1.调节酸碱度

土壤有效硼与pH值关系十分紧密，硼在微酸和中性条件下有效性高，新垦滨海土壤pH值高，可适当施用酸性或生理酸性肥料进行调酸，提高土壤有效硼的供应能力。但在红壤或土壤酸化较为严重的地区，水溶性硼易随水流失，应适当调碱，或通过土壤综合培肥，平衡土壤有效硼的固持和释放能力。

2.增施有机肥

一般情况下，土壤有机质与有效硼呈正相关，土壤中有机物质有助于提高土壤硼的有效性；含硼量低的土壤也可因有机肥的施用而得到部分补充，此外长期施用有机肥也可明显改善土壤理化性状，提升有效硼含量水平。

（三）合理施用硼肥

常见的硼肥主要有硼砂、硼酸和硼泥。硼肥应当首先考虑施用在酸性红壤和油菜、萝卜、甜菜、花椰菜、卷心菜、芹菜、向日葵、豆科植物、苹果、葡萄等对硼敏感的作物上。硼泥是硼砂、硼酸工业的副产品，除含硼外，还含有镁、钙等，呈碱性，应中和后或与有机肥混合再施用为好。硼砂在40℃热水中易溶，硼酸性状同硼砂，易溶于水，也是常用的硼肥。硼砂和硼酸可做基肥或追肥，也可浸种、拌种或喷施。追肥宜早施，并注意施匀。根外追肥宜选在作物由营养生长转入生殖生长时喷施为好。

施用硼肥应注意适量和均匀的原则，以防发生硼中毒，施用含微量元素的大量元素肥料，如含硼过磷酸钙等也是一种较好的硼调控途径。

第十一节　土壤有效钼

钼是最后一个被确定为植物必需的和植物中含量最低的营养元素，其含量范围0.10～300.00mg/kg，通常含量不到1.00mg/kg（干重）。钼在植物体内往往和蛋白质结合，形成金属蛋白质而存在于酶中，参与植物体内氮代谢，促进磷的吸收和转运，对碳水化合物的运输也起着重要作用。钼是硝酸还原酶的组分，参与根瘤菌的固氮作用，促进植物体内有机含磷化合物合成，参与体内的光合作用和呼吸作用，促进繁殖器官的建成和发育，对植物的营养及代谢具有重要作用。植物缺钼的共同症状是植株矮小，生长缓慢，叶片失绿，且有大小不一的黄色和橙黄色斑点，严重缺钼时叶缘萎蔫，有时叶片扭曲呈杯状，老叶变厚、焦枯，以致死亡，典型症状如花椰菜“鞭尾病”，柑橘“黄斑病”。豆科作物缺钼症状与缺氮相似，且缺钼症状最先出现在老叶或茎中部的叶片，并向幼叶及生长点发展。在地壳的大多数岩中都有钼存在，其含量是极低的。火成岩的平均钼含量是2.00μg/g。酸性火成岩的钼含量较基性和超基性火成岩为高。在酸性火成岩像花岗岩中钼稍有富集现象。沉积岩的钼含量较火成岩为高，而钼含量最低的是碳酸盐和砂岩。含钼矿物分化时，钼形成钼酸离子（MoO_4^{2-}）而进入土壤溶液，根据钼的形态和其在不同提取剂中的溶解度，常将土壤中的钼区分成水溶态钼、交换态钼、有机态钼、难溶态钼四个部分。

一、浙江省耕地土壤有效钼含量空间差异

根据从省级汇总评价7 311个耕层土样中选取出的6 161个耕层土样化验分析结果，浙江省耕层土壤有效钼的平均含量为0.19mg/kg，变化范围为0.01～3.00mg/kg。根据浙江省土壤养分指标分级标准（表5-1），耕层有效钼含量在一级至六级的点位占比分别为9%、7%、10%、18%、30%和25%（图5-81A）。

全省六大农业功能区中，土壤有效钼含量最高的是浙西北生态型绿色农业区，平均为0.35mg/kg，变动范围为0.01～3.00mg/kg；其次是浙西南生态型绿色农业区、浙东北都市型、外向型农业区和浙东南沿海城郊型、外向型农业区，含量平均分别为0.19mg/kg、0.18mg/kg、0.18mg/kg，变动范围分别为0.02～2.01mg/kg、0.01～3.00mg/kg、0.02～2.01mg/kg；浙中盆地丘陵综合型特色农业区和沿海岛屿蓝色渔（农）业区的土壤有效钼含量最低，平均皆为0.15mg/kg，变动范围分别为0.02～2.01mg/kg、0.04～0.85mg/kg（图5-81B）。

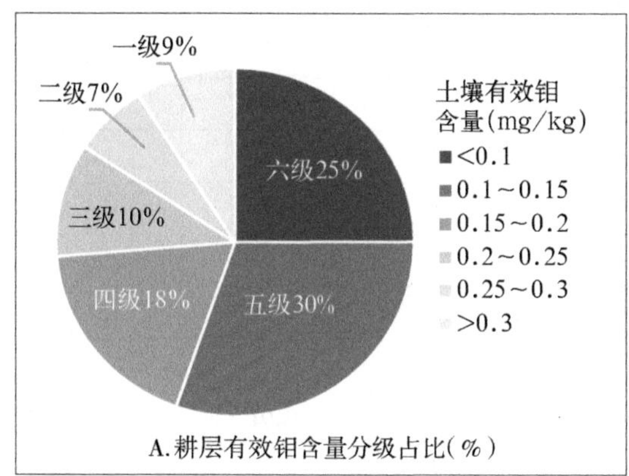

A.耕层有效钼含量分级占比（%）

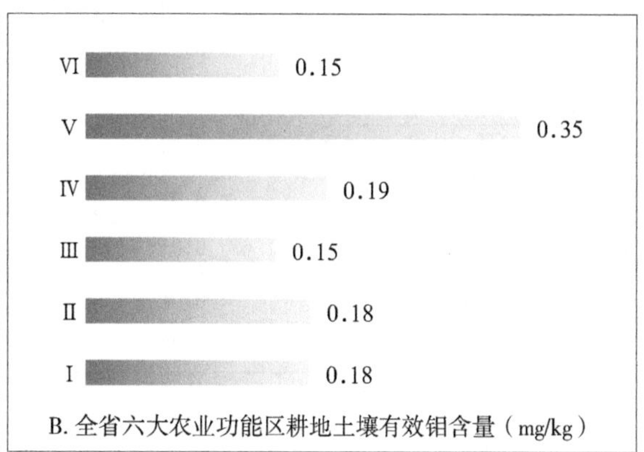

B.全省六大农业功能区耕地土壤有效钼含量（mg/kg）

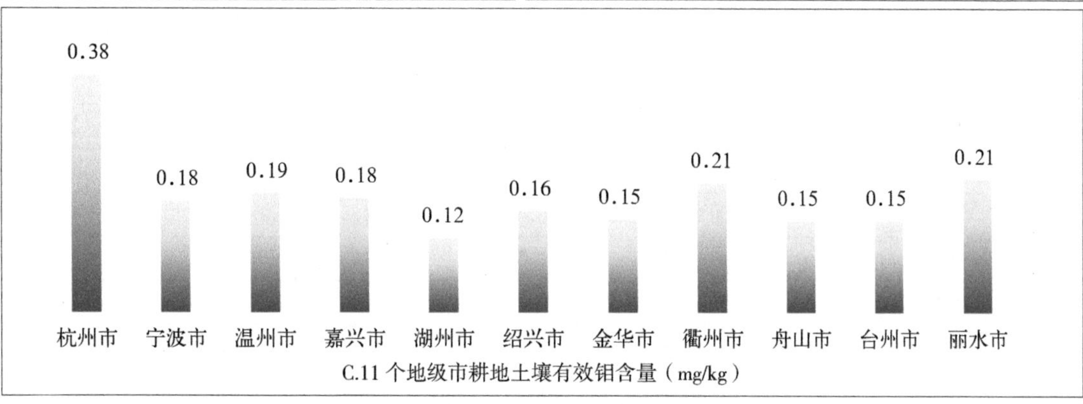

C.11个地级市耕地土壤有效钼含量（mg/kg）

图5-81　浙江省耕层土壤有效钼含量分布情况

Ⅰ—浙东北都市型、外向型农业区　Ⅳ—浙西南生态型绿色农业区
Ⅱ—浙东南沿海城郊型、外向型农业区　Ⅴ—浙西北生态型绿色农业区
Ⅲ—浙中盆地丘陵综合型特色农业区　Ⅵ—沿海岛屿蓝色渔（农）业区

11个地级市中，以杭州市耕地土壤有效钼含量最高，平均为0.38mg/kg，变动范围为0.01～3.00mg/kg；丽水市、衢州市次之，平均含量均为0.21mg/kg，变动范围均为0.02～2.01mg/kg；接着是温州市、嘉兴市、宁波市和绍兴市，平均含量均在0.15mg/kg以上，变动范围分别为0.02～2.01mg/kg、0.02～0.61mg/kg、0.02～1.32mg/kg和0.02～

1.32mg/kg；湖州市最低，平均含量为0.12mg/kg，变动范围为0.04～0.50mg/kg；其他各市平均含量均为0.15mg/kg（图5-81C）。

全省各县（市、区）中，桐庐县耕地土壤有效钼含量最高，平均含量为1.21mg/kg；其次是杭州富阳区，平均含量为0.67mg/kg。淳安县、舟山市定海区、玉环县、湖州市吴兴区和磐安县最低，平均含量皆低于0.10mg/kg，其他县（市、区）均大于0.10mg/kg。有效钼含量变异系数以建德市最大，为207%，温州市鹿城区次之，为150%；杭州市滨江区变异系数最低，为3%；武义县和台州市路桥区较低，分别为5%、9%。其他县（市、区）变异系数均高于10%（表5-32）。

表5-32　浙江省各县（市、区）耕地土壤有效钼含量

区域		点位数（个）	最小值（mg/kg）	最大值（mg/kg）	平均值（mg/kg）	标准差（mg/kg）	变异系数（%）
杭州市	江干区	6	0.08	0.39	0.19	0.13	66
	西湖区	7	0.21	0.31	0.25	0.04	15
	滨江区	3	0.40	0.42	0.41	0.01	3
	萧山区	103	0.04	3.00	0.20	0.29	145
	余杭区	96	0.01	0.74	0.14	0.10	74
	桐庐县	71	0.05	2.94	1.21	1.17	96
	淳安县	35	0.01	0.10	0.03	0.02	61
	建德市	92	0.02	3.00	0.17	0.35	207
	富阳区	89	0.02	3.00	0.67	0.91	135
	临安区	84	0.09	1.52	0.27	0.29	107
宁波市	江北区	16	0.13	0.36	0.21	0.05	26
	北仑区	46	0.17	1.32	0.32	0.17	55
	镇海区	19	0.08	0.23	0.18	0.04	23
	鄞州区	97	0.04	0.55	0.19	0.10	52
	象山县	64	0.04	0.41	0.15	0.07	48
	宁海县	116	0.02	1.32	0.16	0.13	82
	余姚市	115	0.04	0.41	0.15	0.07	47
	慈溪市	100	0.13	0.25	0.18	0.03	18
	奉化区	72	0.07	1.32	0.16	0.15	92
温州市	鹿城区	17	0.05	2.01	0.41	0.62	150
	龙湾区	13	0.04	0.44	0.14	0.10	73
	瓯海区	30	0.04	0.44	0.18	0.10	54
	洞头区	4	0.11	0.53	0.24	0.19	80
	永嘉县	165	0.02	0.54	0.19	0.09	44
	平阳县	103	0.08	0.33	0.21	0.09	45
	苍南县	104	0.04	0.44	0.13	0.05	42

（续表）

区域		点位数（个）	最小值（mg/kg）	最大值（mg/kg）	平均值（mg/kg）	标准差（mg/kg）	变异系数（%）
温州市	文成县	98	0.04	0.37	0.19	0.08	43
	泰顺县	120	0.02	0.54	0.13	0.10	74
	瑞安市	91	0.06	0.54	0.24	0.10	43
	乐清市	91	0.06	0.52	0.25	0.14	55
嘉兴市	南湖区	58	0.05	0.61	0.24	0.11	45
	秀洲区	88	0.08	0.36	0.22	0.05	21
	嘉善县	94	0.09	0.37	0.19	0.04	21
	海盐县	84	0.02	0.52	0.18	0.11	59
	海宁市	112	0.06	0.45	0.15	0.06	37
	平湖市	87	0.08	0.33	0.17	0.04	22
	桐乡市	114	0.05	0.42	0.16	0.09	53
湖州市	吴兴区	63	0.04	0.50	0.10	0.05	55
	南浔区	117	0.09	0.19	0.12	0.02	19
	德清县	85	0.05	0.17	0.10	0.02	25
	长兴县	143	0.06	0.50	0.13	0.05	42
	安吉县	129	0.07	0.22	0.13	0.03	22
绍兴市	越城区	40	0.04	0.48	0.25	0.10	41
	柯桥区	62	0.06	0.55	0.24	0.11	46
	上虞区	107	0.07	1.32	0.21	0.13	64
	新昌县	87	0.04	1.32	0.13	0.14	114
	诸暨市	176	0.06	0.54	0.14	0.06	43
	嵊州市	127	0.02	0.29	0.12	0.04	33
金华市	婺城区	86	0.10	1.32	0.28	0.17	63
	金东区	56	0.09	0.28	0.16	0.04	26
	武义县	75	0.12	0.14	0.13	0.01	5
	浦江县	54	0.10	0.90	0.16	0.10	67
	磐安县	50	0.06	0.36	0.10	0.05	52
	兰溪市	108	0.02	1.32	0.10	0.14	136
	义乌市	76	0.05	0.14	0.10	0.01	13
	东阳市	108	0.08	0.22	0.15	0.05	34
	永康市	76	0.10	0.19	0.16	0.02	12
衢州市	柯城区	18	0.11	0.29	0.24	0.05	22
	衢江区	77	0.10	0.19	0.14	0.02	17
	常山县	54	0.10	0.31	0.20	0.08	41

（续表）

区域		点位数（个）	最小值（mg/kg）	最大值（mg/kg）	平均值（mg/kg）	标准差（mg/kg）	变异系数（%）
衢州市	开化县	68	0.27	2.01	0.37	0.21	56
	龙游县	100	0.15	0.28	0.21	0.04	18
	江山市	142	0.02	2.01	0.16	0.18	115
舟山市	定海区	28	0.04	0.13	0.08	0.02	29
	普陀区	22	0.10	0.85	0.16	0.16	96
	岱山县	13	0.04	0.53	0.26	0.13	50
台州市	椒江区	29	0.16	0.44	0.22	0.06	27
	黄岩区	33	0.14	0.55	0.20	0.08	42
	路桥区	38	0.09	0.12	0.10	0.01	9
	玉环县	24	0.04	0.44	0.10	0.08	82
	三门县	67	0.12	1.32	0.25	0.17	69
	天台县	85	0.02	1.32	0.14	0.15	103
	仙居县	91	0.07	0.14	0.11	0.02	17
	温岭市	99	0.03	0.66	0.14	0.10	72
	临海市	114	0.04	0.44	0.12	0.05	44
丽水市	莲都区	31	0.02	0.30	0.21	0.10	50
	青田县	86	0.05	2.01	0.23	0.24	103
	缙云县	55	0.04	2.01	0.25	0.26	108
	遂昌县	60	0.04	0.35	0.22	0.08	38
	松阳县	65	0.10	0.18	0.14	0.02	14
	云和县	26	0.07	2.01	0.29	0.36	125
	庆元县	62	0.16	0.52	0.29	0.08	26
	景宁县	57	0.02	0.93	0.13	0.16	118
	龙泉市	88	0.16	0.26	0.21	0.03	13

二、不同类型耕地土壤有效钼含量及其影响因素

（一）主要土类的有效钼含量

1.各土类的有效钼含量差异

浙江省主要土壤类型耕地有效钼平均含量从高到低依次为：石灰（岩）土、红壤、紫色土、水稻土、滨海盐土、黄壤、潮土、粗骨土和基性岩土。其中石灰（岩）土有效钼含量最高，平均含量为0.26mg/kg，变动范围为0.02～1.84mg/kg；红壤次之，平均含量为0.20mg/kg，变动范围为0.01～2.84mg/kg；紫色土、水稻土、滨海盐土再次之，平均含量皆为0.19mg/kg，变动范围分别为0.02～2.01mg/kg、0.01～3.00mg/kg和0.04～0.42mg/kg；黄壤、潮土、粗骨土的有效钼平均含量较低，平均含量分别为0.18mg/kg、0.17mg/kg、

0.15mg/kg，变动范围分别为0.02～1.32mg/kg、0.02～1.32mg/kg、0.03～0.52mg/kg；基性岩土最低，平均含量为0.12mg/kg，变动范围为0.06～0.16mg/kg（图5-82）。

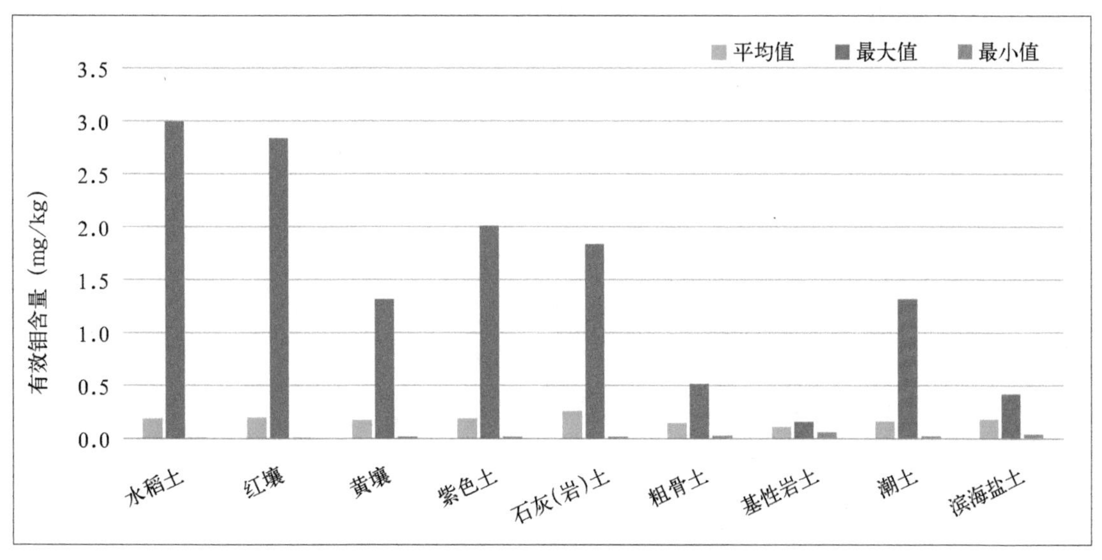

图5-82 浙江省不同土类耕地土壤有效钼含量

2.主要土类的土壤有效钼含量在农业功能区间的差异

同一土类土壤的有效钼平均含量在不同农业功能区也有差异，见图5-83。

水稻土有效钼平均含量以浙西北生态型绿色农业区最高，为0.36mg/kg，浙西南生态型绿色农业区次之，平均含量为0.21mg/kg，浙东北都市型、外向型农业区，浙东南沿海城郊型、外向型农业区和沿海岛屿蓝色渔（农）业区再次之，平均含量分别为0.18mg/kg、0.17mg/kg、0.16mg/kg；浙中盆地丘陵综合型特色农业区最低，平均含量为0.15mg/kg。

黄壤有效钼平均含量以浙东北都市型、外向型农业区最高，为0.37mg/kg；浙中盆地丘陵综合型特色农业区次之，为0.25mg/kg；浙西北生态型绿色农业区和浙东南沿海城郊型、外向型农业区较低，分别为0.18mg/kg、0.17mg/kg；浙西南生态型绿色农业区最低，平均含量为0.16mg/kg，沿海岛屿蓝色渔（农）业区没有采集到黄壤。

紫色土有效钼平均含量以浙中盆地丘陵综合型特色农业区最高，为0.21mg/kg，浙西北生态型绿色农业区和浙西南生态型绿色农业区次之，分别为0.20mg/kg、0.16mg/kg，浙东南沿海城郊型、外向型农业区最低，为0.11mg/kg，其中浙东北都市型、外向型农业区和沿海岛屿蓝色渔（农）业区没有采集到紫色土。

粗骨土有效钼平均含量以浙东北都市型、外向型农业区最高，为0.23mg/kg，浙东南沿海城郊型、外向型农业区次之，为0.18mg/kg；浙中盆地丘陵综合型特色农业区、浙西南生态型绿色农业区和浙西北生态型绿色农业区较低，分别为0.15mg/kg、0.14mg/kg、0.14mg/kg，沿海岛屿蓝色渔（农）业区最低，为0.09mg/kg。

潮土有效钼平均含量在浙西南生态型绿色农业区最高，为0.21mg/kg，沿海岛屿蓝色渔（农）业区次之，为0.19mg/kg，浙东北都市型、外向型农业区和浙东南沿海城郊型、外向型农业区再次之，均为0.17mg/kg，浙西北生态型绿色农业区较低，为0.16mg/kg，浙中盆地丘陵综合型特色农业区最低，为0.11mg/kg。

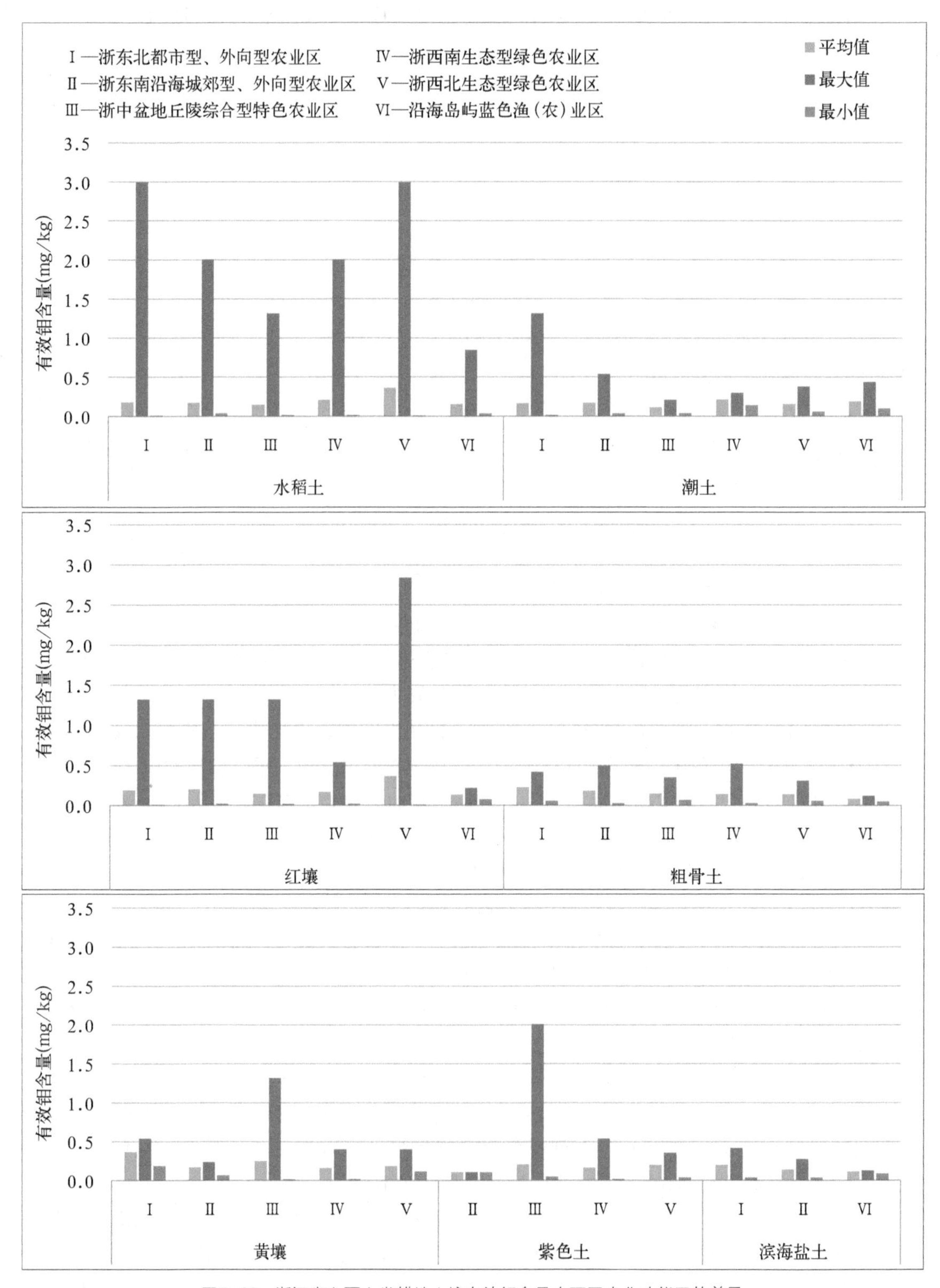

图5-83　浙江省主要土类耕地土壤有效钼含量在不同农业功能区的差异

滨海盐土分布在浙东北都市型、外向型农业区，浙东南沿海城郊型、外向型农业区和沿海岛屿蓝色渔（农）业区，土壤有效钼的平均含量以浙东北都市型、外向型农业区最高，为0.20mg/kg，浙东南沿海城郊型、外向型农业区和沿海岛屿蓝色渔（农）业区，平均含量分别为0.14mg/kg、0.12mg/kg。

红壤有效钼平均含量以浙西北生态型绿色农业区最高，为0.37mg/kg，浙东南沿海城郊型、外向型农业区次之，为0.20mg/kg，浙东北都市型、外向型农业区和浙西南生态型绿色农业区再次之，分别为0.19mg/kg、0.17mg/kg，浙中盆地丘陵综合型特色农业区较低，为0.15mg/kg，沿海岛屿蓝色渔（农）业区最低，为0.14mg/kg。

（二）主要亚类的有效钼含量

黑色石灰土土壤有效钼的平均含量最高，达0.33mg/kg；棕色石灰土次之，为0.26mg/kg；黄红壤、酸性紫色土也较高，均为0.21mg/kg；潮滩盐土的平均含量最低，为0.09mg/kg；其他各亚类均大于0.10mg/kg，在0.12～0.20mg/kg之间（表5-33）。

表5-33 浙江省主要亚类耕地土壤有效钼含量

亚类	样点数（个）	最小值（mg/kg）	最大值（mg/kg）	平均值（mg/kg）	标准差（mg/kg）	变异系数（%）
潴育水稻土	1 989	0.01	3.00	0.20	0.30	149
渗育水稻土	954	0.01	3.00	0.20	0.32	158
脱潜水稻土	739	0.04	0.74	0.17	0.08	48
淹育水稻土	624	0.02	2.01	0.18	0.14	81
潜育水稻土	70	0.04	0.90	0.18	0.13	70
黄红壤	679	0.01	2.84	0.21	0.29	135
红壤	131	0.02	0.66	0.16	0.11	68
红壤性土	54	0.04	1.32	0.18	0.19	104
棕红壤	10	0.07	0.50	0.15	0.13	84
饱和红壤	2	0.11	0.16	0.14	0.04	—
黄壤	122	0.02	1.32	0.18	0.14	79
石灰性紫色土	58	0.04	2.01	0.18	0.25	137
酸性紫色土	46	0.02	1.32	0.21	0.20	98
酸性粗骨土	130	0.03	0.52	0.15	0.09	58
灰潮土	409	0.02	1.32	0.17	0.09	57
滨海盐土	111	0.04	0.42	0.19	0.08	45
潮滩盐土	2	0.09	0.09	0.09	0.00	—
黑色石灰土	2	0.16	0.49	0.33	0.23	—
棕色石灰土	21	0.02	1.84	0.26	0.38	150
基性岩土	8	0.06	0.16	0.12	0.03	27

变异系数以渗育水稻土最高（饱和红壤、潮滩盐土、黑色石灰土样点数为2，未统计变异

系数），为158%；基性岩土最低，为27%；其他各亚类变异系数在45%~150%之间。

（三）地貌类型与土壤有效钼含量

不同地貌类型间，河谷平原土壤有效钼含量最高，平均0.24mg/kg；其次是低丘，平均含量为0.20mg/kg；再次是高丘、水网平原、滨海平原，平均含量分别为0.18mg/kg、0.17mg/kg、0.16mg/kg；平均含量最低的是低山、中山，分别为0.15mg/kg、0.14mg/kg。变异系数以河谷平原最大，为156%；低丘次之，为154%；滨海平原最低，为50%；中山较低，为52%；其他地貌类型的变异系数在64%~85%之间（图5-84）。

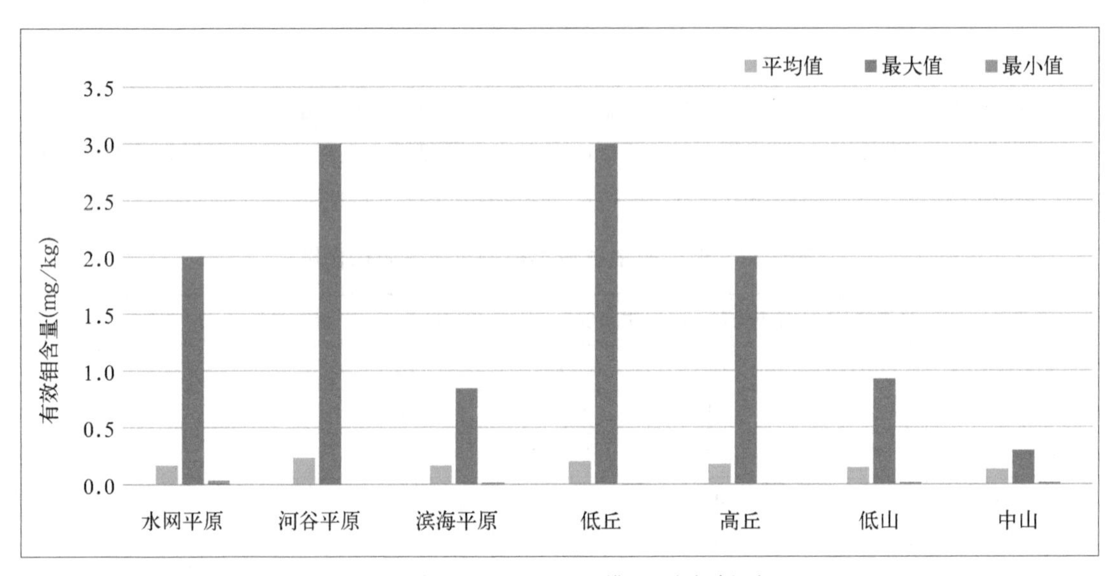

图5-84　浙江省不同地貌类型耕地土壤有效钼含量

（四）土壤质地与土壤有效钼含量

浙江省的不同土壤质地中，土壤有效钼平均表现为：壤土>砂土>黏土，壤土各质地表现为：中壤>砂壤>重壤；砂土、砂壤、中壤、重壤、黏土的有效钼含量平均值依次为0.20mg/kg、0.19mg/kg、0.20mg/kg、0.19mg/kg、0.17mg/kg（图5-85）。

三、土壤有效钼分级面积与分布

（一）土壤有效钼含量分级面积

根据浙江省域土壤有效钼含量状况，参照浙江省土壤养分指标分级标准（表5-1），将土壤有效钼含量划分为6级。全区耕地土壤有效钼含量分级面积占比如图5-86所示。

土壤有效钼含量大于0.30mg/kg的耕地共12.74万 hm^2，占全省耕地面积的6.63%；土壤有效钼含量在0.25~0.30mg/kg的耕地共12.4万 hm^2，占全省耕地面积的6.46%；土壤有效钼含量在0.20~0.25mg/kg的耕地共25.79万 hm^2，占全省耕地面积的13.42%；土壤有效钼含量在0.15~0.20mg/kg的耕地共46.67万 hm^2，占全省耕地面积的24.30%；土壤有效钼含量高于0.15mg/kg的前4级耕地面积共97.6万 hm^2，占全省耕地面积的50.81%。土壤有效钼含量在0.10~0.15mg/kg的耕地共69.28万 hm^2，占全省耕地面积的36.06%，占比最

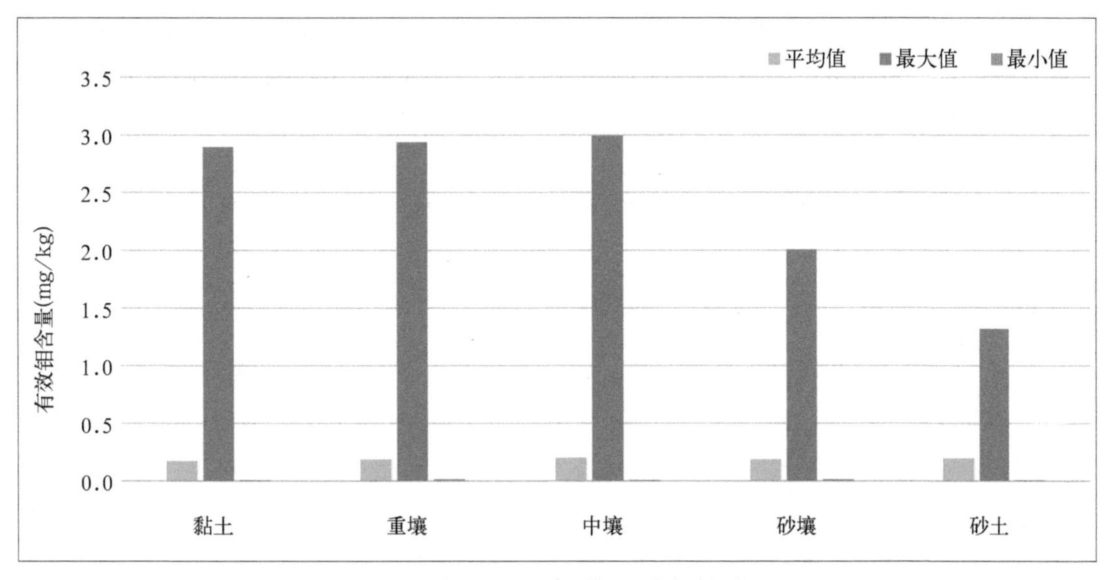

图5-85　浙江省不同质地耕地土壤有效钼含量

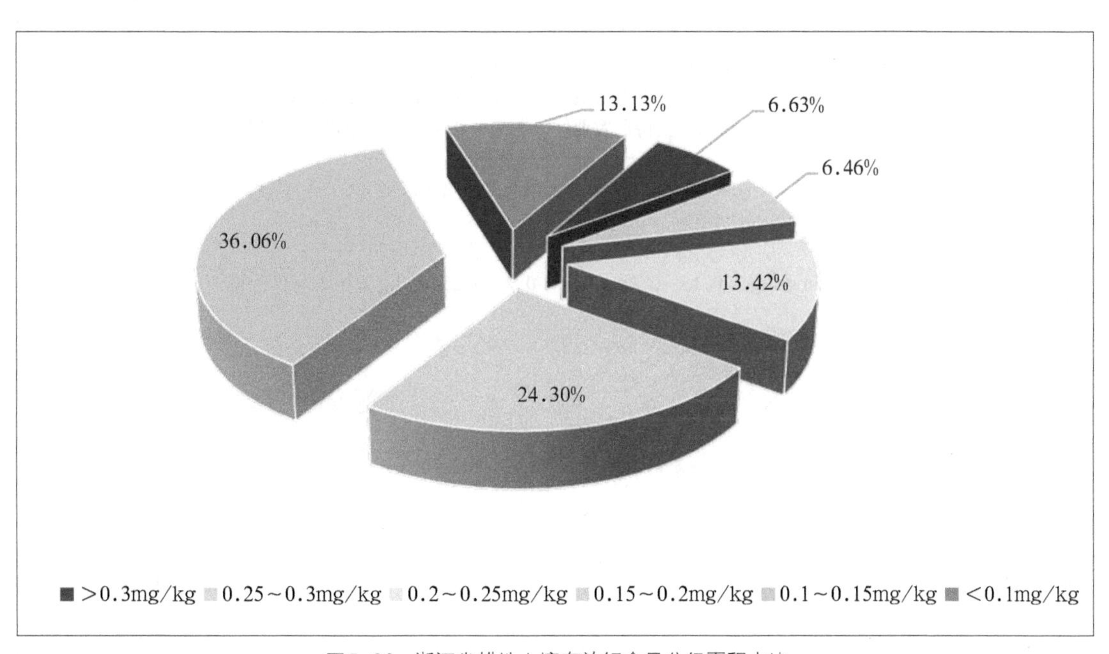

图5-86　浙江省耕地土壤有效钼含量分级面积占比

高；土壤有效钼含量小于0.10mg/kg的耕地共25.21万 hm^2，占全省耕地面积的13.13%。可见，浙江省耕地土壤有效钼含量总体较高，以中等水平为主。

（二）土壤有效钼含量地域分布特征

在不同的农业功能区其土壤有效钼含量有差异（图5-87、图5-88）。

土壤有效钼含量大于0.30mg/kg的耕地主要分布在浙西北生态型绿色农业区，面积达6.07万 hm^2，占全省耕地面积的3.16%；其次是浙西南生态型绿色农业区，浙东北都市型、外向型农业区和浙东南沿海城郊型、外向型农业区，面积分别为1.98万 hm^2、1.82万 hm^2、

1.74万 hm^2，分别占全省耕地面积的1.03%、0.95%、0.91%；浙中盆地丘陵综合型特色农业区较少，有9 500hm^2，占全省耕地面积的0.49%；沿海岛屿蓝色渔（农）业区分布最少，面积仅1 700hm^2，占全省耕地面积的0.09%。

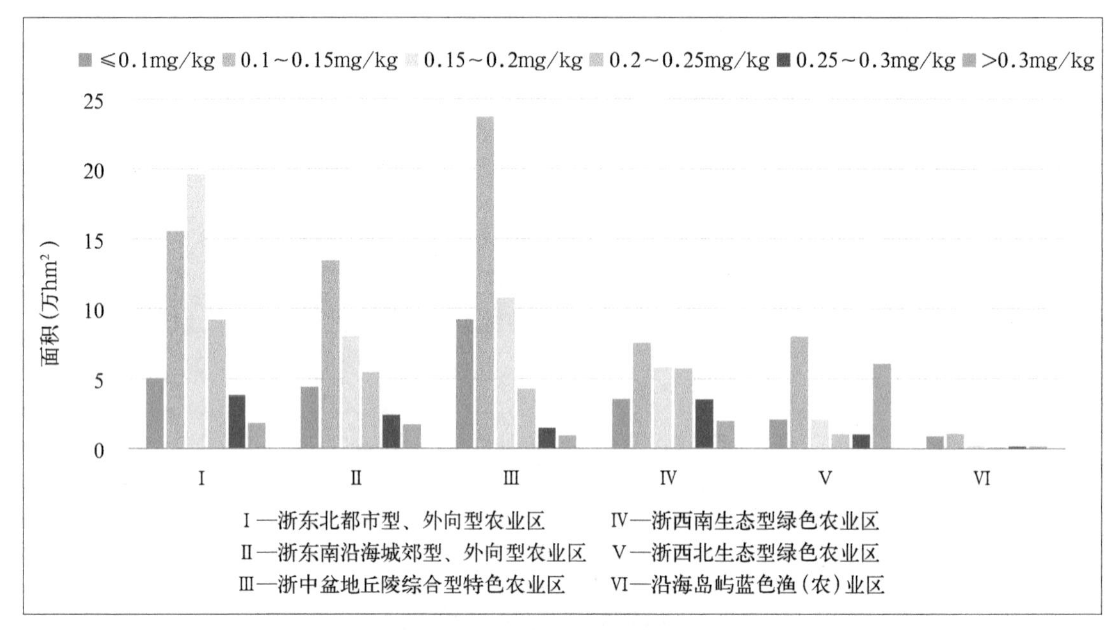

图5-87　浙江省不同农业功能区土壤有效钼含量分级面积分布情况

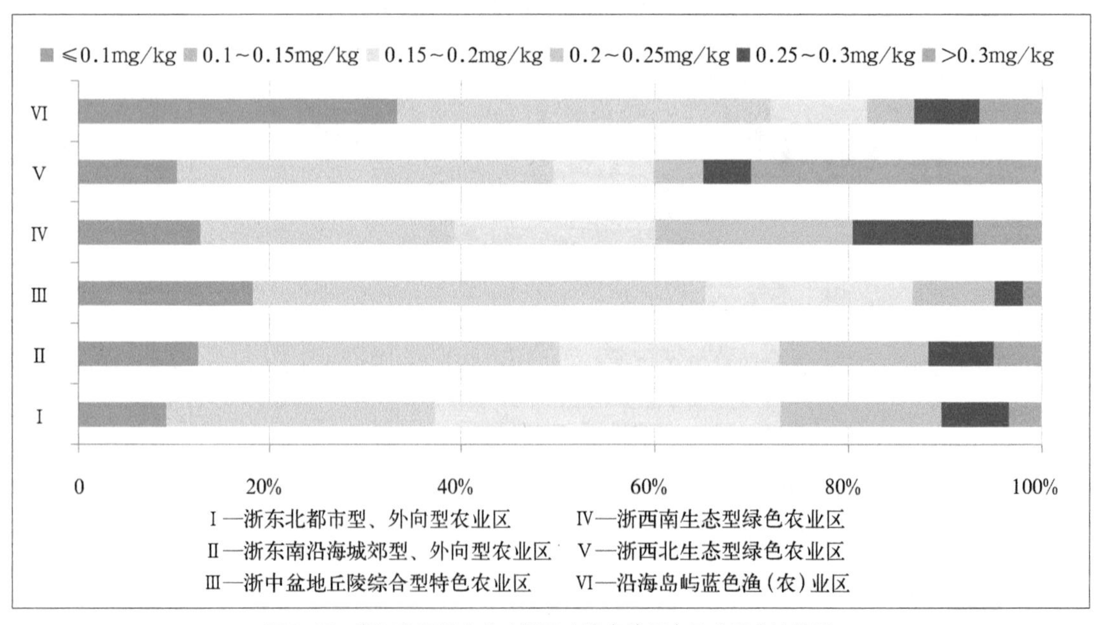

图5-88　浙江省不同农业功能区土壤有效钼含量分级占比情况

土壤有效钼含量在0.25～0.30mg/kg的耕地主要分布在浙东北都市型、外向型农业区和浙西南生态型绿色农业区，面积分别为3.83万 hm^2、3.50万 hm^2，分别占全省耕地面积的1.99%、1.82%；其次是浙东南沿海城郊型、外向型农业区，面积为2.40万 hm^2，占全省耕地面积的1.25%；而浙中盆地丘陵综合型特色农业区和浙西北生态型绿色农业区分布较少，分别有1.48万 hm^2、1.01万 hm^2，分别占全省耕地面积的0.77%、0.52%；沿海岛屿蓝色渔（农）业区最少，面积仅1 800hm^2，占全省耕地面积的0.10%。

土壤有效钼含量在0.20~0.25mg/kg的耕地主要分布在浙东北都市型、外向型农业区，面积为9.19万 hm^2，占全省耕地面积的4.79%；其次是浙西南生态型绿色农业区和浙东南沿海城郊型、外向型农业区，面积分别为5.71万 hm^2、5.46万 hm^2，分别占全省耕地面积的2.97%、2.84%；再次是浙中盆地丘陵综合型特色农业区，面积为4.28万 hm^2，占全省耕地面积的2.23%；浙西北生态型绿色农业区分布较少，有1.01万 hm^2，占全省耕地面积的0.53%；沿海岛屿蓝色渔（农）业区最少，面积为1 300hm^2，占全省耕地面积的0.07%。

土壤有效钼含量在0.15~0.20mg/kg的耕地主要分布在浙东北都市型、外向型农业区，面积为19.64万 hm^2，占全省耕地面积的10.22%；其次是浙中盆地丘陵综合型特色农业区，面积为10.83万 hm^2，占全省耕地面积的5.64%；再次是浙东南沿海城郊型、外向型农业区和浙西南生态型绿色农业区，面积分别为8.03万 hm^2、5.82万 hm^2，分别占全省耕地面积的4.18%、3.03%；浙西北生态型绿色农业区分布较少，有2.09万 hm^2，占全省耕地面积的1.09%；沿海岛屿蓝色渔（农）业区最少，为2 700hm^2，仅占全省耕地面积的0.14%。

土壤有效钼含量在0.10~0.15mg/kg的耕地主要分布在浙中盆地丘陵综合型特色农业区，面积为23.75万 hm^2，占全省耕地面积的12.36%；其次是浙东北都市型、外向型农业区和浙东南沿海城郊型、外向型农业区，面积分别为15.53万 hm^2、13.45万 hm^2，分别占全省耕地面积的8.08%、7.00%；浙西北生态型绿色农业区和浙西南生态型绿色农业区分布较少，但仍分别有7.98万 hm^2、7.52万 hm^2，分别占全省耕地面积的4.15%、3.92%；沿海岛屿蓝色渔（农）业区最少，为1.05万 hm^2，占全省耕地面积的0.54%。

土壤有效钼含量小于0.10mg/kg的耕地主要分布在浙中盆地丘陵综合型特色农业区，面积为9.24万 hm^2，占全省耕地面积的4.81%；其次是浙东北都市型、外向型农业区和浙东南沿海城郊型、外向型农业区，面积分别为5.04万 hm^2、4.41万 hm^2，分别占全省耕地面积的2.62%、2.30%；再次是浙西南生态型绿色农业区，面积为3.54万 hm^2，占全省耕地面积的1.85%；浙西北生态型绿色农业区分布较少，面积为2.08万 hm^2，占全省耕地面积的1.08%；沿海岛屿蓝色渔（农）业区最少，分布面积为9 000hm^2，占全省耕地面积的0.47%。

在不同地级市之间土壤有效钼含量有差异（表5-34）。

土壤有效钼含量大于0.30mg/kg的耕地，占比较小，占全省耕地面积的6.63%，其中在杭州市分布最多，面积为4.38万 hm^2，占全省耕地面积的2.28%；其次是衢州市、丽水市和温州市，面积分别为1.98万 hm^2、1.72万 hm^2、1.49万 hm^2，分别占全省耕地面积的1.03%、0.90%、0.77%；湖州市分布最少，面积为200hm^2，仅占全省耕地面积的0.01%；其他各市均有少量分布，分布面积为1 300~9 600hm^2，占全省耕地面积的比例在0.07%~0.50%之间。

土壤有效钼含量在0.25~0.30mg/kg的耕地，占全省耕地面积的6.46%，占比最小。在温州市、丽水市分布最多，面积分别为2.85万 hm^2、2.51万 hm^2，分别占全省耕地面积的1.48%、1.31%；其次是宁波市、嘉兴市、杭州市，面积分别为1.40万 hm^2、1.38万 hm^2、1.04万 hm^2，分别占全省耕地面积的0.73%、0.72%、0.54%；湖州市分布最少，面积为700hm^2，仅占全省耕地面积的0.04%；其他各市均有少量分布，分布面积为1 800~

8 900hm^2，占全省耕地面积的比例在0.10％～0.46％之间。

表5-34　浙江省耕地土壤有效钼含量不同等级区域分布特征

等级（mg/kg）	地级市	面积（万 hm^2）	占本市比例（%）	占全省比例（%）
>0.3	杭州市	4.38	22.33	2.28
	宁波市	0.96	4.81	0.50
	温州市	1.49	5.76	0.77
	嘉兴市	0.29	1.48	0.15
	湖州市	0.02	0.11	0.01
	绍兴市	0.72	3.83	0.38
	金华市	0.59	2.58	0.31
	衢州市	1.98	15.00	1.03
	舟山市	0.13	4.96	0.07
	台州市	0.47	2.46	0.24
	丽水市	1.72	11.06	0.90
0.25～0.3	杭州市	1.04	5.29	0.54
	宁波市	1.40	7.04	0.73
	温州市	2.85	11.04	1.48
	嘉兴市	1.38	7.03	0.72
	湖州市	0.07	0.49	0.04
	绍兴市	0.88	4.67	0.46
	金华市	0.79	3.42	0.41
	衢州市	0.89	6.73	0.46
	舟山市	0.18	7.24	0.10
	台州市	0.41	2.16	0.21
	丽水市	2.51	16.14	1.31
0.2～0.25	杭州市	1.94	9.87	1.01
	宁波市	3.06	15.34	1.59
	温州市	5.40	20.92	2.81
	嘉兴市	4.01	20.50	2.09
	湖州市	0.19	1.26	0.10
	绍兴市	1.74	9.24	0.90
	金华市	1.48	6.41	0.77
	衢州市	2.54	19.28	1.32
	舟山市	0.12	4.77	0.06
	台州市	1.57	8.30	0.82
	丽水市	3.74	23.99	1.95

（续表）

等级（mg/kg）	地级市	面积（万 hm²）	占本市比例（%）	占全省比例（%）
0.15～0.2	杭州市	5.20	26.50	2.71
	宁波市	6.95	34.84	3.62
	温州市	5.19	20.11	2.70
	嘉兴市	8.44	43.11	4.39
	湖州市	0.65	4.32	0.34
	绍兴市	4.28	22.77	2.23
	金华市	5.21	22.59	2.71
	衢州市	3.51	26.57	1.82
	舟山市	0.22	8.69	0.11
	台州市	3.98	21.10	2.07
	丽水市	3.05	19.55	1.59
0.1～0.15	杭州市	5.06	25.79	2.63
	宁波市	6.15	30.82	3.20
	温州市	8.68	33.60	4.52
	嘉兴市	5.24	26.79	2.73
	湖州市	9.72	64.38	5.06
	绍兴市	8.48	45.13	4.41
	金华市	9.88	42.84	5.14
	衢州市	3.70	28.02	1.92
	舟山市	0.98	38.74	0.51
	台州市	8.11	42.94	4.22
	丽水市	3.28	21.08	1.71
≤0.1	杭州市	2.00	10.22	1.04
	宁波市	1.43	7.15	0.74
	温州市	2.22	8.58	1.15
	嘉兴市	0.21	1.09	0.11
	湖州市	4.44	29.43	2.31
	绍兴市	2.70	14.35	1.40
	金华市	5.11	22.17	2.66
	衢州市	0.58	4.39	0.30
	舟山市	0.90	35.60	0.47
	台州市	4.35	23.03	2.26
	丽水市	1.27	8.18	0.66

土壤有效钼含量在0.20～0.25mg/kg的耕地，占全省耕地面积的13.42%，其中温州市

最多，面积为5.40万 hm^2，占全省耕地面积的2.81%；其次是嘉兴市，耕地面积为4.01万 hm^2，占全省耕地面积的2.09%；舟山市、湖州市分布最少，面积皆少于2 000hm^2，分别为1 200hm^2、1 900hm^2，占全省耕地面积的比例低于0.10%；而其他各市均有少量分布，分布面积为1.48万～3.74万 hm^2，占全省耕地面积的比例在0.77%～1.95%之间。

土壤有效钼含量在0.15～0.20mg/kg的耕地，占全省耕地面积的24.30%。嘉兴市分布最多，面积为8.44万 hm^2，占全省耕地面积的4.39%；其次宁波市分布较多，面积为6.95万 hm^2，占全省耕地面积的3.62%；分布最少为舟山市，仅2 200hm^2，占全省耕地面积的0.11%；湖州市分布较少，面积为6 500hm^2，占全省耕地面积的比例为0.34%；其他各市均有不少分布，面积在3.05万～5.21万 hm^2，占比在1.59%～2.71%之间。

土壤有效钼含量在0.10～0.15mg/kg的耕地，占比最大，为36.06%，在各区都有较多分布。其中金华市和湖州市分布最多，面积分别为9.88万 hm^2、9.72万 hm^2，分别占全省耕地面积的5.14%、5.06%；其次是温州市、绍兴市和台州市，面积分别为8.68万 hm^2、8.48万 hm^2、8.11万 hm^2，分别占全省耕地面积的4.52%、4.41%、4.22%；分布最少为舟山市，仅9 800hm^2，占全省耕地面积的0.51%，但占本市耕地面积达38.74%，也就是说舟山市的大全部耕地有效钼含量为0.10～0.15mg/kg；其他各市均有不少分布，面积在3.28万～6.15万 hm^2，占比在1.71%～3.20%。

土壤有效钼含量小于0.10mg/kg的耕地，占全省耕地面积的13.13%，其中金华市分布最多，面积为5.11万 hm^2，占全省耕地面积的2.66%；其次是湖州市、台州市，面积分别为4.44万 hm^2、4.35万 hm^2，占全省耕地面积的比例均大于2.00%；再次是绍兴市、温州市和杭州市，分别为2.70万 hm^2、2.22万 hm^2、2.00万 hm^2，分别占全省耕地面积的1.40%、1.15%、1.04%；其他各市均分布较少，面积在2 100～14 300hm^2，占全省耕地面积的比例皆不足1.00%。

四、土壤有效钼调控

影响土壤中有效钼含量的主要因素有成土母质、土壤质地、土壤类型、土壤酸碱度、气候条件及有机质含量等，土壤有效钼的临界值为0.15mg/kg，低于临界值时豆科作物一般施钼即有明显效果。酸性和砂质土壤容易发生缺钼现象，偏施氮肥和低温季节尤为如此。缺钼发生在酸性土壤时，常常伴生锰和铝的毒害。长三角酸性红壤地区土壤对钼的吸附固定能力很强，还可形成铁、铝等的难溶性钼酸盐沉淀，使钼的有效性降低，常易发生作物缺钼现象。调酸和施肥应是土壤有效钼调控的主要路径。

（一）优化养分管理

因土、因作物施钼。缺钼与作物种类密切相关，各种作物需钼的情况不一样，对钼肥也有不同的反应。在各种作物中，豆科和十字花科作物对钼肥的反应最好，如紫云英、苕子、苜蓿、大豆、花生、花椰菜、甜菜、柑橘等，由于豆科作物对缺钼普遍较为敏感，在实际生产中应重点做好豆科作物的钼肥应用。成土母质和酸碱度是影响土壤有效钼含量高低最主要的因素，因此酸性红壤地区也是土壤补钼的重点。植物对钼的吸收也与其生长环境有关，SO_4^{2-}是植物吸收MoO_4^{2-}的竞争离子，会加剧缺钼症状的发生，在生产实际中必须协调好钼肥与含硫元素肥料之间的关系。

（二）提高土壤钼的有效性

1.调节酸碱度

土壤有效钼与pH值关系十分紧密，钼是以阴离子存在的微量元素，随着土壤pH值的提高，有效性增大。缺钼一般发生在酸性土壤上，在酸性土壤上施用石灰可防止缺钼。同时，应避免长期大量施用酸性或生理酸性肥料，防止土壤尤其是根际土壤酸化，使钼的有效性降低。

2.用养结合、增施有机肥

一般情况下，土壤有机质与有效钼呈正相关，土壤中有机物质有助于提高土壤钼的有效性；含钼量低的土壤也可因有机肥的施用而得到部分补充，特别是轮作豆科绿肥，经翻压后不仅可以提高土壤有机质含量，还可明显改善土壤中钼含量水平。

（三）合理施用钼肥

常见的钼肥主要有钼酸铵、钼酸钠和含钼矿渣。钼肥应当首先集中施用在敏感作物上。含钼矿渣难溶解，以作基肥且与有机肥混合施用为好。钼酸铵、钼酸钠可以基施、追施、浸种、拌种或喷施，一般开花结荚是需钼的临界期，此时叶面喷钼会取得更好的效果。作基肥时或与有机肥混合施用，或拌干细土撒施、沟施、穴施等，施后翻耕或覆土。钼与磷有相互促进的作用，磷能增强钼肥的效果，可将钼肥与磷肥配合施用。此外，硫能抑制作物对钼的吸收，含硫多的土壤或施用硫肥过量会降低钼肥作用，应避免混合施用。

第十二节　土壤有效硅

硅对某些植物的生长发育具有良好的刺激作用，属于有益元素，也可能是所有植物的必需元素。不同种类植物之间含硅量差异很大，一般情况下，硅在单子叶植物体内累积较多，平均含硅是双子叶植物的10～20倍。硅可参与植物的许多生理活动和代谢作用，促进植物器官的形成、发育和健壮生长，改善叶的着生方式和冠层结构，缓解金属离子毒害和盐胁迫，增强植物的抗旱性、抗病性、抗虫性和抗倒伏性，提高经济产量和质量。水稻缺硅的典型症状是叶尖坏死，生长停滞，叶片萎蔫、下垂，植株似“垂柳状”，其营养生长与籽粒产量都明显下降；甘蔗缺硅时产量下降近一半，并同时出现典型的“叶雀斑”缺素症状；黄瓜、番茄、大豆、草莓等缺硅也会引起新叶畸形、萎蔫、早衰、叶片黄化、花粉活力受损、花药退化、果实畸形或花而不孕等症状。耕地土壤二氧化硅的总含量为50%～70%，平均为60%左右，总量非常充足。成土矿物中的硅主要以二氧化硅、硅酸盐、铝硅酸盐等结合态为主，土壤有机物中硅的含量视有机物来源与种类不同而不同，但有机物中的硅只有少数可能和蛋白质等结合，90%以上仍以氧化硅凝胶等无机状态存在，其余为多硅酸和有机化合物存在于有机物中。土壤无机硅包含矿物态、胶体态和水溶态三种形态，矿物态硅主要是石英、硅酸盐矿物，呈固定晶格结构形态；胶体态硅包括硅酸溶胶和凝胶，硅酸溶胶或凝胶经脱水结晶后又可生成石英，胶体态硅通常以二氧化硅水合物（$SiO_2 \cdot nH_2O$）形态出现，较易溶解，是活性二氧化硅的组成部分；水溶态硅存在于土壤溶液中，是植物可以吸收利用的硅。

一、浙江省耕地土壤有效硅含量空间差异

根据从省级汇总评价7 311个耕层土样中选取出的6 161个耕层土样化验分析结果，浙江省耕层土壤有效硅的平均含量为143.2mg/kg，变化范围为0.1~999.5mg/kg。根据浙江省土壤养分指标分级标准（表5-1），耕层有效硅含量在一级至六级的点位占比分别为18%、48%、29%、4%、0和0（图5-89A）。

全省六大农业功能区中，土壤有效硅含量最高的是沿海岛屿蓝色渔（农）业区，平均为190.5mg/kg，变动范围为46.0~366.2mg/kg；其次是浙东北都市型、外向型农业区和浙东南沿海城郊型、外向型农业区，含量平均分别为167.5mg/kg、153.9mg/kg，变动范围分别为49.2~446.9mg/kg、0.1~999.5mg/kg；浙西北生态型绿色农业区和浙中盆地丘陵综合型特色农业区的土壤有效硅含量较低，平均含量分别为146.6mg/kg、131.6mg/kg，变动范围分别为24.0~687.3mg/kg、23.6~687.3mg/kg；浙西南生态型绿色农业区最低，平均为100.7mg/kg，变动范围为22.5~766.5mg/kg（图5-89B）。

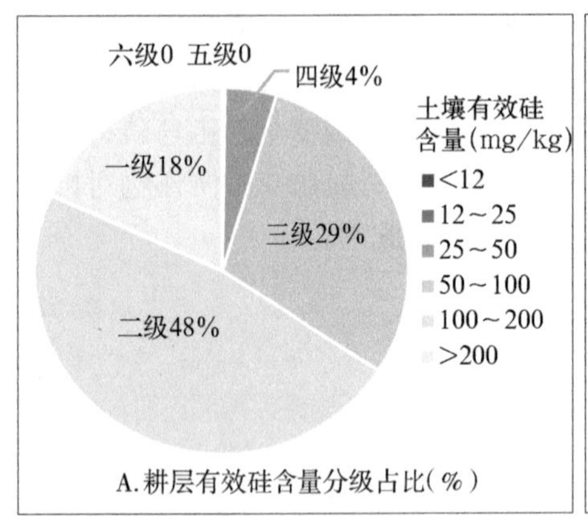

A.耕层有效硅含量分级占比(%)

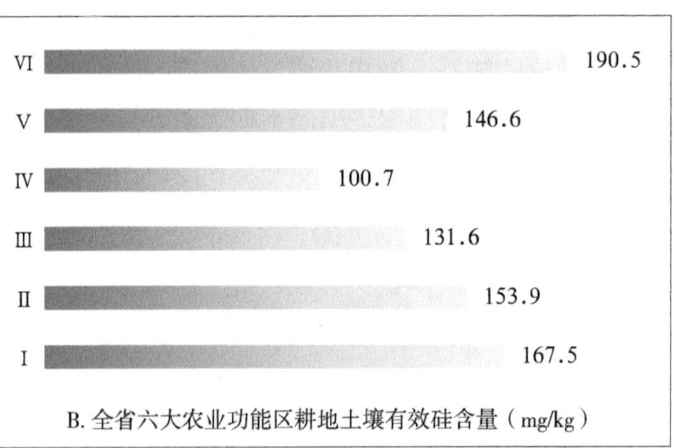

B.全省六大农业功能区耕地土壤有效硅含量（mg/kg）

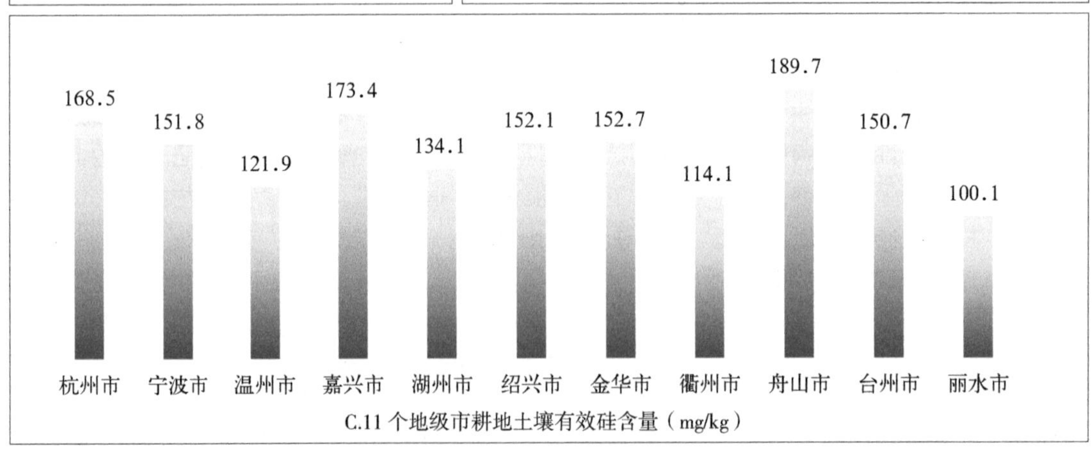

C.11个地级市耕地土壤有效硅含量（mg/kg）

图5-89　浙江省耕层土壤有效硅含量分布情况

Ⅰ—浙东北都市型、外向型农业区　Ⅳ—浙西南生态型绿色农业区
Ⅱ—浙东南沿海城郊型、外向型农业区　Ⅴ—浙西北生态型绿色农业区
Ⅲ—浙中盆地丘陵综合型特色农业区　Ⅵ—沿海岛屿蓝色渔（农）业区

11个地级市中，以舟山市耕地土壤有效硅含量最高，平均为189.7mg/kg，变动范围为68.0~355.0mg/kg；嘉兴市、杭州市次之，平均含量分别为173.4mg/kg、168.5mg/kg，

变动范围分别为70.0~446.9mg/kg和24.0~687.3mg/kg；接着是金华市、绍兴市、宁波市、台州市，平均含量均在150.0mg/kg以上，变动范围分别为24.0~687.3mg/kg、24.0~687.3mg/kg、29.0~687.3mg/kg和0.1~401.7mg/kg；丽水市最低，平均含量为100.1mg/kg，变动范围为22.5~766.5mg/kg；其他各市平均含量在114.1~134.1mg/kg之间（图5-89C）。

全省各县（市、区）中，杭州市滨江区耕地土壤有效硅含量最高，平均含量为429.0mg/kg；其次是温州市瓯海区，平均含量为275.9mg/kg。苍南县最低，平均含量为55.7mg/kg，其他县（市、区）均大于60.0mg/kg。有效硅含量变异系数以温州市龙湾区最大，为100%，遂昌县次之，为99%；杭州市滨江区变异系数最低，为4%；台州市路桥区、椒江区、衢州市柯城区和慈溪市较低，分别为5%、8%、7%、10%。其他县（市、区）变异系数均高于10%（表5-35）。

表5-35　浙江省各县（市、区）耕地土壤有效硅含量

区域		点位数（个）	最小值（mg/kg）	最大值（mg/kg）	平均值（mg/kg）	标准差（mg/kg）	变异系数（%）
杭州市	江干区	6	207.0	413.9	264.5	78.1	30
	西湖区	7	216.7	291.7	261.5	27.7	11
	滨江区	3	418.3	446.9	429.0	15.6	4
	萧山区	103	74.4	418.3	238.9	73.6	31
	余杭区	96	55.0	418.3	163.6	62.4	38
	桐庐县	71	70.7	334.0	191.0	73.8	39
	淳安县	35	70.7	292.8	132.1	80.8	61
	建德市	92	24.0	348.8	120.0	47.8	40
	富阳区	89	29.0	687.3	134.2	95.5	71
	临安区	84	70.7	292.8	149.5	48.7	33
宁波市	江北区	16	109.1	288.0	157.7	39.8	25
	北仑区	46	170.3	401.7	219.8	48.3	22
	镇海区	19	122.4	190.0	161.3	23.3	14
	鄞州区	97	52.0	262.7	143.4	44.7	31
	象山县	64	32.0	156.8	133.3	27.3	20
	宁海县	116	29.0	401.7	161.4	78.0	48
	余姚市	115	49.2	259.4	119.2	58.4	49
	慈溪市	100	115.3	181.1	152.4	14.5	10
	奉化区	72	66.0	687.3	167.5	117.9	70
温州市	鹿城区	17	34.2	475.0	210.3	147.7	70
	龙湾区	13	47.0	999.5	264.7	265.2	100
	瓯海区	30	46.8	475.0	275.9	186.2	67
	洞头区	4	46.0	366.2	202.5	175.7	87

（续表）

区域		点位数（个）	最小值（mg/kg）	最大值（mg/kg）	平均值（mg/kg）	标准差（mg/kg）	变异系数（%）
温州市	永嘉县	165	27.7	475.0	119.8	69.2	58
	平阳县	103	38.6	178.4	95.4	35.7	37
	苍南县	104	31.2	79.8	55.7	11.9	21
	文成县	98	34.6	114.0	71.5	20.9	29
	泰顺县	120	27.7	297.4	109.0	63.1	58
	瑞安市	91	44.2	385.2	120.9	78.0	64
	乐清市	91	36.9	370.3	212.3	74.1	35
嘉兴市	南湖区	58	90.5	446.9	192.2	64.0	33
	秀洲区	88	90.5	269.1	200.7	33.9	17
	嘉善县	94	118.0	264.0	172.2	22.6	13
	海盐县	84	70.0	224.0	132.8	37.7	28
	海宁市	112	74.2	269.1	154.4	49.2	32
	平湖市	87	109.0	286.0	164.3	27.4	17
	桐乡市	114	90.5	269.1	199.5	41.7	21
湖州市	吴兴区	63	86.0	146.0	119.4	16.5	14
	南浔区	117	59.0	263.0	145.3	34.7	24
	德清县	85	59.0	263.0	132.2	42.2	32
	长兴县	143	59.0	687.3	171.0	58.1	34
	安吉县	129	43.0	273.0	91.4	32.6	36
绍兴市	越城区	40	55.4	259.4	170.3	33.8	20
	柯桥区	62	55.4	401.7	205.2	70.0	34
	上虞区	107	60.1	348.8	175.9	55.1	31
	新昌县	87	60.3	687.3	124.6	71.1	57
	诸暨市	176	29.0	687.3	144.4	86.8	60
	嵊州市	127	24.0	687.3	129.8	90.9	70
金华市	婺城区	86	103.6	687.3	269.3	102.4	38
	金东区	56	77.4	193.0	134.1	30.0	22
	武义县	75	103.0	687.3	129.6	68.0	52
	浦江县	54	103.6	176.0	140.3	14.0	10
	磐安县	50	34.0	206.0	82.2	27.7	34
	兰溪市	108	24.0	687.3	135.3	108.0	80
	义乌市	76	24.0	687.3	104.2	72.2	69
	东阳市	108	70.0	687.3	150.2	79.6	53
	永康市	76	103.6	687.3	189.2	66.2	35
衢州市	柯城区	18	112.2	140.0	124.3	8.9	7

（续表）

区域		点位数（个）	最小值（mg/kg）	最大值（mg/kg）	平均值（mg/kg）	标准差（mg/kg）	变异系数（%）
衢州市	衢江区	77	60.4	687.3	92.2	74.2	81
	常山县	54	103.6	687.3	186.4	146.8	79
	开化县	68	129.0	400.7	207.6	62.7	30
	龙游县	100	79.7	122.3	98.5	10.4	11
	江山市	142	23.6	400.7	63.3	49.1	78
舟山市	定海区	28	68.0	183.7	144.8	30.1	21
	普陀区	22	175.0	355.0	211.7	35.6	17
	岱山县	13	80.0	319.7	249.5	57.7	23
台州市	椒江区	29	226.0	319.7	252.5	20.9	8
	黄岩区	33	45.7	313.5	108.4	46.8	43
	路桥区	38	168.0	200.0	183.8	9.0	5
	玉环县	24	71.4	169.8	108.4	36.6	34
	三门县	67	105.8	401.7	227.0	63.1	28
	天台县	85	32.0	401.7	136.5	73.0	53
	仙居县	91	27.7	325.1	69.6	37.7	54
	温岭市	99	0.1	295.1	176.4	52.5	30
	临海市	114	70.6	319.7	142.9	57.1	40
丽水市	莲都区	31	23.4	386.6	83.4	66.5	80
	青田县	86	24.7	400.7	120.3	85.0	71
	缙云县	55	31.1	223.4	98.6	33.1	34
	遂昌县	60	54.9	766.5	129.6	128.2	99
	松阳县	65	31.2	400.7	70.5	57.0	81
	云和县	26	30.1	386.6	104.1	71.0	68
	庆元县	62	55.9	271.8	134.0	50.0	37
	景宁县	57	22.5	201.9	84.3	41.8	50
	龙泉市	88	48.2	93.7	73.8	12.7	17

二、不同类型耕地土壤有效硅含量及其影响因素

（一）主要土类的有效硅含量

1.各土类的有效硅含量差异

浙江省主要土壤类型耕地有效硅平均含量从高到低依次为：滨海盐土、石灰（岩）土、基性岩土、潮土、水稻土、红壤、紫色土、黄壤和粗骨土。其中滨海盐土有效硅含量最高，平均含量为206.7mg/kg，变动范围为53.9～446.9mg/kg；石灰（岩）土、基性岩土、潮土次之，平均含量分别为164.6mg/kg、164.3mg/kg、158.3mg/kg，变动范围分别为

51.0～366.2mg/kg、66.0～313.0mg/kg、27.7～401.7mg/kg；水稻土再次之，平均含量为145.4mg/kg，变动范围为0.1～999.5mg/kg；红壤、紫色土的有效硅平均含量较低，分别为128.2mg/kg、123.1mg/kg，变动范围分别为23.7～687.3mg/kg、23.6～348.8mg/kg；黄壤和粗骨土最低，平均含量分别为109.3mg/kg、108.6mg/kg，变动范围分别为31.2～426.1mg/kg、33.2～274.0mg/kg（图5-90）。

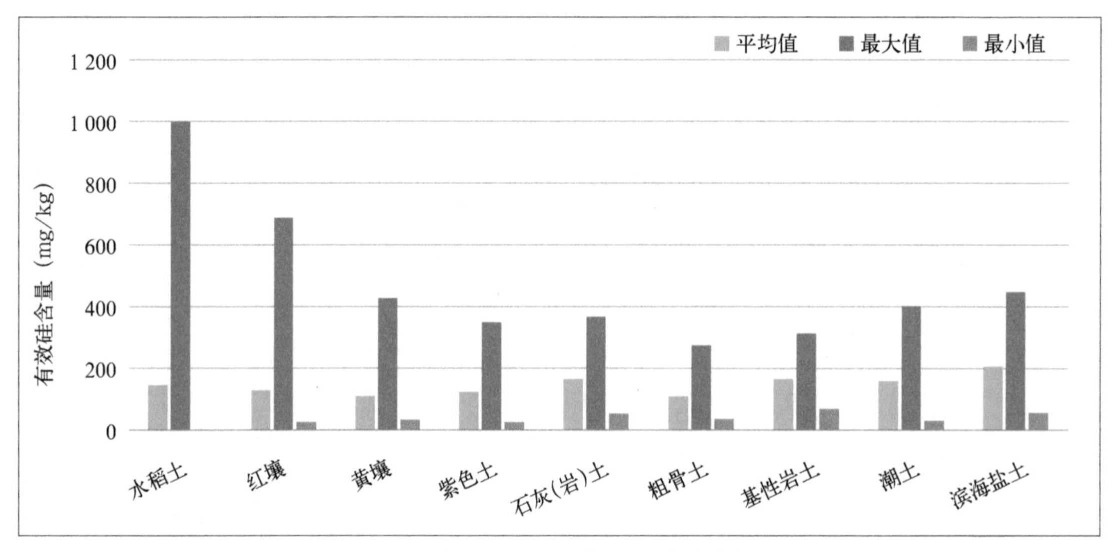

图5-90　浙江省不同土类耕地土壤有效硅含量

2. 主要土类的土壤有效硅含量在农业功能区间的差异

同一土类土壤的有效硅平均含量在不同农业功能区也有差异，见图5-91。

水稻土有效硅平均含量以沿海岛屿蓝色渔（农）业区最高，为190.4mg/kg，浙东北都市型、外向型农业区和浙东南沿海城郊型、外向型农业区次之，平均含量分别为164.5mg/kg、160.2mg/kg，浙西北生态型绿色农业区和浙中盆地丘陵综合型特色农业区再次之，平均含量分别为141.3mg/kg、134.5mg/kg；浙西南生态型绿色农业区最低，平均含量为104.9mg/kg。

黄壤有效硅平均含量以浙东北都市型、外向型农业区最高，为297.9mg/kg；浙东南沿海城郊型、外向型农业区次之，为224.7mg/kg；浙西北生态型绿色农业区和浙中盆地丘陵综合型特色农业区较低，分别为131.6mg/kg、109.3mg/kg；浙西南生态型绿色农业区最低，平均含量为95.3mg/kg，沿海岛屿蓝色渔（农）业区没有采集到黄壤。

紫色土有效硅平均含量以浙西北生态型绿色农业区最高，为172.7mg/kg，浙中盆地丘陵综合型特色农业区次之，为117.3mg/kg，浙东南沿海城郊型、外向型农业区和浙西南生态型绿色农业区最低，分别为106.8mg/kg、106.7mg/kg，其中浙东北都市型、外向型农业区和沿海岛屿蓝色渔（农）业区没有采集到紫色土。

粗骨土平均有效硅含量以浙东北都市型、外向型农业区最高，为167.3mg/kg，浙东南沿海城郊型、外向型农业区次之，为145.4mg/kg，浙西北生态型绿色农业区再次之，为126.8mg/kg，沿海岛屿蓝色渔（农）业区和浙中盆地丘陵综合型特色农业区较低，分别为118.4mg/kg、105.0mg/kg，浙西南生态型绿色农业区最低，为83.9mg/kg。

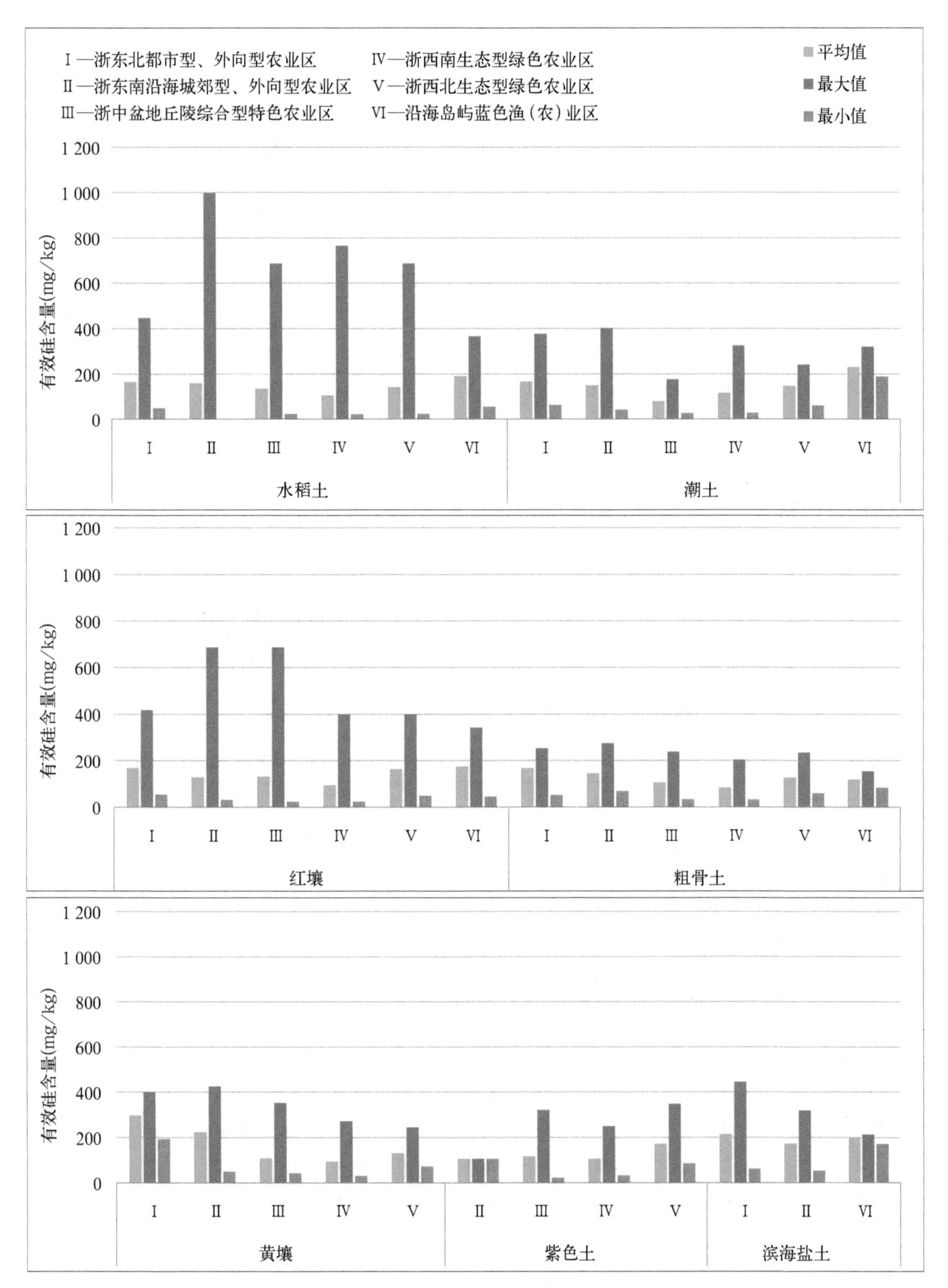

图5-91　浙江省主要土类耕地土壤有效硅含量在不同农业功能区的差异

潮土有效硅平均含量在沿海岛屿蓝色渔(农)业区最高，为229.9mg/kg，浙东北都市型、外向型农业区次之，为165.0mg/kg，浙东南沿海城郊型、外向型农业区和浙西北生态型绿色农业区再次之，分别为147.6mg/kg、146.2mg/kg，浙西南生态型绿色农业区较低，为113.9mg/kg，浙中盆地丘陵综合型特色农业区最低，为77.4mg/kg。

滨海盐土分布在浙东北都市型、外向型农业区，浙东南沿海城郊型、外向型农业区和沿海岛屿蓝色渔（农）业区，土壤有效硅的平均含量以浙东北都市型、外向型农业区最高，为214.2mg/kg，沿海岛屿蓝色渔（农）业区和浙东南沿海城郊型、外向型农业区，平均含量分别为197.8mg/kg、173.3mg/kg。

红壤有效硅平均含量以沿海岛屿蓝色渔（农）业区最高，为174.7mg/kg，浙东北都市型、外向型农业区和浙西北生态型绿色农业区次之，分别为168.0mg/kg、163.2mg/kg，浙中盆地丘陵综合型特色农业区再次之，为131.0mg/kg，浙东南沿海城郊型、外向型农业区较低，为129.2mg/kg，浙西南生态型绿色农业区最低，为95.0mg/kg。

（二）主要亚类的有效硅含量

滨海盐土土壤有效硅的平均含量最高，达209.1mg/kg；饱和红壤次之，为194.3mg/kg；棕色石灰土、基性岩土、脱潜水稻土也较高，分别为167.5mg/kg、164.3mg/kg、161.4mg/kg；潮滩盐土的平均含量最低，为76.1mg/kg；其他各亚类均大于100.0mg/kg，在105.4～158.3mg/kg之间（表5-36）。

变异系数以淹育水稻土最高（饱和红壤、潮滩盐土、黑色石灰土样点数为2，未统计变异系数），为102%；棕红壤最低，为40%；其他各亚类变异系数在55%～96%之间。

表5-36　浙江省主要亚类耕地土壤有效硅含量

亚类	样点数（个）	最小值（mg/kg）	最大值（mg/kg）	平均值（mg/kg）	标准差（mg/kg）	变异系数（%）
潴育水稻土	1 989	23.4	687.3	140.4	82.9	83
渗育水稻土	954	24.0	418.3	150.8	69.2	69
脱潜水稻土	739	0.1	535.8	161.4	62.9	63
淹育水稻土	624	22.5	999.5	136.5	101.7	102
潜育水稻土	70	27.7	475.0	124.0	85.2	85
黄红壤	679	23.7	687.3	126.2	79.2	79
红壤	131	31.1	687.3	138.0	95.6	96
红壤性土	54	36.9	327.4	125.1	75.2	75
棕红壤	10	72.0	191.0	135.3	40.3	40
饱和红壤	2	46.0	342.6	194.3	209.8	—
黄壤	122	31.2	426.1	109.3	75.2	75
石灰性紫色土	58	23.6	348.8	105.4	58.4	58
酸性紫色土	46	33.4	322.2	145.5	78.5	78
酸性粗骨土	130	33.2	274.0	108.6	55.2	55
灰潮土	409	27.7	401.7	158.3	60.1	60
滨海盐土	111	63.7	446.9	209.1	75.8	76

（续表）

亚类	样点数（个）	最小值（mg/kg）	最大值（mg/kg）	平均值（mg/kg）	标准差（mg/kg）	变异系数（%）
潮滩盐土	2	53.9	98.3	76.1	31.4	—
黑色石灰土	2	100.3	167.0	133.6	47.2	—
棕色石灰土	21	51.0	366.2	167.5	81.9	82
基性岩土	8	66.0	313.0	164.3	80.4	80

（三）地貌类型与土壤有效硅含量

不同地貌类型间，滨海平原土壤有效硅含量最高，平均182.2mg/kg；其次是中山、水网平原，平均含量分别为165.4mg/kg、162.8mg/kg；再次是低丘、河谷平原，平均含量分别为135.2mg/kg、133.2mg/kg；高丘平均含量较低，为115.2mg/kg；而平均含量最低的是低山，为90.5mg/kg。变异系数以中山最大，为86%；高丘、低丘次之，分别为66%、65%；水网平原最低，为38%；滨海平原较低，为40%；其他地貌类型的变异系数在50%~60%之间（图5-92）。

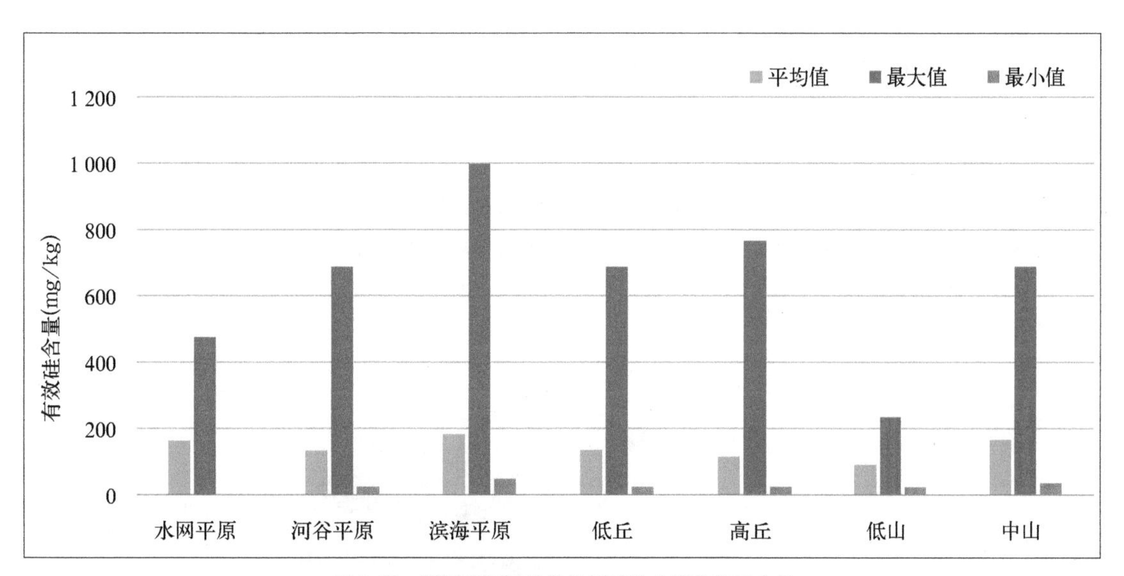

图5-92　浙江省不同地貌类型耕地土壤有效硅含量

（四）土壤质地与土壤有效硅含量

浙江省的不同土壤质地中，土壤有效硅平均表现为：砂土>黏土>壤土，壤土各质地表现为：重壤>中壤>砂壤；砂土、砂壤、中壤、重壤、黏土的有效硅含量平均值依次为163.4mg/kg、130.9mg/kg、135.9mg/kg、145.0mg/kg、154.7mg/kg（图5-93）。

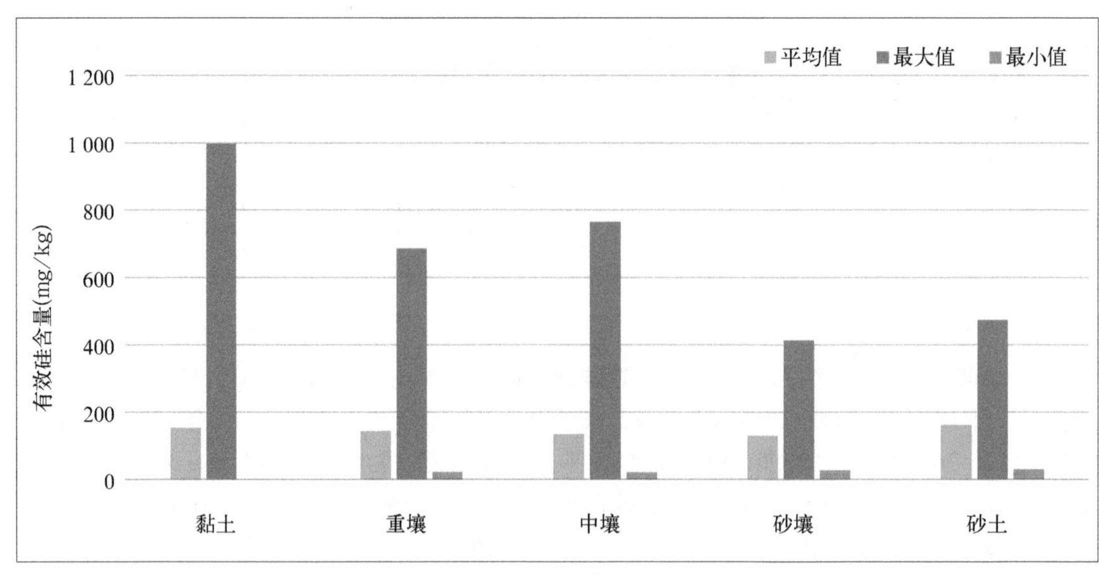

图5-93　浙江省不同质地耕地土壤有效硅含量

三、土壤有效硅分级面积与分布

（一）土壤有效硅含量分级面积

根据浙江省域土壤有效硅含量状况，参照浙江省土壤养分指标分级标准（表5-1），将土壤有效硅含量划分为6级。全区耕地土壤有效硅含量分级面积占比如图5-94所示。

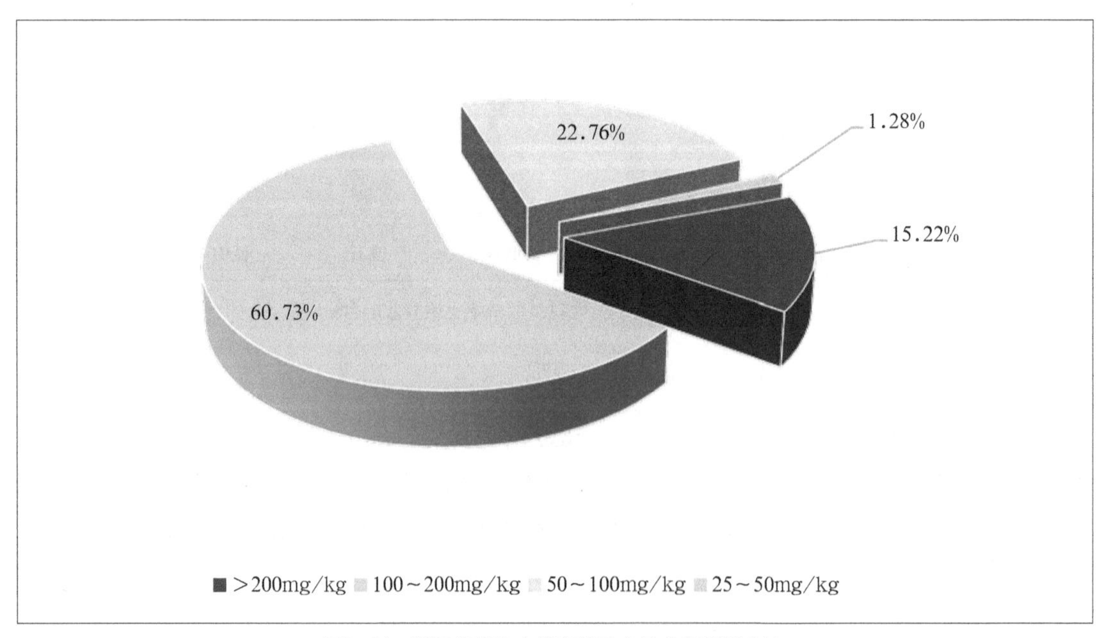

图5-94　浙江省耕地土壤有效硅含量分级面积占比

土壤有效硅含量大于200.0mg/kg的耕地共29.24万 hm^2，占全省耕地面积的15.22%；

土壤有效硅含量在100.0～200.0mg/kg的耕地共116.67万 hm^2，占全省耕地面积的60.73%，占比最高；土壤有效硅含量在50.0～100.0mg/kg的耕地共43.73万 hm^2，占全省耕地面积的22.76%；土壤有效硅含量在25.0～50.0mg/kg的耕地共2.46万 hm^2，占全省耕地面积的1.28%；土壤有效硅含量高于25mg/kg的前4级耕地面积共192.09万 hm^2，占全省耕地面积的100.00%。浙江省未发现土壤有效硅含量在12.0～25.0mg/kg的耕地和土壤有效硅含量小于12.0mg/kg的耕地。可见，浙江省耕地土壤有效硅含量总体较高，以中等偏上水平为主。

（二）土壤有效硅含量地域分布特征

在不同的农业功能区其土壤有效硅含量有差异（图5-95、图5-96）。

土壤有效硅含量大于200.0mg/kg的耕地主要分布于浙东北都市型、外向型农业区，面积为11.28万 hm^2，占全省耕地面积的5.87%；其次是浙东南沿海城郊型、外向型农业区和浙中盆地丘陵综合型特色农业区，面积分别为7.66万 hm^2、5.38万 hm^2，分别占全省耕地面积的3.99%、2.80%；再次是浙西北生态型绿色农业区，面积为2.96万 hm^2，占全省耕地面积的1.54%；沿海岛屿蓝色渔（农）业区分布较少，有1.10万 hm^2，占全省耕地面积的0.57%；浙西南生态型绿色农业区最少，面积为8 700hm²，占全省耕地面积的0.45%。

土壤有效硅含量在100.0～200.0mg/kg的耕地主要分布在浙东北都市型、外向型农业区，面积为42.16万 hm^2，占全省耕地面积的21.95%；其次是浙中盆地丘陵综合型特色农业区，面积为30.02万 hm^2，占全省耕地面积的15.63%；浙东南沿海城郊型、外向型农业区和浙西北生态型绿色农业区再次之，分别有19.30万 hm^2、13.83万 hm^2，分别占全省耕地面积的10.05%、7.20%；而浙西南生态型绿色农业区分布较少，有9.79万 hm^2，占全省耕地面积的5.10%；沿海岛屿蓝色渔（农）业区最少，面积仅1.57万 hm^2，占全省耕地面积的0.82%。

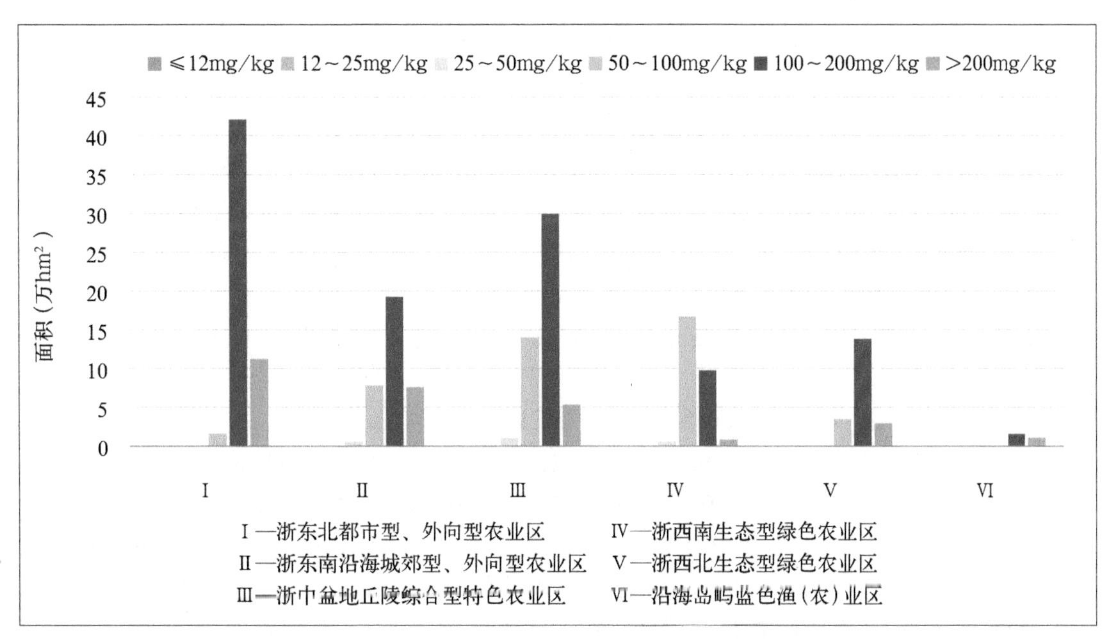

图5-95　浙江省不同农业功能区土壤有效硅含量分级面积分布情况

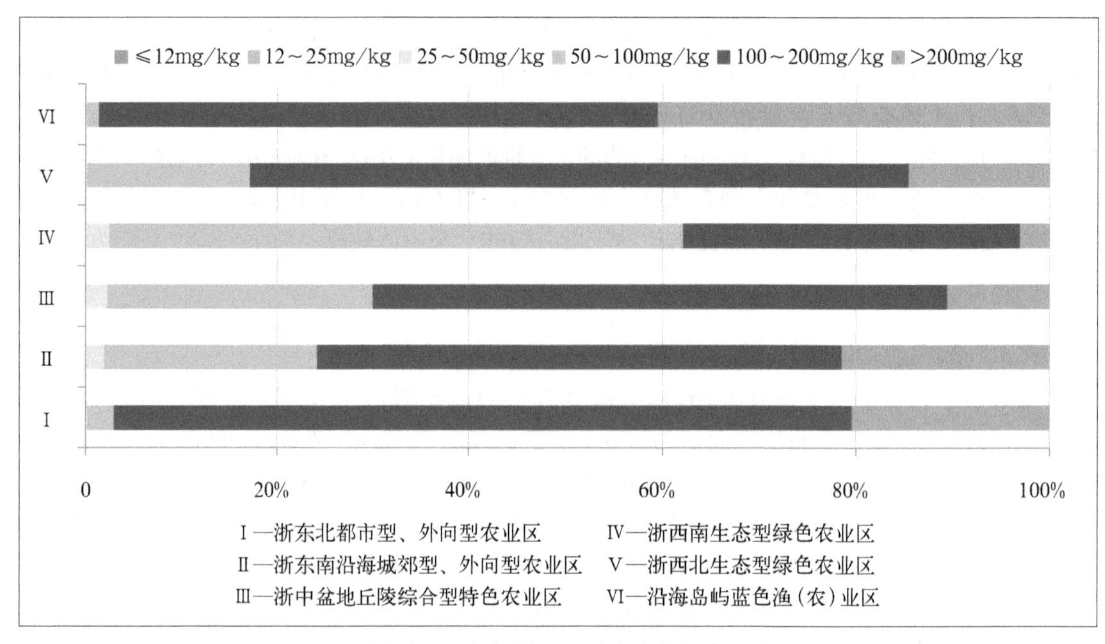

图5-96　浙江省不同农业功能区土壤有效硅含量分级占比情况

土壤有效硅含量在50.0~100.0mg/kg的耕地主要分布在浙西南生态型绿色农业区，面积为16.74万 hm^2，占全省耕地面积的8.71%；其次是浙中盆地丘陵综合型特色农业区，面积为14.03万 hm^2，占全省耕地面积的7.30%；再次是浙东南沿海城郊型、外向型农业区和浙西北生态型绿色农业区，面积分别为7.87万 hm^2、3.43万 hm^2，分别占全省耕地面积的4.10%、1.79%；浙东北都市型、外向型农业区分布较少，有1.60万 hm^2，占全省耕地面积的0.83%；沿海岛屿蓝色渔（农）业区最少，面积仅400hm^2，占全省耕地面积的0.02%。

土壤有效硅含量在25.0~50.0mg/kg的耕地主要分布在浙中盆地丘陵综合型特色农业区，面积为1.10万 hm^2，占全省耕地面积的0.57%；其次是浙东南沿海城郊型、外向型农业区和浙西南生态型绿色农业区，面积分别为6 700hm^2、6 800hm^2，均占全省耕地面积的0.35%；浙西北生态型绿色农业区分布最少，仅100hm^2，占全省耕地面积的比例不足0.01%；浙东北都市型、外向型农业区和沿海岛屿蓝色渔（农）业区则未发现土壤有效硅含量在25.0~50.0mg/kg的耕地。

浙江省未发现土壤有效硅含量在12.0~25.0mg/kg的耕地和土壤有效硅含量小于12.0mg/kg的耕地。

在不同地级市之间土壤有效硅含量有差异（表5-37）。

土壤有效硅含量大于200.0mg/kg的耕地，占比较小，占全省耕地面积的15.22%，其中在杭州市分布最多，面积为5.98万 hm^2，占全省耕地面积的3.11%；其次是嘉兴市、台州市和金华市，面积分别为4.20万 hm^2、4.17万 hm^2、4.12万 hm^2，占全省耕地面积的比例分别为2.19%、2.17%、2.15%；而丽水市和湖州市分布最少，面积分别为5 000hm^2、5 400hm^2，占全省耕地面积的比例分别为0.26%、0.28%；舟山市分布较少，面积为9 900hm^2，占全省耕地面积的比例为0.51%；其他各市均有少量分布，分布面积为1.37万~3.05万 hm^2，占全省耕地面积的比例在0.72%~1.59%之间。

表5-37　浙江省耕地土壤有效硅含量不同等级区域分布特征

等级（mg/kg）	地级市	面积（万 hm^2）	占本市比例（%）	占全省比例（%）
>200	杭州市	5.98	30.51	3.11
	宁波市	2.18	10.92	1.13
	温州市	3.05	11.81	1.59
	嘉兴市	4.20	21.44	2.19
	湖州市	0.54	3.58	0.28
	绍兴市	2.14	11.37	1.11
	金华市	4.12	17.88	2.15
	衢州市	1.37	10.41	0.72
	舟山市	0.99	39.12	0.51
	台州市	4.17	22.07	2.17
	丽水市	0.50	3.24	0.26
100～200	杭州市	12.30	62.73	6.40
	宁波市	15.96	80.03	8.31
	温州市	9.31	36.02	4.84
	嘉兴市	15.28	78.03	7.95
	湖州市	12.18	80.70	6.34
	绍兴市	14.81	78.81	7.71
	金华市	14.75	63.94	7.68
	衢州市	5.05	38.27	2.63
	舟山市	1.53	60.51	0.80
	台州市	9.83	52.08	5.12
	丽水市	5.67	36.42	2.95
50～100	杭州市	1.32	6.73	0.69
	宁波市	1.80	9.05	0.94
	温州市	12.60	48.76	6.56
	嘉兴市	0.10	0.53	0.05
	湖州市	2.37	15.73	1.24
	绍兴市	1.84	9.81	0.96
	金华市	4.19	18.18	2.18
	衢州市	5.91	44.83	3.08
	舟山市	0.01	0.37	0.00
	台州市	4.64	24.55	2.41
	丽水市	8.93	57.35	4.65

（续表）

等级（mg/kg）	地级市	面积（万 hm^2）	占本市比例（%）	占全省比例（%）
25～50	杭州市	0.01	0.03	0.00
	温州市	0.88	3.42	0.46
	绍兴市	0.00	0.02	0.00
	衢州市	0.86	6.48	0.45
	台州市	0.25	1.30	0.13
	丽水市	0.47	2.99	0.24

土壤有效硅含量为100.0～200.0mg/kg的耕地，占比最大，为60.73%，在各区都有较多分布。其中宁波市、嘉兴市分布最多，面积分别为15.96万 hm^2、15.28万 hm^2，分别占全省耕地面积的8.31%、7.95%；其次是绍兴市、金华市，面积分别为14.81万 hm^2、14.75万 hm^2，分别占全省耕地面积的7.71%、7.68%；舟山市分布最少，面积为1.53万 hm^2，仅占全省耕地面积的0.80%，但占本市耕地面积达60.51%，也就是说舟山市的大部分耕地有效硅含量为100.0～200.0mg/kg；其他各市均有少量分布，分布面积为5.05万～12.3万 hm^2，占全省耕地面积的比例在2.63%～6.40%之间。

土壤有效硅含量为50.0～100.0mg/kg的耕地，占全省耕地面积的22.76%，其中温州市最多，面积为12.6万 hm^2，占全省耕地面积的6.56%；其次是丽水市，面积为8.93万 hm^2，占全省耕地面积的4.65%；衢州市、台州市和金华市再次之，面积分别为5.91万 hm^2、4.64万 hm^2、4.19万 hm^2，分别占全省耕地面积的3.08%、2.41%、2.18%；而舟山市、嘉兴市分布最少，面积仅分别为100hm^2、1 000hm^2，占全省耕地面积的比例低于0.10%；湖州市分布较少，面积为2.37万 hm^2，占全省耕地面积的1.24%；其他各市均有少量分布，面积为1.32万～1.84万 hm^2，占全省耕地面积的比例在0.69%～0.96%之间。

土壤有效硅含量为25.0～50.0mg/kg的耕地，占比最小，仅占全省耕地面积的1.28%。在温州市、衢州市分布最多，面积分别为8 800hm^2、8 600hm^2，分别占全省耕地面积的0.46%、0.45%；其次丽水市，分布面积为4 700hm^2，占全省耕地面积的0.24%；台州市分布较少，面积为2 500hm^2，占全省耕地面积的0.13%；分布最少为杭州市、绍兴市，面积皆不足100hm^2，占全省耕地面积的比例皆小于0.10%；其他各市则未发现土壤有效硅含量为25.0～50.0mg/kg的耕地。

浙江省未发现土壤有效硅含量在12.0～25.0mg/kg的耕地和土壤有效硅含量小于12.0mg/kg的耕地。

四、土壤有效硅调控

植物吸收利用的有效硅只占土壤总含硅量的很小一部分。一般认为土壤有效硅含量低于三级（50～100mg/kg）时施用硅肥对作物有明显的增产效果，土壤缺硅的临界含量为100mg/kg。造成作物缺硅反应的主要原因是土壤中二氧化硅溶解度低，不能满足植物对水溶性二氧化硅的需要。同时，一些喜硅植物如水稻对硅的吸收量大，年产800～1 000kg稻谷，每年从土壤中吸收可溶性二氧化硅为90～120kg，超过水稻体内氮磷钾养分总和。影响土壤有效硅水平的主要因素有成土母质、黏粒含量和土壤风化程度。一般来说，难风化的母岩如花岗岩、花岗片麻岩发育的水稻土，土壤供硅能力低，有效硅含量在80mg/kg以下。玄武岩、石灰岩、紫色砂页岩等母质发育相对年轻的水稻土，供硅能力强，有效硅含量一般为150~250mg/kg。土壤质地越沙，缺硅程度越重。酸性土壤在发育过程中脱硅富铁，有效硅含量少，碱性土壤含有效硅较多。石灰性土壤碳酸钙含量高，易结合固定活性硅，不易被作物吸收利用。此外，灌溉与淋洗也是土壤硅平衡的一个重要因素。就浙江省而言，耕层有效硅含量处于四级（25~50mg/kg）及以下的土壤，总体占的比例很小，主要分布在江山、松阳、仙居一带。土壤硅调控主要有以下路径。

（一）优化养分管理

不同作物对硅的需要量差异很大。莎草科中的一些植物种和禾本科的湿生种，如水稻和木贼等作物体内含硅量很高，可高达10%~15%，相应对硅的需求也大；旱地禾本科植物和部分双子叶植物，如甘蔗、燕麦、小麦、大麦、玉米、高粱、黄瓜、番茄等含硅量中等，为1%~3%，硅对其也有良好的反应；而豆科植物和大部分双子叶植物体内含硅量很低，大多在1%以下，相应对硅不敏感。因此，在砂质土壤和淋溶强烈的低丘红壤等容易发生硅流失的地区，应优先考虑水稻等禾本科喜硅作物对硅的生理需求。

（二）控制土壤硅的有效水平

1.调节酸碱度

土壤有效硅含量与pH值呈正相关，酸性土壤在发育过程中脱硅富铁，有效硅含量少，碱性土壤含有效硅较多。红壤或土壤酸化较为严重的地区，应适当调碱，或通过土壤综合培肥，改善土壤理化性状，提升土壤有效硅的释放能力。

2.增施有机肥、秸秆还田

石灰性土壤增施有机肥有助于硅钙结合物中活性硅的析出，提高土壤硅的有效性；水稻等禾本科作物秸秆含硅量高，全量还田可有效补充土壤硅的不足，实现养分循环。同时，土壤有机质的提升也可改善土壤理化性状，提升有效硅含量水平。

3.综合培肥

提倡水旱轮作、冬耕晒垡，防止水土流失，加速土壤熟化。

（三）合理施用硅肥

硅肥应重点施用在禾本科等喜硅作物上，施硅的增产效果好。常用的含硅肥料有硅酸钠、硅酸钙、熔渣硅肥等。硅酸钠易溶于水，为速效硅肥；熔渣硅肥为含二氧化硅物质经高温煅烧后，其难溶部分转化成水溶性或枸溶性二氧化硅。水溶性硅酸盐可作基肥或追肥使用，一般水稻分蘖至拔节前施用。熔渣硅肥溶解性差，宜做基肥，并配合有机肥料混合施用为佳。硅肥一般不作种肥，以免影响发芽。含硅磷肥，如过磷酸钙、钙镁磷肥等肥料的施入可以附加补充土壤有效硅的含量，有利于作物对硅的吸收利用。

第六章　其他理化指标

省级耕地地力调查与汇总评价对7 311个耕层土样进行了化验分析，参照第二次土壤普查时土壤有机质及主要营养元素的分级标准，结合《耕地质量评定与地力分等定级技术规范》（DB33/T 895—2013）和《全国九大农区及省级耕地质量检测指标分级标准（试行）》中的指标分级，确定浙江省耕地土壤其他理化指标分级标准，如表6-1所示。

表6-1　浙江省耕地土壤其他理化指标分级标准

项目	单位	分级标准				
		一级	二级	三级	四级	五级
pH 值	—	6.5~7.5	5.5~6.5	7.5~8.5	>8.5，4.5~5.5	<4.5
阳离子交换量	cmol/kg	>20.0	15.0~20.0	10.0~15.0	5.0~10.0	<5.0
耕层厚度	cm	>20.0	16.0~20.0	12.0~16.0	8.0~12.0	<8.0
土壤容重	g/cm^3	0.90~1.10	1.10~1.20	1.20~1.30	1.30~1.40，<0.80	>1.40
耕层质地	—	重壤土	中壤土	黏土	轻壤、砂壤土	砂土

第一节　耕层土壤 pH值

土壤酸碱性是土壤的重要性质，是土壤一系列化学性状特别是盐基状况的综合反映，对土壤微生物的活性、元素的溶解性及其存在形态等均具有显著影响，制约着土壤矿质元素的释放、固定、迁移及其有效性等，对土壤肥力、植物吸收养分及其生长发育均具有显著影响。

一、浙江省耕地土壤 pH空间差异

根据省级汇总评价7 311个耕层土样化验分析结果，浙江省耕层土壤 pH的平均值为5.7，变化范围为3.5~8.6。根据浙江省耕地土壤其他理化指标分级标准（表6-1），耕层 pH值在一级至五级的点位占比分别为11%、32%、6%、47%和4%（图6-1A）。

全省六大农业功能区中，沿海岛屿蓝色渔（农）业区土壤 pH值最高，平均为6.5，变动范围为4.5 ~ 8.5；其次是浙东北都市型、外向型农业区，平均为6.3，变动范围为3.5 ~ 8.6；浙东南沿海城郊型、外向型农业区和浙西北生态型绿色农业区略低，平均值皆为5.7，变动范围分别为3.5 ~ 8.5、3.8 ~ 8.2；浙中盆地丘陵综合型特色农业区和浙西南生态型绿色农业区的土壤 pH值最低，平均值分别为5.4和5.1，变动范围分别为3.5 ~ 8.1、3.6 ~ 8.3（图6-1B）。

11个地级市中，以舟山市pH值最高，平均为6.5，变动范围为4.5～8.5；嘉兴市次之，平均为6.4，变动范围为4.5～8.5；接着是宁波市、湖州市和杭州市，平均值皆为6.0，变动范围分别为3.8～8.6、3.9～7.9和3.5～8.4；台州市、绍兴市和衢州市再次之，平均值分别为5.8、5.7、5.5，变动范围分别为3.5～8.5、3.6～8.4和4.0～8.3；丽水市最低，平均值为5.2，变动范围为3.9～8.1；金华市和温州市较低，平均值皆为5.3，变动范围分别为3.6～8.2和3.5～8.3（图6-1C）。

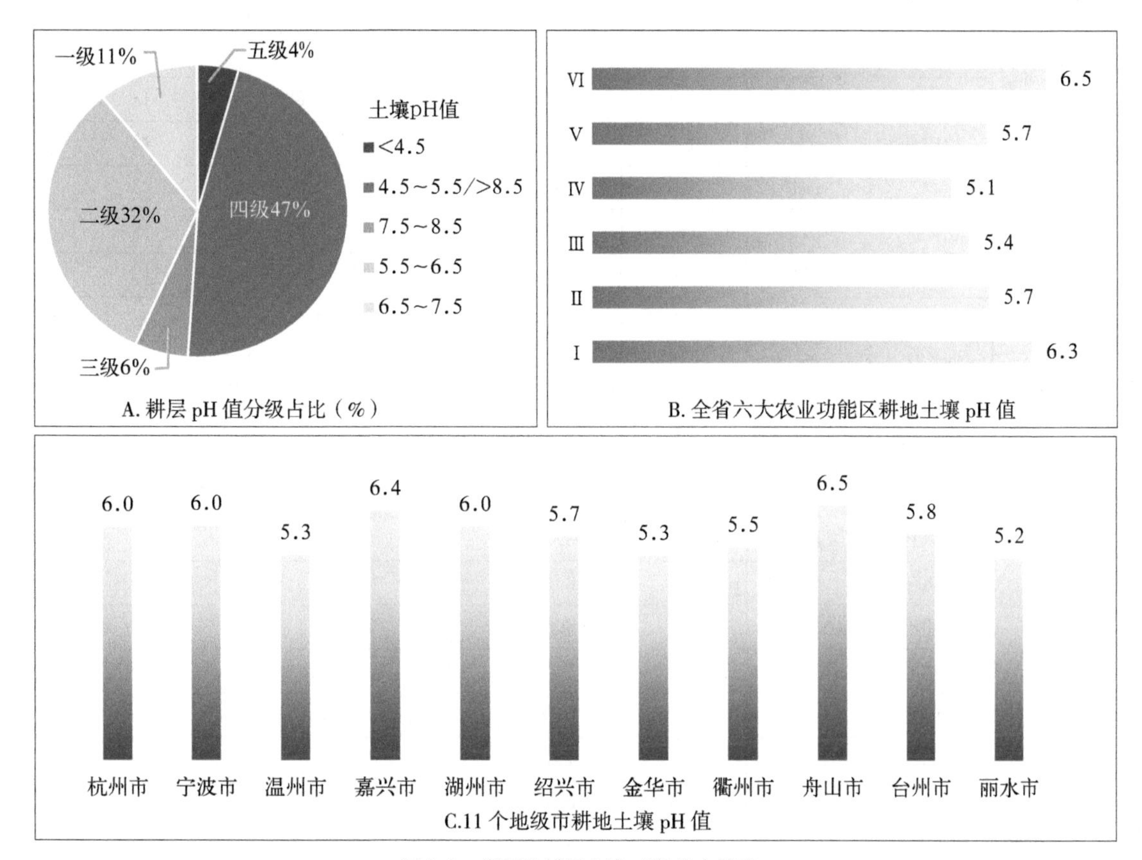

图6-1　浙江省耕层土壤pH值分布情况

Ⅰ—浙东北都市型、外向型农业区　Ⅳ—浙西南生态型绿色农业区
Ⅱ—浙东南沿海城郊型、外向型农业区　Ⅴ—浙西北生态型绿色农业区
Ⅲ—浙中盆地丘陵综合型特色农业区　Ⅵ—沿海岛屿蓝色渔（农）业区

全省各县（市、区）中，杭州市滨江区耕地土壤pH值最高，平均值高达8.0；其次是慈溪市，平均值为7.5。云和县和磐安县平均值相对较低，均为5.0；武义县和文成县最低，平均值均为4.9；其他县（市、区）均大于5.0。土壤pH变异系数以杭州市滨江区最低，为1%；温州市洞头区和仙居县变异系数较低，分别为3%、4%；宁波市北仑区最大，为21%；其他县（市、区）变异系数均低于20%（表6-2）。

表6-2　浙江省各县（市、区）耕地土壤pH值

区域		点位数（个）	最小值	最大值	平均值	标准差	变异系数（%）
杭州市	江干区	6	6.5	8.0	7.4	0.6	8
	西湖区	8	5.1	7.9	6.6	0.9	14
	滨江区	3	7.9	8.1	8.0	0.1	1
	萧山区	124	4.8	8.4	7.1	1.0	14
	余杭区	113	3.5	8.1	5.9	0.9	15
	桐庐县	85	4.3	7.9	5.9	0.8	13
	淳安县	43	4.4	8.0	5.8	0.7	13
	建德市	108	4.0	7.9	5.3	0.7	13
	富阳区	102	3.8	8.2	5.9	1.0	18
	临安区	100	4.0	6.7	5.4	0.7	13
宁波市	江北区	19	5.0	6.1	5.7	0.3	6
	北仑区	55	3.9	8.2	5.5	1.2	21
	镇海区	23	4.7	7.9	5.6	0.7	13
	鄞州区	115	4.7	8.3	5.7	0.6	11
	象山县	77	4.5	8.5	6.3	1.2	19
	宁海县	139	3.8	8.0	5.4	1.0	18
	余姚市	137	4.5	8.4	6.1	0.9	15
	慈溪市	119	4.0	8.6	7.5	1.1	15
	奉化区	86	3.9	7.4	5.4	0.5	10
温州市	鹿城区	19	4.5	6.5	5.4	0.5	9
	龙湾区	16	5.3	7.9	7.0	0.7	10
	瓯海区	36	4.3	6.3	5.3	0.4	8
	洞头区	4	6.2	6.7	6.4	0.2	3
	永嘉县	193	3.5	6.6	5.1	0.5	10
	平阳县	123	4.0	7.4	5.1	0.6	11
	苍南县	124	4.4	8.3	5.6	0.7	13
	文成县	117	3.9	6.1	4.9	0.4	8
	泰顺县	143	4.2	6.0	5.2	0.4	8
	瑞安市	109	4.3	8.1	5.4	0.7	13
	乐清市	106	4.5	7.8	5.5	0.6	11
嘉兴市	南湖区	69	5.5	7.4	6.2	0.4	6
	秀洲区	106	4.5	7.8	6.2	0.6	10
	嘉善县	113	5.2	7.5	6.1	0.4	6
	海盐县	99	4.7	8.1	6.3	0.6	9

（续表）

区域		点位数（个）	最小值	最大值	平均值	标准差	变异系数（%）
嘉兴市	海宁市	133	4.7	8.5	6.6	0.6	9
	平湖市	104	5.5	8.0	6.8	0.6	9
	桐乡市	137	4.6	7.8	6.6	0.6	9
湖州市	吴兴区	75	5.0	7.8	6.3	0.6	9
	南浔区	140	5.5	7.7	6.5	0.6	9
	德清县	100	4.5	7.9	6.1	0.7	11
	长兴县	170	4.4	7.5	5.8	0.5	9
	安吉县	154	3.9	7.8	5.6	0.9	16
绍兴市	越城区	48	4.6	7.1	5.7	0.6	10
	柯桥区	74	4.5	8.3	5.9	1.0	17
	上虞区	128	4.1	8.4	6.2	1.1	18
	新昌县	104	3.6	6.7	5.2	0.4	8
	诸暨市	208	4.9	8.0	5.8	0.5	9
	嵊州市	152	3.8	8.0	5.5	0.5	10
金华市	婺城区	103	4.2	6.8	5.1	0.5	9
	金东区	66	4.2	7.6	5.4	0.8	15
	武义县	89	3.6	6.1	4.9	0.4	9
	浦江县	64	4.2	6.7	5.2	0.5	10
	磐安县	60	4.0	6.0	5.0	0.4	9
	兰溪市	129	4.3	8.2	5.4	0.7	13
	义乌市	91	4.5	7.8	5.7	0.7	12
	东阳市	129	4.2	7.2	5.2	0.5	10
	永康市	91	4.1	6.3	5.2	0.4	7
衢州市	柯城区	21	4.6	6.6	5.2	0.6	12
	衢江区	90	4.0	8.3	5.8	0.8	13
	常山县	65	4.4	7.9	5.6	0.7	13
	开化县	77	4.3	8.1	5.8	0.6	11
	龙游县	120	4.1	7.8	5.4	0.8	14
	江山市	170	4.1	6.6	5.2	0.5	9
舟山市	定海区	28	4.8	8.5	6.2	0.9	15
	普陀区	22	4.7	8.3	6.9	1.2	18
	岱山县	13	4.5	8.3	6.8	1.2	18
台州市	椒江区	34	5.6	8.4	6.8	0.9	14
	黄岩区	39	4.2	6.6	5.2	0.5	9
	路桥区	45	5.3	8.5	6.8	0.9	13

（续表）

区域		点位数（个）	最小值	最大值	平均值	标准差	变异系数（%）
台州市	玉环县	28	5.0	8.3	6.3	0.8	13
	三门县	80	3.5	8.0	5.6	1.0	19
	天台县	102	4.3	6.9	5.4	0.5	10
	仙居县	108	4.6	5.9	5.3	0.2	4
	温岭市	118	4.1	8.5	6.3	1.1	18
	临海市	136	3.9	7.7	5.7	1.0	18
丽水市	莲都区	36	3.9	6.7	5.1	0.7	13
	青田县	102	4.3	5.8	5.1	0.3	5
	缙云县	66	4.5	8.1	5.4	0.6	11
	遂昌县	72	4.5	6.5	5.3	0.4	7
	松阳县	77	4.0	7.7	5.1	0.6	11
	云和县	31	4.2	5.6	5.0	0.4	7
	庆元县	75	4.4	6.0	5.2	0.3	6
	景宁县	65	4.1	6.3	5.1	0.4	7
	龙泉市	103	4.5	7.5	5.4	0.4	7

二、不同类型耕地土壤pH值及其影响因素

（一）主要土类的pH值

1.各土类的pH值差异

浙江省主要土壤类型pH平均值从高到低依次为：滨海盐土、潮土、石灰（岩）土、基性岩土、水稻土、紫色土、红壤、粗骨土、黄壤。其中滨海盐土pH值最高，平均值为7.8，变动范围为4.7～8.5；接着是潮土，平均值为6.6，变动范围为3.8～8.6；第三层次是石灰（岩）土、基性岩土和水稻土，平均值在5.5～6.5之间，变动范围分别为4.8～7.6、4.9～6.7、3.5～8.5；紫色土、红壤和粗骨土较低，平均值分别为5.3、5.3、5.2，变动范围分别为3.9～8.1、3.5～8.1、3.8～8.0；黄壤最低，平均值为5.1，变动范围为4.0～6.3（图6-2）。

2.主要土类的土壤pH值在农业功能区间的差异

同一土类土壤的pH平均值在不同农业功能区也有差异，见图6-3。

水稻土pH平均值以沿海岛屿蓝色渔（农）业区最高，为6.4，浙东北都市型、外向型农业区，浙西北生态型绿色农业区和浙东南沿海城郊型、外向型农业区次之，分别为6.1、5.7、5.7，浙中盆地丘陵综合型特色农业区再次之，为5.4，浙西南生态型绿色农业区最低，为5.2。

黄壤pH平均值以浙东南沿海城郊型、外向型农业区最高，为6.2，浙东北都市型、外向型农业区次之，为5.6，浙西北生态型绿色农业区和浙中盆地丘陵综合型特色农业区再次之，分别为5.3、5.1，浙西南生态型绿色农业区最低，为5.0，沿海岛屿蓝色渔（农）业区没有采

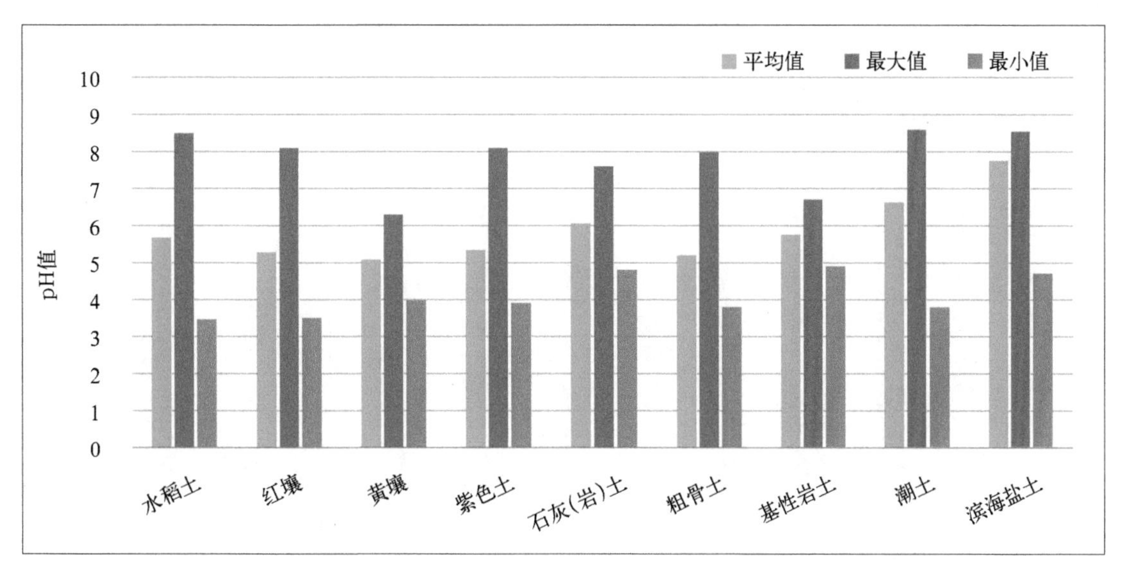

图6-2　浙江省不同土类耕地土壤 pH值

集到黄壤。

紫色土 pH平均值在浙东南沿海城郊型、外向型农业区最高，为5.5，浙西北生态型绿色农业区和浙中盆地丘陵综合型特色农业区次之，均为5.4，浙西南生态型绿色农业区再次之，为5.1，浙东北都市型、外向型农业区和沿海岛屿蓝色渔（农）业区均没有采集到紫色土。

粗骨土 pH平均值在沿海岛屿蓝色渔（农）业区最高，为6.0，浙西北生态型绿色农业区，浙东北都市型、外向型农业区和浙东南沿海城郊型、外向型农业区次之，在5.5～5.6之间，浙中盆地丘陵综合型特色农业区再次之，为5.2，浙西南生态型绿色农业区最低，为5.0。

潮土 pH平均值以沿海岛屿蓝色渔（农）业区最高，为7.2，浙东北都市型、外向型农业区和浙东南沿海城郊型、外向型农业区次之，分别为6.9、6.6，浙西北生态型绿色农业区再次之，为5.7，浙中盆地丘陵综合型特色农业区、浙西南生态型绿色农业区最低，分别为5.3、5.1。

滨海盐土分布在浙东北都市型、外向型农业区，浙东南沿海城郊型、外向型农业区和沿海岛屿蓝色渔（农）业区，土壤 pH平均值以沿海岛屿蓝色渔（农）业区和浙东北都市型、外向型农业区最高，分别为8.0、7.9，浙东南沿海城郊型、外向型农业区为7.4。

红壤 pH平均值在沿海岛屿蓝色渔（农）业区最高，为6.7，浙东北都市型、外向型农业区和浙西北生态型绿色农业区次之，均为5.5，浙中盆地丘陵综合型特色农业区和浙东南沿海城郊型、外向型农业区再次之，分别为5.3、5.2，浙西南生态型绿色农业区最低，为5.1。

（二）主要亚类的 pH值

滨海盐土 pH平均值最高，为7.8；灰潮土较高，为6.6；黄壤、酸性粗骨土平均值最低，分别为5.1、5.2；黄红壤、红壤、棕红壤、酸性紫色土和淹育水稻土较低，均为5.3；石灰性紫色土和红壤性土也较低，均为5.4；其他各亚类平均值为5.5～6.5，处于微酸性水平（表6-3）。

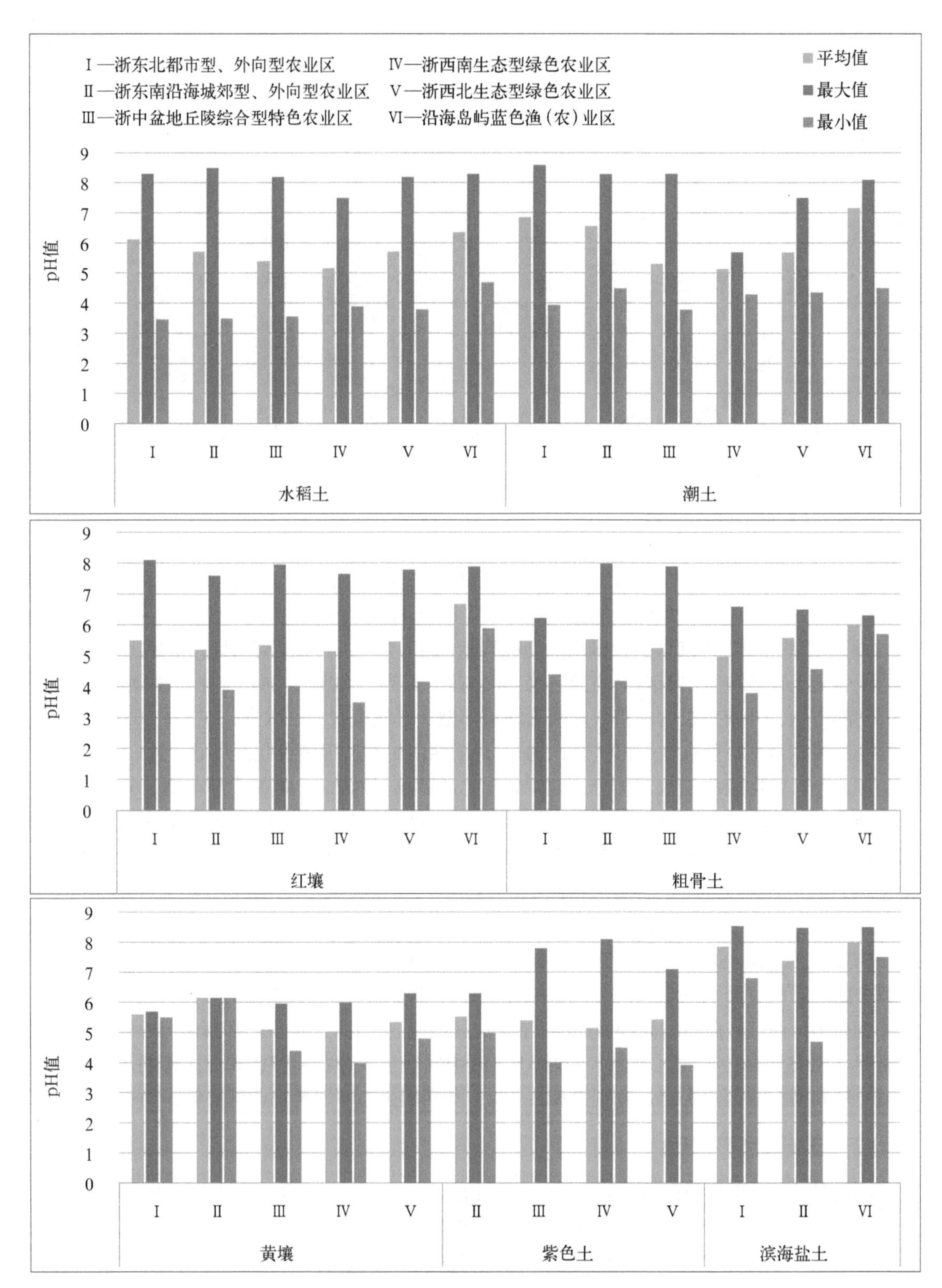

图6-3　浙江省主要土类耕地土壤pH值在不同农业功能区的差异

表6-3 浙江省主要亚类耕地土壤pH值

亚类	样点数(个)	最小值	最大值	平均值	标准差	变异系数(%)
潴育水稻土	2 391	3.5	8.2	5.6	0.74	13
渗育水稻土	1 109	3.5	8.5	6.0	0.94	16
脱潜水稻土	833	4.3	8.1	6.0	0.62	10
淹育水稻土	749	3.8	8.5	5.3	0.73	14
潜育水稻土	104	3.6	7.4	5.5	0.62	11
黄红壤	780	3.5	8.0	5.3	0.63	12
红壤	152	3.9	8.1	5.3	0.69	13
红壤性土	68	4.4	7.6	5.4	0.56	10
棕红壤	14	4.4	6.2	5.3	0.50	9
饱和红壤	2	6.2	6.3	6.3	0.07	—
黄壤	122	4.0	6.3	5.1	0.44	9
石灰性紫色土	70	4.0	8.1	5.4	0.78	15
酸性紫色土	59	3.9	7.8	5.3	0.69	13
酸性粗骨土	178	3.8	8.0	5.2	0.67	13
灰潮土	491	3.8	8.6	6.6	1.05	16
滨海盐土	149	4.7	8.5	7.8	0.52	7
潮滩盐土	2	5.2	7.1	6.2	1.34	—
黑色石灰土	2	5.6	6.2	5.9	0.42	—
棕色石灰土	26	4.8	7.6	6.1	0.82	13
基性岩土	10	4.9	6.7	5.8	0.60	10

变异系数均较低，以灰潮土和渗育水稻土(饱和红壤、潮滩盐土、黑色石灰土样点数为2，未统计变异系数)最高，为16%；石灰性紫色土次之，为15%；而棕红壤、黄壤、滨海盐土变异系数皆低于10%，其中滨海盐土最低，为7%；其他各亚类变异系数变动范围为10%～15%。

(三)地貌类型与土壤pH值

不同地貌类型间，滨海平原土壤pH值最高，为7.1；其次是水网平原，平均值为6.1；接着是河谷平原和低丘，平均值均为5.4；低山平均值最低，为5.0；高丘和中山平均值较低，分别为5.1、5.2。变异系数以滨海平原最大，为14%；河谷平原、低丘次之，均为13%；低山最低，为8%；在其他地貌类型中，变异系数变动范围为9%～11%(图6-4)。

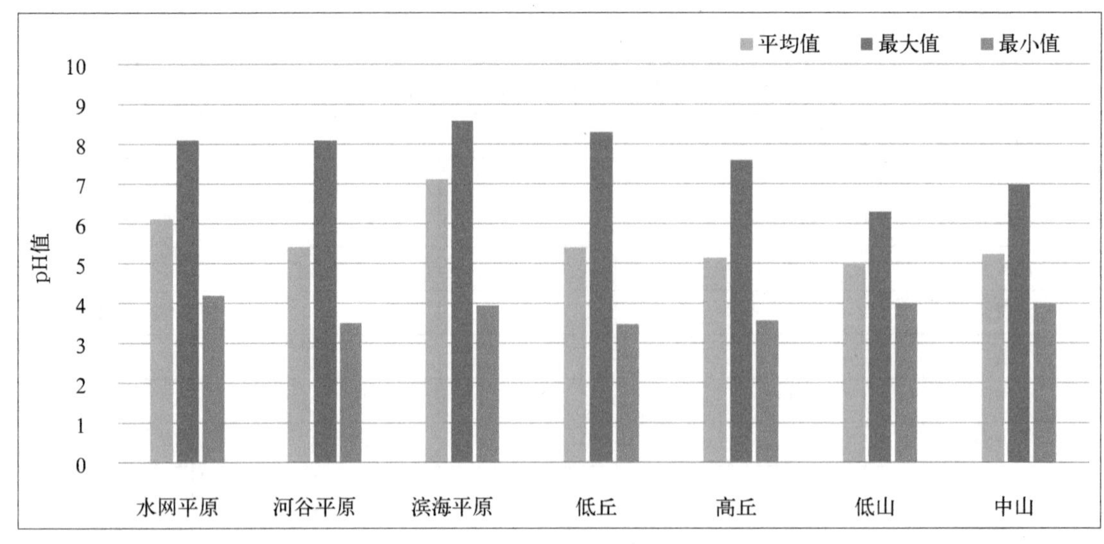

图6-4　浙江省不同地貌地形耕地土壤 pH值

（四）土壤质地与土壤 pH值

浙江省的不同土壤质地中，砂土、砂壤、轻壤、中壤、重壤、黏土的 pH平均值依次为5.9、5.3、5.1、5.6、5.8、6.0（图6-5）。

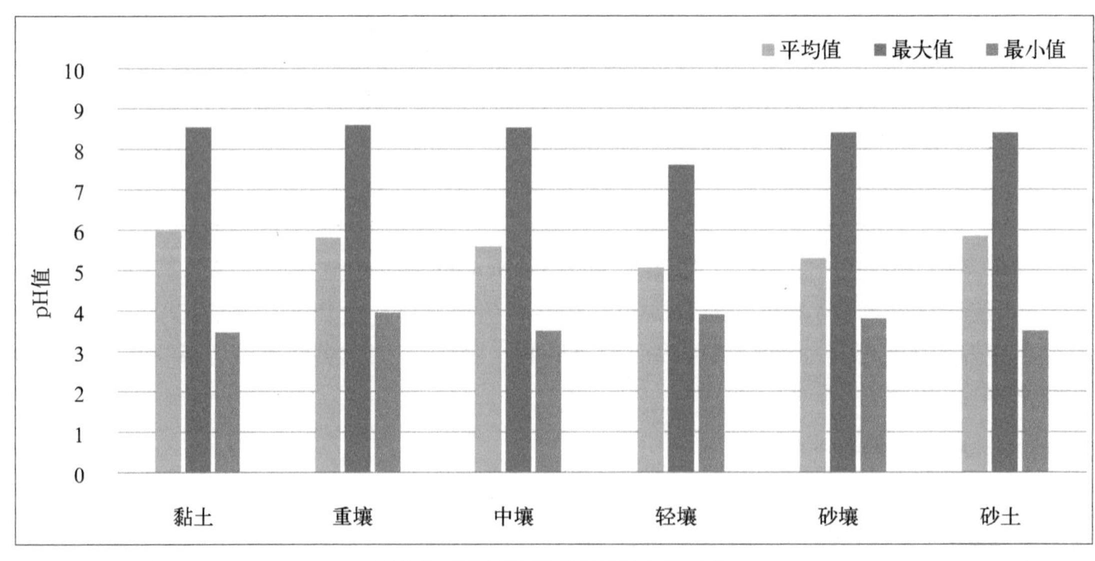

图6-5　浙江省不同质地耕地土壤 pH值

三、土壤 pH分级面积与分布

（一）土壤 pH分级面积

根据浙江省域土壤 pH状况，参照浙江省耕地土壤其他理化指标分级标准（表6-1），将土壤 pH值划分为5级。全区耕地土壤 pH分级面积占比如图6-6所示。

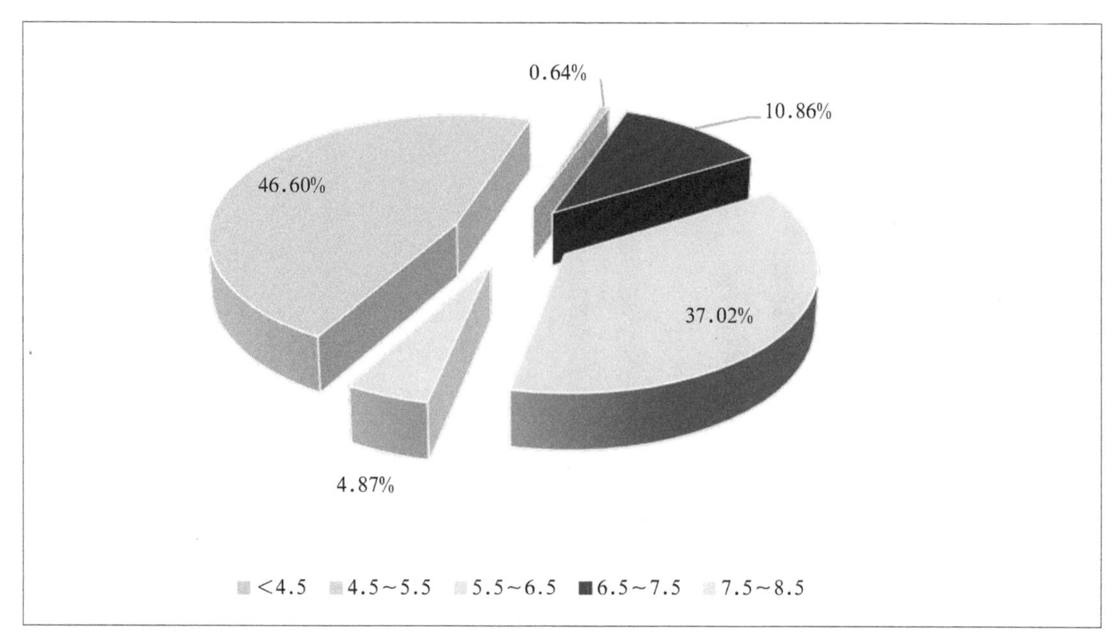

图6-6　浙江省耕地土壤pH值分级面积占比

土壤pH值在6.5~7.5的耕地共20.86万 hm^2，占全省耕地面积的10.86%；土壤pH值在5.5~6.5的耕地共71.12万 hm^2，占全省耕地面积的37.02%；土壤pH值在7.5~8.5的耕地共9.35万 hm^2，占全省耕地面积的4.87%；土壤pH值在5.5~8.5的前3级耕地面积共101.33万 hm^2，占全省耕地面积的52.75%。浙江省未发现土壤pH值大于8.5的耕地；土壤pH值在4.5~5.5的耕地共89.52万 hm^2，占全省耕地面积的46.60%，占比最高；土壤pH值小于4.5的耕地面积较少，为1.24万 hm^2，仅占全省耕地面积的0.64%。可见，浙江省耕地土壤酸碱度总体适宜，但酸化土壤占有较大比例。

（二）土壤pH地域分布特征

在不同的农业功能区其土壤pH值有差异（图6-7、图6-8）。

土壤pH值在6.5~7.5的耕地主要分布在浙东北都市型、外向型农业区，面积为13.55万 hm^2，占全省耕地面积的7.05%；其次是浙东南沿海城郊型、外向型农业区，面积为4.82万 hm^2，占全省耕地面积的2.51%；再次是浙西北生态型绿色农业区和浙中盆地丘陵综合型特色农业区，面积分别为9 700 hm^2、8 400 hm^2；沿海岛屿蓝色渔（农）业区有6 400 hm^2，占全省耕地面积的0.33%；浙西南生态型绿色农业区最少，只有500 hm^2。

土壤pH值在5.5~6.5的耕地主要分布在浙东北都市型、外向型农业区，面积为27.7万 hm^2，占全省耕地面积的14.42%；其次是浙中盆地丘陵综合型特色农业区，面积为16.44万 hm^2，占全省耕地面积的8.56%；再次是浙西北生态型绿色农业区和浙东南沿海城郊型、外向型农业区，面积分别为12.11万 hm^2、11.06万 hm^2，分别占全省耕地面积的6.30%、5.76%；浙西南生态型绿色农业区有2.21万 hm^2，占全省耕地面积的1.15%；沿海岛屿蓝色渔（农）业区最少，只有1.60万 hm^2。

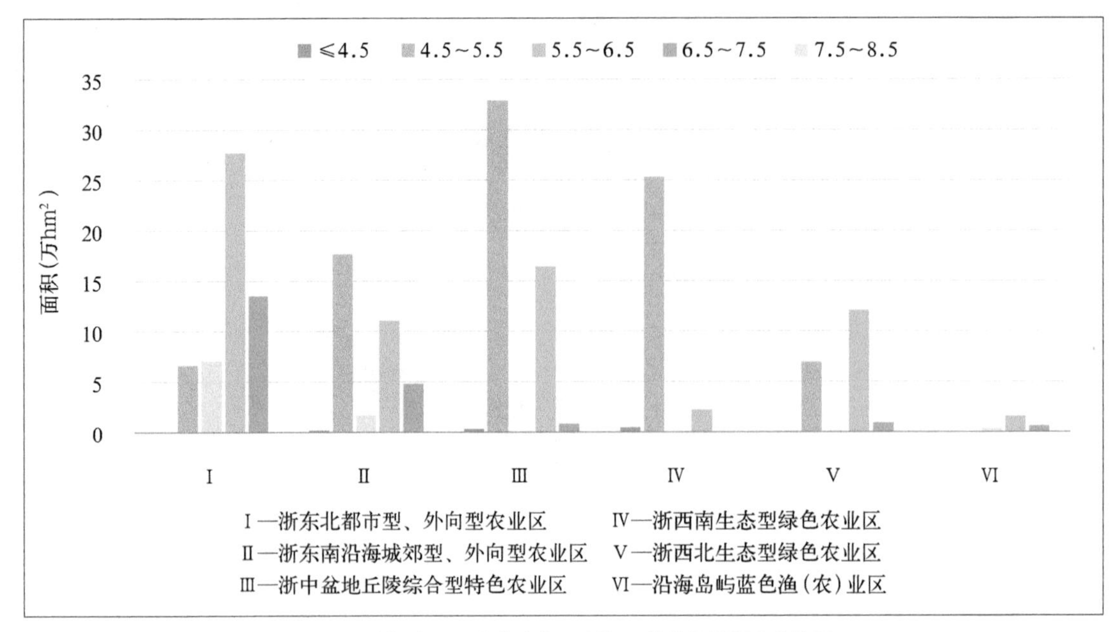

图6-7　浙江省不同农业功能区土壤pH值分级面积分布情况

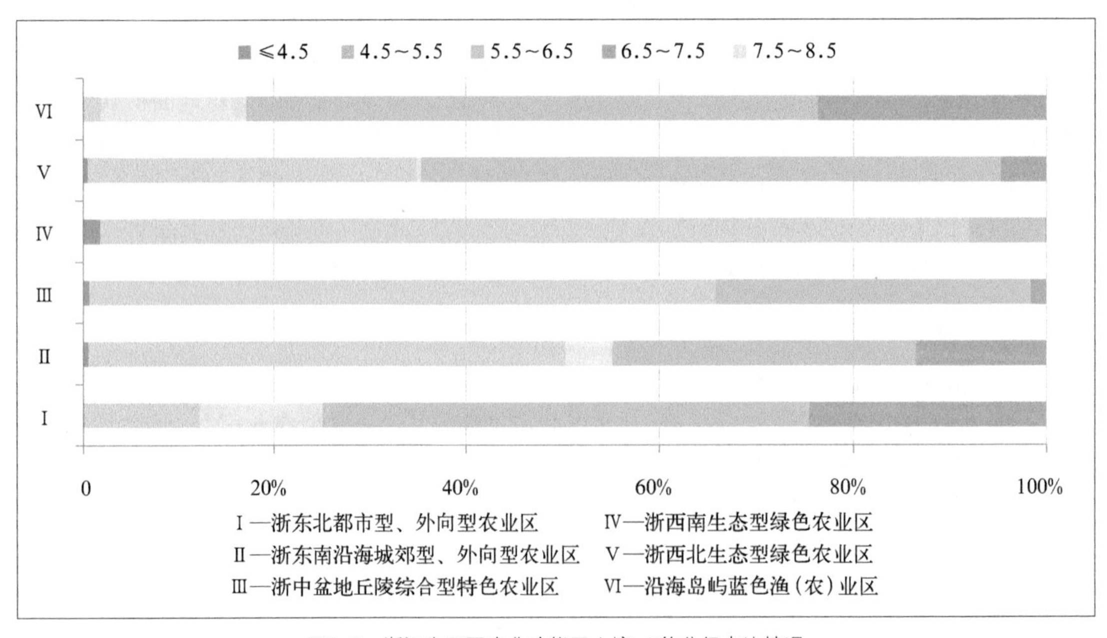

图6-8　浙江省不同农业功能区土壤pH值分级占比情况

土壤pH值在7.5～8.5的耕地，在浙东北都市型、外向型农业区分布最多，面积为7.10万hm²，占全省耕地面积的3.70％；其次是浙东南沿海城郊型、外向型农业区，面积为1.73万hm²，占全省耕地面积的0.90％；然后是沿海岛屿蓝色渔（农）业区和浙西北生态型绿色农业区，面积分别为4 100hm²、1 100hm²，分别占全省耕地面积的0.21％、0.06％；浙中盆地丘陵综合型特色农业区最少，面积不足100hm²，占全省耕地面积的比例不足0.01％；浙西南生态型绿色农业区则未发现土壤pH值在7.5～8.5的耕地。

土壤pH值在4.5～5.5的耕地，在浙中盆地丘陵综合型特色农业区分布最多，面积为32.9万hm^2，占全省耕地面积的17.13%；其次是浙西南生态型绿色农业区，面积为25.31万hm^2，占全省耕地面积的13.18%；然后是浙东南沿海城郊型、外向型农业区，面积为17.68万hm^2，占全省耕地面积的9.20%；浙西北生态型绿色农业区和浙东北都市型、外向型农业区分别有6.95万hm^2、6.63万hm^2，分别占全省耕地面积的3.62%、3.45%；沿海岛屿蓝色渔（农）业区最少，面积仅500hm^2，占全省耕地面积的0.03%。

土壤pH值小于4.5的耕地主要分布在浙西南生态型绿色农业区，面积为5 100hm^2，浙中盆地丘陵综合型特色农业区，浙东南沿海城郊型、外向型农业区和浙西北生态型绿色农业区分别有3 400hm^2、2 100hm^2、1 100hm^2；浙东北都市型、外向型农业区分布最少，仅有700hm^2；而沿海岛屿蓝色渔（农）业区则未发现土壤pH值小于4.5的耕地。

浙江省未发现土壤pH值大于8.5的耕地。

在不同地级市之间土壤pH值有差异（表6-4）。

表6-4　浙江省耕地土壤pH值不同等级区域分布特征

等级	地级市	面积（万hm^2）	占该市比例（%）	占全省比例（%）
6.5～7.5	杭州市	2.26	11.54	1.18
	宁波市	2.23	11.18	1.16
	温州市	0.81	3.12	0.42
	嘉兴市	7.60	38.83	3.96
	湖州市	2.75	18.23	1.43
	绍兴市	0.98	5.21	0.51
	金华市	0.20	0.88	0.11
	衢州市	0.40	3.03	0.21
	舟山市	0.58	22.91	0.30
	台州市	3.00	15.90	1.56
	丽水市	0.05	0.31	0.03
5.5～6.5	杭州市	8.92	45.51	4.65
	宁波市	6.93	34.74	3.61
	温州市	5.10	19.73	2.65
	嘉兴市	11.76	60.08	6.12
	湖州市	9.91	65.64	5.16
	绍兴市	8.74	46.52	4.55
	金华市	5.17	22.42	2.69
	衢州市	5.52	41.86	2.87
	舟山市	1.48	58.70	0.77
	台州市	6.11	32.36	3.18
	丽水市	1.47	9.43	0.76

（续表）

等级	地级市	面积（万 hm²）	占该市比例（%）	占全省比例（%）
7.5～8.5	杭州市	2.99	15.23	1.55
	宁波市	3.54	17.73	1.84
	温州市	0.01	0.03	0.00
	嘉兴市	0.13	0.66	0.07
	绍兴市	1.05	5.60	0.55
	衢州市	0.00	0.04	0.00
	舟山市	0.41	16.32	0.21
	台州市	1.22	6.48	0.64
4.5～5.5	杭州市	5.27	26.90	2.75
	宁波市	7.20	36.09	3.75
	温州市	19.50	75.47	10.15
	嘉兴市	0.09	0.43	0.04
	湖州市	2.44	16.13	1.27
	绍兴市	7.98	42.49	4.16
	金华市	17.44	75.62	9.08
	衢州市	7.13	54.07	3.71
	舟山市	0.05	2.07	0.03
	台州市	8.43	44.62	4.39
	丽水市	14.00	89.87	7.29
≤4.5	杭州市	0.16	0.81	0.08
	宁波市	0.05	0.27	0.03
	温州市	0.43	1.65	0.22
	绍兴市	0.03	0.17	0.02
	金华市	0.25	1.09	0.13
	衢州市	0.13	1.00	0.07
	台州市	0.12	0.64	0.06
	丽水市	0.06	0.39	0.03

土壤 pH值在6.5～7.5的耕地，占全省耕地面积的10.86%。在嘉兴市分布最多，面积为7.60万 hm²，占该市耕地面积的38.83%，占全省耕地面积的3.96%；其次是台州市，面积为3.00万 hm²，占该市耕地面积的15.90%，占全省耕地面积的1.56%；再次是湖州市、杭州市和宁波市，分别为2.75万 hm²、2.26万 hm²、2.23万 hm²；然后是绍兴市、温州市、舟山市、衢州市和金华市，面积均大于1 000hm²，分别为9 800hm²、8 100hm²、5 800hm²、4 000hm²和2 000hm²，占全省耕地面积的比例为0.11%～0.51%；丽水市分布最少，面积仅500hm²，占该市耕地面积的0.31%，占全省耕地面积的0.03%。

土壤 pH值在5.5～6.5的耕地，占比相对较大，占全省耕地面积的37.02%，在各地市均有较多分布，其中嘉兴市分布最多，面积为11.76万 hm^2，占该市耕地面积的60.08％，占全省耕地面积的6.12％；其次是湖州市，面积为9.91万 hm^2，占该市耕地面积的65.64％，占全省耕地面积的5.16％；再次是杭州市和绍兴市，面积分别为8.92万 hm^2、8.74万 hm^2，分别占全省耕地面积的4.65％、4.55％；然后是宁波市和台州市，面积分别为6.93万 hm^2、6.11万 hm^2，分别占全省耕地面积的3.61％、3.18％；丽水市和舟山市分布最少，分别有1.47万 hm^2、1.48万 hm^2，分别占全省耕地面积的0.76％、0.77％，其中舟山市占该市耕地面积达58.70％，也就是说舟山市的大部分耕地 pH值在5.5～6.5；其他各区均有不少分布，面积在5.1万～5.52万 hm^2，占全省耕地面积比例范围为2.65％～2.87％。

土壤 pH值在7.5～8.5的耕地，占比较低，仅占全省耕地面积的4.87％，其中宁波市分布最多，有3.54万 hm^2，占该市耕地面积的17.73％，占全省耕地面积的1.84％；其次是杭州市，面积为2.99万 hm^2，占该市耕地面积的15.23％，占全省耕地面积的1.55％；再次是台州市和绍兴市，分别有1.22万 hm^2、1.05万 hm^2，分别占全省耕地面积的0.64％、0.55％；而舟山市、嘉兴市、温州市和衢州市分布均较少，面积皆小于1万 hm^2，占全省耕地面积的比例皆不足0.50％；其他各区均未发现土壤 pH值在7.5～8.5的耕地。

土壤 pH值在4.5～5.5的耕地，占全省耕地面积的46.60％，占比最大，且在各地市都有较多分布，其中温州市分布最多，有19.5万 hm^2，占该市耕地面积的75.47％，占全省耕地面积的10.15％；其次是金华市、丽水市，面积分别为17.44万 hm^2、14万 hm^2，分别占全省耕地面积的9.08％、7.29％；舟山市最少，面积为500 hm^2，仅占全省耕地面积的0.03％；嘉兴市次之，面积为900 hm^2，占全省耕地面积的0.04％；其他各区均有不少分布，面积在2.44万～8.43万 hm^2，占全省耕地面积比例范围为1.27％～4.39％。

土壤 pH值小于4.5的耕地，占比最小，只有0.64％，主要分布在温州市，面积为4 300 hm^2，占该市耕地面积的1.65％，占全省耕地面积的0.22％；其次是金华市有2 500 hm^2，占该市耕地面积的1.09％，占全省耕地面积的0.13％；再次是杭州市、衢州市和台州市分别有1 600 hm^2、1 300 hm^2、1 200 hm^2，分别占全省耕地面积的0.08％、0.07％、0.06％；丽水市、宁波市和绍兴市有极少分布，占全省耕地面积比例均在0.05％以下；其他各市皆未发现土壤 pH值小于4.5的耕地。

浙江省未发现土壤 pH值大于8.5的耕地。

四、土壤酸碱调控

浙江省地处亚热带气候区，高温多雨的气候条件导致成土过程脱硅富铝化作用强烈，土壤整体呈酸性反应。且由于长期大量偏施化肥导致耕地土壤酸化趋势明显，已成为影响农作物产量和品质提高的主要障碍因素之一。土壤酸性强弱主要取决于土壤胶体吸附的交换性氢和铝离子的数量（即潜性酸量），主要受大气酸沉降作用以及长期施用化肥的影响，故今后可采取以下技术措施，减缓耕地土壤酸化的趋势，调控土壤酸性状况。

（1）继续加强大气环境污染治理，进一步减少 SO_2和氮氧化物的排放，减缓酸雨导致耕地土壤持续酸化。

（2）大力提倡冬种紫云英，推广秸秆腐熟还田，施用有机无机复混肥、商品有机肥或生物有机肥，持续增加耕地有机物质的投入，提高土壤有机质含量，增强土壤的缓冲性能。

（3）科学施用化肥，合理选择化肥品种，控制化肥用量。适度减施酸性和生理酸性肥料，推广施用碱性或生理碱性肥料。

（4）采取科学合理的酸性土壤改良技术措施，如通过测定土壤潜性酸量，科学计算石灰、白云石粉等改良剂用量，合理调控耕地土壤酸性。

（5）推广施用腐殖酸土壤调理剂、牡蛎壳原料土壤调理剂、碱性生物炭调理剂等，既可改良土壤酸性，又可增加土壤碳和无机矿质养分的输入，达到改良土壤酸性、改善土壤结构、平衡土壤矿质养分供给以及促进土壤微生物繁殖等多重目的。

第二节　耕层土壤阳离子交换量

土壤中胶体所能吸附的各种阳离子的总量称之为土壤阳离子交换量，表示为厘摩尔每千克（cmol/kg）。土壤阳离子交换量能直接反映土壤保蓄、供应和缓冲阳离子养分的能力，而且对土壤中重金属的生物有效性和作物中营养元素的吸收均有一定的影响。土壤阳离子交换量是反映土壤保肥能力的重要指标，是改良土壤与合理施肥的重要理论依据之一。

一、浙江省耕地土壤阳离子交换量空间差异

根据从省级汇总评价7 311个耕层土样中选取出的5 789个耕层土样化验分析结果，浙江省耕层土壤阳离子交换量的平均值为13.8cmol/kg，变化范围为2.0~59.8cmol/kg。根据浙江省耕地土壤其他理化指标分级标准（表6-1），耕层阳离子交换量在一级至五级的点位占比分别为10%、23%、37%、28%和3%（图6-9A）。

全省六大农业功能区中，浙东北都市型、外向型农业区土壤阳离子交换量最高，平均值为17.6cmol/kg，变动范围为2.6 ~ 59.8cmol/kg；其次是沿海岛屿蓝色渔（农）业区，平均为13.3cmol/kg，变动范围为2.0 ~ 32.1cmol/kg；浙东南沿海城郊型、外向型农业区和浙西北生态型绿色农业区略低，平均值皆为13.1cmol/kg，变动范围分别为2.2 ~ 30.6cmol/kg、3.8 ~ 35.6cmol/kg；浙中盆地丘陵综合型特色农业区的土壤阳离子交换量较低，平均值为12.3cmol/kg，变动范围为2.7 ~ 55.9cmol/kg；浙西南生态型绿色农业区最低，平均值为9.9cmol/kg，变动范围为2.1 ~ 30.0cmol/kg（图6-9B）。

11个地级市中，宁波市土壤阳离子交换量最高，平均为19.4cmol/kg，变动范围为4.2 ~ 59.8cmol/kg；嘉兴市、湖州市次之，平均交换量均在15.0cmol/kg以上，分别为17.1cmol/kg、16.4cmol/kg，变动范围分别为7.1 ~ 27.6cmol/kg、5.4 ~ 38.2cmol/kg；丽水市最低，平均为10.0cmol/kg，变动范围为2.1 ~ 28.3cmol/kg；其他各市平均交换量变动范围为11.1 ~ 14.0cmol/kg（图6-9C）。

全省各县（市、区）中，宁波市鄞州区耕地土壤阳离子交换量最高，平均值高达43.9cmol/kg；其次是宁波市江北区，平均39.4cnol/kg；宁波市镇海区和嘉善县，交换量的平均值也较高，均大于20.0cmol/kg；杭州市滨江区最低，平均交换量为5.1cmol/kg；其他县（市、区）为6.2 ~ 19.4cmol/kg。土壤阳离子交换量变异系数以新昌县最高（温州市洞头区样点数为2，未统计变异系数），为70%；杭州市滨江区最低，为7%；其他县（市、区）变异系数均高于10%（表6-5）。

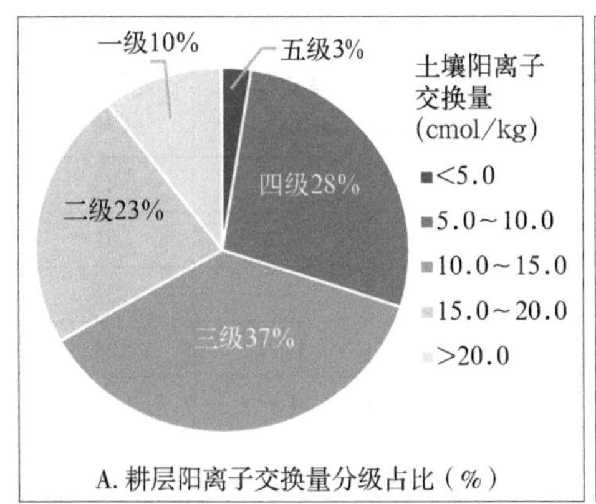

A. 耕层阳离子交换量分级占比（%）

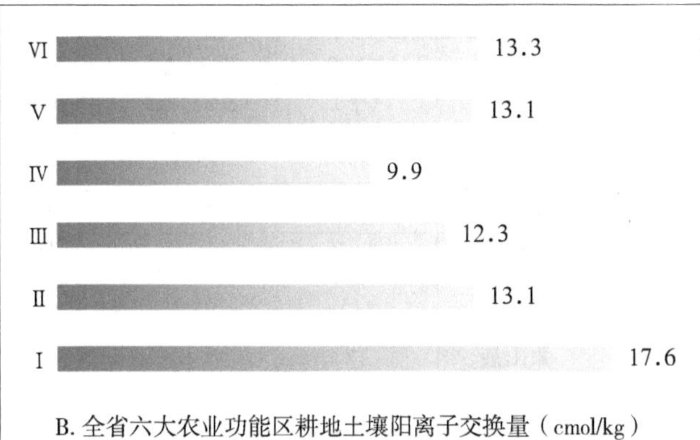

B. 全省六大农业功能区耕地土壤阳离子交换量（cmol/kg）

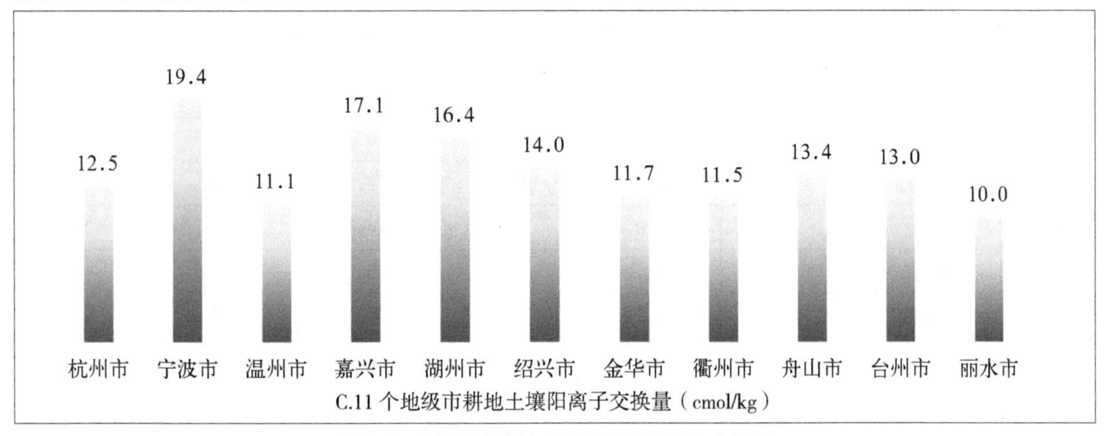

C.11 个地级市耕地土壤阳离子交换量（cmol/kg）

图6-9 浙江省耕层土壤阳离子交换量分布情况

Ⅰ—浙东北都市型、外向型农业区　Ⅳ—浙西南生态型绿色农业区
Ⅱ—浙东南沿海城郊型、外向型农业区　Ⅴ—浙西北生态型绿色农业区
Ⅲ—浙中盆地丘陵综合型特色农业区　Ⅵ—沿海岛屿蓝色渔（农）业区

表6-5 浙江省各县（市、区）耕地土壤阳离子交换量

区域		点位数（个）	最小值（cmol/kg）	最大值（cmol/kg）	平均值（cmol/kg）	标准差（cmol/kg）	变异系数（%）
杭州市	江干区	3	5.1	9.1	7.2	2.0	28
	西湖区	6	11.4	17.6	14.5	2.2	15
	滨江区	3	4.8	5.5	5.1	0.4	7
	萧山区	124	2.6	28.1	11.1	4.4	39
	余杭区	84	3.1	26.8	14.8	4.8	32
	桐庐县	85	6.2	27.0	15.5	5.1	33
	淳安县	24	3.8	13.7	8.1	2.8	35
	建德市	108	5.4	29.3	11.7	3.7	32
	富阳区	102	5.9	18.0	11.9	2.8	24
	临安区	52	8.7	18.6	12.9	2.4	19

（续表）

区域		点位数（个）	最小值（cmol/kg）	最大值（cmol/kg）	平均值（cmol/kg）	标准差（cmol/kg）	变异系数（%）
宁波市	江北区	19	15.5	58.8	39.4	17.7	45
	北仑区	55	5.0	42.6	14.2	7.3	51
	镇海区	23	11.4	35.1	22.0	7.1	32
	鄞州区	115	10.3	59.8	43.9	12.1	28
	象山县	77	5.0	26.5	15.8	4.6	29
	宁海县	139	6.5	21.2	12.6	2.9	23
	余姚市	66	5.5	21.7	13.5	3.6	27
	慈溪市	95	4.2	18.5	11.0	2.6	24
	奉化区	86	6.2	20.5	13.1	3.3	25
温州市	鹿城区	5	5.6	14.0	10.5	3.2	30
	龙湾区	7	14.4	18.7	17.2	1.8	10
	瓯海区	19	8.0	23.3	14.2	5.0	35
	洞头区	2	10.2	11.1	10.7	0.6	—
	永嘉县	91	2.1	28.0	8.5	4.1	48
	平阳县	123	2.2	30.6	10.9	6.2	57
	苍南县	124	6.6	23.1	12.1	3.8	32
	文成县	81	2.6	30.0	11.3	5.4	48
	泰顺县	68	2.1	27.6	8.6	4.8	56
	瑞安市	109	2.9	22.2	12.3	5.0	41
	乐清市	69	3.3	20.1	11.8	3.9	33
嘉兴市	南湖区	69	15.4	25.1	19.4	2.1	11
	秀洲区	106	7.3	23.8	16.3	3.0	18
	嘉善县	113	15.7	27.6	20.6	2.3	11
	海盐县	49	9.6	21.8	16.6	2.4	14
	海宁市	76	7.1	19.8	11.9	2.8	23
	平湖市	104	12.0	24.0	18.4	2.7	15
	桐乡市	61	9.7	19.4	14.5	2.7	18
湖州市	吴兴区	75	7.0	25.0	17.3	4.4	25
	南浔区	107	11.3	38.2	18.7	4.3	23
	德清县	100	5.4	22.4	15.6	3.6	23
	长兴县	128	6.8	24.9	13.7	3.9	29
	安吉县	80	6.0	35.6	17.9	5.1	28
绍兴市	越城区	40	9.1	18.4	14.9	2.0	13
	柯桥区	74	3.9	18.4	13.1	3.2	24

（续表）

区域		点位数（个）	最小值（cmol/kg）	最大值（cmol/kg）	平均值（cmol/kg）	标准差（cmol/kg）	变异系数（%）
绍兴市	上虞区	120	3.5	39.2	13.2	6.0	46
	新昌县	103	3.3	55.9	17.8	12.5	70
	诸暨市	207	6.5	28.8	13.2	4.0	31
	嵊州市	152	5.4	35.0	13.3	3.9	30
金华市	婺城区	45	3.4	15.6	8.2	2.3	29
	金东区	58	6.9	24.0	12.7	4.1	32
	武义县	89	8.8	38.8	13.7	6.0	44
	浦江县	41	4.1	16.6	9.9	3.1	32
	磐安县	26	8.5	15.8	12.3	2.1	17
	兰溪市	129	5.7	22.3	11.3	3.6	32
	义乌市	91	2.9	24.0	10.3	3.5	34
	东阳市	70	5.3	29.6	14.5	5.7	39
	永康市	42	2.7	14.7	10.5	2.1	20
衢州市	柯城区	21	4.1	15.6	9.7	3.2	33
	衢江区	90	6.7	20.2	12.0	2.5	21
	常山县	33	4.4	30.5	12.0	5.3	44
	开化县	77	5.5	17.2	10.2	2.5	25
	龙游县	105	7.2	23.0	12.6	4.0	32
	江山市	170	5.4	22.0	11.4	3.5	31
舟山市	定海区	28	5.2	21.2	12.5	3.5	28
	普陀区	22	2.0	32.1	15.2	9.5	63
	岱山县	13	3.6	26.2	12.2	5.9	49
台州市	椒江区	14	13.9	22.7	18.7	2.8	15
	黄岩区	39	6.9	20.4	12.3	4.1	33
	路桥区	18	10.1	22.6	17.3	3.5	20
	玉环县	8	10.5	18.7	14.7	2.6	18
	三门县	17	4.4	22.7	14.0	5.4	39
	天台县	50	5.2	28.9	10.8	4.5	42
	仙居县	107	4.2	22.8	9.4	3.4	36
	温岭市	118	5.2	22.9	15.2	4.1	27
	临海市	53	6.9	24.0	14.1	4.7	34
丽水市	莲都区	20	4.3	14.7	6.2	2.3	37
	青田县	78	2.1	24.2	8.3	3.8	46
	缙云县	51	5.8	24.8	10.3	2.8	27

（续表）

区域		点位数（个）	最小值（cmol/kg）	最大值（cmol/kg）	平均值（cmol/kg）	标准差（cmol/kg）	变异系数（%）
丽水市	遂昌县	72	7.6	27.3	12.8	3.2	25
	松阳县	77	5.0	17.0	9.3	3.1	33
	云和县	15	5.0	12.9	8.0	2.3	28
	庆元县	57	3.5	23.4	11.0	3.9	36
	景宁县	14	6.5	11.6	8.4	1.7	21
	龙泉市	103	3.3	28.3	10.1	4.2	41

二、不同类型耕地土壤阳离子交换量及其影响因素

（一）主要土类的阳离子交换量

1.各土类的阳离子交换量差异

浙江省主要土壤类型耕地阳离子交换量平均值从高到低依次为：基性岩土、水稻土、潮土、石灰（岩）土、粗骨土、红壤、紫色土、黄壤、滨海盐土。其中，基性岩土阳离子交换量最高，平均值为23.2cmol/kg，变动范围为11.3～41.7cmol/kg；接着是水稻土和潮土，平均值分别为14.4cmol/kg、14.0cmol/kg，变动范围分别为2.0～59.8cmol/kg、2.6～38.2cmol/kg；第三层次是石灰（岩）土和粗骨土，平均值分别为12.1cmol/kg、12.0cmol/kg，变动范围分别为4.8～21.4cmol/kg、3.8～49.5cmol/kg；红壤、紫色土和黄壤较低，平均值分别为11.7cmol/kg、11.7cmol/kg、11.2cmol/kg，变动范围分别为2.1～58.8cmol/kg、2.6～24.8cmol/kg、3.5～22.2cmol/kg；滨海盐土最低，平均值为9.7cmol/kg，变动范围为2.6～21.4cmol/kg（图6-10）。

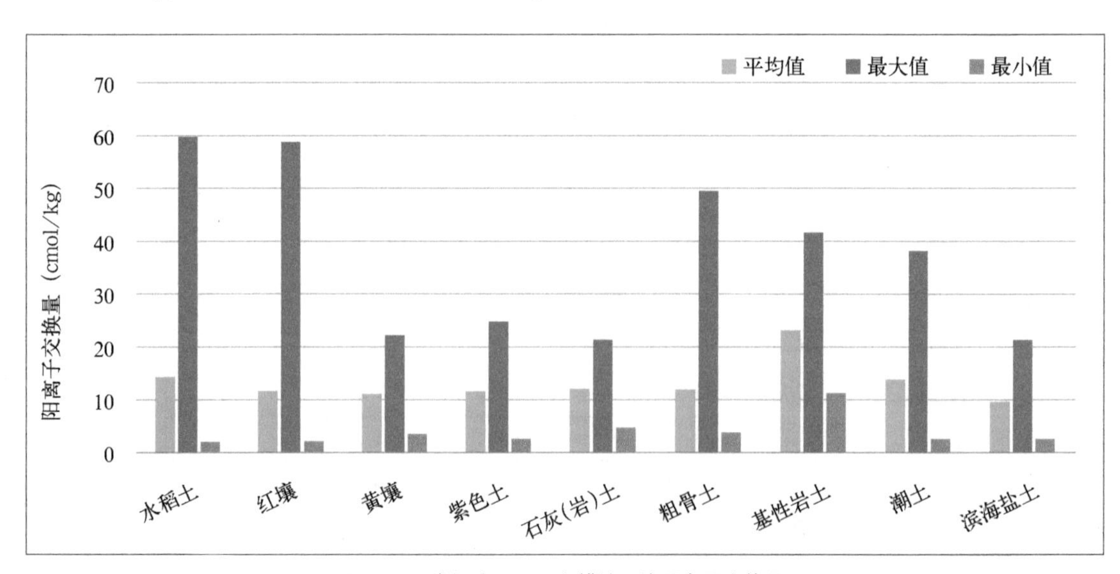

图6-10　浙江省不同土类耕地土壤阳离子交换量

2.主要土类的土壤阳离子交换量在农业功能区间的差异

同一土类土壤的阳离子交换量平均值在不同农业功能分区也有差异，见图6-11。

水稻土阳离子交换量平均值以浙东北都市型、外向型农业区最高，为19.2cmol/kg，沿海岛屿蓝色渔（农）业区，浙东南沿海城郊型、外向型农业区和浙西北生态型绿色农业区次之，分别为14.4cmol/kg、13.7cmol/kg、13.4cmol/kg，浙中盆地丘陵综合型特色农业区再次之，为12.2cmol/kg，浙西南生态型绿色农业区最低，为9.9cmol/kg。

黄壤阳离子交换量平均值以浙东北都市型、外向型农业区最高，为13.1cmol/kg，浙西北生态型绿色农业区和浙中盆地丘陵综合型特色农业区次之，分别为12.8cmol/kg、12.1cmol/kg，浙西南生态型绿色农业区再次之，为10.9cmol/kg，浙东南沿海城郊型、外向型农业区最低，为10.3cmol/kg，沿海岛屿蓝色渔（农）业区没有采集到黄壤。

紫色土阳离子交换量平均值在浙西北生态型绿色农业区最高，为12.4cmol/kg，浙中盆地丘陵综合型特色农业区和浙西南生态型绿色农业区次之，分别为11.7cmol/kg、11.1cmol/kg，浙东南沿海城郊型、外向型农业区再次之，为8.7cmol/kg，浙东北都市型、外向型农业区和沿海岛屿蓝色渔（农）业区均没有采集到紫色土。

粗骨土阳离子交换量平均值在浙东北都市型、外向型农业区最高，为23.8cmol/kg，浙西北生态型绿色农业区次之，为16.3cmol/kg，沿海岛屿蓝色渔（农）业区，浙中盆地丘陵综合型特色农业区和浙东南沿海城郊型、外向型农业区再次之，分别为11.6cmol/kg、11.6cmol/kg、10.1cmol/kg，浙西南生态型绿色农业区最低，为9.7cmol/kg。

潮土阳离子交换量平均值以浙西北生态型绿色农业区最高，为14.9cmol/kg，浙东北都市型、外向型农业区和浙东南沿海城郊型、外向型农业区次之，分别为14.5cmol/kg、14.4cmol/kg，浙中盆地丘陵综合型特色农业区和沿海岛屿蓝色渔（农）业区再次之，分别为9.2cmol/kgg、8.8cmol/kg，浙西南生态型绿色农业区最低，为8.0cmol/kg。

滨海盐土分布在浙东北都市型、外向型农业区，浙东南沿海城郊型、外向型农业区和沿海岛屿蓝色渔（农）业区，土壤阳离子交换量平均值以浙东南沿海城郊型、外向型农业区最高，为14.8cmol/kg，浙东北都市型、外向型农业区和沿海岛屿蓝色渔（农）业区分别为8.9cmol/kg、6.7cmol/kg。

红壤阳离子交换量平均值在浙东北都市型、外向型农业区最高，为15.5cmol/kg，浙中盆地丘陵综合型特色农业区和沿海岛屿蓝色渔（农）业区次之，分别为13.0cmol/kg、12.6cmol/kg，浙西北生态型绿色农业区，浙东南沿海城郊型、外向型农业区再次之，分别为11.9cmol/kg、10.7cmol/kg，浙西南生态型绿色农业区最低，为9.6cmol/kg。

（二）主要亚类的阳离子交换量

基性岩土阳离子交换量平均值最高，为23.2cmol/kg；脱潜水稻土和潜育水稻土较高，分别为19.8cmol/kg、17.1cmol/kg；滨海盐土平均值最低，为9.7cmol/kg；其他各亚类阳离子交换量平均值皆大于10.0cmol/kg，在10.2～14.0cmol/kg之间（表6-6）。

变异系数以潜育水稻土（饱和红壤、潮滩盐土、黑色石灰土样点数小于等于2，未统计变异系数）最高，为58%；红壤次之，为57%；红壤性土、酸性粗骨土和黄红壤也较高，皆高于50%；棕红壤最低，为11%；其他各亚类变异系数在32%～50%之间。

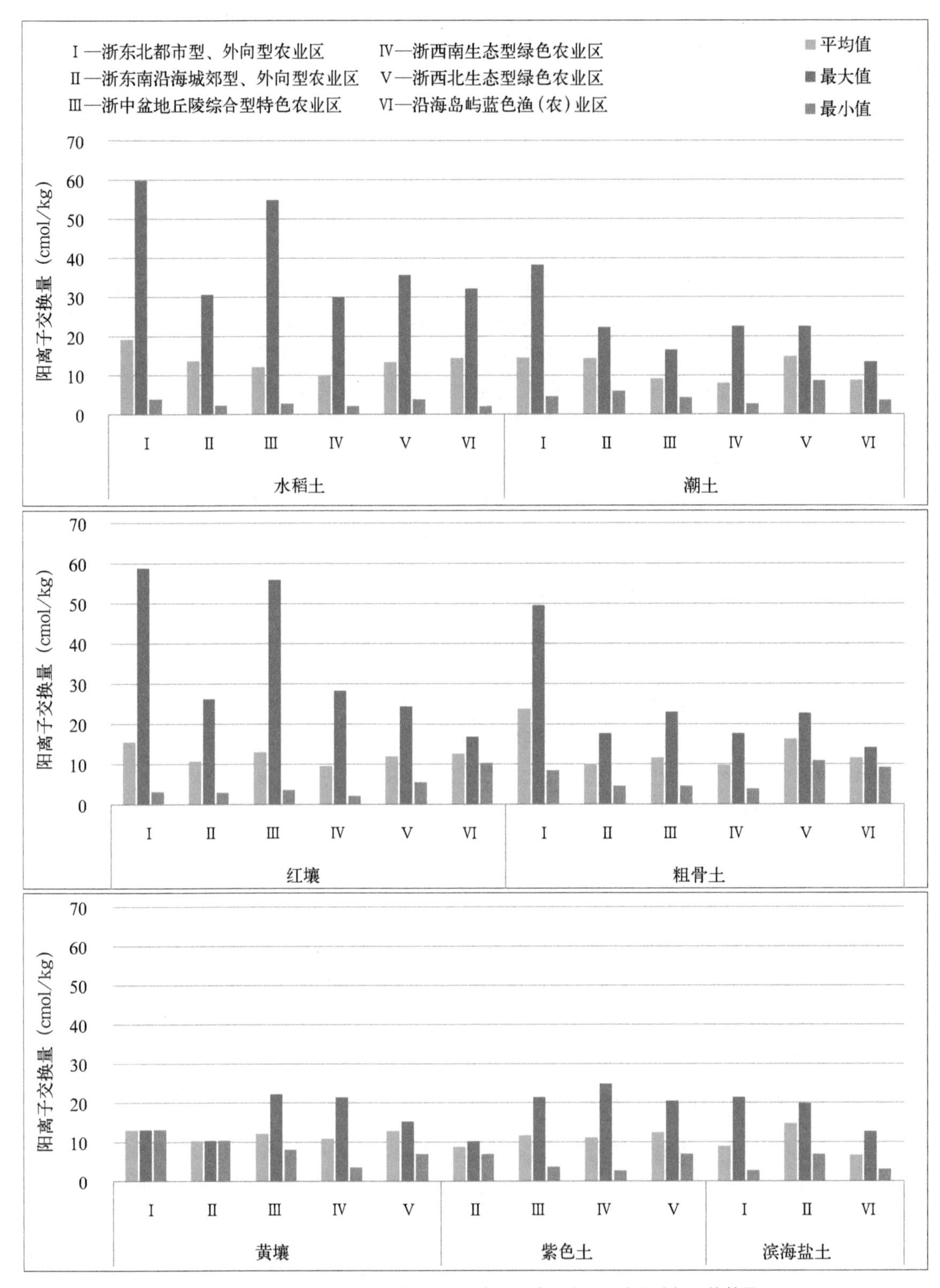

图6-11　浙江省主要土类耕地土壤阳离子交换量在不同农业功能区的差异

表6-6　浙江省主要亚类耕地土壤阳离子交换量

亚类	样点数（个）	最小值（cmol/kg）	最大值（cmol/kg）	平均值（cmol/kg）	标准差（cmol/kg）	变异系数（%）
潴育水稻土	1 939	2.3	59.7	13.4	6.59	49
渗育水稻土	913	2.3	57.8	13.9	6.48	47
脱潜水稻土	714	3.8	59.8	19.8	9.40	47
淹育水稻土	528	2.0	38.8	11.1	4.81	43
潜育水稻土	88	4.7	48.2	17.1	10.00	58
黄红壤	572	2.1	58.8	11.3	5.80	51
红壤	126	4.3	55.9	13.0	7.44	57
红壤性土	44	6.0	42.9	12.9	6.81	53
棕红壤	9	8.8	12.9	11.4	1.30	11
饱和红壤	1	10.2	10.2	10.2	—	—
黄壤	70	3.5	22.2	11.2	3.96	35
石灰性紫色土	62	3.6	24.8	11.7	3.75	32
酸性紫色土	32	2.6	20.9	11.6	4.15	36
酸性粗骨土	126	3.8	49.5	12.0	6.17	51
灰潮土	405	2.6	38.2	14.0	4.99	36
滨海盐土	125	2.6	21.4	9.7	4.17	43
潮滩盐土	2	6.8	14.5	10.7	5.44	—
黑色石灰土	2	9.4	11.8	10.6	1.70	—
棕色石灰土	21	4.8	21.4	12.3	4.40	36
基性岩土	10	11.3	41.7	23.2	11.51	50

（三）地貌类型与土壤阳离子交换量

不同地貌类型间，水网平原土壤阳离子交换量最高，为18.4cmol/kg；其次是滨海平原，平均值为14.4cmol/kg；接着是低丘、河谷平原和高丘，平均值分别为12.3cmol/kg、11.5cmol/kg、11.2cmol/kg；低山和中山平均值最低，分别为9.9cmol/kg、9.1cmol/kg。变异系数以高丘最大，为54%；滨海平原次之，为51%；中山最低，为28%；在其他地貌类型中，变异系数在33%~46%之间（图6-12）。

（四）土壤质地与土壤阳离子交换量

浙江省的不同土壤质地中，砂土、砂壤、轻壤、中壤、重壤、黏土的阳离子交换量平均值依次为10.2cmol/kg、11.0cmol/kg、12.3cmol/kg、12.2cmol/kg、15.2cmol/kg、16.5cmol/kg（图6-13）。

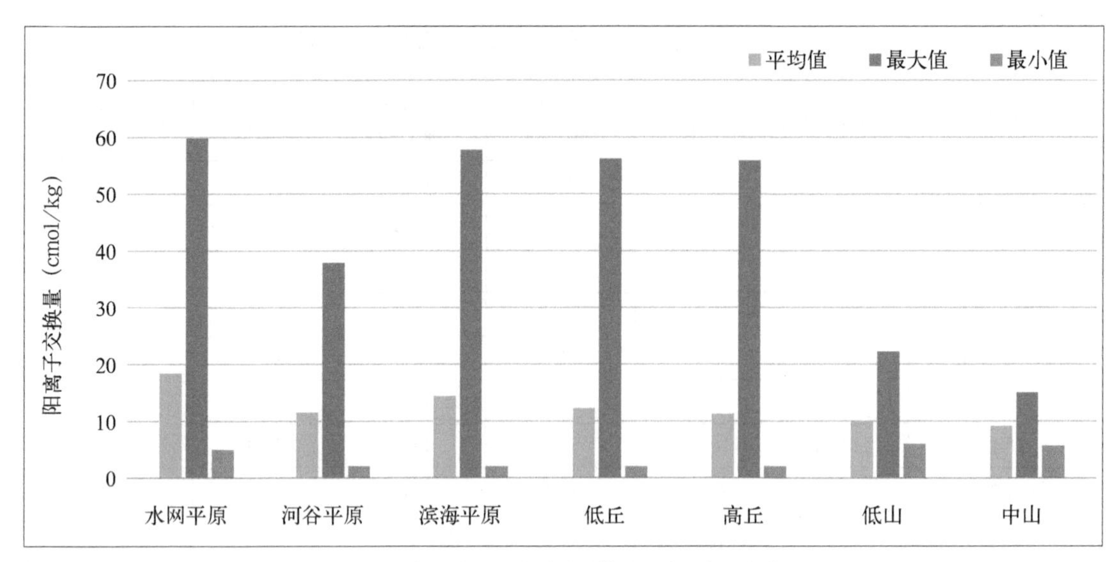

图6-12　浙江省不同地貌地形耕地土壤阳离子交换量

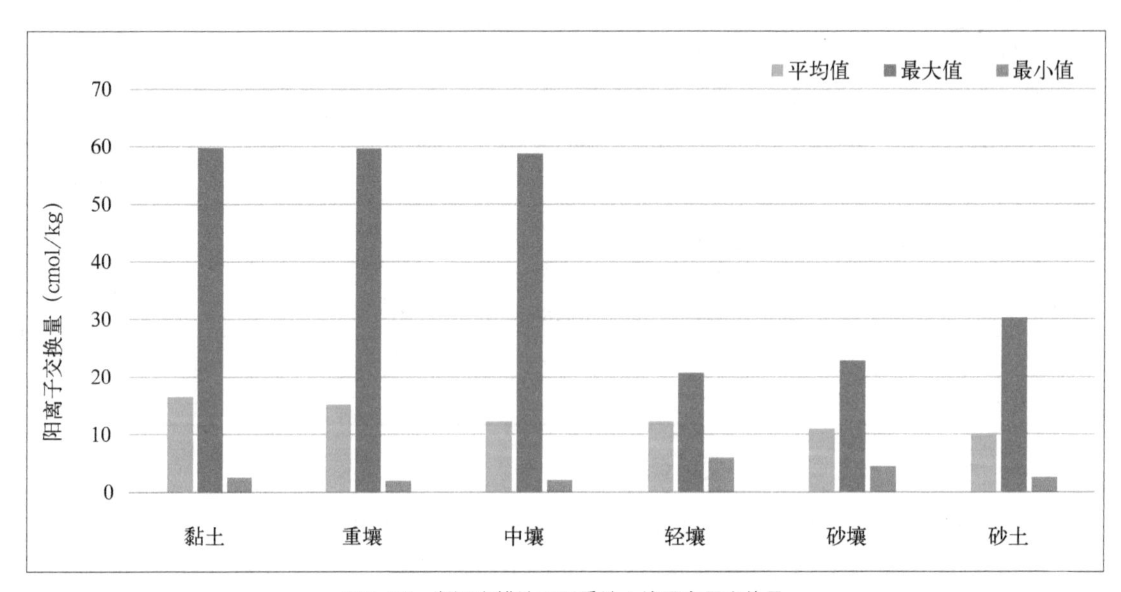

图6-13　浙江省耕地不同质地土壤阳离子交换量

三、土壤阳离子交换量分级面积与分布

（一）土壤阳离子交换量分级面积

根据浙江省域土壤阳离子交换量状况，参照浙江省耕地土壤其他理化指标分级标准（表6-1），将土壤阳离子交换量划分为5级。全区耕地土壤阳离子交换量分级面积占比如图6-14所示。

土壤阳离子交换量大于20.0cmol/kg的耕地共12.55万hm^2，占全省耕地面积的6.53%；土壤阳离子交换量在15.0~20.0cmol/kg的耕地共44.24万hm^2，占全省耕地面积的23.03%；

土壤阳离子交换量在10.0～15.0cmol/kg的耕地共89.13万hm^2，占全省耕地面积的46.40%，占比最高；土壤阳离子交换量大于10.0cmol/kg的前3级耕地面积共145.92万hm^2，占全省耕地面积的75.96%。土壤阳离子交换量在5.0～10.0cmol/kg的耕地共45.49万hm^2，占全省耕地面积的23.68%；土壤阳离子交换量小于5.0cmol/kg的耕地面积较少，为6 900hm^2，仅占全省耕地面积的0.36%。可见，浙江省耕地土壤阳离子交换量总体较高，以中等偏上水平为主。

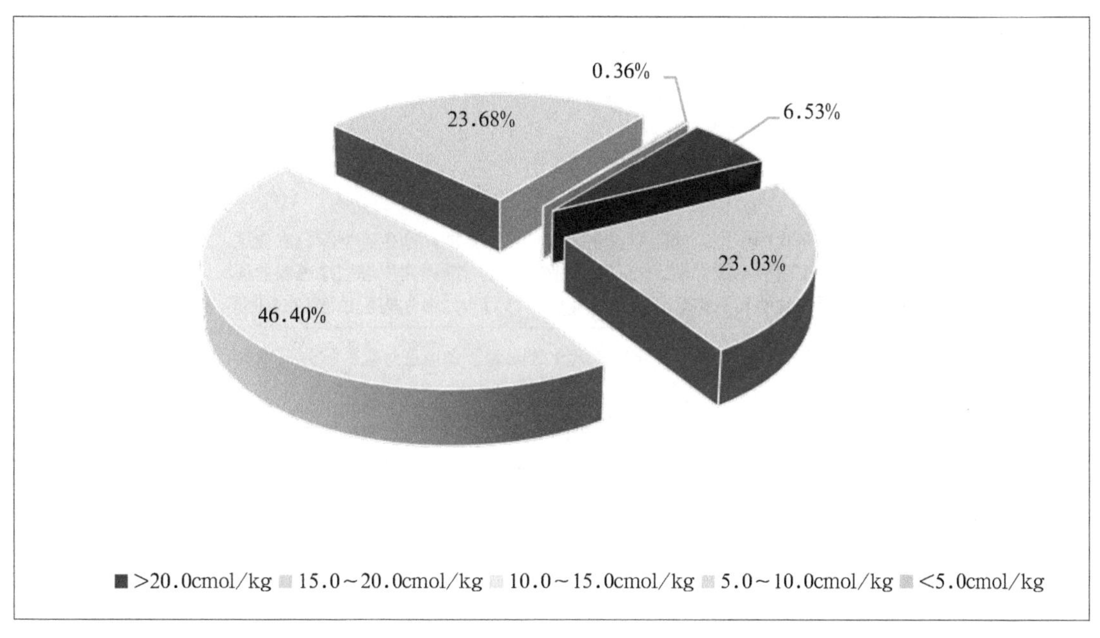

图6-14 浙江省耕地土壤阳离子交换量分级面积占比

（二）土壤阳离子交换量地域分布特征

在不同的农业功能区其土壤阳离子交换量有差异（图6-15、图6-16）。

土壤阳离子交换量大于20.0cmol/kg的耕地主要分布在浙东北都市型、外向型农业区，面积为8.60万hm^2，占全省耕地面积的4.48%；其次是浙中盆地丘陵综合型特色农业区和浙东南沿海城郊型、外向型农业区，面积分别为1.66万hm^2、1.35万hm^2，分别占全省耕地面积的0.86%、0.70%；再次是浙西北生态型绿色农业区，面积为7 300hm^2；浙西南生态型绿色农业区有1 300hm^2，占全省耕地面积的0.07%；沿海岛屿蓝色渔（农）业区最少，只有700hm^2。

土壤阳离子交换量在15.0～20.0cmol/kg的耕地主要分布在浙东北都市型、外向型农业区，面积为22.04万hm^2，占全省耕地面积的11.48%；其次是浙东南沿海城郊型、外向型农业区，面积为10.8万hm^2，占全省耕地面积的5.62%；再次是浙中盆地丘陵综合型特色农业区和浙西北生态型绿色农业区，面积分别为5.56万hm^2、4.50万hm^2，分别占全省耕地面积的2.89%、2.34%；浙西南生态型绿色农业区有8 500hm^2，占全省耕地面积的0.44%；沿海岛屿蓝色渔（农）业区最少，只有4 900hm^2。

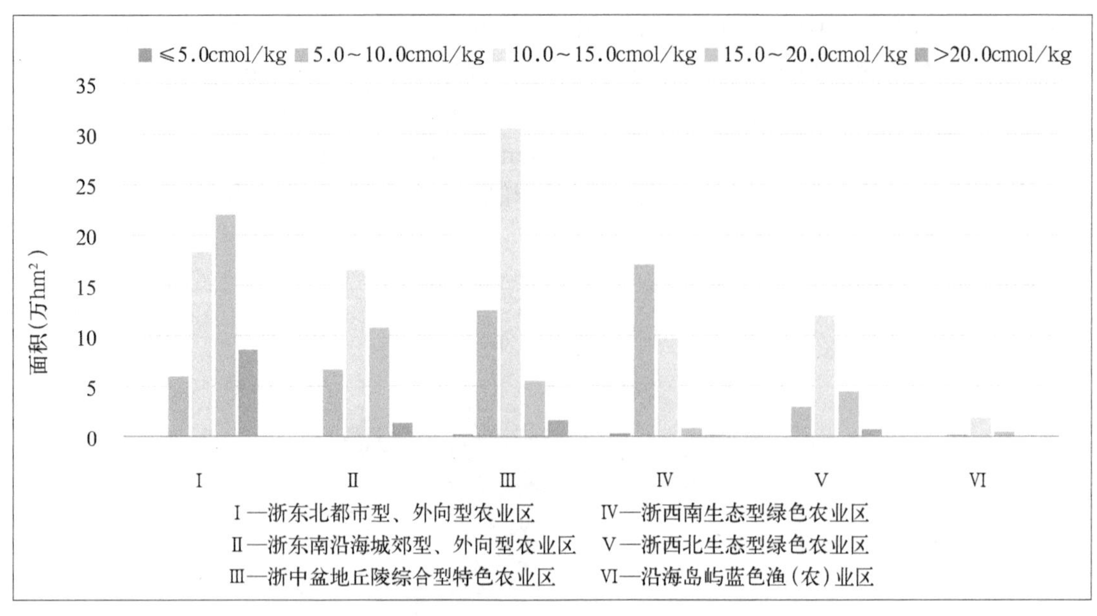

图6-15　浙江省不同农业功能区土壤阳离子交换量分级面积分布情况

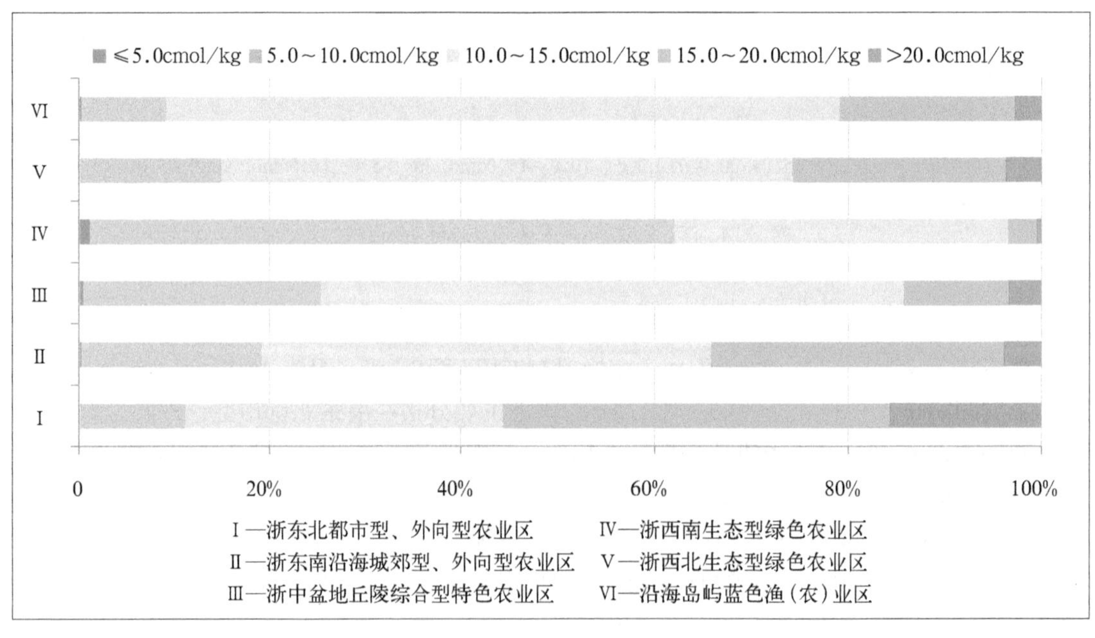

图6-16　浙江省不同农业功能区土壤阳离子交换量分级占比情况

土壤阳离子交换量在10.0～15.0cmol/kg的耕地，在浙中盆地丘陵综合型特色农业区分布最多，面积为30.59万 hm^2，占全省耕地面积的15.92%；其次是浙东北都市型、外向型农业区和浙东南沿海城郊型、外向型农业区，面积分别为18.35万 hm^2、16.56万 hm^2，分别占全省耕地面积的9.55%、8.62%；再次是浙西北生态型绿色农业区，面积为12.02万 hm^2，占全省耕地面积的6.26%；浙西南生态型绿色农业区有9.71万 hm^2，占全省耕地面积的5.05%；沿海岛屿蓝色渔（农）业区最少，面积为1.89万 hm^2，占全省耕地面积的0.99%。

土壤阳离子交换量在5.0～10.0cmol/kg的耕地，在浙西南生态型绿色农业区分布最多，面积为17.08万 hm^2，占全省耕地面积的8.89%；其次是浙中盆地丘陵综合型特色农业区，面积为12.5万 hm^2，占全省耕地面积的6.51%；再次是浙东南沿海城郊型、外向型农业区和浙东北都市型、外向型农业区分别有6.69万 hm^2、6.01万 hm^2，分别占全省耕地面积的3.48%、3.13%；浙西北生态型绿色农业区有2.97万 hm^2，占全省耕地面积的1.55%；沿海岛屿蓝色渔（农）业区最少，面积仅2 400hm^2，占全省耕地面积的0.12%。

土壤阳离子交换量小于5.0cmol/kg的耕地主要分布在浙西南生态型绿色农业区，面积为3 200hm^2，浙中盆地丘陵综合型特色农业区有2 200hm^2，而其他四区的分布面积皆小于1 000hm^2，占全省耕地面积的比例皆小于0.10%。

在不同地级市之间土壤阳离子交换量有差异（表6-7）。

表6-7　浙江省耕地土壤阳离子交换量不同等级区域分布特征

等级（cmol/kg）	地级市	面积（万 hm^2）	占该市比例（%）	占全省比例（%）
>20.0	杭州市	0.48	2.47	0.25
	宁波市	4.92	24.68	2.56
	温州市	0.43	1.68	0.23
	嘉兴市	2.25	11.50	1.17
	湖州市	1.81	12.00	0.94
	绍兴市	1.42	7.58	0.74
	金华市	0.33	1.44	0.17
	衢州市	0.09	0.71	0.05
	舟山市	0.07	2.89	0.04
	台州市	0.69	3.66	0.36
	丽水市	0.03	0.19	0.02
15.0～20.0	杭州市	3.70	18.88	1.93
	宁波市	3.19	15.98	1.66
	温州市	3.58	13.85	1.86
	嘉兴市	11.75	60.04	6.12
	湖州市	8.61	56.99	4.48
	绍兴市	3.90	20.76	2.03
	金华市	1.93	8.35	1.00
	衢州市	0.71	5.36	0.37
	舟山市	0.49	19.53	0.26
	台州市	6.13	32.45	3.19
	丽水市	0.26	1.68	0.14
10.0～15.0	杭州市	10.93	55.75	5.69
	宁波市	10.11	50.68	5.26

（续表）

等级（cmol/kg）	地级市	面积（万 hm^2）	占该市比例（%）	占全省比例（%）
10.0~15.0	温州市	9.36	36.24	4.87
	嘉兴市	4.87	24.89	2.54
	湖州市	4.13	27.34	2.15
	绍兴市	11.67	62.12	6.08
	金华市	14.62	63.41	7.61
	衢州市	9.43	71.49	4.91
	舟山市	1.72	67.95	0.89
	台州市	6.87	36.40	3.58
	丽水市	5.41	34.73	2.82
5.0~10.0	杭州市	4.47	22.82	2.33
	宁波市	1.73	8.65	0.90
	温州市	12.18	47.14	6.34
	嘉兴市	0.70	3.57	0.36
	湖州市	0.55	3.67	0.29
	绍兴市	1.75	9.34	0.91
	金华市	6.17	26.76	3.21
	衢州市	2.96	22.44	1.54
	舟山市	0.24	9.36	0.12
	台州市	4.98	26.37	2.59
	丽水市	9.75	62.62	5.08
≤5.0	杭州市	0.02	0.08	0.01
	温州市	0.28	1.09	0.15
	绍兴市	0.04	0.21	0.02
	金华市	0.01	0.05	0.01
	舟山市	0.01	0.27	0.00
	台州市	0.21	1.13	0.11
	丽水市	0.12	0.78	0.06

土壤阳离子交换量大于20.0cmol/kg的耕地，占比较低，仅占全省耕地面积的6.53%，其中宁波市分布最多，面积为4.92万 hm^2，占该市耕地面积的24.68%，占全省耕地面积的2.56%；其次是嘉兴市，面积为2.25万 hm^2，占该市耕地面积的11.50%，占全省耕地面积的1.17%；再次是湖州市和绍兴市，分别为1.81万 hm^2、1.42万 hm^2；然后是台州市、杭州市、温州市和金华市，面积均大于1 000hm^2，分别为6 900hm^2、4 800hm^2、4 300hm^2和3 300hm^2，占全省耕地面积的比例在0.17%~0.36%；其他三市分布面积均不足1 000hm^2，其中丽水市分布最少，仅300hm^2。

土壤阳离子交换量在15.0~20.0cmol/kg的耕地，占全省耕地面积的23.03%，在各地市均有较多分布，其中嘉兴市分布最多，面积为11.75万 hm^2，占该市耕地面积的60.04%，占全省耕地面积的6.12%；其次是湖州市和台州市，面积分别为8.61万 hm^2、6.13万 hm^2，分别占全省耕地面积的4.48%、3.19%；再次是绍兴市、杭州市、温州市和宁波市，面积分别为3.90万 hm^2、3.70万 hm^2、3.58万 hm^2、3.19万 hm^2，分别占全省耕地面积的2.03%、1.93%、1.86%、1.66%；然后是金华市，面积为1.93万 hm^2，占该市耕地面积的8.35%，占全省耕地面积的1.00%；衢州市、舟山市和丽水市分布面积均不足1万 hm^2，其中丽水市分布最少，为2 600 hm^2，占全省耕地面积的0.14%。

土壤阳离子交换量在10.0～15.0cmol/kg的耕地，占全省耕地面积的46.40%，占比最大，且在各地市都有较多分布，其中金华市分布最多，有14.62万 hm^2，占该市耕地面积的63.41%，占全省耕地面积的7.61%；其次是绍兴市、杭州市和宁波市，面积分别为11.67万 hm^2、10.93万 hm^2、10.11万 hm^2，分别占全省耕地面积的6.08%、5.69%、5.26%；再次是衢州市和温州市，分别有9.43万 hm^2、9.36万 hm^2，分别占全省耕地面积的4.91%、4.87%；舟山市分布最少，面积为1.72万 hm^2，占全省耕地面积的比例仅为0.89%，但占该市耕地面积达67.95%，也就是说舟山市的大部分耕地土壤阳离子交换量在10.0～15.0cmol/kg；其他各区均有不少分布，面积在4.13万～6.87万 hm^2，占全省耕地面积比例范围为2.15%～ 3.58%。

土壤阳离子交换量在5.0～10.0cmol/kg的耕地，占比相对较大，占全省耕地面积的23.68%，其中温州市分布最多，有12.18万 hm^2，占该市耕地面积的47.14%，占全省耕地面积的6.34%；其次是丽水市，面积为9.75万 hm^2，占全省耕地面积的5.08%；舟山市最少，面积仅为2 400 hm^2，仅占全省耕地面积的0.12%；湖州市、嘉兴市次之，面积分别为5 500 hm^2、7 000 hm^2，分别占全省耕地面积的0.29%、0.36%；其他各区均有不少分布，面积在1.73万～6.17万 hm^2，占全省耕地面积比例范围为0.90%～3.21%。

土壤阳离子交换量小于5.0cmol/kg的耕地，占比最小，只有0.36%，主要分布在温州市，面积为2 800 hm^2，占该市耕地面积的1.09%，占全省耕地面积的0.15%；其次是台州市有2 100 hm^2，占该市耕地面积的1.13%，占全省耕地面积的0.11%；再次是丽水市有1 200 hm^2，占全省耕地面积的0.06%；绍兴市、杭州市、金华市和舟山市有极少分布，占全省耕地面积比例均在0.05%以下；其他各市皆未发现土壤阳离子交换量小于5.0cmol/kg的耕地。

四、土壤阳离子交换量调控

阳离子在土壤中的含量和比例因土壤类型、气候、地形和母质等因素而发生变化。浙江省地处亚热带气候区，高温多雨的气候条件导致成土过程脱硅富铝化作用强烈，土壤整体呈酸性反应，从而影响土壤阳离子交换量。浙江省的土壤阳离子交换量也受到农业活动的影响。例如，长期施用化肥和有机肥会影响土壤中的阳离子组成和比例，导致土壤阳离子交换量的变化，故今后可采取以下技术措施，从而提高土壤的阳离子交换量，调控土壤阳离了文换量状况。

（1）增施有机肥。有机肥可以提供丰富的营养元素，同时还可以促进土壤中生物量的增加，提高土壤中腐殖质的含量，进而增加土壤胶体的数量和活性，提高土壤阳离子交换量。

（2）改善农业耕作方式。采用合理的耕作方式如间作、轮作、深耕等增加土壤生物量，增加土壤胶体的数量和活性，提高土壤阳离子交换量。

（3）施用生物质炭。生物质炭是一种富含碳元素的有机材料，可以增加土壤中的有机质含量，促进土壤胶体的形成，进而提高土壤阳离子交换量。

（4）应用土壤调理剂。使用一些特定的化学物质如聚合物、生物刺激素等可以改善土壤结构，增加土壤胶体的数量和活性，提高土壤阳离子交换量。

（5）调节土壤水分。土壤过湿或过干都会影响土壤胶体的吸附能力，从而影响土壤的阳离子交换量。因此，适时调节土壤水分可以有效地调控土壤阳离子交换量。如利用农作物秸秆、塑料薄膜等覆盖在土壤表面可减少土壤水分的蒸发，提高土壤湿度，促进土壤胶体的形成，从而提高土壤阳离子交换量。

第三节　耕层土壤厚度

耕层土壤厚度在农业生产中有着重要的作用，影响土壤水分、养分库的容量和农作物根系的伸长，对作物生长发育、水分和养分吸收、产量和品质等均具有显著影响。耕层土壤厚度取决于有效土层厚度和人为耕作施肥，在有效土层厚度许可的情况下，主要受人为耕作施肥的影响。因此，耕层土壤厚度的调控主要通过人为耕作管理措施来实现。

一、浙江省耕层土壤厚度空间差异

根据省级汇总评价7 311个耕层土样化验分析结果，浙江省耕层土壤厚度的平均值为16.7cm，变化范围为7.0～50.0cm。根据浙江省耕地土壤其他理化指标分级标准（表6-1），耕层土壤厚度在一级至五级的点位占比分别为8%、39%、42%、10%和1%（图6-17A）。

全省六大农业功能区中，浙西南生态型绿色农业区和浙中盆地丘陵综合型特色农业区耕层土壤厚度最大，平均值皆为17.5cm，变动范围为8.0～50.0cm，变异系数分别为18%、17%；其次是浙西北生态型绿色农业区，平均为16.6cm，变动范围为9.0～35.0cm；浙东北都市型、外向型农业区略小，平均值为16.1cm，变动范围为7.0～35.0cm；沿海岛屿蓝色渔（农）业区和浙东南沿海城郊型、外向型农业区最小，平均值皆为16.0cm，变动范围分别为10.0～25.0cm、7.0～40.0cm（图6-17B）。

11个地级市中，以金华市耕层土壤厚度最大，平均为18.4cm，变动范围为10.0～50.0cm；杭州市次之，为18.2cm，变动范围为9.0～35.0cm；而最小为嘉兴市，平均为13.5cm，变动范围为8.0～21.0cm；舟山市、绍兴市较低，平均分别为15.8cm、15.9cm，变动范围分别为10.0～20.0cm、7.0～35.0cm；其他各市平均厚度变动范围为16.5～17.4cm（图6-17C）。

全省各县（市、区）中，新昌县耕层土壤厚度最大，平均值高达24.6cm；其次是苍南县，平均22.3cm；杭州市余杭区、桐庐县、余姚市、金华市金东区、东阳市、景宁县以及常山县，平均耕层厚度也较大，均大于20.0cm；绍兴市柯桥区最小，平均厚度为11.1cm；嘉兴市秀洲区和玉环县较小，平均厚度分别为11.7cm、11.9cm；其他县（市、区）为12.2～20.0cm。耕层土壤厚度变异系数以绍兴市上虞区最高，为28%；杭州市滨江区、西湖区和江干区最低，皆为0；其他县（市、区）变异系数在2%～27%之间（表6-8）。

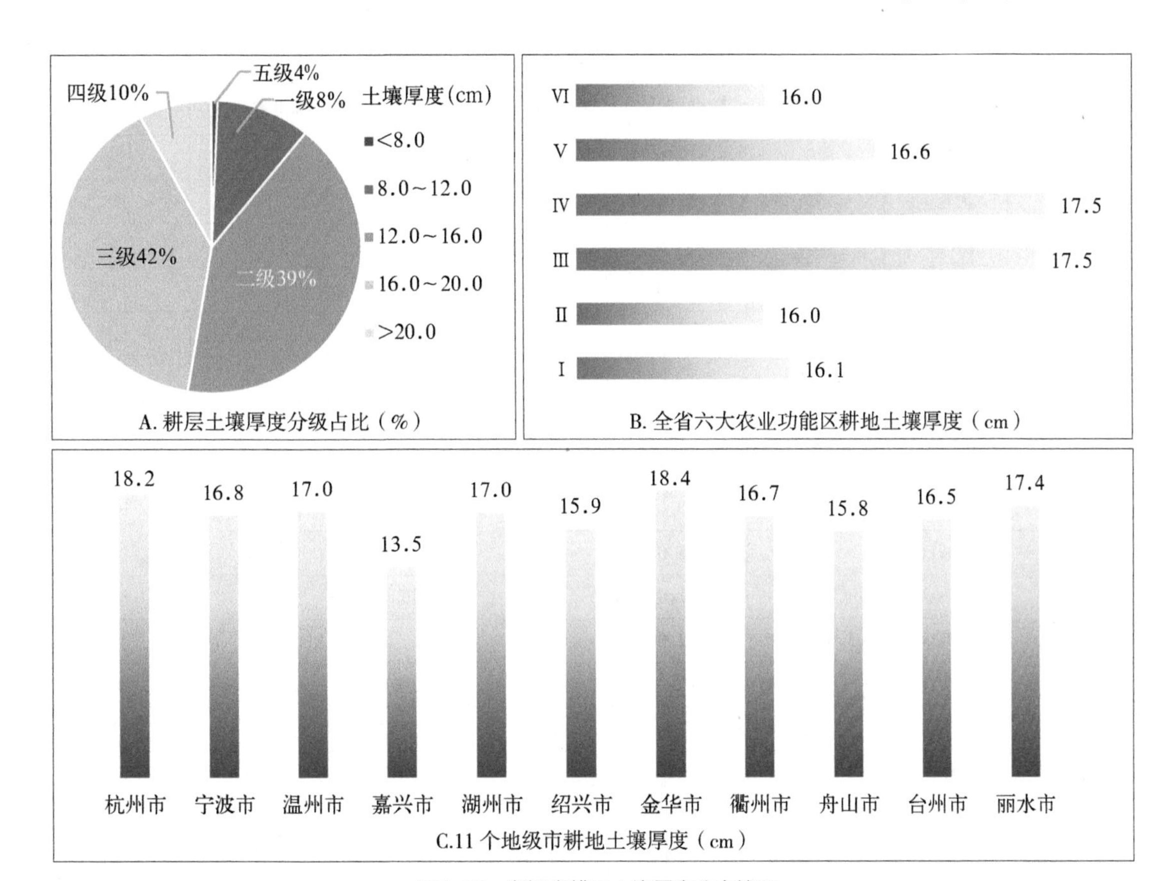

图6-17　浙江省耕层土壤厚度分布情况

Ⅰ—浙东北都市型、外向型农业区　Ⅱ—浙东南沿海城郊型、外向型农业区　Ⅲ—浙中盆地丘陵综合型特色农业区　Ⅳ—浙西南生态型绿色农业区　Ⅴ—浙西北生态型绿色农业区　Ⅵ—沿海岛屿蓝色渔（农）业区

表6-8　浙江省各县（市、区）耕层土壤厚度

区域		点位数（个）	最小值（cm）	最大值（cm）	平均值（cm）	标准差（cm）	变异系数（%）
杭州市	江干区	6	20.0	20.0	20.0	0.0	0
	西湖区	8	20.0	20.0	20.0	0.0	0
	滨江区	3	20.0	20.0	20.0	0.0	0
	萧山区	124	15.0	30.0	18.0	2.1	12
	余杭区	113	11.0	35.0	21.9	4.9	23
	桐庐县	85	12.0	35.0	21.0	5.7	27
	淳安县	43	13.0	30.0	18.4	3.3	18
	建德市	108	12.0	30.0	16.0	2.6	16
	富阳区	102	9.0	23.0	15.8	2.9	19
	临安区	100	11.0	30.0	16.1	3.7	23

（续表）

区域		点位数（个）	最小值（cm）	最大值（cm）	平均值（cm）	标准差（cm）	变异系数（%）
宁波市	江北区	19	12.0	13.0	12.8	0.4	3
	北仑区	55	13.0	20.0	16.7	1.7	10
	镇海区	23	10.0	17.0	13.7	2.0	15
	鄞州区	115	14.0	21.0	18.0	1.9	11
	象山县	77	8.0	18.0	14.4	1.7	12
	宁海县	139	10.0	18.0	15.0	2.1	14
	余姚市	137	15.0	30.0	20.7	3.2	16
	慈溪市	119	14.0	18.0	17.8	0.8	5
	奉化区	86	10.0	20.0	14.4	2.0	14
温州市	鹿城区	19	15.0	25.0	19.8	3.1	16
	龙湾区	16	12.0	20.0	17.8	3.1	18
	瓯海区	36	12.0	30.0	17.8	4.3	24
	洞头区	4	15.0	25.0	20.0	4.1	20
	永嘉县	193	10.0	27.0	17.2	2.4	14
	平阳县	123	7.0	20.0	13.7	2.3	17
	苍南县	124	15.0	40.0	22.3	5.5	25
	文成县	117	10.0	25.0	16.8	2.2	13
	泰顺县	143	8.0	50.0	18.4	4.5	24
	瑞安市	109	9.0	30.0	16.8	3.9	23
	乐清市	106	11.0	13.0	12.2	1.0	8
嘉兴市	南湖区	69	10.0	20.0	14.4	2.2	15
	秀洲区	106	9.0	15.0	11.7	1.2	10
	嘉善县	113	12.0	21.0	14.2	1.3	9
	海盐县	99	12.0	19.0	14.8	1.2	8
	海宁市	133	9.0	20.0	13.2	2.7	20
	平湖市	104	8.0	18.0	12.5	2.3	19
	桐乡市	137	9.0	18.0	14.0	2.0	14
湖州市	吴兴区	75	16.0	18.0	17.9	0.3	2
	南浔区	140	18.0	20.0	19.9	0.4	2
	德清县	100	10.0	21.0	14.9	2.3	16
	长兴县	170	12.0	22.0	16.2	2.5	16
	安吉县	154	12.0	20.0	16.0	1.4	9
绍兴市	越城区	48	8.0	20.0	13.6	1.7	12
	柯桥区	74	7.0	15.0	11.1	2.9	26
	上虞区	128	7.0	25.0	16.8	4.7	28

（续表）

区域		点位数（个）	最小值（cm）	最大值（cm）	平均值（cm）	标准差（cm）	变异系数（%）
绍兴市	新昌县	104	14.0	35.0	24.6	5.3	22
	诸暨市	208	11.0	18.0	14.1	1.2	8
	嵊州市	152	11.0	20.0	14.8	1.8	12
金华市	婺城区	103	10.0	50.0	19.2	5.0	26
	金东区	66	12.0	35.0	20.2	3.3	16
	武义县	89	12.0	27.0	19.1	3.4	18
	浦江县	64	12.0	25.0	17.8	2.8	16
	磐安县	60	15.0	30.0	19.3	2.1	11
	兰溪市	129	11.0	20.0	13.9	2.0	14
	义乌市	91	14.0	30.0	18.7	3.2	17
	东阳市	129	11.0	40.0	20.4	3.7	18
	永康市	91	10.0	40.0	18.6	4.3	23
衢州市	柯城区	21	15.0	30.0	19.6	3.7	19
	衢江区	90	8.0	23.0	17.7	2.7	15
	常山县	65	14.0	25.0	20.2	3.6	18
	开化县	77	9.0	24.0	15.4	2.8	18
	龙游县	120	8.0	40.0	16.3	3.9	24
	江山市	170	9.0	21.0	15.5	2.2	14
舟山市	定海区	28	10.0	20.0	15.8	2.5	16
	普陀区	22	14.0	19.0	16.3	1.6	10
	岱山县	13	13.0	16.0	14.7	1.3	9
台州市	椒江区	34	14.0	18.0	16.3	1.3	8
	黄岩区	39	11.0	30.0	17.2	4.6	27
	路桥区	45	14.0	20.0	19.0	1.9	10
	玉环县	28	8.0	15.0	11.9	2.7	23
	三门县	80	10.0	20.0	14.7	3.5	24
	天台县	102	12.0	30.0	16.2	3.0	18
	仙居县	108	10.0	30.0	18.4	3.3	18
	温岭市	118	12.0	22.0	16.6	1.5	9
	临海市	136	10.0	20.0	16.2	2.9	18
丽水市	莲都区	36	12.0	30.0	19.5	4.2	22
	青田县	102	12.0	24.0	15.2	2.8	18
	缙云县	66	10.0	40.0	17.4	4.2	24
	遂昌县	72	11.0	20.0	17.1	2.7	16
	松阳县	77	10.0	24.0	15.3	3.0	20

（续表）

区域		点位数（个）	最小值（cm）	最大值（cm）	平均值（cm）	标准差（cm）	变异系数（%）
丽水市	云和县	31	10.0	20.0	16.4	2.0	12
	庆元县	75	10.0	25.0	17.5	3.5	20
	景宁县	65	15.0	28.0	20.3	3.5	17
	龙泉市	103	10.0	40.0	19.0	4.2	22

二、不同类型耕地耕层土壤厚度及其影响因素

（一）主要土类的耕层土壤厚度

1.各土类的耕层土壤厚度差异

浙江省主要土壤类型耕地耕层土壤厚度平均值从高到低依次为：基性岩土、紫色土、滨海盐土、红壤、黄壤、粗骨土、潮土、石灰（岩）土、水稻土。其中基性岩土耕层土壤厚度最大，平均值为18.1cm，变动范围为12.0～30.0cm；接着是紫色土、滨海盐土和红壤，平均值分别为17.9cm、17.5cm、17.1cm，变动范围分别为10.0～50.0cm、8.0～30.0cm、7.0～50.0cm；第三层次是黄壤和粗骨土，平均值分别为17.0cm、16.9cm，变动范围分别为8.0～30.0cm、8.0～30.0cm；潮土和石灰（岩）土较小，平均值皆为16.7cm，变动范围分别为9.0～30.0cm、12.0～30.0cm；水稻土最小，平均值为16.6cm，变动范围为7.0～40.0cm图6-18）。

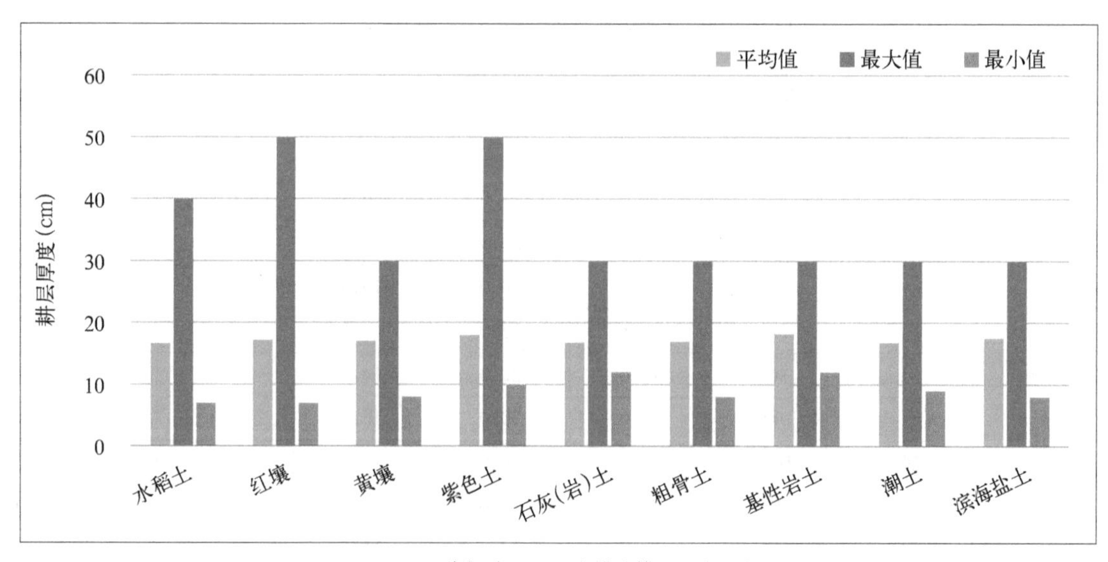

图6-18　浙江省不同土类耕地耕层土壤厚度

2.主要土类的耕层土壤厚度在农业功能区间的差异

同一土类的耕层土壤厚度平均值在不同农业功能区也有差异，见图6-19。

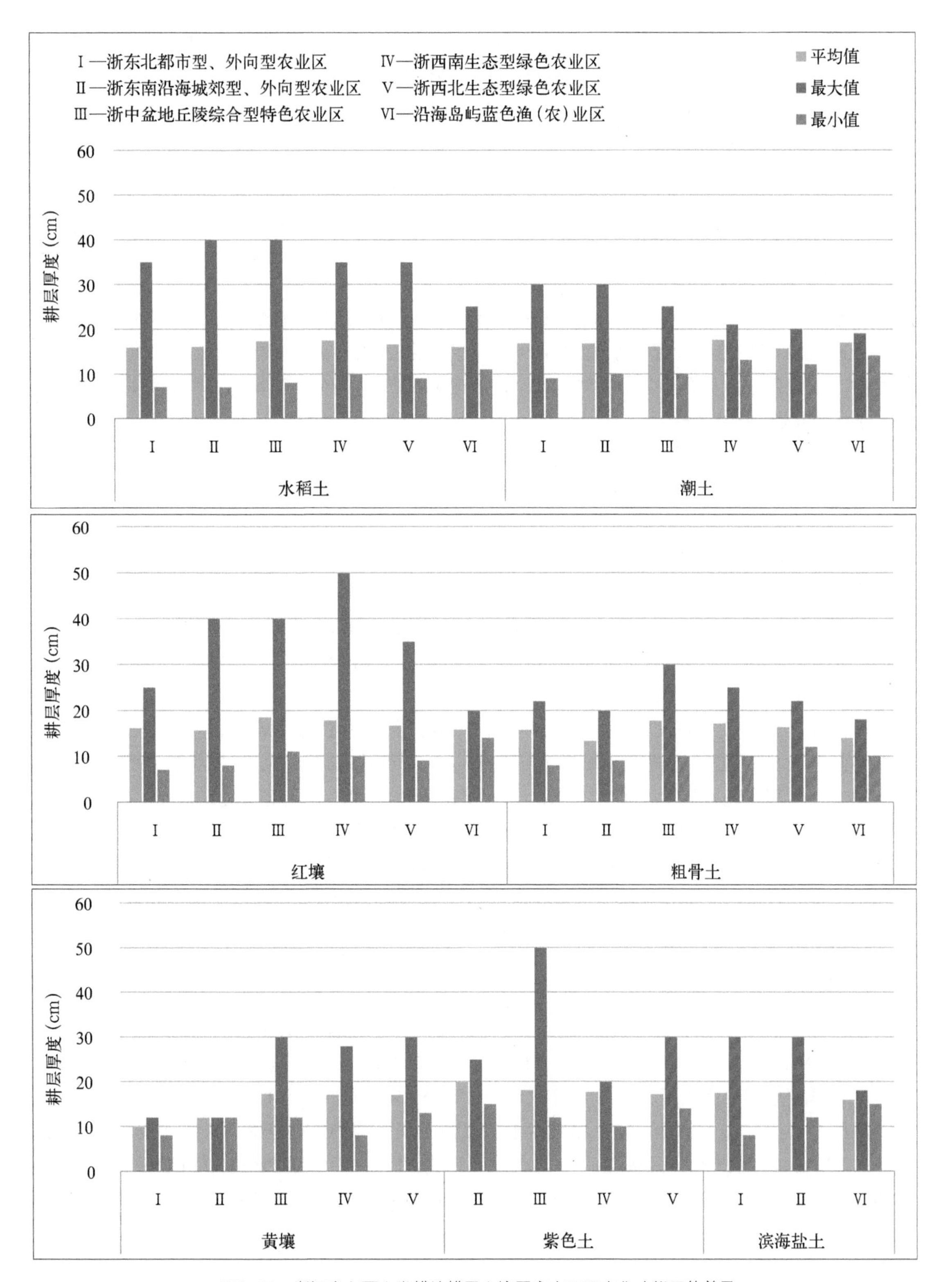

图6-19　浙江省主要土类耕地耕层土壤厚度在不同农业功能区的差异

水稻土耕层土壤厚度平均值以浙西南生态型绿色农业区、浙中盆地丘陵综合型特色农业区最大，分别为17.5cm、17.3cm，浙西北生态型绿色农业区次之，为16.6cm，浙东南沿海城郊型、外向型农业区和沿海岛屿蓝色渔（农）业区较小，皆为16.0cm，浙东北都市型、外向型农业区最小，为15.9cm。

黄壤耕层土壤厚度平均值以浙中盆地丘陵综合型特色农业区最大，为17.3cm，浙西南生态型绿色农业区和浙西北生态型绿色农业区次之，皆为17.1cm，浙东南沿海城郊型、外向型农业区较小，为12.0cm，浙东北都市型、外向型农业区最小，为10.0cm，沿海岛屿蓝色渔（农）业区没有采集到黄壤。

紫色土耕层土壤厚度平均值在浙东南沿海城郊型、外向型农业区最大，为20.0cm，浙中盆地丘陵综合型特色农业区和浙西南生态型绿色农业区次之，分别为18.1cm、17.7cm，浙西北生态型绿色农业区再次之，为17.2cm，浙东北都市型、外向型农业区和沿海岛屿蓝色渔（农）业区均没有采集到紫色土。

粗骨土耕层土壤厚度平均值在浙中盆地丘陵综合型特色农业区最大，为17.8cm，浙西北生态型绿色农业区、浙西南生态型绿色农业区次之，分别为17.1cm、16.3cm，浙东北都市型、外向型农业区和沿海岛屿蓝色渔（农）业区再次之，分别为15.8cm、14.0cm，浙东南沿海城郊型、外向型农业区最小，为13.4cm。

潮土耕层土壤厚度平均值以浙西南生态型绿色农业区最大，为17.6cm，沿海岛屿蓝色渔（农）业区次之，为17.0cm，浙东北都市型、外向型农业区和浙东南沿海城郊型、外向型农业区再次之，皆为16.8cm，浙中盆地丘陵综合型特色农业区较小，为16.1cm，浙西北生态型绿色农业区最小，为15.7cm。

滨海盐土分布在浙东北都市型、外向型农业区，浙东南沿海城郊型、外向型农业区和沿海岛屿蓝色渔（农）业区，耕层土壤厚度平均值以浙东南沿海城郊型、外向型农业区和浙东北都市型、外向型农业区最大，皆为17.5cm，沿海岛屿蓝色渔（农）业区为16.0cm。

红壤耕层土壤厚度平均值在浙中盆地丘陵综合型特色农业区最大，为18.6cm，浙西南生态型绿色农业区、浙西北生态型绿色农业区和浙东北都市型、外向型农业区次之，分别为17.9cm、16.6cm、16.2cm，沿海岛屿蓝色渔（农）业区再次之，为15.8cm，浙东南沿海城郊型、外向型农业区最小，为15.7cm。

（二）主要亚类的耕层土壤厚度

潮滩盐土耕层土壤厚度平均值最大，为24.0cm；石灰性紫色土和基性岩土较大，分别为18.3cm、18.1cm；黑色石灰土平均厚度最小，为15.0cm；棕红壤较小，为15.6cm；其他各亚类耕层厚度平均值皆大于16.0cm，在16.2～17.8cm之间（表6-9）。

变异系数以红壤（饱和红壤、潮滩盐土、黑色石灰土样点数等于2，未统计变异系数）最高，为33%；基性岩土、石灰性紫色土次之，皆为31%；棕红壤最低，为14%；酸性紫色土和滨海盐土较低，分别为16%、19%；其他各亚类变异系数在20%～28%之间。

表6-9　浙江省主要亚类耕地耕层土壤厚度

亚类	样点数（个）	最小值（cm）	最大值（cm）	平均值（cm）	标准差（cm）	变异系数（%）
潴育水稻土	2 391	7.0	40.0	16.6	3.78	23
渗育水稻土	1 109	8.0	35.0	16.5	3.39	21
脱潜水稻土	833	8.0	35.0	16.2	4.13	25
淹育水稻土	749	7.0	40.0	16.9	3.91	23
潜育水稻土	104	10.0	40.0	17.4	3.93	23
黄红壤	780	7.0	50.0	17.1	4.78	28
红壤	152	8.0	40.0	17.4	5.70	33
红壤性土	68	8.0	30.0	17.8	4.82	27
棕红壤	14	12.0	20.0	15.6	2.00	14
饱和红壤	2	15.0	20.0	17.5	4.00	—
黄壤	122	8.0	30.0	17.0	3.93	23
石灰性紫色土	70	12.0	50.0	18.3	5.70	31
酸性紫色土	59	10.0	25.0	17.5	2.82	16
酸性粗骨土	178	8.0	30.0	16.9	3.94	23
灰潮土	491	9.0	30.0	16.7	3.31	20
滨海盐土	149	8.0	30.0	17.4	3.37	19
潮滩盐土	2	18.0	30.0	24.0	8.49	—
黑色石灰土	2	15.0	15.0	15.0	0.00	—
棕色石灰土	26	12.0	30.0	16.8	3.38	20
基性岩土	10	12.0	30.0	18.1	5.67	31

（三）地貌类型与耕层土壤厚度

不同地貌类型间，中山和低山耕层土壤厚度最大，分别为19.1cm、19.0cm；其次是高丘，平均值为17.5cm；接着是低丘、河谷平原和滨海平原，平均值分别为16.7cm、16.7cm、16.6cm；水网平原平均值最小，为16.3cm。变异系数以高丘最大，为27%；低丘次之，为25%；滨海平原最小，为16%；在其他地貌类型中，变异系数在20%~24%之间（图6-20）。

（四）土壤质地与耕层土壤厚度

浙江省的不同土壤质地中，砂土、砂壤、轻壤、中壤、重壤、黏土的耕层土壤厚度平均值依次为17.0cm、16.0cm、17.6cm、16.7cm、17.0cm、16.5cm（图6-21）。

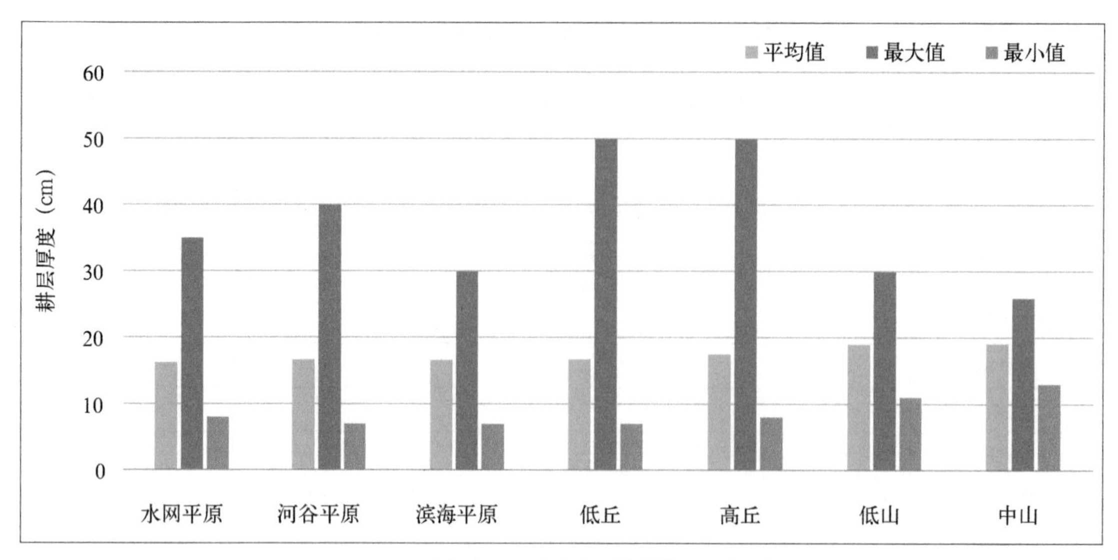

图6-20　浙江省不同地貌地形耕地耕层土壤厚度

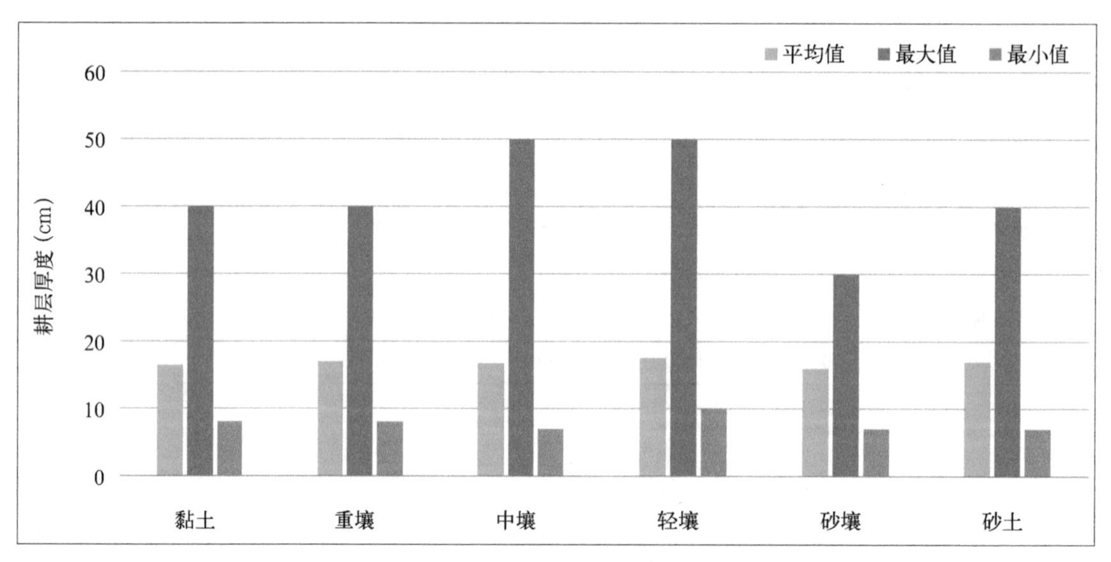

图6-21　浙江省不同质地耕地耕层土壤厚度

三、耕层土壤厚度分级面积与分布

（一）耕层土壤厚度分级面积

根据浙江省域耕层土壤厚度状况，参照浙江省耕地土壤其他理化指标分级标准（表6-1），将耕层土壤厚度划分为5级。全区耕地耕层土壤厚度分级面积占比如图6-22所示。

耕层土壤厚度大于20.0cm的耕地共16.63万 hm^2，占全省耕地面积的8.66%；耕层土壤厚度在16.0～20.0cm的耕地共75.38万 hm^2，占全省耕地面积的39.24%；耕层土壤厚度在12.0～16.0cm的耕地共88.05万 hm^2，占全省耕地面积的45.84%，占比最高；耕层土壤厚度大于12cm的前3级耕地面积共180.07万 hm^2，占全省耕地面积的93.74%。耕层土壤厚度在

8.0～12.0cm的耕地共11.96万 hm^2，占全省耕地面积的6.23%；耕层土壤厚度小于8.0cm的耕地面积较少，为600 hm^2，仅占全省耕地面积的0.03%。可见，浙江省耕地耕层土壤厚度总体较好，以中等偏上水平为主。

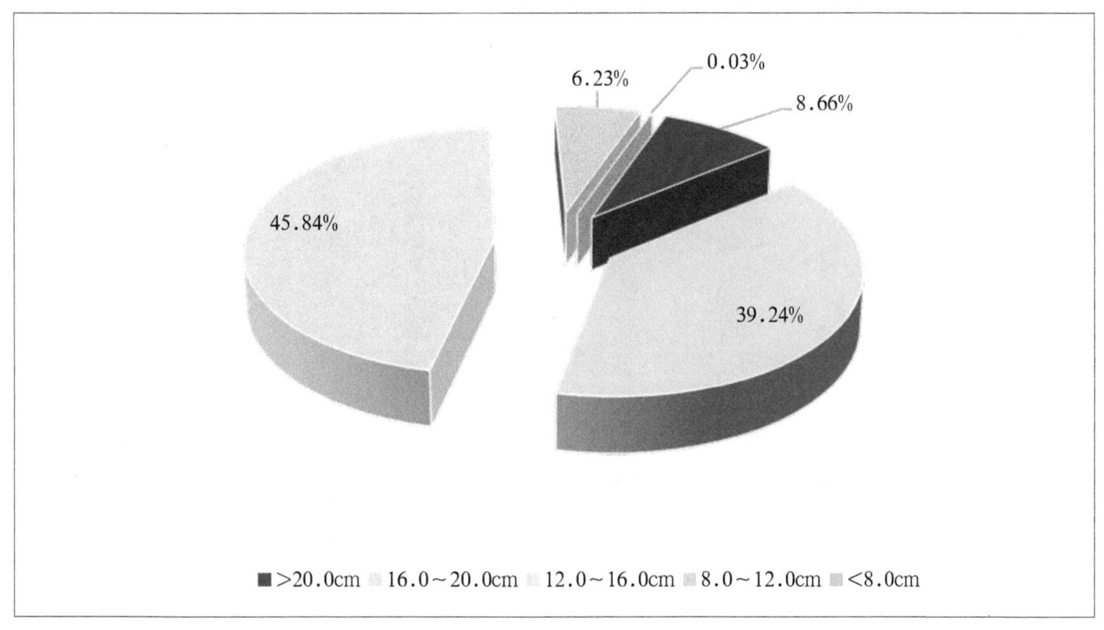

图6-22 浙江省耕层土壤厚度分级面积占比

（二）耕层土壤厚度地域分布特征

在不同的农业功能区其耕层土壤厚度有差异（图6-23、图6-24）。

耕层土壤厚度大于20.0cm的耕地主要分布在浙中盆地丘陵综合型特色农业区，面积为6.67万 hm^2，占全省耕地面积的3.47%；其次是浙东北都市型、外向型农业区和浙东南沿海城郊型、外向型农业区，面积分别为4.11万 hm^2、2.69万 hm^2，分别占全省耕地面积的2.14%、1.40%；再次是浙西南生态型绿色农业区，面积为1.94万 hm^2；浙西北生态型绿色农业区有1.18万 hm^2，占全省耕地面积的0.61%；沿海岛屿蓝色渔（农）业区最少，只有500 hm^2。

耕层土壤厚度在16.0～20.0cm的耕地主要分布在浙东北都市型、外向型农业区，面积为20.58万 hm^2，占全省耕地面积的10.71%；其次是浙中盆地丘陵综合型特色农业区，面积为20.08万 hm^2，占全省耕地面积的10.45%；再次是浙西南生态型绿色农业区和浙东南沿海城郊型、外向型农业区，面积分别为15.72万 hm^2、11.05万 hm^2，分别占全省耕地面积的8.18%、5.75%；浙西北生态型绿色农业区有7.35万 hm^2，占全省耕地面积的3.82%；沿海岛屿蓝色渔（农）业区最少，只有6 100 hm^2。

耕层土壤厚度在12.0～16.0cm的耕地，在浙中盆地丘陵综合型特色农业区分布最多，面积为23.31万 hm^2，占全省耕地面积的12.13%；其次是浙东北都市型、外向型农业区，面积为22.34万 hm^2，占全省耕地面积的11.63%；再次是浙东南沿海城郊型、外向型农业区，面积为18.74万 hm^2，占全省耕地面积的9.75%；浙西北生态型绿色农业区和浙西南生态型绿色农业区分别有11.52万 hm²、10.13万 hm²，分别占全省耕地面积的6.00%、5.28%；沿海岛屿蓝色渔（农）业区最少，面积为2.01万 hm²，占全省耕地面积的1.05%。

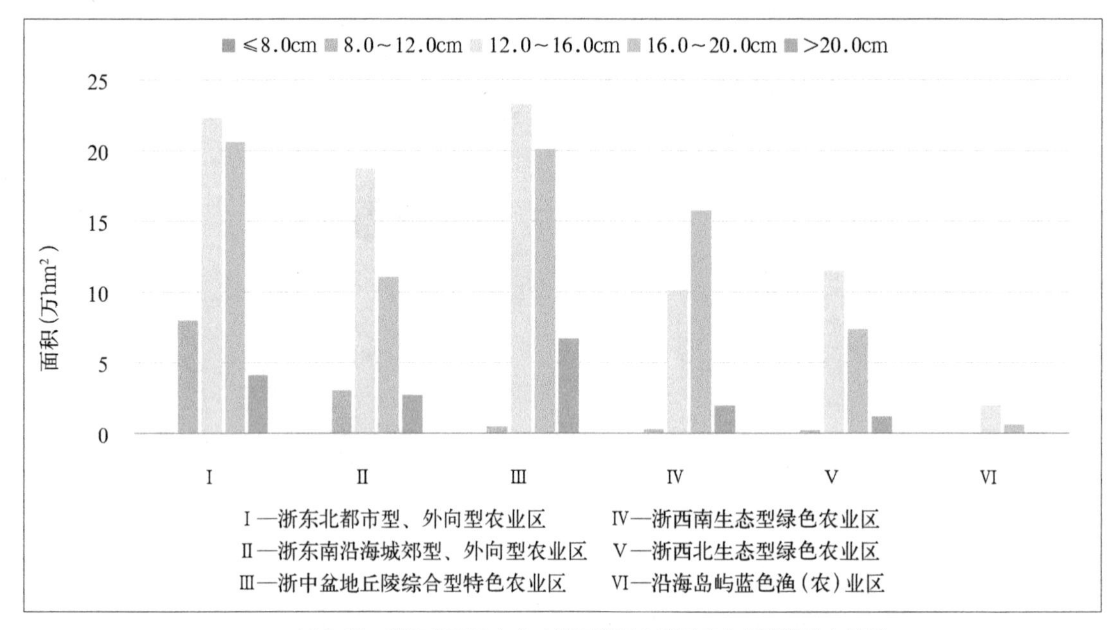

图6-23　浙江省不同农业功能区耕层土壤厚度分级面积分布情况

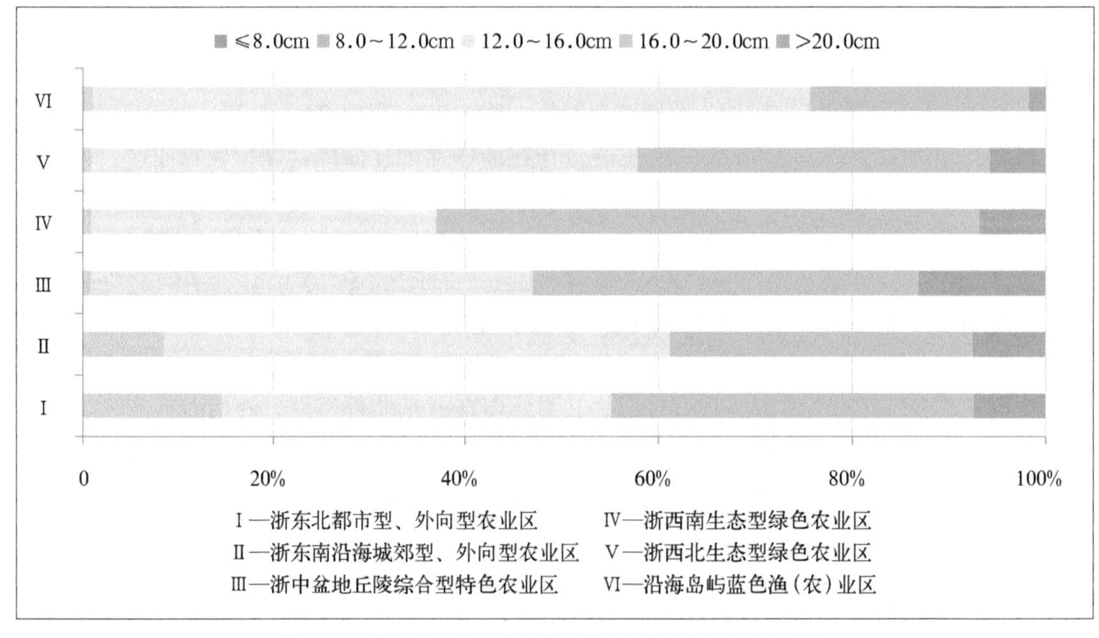

图6-24　浙江省不同农业功能区耕层土壤厚度分级占比情况

耕层土壤厚度在8.0~12.0cm的耕地，在浙东北都市型、外向型农业区分布最多，面积为7.97万 hm²，占全省耕地面积的4.15%；其次是浙东南沿海城郊型、外向型农业区，面积为3.01万 hm²，占全省耕地面积的1.57%；再次是浙中盆地丘陵综合型特色农业区和浙西南生态型绿色农业区分别有4 700hm²、2 800hm²，分别占全省耕地面积的0.24%、0.15%；浙西北生态型绿色农业区有1 900hm²，占全省耕地面积的0.10%；沿海岛屿蓝色渔（农）业区最少，面积仅300hm²，占全省耕地面积的0.02%。

耕层土壤厚度小于8.0cm的耕地仅分布在浙东北都市型、外向型农业区和浙东南沿海城郊型、外向型农业区，其中浙东北都市型、外向型农业区的分布面积为600hm²，而浙东南沿海城郊型、外向型农业区的面积不足100hm²，其他四区皆未发现土壤耕层厚度小于8.0cm的耕地。

在不同地级市之间耕层土壤厚度有差异（表6-10）。

表6-10　浙江省耕层土壤厚度不同等级区域分布特征

等级（cm）	地级市	面积（万 hm^2）	占该市比例（%）	占全省比例（%）
>20.0	杭州市	3.84	19.58	2.00
	宁波市	1.08	5.41	0.56
	温州市	2.89	11.18	1.50
	湖州市	0.04	0.30	0.02
	绍兴市	2.90	15.46	1.51
	金华市	3.23	13.99	1.68
	衢州市	0.87	6.61	0.45
	台州市	0.32	1.71	0.17
	丽水市	1.45	9.34	0.76
16.0~20.0	杭州市	9.24	47.13	4.81
	宁波市	9.09	45.59	4.73
	温州市	11.19	43.32	5.83
	嘉兴市	0.20	1.01	0.10
	湖州市	8.44	55.88	4.39
	绍兴市	2.09	11.11	1.09
	金华市	14.09	61.07	7.33
	衢州市	5.22	39.54	2.72
	舟山市	0.52	20.58	0.27
	台州市	8.01	42.40	4.17
	丽水市	7.31	46.92	3.80
12.0~16.0	杭州市	6.43	32.80	3.35
	宁波市	9.16	45.93	4.77
	温州市	10.12	39.19	5.27
	嘉兴市	13.25	67.68	6.90
	湖州市	6.49	42.97	3.38
	绍兴市	12.16	64.72	6.33
	金华市	5.57	24.16	2.90

（续表）

等级（cm）	地级市	面积（万 hm^2）	占该市比例（%）	占全省比例（%）
12.0~16.0	衢州市	6.93	52.55	3.61
	舟山市	1.98	78.38	1.03
	台州市	9.37	49.65	4.88
	丽水市	6.58	42.23	3.42
8.0~12.0	杭州市	0.10	0.49	0.05
	宁波市	0.61	3.07	0.32
	温州市	1.63	6.31	0.85
	嘉兴市	6.11	31.19	3.18
	湖州市	0.13	0.85	0.07
	绍兴市	1.60	8.52	0.83
	金华市	0.18	0.77	0.09
	衢州市	0.17	1.30	0.09
	舟山市	0.03	1.04	0.01
	台州市	1.17	6.21	0.61
	丽水市	0.24	1.51	0.12
≤8.0	嘉兴市	0.02	0.12	0.01
	绍兴市	0.04	0.19	0.02
	台州市	0.00	0.03	0.00

耕层土壤厚度大于20.0cm的耕地，占全省耕地面积的8.66％，其中杭州市分布最多，面积为3.84万 hm^2，占该市耕地面积的19.58％，占全省耕地面积的2.00％；其次是金华市，面积为3.23万 hm^2，占该市耕地面积的13.99％，占全省耕地面积的1.68％；再次是绍兴市和温州市，分别为2.90万 hm^2、2.89万 hm^2；然后是丽水市和宁波市，面积均大于1万 hm^2，分别为1.45万 hm^2、1.08万 hm^2，分别占全省耕地面积的比例为0.76％、0.56％；衢州市、台州市和湖州市分布面积均不足1万 hm^2，其中湖州市分布最少，仅400hm^2，其他两市皆未发现土壤耕层厚度大于20.0cm的耕地。

耕层土壤厚度在16.0~20.0cm的耕地，占比相对较大，占全省耕地面积的39.24％，在各地市均有较多分布，其中金华市分布最多，面积为14.09万 hm^2，占该市耕地面积的61.07％，占全省耕地面积的7.33％；其次是温州市，面积为11.19万 hm^2，占该市耕地面积的43.32％，占全省耕地面积的5.83％；再次是杭州市、宁波市、湖州市和台州市，面积分别为9.24万 hm^2、9.09万 hm^2、8.44万 hm^2、8.01万 hm^2，分别占全省耕地面积的4.81％、4.73％、4.39％、4.17％；然后是丽水市、衢州市和绍兴市，面积分别为7.31万 hm^2、5.22万 hm^2、2.09万 hm^2，分别占全省耕地面积的3.80％、2.72％、1.09％；舟山市和嘉兴市分布面积均不足1万 hm^2，其中嘉兴市分布最少，为2 000hm^2，占全省耕地面积的0.10％。

耕层土壤厚度在12.0~16.0cm的耕地，占全省耕地面积的45.84％，占比最大，且在各地市都有较多分布，其中嘉兴市分布最多，有13.25万 hm^2，占该市耕地面积的67.68％，占全省耕地面积的6.90%；其次是绍兴市和温州市，面积分别为12.16万 hm^2、10.12万 hm^2，分别占全省耕地面积的6.33%、5.27%；再次是台州市和宁波市，分别有9.37万 hm^2、9.16万 hm^2，分别占全省耕地面积的4.88%、4.77%；而舟山市分布最少，面积为1.98万 hm^2，占全省耕地面积的比例仅1.03%，但占该市耕地面积达78.38%，也就是说舟山市的大部分耕地土壤耕层厚度在12.0～16.0cm；其他各区均有不少分布，面积在5.57万～6.93万 hm^2，占全省耕地面积比例范围为2.90%～3.61%。

耕层土壤厚度在8.0～12.0cm的耕地，占比较低，仅占全省耕地面积的6.23%，其中在嘉兴市的分布最多，有6.11万 hm^2，占该市耕地面积的31.19%，占全省耕地面积的3.18%；其次是温州市、绍兴市和台州市，面积分别为1.63万 hm^2、1.60万 hm^2、1.17万 hm^2，分别占全省耕地面积的0.85%、0.83%、0.61%；其他各区分布均少于1万 hm^2，其中舟山市最少，面积不足1 000hm^2，仅为300hm^2，仅占全省耕地面积的0.01%。

耕层土壤厚度小于8.0cm的耕地，占比最小，只有0.03%，仅分布在绍兴市、嘉兴市和台州市，其中绍兴市分布最多，有400hm^2，占该市耕地面积的0.19%，占全省耕地面积的0.02%，台州市分布最少，不足100hm^2；其他各市则皆未发现土壤耕层厚度小于8.0cm的耕地。

四、耕层土壤厚度调控

耕层土壤厚度取决于有效土层厚度和人为耕作施肥，在有效土层厚度许可的情况下，主要受农业生产活动、田间耕作管理的影响。因此，耕层土壤厚度的调控需要从多个方面入手，注重综合管理和科学措施的运用，以提高耕地的生产力和质量。

（1）合理灌溉。根据土壤类型和作物生长需求，制定合理的灌溉计划。通过科学控制灌溉时间和水量，使土壤保持适宜的水分，有利于土壤团粒结构的形成和稳定，从而增加耕作层的厚度。

（2）科学施肥。根据作物生长需求和土壤养分状况，科学合理地施肥。注重使用有机肥料、有机无机复混肥、生物肥料等环保型肥料，以增加土壤有机质含量，促进土壤团粒结构的形成，从而提高耕作层的厚度。

（3）土地整理。定期进行土地整理，通过平整土地、修复沟渠、改良土壤等措施，改善耕地的物理性质和土壤质量，有利于增加耕作层的厚度。

（4）轮作休耕。实行轮作休耕制度，定期让耕地休息和恢复，有利于提高土壤的肥力和质量，从而增加耕作层的厚度。

（5）深翻改土。应用先进农业机械和翻耕技术，开展深耕深翻，提高耕作效率和耕作质量，逐年提高耕作层厚度。

第四节　耕层土壤容重

土壤容重是指土壤在自然状态下单位容积内的干土重量。它是一个重要的土壤物理性质参数，可以反映土壤的压实程度和土壤质地，从而影响土壤的肥力和作物生长。土壤容重的大小与作物种类和生长期有直接关系，同时也受到土壤含水量、气候、地形等多种因素的影响。在农业生产中，了解和监测土壤容重可以帮助评估土壤的肥力和持水能力，为作物的生长提供更好的环境。同时，也可以帮助更好地规划和管理土地资源，防止过度开发或不当利用土地造成土壤容重增加，从而保护土地资源的可持续利用。因此，土壤容重是农业生产、土地管理和生态系统保护等方面都需要关注的重要指标之一。

一、浙江省耕层土壤容重空间差异

根据省级汇总评价7 311个耕层土样化验分析结果，浙江省耕层土壤容重的平均值为1.13g/cm^3，变化范围为0.59～1.60g/cm^3。根据浙江省耕地土壤其他理化指标分级标准（表6-1），容重在一级至五级的点位占比分别为38％、32％、17％、9％和5％（图6-25A）。

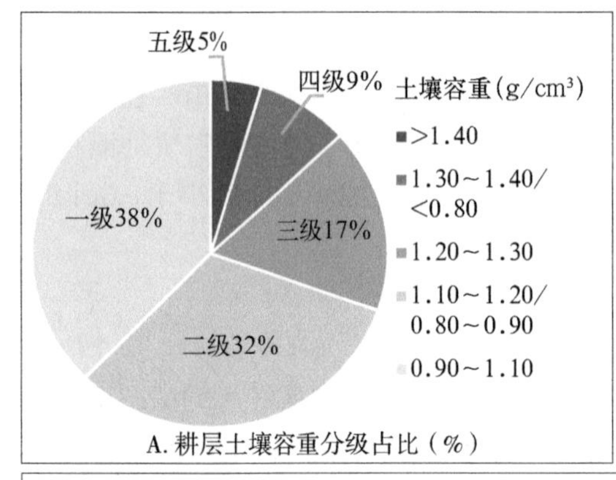

A. 耕层土壤容重分级占比（%）

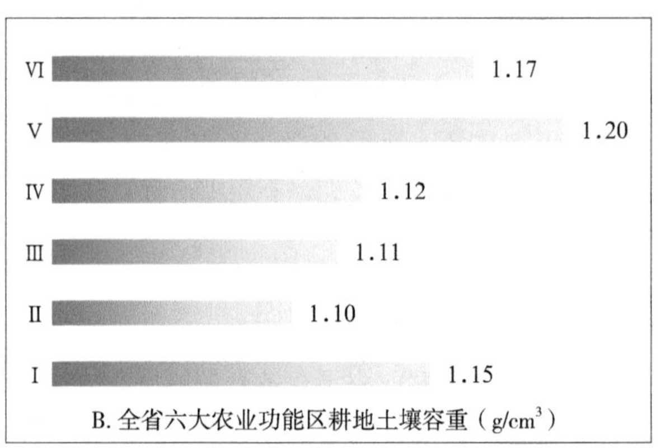

B. 全省六大农业功能区耕地土壤容重（g/cm^3）

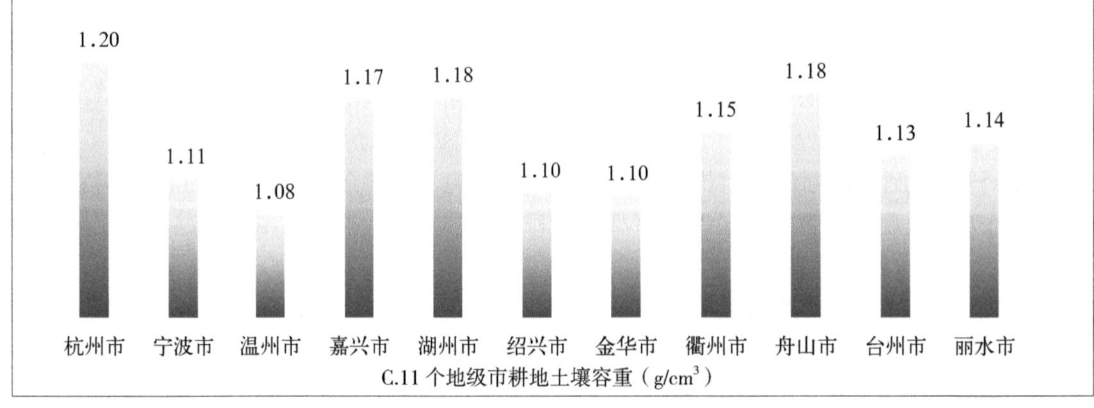

C.11 个地级市耕地土壤容重（g/cm^3）

图6-25　浙江省耕层土壤容重分布情况

Ⅰ—浙东北都市型、外向型农业区　Ⅳ—浙西南生态型绿色农业区
Ⅱ—浙东南沿海城郊型、外向型农业区　Ⅴ—浙西北生态型绿色农业区
Ⅲ—浙中盆地丘陵综合型特色农业区　Ⅵ—沿海岛屿蓝色渔（农）业区

全省六大农业功能区中，浙西北生态型绿色农业区耕层土壤容重最高，平均值为1.20g/cm^3，变动范围为0.75～1.57g/cm^3，变异系数为16％；其次是沿海岛屿蓝色渔（农）业区和浙东北都市型、外向型农业区，平均分别为1.17g/cm^3、1.15g/cm^3，变动范围分别为0.84～1.54g/cm^3、0.64～1.59g/cm^3；浙西南生态型绿色农业区略低，平均值为1.12g/cm^3，变动范围为0.59～1.53g/cm^3；浙中盆地丘陵综合型特色农业区和浙东南沿海城郊型、外向型农业区最低，平均值分别为1.11g/cm^3、1.10g/cm^3，变动范围分别为0.60～1.60g/cm^3、

0.80～1.58g/cm^3（图6-25B）。

11个地级市中，以杭州市耕层土壤容重最高，平均值为1.20g/cm^3，变动范围为0.75～1.59g/cm^3；舟山市和湖州市次之，平均值皆为1.18g/cm^3，变动范围分别为0.84～1.54g/cm^3、0.79～1.57g/cm^3；而最低为温州市，平均值为1.08g/cm^3，变动范围为0.69～1.55g/cm^3；金华市和绍兴市较低，平均值皆为1.10g/cm^3，变动范围分别为0.60～1.59g/cm^3、0.64～1.58g/cm^3；其他各市平均容重变动范围为1.11～1.17g/cm^3（图6-25C）。

全省各县（市、区）中，安吉县和杭州市余杭区耕层土壤容重最高，平均值皆高达1.43g/cm^3；其次是桐乡市，平均值为1.31g/cm^3；衢州市衢江区平均容重也较高，为1.30g/cm^3；宁波市江北区最低，平均值为0.89g/cm^3；其他县（市、区）平均容重在0.97～1.30g/cm^{3}之间。土壤容重变异系数以兰溪市最高，为24%；衢州市柯城区较高，为21%；温州市洞头区最低，为1%；其他县（市、区）变异系数在2%～18%之间（表6-11）。

表6-11　浙江省各县（市、区）耕层土壤容重

区域		点位数（个）	最小值（g/cm^3）	最大值（g/cm^3）	平均值（g/cm^3）	标准差（g/cm^3）	变异系数（%）
杭州市	江干区	6	0.92	1.03	0.98	0.0	4
	西湖区	8	0.90	1.16	0.98	0.1	8
	滨江区	3	1.20	1.40	1.27	0.1	9
	萧山区	124	0.75	1.28	1.10	0.2	16
	余杭区	113	1.20	1.59	1.43	0.1	6
	桐庐县	85	0.90	1.30	1.17	0.1	8
	淳安县	43	1.09	1.55	1.24	0.1	6
	建德市	108	0.78	1.36	1.11	0.1	10
	富阳区	102	0.75	1.36	1.14	0.1	13
	临安区	100	1.00	1.48	1.30	0.1	7
宁波市	江北区	19	0.85	0.91	0.89	0.0	2
	北仑区	55	1.00	1.30	1.06	0.1	9
	镇海区	23	0.83	1.32	1.03	0.1	14
	鄞州区	115	0.90	1.35	1.09	0.1	10
	象山县	77	0.86	1.23	1.01	0.1	8
	宁海县	139	1.02	1.56	1.22	0.1	9
	余姚市	137	0.80	1.40	1.11	0.2	14
	慈溪市	119	1.02	1.37	1.23	0.1	6
	奉化区	86	0.82	1.12	0.99	0.1	8
温州市	鹿城区	19	0.99	1.25	1.10	0.1	6
	龙湾区	16	0.94	1.35	1.14	0.1	12
	瓯海区	36	0.81	1.20	1.05	0.1	8

（续表）

区域		点位数（个）	最小值（g/cm³）	最大值（g/cm³）	平均值（g/cm³）	标准差（g/cm³）	变异系数（%）
温州市	洞头区	4	0.98	1.01	1.00	0.0	1
	永嘉县	193	0.69	1.34	1.11	0.1	10
	平阳县	123	0.82	1.55	1.05	0.1	14
	苍南县	124	0.85	1.25	1.03	0.1	9
	文成县	117	0.93	1.44	1.22	0.1	7
	泰顺县	143	0.73	1.45	1.02	0.1	12
	瑞安市	109	0.82	1.44	1.11	0.1	11
	乐清市	106	0.80	1.24	1.04	0.1	11
嘉兴市	南湖区	69	0.84	1.30	1.07	0.1	9
	秀洲区	106	0.80	1.46	1.16	0.1	12
	嘉善县	113	0.94	1.21	1.09	0.1	7
	海盐县	99	0.99	1.27	1.11	0.1	5
	海宁市	133	0.99	1.36	1.21	0.1	7
	平湖市	104	1.00	1.49	1.19	0.1	10
	桐乡市	137	0.93	1.54	1.31	0.1	9
湖州市	吴兴区	75	0.80	1.40	1.06	0.1	11
	南浔区	140	0.79	1.47	1.05	0.2	15
	德清县	100	0.87	1.43	1.18	0.1	9
	长兴县	170	0.95	1.25	1.09	0.1	5
	安吉县	154	1.27	1.57	1.43	0.1	5
绍兴市	越城区	48	0.68	1.52	1.09	0.2	15
	柯桥区	74	0.87	1.58	1.21	0.2	18
	上虞区	128	0.64	1.44	1.08	0.2	17
	新昌县	104	0.89	1.28	1.04	0.1	6
	诸暨市	208	0.98	1.25	1.13	0.0	4
	嵊州市	152	0.91	1.32	1.06	0.1	10
金华市	婺城区	103	0.74	1.55	1.11	0.1	13
	金东区	66	0.78	1.44	1.15	0.1	11
	武义县	89	0.90	1.50	1.18	0.1	11
	浦江县	64	0.88	1.59	1.15	0.1	12
	磐安县	60	0.80	1.33	1.07	0.1	9
	兰溪市	129	0.60	1.45	0.97	0.2	24
	义乌市	91	0.87	1.34	1.12	0.1	8
	东阳市	129	0.84	1.33	1.10	0.1	10
	永康市	91	0.95	1.54	1.10	0.1	8

（续表）

区域		点位数（个）	最小值（g/cm³）	最大值（g/cm³）	平均值（g/cm³）	标准差（g/cm³）	变异系数（%）
衢州市	柯城区	21	0.70	1.55	1.06	0.2	21
	衢江区	90	1.00	1.60	1.30	0.1	9
	常山县	65	0.88	1.40	1.16	0.1	9
	开化县	77	0.75	1.50	1.11	0.1	12
	龙游县	120	0.89	1.40	1.11	0.1	9
	江山市	170	0.80	1.47	1.12	0.2	14
舟山市	定海区	28	0.88	1.51	1.15	0.1	12
	普陀区	22	0.98	1.54	1.23	0.2	13
	岱山县	13	0.84	1.48	1.17	0.2	18
台州市	椒江区	34	0.95	1.52	1.18	0.1	10
	黄岩区	39	0.82	1.19	0.99	0.1	7
	路桥区	45	0.86	1.58	1.08	0.2	14
	玉环县	28	0.92	1.30	1.10	0.1	8
	三门县	80	0.97	1.47	1.19	0.1	6
	天台县	102	0.89	1.54	1.16	0.1	12
	仙居县	108	0.83	1.32	1.10	0.1	11
	温岭市	118	0.90	1.51	1.10	0.1	10
	临海市	136	0.83	1.47	1.17	0.1	10
丽水市	莲都区	36	1.02	1.28	1.16	0.1	6
	青田县	102	0.89	1.53	1.25	0.1	9
	缙云县	66	0.59	1.28	1.05	0.1	14
	遂昌县	72	1.00	1.33	1.17	0.1	7
	松阳县	77	0.90	1.33	1.10	0.1	11
	云和县	31	0.99	1.39	1.15	0.1	9
	庆元县	75	1.01	1.33	1.16	0.1	5
	景宁县	65	0.87	1.43	1.10	0.1	9
	龙泉市	103	0.59	1.47	1.10	0.1	13

二、不同类型耕地耕层土壤容重及其影响因素

（一）主要土类的耕层土壤容重

1.各土类的耕层土壤容重差异

浙江省主要土壤类型耕层土壤容重平均值从高到低依次为：滨海盐土、石灰（岩）土、潮土、粗骨土、红壤、紫色土、水稻土、黄壤、基性岩土。其中滨海盐土容重最高，平均值为1.26g/cm³，变动范围为1.00～1.58g/cm³；石灰（岩）土，平均值为1.21g/cm³，变动范围

为0.86～1.55g/cm³；潮土和粗骨土平均值分别为1.19g/cm³、1.15g/cm³，变动范围分别为0.75～1.59g/cm³、0.59～1.55g/cm³；红壤和紫色土，平均值皆为1.13g/cm³，变动范围分别为0.70～1.59g/cm³、0.60～1.41g/cm³；水稻土和黄壤较低，平均值皆为1.12g/cm³，变动范围分别为0.59～1.60g/cm³、0.81～1.45g/cm³；基性岩土最低，平均值为1.08g/cm³，变动范围为0.86～1.20g/cm³（图6-26）。

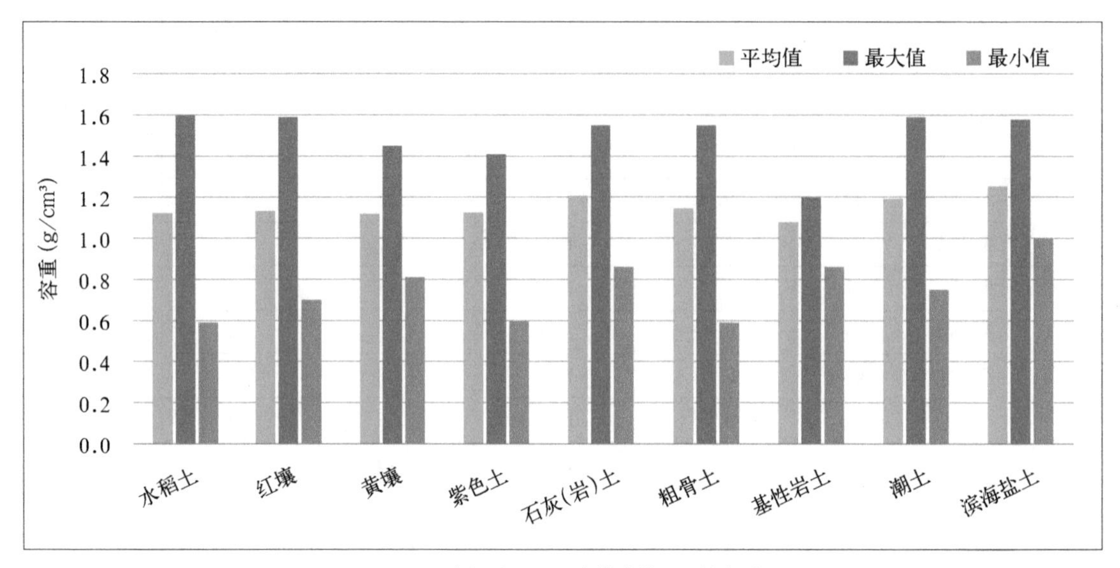

图6-26　浙江省不同土类耕地耕层土壤容重

2.主要土类的耕层土壤容重在农业功能区间的差异

同一土类的耕层土壤容重平均值在不同农业功能分区也有差异，见图6-27。

水稻土耕层土壤容重平均值以浙西北生态型绿色农业区最高，为1.20g/cm³，沿海岛屿蓝色渔（农）业区次之，为1.14g/cm³，浙东北都市型、外向型农业区和浙西南生态型绿色农业区皆为1.13g/cm³，浙中盆地丘陵综合型特色农业区较低，为1.11g/cm³，浙东南沿海城郊型、外向型农业区最低，为1.08g/cm³。

黄壤耕层土壤容重平均值以浙西北生态型绿色农业区最高，为1.25g/cm³，浙东北都市型、外向型农业区次之，皆为1.22g/cm³，浙西南生态型绿色农业区再次之，为1.12g/cm³，浙中盆地丘陵综合型特色农业区较低，为1.04g/cm³，浙东南沿海城郊型、外向型农业区最低，为1.00g/cm³，沿海岛屿蓝色渔（农）业区没有采集到黄壤。

紫色土耕层土壤容重平均值在浙西北生态型绿色农业区最高，为1.17g/cm³，浙中盆地丘陵综合型特色农业区和浙西南生态型绿色农业区次之，皆为1.12g/cm³，浙东南沿海城郊型、外向型农业区再次之，为1.08g/cm³，浙东北都市型、外向型农业区和沿海岛屿蓝色渔（农）业区均没有采集到紫色土。

粗骨土耕层土壤容重平均值在浙西北生态型绿色农业区最高，为1.28g/cm³，浙东北都市型、外向型农业区和浙东南沿海城郊型、外向型农业区次之，分别为1.19g/cm³、1.17g/cm³，浙西南生态型绿色农业区和浙中盆地丘陵综合型特色农业区再次之，皆为1.13g/cm³，沿海岛屿蓝色渔（农）业区最低，为1.08g/cm³。

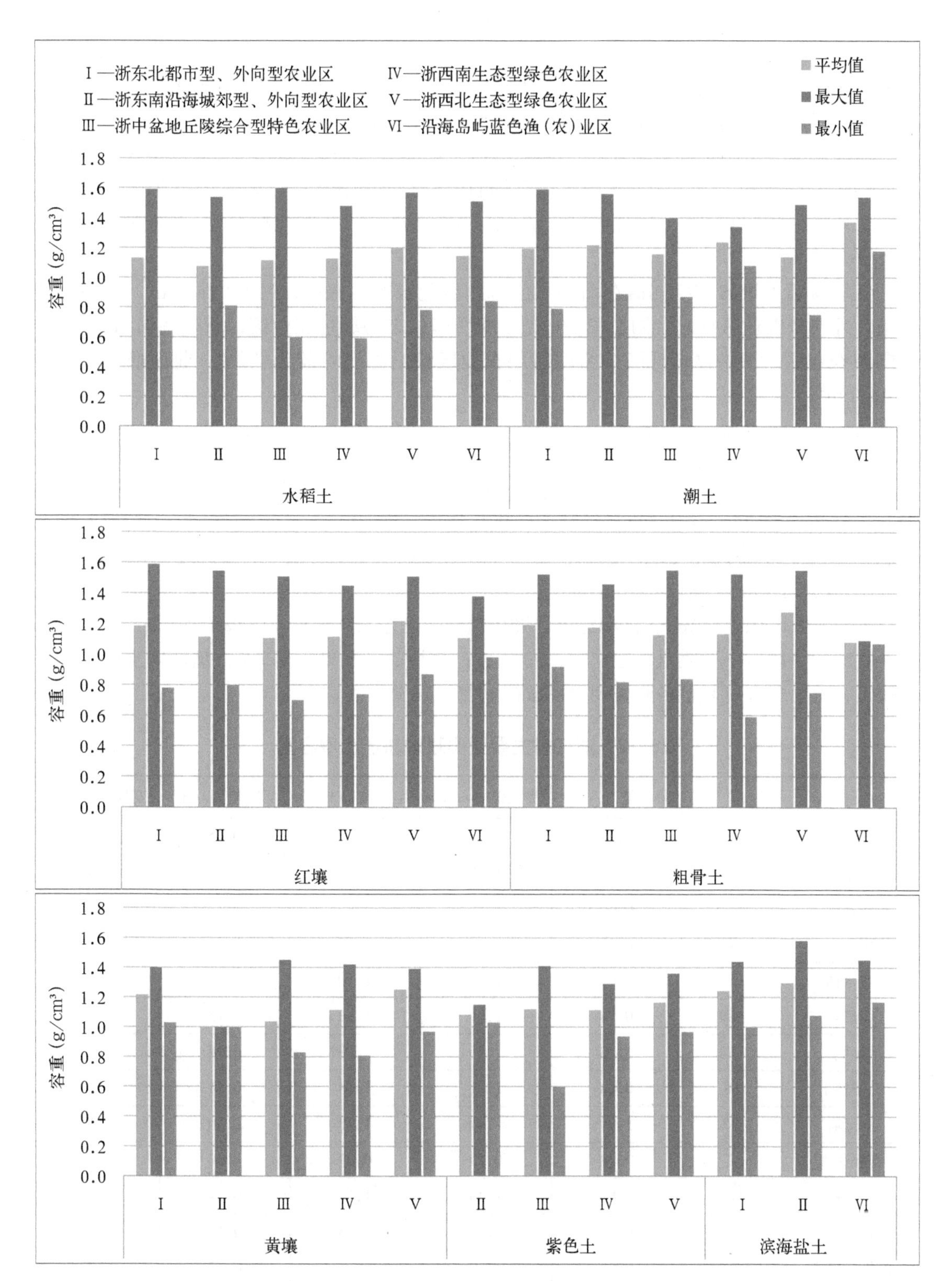

图6-27 浙江省主要土类耕地耕层土壤容重在不同农业功能区的差异

潮土耕层土壤容重平均值以沿海岛屿蓝色渔(农)业区最高，为1.37g/cm³，浙西南生态型绿色农业区和浙东南沿海城郊型、外向型农业区次之，分别为1.23g/cm^3、1.22g/cm^3，浙东北都市型、外向型农业区和浙中盆地丘陵综合型特色农业区较低，分别为1.19g/cm^3、1.16g/cm^3，浙西北生态型绿色农业区最低，为1.14g/cm^3。

滨海盐土分布在浙东北都市型、外向型农业区，浙东南沿海城郊型、外向型农业区和沿海岛屿蓝色渔（农）业区，耕层土壤容重平均值以沿海岛屿蓝色渔（农）业区和浙东南沿海城郊型、外向型农业区最高，分别为1.33g/cm^3、1.30g/cm^3，浙东北都市型、外向型农业区为1.24g/cm^3。

红壤耕层土壤容重平均值在浙西北生态型绿色农业区最高，为1.22g/cm^3，浙东北都市型、外向型农业区次之，为1.18g/cm^3，浙西南生态型绿色农业区，浙东南沿海城郊型、外向型农业区，浙中盆地丘陵综合型特色农业区和沿海岛屿蓝色渔（农）业区最低，皆为1.11g/cm^3。

（二）主要亚类的耕层土壤容重

黑色石灰土耕层土壤容重平均值最高，为1.45g/cm^3；滨海盐土和潮滩盐土较高，分别为1.26g/cm^3、1.24g/cm^3；饱和红壤平均厚度最低，为0.99g/cm^3；基性岩土和脱潜水稻土较低，分别为1.08g/cm^3、1.09g/cm^3；其他各亚类耕层土壤容重平均值皆大于1.10g/cm^3，在1.10~1.20g/cm^{3}之间（表6-12）。

变异系数以棕色石灰土（饱和红壤、潮滩盐土、黑色石灰土样点数等于2，未统计变异系数）最高，为16%；酸性粗骨土次之，为15%；滨海盐土最低，为7%；基性岩土和红壤性土较低，皆为10%；其他各亚类变异系数在11%~14%之间。

表6-12　浙江省主要亚类耕地耕层土壤容重

亚类	样点数（个）	最小值（g/cm^3）	最大值（g/cm^3）	平均值（g/cm^3）	标准差（g/cm^3）	变异系数（%）
潴育水稻土	2 391	0.59	1.60	1.13	0.15	13
渗育水稻土	1 109	0.60	1.58	1.13	0.16	14
脱潜水稻土	833	0.66	1.59	1.09	0.15	13
淹育水稻土	749	0.65	1.58	1.13	0.14	12
潜育水稻土	104	0.64	1.47	1.10	0.15	13
黄红壤	780	0.74	1.59	1.13	0.15	13
红壤	152	0.70	1.55	1.13	0.14	12
红壤性土	68	0.88	1.51	1.14	0.11	10
棕红壤	14	1.00	1.44	1.15	0.00	11
饱和红壤	2	0.98	0.99	0.99	0.00	—
黄壤	122	0.81	1.45	1.12	0.14	12
石灰性紫色土	70	0.65	1.41	1.13	0.13	12
酸性紫色土	59	0.60	1.39	1.13	0.13	12
酸性粗骨土	178	0.59	1.55	1.15	0.17	15
灰潮土	491	0.75	1.59	1.19	0.14	12

（续表）

亚类	样点数（个）	最小值（g/cm³）	最大值（g/cm³）	平均值（g/cm³）	标准差（g/cm³）	变异系数（%）
滨海盐土	149	1.00	1.58	1.26	0.09	7
潮滩盐土	2	1.18	1.29	1.24	0.08	—
黑色石灰土	2	1.37	1.52	1.45	0.11	—
棕色石灰土	26	0.86	1.55	1.19	0.19	16
基性岩土	10	0.86	1.20	1.08	0.11	10

（三）地貌类型与耕层土壤容重

不同地貌类型间，中山区耕层土壤容重最高，为1.19g/cm³；其次是滨海平原，平均值为1.18g/cm³；接着是低丘和河谷平原，平均值分别为1.15g/cm³、1.12g/cm³；水网平原、高丘和低山平均值最低，皆为1.11g/cm³。变异系数以河谷平原和水网平原最大，皆为14%；低丘次之，为13%；低山和滨海平原最低，皆为11%；在其他地貌类型中，变异系数均为12%（图6-28）。

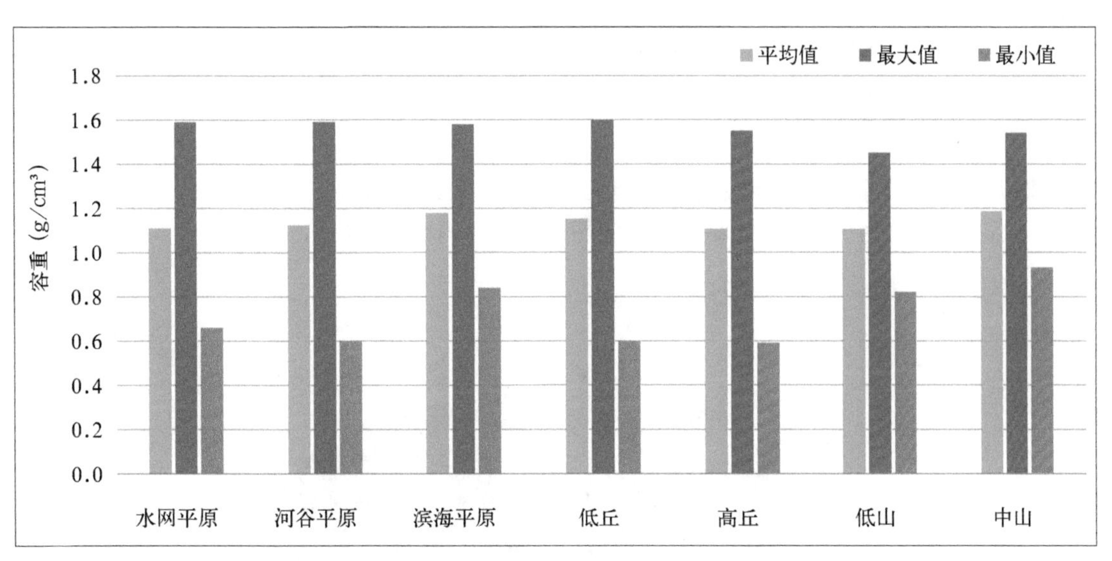

图6-28　浙江省不同地貌类型耕地耕层土壤容重

（四）土壤质地与耕层土壤容重

浙江省的不同土壤质地中，砂土、砂壤、轻壤、中壤、重壤、黏土的耕层土壤容重平均值依次为1.14g/cm³、1.18g/cm³、1.09g/cm³、1.13g/cm³、1.13g/cm³、1.13g/cm³（图6-29）。

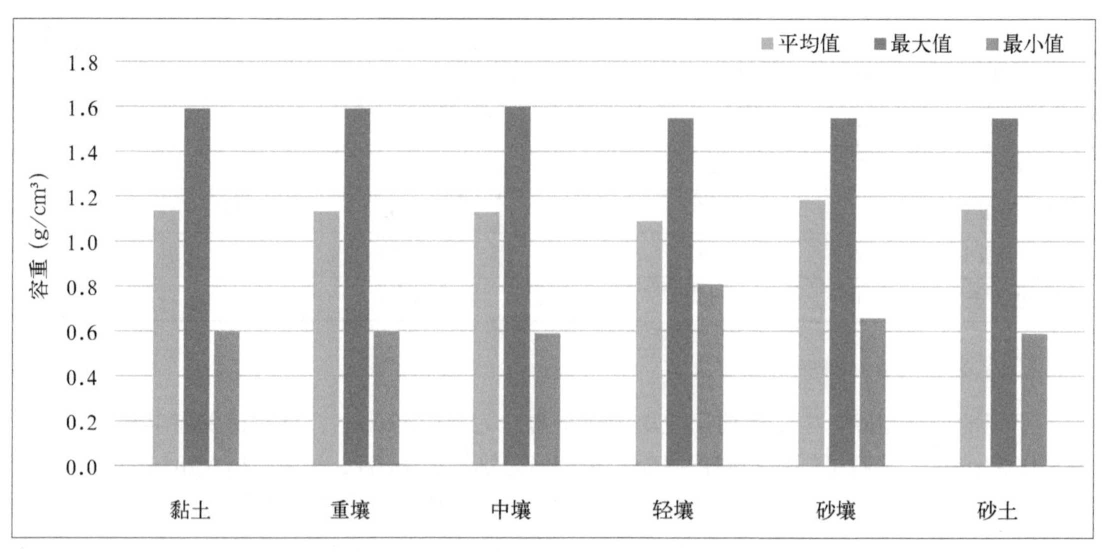

图6-29 浙江省不同质地耕地耕层土壤容重

三、耕层土壤容重分级面积与分布

（一）耕层土壤容重分级面积

根据浙江省域土壤容重状况，参照浙江省耕地土壤其他理化指标分级标准（表6-1），将耕层土壤容重划分为5级。全区耕层土壤容重分级面积占比如图6-30所示。

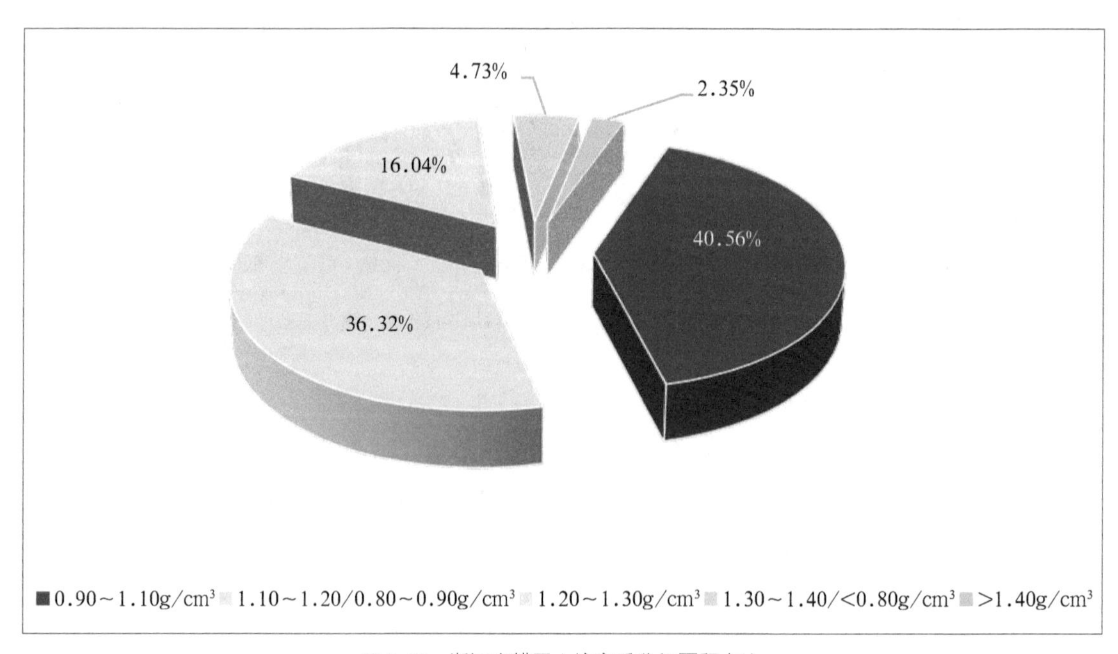

图6-30 浙江省耕层土壤容重分级面积占比

耕层土壤容重在0.90～1.10g/cm³的耕地共77.91万hm²，占全省耕地面积的40.56%，占比最高；耕层土壤容重在1.10～1.20g/cm³以及在0.80～0.90g/cm³的耕地共69.76万hm²，占全省耕地面积的36.32%，其中：耕层土壤容重在1.10～1.20g/cm³的耕地面积为66.94万hm²，占全省耕地面积的34.85%，耕层土壤容重在0.8～0.9g/cm³的耕地面积为2.82万hm²，占全省耕地面积的1.47%；耕层土壤容重在1.20～1.30g/cm³的耕地共30.81万hm²，占全省耕地面积的16.04%；耕层土壤容重在0.8～1.3g/cm³的前3级耕地面积共178.49万hm²，占全省耕地面积的92.92%。耕层土壤容重在1.30～1.40g/cm³以及小于0.80g/cm³的耕地共9.09万hm²，占全省耕地面积的4.73%，其中：耕层土壤容重在1.30～1.40g/cm³的耕地面积为8.62万hm²，占全省耕地面积的4.48%，耕层土壤容重小于0.80g/cm³的耕地面积为4 700hm²，占全省耕地面积的0.25%；耕层土壤容重大于1.40g/cm³的耕地面积较少，为4.51万hm²，仅占全省耕地面积的2.35%。可见，浙江省耕层土壤容重总体较为适宜，居中等偏上水平。

（二）耕层土壤容重地域分布特征

在不同的农业功能区其耕层土壤容重有差异（图6-31、图6-32）。

耕层土壤容重在0.90～1.10g/cm³的耕地主要分布在浙中盆地丘陵综合型特色农业区和浙东南沿海城郊型、外向型农业区，面积分别为21.11万hm²、20.32万hm²，分别占全省耕地面积的10.99%、10.58%；其次是浙东北都市型、外向型农业区，面积为19.13万hm²，占全省耕地面积的9.96%；再次是浙西南生态型绿色农业区，面积为10.93万hm²；浙西北生态型绿色农业区有5.77万hm²，占全省耕地面积的3.00%；沿海岛屿蓝色渔（农）业区最少，只有6 500hm²。

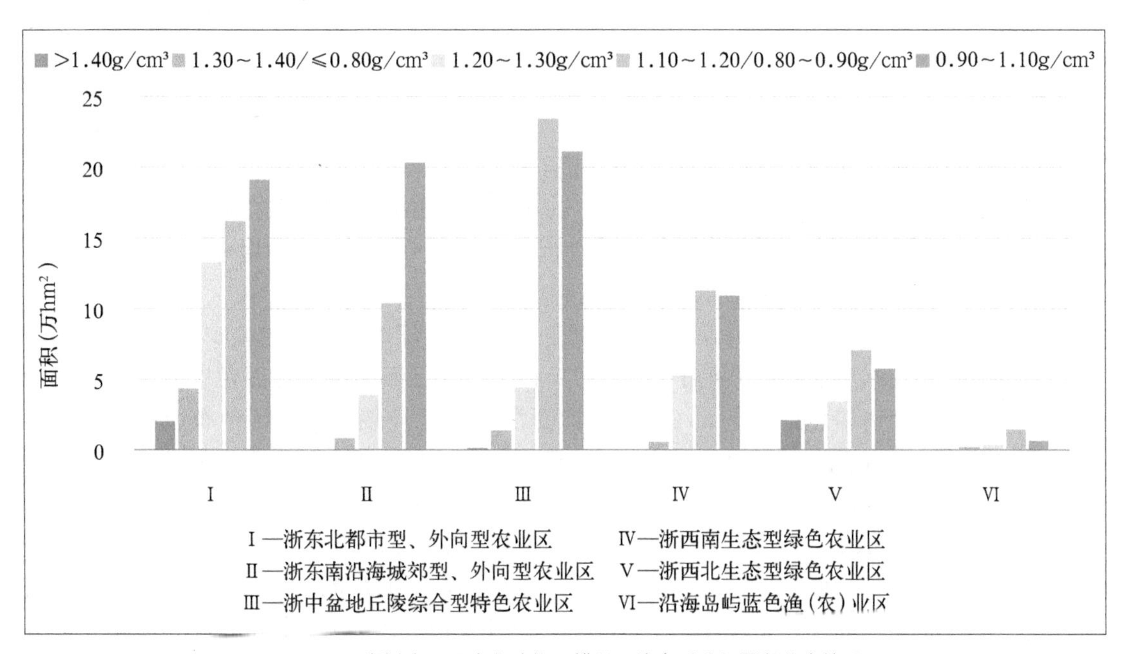

图6-31　浙江省不同农业功能区耕层土壤容重分级面积分布情况

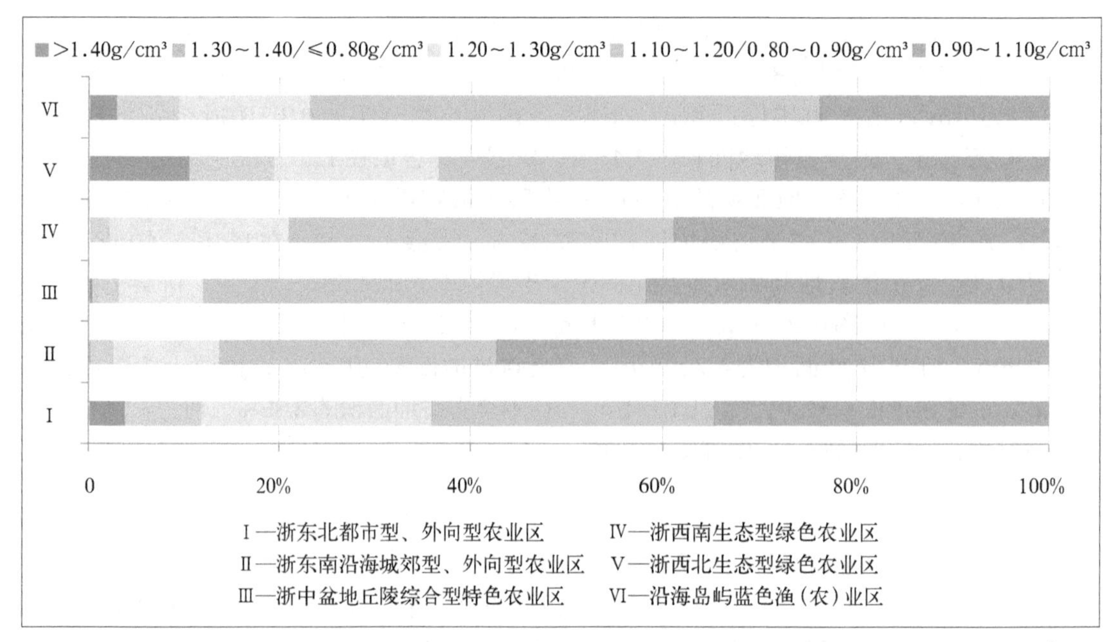

图6-32　浙江省不同农业功能区耕层土壤容重分级占比情况

耕层土壤容重在1.10～1.20g/cm^{3}以及在0.80～0.90g/cm^{3}的耕地主要分布在浙中盆地丘陵综合型特色农业区，面积为23.44万 hm^2，占全省耕地面积的12.20%；其次是浙东北都市型、外向型农业区，面积为16.19万 hm^2，占全省耕地面积的8.43%；再次是浙西南生态型绿色农业区和浙东南沿海城郊型、外向型农业区，面积分别为11.27万 hm^2、10.38万 hm^2，分别占全省耕地面积的5.86%、5.40%；浙西北生态型绿色农业区有7.07万 hm^2，占全省耕地面积的3.68%；沿海岛屿蓝色渔(农)业区最少，只有1.43万 hm^2。其中：耕层土壤容重在1.10～1.20g/cm^{3}的耕地主要分布在浙中盆地丘陵综合型特色农业区，面积为22.57万 hm^2，占全省耕地面积的11.75%，在沿海岛屿蓝色渔(农)业区最少，面积为1.43万 hm^2，占全省耕地面积的0.74%；耕层土壤容重在0.80～0.90g/cm^{3}的耕地主要分布在浙东北都市型、外向型农业区，面积为1.32万 hm^2，占全省耕地面积的0.69%，在浙西北生态型绿色农业区最少，面积为600hm^2，占全省耕地面积的0.03%。

耕层土壤容重在1.20～1.30g/cm^{3}的耕地，在浙东北都市型、外向型农业区分布最多，面积为13.31万 hm^2，占全省耕地面积的6.93%；其次是浙西南生态型绿色农业区，面积为5.29万 hm^2，占全省耕地面积的2.76%；再次是浙中盆地丘陵综合型特色农业区，面积为4.44万 hm^2，占全省耕地面积的2.31%；浙东南沿海城郊型、外向型农业区和浙西北生态型绿色农业区分别有3.91万 hm^2、3.49万 hm^2，分别占全省耕地面积的2.03%、1.82%；沿海岛屿蓝色渔(农)业区最少，面积为3 700hm^2，占全省耕地面积的0.20%。

耕层土壤容重在1.30～1.40g/cm^{3}以及小于0.80g/cm^{3}的耕地，在浙东北都市型、外向型农业区分布最多，面积为4.34万 hm^2，占全省耕地面积的2.26%；其次是浙西北生态型绿色农业区和浙中盆地丘陵综合型特色农业区，面积分别为1.80万 hm^2、1.37万 hm^2，分别占全省耕地面积的0.94%、0.71%；然后是浙东南沿海城郊型、外向型农业区和浙西南生态型绿色农业区分别有8 400hm^2、5 700hm^2，分别占全省耕地面积的0.44%、0.30%；沿海岛屿蓝色渔(农)业区最少，面积仅1 700hm²，占全省耕地面积的0.09%。其中：耕层土壤容重在1.30~1.40g/cm³的耕地主要分布在浙东北都市型、外向型农业区，面积为4.30万hm²，占全省耕地面积的2.24%，在沿海岛屿蓝色渔(农)业区最少，面积为1 700hm²，占全省耕地面积的0.09%；耕层土壤容重小于0.80g/cm³的耕地主要分布在浙中盆地丘陵综合型特色农业区，面积为3 900hm²，占全省耕地面积的0.20%，在浙东北都市型、外向型农业区最少，面积为400hm²，占全省耕地面积的0.02%。

耕层土壤容重大于1.40g/cm³的耕地在浙西北生态型绿色农业区和浙东北都市型、外向型农业区分布最多，面积分别为2.11万hm²、2.08万hm²，分别占全省耕地面积的1.10%、1.08%；浙中盆地丘陵综合型特色农业区分布较少，面积为1 700hm²，占全省耕地面积的0.09%；其他三区分布面积均不足1 000hm²，分布面积在200~800hm²之间，占全省耕地面积的比例在0.01%~0.04%之间。

在不同地级市之间耕层土壤容重有差异(表6-13)。

表6-13 浙江省耕层土壤容重不同等级区域分布特征

等级(g/cm³)	地级市	面积(万hm²)	占该市比例(%)	占全省比例(%)
0.90~1.10	杭州市	3.04	15.48	1.58
	宁波市	10.84	54.34	5.64
	温州市	15.86	61.40	8.26
	嘉兴市	4.62	23.58	2.40
	湖州市	7.04	46.63	3.67
	绍兴市	9.54	50.75	4.96
	金华市	10.72	46.49	5.58
	衢州市	4.29	32.54	2.23
	舟山市	0.47	18.60	0.24
	台州市	6.68	35.40	3.48
	丽水市	4.82	30.92	2.51
1.10~1.20/0.80~0.90	杭州市	6.22	31.74	3.24
	宁波市	3.39	17.01	1.77
	温州市	6.39	24.72	3.32
	嘉兴市	8.54	43.63	4.45
	湖州市	3.96	26.21	2.06
	绍兴市	7.41	39.44	3.86
	金华市	9.93	43.06	5.17
	衢州市	5.70	43.19	2.97
	舟山市	1.43	56.63	0.74
	台州市	8.93	47.29	4.65
	丽水市	7.86	50.48	4.09

（续表）

等级（g/cm³）	地级市	面积（万 hm²）	占该市比例（%）	占全省比例（%）
1.20～1.30	杭州市	5.75	29.33	2.99
	宁波市	5.13	25.74	2.67
	温州市	3.40	13.14	1.77
	嘉兴市	4.25	21.71	2.21
	湖州市	1.18	7.78	0.61
	绍兴市	1.29	6.88	0.67
	金华市	1.72	7.45	0.89
	衢州市	2.45	18.60	1.28
	舟山市	0.37	14.84	0.20
	台州市	2.84	15.04	1.48
	丽水市	2.43	15.60	1.27
1.30～1.40/≤0.80	杭州市	2.66	13.56	1.38
	宁波市	0.56	2.83	0.29
	温州市	0.19	0.72	0.10
	嘉兴市	2.09	10.70	1.09
	湖州市	0.86	5.72	0.45
	绍兴市	0.44	2.32	0.23
	金华市	0.59	2.56	0.31
	衢州市	0.69	5.22	0.36
	舟山市	0.17	6.81	0.09
	台州市	0.39	2.05	0.20
	丽水市	0.45	2.90	0.24
>1.40	湖州市	2.06	13.66	1.07
	杭州市	1.94	9.89	1.01
	绍兴市	0.12	0.62	0.06
	金华市	0.10	0.44	0.05
	舟山市	0.08	3.12	0.04
	嘉兴市	0.08	0.38	0.04
	衢州市	0.06	0.47	0.03
	台州市	0.04	0.22	0.02
	宁波市	0.02	0.08	0.01
	丽水市	0.02	0.10	0.01
	温州市	0.00	0.01	0.00

耕层土壤容重在0.90～1.10g/cm³的耕地，占全省耕地面积的40.56%，占比最大，且

在各地市都有较多分布，其中温州市分布最多，面积为15.86万 hm^2，占该市耕地面积的61.40%，占全省耕地面积的8.26%；其次是宁波市和金华市，面积分别为10.84万 hm^2、10.72万 hm^2，分别占全省耕地面积的5.64%、5.58%；再次是绍兴市，面积为9.54万 hm^2；然后是湖州市和台州市，面积均大于6万 hm^2，分别为7.04万 hm^2、6.68万 hm^2，分别占全省耕地面积的3.67%、3.48%；舟山市分布最少，仅4 700hm^2，占全省耕地面积的0.24%；杭州市分布较少，面积为3.04万 hm^2，占全省耕地面积的1.58%；其他三市分布面积均大于4万 hm^2，面积为4.29万～4.82万 hm^2，占全省耕地面积的比例皆大于2.00%。

耕层土壤容重在1.10～1.20g/cm^3以及在0.80～0.90g/cm^3的耕地，占比相对较大，占全省耕地面积的36.32%，在各地市均有较多分布，其中金华市分布最多，面积为9.93万 hm^2，占该市耕地面积的43.06%，占全省耕地面积的5.17%；其次是台州市、嘉兴市、丽水市，面积分别为8.93万 hm^2、8.54万 hm^2、7.86万 hm^2，分别占全省耕地面积的4.65%、4.45%、4.09%；再次是绍兴市、温州市、杭州市，面积分别为7.41万 hm^2、6.39万 hm^2、6.22万 hm^2，分别占全省耕地面积的3.86%、3.32%、3.24%；然后是衢州市、湖州市、宁波市，面积分别为5.70万 hm^2、3.96万 hm^2、3.39万 hm^2，分别占全省耕地面积的2.97%、2.06%、1.77%；舟山市分布面积最少，为1.43万 hm^2，占全省耕地面积的比例仅0.74%，但占该市耕地面积达56.63%，也就是说舟山市的大部分耕层土壤容重在1.10～1.20g/cm^3或在0.80～0.90g/cm^3。其中：耕层土壤容重在1.10～1.20g/cm^3的耕地，主要分布在金华市，面积为9.17万 hm^2，占全省耕地面积的4.77%，在舟山市分布最少，面积为1.43万 hm^2，占全省耕地面积的0.74%；耕层土壤容重在0.80～0.90g/cm^3的耕地，主要分布在杭州市，面积为2.82万 hm^2，占全省耕地面积的0.47%，在湖州市分布最少，面积为300hm^2，占全省耕地面积的0.02%。

耕层土壤容重在1.20～1.30g/cm^3的耕地，占全省耕地面积的16.04%，其中杭州市、宁波市分布最多，有5.75万 hm^2、5.13万 hm^2，分别占全省耕地面积的2.99%、2.67%；其次是嘉兴市和温州市，面积分别为4.25万 hm^2、3.40万 hm^2，分别占全省耕地面积的2.21%、1.77%；再次是台州市、衢州市和丽水市，分别有2.84万 hm^2、2.45万 hm^2、2.43万 hm^2，分别占全省耕地面积的1.48%、1.28%、1.27%；而舟山市分布最少，面积为3 700hm^2，仅占全省耕地面积的0.20%；其他各区分布面积均在1万 hm^2以上，分布面积在1.18万～1.72万 hm^2，占全省耕地面积比例范围为0.61%～0.89%。

耕层土壤容重在1.30～1.40g/cm^3以及小于0.80g/cm^3的耕地，占比较低，仅占全省耕地面积的4.73%，以杭州市分布最多，有2.66万 hm^2，占该市耕地面积的13.56%，占全省耕地面积的1.38%；其次是嘉兴市，面积为2.09万 hm^2，占全省耕地面积的1.09%；其他各区分布均少于1万 hm^2，其中舟山市最少，面积仅1 700hm^2，仅占全省耕地面积的0.09%。其中：耕层土壤容重在1.30～1.40g/cm^3的耕地，主要分布在杭州市、嘉兴市，面积分别为2.64万 hm^2、2.09万 hm^2，分别占全省耕地面积的1.37%、1.09%，在舟山市、温州市分布最少，面积皆为1 700hm^2，均占全省耕地面积的0.09%；耕层土壤容重小于0.80g/cm^3的耕地，仅分布在金华市、丽水市、杭州市、绍兴市和温州市，金华市分布最多，面积为3 900hm^2，占全省耕地面积的0.20%。

耕层土壤容重大于1.40g/cm^3的耕地，占比最小，只有2.35%，其中以湖州市、杭州市分布最多，分别有2.06万 hm^2、1.94万 hm^2，分别占全省耕地面积的1.07%、1.01%；其次是绍兴市、金华市，面积分别为1 200hm^2、1 000hm^2，分别占全省耕地面积的0.06％、0.05％；其他各区分布均少于1 000hm^2，其中温州市最少，分布面积不足100hm^2，占全省耕地面积的比例小于0.01％。

四、耕层土壤容重调控

土壤容重是一个重要的土壤物理性质参数，其调控方法与土壤质地、土壤结构状况、土壤紧实度、有机质含量等因素有关，耕地土壤容重的调控主要可以从以下几个方面进行。

（1）增加有机肥的投入。通过增施有机肥料、秸秆还田、种植绿肥等措施，提高土壤有机质含量，改善土壤团粒结构，增加土壤的通透性和保水性，从而降低土壤容重。

（2）适度耕作。通过精耕细作，疏松土壤、破除板结，提高土壤的通透性和保水性，从而降低土壤容重。

（3）合理灌溉。保持土壤适宜湿度，防止土壤过湿或过干，改善耕层土体结构。

（4）合理利用。在耕作利用过程中，合理规划，科学保护，防止过度开发或不当利用。

第五节　耕层土壤质地

耕层土壤质地是指土壤中各种粒级土粒的配合比例，或土壤质量中各粒级土粒质量的质量分数。耕层土壤质地与土壤通气、保肥、保水状况及耕作的难易有密切关系，是拟定土壤利用、管理和改良措施的重要依据。土壤耕层质地对土壤肥力和作物生长有重要影响。不同质地的土壤具有不同的物理性质和化学组成，从而影响土壤养分的保蓄和供应能力，进而影响作物的生长。了解不同质地土壤的特点，采取相应的农业措施来改善土壤质地，可以提高作物的生长和产量。

一、浙江省耕层土壤质地空间差异

根据省级汇总评价7 311个耕层土样化验分析结果，依据浙江省耕地土壤其他理化指标分级标准（表6-1），四级轻壤、砂壤分开统计，黏土、重壤、中壤、轻壤、砂壤、砂土的点位占比分别为20％、25％、43％、2％、5％和5％（图6-33）。

全省六大农业功能区中，浙东北都市型、外向型农业区耕层土壤质地以黏土分布最多，占黏土总样点数的37.40％，浙东南沿海城郊型、外向型农业区和浙中盆地丘陵综合型特色农业区次之，占比分别为24.26％、23.85％；浙东北都市型、外向型农业区耕层土壤质地以重壤分布最多，占重壤总样点数的37.02％，浙中盆地丘陵综合型特色农业区次之，占比为28.26％；浙中盆地丘陵综合型特色农业区耕层土壤质地以中壤分布最多，占中壤总样点数的26.70％，浙西南生态型绿色农业区和浙东北都市型、外向型农业区次之，占比分别为22.17％、20.98％；浙西南生态型绿色农业区耕层土壤质地以轻壤分布最多，占轻壤总样点数的47.93％，浙东南沿海城郊型、外向型农业区次之，占比为38.84％；浙中盆地丘陵综合型特色农业区耕层土壤质地以砂壤分布最多，占砂壤总样点数的33.24％，浙东南沿海城郊型、外向型农业区次之，占比为26.81％；浙东南沿海城郊型、外向型农业区耕层土壤质地以砂土分布最多，占砂土总样点数的39.63％，浙东北都市型、外向型农业区次之，占比为

31.38%(表6-14)。

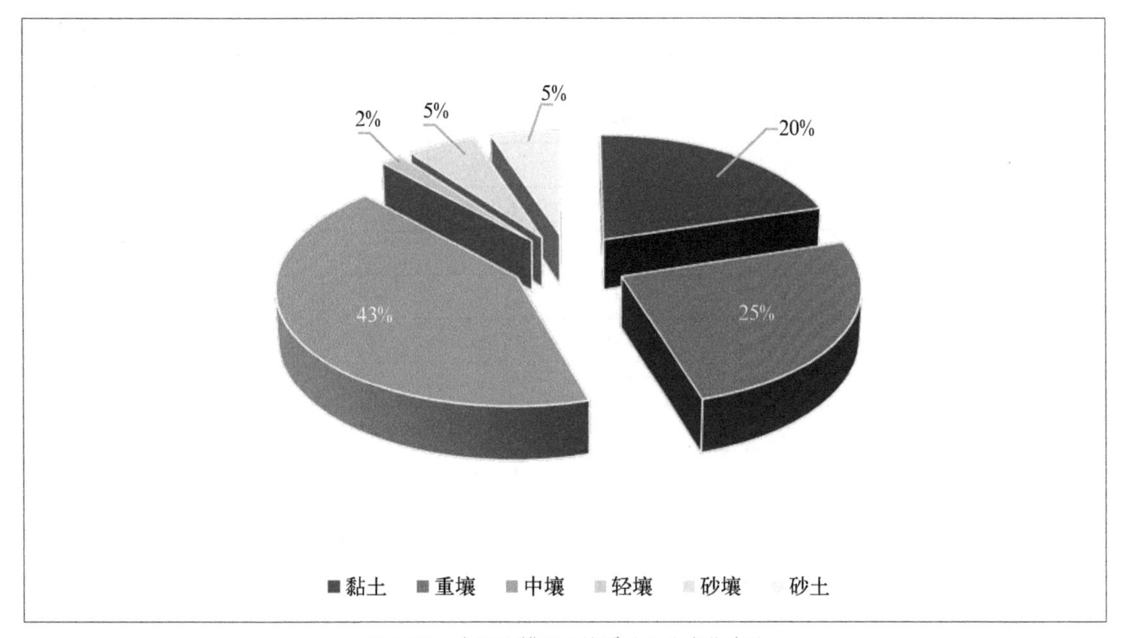

图6-33　浙江省耕层土壤质地分类点位占比

表6-14　浙江省各农业功能分区耕层土壤质地分类占比

功能分区	样点(个)	黏土(%)	重壤(%)	中壤(%)	轻壤(%)	砂壤(%)	砂土(%)
浙东北都市型、外向型农业区	2 048	37.40	37.02	20.98	3.31	10.19	31.38
浙东南沿海城郊型、外向型农业区	1 315	24.26	10.35	15.01	38.84	26.81	39.63
浙中盆地丘陵综合型特色农业区	1 902	23.85	28.26	26.70	8.26	33.24	16.49
浙西南生态型绿色农业区	1 140	4.25	12.81	22.17	47.93	16.09	8.24
浙西北生态型绿色农业区	839	9.64	9.36	14.66	1.65	13.40	3.72
沿海岛屿蓝色渔(农)业区	67	0.61	2.19	0.48	—	0.27	0.53

11个地级市中，耕层土壤质地为黏土的以宁波市分布最多，占黏土总样点数的19.81%，嘉兴市、台州市和湖州市次之，占比分别为14.89%、13.88%、10.11%；耕层质地为重壤的以嘉兴市、金华市分布最多，分别占重壤总样点数的17.69%、17.36%，温州市和湖州市次之，占比分别为14.51%、10.24%；耕层质地为中壤的以丽水市分布最多，占中壤总样点数的14.50%，温州市、杭州市、绍兴市和金华市次之，占比皆超过10.00%；耕层质地为轻壤的主要分布在温州市、台州市和金华市，共占轻壤总样点数的80.99%，其中温州市占比最高，为41.32%；耕层质地为砂壤的以台州市分布最多，占砂壤总样点数的32.17%，温州市、宁波市和湖州市次之，占比分别为16.35%、14.75%、10.46%；耕层质地为砂土的以杭州市、温州市分布最多，分别占砂土总样点数的22.87%、22.34%，台州市次之，占比为21.81%(表6-15)。

表6-15　浙江省各地级市耕层土壤质地分类占比

地市名称	样点数（个）	黏土（%）	重壤（%）	中壤（%）	轻壤（%）	砂壤（%）	砂土（%）
杭州市	692	5.12	6.19	12.46	—	7.24	22.87
宁波市	770	19.81	7.94	8.14	9.09	14.75	2.66
温州市	990	6.47	14.51	13.86	41.32	16.35	22.34
嘉兴市	761	14.89	17.69	6.83	—	—	0.80
湖州市	639	10.11	10.24	8.11	1.65	10.46	1.86
绍兴市	714	9.64	8.21	11.72	—	4.29	10.11
金华市	822	8.42	17.36	10.03	13.22	4.83	8.51
衢州市	543	9.37	7.34	7.73	8.26	2.95	1.86
舟山市	63	0.54	2.14	0.45	—	—	0.53
台州市	690	13.88	3.12	6.16	26.45	32.17	21.81
丽水市	627	1.75	5.26	14.50	—	6.97	6.65

全省各县（市、区）中，耕层质地为黏土的以温岭市分布最多，占黏土总样点数的6.47%，嘉善县次之，占比为5.46%；耕层质地为重壤的以湖州市南浔区分布最多，占重壤总样点数的5.20%，江山市和东阳市次之，占比分别为4.87%、4.22%；耕层质地为中壤的以永嘉县分布最多，占中壤总样点数的4.66%，诸暨市、嵊州市次之，占比分别为3.90%、3.16%；耕层质地为轻壤的主要分布在泰顺县、临海市、磐安县，共占轻壤总样点数的73.55%，其中泰顺县占比最多，占比为34.71%；耕层质地为砂壤的主要分布在天台县和仙居县、宁海县、安吉县以及文成县和平阳县，共占砂壤总样点数的58.98%，其中天台县占比最多，占比为13.94%；耕层质地为砂土的主要分布在杭州市萧山区、三门县、苍南县和绍兴市上虞区，共占砂土总样点数的51.86%，其中杭州市萧山区占比最多，占比为19.68%（表6-16）。

表6-16　浙江省各县（市、区）耕层土壤质地分类占比

区域		点位数（个）	黏土（%）	重壤（%）	中壤（%）	轻壤（%）	砂壤（%）	砂土（%）
杭州市	江干区	6	—	—	0.03	—	1.34	—
	西湖区	8	—	0.11	0.16	—	0.27	—
	滨江区	3	—	—	0.10	—	—	—
	萧山区	124	0.34	0.22	1.05	—	2.14	19.68
	余杭区	113	3.50	1.37	1.02	—	0.54	0.53
	桐庐县	85	0.61	2.63	0.89	—	—	—
	淳安县	43	—	0.05	1.21	—	—	1.06
	建德市	108	0.40	0.82	2.59	—	—	1.60
	富阳区	102	0.27	0.33	2.94	—	—	—
	临安区	100	—	0.66	2.46	—	2.95	—

（续表）

区域		点位数（个）	黏土（%）	重壤（%）	中壤（%）	轻壤（%）	砂壤（%）	砂土（%）
宁波市	江北区	19	0.47	0.22	0.26	—	—	—
	北仑区	55	2.43	0.55	0.19	2.48	—	—
	镇海区	23	1.15	0.11	0.10	0.83	—	—
	鄞州区	115	3.50	2.25	0.70	—	—	—
	象山县	77	2.49	—	1.21	—	—	0.53
	宁海县	139	3.50	—	0.86	5.79	13.14	1.06
	余姚市	137	1.95	0.82	2.65	—	1.61	1.06
	慈溪市	119	2.63	3.78	0.35	—	—	—
	奉化区	86	1.68	0.22	1.82	—	—	—
温州市	鹿城区	19	—	0.05	0.10	—	1.07	2.93
	龙湾区	16	1.08	—	—	—	—	—
	瓯海区	36	0.47	0.49	0.61	—	0.27	—
	洞头区	4	0.07	0.05	0.03	—	0.27	—
	永嘉县	193	0.47	2.19	4.66	—	—	—
	平阳县	123	—	0.11	2.94	6.61	5.36	0.27
	苍南县	124	0.74	2.41	0.89	—	—	10.90
	文成县	117	0.20	1.59	1.88	—	5.90	1.06
	泰顺县	143	1.68	3.40	0.32	34.71	1.07	—
	瑞安市	109	0.34	2.57	1.37	—	—	3.72
	乐清市	106	1.42	1.64	1.05	—	2.41	3.46
嘉兴市	南湖区	69	1.55	2.52	—	—	—	—
	秀洲区	106	2.96	2.85	0.32	—	—	—
	嘉善县	113	5.46	1.75	—	—	—	—
	海盐县	99	1.62	3.12	0.57	—	—	—
	海宁市	133	1.48	0.99	2.97	—	—	—
	平湖市	104	1.08	2.52	1.25	—	—	0.80
	桐乡市	137	0.74	3.94	1.72	—	—	—
湖州市	吴兴区	75	—	0.38	2.04	—	—	1.06
	南浔区	140	0.07	5.20	1.41	—	—	—
	德清县	100	2.90	0.33	1.63	—	—	—
	长兴县	170	2.29	1.75	2.84	—	3.49	0.53
	安吉县	154	4.85	2.57	0.19	1.65	6.97	0.27
绍兴市	越城区	48	2.49	0.60	—	—	—	—
	柯桥区	74	1.08	2.52	0.38	—	—	—
	上虞区	128	—	0.88	2.08	—	4.29	8.24

（续表）

区域		点位数（个）	黏土（%）	重壤（%）	中壤（%）	轻壤（%）	砂壤（%）	砂土（%）
绍兴市	新昌县	104	1.01	0.93	2.20	—	—	0.80
	诸暨市	208	2.56	2.41	3.90	—	—	1.06
	嵊州市	152	2.49	0.88	3.16	—	—	—
金华市	婺城区	103	0.47	2.08	1.66	—	1.07	0.53
	金东区	66	0.07	2.14	0.83	—	—	—
	武义县	89	0.20	2.35	0.93	—	—	3.72
	浦江县	64	0.40	—	1.50	—	—	2.93
	磐安县	60	0.13	0.38	0.80	13.22	2.14	0.53
	兰溪市	129	2.09	2.85	1.47	—	—	—
	义乌市	91	2.22	1.97	0.70	—	—	—
	东阳市	129	1.95	4.22	0.57	—	0.54	0.80
	永康市	91	0.88	1.37	1.56	—	1.07	—
衢州市	柯城区	21	0.27	0.05	0.51	—	—	—
	衢江区	90	2.29	0.71	1.37	—	—	—
	常山县	65	1.28	0.16	1.37	—	—	—
	开化县	77	1.21	0.55	1.53	—	—	0.27
	龙游县	120	1.35	0.99	2.49	—	—	1.06
	江山市	170	2.96	4.87	0.45	8.26	2.95	0.53
舟山市	定海区	28	0.07	1.37	0.03	—	—	0.27
	普陀区	22	0.20	0.49	0.32	—	—	—
	岱山县	13	0.27	0.27	0.10	—	—	0.27
台州市	椒江区	34	1.62	0.38	0.10	—	—	—
	黄岩区	39	0.34	0.22	0.86	—	—	0.80
	路桥区	45	2.63	0.27	0.03	—	—	—
	玉环县	28	0.27	0.33	0.19	—	0.54	2.66
	三门县	80	0.13	0.22	0.80	—	—	13.03
	天台县	102	0.94	0.27	0.51	—	13.94	3.99
	仙居县	108	0.40	—	1.50	—	13.67	1.06
	温岭市	118	6.47	0.60	0.22	0.83	0.54	0.27
	临海市	136	1.08	0.82	1.95	25.62	3.49	—
丽水市	莲都区	36	0.07	0.71	0.64	—	—	0.53
	青田县	102	0.13	—	2.68	—	4.29	—
	缙云县	66	0.40	1.31	0.99	—	—	1.33
	遂昌县	72	0.61	1.37	1.02	—	—	1.60
	松阳县	77	0.27	0.77	1.69	—	—	1.60

（续表）

区域		点位数（个）	黏土（%）	重壤（%）	中壤（%）	轻壤（%）	砂壤（%）	砂土（%）
丽水市	云和县	31	0.20	0.16	0.80	—	—	—
	庆元县	75	0.07	—	1.92	—	2.14	1.60
	景宁县	65	—	0.11	1.98	—	0.27	—
	龙泉市	103	—	0.82	2.78	—	0.27	—

二、不同类型耕地耕层土壤质地及其影响因素

（一）主要土类的耕层土壤质地

各土类的耕层土壤质地有差异。

耕层土壤质地为黏土的主要为水稻土、红壤和潮土，占黏土总样点数的94.07％，其中水稻土占比最多，占黏土总样点数的77.29％；耕层土壤质地为重壤的主要为水稻土、红壤和基性岩土，占重壤总样点数的93.15％；耕层土壤质地为中壤的主要为水稻土、红壤和基性岩土，占中壤总样点数的91.95％；耕层土壤质地为轻壤的主要为水稻土、红壤和黄壤，占轻壤总样点数的88.43％；耕层土壤质地为砂壤的主要为水稻土、红壤和潮土，占砂壤总样点数的85.79％；耕层土壤质地为砂土的主要为水稻土、红壤和滨海盐土，占砂土总样点数的82.98％（表6-17）。

表6-17 浙江省各土类耕层土壤质地分类占比

地貌类形	样点数（个）	黏土（%）	重壤（%）	中壤（%）	轻壤（%）	砂壤（%）	砂土（%）
水稻土	5 186	77.29	73.11	71.45	48.76	58.45	50.53
红壤	1 016	9.77	11.06	15.46	32.23	20.38	18.62
黄壤	122	0.67	0.99	1.98	6.61	4.02	2.39
紫色土	129	1.28	2.35	1.63	7.44	1.34	0.53
石灰（岩）土	28	0.40	0.44	0.38	—	—	0.53
粗骨土	178	1.42	1.97	2.62	2.48	6.97	2.66
基性岩土	10	0.20	0.22	0.10	—	—	—
潮土	491	7.01	8.98	5.05	2.48	5.63	10.90
滨海盐土	151	1.95	0.88	1.34	—	3.22	13.83

（二）主要亚类的耕层土壤质地

耕层土壤质地为黏土的亚类主要为脱潜水稻土、潴育水稻土、渗育水稻土、灰潮土和黄红壤，占黏土总样点数的83.56％，其中脱潜水稻土占比最多，占黏土总样点数的27.83％；耕层土壤质地为重壤的亚类主要为潴育水稻土、渗育水稻土、脱潜水稻土、黄红壤和灰潮土，占重壤总样点数的80.78％，其中潴育水稻土占比最多，占重壤总样点数的36.80％；耕层土壤质地为中壤的亚类主要为潴育水稻土、渗育水稻土、黄红壤、淹育水稻土和脱潜水稻土，

占中壤总样点数的82.27%，其中潴育水稻土占比最多，占中壤总样点数的34.17%；耕层土壤质地为轻壤的亚类主要为黄红壤、潴育水稻土、淹育水稻土、渗育水稻土和黄壤，占轻壤总样点数的71.90%，其中黄红壤占比最多，占轻壤总样点数的27.27%；耕层土壤质地为砂壤的亚类主要为潴育水稻土、淹育水稻土、黄红壤、渗育水稻土和酸性粗骨土，占砂壤总样点数的77.48%，其中潴育水稻土占比最多，占砂壤总样点数的33.78%；耕层土壤质地为砂土的亚类主要为潴育水稻土、滨海盐土、黄红壤、淹育水稻土和灰潮土，占砂土总样点数的74.47%，其中潴育水稻土占比最多，占砂土总样点数的25.00%（表6-18）。

表6-18 浙江省主要亚类耕层土壤质地分类占比

亚类	样点数（个）	黏土（%）	重壤（%）	中壤（%）	轻壤（%）	砂壤（%）	砂土（%）
潴育水稻土	2 391	27.22	36.80	34.17	20.66	33.78	25.00
渗育水稻土	1 109	14.62	13.09	18.27	7.44	8.85	10.37
脱潜水稻土	833	27.83	12.81	5.69	1.65	0.27	1.33
淹育水稻土	749	6.40	8.76	12.01	16.53	14.21	11.97
潜育水稻土	104	1.21	1.64	1.31	2.48	1.34	1.86
黄红壤	780	6.87	9.09	12.14	27.27	13.67	12.77
红壤	152	2.22	1.70	2.11	2.48	2.68	2.39
红壤性土	68	0.47	0.27	0.83	2.48	3.75	3.46
棕红壤	14	0.13	—	0.38	—	—	—
饱和红壤	2	0.07	—	—	—	0.27	—
黄壤	122	0.67	0.99	1.98	6.61	4.02	2.39
石灰性紫色土	70	0.61	1.42	0.96	0.83	0.80	0.27
酸性紫色土	59	0.67	0.93	0.67	6.61	0.54	0.27
酸性粗骨土	178	1.42	1.97	2.62	2.48	6.97	2.66
灰潮土	491	7.01	8.98	5.05	2.48	5.63	10.90
滨海盐土	149	1.89	0.88	1.31	—	3.22	13.83
潮滩盐土	2	0.07	—	0.03	—	—	—
黑色石灰土	2	0.07	—	0.03	—	—	—
棕色石灰土	26	0.34	0.44	0.35	—	—	0.53
基性岩土	10	0.20	0.22	0.10	—	—	—

（三）地貌类型与土壤耕层质地

耕层土壤质地为黏土的地貌类型主要为水网平原、低丘和滨海平原，占黏土总样点数的87.13%，其中水网平原占比最多，占黏土总样点数的43.06%；耕层质地为重壤的地貌类型主要为水网平原、低丘和河谷平原，占重壤总样点数的80.23%，其中水网平原占比最多，占重壤总样点数的35.60%；耕层质地为中壤的地貌类型主要为低丘、河谷平原和水网平原，占中壤总样点数的76.30%，其中低丘占比最多，占中壤总样点数的33.89%；耕层质地为轻壤的地貌类型主要为高丘、低丘、河谷平原，占轻壤总样点数的87.60%，其中高丘占比最多，占轻壤总样点数的41.32%；耕层质地为砂壤的地貌类型主要为低丘、高丘和河谷平原，占砂壤总样点数的82.57%，其中低丘占比最多，占砂壤总样点数的44.24%；耕层质地为砂土的地貌类型主要为河谷平原、低丘和滨海平原，占砂土总样点数的72.87%，其中河谷平原占比最多，占砂土总样点数的24.73%（表6-19）。

表6-19 浙江省各地貌类型耕层土壤质地分类占比

地貌类形	样点数（个）	黏土（%）	重壤（%）	中壤（%）	轻壤（%）	砂壤（%）	砂土（%）
水网平原	1 890	43.06	35.60	18.11	2.48	3.22	5.05
河谷平原	1 300	5.93	15.01	24.31	16.53	17.16	24.73
滨海平原	683	16.85	8.32	5.49	0.83	5.09	23.67
低丘	2 299	27.22	29.63	33.89	29.75	44.24	24.47
高丘	970	6.20	10.90	15.27	41.32	21.18	19.15
低山	121	0.20	0.33	2.43	9.09	5.90	0.80
中山	48	0.54	0.22	0.51	—	3.22	2.13

三、耕层土壤质地分类面积与分布

（一）耕层土壤质地分类面积

根据浙江省域耕层土壤质地状况，参照浙江省耕地土壤其他理化指标分级标准（表6-1）将耕层土壤质地划分为5级6类轻壤、砂壤分开统计。全区耕层土壤质地分类面积占比如图6-34所示。

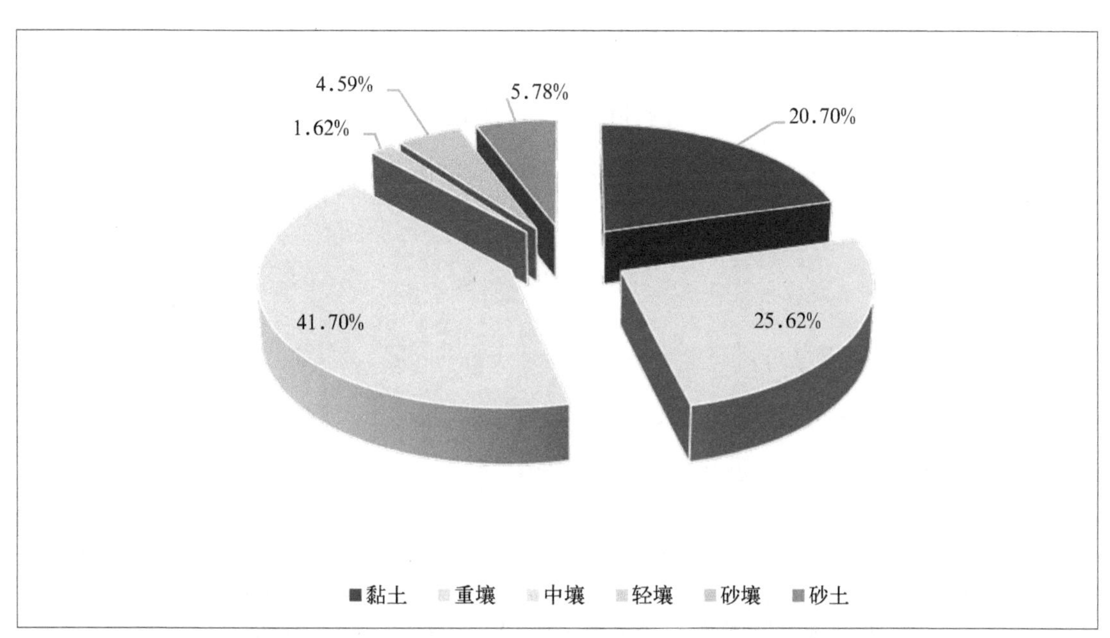

图6-34 浙江省耕层土壤质地分类面积占比

耕层土壤质地为黏土的耕地共39.76万 hm^2，占全省耕地面积的20.70%；耕层土壤质地为重壤的共49.21万 hm^2，占全省耕地面积的25.62％；耕层土壤质地为中壤的共80.1万 hm^2，占全省耕地面积的41.70％，占比最高；耕层土壤质地为轻壤的耕地面积较少，为3.11万 hm^2，仅占全省耕地面积的1.62％；耕层土壤质地为砂壤的共4.51万 hm^2，占全省耕地面积的4.59％；耕层土壤质地为砂土的共11.11万 hm^2，占全省耕地面积的5.78％。

（二）地域分布特征

在不同的农业功能区其耕层土壤质地有差异（图6-35、图6-36）。

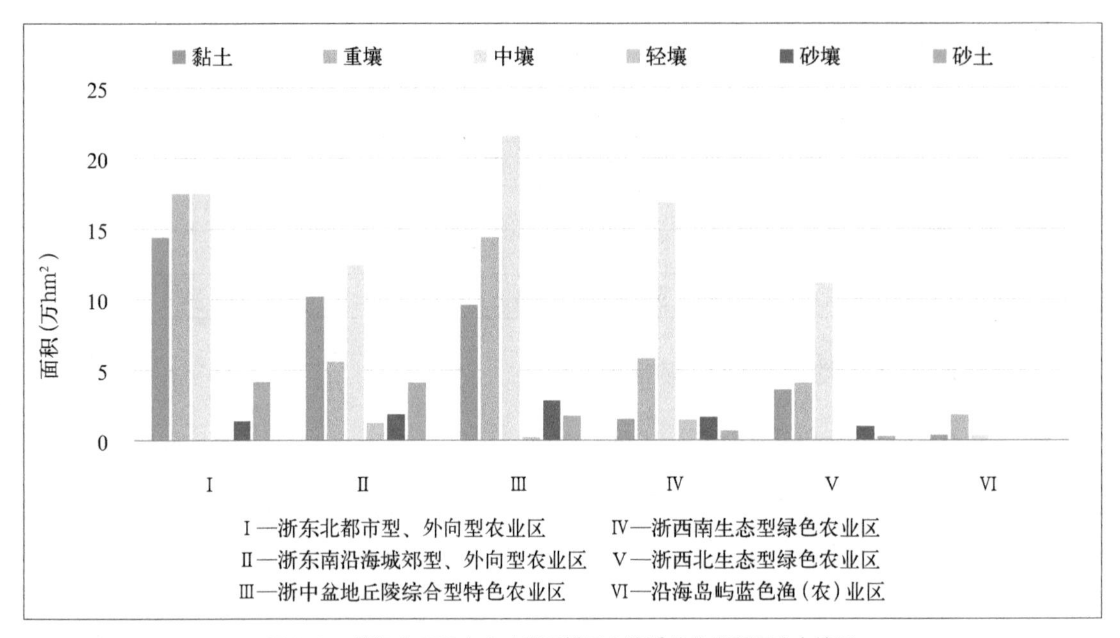

图6-35　浙江省不同农业功能区耕层土壤质地分类面积分布情况

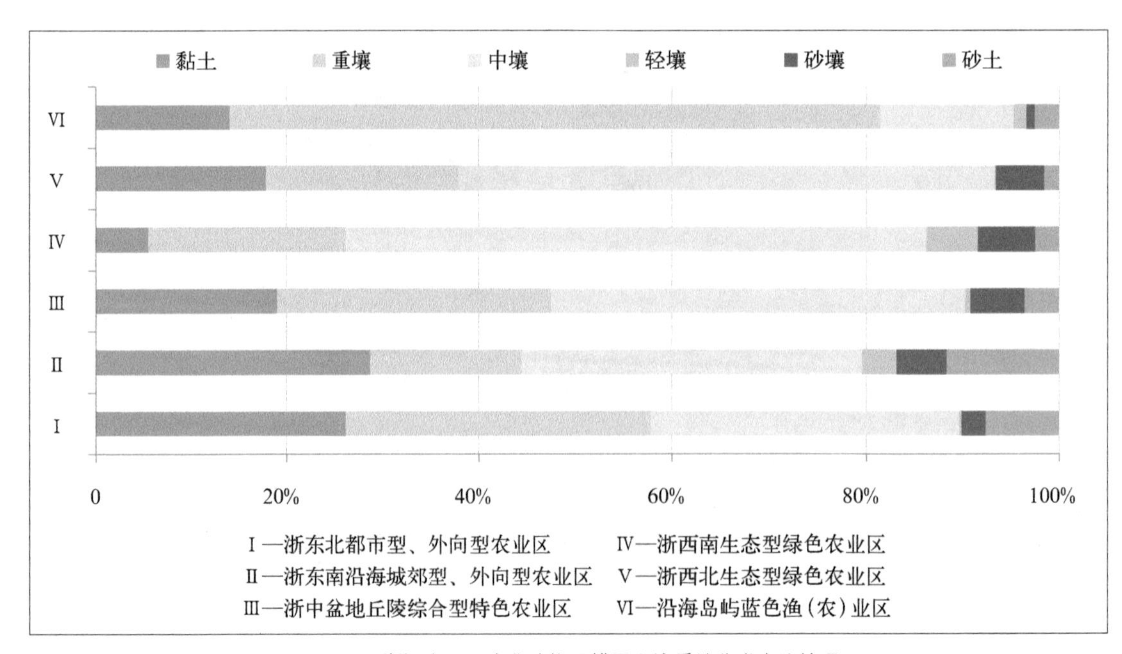

图6-36　浙江省不同农业功能区耕层土壤质地分类占比情况

耕层土壤质地为黏土的耕地主要分布在浙东北都市型、外向型农业区和浙东南沿海城郊型、外向型农业区，面积分别为14.41万 hm^2、10.2万 hm^2，分别占全省耕地面积的7.50％、5.31％；其次是浙中盆地丘陵综合型特色农业区，面积为9.63万 hm^2，占全省耕地面积的5.01％；再次是浙西北生态型绿色农业区，面积为3.61万 hm^2；浙西南生态型绿色农业区有1.54万 hm^2，占全省耕地面积的0.80％；沿海岛屿蓝色渔（农）业区最少，只有3 800hm^2。

耕层土壤质地为重壤的耕地主要分布在浙东北都市型、外向型农业区，面积为17.48万 hm^2，占全省耕地面积的9.10％；其次是浙中盆地丘陵综合型特色农业区，面积为14.41万 hm^2，占全省耕地面积的7.50％；再次是浙西南生态型绿色农业区和浙东南沿海城郊型、外向型农业区，面积分别为5.82万 hm^2、5.59万 hm^2，分别占全省耕地面积的3.03％、2.91％；浙西北生态型绿色农业区有4.08万 hm^2，占全省耕地面积的2.12％；沿海岛屿蓝色渔（农）业区最少，只有1.83万 hm^2。

耕层土壤质地为中壤的耕地，在浙中盆地丘陵综合型特色农业区分布最多，面积为21.63万 hm^2，占全省耕地面积的11.26％；其次是浙东北都市型、外向型农业区和浙西南生态型绿色农业区，面积分别为17.52万 hm^2、16.87万 hm^2，分别占全省耕地面积的9.12％、8.78％；然后是浙东南沿海城郊型、外向型农业区，面积为12.49万 hm^2，占全省耕地面积的6.50％；浙西北生态型绿色农业区有11.21万 hm^2，占全省耕地面积的5.83％；沿海岛屿蓝色渔（农）业区最少，面积为3 800hm^2，占全省耕地面积的0.20％。

耕层土壤质地为轻壤的耕地，在浙西南生态型绿色农业区和浙东南沿海城郊型、外向型农业区分布最多，面积分别为1.49万 hm^2、1.24万 hm^2，分别占全省耕地面积的0.77％、0.65％；其次是浙中盆地丘陵综合型特色农业区和浙东北都市型、外向型农业区，面积分别为2 300hm^2、1 100hm^2，分别占全省耕地面积的0.12％、0.06％；浙西北生态型绿色农业区和沿海岛屿蓝色渔（农）业区分布最少，面积皆不足1 000hm^2，分别为100hm^2、300hm^2，分别占全省耕地面积的0.01％、0.02％。

耕层土壤质地为砂壤的耕地在浙中盆地丘陵综合型特色农业区分布最多，面积为2.86万 hm^2，分别占全省耕地面积的1.49％；沿海岛屿蓝色渔（农）业区分布最少，面积为200hm^2，占全省耕地面积的0.01％；其他四区分布面积均大于1万 hm^2，分布面积为1.02万～1.85万 hm^2，占全省耕地面积的比例为0.53％～0.96％。

耕层土壤质地为砂土的耕地在浙东北都市型、外向型农业区和浙东南沿海城郊型、外向型农业区分布最多，面积分别为4.16万 hm^2、4.12万 hm^2，分别占全省耕地面积的2.17％、2.15％；其次是浙中盆地丘陵综合型特色农业区，面积为1.78万 hm^2，占全省耕地面积的0.92％；浙西南生态型绿色农业区和浙西北生态型绿色农业区分布较少，面积分别为6 800hm^2、3 000hm^2，分别占全省耕地面积的0.36％、0.16％；沿海岛屿蓝色渔（农）业区分布最少，面积为700hm^2，占全省耕地面积的0.04％。

在不同地级市之间耕层土壤质地有差异（表6－20）。

耕层土壤质地为黏土的耕地占全省耕地面积的20.70％，其中宁波市分布最多，面积为8.08万 hm^2，占该市耕地面积的40.53％，占全省耕地面积的4.21％；其次是台州市和嘉兴市，面积分别为5.94万 hm^2、5.47万 hm^2，分别占全省耕地面积的3.09％、2.85％；杭州市和温州市分布较少，面积分别为2.41万 hm^2、2.39万 hm^2，分别占全省耕地面积的1.26％、1.24％；丽水市和舟山市分布最少，面积分别为6 800hm^2、3 300hm^2，分别占全省耕地面积的0.35％、0.17％；其他四市分布面积均大于3万 hm^2，面积为3.42万～3.78万 hm^2，占全省耕地面积的比例在1.78％～1.97％之间。

表6-20 浙江省耕层土壤质地区域分布特征

类型	地级市	面积（万 hm^2）	占该市比例（%）	占全省比例（%）
黏土	杭州市	2.42	12.35	1.26
	宁波市	8.08	40.53	4.21
	温州市	2.39	9.24	1.24
	嘉兴市	5.47	27.95	2.85
	湖州市	3.50	23.19	1.82
	绍兴市	3.74	19.89	1.95
	金华市	3.78	16.39	1.97
	衢州市	3.42	25.92	1.78
	舟山市	0.33	12.94	0.17
	台州市	5.94	31.48	3.09
	丽水市	0.68	4.38	0.35
重壤	杭州市	3.19	16.29	1.66
	宁波市	3.63	18.19	1.89
	温州市	7.25	28.06	3.77
	嘉兴市	8.70	44.44	4.53
	湖州市	4.31	28.53	2.24
	绍兴市	3.71	19.75	1.93
	金华市	9.17	39.75	4.77
	衢州市	3.41	25.81	1.77
	舟山市	1.77	70.14	0.92
	台州市	1.73	9.18	0.90
	丽水市	2.34	15.01	1.22
中壤	杭州市	9.99	50.98	5.20
	宁波市	6.55	32.84	3.41
	温州市	11.11	43.01	5.78
	嘉兴市	5.33	27.22	2.77
	湖州市	6.30	41.73	3.28
	绍兴市	9.76	51.96	5.08
	金华市	8.28	35.90	4.31
	衢州市	5.76	43.70	3.00
	舟山市	0.33	13.16	0.17
	台州市	5.38	28.52	2.80

（续表）

类型	地级市	面积（万 hm^2）	占该市比例（%）	占全省比例（%）
中壤	丽水市	11.29	72.46	5.88
轻壤	宁波市	0.26	1.32	0.14
	温州市	1.23	4.77	0.64
	湖州市	0.01	0.07	0.01
	金华市	0.44	1.90	0.23
	衢州市	0.19	1.44	0.10
	舟山市	0.03	1.35	0.02
	台州市	0.94	5.00	0.49
砂壤	杭州市	0.88	4.48	0.46
	宁波市	1.09	5.47	0.57
	温州市	1.34	5.19	0.70
	嘉兴市	0.03	0.18	0.02
	湖州市	0.72	4.79	0.38
	绍兴市	0.55	2.91	0.28
	金华市	0.50	2.17	0.26
	衢州市	0.28	2.10	0.14
	台州市	2.66	14.09	1.39
	丽水市	0.76	4.90	0.40
砂土	杭州市	3.12	15.90	1.62
	宁波市	0.33	1.65	0.17
	温州市	2.51	9.73	1.31
	嘉兴市	0.04	0.21	0.02
	湖州市	0.25	1.68	0.13
	绍兴市	1.03	5.50	0.54
	金华市	0.90	3.89	0.47
	衢州市	0.14	1.03	0.07
	舟山市	0.06	2.41	0.03
	台州市	2.22	11.74	1.15
	丽水市	0.51	3.26	0.26

耕层土壤质地为重壤的耕地占比相对较大，占全省耕地面积的25.62%，在各地市均有较多分布，其中金华市、嘉兴市分布最多，面积分别为9.17万 hm^2、8.70万 hm^2，分别占全省耕地面积的4.77%、4.53%；其次是温州市，面积为7.25万 hm^2，占全市耕地面积的28.06%，占全省耕地面积的3.77%；再次是湖州市，面积为4.31万 hm^2，占全市耕地面积的28.53%，占全省耕地面积的2.24%；丽水市分布面积较少，为2.34万 hm^2，占全市耕地面积的15.01%，占全省耕地面积的1.22%；舟山市、台州市分布面积最少，分别为1.77万 hm^2、

1.73万 hm^2，其中舟山市分布面积占全省耕地面积的比例为0.92%，但占该市耕地面积达70.14%，也就是说舟山市的大部分耕地耕层土壤质地为重壤；其他四市分布面积均大于3万 hm^2，面积为3.19万~3.71万 hm^2，占全省耕地面积的比例在1.66%~1.93%之间。

耕层土壤质地为中壤的耕地占全省耕地面积的41.70%，占比最大，且在各地市都有较多分布，其中丽水市、温州市分布最多，分别有11.29万 hm^2、11.11万 hm^2，分别占全省耕地面积的5.88%、5.78%；其次是杭州市和绍兴市，分别为9.99万 hm^2、9.76万 hm^2，分别占全省耕地面积的5.20%和5.08%；再次是金华市有8.28万 hm^2，占全市耕地面积的35.90%，占全省耕地面积的4.31%；宁波市和湖州市，分别为6.55万 hm^2、6.30万 hm^2，分别占全省耕地面积的3.41%、3.28%；而舟山市分布最少，面积为3 300hm^2，占全省耕地面积的比例仅0.17%；其他各市分布面积均在5万 hm^2以上，面积在5.33万~5.76万 hm^2，占全省耕地面积的2.77%~3.00%。

耕层土壤质地为轻壤的耕地占比最小，仅占全省耕地面积的1.62%，以温州市分布最多，为1.23万 hm^2，占该市耕地面积的4.77%，占全省耕地面积的0.64%；其次是台州市面积为9 400hm^2，占全省耕地面积的0.49%；再次是金华市、宁波市和衢州市，分别为4 400hm^2、2 600hm^2、1 900hm^2，分别占全省耕地面积的0.23%、0.14%、0.10%；舟山市和湖州市分布最少，分别为300hm^2、100hm^2。

耕层土壤质地为砂壤的耕地总体占的比例较少，只有4.59%，台州市分布最多，有2.66万 hm^2，占该市耕地面积的14.09%，占全省耕地面积的1.39%；其次是温州市、宁波市，分别为1.34万 hm^2、1.09万 hm^2，分别占全省耕地面积的0.70%、0.57%；其他各市分布均少于1万 hm^2，其中嘉兴市分布最少，面积为300hm^2，仅占全省耕地面积的0.02%。

耕层土壤质地为砂土的耕地占全省耕地面积的5.78%，杭州市分布最多，有3.12万 hm^2，占该市耕地面积的15.90%，占全省耕地面积的1.62%；其次是温州市、台州市，分别为2.51万 hm^2、2.22万 hm^2，分别占全省耕地面积的1.31%、1.15%；绍兴市分布面积为1.03万 hm^2，占该市耕地面积的5.50%，占全省耕地面积的0.54%；其他各市分布均少于1万 hm^2，其中嘉兴市最少，面积为400hm^2，仅占全省耕地面积的0.02%。

四、耕层土壤质地调控

调控耕层土壤质地对于提高土壤肥力、促进作物生长、保护生态环境和促进农业可持续发展都具有重要意义。不同区域需要根据实际情况选择合适的方法进行耕层土壤质地调控，以促进作物生长和提高产量。

（1）深耕深翻。通过深耕增加土壤的通透性，加速土壤熟化，改善土壤物理结构，提高土壤的保水保肥能力。翻耕深度以20~30cm为宜。

（2）科学施肥。根据土壤的养分状况和作物需求，确定合理的肥料用量。采用增施有机肥、秸秆还田等方式改善土壤结构，结合土壤调理剂应用，增加土壤有机质含量，促进团粒结构的形成，进而优化土壤质地。

（3）轮作倒茬。安排不同科属类型、根系深浅、吸肥特点的作物，有计划地开展轮作倒茬，通过合理灌溉等优化不同作物的田间管理措施，改善土壤的物理性质和养分状况，达到调控土壤质地的目的。

参考文献

马奇，2009. 浙江省土地利用现状更新调查 . 北京：地质出版社 .
卫新，胡豹，2006. 浙江农业区域布局与资源环境协调发展研究 . 北京：中国农业出版社 .
浙江省土壤普查办公室，1994. 浙江土壤 . 杭州：浙江科学技术出版社 .
浙江通志编纂委员会，2019. 浙江通志・自然环境志 . 杭州：浙江人民出版社 .

附　录

附录一　土壤分类对照

浙江省土壤分类代码与中国土壤分类土种代码对照表

浙江省土壤分类系统与代码					中国土壤分类土种名称与代码	
土类	亚类	土属	土种	数字编码		
1红壤	11红壤	111黄筋泥	111−1黄筋泥	G01010101	褐斑黄筋泥	A1311111
			111−2褐斑黄筋泥	G01010102		
		112砂黏质红泥	112−1砂黏质红泥	G01010201	砂黏红泥	A1311314
		113红松泥	113−1红松泥	G01010301	红松泥	A1311313
		114红泥土	114−1红泥土	G01010401	泥红土	A1311311
			114−2红泥砂土	G01010402	砂红泥	A1311312
			114−3红砾泥	G01010403	红砾泥土	G2511214
		115红黏泥	115−1红黏泥	G01010501	红黏泥	A1311211
			115−2红砾黏	G01010502	红砾泥土	G2511214
	12黄红壤	121亚黄筋泥	121−1亚黄筋泥	G01020101	舟枕黄筋泥	A1321112
		122黄泥土	122−1黄泥土	G01020201	壤黄泥	A1321412
			122−2黄泥砂土	G01020202	黄泥砂土	A1321611
			122−3黄砾泥	G01020203	砾黄泥土	G2521112
		123黄红泥土	123−1黄红泥土	G01020301	于潜黄红泥土	A1321711
			123−2黄红砾泥	G01020302	砾黄泥土	G2521112

（续表）

浙江省土壤分类系统与代码					中国土壤分类土种名称与代码	
土类	亚类	土属	土种	数字编码		
1红壤	12黄红壤	124砂黏质黄泥	124−1砂黏质黄泥	G01020401	砂黏黄泥	A1321411
		125黄黏泥	125−1黄黏泥	G01020501	黄黏泥	A1321311
			125−2黄砾黏	G01020502	砾黄泥土	G2521112
		126潮红土	126−1潮红土	G01020601	潮红土	A1321111
	13红壤性土	131红粉泥土	131−1红粉泥土	G01030101	其他麻砂质酸性石质土	G2611199
			131−2紫粉泥土	G01030102		
		132油红泥	132−1油红泥	G01030201	油红泥	G2130014
		133（812）灰黄泥土	133−1（812−1）灰黄泥土	G01030301	片石砂土	G2511311
	14饱和红壤	141棕红泥	141−1棕红泥	G01040101	普陀棕红泥	G1231211
			141−2棕黄泥	G01040102	嵊泗棕黄泥	G1231212
			141−3棕红泥砂土	G01040103	棕红泥砂土	G1231112
			141−4棕黄泥砂土	G01040104	棕黄泥砂土	G1231111
	15棕红壤	151棕黄筋泥	151−1棕黄筋泥	G01050201	棕黄筋泥	A1331111
		152亚棕黄筋泥	152−1亚棕黄筋泥	G01050202	高禹亚棕黄筋泥	A1331112
2黄壤	21黄壤	211山黄泥土	211−1山黄泥土	G02010101	山黄泥土	A2111611
			211−2山黄泥砂土	G02010102	山黄泥砂土	A2111511
			211−3山黄砾泥	G02010103	砾质暗黄泥土	A2141411
			211−4山香灰土	G02010104	山香灰土	A2111612
		212砂黏质山黄泥	212−1砂黏质山黄泥	G02010201	砂黏黄泥	A1321411
		213山黄黏泥	213−1山黄黏泥	G02010301	山黄黏泥	A2111211
			213−2山黄砾黏	G02010302	砾质暗黄泥土	A2141411
3紫色土	31石灰性紫色土	311紫砂土	311−1紫砂土	G03010101	灰紫土	G2331411

（续表）

浙江省土壤分类系统与代码					中国土壤分类土种名称与代码	
土类	亚类	土属	土种	数字编码		
3紫色土	31石灰性紫色土	311紫砂土	311–2紫泥土	G03010102	灰紫土	G2331411
		312红紫砂土	312–1红紫砂土	G03010201	红紫砂土	G2311311
			312–2红紫泥土	G03010202	红紫泥	G2311411
	32酸性紫色土	321酸性紫砂土	321–1酸性紫砂土	G03020101	奉化酸紫砾土	G2311111
			321–2酸性紫泥土	G03020102	罗阳酸紫泥	G2311412
			321–3酸性山紫砂土	G03020103	安地酸紫砾土	G2311112
			321–4（322–1）酸性紫砾土	G03020104	安地酸紫砾土	G2311112
4石灰（岩）土	41黑色石灰土	411黑油泥	411–1黑油泥	G04010101	黑油泥	G2120011
		412碳质黑泥土	412–4碳质黑泥土	G04010201	灰片石砂土	G2511312
	42棕色石灰土	421油黄泥	421–1油黄泥	G04020101	油黄泥	G2130013
		422油红黄泥	422–1油红黄泥	G04020201	油红黄泥	G2130015
5（9）粗骨土	51（91）酸性粗骨土	511（911）石砂土	511–1（911–1）石砂土	G05010101	石砂土	G2511212
			511–2（911–2）乌石砂土	G05010102	乌石砂土	G2511213
		512（912–1）白岩砂土	512–1（912–1）白岩砂土	G05010201	白岩砂土	G2511113
			512–2（912–2）麻籠砂土	G05010202	麻籠砂土	G2511114
		513（(10) 11）片石砂土	513–1（(10) 11–1）片石砂土	G05010301	片石砂土	G2511311
			513–2（915–1）灰泥土	G05010302		
		514（323）红砂土	514–1（323–1）红砂土	G05010401	红橙砂土	G2511411
		515（913）黄泥骨	515–1（913–1）黄泥骨	G05010501	其他泥质酸性粗骨土	G2511399
		516（914）硅藻白土	516–1（914–1）硅藻白土	G05010601		
6（8）基性岩土	61（81）基性岩土	611（811）棕泥土	611–1（811–1）棕泥土	G06010101	棕泥土	G2521113
7（12）山地草甸土	71（(12) 1）山地草甸土	711（(12) 11）山草甸土	711–1（(12) 11–1）山草甸土	G07010101	山草甸土	H2431213

（续表）

浙江省土壤分类系统与代码					中国土壤分类土种名称与代码	
土类	亚类	土属	土种	数字编码		
8（5）潮土	81（51）灰潮土	811（511）洪积泥砂土	811–1（511–1）洪积泥砂土	G08010101	潮麻砂土	H2121412
			811–2（512–1）古潮泥砂土	G08010102		
		812（(11) 11）清水砂	812–1（(11) 11–1）卵石清水砂	G08010201		
			812–2（(11) 11–2）清水砂	G08010202		
		813（513）培泥砂土	813–1（513–1）培泥砂土	G08010301	培泥砂土	H2121411
			813–2（513–2）泥质土	G08010302		
			813–3（513–3）砾心培泥砂土	G08010303		
			813–4（513–4）青紫心培泥砂土	G08010304		
		814（514）泥砂土	814–1（514–1）泥砂土	G08010401		
			814–2（514–2）砾塥泥砂土	G08010402		
		815（515）潮泥土	815–1（515–1）潮泥土	G08010501	沟干土	H2121212
			815–2（515–2）潮松土	G08010502		
		816（516）堆叠土	816–1（516–1）粉质堆叠土	G08010601	南汇黄泥土	H2121311
			816–2（516–2）壤质堆叠土	G08010602		
			816–3（516–3）黏质堆叠土	G08010603		
		817（517）粉泥土	817–1（517–1）粉泥土	G08010701	小粉土	H2121111
			817–2（517–2）黄松土	G08010702		
			817–3（517–3）乌松土	G08010703		
			819–3（521–3）乌潮土	G08010903		
		818（518）砂岗砂土	818–1（518–1）砂岗砂土	G08010801	夹砂土	H2121211
		819（521）淡涂泥	819–1（521–1）淡涂砂	G08010901	底咸砂	H2121216
			819–2（521–2）流砂板土	G08010902	流砂板土	H2121215

（续表）

浙江省土壤分类系统与代码					中国土壤分类土种名称与代码	
土类	亚类	土属	土种	数字编码		
8（5）潮土	81（51）灰潮土	819（521）淡涂泥	819–4（521–4）淡涂泥	G08010904	黄泥翘	H2121314
			819–5（521–5）黄泥翘	G08010905		
			819–6（521–6）夜阴土	G08010906	底咸砂	H2121216
			819–7（521–7）淡涂黏	G08010907	淡涂黏	H2121315
		820（522）江涂泥	820–1（522–1）江涂泥	G08011001	江涂泥	H2121316
			820–2（522–2）江涂砂	G08011002		
			820–3（513–5）涂性培泥砂土	G08011003		
		821（(11) 12）滨海砂土	821–1（(11) 12–1）滨海砂土	G08011101	夹砂土	H2121211
			821–2（(11) 12–2）飞砂土	G08011102		
9（6）滨海盐土	91（61）滨海盐土	911（611）涂泥	911–1（611–1）涂砂	G09010101	粉泥盐土	K1231214
			911–2（611–2）流板砂	G09010102		
			911–3（611–3）涂泥	G09010103		
			911–4（611–4）涂黏	G09010104		
			911–5（611–5）盐白地	G09010105		
		912（621）咸泥	912–1（621–1）轻咸砂	G09010201	中咸泥	H2151118
			912–2（621–2）中咸砂	G09010202		
			912–3（621–3）重咸砂	G09010203		
			912–4（621–4）轻咸泥	G09010204		
			912–5（621–5）中咸泥	G09010205		
			912–6（621–6）重咸泥	G09010206		
			912–7（621–7）轻咸黏	G09010207		
			912–8（621–8）中咸黏	G09010208		

（续表）

浙江省土壤分类系统与代码					中国土壤分类土种名称与代码	
土类	亚类	土属	土种	数字编码		
9（6）滨海盐土	91（61）滨海盐土	912（621）咸泥	912–9（621–9）重咸黏	G09010209	中咸泥	H2151118
	92（63）潮滩盐土	921（631）滩涂泥	921–1（631–1）砾石滩涂	G09020101	盐塘田	K1211212
			921–2（631–2）砂涂	G09020102	粉泥盐土	K1231214
			921–3（631–3）粗粉砂涂	G09020103		
			921–4（631–4）泥涂	G09020104	泥涂	K1231216
			921–5（631–5）黏涂	G09020105	黏涂	K1231217
10（7）水稻土	101（70）淹育水稻土	1011（701）红砂田	1011–1（701–1）红砂田	G10010101	红砂田	L1122411
		1012（702）黄筋泥田	1012–1（702–1）黄筋泥田	G10010201	黄筋泥田	L1122612
		1013（714）红泥田	1013–1（714–1）红泥田	G10010301	红泥田	L1122611
			1013–2（714–2）砂性红泥田	G10010302		
			1013–3（714–3）焦砾塥红泥田	G10010303		
			1013–4（714–4）红松泥田	G10010304	红松泥田	L1122111
			1013–5（714–5）红黏田	G10010305		
		1014（711）黄泥田	1014–1（711–1）山黄泥田	G10010401	山黄泥田	L1122711
			1014–2（711–2）砂性山黄泥田	G10010402		
			1014–3（711–3）山黄黏田	G10010403		
			1014–4（711–4）黄泥田	G10010404	建德黄泥田	L1122614
			1014–5（711–5）砂性黄泥田	G10010405	砂性黄泥田	L1122613
			1014–6（711–6）焦砾塥黄泥田	G10010406	建德黄泥田	L1122614
			1014–7（711–7）黄黏田	G10010407		
			1014–8（711–8）白瓷泥田	G10010408	白泥田	L1121113
			1014–9（711–9）白砂田	G10010409	白砂田	L1121811

（续表）

浙江省土壤分类系统与代码					中国土壤分类土种名称与代码	
土类	亚类	土属	土种	数字编码		
10（7）水稻土	101（70）淹育水稻土	1014（711）黄泥田	1014–10（711–10）麻箍砂田	G10010410	其他浅麻砂泥田	L1121899
		1015（715）黄油泥田	1015–1（715–1）黄油泥田	G10010501	黄油泥田	L1122211
		1016（712）钙质紫泥田	1016–1（712–1）钙质紫砂田	G10010601	钙质紫砂田	L1122311
			1016–2（712–2）钙质紫泥田	G10010602	钙质紫泥田	L1122312
		1017（71（13））酸性紫泥田	1017–1（71（13）–1）酸性紫泥田	G10010701	酸性紫泥田	L1122313
			1017–2（71（13）–2）紫粉泥田	G10010702		
		1018（71（14））红紫泥田	1018–1（17（14）–1）红紫砂田	G10010801	红紫砂田	L1122315
			1018–2（71（14）–2）红紫泥田	G10010802	红紫泥田	L1122314
		1019（716）棕泥田	1019–1（716–1）棕泥田	G10010901	棕泥田	L1121712
			1019–2（716–2）硅藻白土田	G10010902		
		101（10）（71（15））湖松田	101（10）–1（71（15）–1）湖松田	G10011001	湖松田	L1121611
		101（11）（72（17））白泥田	101（11）–1（72（17）–1）白泥田	G10011101	白泥田	L1121113
		101（12）（72（14））江粉泥田	101（12）–1（72（14）–1）江粉泥田	G10011201	江粉泥田	L1121511
			101（12）–2（72（14）–2）泥炭心江粉泥田	G10011202		
			101（12）–3（72（14）–3）青心江粉泥田	G10011203		
		101（13）（718）江涂泥田	101（13）–1（718–1）江涂泥田	G10011301	江涂泥田	L1121415
			101（13）–2（718–2）脱钙江涂泥田	G10011302		
			101（13）–3（718–3）江涂砂田	G10011303		
			101（13）–4（717–5）涂性培泥砂田	G10011304		
		101（14）（71（12））滨海砂田	101（14）–1（71（12）–1）砂岗砂田	G10011401	岗砂田	L1121411
			101（14）–2（71（12）–2）滨海砂田	G10011402		
		101（15）（71（10））涂泥田	101（15）–1（71（10）–1）涂砂田	G10011501	涂砂田	L1121412

（续表）

浙江省土壤分类系统与代码					中国土壤分类土种名称与代码	
土类	亚类	土属	土种	数字编码		
10（7）水稻土	101（70）淹育水稻土	101（15）（71（10））涂泥田	101（15）−2（71（10）−2）涂泥田	G10011502	宁波涂泥田	L1121414
			101（15）−3（71（10）−4）涂黏田	G10011503	涂黏田	L1121413
	102（71）渗育水稻土	1021（717）培泥砂田	1021−1（717−1）培泥砂田	G10020101	培泥砂田	L1131117
			1021−2（717−2）红土心培泥砂田	G10020102		
			1021−3（717−3）青心培泥砂田	G10020103		
			1021−4（717−4）青紫心培泥砂田	G10020104		
			1021−5（717−6）砂田	G10020105	湖东砂田	L1121114
		1022（72（15））白粉泥田	1022−1（72（15）−1）白粉泥田	G10020201	其他渗潮泥田	L1131199
		1023（71（16））棕黄筋泥田	1023−1（71（16）−1）棕黄筋泥田	G10020301	棕黄筋泥田	L1132511
		1024（72（21））棕粉泥田	1024−1（72（21）−1）棕粉泥田	G10020401	棕粉泥田	L1132512
		1025（723）泥砂田	1025−1（723−1）泥砂田	G10020501	水南泥砂田	L1131116
			1025−2（723−2）焦砾塥泥砂田	G10020502		
			1025−3（723−3）青塥泥砂田	G10020503		
			1025−4（723−4）白心泥砂田	G10020504		
			1025−5（723−6）涂心泥砂田	G10020505		
			1025−6（723−7）红土心泥砂田	G10020506		
		1026（727）小粉田	1026−1（727−1）小粉田	G10020601	小粉田	L1131515
			1026−2（727−2）青塥小粉田	G10020602		
			1026−3（727−3）青紫头小粉田	G10020603		
			1026−4（727−4）小粉泥田	G10020604	小粉泥田	L1131516
			1026−5（727−5）青塥小粉泥田	G10020605		
			1026−6（72（13）−1）粉质加土田	G10020606		

（续表）

浙江省土壤分类系统与代码					中国土壤分类土种名称与代码	
土类	亚类	土属	土种	数字编码		
10（7）水稻土	102（71）渗育水稻土	1027（72（18））湖成白土田	1027–1（72（18）–1）白土田	G10020701	白土田	L1131611
			1027–2（72（18）–2）青塥白土田	G10020702		
			1027–3（72（18）–3）青紫头白土田	G10020703		
			1027–4（72（18）–4）黄白土田	G10020704		
		1028（71（11））并松泥田	1028–1（71（11）–1）并松泥田	G10020801	并松泥田	L1131514
		1029黄松田	1029–1（728–1）黄松田	G10020901	黄松田	L1131513
			1029–2（728–2）青塥黄松田	G10020902		
			1029–3（728–3）半砂泥田	G10020903		
			1029–4（728–4）青塥半泥砂田	G10020904		
		102（10）（719）淡涂泥田	102（10）–1（719–1）淡涂砂田	G10021001	淡涂泥田	L1131411
			102（10）–2（719–2）淡涂泥田	G10021002		
			102（10）–3（719–3）淡涂黏田	G10021003	淡涂黏田	L1131517
			102（10）–4（719–6）青塥淡涂黏田	G10021004		
			102（10）–5（719–7）砂胶淡涂黏田	G10021005		
	103（72）潴育水稻土	1031（721）洪积泥砂田	1031–1（721–1）洪积泥砂田	G10030101	泥砂田	L1111211
			1031–2（721–2）白塥洪积泥砂田	G10030102		
			1031–3（721–3）青塥洪积泥砂田	G10030103		
			1031–4（721–4）焦砾塥洪积泥砂田	G10030104		
			1031–5（721–5）涂心洪积泥砂田	G10030105		
			1031–6（721–6）红土心洪积泥砂田	G10030106		
			1031–7（721–7）谷口泥田	G10030107		
			1031–8（721–8）青紫心谷口泥田	G10030108		

（续表）

浙江省土壤分类系统与代码					中国土壤分类土种名称与代码	
土类	亚类	土属	土种	数字编码		
10（7）水稻土	103（72）潴育水稻土	1031（721）洪积泥砂田	1031–9（721–9）古潮泥砂田	G10030109	其他潮砂泥田	L1111299
			1031–10（721–10）潮红泥田	G10030110		
		1032（722）黄泥砂田	1032–1（722–1）山黄泥砂田	G10030201	山黄泥砂田	L1112511
			1032–2（722–2）焦砾塥山黄泥砂田	G10030202		
			1032–3（722–3）黄泥砂田	G10030203	黄泥砂田	L1112414
			1032–4（722–4）焦砾塥黄泥砂田	G10030204	焦砾塥黄泥砂田	L1112413
			1032–5（722–5）青心黄泥砂田	G10030205	黄泥砂田	L1112414
			1032–6（722–6）泥炭心黄泥砂田	G10030206		
			1032–7（722–7）白心黄泥砂田	G10030207		
			1032–8（722–8）青紫心黄泥砂田	G10030208		
			1032–9（722–9）涂心黄泥砂田	G10030209		
			1032–10（722–10）黄粉泥田	G10030210	黄粉泥砂田	L1112412
			1032–11（722–11）黄大泥田	G10030211	黄大泥田	L1112415
			1032–12（722–12）白心黄大泥田	G10030212	黄大泥田	L1112415
			1032–13（722–13）青塥黄大泥田	G10030213		
			1032–14（722–14）灰泥田	G10030214		
		1033（729）紫泥砂田	1033–1（729–1）紫泥砂田	G10030301	紫大泥田	L1112211
			1033–2（729–2）紫大泥田	G10030302		
		1034（72（10））红紫泥砂田	1034–1（72（10）–1）红泥砂田	G10030401	红泥砂田	L1112311
			1034–2（72（10）–2）红紫泥砂田	G10030402		
			1034–3（72（10）–3）砾质红紫泥砂田	G10030403		
			1034–4（72（10）–4）红紫大泥田	G10030404		

（续表）

浙江省土壤分类系统与代码					中国土壤分类土种名称与代码	
土类	亚类	土属	土种	数字编码		
10（7）水稻土	103（72）潴育水稻土	1035（72（11））棕泥砂田	1035–1（72（11）–1）棕泥砂田	G10030501	黄泥砂田	L1112414
			1035–2（72（11）–2）棕大泥田	G10030502	黄大泥田	L1112415
		1036（725）老黄筋泥田	1036–1（725–1）老黄筋泥田	G10030601	老黄筋泥田	L1112411
			1036–2（725–2）泥砂头老黄筋泥田	G10030602		
		1037（724）泥质田	1037–1（724–1）泥质田	G10030701	泥质田	L1111115
			1037–2（724–2）白塥泥质田	G10030702		
			1037–3（724–3）青塥泥质田	G10030703		
			1037–4（724–4）砂心泥质田	G10030704		
			1037–5（724–5）红土心泥质田	G10030705		
			1037–6（724–6）泥筋田	G10030706		
			1037–7（724–7）半砂田	G10030707		
			1037–8（724–8）老培泥砂田	G10030708		
		1038（726）黄斑田	1038–1（726–1）黄斑田	G10030801	黄斑田	L1111116
			1038–2（726–2）青塥黄斑田	G10030802	青塥黄斑田	L1111117
			1038–3（726–3）白塥黄斑田	G10030803	黄斑田	L1111116
			1038–4（726–4）泥砂头黄斑田	G10030804		
			1038–5（726–5）泥炭心黄斑田	G10030805		
			1038–6（726–6）小粉心黄斑田	G10030806		
			1038–7（726–7）泥汀黄斑田	G10030807		
			1038–8（72（13）–2）壤质加土田	G10030808		
		1039（72（12））黄砂墒田	1039–1（72（12）–1）黄砂墒田	G10030901	黄砂墒田	L1111412
			1039–2（72（12）–2）青塥黄砂墒田	G10030902		

（续表）

浙江省土壤分类系统与代码					中国土壤分类土种名称与代码	
土类	亚类	土属	土种	数字编码		
10（7）水稻土	103（72）潴育水稻土	103（10）（72（22））硬泥田	103（10）–1（72（22）–1）硬泥田	G10031001	其他潮白土田	L1111699
			103（10）–2（72（22）–2）青塥硬泥田	G10031002		
			103（10）–3（72（22）–3）缸泥田	G10031003		
			103（10）–4（72（22）–4）硬粉田	G10031004		
		103（11）（72（19））汀煞白土田	103（11）–1（72（19）–1）汀煞白土田	G10031101	淀煞白土田	L1111611
		103（12）（72（8））粉泥田	103（12）–1（728–5）粉泥田	G10031201	粉泥田	L1111411
			103（12）–2（728–6）青塥粉泥田	G10031202		
		103（13）（72（16））老淡涂泥田	103（13）–1（72（16）–1）老淡涂泥田	G10031301	老淡涂黏田	L1111413
			103（13）–2（72（16）–2）白塥老淡涂泥田	G10031302		
			103（13）–3（72（16）–3）青塥老淡涂泥田	G10031303		
			103（13）–4（72（16）–4）砂胶老淡涂泥田	G10031304		
			103（13）–5（72（16）–5）老淡涂黏田	G10031305		
			103（13）–6（72（16）–6）砂胶老淡涂黏田	G10031306		
	104（73）脱潜水稻土	1041（731）黄斑青紫泥田	1041–1（731–1）黄斑青紫泥田	G10040101	黄斑青紫泥田	L1151127
			1041–2（731–2）泥砂头黄斑青紫泥田	G10040102		
		1042（732）黄斑青粉泥田	1042–1（732–1）黄斑青粉泥田	G10040201	黄斑青粉泥田	L1151126
		1043（733）黄斑青泥田	1043–1（733–1）黄斑青泥田	G10040301		
		1044（734）黄斑青紫塥黏田	1044–1（734–1）黄斑青紫塥黏田	G10040401	黄斑青紫塥黏田	L1151125
		1045（735）青紫泥田	1045–1（735–1）青紫泥田	G10040501	吴山青紫泥田	L1151129
			1045–2（735–2）泥炭心青紫泥田	G10040502		
			1045–3（735–3）白心青紫泥田	G10040503		
			1045–4（735–4）黄心青紫泥田	G10040504	黄心青紫泥田	L1151128

（续表）

浙江省土壤分类系统与代码					中国土壤分类土种名称与代码	
土类	亚类	土属	土种	数字编码		
10（7）水稻土	104（73）脱潜水稻土	1045（735）青紫泥田	1045–5（735–5）粉心青紫泥田	G10040505	吴山青紫泥田	L1151129
			1045–6（735–6）泥砂头青紫泥田	G10040506	泥砂头青紫泥田	L1151216
			1045–7（72（13）–3）黏质加土田	G10040507	吴山青紫泥田	L1151129
		1046（736）青粉泥田	1046–1（736–1）青粉泥田	G10040601	青粉泥田	L1151215
			1046–2（736–2）黄心青粉泥田	G10040602		
			1046–3（736–3）粉心青粉泥田	G10040603		
		1047（737）青紫塥黏田	1047–1（737–1）青紫塥黏田	G10040701	青紫塥黏田	L1151124
			1047–2（737–2）泥炭心青紫塥黏田	G10040702		
			1047–3（737–3）泥砂头青紫塥黏田	G10040703		
	105（74）潜育水稻土	1051（741）烂浸田	1051–1（741–1）烂灰田	G10050101	烂灰田	L1142211
			1051–2（741–3）烂浸田	G10050102	烂浸田	L1142212
			1051–3（741–5）烂滃田	G10050103	烂滃田	L1142213
			1051–4（741–7）烂黄泥砂田	G10050104	其他烂泥田	L1142299
			1051–5（741–8）白心烂黄泥砂田	G10050105		
			1051–6（741–9）烂黄大泥田	G10050106		
		1052（743）烂泥田	1052–1（743–1）烂泥田	G10050201	八都烂泥田	L1141122
		1053（744）烂青紫泥田	1053–1（744–1）烂青紫泥田	G10050301	烂青紫泥田	L1141121
			1053–2（744–2）烂青紫塥黏田	G10050302	烂青紫塥黏田	L1141123
		1054（745）烂塘田	1054–1（745–1）烂塘田	G10050401	烂青泥田	L1141119
		1055（746）烂青泥田	1055–1（746–1）烂青泥田	G10050501		

浙江省土壤分类系统与县级土壤分类土种名称对照表

浙江省土壤分类系统				县（市、区）土壤分类土种命名	
土类	亚类	土属	土种	土种名称	所在区域
红壤	红壤	黄筋泥	黄筋泥	黄筋泥	* ［*：同一土种表列外其他县（市、区），下同］
				黄筋泥土	杭州市区，义乌市
				黄化黄筋泥	婺城区，浦江县
				黄筋泥地	义乌市
				熟化黄筋泥	东阳市
				网心黄筋泥	龙游县
				砾石黄筋泥	松阳县
			褐斑黄筋泥	黄化黄筋泥	诸暨市，柯城区，衢江区
				黄筋泥	三门县，莲都区，松阳县
				黄泥砂黄筋泥	天台县
				黄筋泥土	缙云县
		砂黏质红泥	砂黏质红泥	砂黏质红泥	*
				砂质红土	富阳区
				砂黏质红土	北仑区，镇海区，奉化区，象山县，宁海县，余姚市，永嘉县，瑞安市，柯桥区，上虞区，新昌县，诸暨市，嵊州市，婺城区，柯城区，衢江区，江山市，定海区，普陀区，松阳县，庆元县，景宁畲族自治县
				砂黏质红泥地	玉环市
				砂质红松泥	松阳县
		红松泥	红松泥	红松泥	*
				砾石红松泥	诸暨市
				砂性红松泥	诸暨市
				砂黏质红土	金东区，义乌市，龙游县

（续表）

浙江省土壤分类系统				县（市、区）土壤分类土种命名	
土类	亚类	土属	土种	土种名称	所在区域
红壤	红壤	红松泥	红松泥	砂黏质红地	义乌市
				山地红松泥	松阳县，庆元县
				山地红松泥土	龙泉市
				红松泥土	龙泉市
		红泥土	红泥土	红泥土	*
				网纹红泥土	杭州市区
				红泥地	文成县，玉环市
			红泥砂土	红泥砂土	*
				砾石红泥砂土	岱山县
				红泥砂地	玉环市
			红砾泥	红砾泥	*
				砾石红泥土	椒江区，黄岩区，路桥区，温岭市，临海市
				砾石红泥砂土	黄岩区，温岭市，玉环市
		红黏泥	红黏泥	红黏泥	*
				红黏土	富阳区，宁海县，鹿城区，瓯海区，龙湾区，文成县，柯桥区，上虞区，新昌县，诸暨市，嵊州市，武义县，浦江县，磐安县，东阳市，永康市，衢江区，江山市，黄岩区，三门县，天台县，仙居县，温岭市，临海市，玉环市，莲都区，青田县，缙云县，遂昌县，松阳县，云和县
				红黏地	文成县，玉环市
				熟化红黏土	磐安县，东阳市
				山地黄黏土	天台县
				黏质红土	仙居县

（续表）

浙江省土壤分类系统				县（市、区）土壤分类土种命名	
土类	亚类	土属	土种	土种名称	所在区域
红壤	红壤	红黏泥	红黏泥	硅质红黏土	临海市
				吴岭红黏土	缙云县
			红砾黏	红砾黏	*
				熟化砾石红黏土	东阳市
				砾石红黏土	东阳市，黄岩区，缙云县
	黄红壤	亚黄筋泥	亚黄筋泥	亚黄筋泥	*
				黄筋泥	北仑区
				亚黄筋泥土	余姚市，缙云县
				砾石亚黄筋泥	诸暨市
				熟化亚黄筋泥	东阳市
				黄泥砂砾石亚黄筋泥	天台县
				谷口泥砂亚黄筋泥	天台县
				谷口泥砂砾石亚黄筋泥	天台县
		黄泥土	黄泥土	黄泥土	*
				厚层耕作黄泥砂土	萧山区
				薄层耕作黄泥砂土	萧山区
				黄砾泥	淳安县
				黄泥砂土	淳安县
				耕作黄泥土	北仑区，镇海区
				黄泥地	文成县，义乌市，玉环市
				黄泥土地	泰顺县
				熟化黄泥土	海盐县，磐安县，东阳市

（续表）

浙江省土壤分类系统				县（市、区）土壤分类土种命名	
土类	亚类	土属	土种	土种名称	所在区域
红壤	黄红壤	黄泥土	黄泥土	薄层黄泥土	海盐县
				厚层黄泥土	海宁市，青田县，庆元县
				潮红泥土	海宁市
				海岛乌黄泥土	椒江区
				海岛黄泥土	椒江区
				海岛砾石黄泥土	椒江区
				海岛乌砾石黄泥土	椒江区
				白心黄泥土	温岭市
				黑黄泥土	临海市
			黄泥砂土	黄泥砂土	*
				黄泥松	桐庐县
				乌黄泥砂土	宁海县，泰顺县
				砾石黄泥砂土	平阳县，岱山县
				黄泥砂地	文成县，玉环市
				黄泥砂土地	泰顺县
				乌黄泥土	乐清市
				砾质黄泥砂土	长兴县
				砂质黄泥土	婺城区，金东区
				云母黄泥砂土	武义县
				熟化黄泥砂土	东阳市
				砂性黄泥土	永康市
				砾塥黄泥砂土	岱山县

（续表）

浙江省土壤分类系统				县（市、区）土壤分类土种命名	
土类	亚类	土属	土种	土种名称	所在区域
红壤	黄红壤	黄泥土	黄泥砂土	砾心黄泥砂土	岱山县
				厚层黄泥砂土	青田县
			黄砾泥	黄砾泥	*
				黄砾泥土	鹿城区，瓯海区，龙湾区，平阳县，义乌市，缙云县
				黄砾泥地	文成县，义乌市
				黄砾土	平湖市
				熟化黄砾泥	磐安县，东阳市
				砾石黄泥土	椒江区，黄岩区，路桥区，天台县，温岭市，临海市
				砾石黄泥砂土	黄岩区，天台县，温岭市，玉环市
				厚层黄砾泥	青田县
		黄红泥土	黄红泥土	黄红泥土	*
				黄红泥	临安区，淳安县
				砾石黄红泥	淳安县
				黄红泥地	文成县
				粉红泥土	安吉县
				砾石黄红泥土	诸暨市
				厚层黄红泥	开化县
			黄红砾泥	砾石黄红泥	临安区，开化县
				砾石黄红泥土	浦江县，柯城区，衢江区，常山县，龙游县，江山市，天台县，临海市
		砂黏质黄泥	砂黏质黄泥	砂黏质黄泥	*
				砂黏质红土	余杭区，临安区，淳安县，建德市，德清县，安吉县，天台县，临海市，玉环市，莲都区，青田县，遂昌县，云和县，龙泉市

（续表）

浙江省土壤分类系统				县（市、区）土壤分类土种命名	
土类	亚类	土属	土种	土种名称	所在区域
红壤	黄红壤	砂黏质黄泥	砂黏质黄泥	砂黏质黄土	鹿城区，瓯海区，龙湾区，苍南县，泰顺县，安吉县
				砂黏质黄土地	泰顺县
				砾石砂黏质红土	天台县
		黄黏泥	黄黏泥	黄黏泥	*
				黄黏土	富阳区，泰顺县，柯桥区，新昌县，诸暨市，嵊州市，武义县，义乌市，缙云县，松阳县
				黄黏土地	泰顺县
				黄黏地	义乌市
				棕黏土	天台县
				黏紫泥土	松阳县
			黄砾黏	红黏土	宁海县
		潮红土	潮红土	潮红土	*
				潮红泥土	吴兴区，普陀区
	红壤性土	红粉泥土	红粉泥土	红粉泥土	*
				粉红泥土	临安区，淳安县，建德市，北仑区，鄞州区，海曙区，宁海县，余姚市，慈溪市，鹿城区，瓯海区，龙湾区，越城区，柯桥区，上虞区，新昌县，诸暨市，嵊州市，婺城区，金东区，磐安县，东阳市，衢江区，定海区，椒江区，黄岩区，路桥区，三门县，天台县，仙居县，临海市，玉环市，莲都区，青田县，缙云县，遂昌县，松阳县，云和县，龙泉市
				石泥土	泰顺县
				红砂土	柯桥区
				熟化粉红泥土	磐安县，东阳市
				粉红泥	普陀区

（续表）

浙江省土壤分类系统				县（市、区）土壤分类土种命名	
土类	亚类	土属	土种	土种名称	所在区域
红壤	红壤性土	红粉泥土	红粉泥土	砂石粉红泥土	天台县
				粉红泥地	玉环市
			紫粉泥土	紫粉泥土	*
				熟化紫粉泥土	东阳市
				紫粉泥地	三门县，玉环市
				砾石紫粉泥土	天台县
		油红泥	油红泥	油红泥	*
				油红泥土	杭州市区
				厚层耕作油红泥	萧山区
		灰黄泥土	灰黄泥土	灰黄泥土	*
				红黏土	安吉县
				安山岩幼年地	义乌市
				安山岩幼年土	义乌市
				山地黄黏土	青田县
	饱和红壤	棕红泥	棕红泥	棕红泥	*
				砂黏质红土	洞头区
				网纹红泥土	定海区
				红泥土	岱山县
				海岛红泥土	椒江区
			棕黄泥	棕黄泥	*
				黄棕泥土	武义县
				黄泥土	普陀区

（续表）

浙江省土壤分类系统				县（市、区）土壤分类土种命名	
土类	亚类	土属	土种	土种名称	所在区域
红壤	饱和红壤	棕红泥	棕红泥砂土	棕红泥砂土	*
				砾石红泥砂土	洞头区
				红泥砂土	岱山县
			棕黄泥砂土	棕黄泥砂土	*
				棕砂土	嵊泗县
				棕黄砾泥	嵊泗县
				砂黏质棕黄泥	嵊泗县
				海岛黄泥砂土	椒江区
	棕红壤	棕黄筋泥	棕黄筋泥	黄筋泥	德清县，长兴县，安吉县
		亚棕黄筋泥	亚棕黄筋泥	亚黄筋泥	吴兴区，德清县，长兴县，安吉县
黄壤	黄壤	山黄泥土	山黄泥土	山地黄泥土	萧山区，富阳区，临安区，桐庐县，淳安县，建德市，北仑区，鄞州区，海曙区，奉化区，宁海县，余姚市，鹿城区，瓯海区，龙湾区，永嘉县，平阳县，苍南县，文成县，泰顺县，瑞安市，乐清市，德清县，安吉县，越城区，柯桥区，新昌县，诸暨市，嵊州市，婺城区，金东区，武义县，浦江县，磐安县，兰溪市，义乌市，东阳市，永康市，柯城区，衢江区，常山县，开化县，龙游县，江山市，定海区，黄岩区，三门县，天台县，仙居县，临海市，莲都区，青田县，缙云县，遂昌县，松阳县，云和县，庆元县，景宁畲族自治县，龙泉市
				山地香灰土	萧山区
				山地石砂土	富阳区
				山地黄泥砂土	桐庐县
				山地砾石黄泥土	平阳县，瑞安市，乐清市，诸暨市，柯城区，衢江区，常山县，开化县，龙游县，江山市
				山地亚黄泥土	平阳县，苍南县，文成县

（续表）

浙江省土壤分类系统				县（市、区）土壤分类土种命名	
土类	亚类	土属	土种	土种名称	所在区域
黄壤	黄壤	山黄泥土	山黄泥土	山地黄泥地	文成县
				山地黄泥土地	泰顺县
				山地瘦黄泥土	瑞安市
				山地香灰黄泥土	乐清市
				山地乌黄泥	婺城区
				山地乌黄泥土	武义县，天台县
				熟化山地黄泥土	磐安县，东阳市
				山地红松泥	遂昌县
				山地红泥土	庆元县
				山地红黄泥土	景宁畲族自治县
			山黄泥砂土	山地黄泥砂土	余杭区，富阳区，临安区，淳安县，奉化区，宁海县，余姚市，鹿城区，瓯海区，龙湾区，永嘉县，平阳县，苍南县，文成县，泰顺县，瑞安市，乐清市，德清县，安吉县，越城区，柯桥区，上虞区，新昌县，嵊州市，婺城区，武义县，浦江县，兰溪市，义乌市，东阳市，柯城区，衢江区，常山县，开化县，龙游县，江山市，普陀区，黄岩区，天台县，仙居县，临海市，莲都区，青田县，缙云县，遂昌县，松阳县，云和县，庆元县，景宁畲族自治县，龙泉市
				山地砂石黄泥土	苍南县
				山地亚黄泥砂土	文成县
				山地黄泥砂地	文成县
				山地黄泥砂土地	泰顺县
				山地砾石黄泥砂土	瑞安市，上虞区，武义县，柯城区，衢江区，常山县，龙游县，江山市，景宁畲族自治县
				山地乌黄泥砂土	新昌县，武义县，常山县，开化县，龙游县，江山市，天台县，景宁畲族自治县

（续表）

浙江省土壤分类系统				县（市、区）土壤分类土种命名	
土类	亚类	土属	土种	土种名称	所在区域
黄壤	黄壤	山黄泥土	山黄泥砂土	山地云母黄泥砂土	武义县
				山地红泥砂土	龙泉市
			山黄砾泥	山地砾石黄泥砂土	文成县，天台县
				山地砾石黄泥土	泰顺县，武义县，浦江县，磐安县，东阳市，天台县，缙云县，云和县，景宁畲族自治县
				山地黄砾泥土	义乌市
				熟化山地砾石黄泥土	东阳市
				砾石山地黄泥砂土	黄岩区
				砾石山地黄泥土	黄岩区，温岭市
				山地砾石乌黄泥土	天台县
				山地黄砾泥	青田县
			山香灰土	山香灰土	*
				山地香灰土	余杭区，宁海县，新昌县，诸暨市，婺城区，金东区，磐安县，兰溪市，东阳市，永康市，衢江区，常山县，开化县，龙游县，江山市，黄岩区，天台县，临海市，青田县，缙云县，云和县，景宁畲族自治县，龙泉市
				山地石砂土	鹿城区，瓯海区，龙湾区
				山地香灰黄泥土	永嘉县，文成县
				山地香灰石砂土	文成县，乐清市
				山地香灰黄泥砂土	文成县
				山地砾石香灰黄泥土	泰顺县
				山地砾石香灰黄泥砂土	泰顺县
				熟化山地香灰土	磐安县

（续表）

浙江省土壤分类系统				县（市、区）土壤分类土种命名	
土类	亚类	土属	土种	土种名称	所在区域
黄壤	黄壤	山黄泥土	山香灰土	山地石塥香灰土	衢江区，江山市，青田县，缙云县，松阳县，庆元县
				山地砾石香灰土	开化县
		砂黏质山黄泥	砂黏质山黄泥	砂黏质山黄泥	*
				山地砂黏质红土	婺城区
				山地厚层黄泥土	庆元县
		山黄黏泥	山黄黏泥	山地黄黏土	宁海县，余姚市，泰顺县，安吉县，柯桥区，嵊州市，东阳市
				熟化山地黄黏土	东阳市
			山黄砾黏	山地砾石黄黏土	武义县
紫色土	石灰性紫色土	紫砂土	紫砂土	紫砂土	*
				紫泥土	桐庐县
				紫砂地	义乌市
				熟化紫砂土	东阳市
			紫泥土	紫泥土	*
				紫泥地	义乌市
				熟化紫泥土	东阳市
		红紫砂土	红紫砂土	红紫砂土	*
				砾石红紫砂土	上虞区，新昌县
				红砂土	婺城区，东阳市
				粉紫红泥土	婺城区，金东区
				粉紫红泥	金东区
				红紫砂地	义乌市
				熟化红紫砂土	东阳市

（续表）

浙江省土壤分类系统				县（市、区）土壤分类土种命名	
土类	亚类	土属	土种	土种名称	所在区域
紫色土	石灰性紫色土	红紫砂土	红紫砂土	熟化红砂土	东阳市
				紫砂土	临海市
			红紫泥土	红紫泥土	*
				紫红泥土	婺城区，金东区，东阳市
				紫红泥	兰溪市
				酸性红紫泥地	义乌市
				红紫泥地	义乌市
				酸性红紫泥土	义乌市
				熟化红紫泥土	东阳市
				熟化紫红泥土	东阳市
				红紫砂土	遂昌县
	酸性紫色土	酸性紫砂土	酸性紫砂土	酸性紫砂土	*
				酸性紫色土	萧山区，奉化区，宁海县，余姚市，新昌县，诸暨市，柯城区，衢江区，常山县，开化县，龙游县，遂昌县
				红砂土	萧山区，富阳区，临安区，桐庐县，淳安县，建德市，椒江区，黄岩区，路桥区，三门县，天台县，仙居县，温岭市，临海市
			酸性紫泥土	酸性紫泥土	*
				酸性紫砂土	建德市
				酸性紫泥地	文成县
				酸性紫泥土地	泰顺县
				酸性紫砾土	磐安县
				熟化酸性紫砾土	磐安县

（续表）

浙江省土壤分类系统				县（市、区）土壤分类土种命名	
土类	亚类	土属	土种	土种名称	所在区域
紫色土	酸性紫色土	酸性紫砂土	酸性紫泥土	酸性紫色土	兰溪市
			酸性山紫砂土	山地酸性紫色土	遂昌县
				山地紫红砂土	庆元县
			酸性紫砾土	红砂土	鄞州区，海曙区，长兴县，安吉县
				砾石酸性紫色土	奉化区
				砾质红砂土	长兴县
				酸性紫色土	长兴县
				紫粉泥土	长兴县
				粉红泥土	长兴县
				砾质紫红泥土	婺城区，金东区
				砾质紫红砂土	婺城区，金东区
				砾质红紫砂土	武义县，兰溪市，永康市
				砾石红紫砂土	浦江县，义乌市，柯城区，衢江区，龙游县
				砾石红紫砂地	义乌市
				砾石红砂土	东阳市
				熟化砾石红砂土	东阳市
石灰（岩）土	黑色石灰土	黑油泥	黑油泥	黑油泥	*
				黑油泥土	杭州市区
		碳质黑泥土	碳质黑泥土	黑油泥	余杭区，临安区，诸暨市
	棕色石灰土	油黄泥	油黄泥	油黄泥	*
				油黄泥土	杭州市区，桐庐县
				黑油泥	海宁市

（续表）

浙江省土壤分类系统				县（市、区）土壤分类土种命名	
土类	亚类	土属	土种	土种名称	所在区域
石灰（岩）土	棕色石灰土	油黄泥	油黄泥	砾石油红泥	海宁市
				砾石油黄泥	海宁市，开化县
				油泥土	安吉县
				油黄泥地	义乌市
				油红泥土	义乌市
				薄层油黄泥	开化县
		油红黄泥	油红黄泥	油红黄泥	*
				钙质页岩土	临安区，淳安县
				油黄泥	安吉县
				油黄红泥土	常山县，江山市
粗骨土	酸性粗骨土	石砂土	石砂土	石砂土	*
				岩秃	富阳区，建德市，北仑区，象山县，苍南县，泰顺县，吴兴区，安吉县，柯桥区，新昌县，婺城区，江山市，普陀区，岱山县，嵊泗县，黄岩区，路桥区，三门县，天台县，温岭市，玉环市，莲都区，青田县，遂昌县，松阳县
				山地石砂土	桐庐县，建德市，北仑区，鄞州区，海曙区，宁海县，余姚市，永嘉县，平阳县，安吉县，柯桥区，上虞区，新昌县，嵊州市，婺城区，金东区，武义县，浦江县，磐安县，东阳市，永康市，衢江区，常山县，江山市，仙居县
				石泥土	永嘉县
				山地石泥土	文成县
				石砂地	文成县
				砾石滩	泰顺县，黄岩区，天台县，临海市，玉环市
				硅质白云岩秃	海宁市
				岩秃土	平湖市，仙居县

（续表）

浙江省土壤分类系统				县（市、区）土壤分类土种命名	
土类	亚类	土属	土种	土种名称	所在区域
粗骨土	酸性粗骨土	石砂土	石砂土	凝灰岩岩秃	长兴县
				石灰岩岩秃	长兴县
				矿渣土	长兴县
				红砂秃	上虞区，常山县，松阳县
				碲石矿碴土	武义县
				石砂泥地	义乌市
				红砂秃及各种岩秃	衢江区
				石灰岩秃	常山县
				砂岩秃	常山县
				石灰渣土	常山县
				岩渣土	常山县，江山市
				紫砂岩秃	常山县
			乌石砂土	乌石砂土	*
				山地石砂土	象山县，苍南县，文成县，泰顺县，瑞安市，乐清市，定海区，普陀区，莲都区，青田县，缙云县，遂昌县，松阳县，云和县，庆元县，景宁畲族自治县，龙泉市
				山地石塥香灰土	象山县，宁海县，武义县，兰溪市，黄岩区，临海市，云和县，景宁畲族自治县
				山地香灰石砂土	永嘉县
				山地石泥土	泰顺县
				山地石质香灰土	泰顺县
				山地香灰黄泥土	泰顺县

（续表）

浙江省土壤分类系统				县（市、区）土壤分类土种命名	
土类	亚类	土属	土种	土种名称	所在区域
粗骨土	酸性粗骨土	石砂土	乌石砂土	山地乌石砂土	武义县
				石砂土	遂昌县，庆元县，景宁畲族自治县
		白岩砂土	白岩砂土	白岩砂土	*
				棕白岩砂土	嵊泗县
				山地白砂土	景宁畲族自治县，龙泉市
				山地石塥香灰土	龙泉市
			麻箍砂土	麻箍砂土	*
				白岩砂土	云和县
		片石砂土	片石砂土	片石砂土	*
				扁石砂土	富阳区，仙居县
				山地石泥地	文成县
			灰泥土	灰泥土	*
		红砂土	红砂土	红砂土	*
				砾石红砂土	柯城区，衢江区，缙云县，松阳县，云和县
				红砂泥土	柯城区，衢江区，龙游县
				砾质红砂泥土	龙游县
		黄泥骨	黄泥骨	黄泥骨	*
				砾石黄筋泥	婺城区，金东区，浦江县，兰溪市，东阳市，衢江区，龙游县
				砾石黄筋泥土	义乌市
				砾石黄筋泥地	义乌市
				熟化砾石黄筋泥	东阳市
				砾石亚黄筋泥	常山县

（续表）

浙江省土壤分类系统				县（市、区）土壤分类土种命名	
土类	亚类	土属	土种	土种名称	所在区域
粗骨土	酸性粗骨土	硅藻白土	硅藻白土	硅藻白土	*
基性岩土	基性岩土	棕泥土	棕泥土	棕泥土	*
				棕黏土	余姚市，安吉县，上虞区，新昌县，诸暨市，嵊州市，江山市，莲都区，松阳县，云和县
				砾石棕黏地	义乌市
				砾石棕黏土	义乌市，江山市
				香灰棕泥土	缙云县
				红紫砂土	龙泉市
山地草甸土	山地草甸土	山草甸土	山草甸土	山地草甸土	乐清市
				山地草甸黄泥土	龙游县，莲都区，遂昌县，景宁畲族自治县，龙泉市
潮土	灰潮土	洪积泥砂土	洪积泥砂土	洪积泥砂土	*
				狭谷泥砂土	余杭区，鄞州区，海曙区，宁海县，余姚市，瑞安市，上虞区，新昌县，东阳市，永康市，衢江区，常山县，天台县，温岭市
				谷口泥砂土	余杭区，奉化区，慈溪市，瑞安市，上虞区，诸暨市，浦江县，永康市，衢江区，常山县，椒江区，黄岩区，路桥区，三门县，天台县，温岭市，临海市，玉环市，松阳县
				峡谷泥砂土	桐庐县
				砾塥洪积泥砂土	北仑区，宁海县
				砾石洪积泥砂土	奉化区
				谷口洪积泥砂土	象山县
				峡谷洪积泥砂土	象山县，鹿城区，瓯海区，龙湾区
				狭谷洪积泥砂土	洞头区，永嘉县，平阳县，乐清市
				涂底洪积泥砂土	洞头区

（续表）

浙江省土壤分类系统				县（市、区）土壤分类土种命名	
土类	亚类	土属	土种	土种名称	所在区域
潮土	灰潮土	洪积泥砂土	洪积泥砂土	砾石滩	永嘉县
				洪积泥砂土地	泰顺县
				谷口砾塥泥砂土	瑞安市
				熟化狭谷泥砂土	磐安县
				洪积泥砂地	义乌市
				熟化谷口泥砂土	东阳市
				砾塥谷口泥砂土	天台县
				青紫心谷口泥砂土	临海市
				山谷泥砂土	莲都区，龙泉市
				滩地砾塥泥砂土	庆元县
				滩地砾石泥砂土	庆元县
				山谷砾塥泥砂土	龙泉市
			古潮泥砂土	古潮泥砂土	*
				熟化泥砂土	东阳市
				古泥砂土	永康市
				亚黄筋泥	黄岩区，三门县，温岭市，玉环市
				泥砂亚黄筋泥	黄岩区
				砾石亚黄筋泥	黄岩区，路桥区，三门县，温岭市，临海市
				红土心谷口泥砂土	黄岩区，临海市
				谷口泥砂砾石亚黄筋泥	路桥区，三门县
				谷口泥砂亚黄筋泥	温岭市
		清水砂	卵石清水砂	卵石清水砂	*

（续表）

浙江省土壤分类系统				县（市、区）土壤分类土种命名	
土类	亚类	土属	土种	土种名称	所在区域
潮土	灰潮土	清水砂	卵石清水砂	砾石滩	余杭区，嵊泗县，青田县，遂昌县，松阳县，景宁畲族自治县，龙泉市
				砾石清水砂	象山县
				卵石滩	永嘉县，文成县，乐清市，义乌市，龙游县，三门县，莲都区，青田县，缙云县，松阳县，云和县，龙泉市
				卵石塥清水砂	瑞安市
				滩地泥砂土	婺城区
				砾石泥砂土	武义县
				清水砂	兰溪市，三门县
				砂砾滩	常山县
				溪滩壳	青田县，松阳县，龙泉市
				卵石砂土	缙云县
				溪滩地	云和县，景宁畲族自治县
			清水砂	清水砂	*
				并砂土	余杭区，宁海县，永嘉县，安吉县，婺城区，金东区，兰溪市，东阳市，柯城区，衢江区，常山县，龙游县，江山市，遂昌县
				清水砂土	临安区，仙居县，缙云县
				清水砂地	文成县
				飞砂土	安吉县，上虞区，柯城区，衢江区，龙游县，江山市，青田县
				熟化清水砂	东阳市
				熟化并砂土	东阳市
				卵石心清水砂	黄岩区
				卵石清水砂	三门县，天台县，临海市

（续表）

浙江省土壤分类系统				县（市、区）土壤分类土种命名	
土类	亚类	土属	土种	土种名称	所在区域
潮土	灰潮土	清水砂	清水砂	砂土	缙云县
		培泥砂土	培泥砂土	培泥砂土	*
				培砂土	杭州市区，萧山区，余杭区，桐庐县，奉化区，宁海县，永嘉县，平阳县，瑞安市，吴兴区，德清县，长兴县，安吉县，上虞区，新昌县，诸暨市，嵊州市，婺城区，金东区，武义县，浦江县，兰溪市，东阳市，永康市，柯城区，衢江区，常山县，龙游县，江山市，黄岩区，临海市，莲都区，青田县，缙云县，松阳县，景宁畲族自治县，龙泉市
				培泥土	萧山区，余杭区，桐庐县，鄞州区，海曙区，奉化区，上虞区，新昌县，诸暨市，婺城区，金东区，永康市，柯城区，衢江区，常山县，开化县，龙游县，江山市，黄岩区
				卵石塥培泥砂土	平阳县
				培泥砂地	文成县，义乌市
				培泥地	义乌市
				熟化培砂土	东阳市
			泥质土	泥质土	*
				钙质培泥土	杭州市区
				培泥土	德清县，安吉县
				熟化泥质土	东阳市
			砾心培泥砂土	砾心培泥砂土	*
				卵石培砂土	瑞安市
				滩地泥砂土	黄岩区，三门县，天台县，临海市
				卵石心培泥砂土	天台县
			青紫心培泥砂土	青紫心培泥砂土	*

（续表）

浙江省土壤分类系统				县（市、区）土壤分类土种命名	
土类	亚类	土属	土种	土种名称	所在区域
潮土	灰潮土	泥砂土	泥砂土	泥砂土	*
				培泥土	平阳县
				泥质土	吴兴区
				砾质泥砂土	长兴县
				砾石泥砂土	浦江县
				红土心泥砂土	临海市
			砾塥泥砂土	砾塥泥砂土	*
				砾心泥砂土	天台县
		潮泥土	潮泥土	潮泥土	*
				湖泥土	余杭区，南湖区，嘉善县
				江涂泥	江北区
				荡田青紫土	嘉善县
				新桑园土	平湖市
				旱地青紫泥	椒江区，临海市
				青紫泥土	黄岩区，路桥区
				黄斑土	黄岩区
				谷口泥砂青紫泥土	温岭市
				黄泥砂青紫泥土	温岭市
			潮松土	壤质湖泥土	吴兴区
				湖泥土	德清县
				湖砂土	长兴县
		堆叠土	粉质堆叠土	粉质堆叠土	*

（续表）

浙江省土壤分类系统				县（市、区）土壤分类土种命名	
土类	亚类	土属	土种	土种名称	所在区域
潮土	灰潮土	堆叠土	粉质堆叠土	堆叠土	杭州市区，萧山区，余杭区
				旱地淡涂泥土	海盐县
				旱地黄松土	海盐县
				旱地粉泥土	海盐县，平湖市
				小粉质堆叠土	德清县
			壤质堆叠土	壤质堆叠土	*
				钙质堆叠土	余杭区
				堆叠土	南湖区，秀洲区，嘉善县，桐乡市，长兴县，安吉县
				旱地黄斑土	海盐县
			黏质堆叠土	黏质堆叠土	*
				旱地青紫土	海盐县，平湖市
				堆叠黄斑土	诸暨市
		粉泥土	粉泥土	粉泥土	*
				粉砂土	萧山区
				青心粉泥土	上虞区
				青紫心粉泥土	上虞区
			黄松土	黄松土	*
			乌松土	乌松土	*
			乌潮土	乌潮土	*
		砂岗砂土	砂岗砂土	砂岗砂土	*
				砂岗泥砂土	路桥区
		淡涂泥	淡涂砂	淡涂砂	*

（续表）

浙江省土壤分类系统				县（市、区）土壤分类土种命名	
土类	亚类	土属	土种	土种名称	所在区域
潮土	灰潮土	淡涂泥	淡涂砂	潮闭土	杭州市区，萧山区，余杭区
			流砂板土	流砂板土	*
				流砂板	慈溪市
				江涂黄斑土	椒江区
			淡涂泥	淡涂泥	*
				淡涂泥土	鹿城区，瓯海区，龙湾区，岱山县
				夜潮土	海盐县，平湖市
				瓦砾土	海盐县
				全砂泥	海宁市
				潮闭土	上虞区
				夜阴土	上虞区
			黄泥翘	黄泥翘	*
				夹砂淡涂泥	北仑区，镇海区
				直塥夜阴土	北仑区，镇海区
				直塥黄泥翘	北仑区，镇海区，慈溪市
				黄泥翘土	余姚市
				半夜阴	慈溪市
			夜阴土	夜阴土	*
				夜阴地	慈溪市
			淡涂黏	淡涂黏	*
				浆粉泥土	鄞州区，海曙区，宁海县
				浆粉泥	象山县

（续表）

浙江省土壤分类系统				县（市、区）土壤分类土种命名	
土类	亚类	土属	土种	土种名称	所在区域
潮土	灰潮土	淡涂泥	淡涂黏	泥砂质浆粉泥	宁海县
				上位砂胶淡涂黏	洞头区
				黄泥砂头淡涂黏	洞头区
				砾石淡涂黏土	乐清市
				淡涂黏土	乐清市
				淡涂泥	椒江区，温岭市，临海市
				夹蜊壳淡涂泥	温岭市
				黄泥砂淡涂泥	温岭市
				钙质淡涂泥	温岭市
		江涂泥	江涂泥	江涂泥	*
				砂胶淡涂泥	洞头区
				江涂黏	苍南县
				脱钙江涂泥	瑞安市，椒江区
				底钙江涂泥	椒江区，临海市
			江涂砂	江涂砂	*
				江涂砂土	上虞区
			涂性培泥砂土	涂性培泥砂土	*
				青紫心涂性培泥砂土	黄岩区
		滨海砂土	滨海砂土	滨海砂土	*
				砂岗砂土	北仑区，象山县
				夹蛎壳滨海砂土	玉环市
			飞砂土	飞砂土	*

（续表）

浙江省土壤分类系统				县（市、区）土壤分类土种命名	
土类	亚类	土属	土种	土种名称	所在区域
潮土	灰潮土	滨海砂土	飞砂土	滨海复砂土	普陀区
				风砂土	岱山县
滨海盐土	滨海盐土	涂泥	涂砂	涂砂土	海盐县
				流板砂土	柯桥区
			流板砂	流板砂	*
				流板砂土	余姚市
			涂泥	涂泥	*
				涂泥土	北仑区，镇海区，鹿城区，瓯海区，龙湾区，三门县
			涂黏	涂黏	*
				涂黏土	苍南县，路桥区，温岭市，临海市
				黏盐白地	三门县
			盐白地	盐白地	*
		咸泥	轻咸砂	轻咸砂土	萧山区，余杭区，余姚市，慈溪市，海盐县，海宁市，上虞区，嵊泗县
				脱盐土	平湖市
			中咸砂	中咸砂土	萧山区，余姚市，慈溪市，海盐县，海宁市，柯桥区，上虞区
			重咸砂	重咸砂土	萧山区，慈溪市
			轻咸泥	轻咸泥土	北仑区，象山县，慈溪市，岱山县，嵊泗县，路桥区，三门县
				咸泥土	鹿城区，瓯海区，龙湾区
			中咸泥	咸江涂泥	北仑区，镇海区
				中咸泥土	北仑区，镇海区，象山县，慈溪市，岱山县，嵊泗县，路桥区
				咸泥土	定海区，普陀区
			重咸泥	重咸泥土	北仑区，象山县

（续表）

浙江省土壤分类系统				县（市、区）土壤分类土种命名	
土类	亚类	土属	土种	土种名称	所在区域
滨海盐土	滨海盐土	咸泥	重咸泥	咸泥土	永嘉县
			轻咸黏	轻咸黏	*
				轻咸黏土	鄞州区，海曙区，奉化区，象山县，宁海县，椒江区，路桥区，温岭市，临海市，玉环市
				咸黏土	平阳县，苍南县
				粉砂心轻咸黏土	椒江区
			中咸黏	中咸黏土	象山县，宁海县，椒江区，路桥区，三门县，温岭市，临海市，玉环市
				砾石塥咸黏土	温岭市
			重咸黏	重咸黏土	鄞州区，海曙区，象山县，宁海县，椒江区，路桥区，三门县，温岭市，玉环市
				咸黏土	乐清市
	潮滩盐土	滩涂泥	砾石滩涂	砾石滩涂	*
			砂涂	砂涂	*
				涂砂土	普陀区
				铁板涂砂	岱山县
				涂砂滩	岱山县
			粗粉砂涂	粗粉砂涂	*
				流板砂	海宁市
				白砂涂泥土	平湖市
				铁板砂土	平湖市
				涂泥土	平湖市
				夹砂涂泥土	平湖市

（续表）

浙江省土壤分类系统				县（市、区）土壤分类土种命名	
土类	亚类	土属	土种	土种名称	所在区域
滨海盐土	潮滩盐土	滩涂泥	泥涂	泥涂	*
				涂泥土	定海区，普陀区，岱山县
			黏涂	黏涂	*
				咸黏土	洞头区，三门县
				涂黏	乐清市
				涂黏土	乐清市
				砾石涂黏土	乐清市
水稻土	淹育水稻土	红砂田	红砂田	红砂田	*
				红砂泥田	柯城区，衢江区
				砾石红砂田	龙游县
		黄筋泥田	黄筋泥田	黄筋泥田	*
				新造黄筋泥田	杭州市区
				新黄筋泥田	临安区，淳安县，建德市，北仑区，奉化区，宁海县，余姚市，嵊州市，婺城区，金东区，武义县，浦江县，兰溪市，义乌市，东阳市，永康市，柯城区，衢江区，常山县，龙游县，江山市，莲都区，缙云县，遂昌县，松阳县，云和县，庆元县
				砂质新黄筋泥田	北仑区
				淡化黄筋泥田	婺城区
				垄底黄筋泥田	浦江县
				砾塥黄筋泥田	义乌市
				红紫砂黄筋泥田	永康市
				泥砂头新黄筋泥田	庆元县

（续表）

浙江省土壤分类系统				县（市、区）土壤分类土种命名	
土类	亚类	土属	土种	土种名称	所在区域
水稻土	淹育水稻土	红泥田	红泥田	红泥田	*
				粉红泥田	云和县，龙泉市
				红心泥田	庆元县
			砂性红泥田	砂性红泥田	*
				红泥砂田	北仑区，宁海县，乐清市，江山市，三门县，临海市
				红松泥砂田	庆元县
			焦砾塥红泥田	焦砾塥红泥田	*
				红松田	上虞区
				石塥红松泥田	松阳县
			红松泥田	红松泥田	*
				红松田	嵊州市
				红泥田	龙游县
				红松泥砂田	龙泉市
			红黏田	红黏田	*
		黄泥田	山黄泥田	山地黄泥田	临安区，鄞州区，海曙区，余姚市，永嘉县，苍南县，文成县，泰顺县，瑞安市，乐清市，安吉县，上虞区，新昌县，诸暨市，嵊州市，婺城区，武义县，磐安县，永康市，衢江区，常山县，龙游县，江山市，黄岩区，天台县，仙居县，临海市，莲都区，青田县，缙云县，遂昌县，松阳县，云和县，庆元县，景宁畲族自治县，龙泉市
				山地香灰田	临安区，磐安县
				山地砾石黄泥田	平阳县
				山地红松泥田	庆元县
				山地紫红泥田	庆元县

（续表）

浙江省土壤分类系统				县（市、区）土壤分类土种命名	
土类	亚类	土属	土种	土种名称	所在区域
水稻土	淹育水稻土	黄泥田	砂性山黄泥田	山地砂性黄泥田	平阳县，江山市，黄岩区，青田县，缙云县，遂昌县，松阳县，云和县，景宁畲族自治县，龙泉市
				山地黄砂田	上虞区，嵊州市
				山地云母砂性黄泥田	武义县
				山地砾塥黄泥田	遂昌县，景宁畲族自治县
			山黄黏田	山地黄黏田	余姚市，嵊州市
				山地砂性黄泥田	文成县
			黄泥田	黄泥田	*
				浅脚黄泥田	富阳区
				红泥田	富阳区
				砾塥黄泥田	平阳县
				云母黄泥田	婺城区
				钙质黄泥田	常山县
				新造黄泥田	开化县
				煤泥田	江山市
				焦砾塥黄泥田	松阳县
				洪积粗砂田	庆元县
			砂性黄泥田	砂性黄泥田	*
				砾塥砂性黄泥田	宁海县
				黄泥砂田	文成县
				黄砾泥田	泰顺县
				石塥黄泥田	柯桥区

（续表）

浙江省土壤分类系统				县（市、区）土壤分类土种命名	
土类	亚类	土属	土种	土种名称	所在区域
水稻土	淹育水稻土	黄泥田	砂性黄泥田	黄黏田	上虞区
				砂质黄泥田	婺城区，金东区
				乌砂田	黄岩区
			焦砾塥黄泥田	焦砾塥黄泥田	*
				焦塥黄泥田	永嘉县，黄岩区
				石性黄泥田	永康市
				砾塥黄泥田	常山县，云和县，景宁畲族自治县
				砾石黄泥田	龙游县
				石塥黄泥田	松阳县，龙泉市
				砾质黄泥田	庆元县
			黄黏田	黄黏田	*
				红泥田	龙泉市
			白瓷泥田	白瓷泥田	*
				白心黄泥田	富阳区
			白砂田	白砂田	*
				黄黏田	泰顺县
			麻箍砂田	麻箍砂田	*
		黄油泥田	黄油泥田	黄油泥田	*
				青油泥田	杭州市区
				油泥田	富阳区，淳安县，安吉县，上虞区，诸暨市，婺城区，金东区，兰溪市，衢江区，常山县，开化县，龙游县，江山市
				青心黄油泥田	常山县

（续表）

浙江省土壤分类系统				县（市、区）土壤分类土种命名	
土类	亚类	土属	土种	土种名称	所在区域
水稻土	淹育水稻土	黄油泥田	黄油泥田	青塥黄油泥田	常山县
		钙质紫泥田	钙质紫砂田	紫砂田	上虞区，新昌县，武义县，浦江县，兰溪市，义乌市，东阳市，柯城区，衢江区，龙游县，江山市，莲都区，缙云县，松阳县
			钙质紫泥田	钙质紫泥田	*
				紫泥田	淳安县，建德市，奉化区，新昌县，诸暨市，嵊州市，婺城区，金东区，浦江县，兰溪市，义乌市，东阳市，柯城区，衢江区，常山县，龙游县，江山市，天台县，仙居县，遂昌县，松阳县
		酸性紫泥田	酸性紫泥田	酸性紫泥田	*
				酸紫泥砂田	兰溪市
				红砂田	黄岩区，仙居县
				山地酸性紫泥田	遂昌县
			紫粉泥田	紫粉泥田	*
		红紫泥田	红紫砂田	红紫砂田	*
				紫红砂田	磐安县
			红紫泥田	红紫泥田	*
				紫红泥田	东阳市
		棕泥田	棕泥田	棕泥田	*
				棕黏田	新昌县，嵊州市，松阳县
				黄黏田	武义县
				安山质泥田	义乌市
			硅藻白土田	硅藻白土田	*
		湖松田	湖松田	湖松田	*

(续表)

浙江省土壤分类系统				县（市、区）土壤分类土种命名	
土类	亚类	土属	土种	土种名称	所在区域
水稻土	淹育水稻土	湖松田	湖松田	腐心湖松田	吴兴区，长兴县
		白泥田	白泥田	白泥田	*
		江粉泥田	江粉泥田	江粉泥田	*
				砂性江粉泥田	平阳县
				腐泥心江粉泥田	苍南县
			泥炭心江粉泥田	泥炭心江粉泥田	*
			青心江粉泥田	青心江粉泥田	*
		江涂泥田	江涂泥田	江涂泥田	*
				砂性江涂泥田	平阳县
				江涂黏田	苍南县
				青塥江涂泥田	瑞安市
				脱钙江涂砂田	上虞区
				江涂砂田	上虞区
				底钙江涂泥田	椒江区
			脱钙江涂泥田	脱钙江涂泥田	*
			江涂砂田	江涂砂田	*
				砂性江涂泥田	鹿城区，瓯海区，龙湾区，永嘉县
			涂性培泥砂田	涂性培泥砂田	*
				钙质培泥田	杭州市区
				青紫心涂性培泥砂田	黄岩区，临海市
		滨海砂田	砂岗砂田	砂岗砂田	*
			滨海砂田	滨海砂田	*

（续表）

浙江省土壤分类系统				县（市、区）土壤分类土种命名	
土类	亚类	土属	土种	土种名称	所在区域
水稻土	淹育水稻土	滨海砂田	滨海砂田	风砂田	定海区
				老滨海砂田	岱山县
		涂泥田	涂砂田	涂砂田	*
				咸涂砂田	柯桥区
			涂泥田	涂泥田	*
				重涂泥田	定海区，普陀区
				夹砂涂泥田	定海区
				轻涂泥田	定海区，普陀区，岱山县
				中涂泥田	定海区，普陀区，岱山县
			涂黏田	涂黏田	*
				咸黏田	洞头区，平阳县，温岭市，临海市
				砾石咸黏田	乐清市
				涂咸黏田	玉环市
	渗育水稻土	培泥砂田	培泥砂田	培泥砂田	*
				培泥田	杭州市区，萧山区，临安区，桐庐县，建德市，奉化区，长兴县，安吉县，义乌市，永康市，柯城区，衢江区，常山县，开化县，龙游县，青田县
				淡塘泥底培泥砂田	宁海县
				黄化培泥砂田	鹿城区，瓯海区，龙湾区，永嘉县，瑞安市
				紫泥头培泥砂田	新昌县
				砾塥培泥砂田	东阳市，开化县
				培泥平整田	东阳市
				卵石心培泥砂田	天台县

（续表）

浙江省土壤分类系统				县（市、区）土壤分类土种命名	
土类	亚类	土属	土种	土种名称	所在区域
水稻土	渗育水稻土	培泥砂田	培泥砂田	培砂田	临海市，缙云县
			红土心培泥砂田	红土心培泥砂田	*
			青心培泥砂田	青心培泥砂田	*
				青塥培泥砂田	建德市
			青紫心培泥砂田	青紫心培泥砂田	*
				夹泥炭青紫心培泥砂田	黄岩区，临海市
			砂田	砂田	*
				砾塥砂田	建德市
				培砂田	永嘉县
				溪滩田	青田县，缙云县，遂昌县，庆元县
		白粉泥田	白粉泥田	白粉泥田	*
		棕黄筋泥田	棕黄筋泥田	棕黄筋泥田	*
				新黄筋泥田	长兴县
		棕粉泥田	棕粉泥田	培泥头老黄筋泥田	长兴县
				黄粉泥田	长兴县
				黄大泥田	长兴县
				老黄筋泥田	安吉县
		泥砂田	泥砂田	泥砂田	*
				钙质泥砂田	杭州市区，余杭区，建德市
				谷口白心泥砂田	富阳区
				谷口泥砂田	富阳区
				谷口砾心泥砂田	富阳区

（续表）

浙江省土壤分类系统				县（市、区）土壤分类土种命名	
土类	亚类	土属	土种	土种名称	所在区域
水稻土	渗育水稻土	泥砂田	泥砂田	砂砾心泥砂田	临安区
				砾底泥砂田	淳安县
				砾心泥砂田	淳安县，建德市
				青紫心泥砂田	平阳县
				青心泥砂田	平阳县
				泥灰心泥砂田	平阳县
				紫泥砂田	平阳县
				砾塥泥砂田	平阳县
				红土心泥砂田	武义县
				泥质泥砂田	磐安县，东阳市
				黄泥塥泥砂田	龙游县
				砾质泥砂田	定海区
			焦砾塥泥砂田	焦砾塥泥砂田	*
				谷口焦塥泥砂田	富阳区
				谷口砾塥泥砂田	富阳区
				谷口焦砾塥泥砂田	富阳区
				砾塥泥砂田	临安区，淳安县，建德市，吴兴区，德清县，长兴县，越城区，柯桥区，上虞区，新昌县，诸暨市，嵊州市，武义县，浦江县，义乌市，永康市，柯城区，衢江区，常山县，开化县，龙游县，三门县，天台县，遂昌县，云和县
				塥泥砂田（溪滩造田）	桐庐县
				溪滩造田	淳安县
				砾心泥砂田	平阳县，吴兴区，德清县，庆元县

（续表）

浙江省土壤分类系统				县（市、区）土壤分类土种命名	
土类	亚类	土属	土种	土种名称	所在区域
水稻土	渗育水稻土	泥砂田	焦砾塥泥砂田	腐泥心泥砂田	苍南县
				红土心泥砂田	诸暨市
				焦塥泥砂田	柯城区，衢江区
				砾石泥砂田	常山县
				砾质泥砂田	龙游县
			青塥泥砂田	青塥泥砂田	*
				青心泥砂田	苍南县，衢江区，龙游县
				泥炭心泥砂田	瑞安市
				青紫心泥砂田	乐清市
			白心泥砂田	白心泥砂田	*
				白塥泥砂田	青田县，庆元县
			涂心泥砂田	涂心泥砂田	*
				青紫泥砂田	椒江区
				青紫心泥砂田	黄岩区，温岭市，临海市
				黄斑心泥砂田	温岭市
			红土心泥砂田	红土心泥砂田	*
		小粉田	小粉田	小粉田	*
				泥炭塥小粉田	杭州市区
				黄斑心小粉田	杭州市区
				粉泥田	杭州市区
				泥炭塥沁粉田	杭州市区
				涂心粉泥田	杭州市区

（续表）

浙江省土壤分类系统				县（市、区）土壤分类土种命名	
土类	亚类	土属	土种	土种名称	所在区域
水稻土	渗育水稻土	小粉田	小粉田	青紫泥心粉泥田	杭州市区
				红土小粉田	杭州市区
				青心小粉田	杭州市区
				砾心粉泥田	杭州市区
				白心粉泥田	杭州市区
				青紫泥心小粉田	杭州市区
				黄化小粉田	萧山区
				夹砂小粉田	萧山区
				钙质头小粉田	余杭区
				砂姜钙底小粉田	南湖区，秀洲区
			青塥小粉田	青塥小粉田	*
				腐泥塥小粉田	杭州市区
				腐泥心小粉田	余杭区
				青塥钙质小粉田	德清县
			青紫头小粉田	青紫头小粉田	*
				灰泥头小粉田	嘉善县
				青粉头小粉田	吴兴区，南浔区，德清县
				青粉头钙质小粉田	德清县
			小粉泥田	小粉泥田	*
				黄化小粉泥田	萧山区
				小粉田	余杭区，上虞区
				粉泥头小粉田	余杭区

（续表）

浙江省土壤分类系统				县（市、区）土壤分类土种命名	
土类	亚类	土属	土种	土种名称	所在区域
水稻土	渗育水稻土	小粉田		浆粉泥田	瑞安市
				钙底小粉田	越城区，柯桥区
			青塥小粉泥田	青塥小粉泥田	*
				泥炭塥浆粉泥田	瑞安市
				烂浆粉泥田	瑞安市
			粉质加土田	粉质加土田	*
				粉泥底加土田	海宁市
				黄松底加土田	海宁市
				黄砂底加土田	海宁市
				小粉底加土田	德清县
		湖成白土田	白土田	湖成白土田	吴兴区，南浔区，长兴县
			青塥白土田	腐心白土田	吴兴区，南浔区
				腐塥白土田	吴兴区，南浔区
			青紫头白土田	青紫头白土田	*
				青粉头白土田	吴兴区，南浔区
			黄白土田	黄白土田	*
				黄泥砂田白土田	苍南县
				黄泥砂白土田	瑞安市
		并松泥田	并松泥田	荡田并松泥田	南湖区，秀洲区，桐乡市
		黄松田	黄松田	黄松田	*
				底钙黄松田	海宁市
				古底黄松田	海宁市

（续表）

浙江省土壤分类系统				县（市、区）土壤分类土种命名	
土类	亚类	土属	土种	土种名称	所在区域
水稻土	渗育水稻土	黄松田	青塥黄松田	腐塥黄松田	海盐县
				腐心黄松田	海盐县
				青心黄松田	海宁市
			半砂泥田	半砂泥田	*
				古底半砂泥田	海宁市
				底钙半砂泥田	海宁市
			青塥半泥砂田	腐心半砂泥田	海宁市
				青心半砂泥田	海宁市
				腐塥半砂泥田	海宁市
		淡涂泥田	淡涂砂田	潮砂田	杭州市区
				潮闭田	杭州市区，萧山区，越城区
				砂心潮闭田	杭州市区
				并砂泥田	海盐县
				淡涂泥砂田	平湖市
				砂心淡涂田	椒江区
			淡涂泥田	淡涂泥田	*
				青塥潮松田	杭州市区
				潮粉田	杭州市区
				黄泥翘田	象山县，慈溪市
				直塥黄泥翘田	慈溪市
				老塘泥田	鹿城区，瓯海区，龙湾区
				淡涂田	瑞安市

（续表）

浙江省土壤分类系统				县（市、区）土壤分类土种命名	
土类	亚类	土属	土种	土种名称	所在区域
水稻土	渗育水稻土	淡涂泥田	淡涂泥田	黄心粳泥田	平湖市
				粳泥头田	平湖市
				腐心粳泥田	平湖市
				淡塘泥田	定海区，普陀区，岱山县
				塘泥田	定海区
				黄泥砂头淡塘泥田	岱山县
			淡涂黏田	淡涂黏田	*
				淡塘泥田	北仑区，鄞州区，海曙区，奉化区，象山县，宁海县
				咸黏田	乐清市
				垟心淡涂田	椒江区，路桥区，温岭市
				砂心脱钙淡涂田	椒江区
				钙质淡涂田	椒江区，路桥区，三门县，温岭市，临海市，玉环市
				淡涂田	椒江区，路桥区，三门县，温岭市，临海市，玉环市
				泥砂头淡涂田	路桥区
				黄泥砂淡涂田	三门县，温岭市
				红土心淡涂田	三门县
				脱钙淡涂田	三门县，温岭市，临海市，玉环市
				谷口泥砂心淡涂田	三门县
				谷口泥砂淡涂田	三门县，温岭市，临海市，玉环市
				泥砂淡涂田	温岭市，玉环市
				夹蚶壳淡涂田	温岭市
				黄斑心淡涂田	温岭市

（续表）

浙江省土壤分类系统				县（市、区）土壤分类土种命名	
土类	亚类	土属	土种	土种名称	所在区域
水稻土	渗育水稻土	淡涂泥田	淡涂黏田	谷口泥砂脱钙淡涂田	玉环市
				泥砂脱钙淡涂田	玉环市
			青塥淡涂黏田	青塥淡涂黏田	*
				青塥淡塘泥田	象山县，宁海县
				青塥淡涂田	瑞安市
			砂胶淡涂黏田	砾心淡塘泥田	奉化区
				泥砂质淡塘泥田	宁海县
				砂胶淡涂泥田	洞头区
				砂胶淡涂田	苍南县
	潴育水稻土	洪积泥砂田	洪积泥砂田	洪积泥砂田	*
				谷口泥砂田	余杭区，桐庐县，鄞州区，海曙区，奉化区，象山县，余姚市，慈溪市，瑞安市，越城区，柯桥区，上虞区，新昌县，诸暨市，嵊州市，婺城区，金东区，浦江县，义乌市，东阳市，永康市，柯城区，衢江区，常山县，龙游县，江山市，椒江区，黄岩区，路桥区，三门县，天台县，温岭市，临海市，玉环市，莲都区，青田县，遂昌县，松阳县，云和县，景宁畲族自治县，龙泉市
				狭谷泥砂田	余杭区，富阳区，淳安县，鄞州区，海曙区，宁海县，余姚市，慈溪市，瑞安市，越城区，柯桥区，上虞区，新昌县，诸暨市，婺城区，金东区，浦江县，磐安县，兰溪市，义乌市，东阳市，永康市，柯城区，衢江区，常山县，龙游县，定海区，黄岩区，三门县，天台县，温岭市，临海市，缙云县，景宁畲族自治县
				狭谷青心泥砂田	富阳区
				青塥洪积泥砂田	临安区
				峡谷泥砂田	桐庐县，象山县，嵊州市，玉环市，遂昌县，云和县
				狭谷洪积泥砂田	建德市，鹿城区，瓯海区，龙湾区，永嘉县，平阳县，苍南县，文成县，泰顺县，乐清市

（续表）

浙江省土壤分类系统				县（市、区）土壤分类土种命名	
土类	亚类	土属	土种	土种名称	所在区域
水稻土	潴育水稻土	洪积泥砂田	洪积泥砂田	谷口洪积泥砂田	建德市
				黄泥砂底洪积泥砂田	宁海县
				滩地泥砂田	婺城区，金东区，黄岩区，三门县，天台县，临海市
				狭谷砾塥泥砂田	武义县
				谷口砾塥泥砂田	武义县
				峡谷洪积泥砂田	江山市
				滩地砾石泥砂田	普陀区
				谷口砾石泥砂田	普陀区
				山谷泥砂田	青田县，松阳县，龙泉市
				谷口老泥砂田	松阳县
			白塥洪积泥砂田	白塥洪积泥砂田	*
				狭谷白心泥砂田	富阳区
				白心洪积泥砂田	北仑区，鄞州区，海曙区，龙游县
				谷口白塥泥砂田	慈溪市，松阳县
				谷口白心泥砂田	瑞安市
			青塥洪积泥砂田	青塥洪积泥砂田	*
				青心泥砂田	桐庐县
				腐泥心洪积泥砂田	北仑区，镇海区
				砂塥洪积泥砂田	象山县
				青心洪积泥砂田	衢江区
			焦砾塥洪积泥砂田	焦砾塥洪积泥砂田	*
				狭谷砾塥泥砂田	富阳区，瑞安市，缙云县

（续表）

浙江省土壤分类系统				县（市、区）土壤分类土种命名	
土类	亚类	土属	土种	土种名称	所在区域
水稻土	潴育水稻土	洪积泥砂田	焦砾塥洪积泥砂田	狭谷焦砾塥泥砂田	富阳区
				狭谷砾心泥砂田	富阳区，瑞安市，云和县
				砂砾塥洪积泥砂田	临安区
				焦塥洪积泥砂田	桐庐县，淳安县，建德市，北仑区，鄞州区，海曙区，奉化区，象山县，永嘉县，文成县，长兴县，安吉县，上虞区，新昌县，诸暨市，永康市，衢江区
				砾石塥泥砂田	桐庐县
				砾质洪积泥砂田	淳安县
				焦心洪积泥砂田	建德市
				砾塥洪积泥砂田	建德市，北仑区，镇海区，越城区，柯桥区，新昌县，诸暨市，常山县，庆元县
				砾心洪积泥砂田	建德市，庆元县
				人造塥洪积泥砂田	鄞州区，海曙区
				焦砾塥泥砂田	象山县
				狭谷焦砾塥洪积泥砂田	宁海县
				谷口焦塥泥砂田	慈溪市
				谷口砾心泥砂田	慈溪市，瑞安市，云和县，景宁畲族自治县
				谷口砾塥泥砂田	瑞安市，松阳县，云和县，景宁畲族自治县
				狭谷焦塥泥砂田	瑞安市
				白心洪积泥砂田	诸暨市
				焦塥泥砂田	常山县
				焦塥狭谷泥砂田	黄岩区，天台县
				洪积泥砂田	三门县

（续表）

浙江省土壤分类系统				县（市、区）土壤分类土种命名	
土类	亚类	土属	土种	土种名称	所在区域
水稻土	潴育水稻土	洪积泥砂田	焦砾塥洪积泥砂田	砾塥谷口泥砂田	三门县，天台县
				砾心谷口泥砂田	天台县
				谷口焦砾塥泥砂田	青田县
				山谷焦砾塥泥砂田	青田县
				峡谷砾塥泥砂田	遂昌县，云和县
				山谷砾塥泥砂田	松阳县，景宁畲族自治县，龙泉市
				山谷砾心泥砂田	景宁畲族自治县
			涂心洪积泥砂田	涂底洪积泥砂田	洞头区
				涂心谷口泥砂田	三门县，玉环市
				淡涂心谷口泥砂田	温岭市
				黄斑心谷口泥砂田	玉环市
			红土心洪积泥砂田	红土心谷口泥砂田	三门县，临海市
			谷口泥田	谷口泥田	*
				钙质狭谷泥砂田	余杭区
				山谷泥质田	富阳区
				洪积油泥田	临安区
				洪积泥田	桐庐县，建德市
				洪油泥田	桐庐县
				钙质洪积泥砂田	建德市
				谷口泥砂田	定海区，普陀区
				砂底泥砂田	岱山县
			青紫心谷口泥田	青紫心谷口泥砂田	黄岩区，路桥区，温岭市，临海市

（续表）

浙江省土壤分类系统				县（市、区）土壤分类土种命名	
土类	亚类	土属	土种	土种名称	所在区域
水稻土	潴育水稻土	洪积泥砂田	青紫心谷口泥田	腐泥心谷口泥砂田	三门县
				白心谷口泥砂田	三门县
				泥炭心谷口泥砂田	三门县
				夹泥炭青紫心谷口泥砂田	温岭市
				黄斑心谷口泥砂田	温岭市
			古潮泥砂田	古潮泥砂田	*
				砂性老黄筋泥田	嵊州市
				古潮砾塥泥砂田	武义县
				黄土塥半砂田	兰溪市
				古洪积泥砂田	义乌市
				古泥砂田	永康市
				谷口泥砂砾石老黄筋泥田	黄岩区，路桥区
				砾石老黄筋泥田	黄岩区，路桥区，三门县
				谷口泥砂老黄筋泥田	三门县，温岭市，临海市
			潮红泥田	潮红泥田	*
				潮红土田	富阳区
		黄泥砂田	山黄泥砂田	山地黄泥砂田	余杭区，临安区，桐庐县，宁海县，余姚市，平阳县，文成县，泰顺县，安吉县，柯桥区，上虞区，新昌县，嵊州市，东阳市，衢江区，常山县，龙游县，江山市，天台县，仙居县，莲都区，青田县，缙云县，遂昌县，松阳县，云和县，庆元县，景宁畲族自治县，龙泉市
				山地钙质黄泥砂田	临安区
				山地砂性黄泥田	泰顺县

（续表）

浙江省土壤分类系统				县（市、区）土壤分类土种命名	
土类	亚类	土属	土种	土种名称	所在区域
水稻土	潴育水稻土	黄泥砂田	山黄泥砂田	红土心黄泥砂田	天台县
				山地白心黄泥砂田	庆元县
				山地红松泥砂田	庆元县
			焦砾塥山黄泥砂田	焦塥黄泥砂田	黄岩区，天台县
				山地焦砾塥黄泥田	青田县
				山地石塥黄泥砂田	缙云县
				山地石塥黄泥田	云和县，庆元县，龙泉市
				山地砾石黄泥田	庆元县
				山地焦砾塥黄泥砂田	庆元县
			黄泥砂田	黄泥砂田	*
				白塥黄泥砂田	富阳区，建德市
				钙质黄泥砂田	临安区，建德市，浦江县，开化县
				青塥黄泥砂田	临安区
				淤头黄泥砂田	桐庐县
				青心黄泥砂田	桐庐县，建德市
				泥砂头黄泥砂田	桐庐县
				砾塥黄泥砂田	平阳县，天台县
				黄粉泥田	越城区
				砾石黄泥砂田	开化县
				砾石塥黄泥砂田	龙游县
				夹泥炭黄泥砂田	黄岩区
				砾心黄泥砂田	天台县

（续表）

浙江省土壤分类系统				县（市、区）土壤分类土种命名	
土类	亚类	土属	土种	土种名称	所在区域
水稻土	潴育水稻土	黄泥砂田	黄泥砂田	黄泥粗砂田	青田县，遂昌县，松阳县，云和县，庆元县，景宁畲族自治县
				紫黄泥砂田	青田县
				黄大泥田	云和县
				溪滩砂田	景宁畲族自治县
			焦砾塥黄泥砂田	焦砾塥黄泥砂田	*
				砾塥黄泥砂田	富阳区，淳安县，北仑区，瑞安市，常山县，龙泉市
				焦塥黄泥砂田	富阳区，建德市，北仑区，镇海区，象山县，永嘉县，苍南县，瑞安市，诸暨市，嵊州市，开化县
				岩屑砾塥黄泥砂田	临安区
				砾心黄泥砂田	淳安县，象山县，宁海县，瑞安市，景宁畲族自治县
				人造塥黄泥砂田	鄞州区，海曙区
				青塥黄泥砂田	柯桥区
				砾塥泥砂田	景宁畲族自治县
			青心黄泥砂田	青心黄泥砂田	*
				青心黄泥大砂田	杭州市区
				青泥底黄泥砂田	江北区
				青塥黄泥砂田	象山县，龙泉市
			泥炭心黄泥砂田	泥炭心黄泥砂田	*
				腐泥心黄泥砂田	苍南县
				焦心黄泥砂田	文成县
			白心黄泥砂田	白心黄泥砂田	*
				白塥黄泥砂田	青田县

（续表）

浙江省土壤分类系统				县（市、区）土壤分类土种命名	
土类	亚类	土属	土种	土种名称	所在区域
水稻土	潴育水稻土	黄泥砂田	青紫心黄泥砂田	青紫心黄泥砂田	*
				夹泥炭青紫心黄泥砂田	黄岩区，温岭市
				黄斑心黄泥砂田	温岭市
			涂心黄泥砂田	涂心黄泥砂田	*
			黄粉泥田	黄粉泥田	*
				钙质黄粉泥田	余杭区
				涂砂底黄粉泥田	岱山县
				黄大泥田	天台县
			黄大泥田	黄大泥田	*
				腐泥心黄大泥田	余杭区
				钙质黄大泥田	余杭区，建德市，常山县
				青塥黄大泥田	临安区，诸暨市
				红大泥田	新昌县，嵊州市
				畈心大泥田	金东区
				砾心黄大泥田	常山县
			白心黄大泥田	白心黄大泥田	*
			青塥黄大泥田	青塥黄大泥田	*
				青心黄大泥田	武义县，衢江区，常山县，龙游县
			灰泥田	灰泥田	*
				灰泥砂田	安吉县
		紫泥砂田	紫泥砂田	紫泥砂田	*
				钙质紫泥砂田	建德市

（续表）

浙江省土壤分类系统				县（市、区）土壤分类土种命名	
土类	亚类	土属	土种	土种名称	所在区域
水稻土	潴育水稻土	紫泥砂田	紫泥砂田	白心紫泥砂田	建德市
				钙心泥砂田	建德市
				钙质白心紫泥砂田	建德市
				黄泥底紫泥砂田	文成县
				黄泥底紫泥田	文成县
				黄筋泥心紫泥砂田	诸暨市
				紫粉泥田	柯城区，衢江区，龙游县
				砂心紫粉泥田	龙游县
				焦心紫粉泥田	龙游县
				云岭紫泥田	缙云县
			紫大泥田	紫大泥田	*
				红土心紫大泥田	义乌市
				青塥紫大泥田	常山县
				青心紫大泥田	常山县
				黄泥心紫大泥田	常山县
		红紫泥砂田	红泥砂田	红泥砂田	*
				紫泥砂田	桐庐县
				青心红泥砂田	柯城区
				红大泥田	柯城区，衢江区，龙游县
				红粉泥田	柯城区，衢江区，龙游县
				红松泥砂田	遂昌县，松阳县
			红紫泥砂田	红紫泥砂田	*

（续表）

浙江省土壤分类系统				县（市、区）土壤分类土种命名	
土类	亚类	土属	土种	土种名称	所在区域
水稻土	潴育水稻土	红紫泥砂田	红紫泥砂田	红砂田	奉化区，安吉县
				红泥砂田	奉化区，余姚市，东阳市
				紫泥砂田	长兴县
				紫红泥砂田	婺城区，金东区，磐安县，东阳市，柯城区，衢江区，龙游县，仙居县，遂昌县
				红紫粉泥田	永康市
				紫红粉泥田	柯城区，衢江区，龙游县
				红紫砂田	天台县
				红紫泥田	天台县
			砾质红紫泥砂田	砾质紫红泥砂田	婺城区，金东区
			红紫大泥田	红紫大泥田	*
				紫红大泥田	柯城区，衢江区，龙游县，江山市
		棕泥砂田	棕泥砂田	棕泥砂田	*
				红黏田	安吉县
				安山质老泥田	义乌市
				红棕黏田	江山市
			棕大泥田	棕大泥田	*
		老黄筋泥田	老黄筋泥田	老黄筋泥田	*
				黄筋泥田	富阳区
				砾石老黄筋泥田	宁海县
				谷口泥砂老黄筋泥田	余姚市
				红紫砂老黄筋泥田	永康市

（续表）

浙江省土壤分类系统				县（市、区）土壤分类土种命名	
土类	亚类	土属	土种	土种名称	所在区域
水稻土	潴育水稻土	老黄筋泥田	老黄筋泥田	谷口老黄筋泥田	永康市
				泥砂老黄筋泥田	永康市
				青心老黄筋泥田	柯城区，衢江区，常山县
				培泥砂老黄筋泥田	柯城区，衢江区，常山县
			泥砂头老黄筋泥田	泥砂头老黄筋泥田	*
				紫砂头老黄筋泥田	新昌县
				青塥老黄筋泥田	诸暨市
				粉砂老黄筋泥田	婺城区，金东区
				谷口泥砂老黄筋泥田	常山县，黄岩区，路桥区，天台县，松阳县
				黄泥砂老黄筋泥田	黄岩区，天台县，临海市
				泥砂老黄筋泥田	黄岩区，三门县，天台县，临海市
				培泥砂老黄筋泥田	黄岩区，天台县，临海市
				红紫砂老黄筋泥田	天台县
				培泥老黄筋泥田	天台县
				红紫泥老黄筋泥田	天台县
				泥质老黄筋泥田	天台县
		泥质田	泥质田	泥质田	*
				钙质泥质田	杭州市区，余杭区，桐庐县，建德市，开化县
				焦塥泥质田	富阳区，柯城区，衢江区
				泥筋田	吴兴区
				红土心泥质田	柯桥区，诸暨市
				青心泥质田	上虞区

（续表）

浙江省土壤分类系统				县（市、区）土壤分类土种命名	
土类	亚类	土属	土种	土种名称	所在区域
水稻土	潴育水稻土	泥质田	泥质田	青塥泥质田	诸暨市
				白心泥质田	嵊州市
				泥砂质田	天台县
				泥田	庆元县
			白塥泥质田	白塥泥质田	*
				白心泥质田	富阳区，临安区，桐庐县，吴兴区，浦江县，柯城区，衢江区，龙游县
			青塥泥质田	青塥泥质田	*
				腐泥心泥质田	余杭区，奉化区
				青心泥质田	富阳区，桐庐县，奉化区，东阳市，柯城区，衢江区
				泥质平整田	东阳市
			砂心泥质田	砂心泥质田	*
				小粉心泥质田	吴兴区
			红土心泥质田	红土心泥质田	*
				红土心泥砂质田	天台县
				红心泥质田	临海市
			泥筋田	泥筋田	*
				钙质泥筋田	杭州市区，余杭区，建德市
				死泥田	萧山区
				腐泥心钙质泥筋田	余杭区
				畈心大泥田	婺城区
			半砂田	半砂田	*
				砾塥半砂田	杭州市区，富阳区，武义县

（续表）

浙江省土壤分类系统				县（市、区）土壤分类土种命名	
土类	亚类	土属	土种	土种名称	所在区域
水稻土	潴育水稻土	泥质田	半砂田	砂砾质泥砂田	庆元县
			老培泥砂田	老培泥砂田	*
				黄化培泥砂田	鄞州区，海曙区，奉化区，柯桥区，上虞区，诸暨市，嵊州市，婺城区，金东区，武义县，浦江县，兰溪市，柯城区，衢江区，常山县，龙游县，江山市，黄岩区，天台县
				焦砾塥培泥砂田	宁海县
		黄斑田	黄斑田	黄斑田	*
				黄斑塥田	嘉善县
				底钙黄斑田	海宁市
				湖松头黄斑田	德清县，长兴县
				烊心黄斑田	路桥区，温岭市
			青塥黄斑田	青塥黄斑田	*
				青心黄斑田	杭州市区，北仑区，镇海区，鄞州区，海曙区，余姚市，海盐县，海宁市，南浔区，上虞区，诸暨市
				腐泥心黄斑田	余杭区，江北区，鄞州区，海曙区，余姚市，慈溪市，上虞区，诸暨市
				黄泥青心黄斑田	北仑区
				腐塥黄斑田	嘉善县，海盐县，海宁市，南浔区，长兴县
				腐心黄斑田	海盐县，海宁市，吴兴区，南浔区，长兴县
				砂心黄斑田	诸暨市
			白塥黄斑田	白塥黄斑田	*
			泥砂头黄斑田	泥砂头黄斑田	*
				泥砂头青心黄斑田	镇海区

（续表）

浙江省土壤分类系统				县（市、区）土壤分类土种命名	
土类	亚类	土属	土种	土种名称	所在区域
水稻土	潴育水稻土	黄斑田	泥砂头黄斑田	泥砂头黄化青紫泥田	镇海区
				泥质头黄斑田	鄞州区，海曙区
				江涂黄斑田	椒江区
				垟心黄斑田	椒江区
				垟心江涂黄斑田	椒江区
				黄泥砂黄斑田	黄岩区，路桥区，温岭市
				谷口泥砂黄斑田	温岭市，玉环市
			泥炭心黄斑田	泥炭心黄斑田	*
				腐泥心黄斑田	杭州市区
			小粉心黄斑田	小粉心黄斑田	*
				小粉底黄斑田	江北区
				青塥黄砂墒黄斑田	南湖区，秀洲区
				小粉塥黄斑田	南湖区，秀洲区，吴兴区，南浔区
				黄砂墒黄斑田	南湖区，秀洲区
				黄砂田	海盐县
				粉头黄斑田	海宁市
				粉塥黄斑田	海宁市
				粉心黄斑田	海宁市
			泥汀黄斑田	泥汀黄斑田	*
				铁结黄斑田	嘉善县
			壤质加土田	壤质加土田	*
				红心西湖泥田	杭州市区

（续表）

浙江省土壤分类系统				县（市、区）土壤分类土种命名	
土类	亚类	土属	土种	土种名称	所在区域
水稻土	潴育水稻土	黄斑田	壤质加土田	黄斑底加土田	海盐县，海宁市
				半青紫底加土田	海宁市
				堆叠黄斑田	海宁市
				壤质堆叠泥田	吴兴区，南浔区
		黄砂墒田	黄砂墒田	古底黄砂田	海宁市
				黄砂田	海宁市
				底钙黄砂田	海宁市
			青塥黄砂墒田	青塥黄砂田	海宁市
				腐塥黄砂田	海宁市
				青心黄砂田	海宁市
				腐心黄砂田	海宁市
		硬泥田	硬泥田	硬泥田	*
				青心泥质田	吴兴区
				培泥头黄斑田	长兴县
				培泥头青紫泥田	长兴县
				青塥黄斑田	长兴县
				死黄斑田	长兴县
				硬粉泥田	安吉县
			青塥硬泥田	腐塥泥质田	吴兴区
				腐心泥质田	吴兴区
				硬泥田	安吉县
			缸泥田	缸泥田	*

（续表）

浙江省土壤分类系统				县（市、区）土壤分类土种命名	
土类	亚类	土属	土种	土种名称	所在区域
水稻土	潴育水稻土	硬泥田	缸泥田	腐心缸泥田	德清县
				腐塥缸泥田	德清县
			硬粉田	白粉泥田	余杭区
		汀煞白土田	汀煞白土田	汀煞白土田	*
		粉泥田	粉泥田	粉泥田	*
				钙心粉砂田	萧山区
				粉砂田	萧山区
				夹砂粉泥田	镇海区
				浆粉泥田	鹿城区，瓯海区，龙湾区
				砂性江粉泥田	永嘉县
				江粉泥田	永嘉县
				腐心半粉泥田	平湖市
				半粉泥田	平湖市
				腐塥半粉泥田	平湖市
				腐泥心粉泥田	越城区，柯桥区，上虞区
				青心粉泥田	上虞区
			青塥粉泥田	青塥粉泥田	*
				青心粉泥田	北仑区，海盐县
				腐泥心粉泥田	余姚市
				腐泥塥粉泥田	慈溪市
				腐塥粉泥田	海盐县，海宁市，平湖市

（续表）

浙江省土壤分类系统				县（市、区）土壤分类土种命名	
土类	亚类	土属	土种	土种名称	所在区域
水稻土	渗育水稻土	粉泥田	青塥粉泥田	腐心粉泥田	海宁市，平湖市
		老淡涂泥田	老淡涂泥田	脱钙塘泥田	北仑区
				脱钙淡塘泥田	奉化区，宁海县
				灰泥田	象山县
				老塘泥田	定海区，岱山县
				黄化老塘泥田	定海区
				黄化塘泥田	普陀区
			白塥老淡涂泥田	白塥灰泥田	象山县
			青塥老淡涂泥田	青塥灰泥田	象山县
				青塥老塘泥田	定海区
			砂胶老淡涂泥田	砂胶老塘泥田	定海区
				黄泥砂塘泥田	普陀区
			老淡涂黏田	老淡涂黏田	*
				淡涂黏田	乐清市
				老塘泥田	乐清市
				砾石淡涂黏田	乐清市
				黄泥砂头淡涂田	乐清市
				青心黄斑田	三门县
				黄斑田	玉环市
			砂胶老淡涂黏田	谷口泥砂黄斑田	三门县
				黄泥砂黄斑田	三门县

（续表）

浙江省土壤分类系统				县（市、区）土壤分类土种命名	
土类	亚类	土属	土种	土种名称	所在区域
水稻土	脱潜水稻土	黄斑青紫泥田	黄斑青紫泥田	黄化青紫泥田	杭州市区，余杭区，江北区，北仑区，镇海区，鄞州区，海曙区，奉化区，余姚市，慈溪市，南湖区，秀洲区，嘉善县，海盐县，海宁市，平湖市，越城区，柯桥区，上虞区
				腐泥心黄化青紫泥田	余杭区，鄞州区，海曙区，奉化区，余姚市，越城区，柯桥区，上虞区
				泥炭心黄化青紫泥田	江北区，余姚市
				江粉泥田	江北区
				黄心青紫泥田	奉化区，余姚市
				腐泥心青紫泥田	余姚市
				腐心黄化青紫泥田	平湖市
			泥砂头黄斑青紫泥田	砂头黄化青紫泥田	江北区
				黄泥砂青紫泥田	黄岩区，路桥区
				泥砂青紫泥田	黄岩区
		黄斑青粉泥田	黄斑青粉泥田	青塥黄化青粉泥田	江北区
				黄化青粉泥田	江北区，余姚市
				湖田黄心青粉泥田	余姚市
				黄心青粉泥田	慈溪市
		黄斑青泥田	黄斑青泥田	改良青泥田	诸暨市
		黄斑青紫塥黏田	黄斑青紫塥黏田	黄斑青紫塥黏田	*
		青紫泥田	青紫泥田	青紫泥田	*
				腐泥塥泥炭心青紫泥田	余杭区
				腐泥塥青紫泥田	余杭区，鄞州区，海曙区，越城区，柯桥区，上虞区
				腐泥心青紫泥田	余杭区，鄞州区，海曙区，慈溪市，上虞区

（续表）

浙江省土壤分类系统				县（市、区）土壤分类土种命名	
土类	亚类	土属	土种	土种名称	所在区域
水稻土	脱潜水稻土	青紫泥田	青紫泥田	腐塥青紫泥田	南湖区，秀洲区，嘉善县，海盐县，吴兴区，南浔区，德清县，长兴县
				小粉底青紫泥田	南湖区，秀洲区
				腐心青紫泥田	南湖区，秀洲区，海盐县，吴兴区，南浔区，德清县，长兴县，越城区，柯桥区
				腐心青粉泥田	秀洲区
				砖屑青紫泥田	平湖市
				腐心半青紫泥田	平湖市
				泥炭塥青紫泥田	长兴县
				泥炭心青紫泥田	长兴县
				湖松头青紫泥田	长兴县
				古黄斑底青紫泥田	越城区，柯桥区
				砂心青紫泥田	越城区
				垟心青紫泥田	椒江区，路桥区，温岭市
				洋心青紫泥田	黄岩区
				黄化青紫泥田	临海市
			泥炭心青紫泥田	泥炭心青紫泥田	*
				泥炭青紫泥田	南湖区，秀洲区
				泥炭青粉泥田	秀洲区
				夹泥炭青紫泥田	黄岩区，路桥区
				夹泥炭谷口泥砂青紫泥田	黄岩区
				夹泥炭培泥砂青紫泥田	黄岩区
				夹泥炭黄泥砂青紫泥田	黄岩区

（续表）

浙江省土壤分类系统				县（市、区）土壤分类土种命名	
土类	亚类	土属	土种	土种名称	所在区域
水稻土	脱潜水稻土	青紫泥田	泥炭心青紫泥田	夹泥炭涂性培泥砂青紫泥田	黄岩区
			白心青紫泥田	白心青紫泥田	*
				白塥青紫泥田	鄞州区，海曙区，嘉善县，海盐县
				腐塥青粉泥田	南湖区，秀洲区
				青粉泥田	南湖区，秀洲区
				黄心青紫泥田	海盐县
				白心半青紫泥田	长兴县
				黄白心半青紫泥田	长兴县
			黄心青紫泥田	黄心青紫泥田	*
				半青紫泥田	南湖区，秀洲区，平湖市
				黄心青粉泥田	南湖区，秀洲区，海盐县
				黄心半青紫泥田	长兴县
			粉心青紫泥田	粉心青紫泥田	*
				小粉塥青紫泥田	余杭区
				腐泥塥小粉心青紫泥田	余杭区
				小粉心青紫泥田	余杭区，南湖区，秀洲区，吴兴区，南浔区，德清县
				粉心半青紫泥田	平湖市
			泥砂头青紫泥田	泥砂头青紫泥田	*
				砂头青紫泥田	杭州市区
				黄泥头青紫泥田	杭州市区
				青泥砂田	富阳区
				泥砂头泥炭心青紫泥田	江北区

（续表）

浙江省土壤分类系统				县（市、区）土壤分类土种命名	
土类	亚类	土属	土种	土种名称	所在区域
水稻土	脱潜水稻土	青紫泥田	泥砂头青紫泥田	泥质头青紫泥田	鄞州区，海曙区
				黄泥砂青紫泥田	椒江区，温岭市，临海市
				谷口泥砂青紫泥田	椒江区，黄岩区，路桥区，温岭市，临海市
				涂性培泥砂青紫泥田	椒江区，黄岩区
				培泥砂青紫泥田	椒江区，黄岩区，路桥区，临海市
				泥砂青紫泥田	温岭市
			黏质加土田	黏质加土田	*
				堆叠泥田	余杭区
				青紫底加土田	海盐县，海宁市，德清县
				黏质堆叠泥田	吴兴区，南浔区
		青粉泥田	青粉泥田	青粉泥田	*
				腐泥塥青粉泥田	杭州市区，余杭区，慈溪市，上虞区
				黄泥头青粉泥田	杭州市区
				小粉心青粉泥田	杭州市区，余杭区
				黄斑心青粉泥田	杭州市区
				腐泥心青粉泥田	余杭区，余姚市，慈溪市，越城区，柯桥区，上虞区
				白粉泥头青粉泥田	余杭区
				湖田青粉泥田	余姚市
				腐心青粉泥田	海盐县，平湖市，吴兴区，南浔区
				粉心青粉泥田	平湖市
				青紫头腐心粳泥田	平湖市
				青紫头粳泥田	平湖市

（续表）

浙江省土壤分类系统				县（市、区）土壤分类土种命名	
土类	亚类	土属	土种	土种名称	所在区域
水稻土	脱潜水稻土	青粉泥田	青粉泥田	白塥青粉泥田	吴兴区，南浔区
				白心青粉泥田	吴兴区，南浔区
				腐塥青粉泥田	吴兴区，南浔区，德清县
			黄心青粉泥田	黄心青粉泥田	*
				黄斑青粉泥田	慈溪市
			粉心青粉泥田	小粉塥青粉泥田	吴兴区，南浔区
				小粉心青粉泥田	吴兴区，南浔区，德清县
		青紫塥黏田	青紫塥黏田	青紫塥黏田	*
				上位青紫塥黏田	平阳县，乐清市
				中位青紫塥黏田	平阳县，乐清市
				黄泥砂头青紫塥黏田	苍南县
				腐泥心青紫塥黏田	苍南县
				熟化青紫塥黏土田	瑞安市
				中位青紫塥黏土田	瑞安市
				泥砂头青紫塥黏田	乐清市
			泥炭心青紫塥黏田	泥炭心青紫塥黏田	*
				腐泥心青紫塥黏田	鹿城区，瓯海区，龙湾区
				腐泥塥青紫塥黏田	永嘉县，乐清市
			泥砂头青紫塥黏田	泥砂头青紫塥黏田	*
				黄泥砂头青紫塥黏田	鹿城区，瓯海区，龙湾区，永嘉县，平阳县，乐清市
	潜育水稻土	烂浸田	烂灰田	烂灰田	*
				烂灰砂田	临安区，余姚市，青田县，遂昌县

（续表）

浙江省土壤分类系统				县（市、区）土壤分类土种命名	
土类	亚类	土属	土种	土种名称	所在区域
水稻土	潜育水稻土	烂浸田	烂灰田	砾质烂灰田	泰顺县
				白墒烂灰田	青田县
				烂滃田	庆元县
				烂灰滃田	龙泉市
			烂浸田	烂浸田	*
				冷水田	临安区，桐庐县，长兴县，嵊州市，衢江区，常山县
				黄化烂浸田	文成县
				烂滃田	安吉县，衢江区，常山县，龙游县，江山市，黄岩区，天台县，临海市
				烂黄泥田	柯城区，衢江区，常山县，开化县，龙游县
				钙质烂黄泥田	开化县
				烂紫泥田	江山市
				烂红棕黏田	江山市
				烂灰滃田	景宁畲族自治县
			烂滃田	烂滃田	*
				烂黄泥田	富阳区，临安区，桐庐县，淳安县，武义县，兰溪市
				钙质烂滃田	临安区
				冷水田	奉化区，余姚市，定海区
				烂黄泥砂田	浦江县
				烂红紫泥砂田	浦江县
				烂砂田	义乌市
			烂黄泥砂田	烂黄泥砂田	*
				砾墒烂泥砂田	泰顺县

（续表）

浙江省土壤分类系统				县（市、区）土壤分类土种命名	
土类	亚类	土属	土种	土种名称	所在区域
水稻土	潜育水稻土	烂浸田	烂黄泥砂田	烂泥砂田	瑞安市，定海区，天台县
				烂黄泥田	安吉县，上虞区，新昌县，诸暨市，嵊州市
				青黄泥砂田	青田县，遂昌县，龙泉市
				烂红松泥田	松阳县
				砾心烂泥砂田	庆元县
			白心烂黄泥砂田	白心烂黄泥砂田	*
				漂洗烂浸田	文成县
				黄泥砂白土田	泰顺县
				紫泥砂白土田	泰顺县
			烂黄大泥田	烂黄大泥田	*
				烂黄泥田	青田县，遂昌县，龙泉市
				青红松泥田	松阳县
		烂泥田	烂泥田	烂泥田	*
				烂泥砂田	萧山区，余杭区，临安区，桐庐县，淳安县，建德市，鄞州区，海曙区，奉化区，宁海县，余姚市，永嘉县，安吉县，上虞区，新昌县，诸暨市，嵊州市，武义县，浦江县，柯城区，衢江区，常山县，龙游县，江山市，青田县，缙云县，遂昌县
				钙质烂泥田	余杭区，临安区
				草渣田	富阳区
				白心烂泥田	临安区
				泥炭田	鹿城区，瓯海区，龙湾区
				咸泥田	永嘉县

（续表）

浙江省土壤分类系统				县（市、区）土壤分类土种命名	
土类	亚类	土属	土种	土种名称	所在区域
水稻土	潜育水稻土	烂泥田	烂泥田	砾塥烂泥田	平阳县
				烂黄泥田	瑞安市
				泥炭塥烂泥砂田	瑞安市
				白泥田	乐清市
				黄泥砂白土田	乐清市
				烂泥砂头泥炭田	乐清市
				烂砂砾泥田	安吉县
				烂灰砂田	婺城区
				青丝泥田	江山市
				冷水田	椒江区，黄岩区，路桥区，三门县，天台县，温岭市，临海市，玉环市
				夹泥炭冷水田	黄岩区，路桥区
				烂滃田	三门县
				烂田	仙居县
				青泥砂田	松阳县，龙泉市
		烂青紫泥田	烂青紫泥田	烂青紫泥田	*
				烂青粉泥田	萧山区
				泥炭塥烂青紫泥田	江北区，余姚市
				泥炭心烂青紫泥田	余姚市，上虞区
				泥炭心烂浸田	文成县
				烂紫泥田	泰顺县
				荡田青紫泥田	嘉善县
				河田泥田	平湖市

（续表）

浙江省土壤分类系统				县（市、区）土壤分类土种命名	
土类	亚类	土属	土种	土种名称	所在区域
水稻土		烂青紫泥田	烂青紫塥黏田	上位青紫塥黏田	鹿城区，瓯海区，龙湾区，苍南县，瑞安市
		烂塘田	烂塘田	烂塘田	*
				荡田	奉化区，象山县
				砾心荡田	宁海县
		烂青泥田	烂青泥田	烂青泥田	*
				青泥田	萧山区，富阳区，诸暨市，婺城区，金东区，衢江区，龙游县，江山市
				青丝泥田	富阳区，上虞区，嵊州市

附录二　相关技术标准

ICS 65.020.01
B10

DB33

浙　江　省　地　方　标　准

DB 33/T 895—2013

耕地质量评定与地力分等定级技术规范

Technical specifications for assessment and rating criteria of cultivated land quality

2013-08-20 发布　　2013-09-20 实施

浙江省质量技术监督局　发布

1 范围

本标准规定了耕地质量评定的术语和定义、现场勘查、样品采集、样品检测、补充耕地建设项目工程与肥力要素评价、耕地质量评价和耕地质量评定报告等。

本标准适用于耕地和土地整理、中低产田（地）改造及农业综合开发等垦造耕地的质量评定与地力分等定级。

2 规范性引用文件

下列文件对于本文件的应用是必不可少的。凡是注日期的引用文件，仅所注日期的版本适用于本文件。凡是不注日期的引用文件，其最新版本（包括所有的修改单）适用于本文件。

GB/T 6920　水质　pH的测定　玻璃电极法

GB/T 7467　水质　六价铬的测定　二苯碳酰二肼分光光度法

GB/T 7475　水质　铜、锌、铅、镉的测定原子吸收分光光度法

GB/T 7484　水质　氟化物的测定　离子选择电极法

GB/T 11893　水质　总磷的测定　钼酸铵分光光度法

GB/T 11896　水质　氯化物的测定　硝酸银滴定法

GB/T 11914　水质　化学需氧量的测定　重铬酸盐法

GB/T 17134　土壤质量　总砷的测定　二乙基二硫代氨基甲酸银分光光度法

GB/T 17136　土壤质量　总汞的测定　冷原子吸收分光光度法

GB/T 17138　土壤质量　铜、锌的测定　火焰原子吸收分光光度法

GB/T 17139　土壤质量　镍的测定　火焰原子吸收分光光度法

GB/T 17141　土壤质量　铅、镉的测定　石墨炉原子吸收分光光度法

HJ 484　水质　氰化物的测定　容量法和分光光度法

HJ 491　土壤质量　总铬的测定　火焰原子吸收分光光度法

HJ 493　水质采样　样品的保存和管理技术规定

HJ 597　水质　总汞的测定　冷原子吸收分光光度法

LY/T 1233　森林土壤有效磷的测定

NY/T 295　中性土壤阳离子交换量和交换性盐基的测定

NY/T 889　土壤速效钾和缓效钾含量的测定

NY/T 1120　耕地质量验收技术规范

NY/T 1121.1　土壤检测　第1部分：土壤样品的采集、处理和贮存

NY/T 1121.2　土壤检测　第2部分：土壤 pH的测定

NY/T 1121.4　土壤检测　第4部分：土壤容重的测定

NY/T 1121.5　土壤检测　第5部分：石灰性土壤阳离子交换量的测定

NY/T 1121.6　土壤检测　第6部分：土壤有机质的测定

NY/T 1121.7　土壤检测　第7部分：酸性土壤有效磷的测定

NY/T 1121.16　土壤检测　第16部分：土壤水溶性盐总量的测定

3 术语和定义

下列术语和定义适用于本标准。

3.1 耕地 cultivated land

指种植农作物的土地，包括熟地，新开发、复垦、整理地，休闲地（含轮歇地、轮作地）；以种植农作物（含蔬菜）为主，间有零星果树、桑树或其他树木的土地；平均每年能保证收获一季的已垦滩地和海涂；临时种植药材、草皮、花卉、苗木等的土地，以及其他临时改变用途的土地。

3.2 土壤肥力 soil fertility

由气候、生物、地形地貌、成土母质、成土年龄及耕作管理等综合因素影响下形成的、能为植物生长提供并协调营养条件和环境条件的能力，是土壤与养分有关的物理、化学、生物学性质的综合表现。

3.3 耕地地力 cultivated land fertility

在当前耕作管理水平下，由土壤本身特性、自然条件和基础设施水平等要素综合构成的耕地生产能力。

3.4 耕地环境质量 cultivated land environment quality

土壤中有害物质对人或其他生物产生不良或有害影响的程度。本标准所指耕地环境质量界定在土壤重金属污染和灌溉水质量等方面。

3.5 耕地质量 cultivated land quality

耕地满足作物正常生长和清洁生产的程度，本标准所指耕地质量界定在耕地地力和耕地环境质量两方面。

3.6 土地整治 land exploiture

对低效利用、不合理利用和未利用的土地进行整治，对生产建设活动和自然灾害损毁的土地进行恢复利用，通过田、水、路、林、村综合整治，增加有效耕地面积，提高耕地质量，改善农村生产生活条件和生态环境的土地利用活动。

3.7 地表碎屑物 surface clastics

土层内一定当量直径以上的固体颗粒，包括岩石破碎物、矿物碎屑和外加固体物（建筑和田间工程残留物）等。

3.8 地表砾石度 the percent of surface gravels

耕层中粒径≥ 1mm的固体颗粒质量占耕层土体总质量的百分数，用 %表示。

4 现场勘查

4.1 图件、资料收集

评定区块最新的1：10 000土地利用现状图、1：2 000工程竣工图等影像资料；土地权属、面积、地点、四至范围等资料；项目竣工勘测技术报告。

4.2 外业调查

4.2.1 调查内容包括耕地立地条件、农田基础设施条件、耕地环境质量情况、剖面性状、障碍因素和土壤理化性质等。

4.2.2 调查方法为现场勘查。采用全球定位系统（GPS）记录地块四至地理坐标并划分适宜的评价单元，同时判定各评价单元的土壤类型、土壤质地、排灌能力、地形部位、耕层厚度、土壤障碍因素等要素；采集耕层土壤混合样；探明评价区块可能存在的污染源（区块周围工矿业布局、复垦缘由、废弃物排放、灌溉水源等）；查询当前耕作制度、生产异常情况与实际产量水平。评价单元野外勘查及样点测试分析见附录A中的表A.1。

4.2.3 现场勘查路线应根据规划设计和实际施工情况，结合样品采集，均衡覆盖每个评价单元。一些可能显著影响评价结果的外业调查原始记录（农户反映、环境照片、剖面照片等）应作外业调查附件归档。

5 样品采集

5.1 评价单元确定

在参阅有关资料和现场勘查等基础上，根据评定区块面积形状、土壤类型、地形部位和土地利用现状等因素，确定适宜的评价单元。有条件的地方，可采用土地利用现状图和土壤图叠加形成的图斑作为评价单元。

5.2 采样方法

5.2.1 土壤采样单元和样点密度确定。

5.2.1.1 采样前掌握评定区块耕地的土壤类型、土地利用现状和地形等因素，将评价单元划分为若干个采样单元，每个采样单元的土壤肥力应尽可能相近。采样单元可根据土壤或作物空间变异情况适当扩大或缩小，但每个评价单元至少保留一个采样单元。

5.2.1.2 采样单元内采样布点应考虑地形和肥力的变异，作物种类和管理水平的差异，同时兼顾空间分布的均衡性。

5.2.1.3 在确定的采样单元内，以单元中心为基点，向四周辐射确定多个分样点，每个采样单元以5个以上分样点为宜。根据采样单元区块的形状和大小，确定适当的分样点数量和布点方法，采用“S”法或棋盘形布点法。采样点应避开路边、田埂、沟边、肥堆及林带等特殊部位。

5.2.2 土壤混合样的采集。

5.2.2.1 采样时间。在项目竣工后或作物收获后、下一季作物播种施肥前采集，果园在果品采摘后第一次施肥前采集。

5.2.2.2　采样方法。

5.2.2.2.1　土壤样品采集，按照“等量”和“多点混合”的原则进行。每个采样点的取土部位、深度及采样量应均匀一致，按旱地0～20cm、水田0～15cm采样，采集的土柱样上下层水平向大小一致；新垦滩涂土壤测定水溶性盐总量时采集全土层样，每隔20cm采集一个土样，分别测定盐分，最后计算（加权）平均含盐量。采集蔬菜地土壤混合样时，一个混合土壤样应在同一具有代表性的蔬菜地或设施类型里采集。采样工具可用木、竹制土铲或不锈钢土钻（铲）。用土钻取样应垂直于地面入土，各分样的采样深度相同；用土铲取样应先铲出一个土壤断面，再平行于断面下铲取土样；测定微量元素的样品应用不锈钢取土器采样。采取的土壤混合样采用四分法弃去多余部分，留0.5kg作样品制备用。其他按NY/T 1121.1规定的方法进行。

5.2.2.2.2　采样中心点GPS定位，经纬度精确到0.1″，记录采样单元四至范围。

5.2.2.2.3　结合单元混合土壤样品采集，测定各采样点耕作层厚度，精确到0.1cm。评价单元耕作层厚度取各采样点耕作层厚度测量值的平均值。

5.2.2.2.4　土壤容重按NY/T 1121.4规定的方法进行，每个样点采集3个以上环刀样，取平均值。

5.2.2.3　土壤样品的制备。按NY/T 1121.1规定的方法进行。风干后的土壤混合样按照不同的分析要求研磨过筛，充分混匀后，装入样品瓶中备用。土样要求保存三个月至一年。

5.2.3　水样采集。

需作耕地环境质量评价的，水样采集按HJ 493规定的方法进行。

6　样品检测

6.1　样品检测项目

根据耕地质量评定需要确定土壤或水样检测项目。

6.2　土样检测方法

6.2.1　土壤pH的测定。

按NY/T 1121.2规定的方法测定。

6.2.2　土壤容重的测定。

按NY/T 1121.4规定的方法测定。

6.2.3　土壤阳离子交换量的测定。

中性土壤和微酸性土壤按NY/T 295规定的方法测定，石灰性土壤按NY/T 1121.5规定的方法测定。

6.2.4　土壤水溶性盐总量的测定。

按NY/T 1121.16规定的方法测定。

6.2.5　土壤有机质的测定。

按NY/T 1121.6规定的方法测定。

6.2.6 土壤有效磷的测定。

石灰性土壤按 LY/T 1233 规定的方法测定，酸性土壤按 NY/T 1121.7 规定的方法测定。

6.2.7 土壤速效钾的测定。

按 NY/T 889 规定的方法测定。

6.2.8 土壤总砷的测定。

按 GB/T 17134 规定的方法测定。

6.2.9 土壤总汞的测定。

按 GB/T 17136 规定的方法测定。

6.2.10 土壤总铬的测定

按 HJ 491 规定的方法测定。

6.2.11 土壤铜、锌的测定。

按 GB/T 17138 规定的方法测定。

6.2.12 土壤总镍的测定。

按 GB/T 17139 规定的方法测定。

6.2.13 土壤铅、镉的测定。

按 GB/T 17141 规定的方法测定。

6.3 水样检测方法

6.3.1 水质 pH的测定。

按 GB/T 6920 规定的方法测定。

6.3.2 水质六价铬的测定。

按 GB/T 7467 规定的方法测定。

6.3.3 水质总汞的测定。

按 HJ 597 规定的方法测定。

6.3.4 水质铜、锌、铅、镉的测定

按 GB/T 7475 规定的方法测定。

6.3.5 水质氟化物的测定。

按 GB/T 7484 规定的方法测定。

6.3.6 水质氰化物的测定。

按 HJ 484 规定的方法测定。

6.3.7 水质总磷的测定。

按 GB/T 11893 规定的方法测定。

6.3.8 水质氯化物的测定。

按 GB/T 11896 规定的方法测定。

6.3.9 水质化学需氧量的测定。

按 GB/T 11914 规定的方法测定。

7　补充耕地建设项目工程与肥力要素评价

7.1　工程与肥力要素评价结果应用

在进行补充耕地质量评定时，应先进行补充耕地建设项目工程与肥力要素评价。工程与肥力要素评价结果作为补充耕地农业生产基本条件符合性判定主要依据。

7.2　工程与肥力要素评价标准

根据浙江省农业生产基本需要和补充耕地项目建设实际，确定补充耕地建设项目工程与肥力要素评价指标。各要素评价因子赋值、权重及隶属度见表1。

表1　补充耕地建设项目工程与肥力要素标准值

序号	项目	权重（C_{1i}）	生产能力赋值与隶属度（F_{1i}）					
			0	0.2	0.4	0.6	0.8	1
1	耕作层有机质含量（g/ kg）	0.16		≤5	5～10	10～15	15～20	＞20
2	土壤酸碱度（pH）	0.16		≤4.5	4.5～5.0/ ＞8.5	5.0～5.5/ 8.0～8.5	5.5～6.5/ 7.5～8.0	6.5～7.5
3	坡度（°）	0.2	＞25	25～20	20～15	15～10	10～6	≤6
4	有效土层厚度（cm）	0.12	≤30	30～40	40～50	50～60	60～70	＞70
5	沟、渠衬砌情况	0.12	固定排灌均无衬砌	固定排灌衬砌1级	固定排灌衬砌2级	固定排灌衬砌2级半	固定排灌衬砌3级	固定排灌全部衬砌
6	排涝能力	0.12		一日暴雨三日排出		一日暴雨二日排出		一日暴雨一日排出
	抗旱能力			≤30d		30d ～50d	50d ～70d	＞70d
7	≥10mm地表碎屑物比例（%）/ 水溶性盐总量（g/ kg）	0.12	＞30	30～20	20～15	15～10	10～5	≤5
			＞5	5～4	4～3	3～2	2～1	≤1
注1：第七评价因子滩涂围垦项目选用水溶性盐总量，其他项目选用地表碎屑物比例指标；								
注2：水溶性盐总量是指1m 内土体中盐分的加权平均值；								
注3：≥10mm 地表碎屑物比例是指0～30cm 土层（30cm × 30cm × 30cm）中粒径≥10mm 固体颗粒质量占该土层土体总质量的百分率，用 % 表示；								
注4：固定排灌衬砌2级半指固定排灌有衬砌，但斗级排灌密度尚未达到规定要求。								

7.3　结果判定

7.3.1　综合评价结果值（CAR）$=\sum(F_{1i}\times C_{1i})\times 100$；$F_{1i}$为第 i个评价因子的隶属度，以分值表示；$C_{1i}$为第 i个评价因子的组合权重。

7.3.2　要素评价中某项因子隶属度为0，或综合评价结果（CAR）<60的，视为项目工程与肥力要素评价不合格，即达不到农业生产基本条件要求。

8 耕地质量评价

8.1 耕地质量评价程序

8.1.1 在进行耕地质量评价时，对工矿业、生活及其他可能造成污染的重点区域，首先进行土壤环境质量评价。对非污染和农作物生长正常且农产品质量无异常反应的区域可不进行土壤环境质量评价。

8.1.2 对土壤环境质量评价合格的，再进行耕地地力等级评定；对土壤环境质量评价不合格的，不予进行质量评定。

8.2 土壤环境质量评价

8.2.1 土壤和灌溉水单项指标评价标准。

按NY/T 1120规定的方法进行。

8.2.2 结果判定。

单项污染物严控指标超过规定值或严控指标未超标但综合污染指数大于1，即视为不合格。

8.3 耕地地力评价

8.3.1 评价指标体系。

8.3.1.1 分等定级指标体系的层次结构见图1。

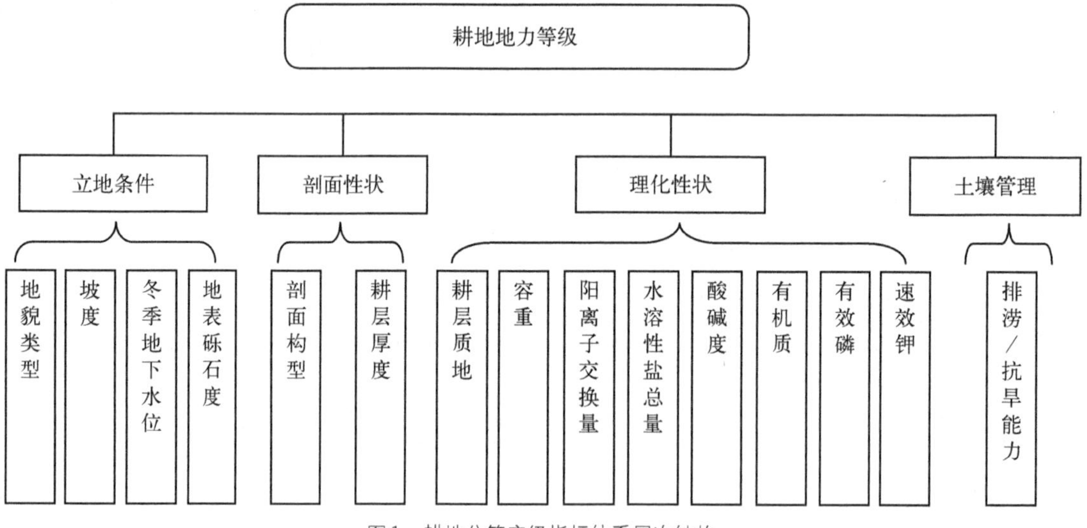

图1 耕地分等定级指标体系层次结构

8.3.1.2 指标水平分值见表2。

表2 耕地地力分等定级指标水平分值对照表

因素		权重 (C_{2i})	生产能力赋值与隶属度 (F_{2i})									
			1	0.9	0.8	0.7	0.6	0.5	0.4	0.3	0.2	0.1
地貌类型		0.1	水网平原		滨海平原、河谷平原大畈、低丘大畈 *	河谷平原		低丘		高丘		
坡度(°)		0.05	≤3		3~6	6~10			10~15			15~25
地表砾石度(%)		0.06	≤10					10~25			>25	
冬季地下水位(cm)		0.05	80~100		>100	50~80			20~50			≤20
剖面构型		0.05	A–Ap–W–C、A–[B]–C		A–Ap–P–C、A–Ap–Gw–G			A–[B] C–C		A–Ap–C、A–Ap–G		A–C
耕层厚度(cm)		0.07	>20	16~20	12~16		8~12			≤8		
耕层质地		0.08	黏壤土	壤土		黏土		砂土				
容重(g/cm^3)		0.04	0.9~1.1		≤0.9、1.1~1.3			>1.3				
pH 值		0.06	6.5~7.5		5.5~6.5	7.5~8.5			4.5~5.5		≤4.5、>8.5	
阳离子交换量(cmol/kg)		0.08	>20	15~20			10~15		5~10			≤5
水溶性盐总量(g/kg)		0.04	≤1		1~2			2~3		3~4	4~5	>5
有机质(g/kg)		0.1	>40	30~40	20~30			10~20		≤10		
有效磷 (mg/kg)	Bray 法	0.06	35~50	25~35	18~25、>50	12~18		7~12			≤7	
	Olsen 法	0.06	30~40	20~30	15~20、>40	10~15		5~10			≤5	
速效钾(mg/kg)		0.06	>150	100~150		80~100		50~80		≤50		
抗旱或排涝能力	抗旱能力	0.1	>70 d		50~70 d				30~50 d		≤30 d	
	排涝能力	0.1	一日暴雨一日排出 **				一日暴雨二日排出				一日暴雨三日排出	

注1：* 集中连片30 hm^2以上，耕层厚度适中，剖面构型良好，基础设施比较完善；

注2：** 指一日暴雨，一日田面无积水或排至耐淹水深。

8.3.2 综合地力指数。

采用线性加权法计算评价单元的综合地力指数（*IFI*）见式（1）。

$$IFI=\sum(F_{2i}\times C_{2i}) \quad (1)$$

式中：

F_{2i}——第i个评价因子的隶属度，以分值表示；

C_{2i}——第i个评价因子的组合权重。

8.3.3 耕地地力等级标准。

按耕地综合地力指数等距分为三等七级，综合地力指数越大，耕地地力水平越高，见表3。

表3 耕地综合地力指数划分方案

等级		综合地力指数
一等	一级	>0.90
	二级	0.80~0.90
二等	三级	0.70~0.80
	四级	0.60~0.70
三等	五级	0.50~0.60
	六级	0.40~0.50
	七级	≤0.40

9 耕地质量报告

耕地质量评定报告格式见附录B表B.1，评价单元各评价指标生产能力分值见表B.2。

附 录 A
（规范性附录）
评价单元野外勘查及样点测试分析表

评价单元野外勘查及样点测试分析见表 A.1。

表A. 1　评价单元野外勘查及样点测试分析表

<table>
<tr><td colspan="2" rowspan="3">项目名称：</td><td rowspan="6">四至范围</td><td>北至</td><td>东至</td><td rowspan="3">土地权属</td><td rowspan="3"></td><td rowspan="6">种植制度</td><td rowspan="6"></td></tr>
<tr><td>东经　°　′　″</td><td>东经　°　′　″</td></tr>
<tr><td>北纬　°　′　″</td><td>北纬　°　′　″</td></tr>
<tr><td rowspan="3">统一编号</td><td rowspan="3"></td><td>南至</td><td>西至</td><td rowspan="3">项目性质</td><td rowspan="3"></td></tr>
<tr><td>东经　°　′　″</td><td>东经　°　′　″</td></tr>
<tr><td>北纬　°　′　″</td><td>北纬　°　′　″</td></tr>
</table>

耕地类型		代表面积		前茬作物名称产量	

外业调查			
母质		土壤类型	
地貌类型		坡度(°)	
田面平整度		剖面构型	
≥10mm地表碎屑物比例		障碍层类型及出现位置	
耕层厚度(cm)		冬季地下水位(距地面 cm)	
抗旱能力		排涝能力	
沟、渠衬砌情况		可能存在的污染源情况	

测定项目		
项　目	分析结果	分析方法
耕层质地		
地表砾石度(1mm 以上占 %)		
pH 值		
容重(g/cm^3)		
水溶性盐总量(g/kg)		
阳离子交换量(cmol/kg)		
有机质(g/kg)		
有效磷(mg/kg)		
速效钾(mg/kg)		
备注：(说明勘查日期、分析测试单位等情况)		

勘查人(签字)：　　　　　　　　填表人(签字)：

审核人(签字)：

附 录 B
（规范性附录）
耕地质量评定报告格式

耕地质量评定报告格式见表 B.1。

表B.1　耕地质量评定报告格式

No：　　　　　　　　　　　　　　　　　　　　　　第　　　页，共　　　页

<table>
<tr><td colspan="4">申请单位基本情况</td></tr>
<tr><td>单位名称</td><td colspan="3"></td></tr>
<tr><td>法人代表</td><td></td><td>单位地址</td><td></td></tr>
<tr><td>联系电话</td><td></td><td>电子邮箱</td><td></td></tr>
<tr><td>传真电话</td><td></td><td>邮　　编</td><td></td></tr>
<tr><td colspan="4">评价项目基础材料</td></tr>
<tr><td colspan="2">1. 申请报告 □</td><td colspan="2">4. 项目竣工图 □</td></tr>
<tr><td colspan="2">2. 项目立项批文 □</td><td colspan="2">5. 项目区土地利用现状图 □</td></tr>
<tr><td colspan="2">3. 项目实施情况与竣工自验报告 □</td><td colspan="2">6. 其他 □</td></tr>
<tr><td colspan="4">评价耕地基本情况</td></tr>
<tr><td>项目名称</td><td colspan="3"></td></tr>
<tr><td>项目立项批号</td><td colspan="3"></td></tr>
<tr><td>地点（到村组）</td><td colspan="3"></td></tr>
<tr><td>土地权属</td><td colspan="3"></td></tr>
<tr><td>海拔</td><td></td><td>项目面积</td><td></td></tr>
<tr><td>图件名及图幅号</td><td></td><td>图斑号</td><td></td></tr>
<tr><td rowspan="6">四至范围</td><td colspan="2">北至</td><td>东至</td></tr>
<tr><td colspan="2">东经　°　′　″</td><td>东经　°　′　″</td></tr>
<tr><td colspan="2">北纬　°　′　″</td><td>北纬　°　′　″</td></tr>
<tr><td colspan="2">南至</td><td>西至</td></tr>
<tr><td colspan="2">东经　°　′　″</td><td>东经　°　′　″</td></tr>
<tr><td colspan="2">北纬　°　′　″</td><td>北纬　°　′　″</td></tr>
<tr><td>利用现状或利用历史</td><td colspan="3"></td></tr>
<tr><td>评价来由</td><td colspan="3"></td></tr>
<tr><td>受理时间</td><td colspan="3"></td></tr>
</table>

（续表）

No：　　　　　　　　　　　　　　　　　　　　　　　　　　第　　　页，共　　　页

耕地质量评定					
评价依据					
耕地类型					
工程与肥力要素评价					
耕地环境质量综合评价					
耕地地力评价	评价单元：　综合地力指数：　代表面积：　（公顷） 评价单元：　综合地力指数：　代表面积：　（公顷） 评价单元：　综合地力指数：　代表面积：　（公顷） 评价单元：　综合地力指数：　代表面积：　（公顷） 评价单元：　综合地力指数：　代表面积：　（公顷） 评价单元：　综合地力指数：　代表面积：　（公顷）				
评价结论	（主要内容包括：农业生产基本条件符合性判定意见；环境质量与地力等级；存在问题与培肥建议；适宜种植模式推荐等） 专家组长： 年　月　日				
验收组人员	姓名	性别	工作单位	职称	签名
	……	……	……	……	……
农业行政主管部门意见	（公章） 年　月　日				
备注	附：1. 评价单元野外勘查及评价指标生产能力分值表 2. 补充耕地地力培肥建议等				

评价单元各评价指标生产能力见表 B.2。

表B.2　评价单元各评价指标生产能力分值表

评价单元	地貌类型	坡度	冬季地下水位	地表砾石度	剖面构型	耕层厚度	质地	pH	有效磷	速效钾	容重	有机质	CEC	全盐量	排涝抗旱能力	综合指数
……																
注：速效钾为60mg/ kg，则生产能力分值填0.5																

本标准按照GB/T 1.1—2009给出的规则起草。

本标准由浙江省农业厅提出。

本标准由浙江省种植业标准化技术委员会归口。

本标准起草单位：浙江省农业技术推广中心、浙江省种植业管理局、浙江省农业科学院。

本标准主要起草人：倪治华、单英杰、吕晓男、汪玉磊、徐进、程街亮、任周桥、麻万诸。

ICS 65.020.01
B10

DB33

浙　江　省　地　方　标　准

DB 33/T 942—2014

耕地土壤综合培肥技术规范

Technical specifications for improvement of soil fertility of cultivated land

2014 - 12 - 31 发布　　2015 - 01 - 31 实施

浙江省质量技术监督局　发布

1　范围

本标准规定了耕地土壤综合培肥的术语和定义、肥力诊断、通用要求和技术途径等。

本标准适用于浙江省标准农田、一般性耕地及垦造耕地的土壤综合培肥。可适用于耕地建设项目的规划、建议书、可行性研究报告和初步设计等文件编制，以及项目的评估、建设、检查与验收等。

2　规范性引用文件

下列文件对于本文件的应用是必不可少的。凡是注日期的引用文件，仅所注日期的版本适用于本文件。凡是不注日期的引用文件，其最新版本（包括所有的修改单）适用于本文件。

GB/T 6274　肥料和土壤调理剂　术语

GB 15618　土壤环境质量标准

LY/T 1229　森林土壤水解性氮的测定

LY/T 1233　森林土壤有效磷的测定

LY/T 1242　森林土壤石灰施用量的测定

NY/T 53　土壤全氮测定法（半微量开氏法）

NY/T 295　中性土壤阳离子交换量和交换性盐基的测定

NY/T 496　肥料合理使用准则　通则

NY 525　有机肥料

NY/T 889　土壤速效钾和缓效钾的测定

NY/T 1118　测土配方施肥技术规范

NY/T 1121.1　土壤检测　第1部分：土壤样品的采集、处理和贮存

NY/T 1121.2　土壤检测　第2部分：土壤 pH的测定

NY/T 1121.4　土壤检测　第4部分：土壤容重的测定

NY/T 1121.5　土壤检测　第5部分：石灰性土壤阳离子交换量的测定

NY/T 1121.6　土壤检测　第6部分：土壤有机质的测定

NY/T 1121.7　土壤检测　第7部分：酸性土壤有效磷的测定

NY/T 1121.16　土壤检测　第16部分：土壤水溶性盐总量的测定

DB33/T 895　耕地质量评定与地力分等定级技术规范

3　术语和定义

下列术语和定义适用于本规范。

3.1　耕地　cultivated land

指种植农作物的土地，包括熟地，新开发、复垦、整理地，休闲地（含轮歇地、轮作地）；以种植农作物（含蔬菜）为主，间有零星果树、桑树或其他树木的土地；平均每年能保证收获一季的已垦滩地和海涂；临时种植药材、草皮、花卉、苗木等的土地，以及其他临时改变用途的土地。

3.2 标准农田 standard farmland

指自然和耕作条件优良、土壤高度熟化，或经土地整理、农业综合开发等项目建设后土地相对平整，集中连片，耕作层深厚，土壤肥沃，无明显障碍因子，田间排灌设施完善，田、渠、路、林、电配套，能够满足农作物高产栽培、机械化作业，达到持续高产稳产、安全环保要求，并依据土地利用总体规划和相关管理办法实行严格质量管控的耕地。

3.3 土壤 soil

陆地表面由矿物质、有机物质、水、空气和生物组成、具有肥力且能生长植物的未固结层。即陆地表面具有肥力特征、能够生长植物的疏松表层。

3.4 土壤肥力指标 index of soil fertility

土壤为植物生长提供并协调营养和环境条件能力的物理、化学、生物学性状表征。本标准根据各土壤肥力指标在构成耕地产出能力中的作用差异及对其他肥力指标的关联性影响、动态变化特点与评价权重比例，把土壤肥力指标分为基础指标和协同指标二类。

3.5 土壤有机质 soil organic matter

存在于土壤中的所有含碳的有机物质，主要包括土壤中各种动植物残体、微生物体及其分解和合成后的各种含碳有机物质。

3.6 矿化率 mineralization rate

土壤有机质在一定时间内分解转化为简单化合物的数量，以土壤有机质的“年矿化率”表示，即每年因矿化分解而消耗的土壤有机质质量占全部土壤有机质质量的百分数（%）。

3.7 腐殖化系数 humification coefficient

单位质量的有机物质在土壤中分解转化一年后的残留碳量，即单位质量含碳有机物经过一年所形成的土壤特有、结构复杂的腐殖质质量的百分数（%）。

3.8 土壤酸碱度 soil reaction

土壤溶液的酸碱反应，反映土壤溶液中 H^+浓度和 OH^-浓度的比例，用 pH表示，其值为土壤溶液中氢离子（H^+）浓度的负对数。常见土壤酸碱度一般可分成强酸性、酸性、微酸性、中性、碱性和强碱性六级。

3.9 土壤盐渍化和次生盐渍化 soil salinization and secondary salinization

土壤盐渍化指易溶性盐分（主要包括 Na^+、K^+、Ca^{2+}、Mg^{2+}等的硫酸盐、氯化物、碳酸盐和重碳酸盐）在土壤表层积累的现象或过程。次生盐渍化是指非盐渍化土壤由于不合理的耕作、灌溉而引起的土壤盐渍化的过程。

3.10 土壤阳离子交换量 cation exchange capacity，CEC

在 pH = 7时，每1 000g土壤中所能吸附的交换性阳离子的厘摩尔数（cmol/kg）。CEC

值的大小，代表了土壤可能保持的养分数量，即保肥能力的高低。

3.11 土壤耕性 soil tilth

土壤在耕作时所表现的特性，即土壤物理性质对耕作的综合反映，包括耕作的难易、耕作质量和宜耕期的长短，是土壤结构性、黏着性、可塑性以及受外力作用而发生形态变化的物理机械性质等的反映。

3.12 土壤结构性 soil structurality

土壤中团聚体的形状、大小、排列和相应的孔隙状况等，直接影响土壤水、肥、气、热的供应能力，从而在很大程度上反映了土壤肥力水平，是土壤的重要物理性状指标。

3.13 土壤调理剂 soil conditioner

加入土壤用于改善土壤的物理和（或）化学性质，及（或）其生物活性，而不是主要提供植物养分的物料（又称土壤改良剂），包括矿物类、天然和半合成水溶性高分子类、人工合成高分子化合物及有益微生物制剂类等。

注：改写 GB/T 6274—1997，定义2.1.9

3.14 有机肥料 organic fertilizer

主要来源于植物和（或）动物、施于土壤，以提供植物营养和改善土壤理化性状为其主要功效的含碳物料。本标准所指有机肥料包括生产者自行沤制的农家肥和工厂化生产的商品有机肥料。

3.15 测土配方施肥 soil testing and formulated fertilization

以土壤测试和肥料田间试验为基础，根据作物需肥规律、土壤供肥性能和肥料效应，在合理施用有机肥料的基础上，提出氮、磷、钾及中、微量元素等肥料的施用品种、数量、施肥时期和施用方法。

4 耕地土壤肥力的诊断

4.1 诊断因子

土壤肥力诊断主要指标包括：耕层厚度、剖面构型、土壤质地、容重、pH值、阳离子交换量、有机质、有效磷、速效钾和水溶性盐总量等。

4.2 土壤样品采集和制备

土壤样品采集执行DB33/T 895要求。土壤样品的制备按NY/T 1121.1规定的方法进行。风干后的土壤样品按照不同的测试分析要求研磨过筛，充分混匀后，装入样品瓶中备用。

4.3 样品检测

4.3.1 检测项目。

根据耕地土壤综合培肥目标和技术模式确定土壤检测项目。

4.3.2　检测方法。

4.3.2.1　土壤容重的测定。

按 NY/T 1121.4 规定的方法测定。

4.3.2.2　土壤 pH的测定。

按 NY/T 1121.2 规定的方法测定。

4.3.2.3　土壤阳离子交换量的测定

中性土壤和微酸性土壤按 NY/T 295 规定的方法测定，石灰性土壤按 NY/T 1121.5 规定的方法测定。

4.3.2.4　土壤有机质的测定。

按 NY/T 1121.6 规定的方法测定。

4.3.2.5　土壤有效磷的测定。

石灰性土壤按 LY/T 1233 规定的方法测定，酸性土壤按 NY/T 1121.7 规定的方法测定。

4.3.2.6　土壤速效钾的测定。

按 NY/T 889 规定的方法测定。

4.3.2.7　土壤水溶性盐总量的测定

按 NY/T 1121.16 规定的方法测定。

4.3.2.8　土壤全氮的测定。

按 NY/T 53 规定的方法测定。

4.3.2.9　土壤碱解氮的测定。

按 LY/T 1229 规定的方法测定。

4.4　诊断方法

4.4.1　评价依据。

按 DB33/T 895 中耕地地力分等定级指标水平分值对照表执行。

4.4.2　结果判定。

按照 DB33/T 895 耕地地力评价结果，综合地力指数（IFI）大于0.8，或单项土壤肥力因子隶属度（F）水平分值等于1的，为维持级，适当因缺补缺保持平衡；综合地力指数或单项土壤肥力因子隶属度低于临界值，即IFI或因子水平分值小于0.8的，需实施土壤培肥。

5　耕地土壤综合培肥通用要求

5.1　目标设定

按 DB33/T 895 中耕地地力分等定级指标水平分值，依据目标耕地所处地貌类型、土地利用现状、耕作制度及相应主导产业作物对土壤养分的需求，确定适宜的土壤培肥目标控制值。

5.2　基础指标改良优先

根据当地实际，将耕作层厚度、土壤有机质、酸碱度（pH）和可溶性盐（EC）等指标中的一项或几项作为基础指标，实施改良优先，其余为协同指标。协同指标中，土壤化学指标改良优先于土壤物理指标；土壤化学指标中，主要养分指标改良优先于其他指标。

5.3　同步安排和连续实施

田间工程措施应先于或与农艺措施同步实施。工程措施实施时，应避免打乱表土熟化层与底层生土层；坡耕地改修梯田时，宜将熟化的表土层先行移出，待工程措施完成田面基本平整后，实行表土回覆，以保证有效土层厚度。

土壤培肥适宜时间周期依据目标控制值、耕地种植利用方式和实际投入水平确定。基础指标改良应连续实施3~5年，新垦造耕地后续土壤综合培肥应连续实施5年以上。

5.4　主导产业保障与效益平衡

土壤改良培肥应基于原有主导产业种植方式，注意茬口平衡和季节限制，以控制培肥措施对原有主导产业作物田间管理和产出效益的影响。常规培肥技术纳入主导产业农作物田间管理范畴，单位成本较高的培肥措施应优先安排在培肥效果好、收益回报高的作物季；也可结合耕地土壤肥力诊断开展种植适宜性评价，主动设计轮作改良产业种植模式，平衡满足耕地土壤培肥和单位耕地产出效益目标需要。

5.5　农业资源循环利用

实施农作物秸秆还田及建设占用土地优良耕作层剥离再利用。耕作层剥离再利用之前，应进行土壤检测和肥力诊断，剥离耕作层土壤环境质量符合 GB 15618中的二级标准。

5.6　合理轮作和用养结合

实施水旱轮作、农牧结合和粮经平衡等生态种植模式。生产者应通过秸秆还田、豆科作物轮作和深耕、晒垡、休闲等农艺措施维持与提升土壤肥力。

5.7　实时定位监测

在耕地土壤改良与培肥实施过程中，应选择典型田块设立效果试验观察点，定期监测土壤肥力指标的动态变化，以验证改良与培肥技术措施的实际效果，评价方案的可行性。

对没有达到预期改良与培肥效果的，应根据实际存在的问题及时调整改良与培肥技术方案。

6　耕地土壤综合培肥技术途径

6.1　土壤有机质提升

6.1.1　土壤有机质的平衡和盈亏。

土壤有机质平衡和盈亏的评估分析基于 $\frac{dc}{dt}=A-kC$ 数学模型，采用公式（1）计算：

$$C_t=\frac{A}{k}-\left(\frac{A}{k}-C_0\right)e^{-kt} \qquad (1)$$

式中：

t——时间（年）；

C_t——土壤 t 年后土壤有机质数量（kg/hm^2）；

A——每年进入土壤的有机质的数量（kg/hm^2）；

k——土壤有机质的年矿化率（%）；

C_0——土壤有机质原始（背景）数量（kg/hm^2）。

6.1.2 耕层土壤有机质盈亏平衡与年度提升目标控制值的有机肥用量。

维持耕层土壤有机质盈亏平衡的有机肥用量采用公式（2）计算：

$$M_1 = \frac{W_1 \times C_0 \times k - W_2 \times f_1}{f_2 \times R} \quad \cdots\cdots (2)$$

式中：

M_1——有机肥施用量（kg/hm^2）；

W_1——单位面积耕层土壤质量（t/hm^2）；

k——土壤有机质年矿化率（%）；

C_0——土壤有机质原始（背景）含量（g/kg）；

f_1——根茬的腐殖化系数（%）；

W_2——耕层中根茬生物量（kg/hm^2）；

f_2——施入有机肥的腐殖化系数（%）；

R——有机肥中有机质的含量（%）。

土壤有机质提升年度目标投入量采用公式（3）计算：

$$M_2 = \frac{[C_t - C_{t-1} \times (1-k)] \times 15 \times 150000}{f \times R} \quad \cdots\cdots (3)$$

式中：

M_2——有机肥年度适宜投入量（kg/hm^2）；

C_t——年度土壤有机质提升目标值（g/kg）；

C_{t-1}——上一年度土壤有机质测定值（g/kg）；

k——土壤有机碳的矿化率（%）；

f——有机肥的年腐殖化系数（%）；

R——有机肥的有机质含量（g/kg）。

土壤有机质的年矿化率、有机肥年腐殖化系数、常规作物秸秆生物量等参见资料性附录A。

6.1.3 土壤有机质提升主要技术模式。

6.1.3.1 农作物秸秆还田腐熟技术模式。

主要包括：

——水稻秸秆粉碎还田腐熟技术模式。适宜于有水源保障条件的水稻—水稻轮作或水稻—休闲田块，碎草长度10～15cm，后茬为水稻、旱作的还田量控制在4 500～6 000kg/hm^2，按碳氮比20：1～25：1适量配施速效氮肥。后茬为休闲的，可实行全量覆盖还田。

——水稻秸秆覆盖还田腐熟技术模式。适宜于水稻—麦（油菜）或水稻—蔬菜轮作区，后茬作物可实行宽窄行种植方式，水稻留茬高度小于15cm，秸秆于作物播种后直接铺盖或撒铺种植宽行，以不见表土为准，余量均匀堆置窄行处。

——墒沟埋草还田腐熟技术模式。适宜于麦—稻轮作区麦秆还田，还田量控制在3 750～4 500kg/hm^2，碳氮比调节至20：1～25：1，麦秸切段为5～10cm，就地均匀铺于农田畦面，多余秸秆置于本田墒沟内。稻麦连续少（免）耕的，应选择稻茬适时深耕。

常见农作物秸秆碳氮比参见资料性附录B。

6.1.3.2　农作物秸秆集中堆沤腐熟还田技术模式。

主要包括：

——秸秆集中堆沤腐熟还田技术模式。适宜于常规作物种植区，堆深150cm、堆高100cm为宜；秸秆堆沤的温度应控制在50～60℃，堆沤湿度以60%～70%为宜，即用手抓捏混合物，以手湿并见有水挤出为适度。

——秸秆生物反应堆技术模式。适宜于设施栽培区，推荐采用内置反应堆，秸秆用量为60 000～75 000kg/hm^2，配合使用每克含2亿以上有效活菌数的秸秆腐熟类生物制剂2kg。

6.1.3.3　绿肥种植技术模式。

主要包括：

——紫云英等豆科作物种植技术模式。适用于冬闲等季节性休闲田块。紫云英喜湿但忌渍水，在9月中下旬至10月播种，以控制适宜的稻肥共生期，如无法安排稻肥共生期，应在水稻收获后抢时播种，确保全苗。播前开好“十”字沟或“井”字沟，以防渍水；推荐在越冬时实施“以磷增氮”技术，施用磷肥400～450kg/hm^2，选择在80%～90%开花时翻耕，或在插秧前10～15d压青沤田，绿肥压青量控制在22 500～30 000kg/hm^2，翻压同时撒施225～300kg/hm^{2}石灰，加速腐烂分解；也可采用紫云英结荚成熟或收种后一次性翻压入土。苜蓿可在春、夏、秋三季播种，在盛花期压青；绿豆、田菁3—6月均可播种，在初花至盛花期压青；苕子于9月上旬播种，初花至盛花时即可压青。

——绿肥混播技术模式。适宜旱地、果园等部分冬闲田、季节性闲置及轮作耕地，以豆科绿肥（如紫云英、箭筈豌豆）为主，同时播种十字花科作物（如油菜等）或禾本科类作物（如黑麦草等），实行均匀混播或宽窄行间套播等种植方式。

——果园经济绿肥种植技术模式。在果园套种经济绿肥，推荐采用播种前翻土整地，配施适量化肥作基肥，专用根瘤菌剂拌种，适时中耕除草，并视苗情少量追肥。豆科绿肥种植于果树树冠的滴水线之外，禾本科绿肥种于果园梯埂或两株果树的中线范围。作牧草的在采割2～3次后，留20cm以上高茬翻压入土，采荚的则在荚果采摘后翻压埋入果树施肥沟（穴）作绿肥。

6.1.3.4　有机肥料施用技术模式。

常规大田粮油、蔬菜等作物宜采用有机肥料作基肥，结合深翻全层、全田施用；果树等作物选择穴、沟施用，翻土埋入。农家肥建议用量为15 000～25 000kg/hm^2；商品有机肥粮油作物用量为4 500～7 500kg/hm^2，经济作物为7 500～15 000kg/hm^2，商品有机肥质量应符合NY 525要求。

6.2　土壤酸碱度校治

6.2.1　土壤酸碱度分级

土壤酸碱度的分级标准见表1。

表1 土壤酸碱度的分级

pH 值	分级水平
<4.5	强酸性
4.5~5.5	酸性
5.5~6.5	微酸性
6.5~7.5	中性
7.5~8.5	碱性
>8.5	强碱性

6.2.2 土壤酸碱度校治目标 pH值。

水田与旱地土壤校治目标 pH值为6.5~7.0；果园土壤校治目标 pH值为5.5~6.5；茶园土壤校治目标 pH值为4.5~5.5。

6.2.3 酸性土壤改良。

酸性土壤改良采用碱性物料（石灰物质）中和技术。但水田与旱地土壤背景 pH值大于6.0，或土壤背景 pH值距校治目标 pH值在0.5个单位范围内的，不采用碱性物质（石灰物质）中和技术，宜采用提升土壤有机质和阳离子交换量，控制酸性与生理酸性肥料施用，选择配施碱性肥料等措施逐年校治。

6.2.3.1 碱性物料的种类与选择。

酸性土壤改良所用的碱性物料（石灰物质）包括钙或钙和镁的氧化物、氢氧化物、碳酸盐和硅酸盐，不同物料的中和（调酸）能力各不相同，以中和值（CCE值）衡量其大小。常用碱性物料（石灰物质）中和值见表2，宜使用石灰粉 [主要成分 $Ca(OH)_2$]和石灰石粉（主要成分 $CaCO_3$）。

表2 常用石灰物质纯组分的中和值

石灰物质	中和值（CCE 值，%）
白云石粉 [主要成分 $CaMg(CO_3)_2$]	109
纯 $CaSiO_3$	86
贝壳粉（主要成分 $CaCO_3$）	95~100
石灰石粉（主要成分 $CaCO_3$）	100
石灰粉 [主要成分 $Ca(OH)_2$]	136
生石灰（主要成分 CaO）	179
矽酸炉渣（主要成分 $CaSiO_3$ 和 $MgSiO_3$）	60~80
石灰炉渣（主要成分 $CaSiO_3$）	65~85
注：以石灰石粉之碱度（% CaO + % MgO×1.39）为100时，各种物料碱度之相对值。	

6.2.3.2 石灰粉中和调酸技术。

选用的石灰粉细度以60目（孔径≤0.25mm）为宜，适宜用量及使用间隔主要依据土壤理化性状和目标 pH值，采用 LY/T 1242规定的方法或实验模拟确定，具体见规范性附录

C。采用其他石灰物质改良的，其用量可根据中和值进行折算。石灰粉施用采用表面撒施后再深翻入土，使目标土壤与石灰粉均匀混合。使用石灰粉校正土壤pH值时，应适当增加目标土壤有机肥和磷肥的施用量。依据石灰用量的大小，在原有磷肥适用量的基础上，增加20%~50%。

6.2.4 碱性土壤改良。

调节碱性土壤宜使用石膏（$CaSO_4$）、硫黄粉等物料。苗床、圃地、基质等碱性土壤常用的改良材料主要为硫黄粉，每1 000kg风干土pH值下降1个单位的硫黄粉建议用量砂土为550g，黏土为800g，使用时应结合基肥、翻耕全层施用。大田碱性土壤改良使用石膏或磷石膏，一般土壤代换性Na^+的比例达到10%~20%时，需增施石膏来调节土壤交换性钙；代换性Na^+达到20%以上时，需施用石膏来改良土壤，改良土壤时石膏施用量控制在375~450kg/hm^2。碱性土壤改良宜结合降盐技术，除用物料中和外，应配套实施种植结构调整，灌水淋洗，增施有机肥料，施用酸性和生理酸性肥料等。

6.3 土壤盐渍化治理

6.3.1 设施农业土壤盐渍化防治技术。

坚持有机肥和化肥施用相结合，采用测土配方施肥和水肥一体化技术，严格控制化肥过量施用和其他农业投入品的盐分浓度。

已发生土壤次生盐渍化的设施田块应实施水旱轮作，通过水稻或水生蔬菜轮作倒茬，利用一段时间的淹水淋洗，有效降低耕层土壤中可溶性盐分含量。

设施栽培期间，条件许可时选择高温季节、梅雨季节尽可能揭去棚膜，深翻作畦，利用雨水淋溶洗盐；也可利用7月、8月高温换茬季节，采用大水灌水闷棚和喷淋的方法，结合土壤消毒进行土壤洗盐、排盐。

采用普通滴灌、膜下滴灌和地膜覆盖可减免土壤盐分向耕作表层积累。此外，施用有机肥等改良土壤结构，提高土壤缓冲性能，改善土壤微生物的营养条件，可抑制由盐渍等引起的病原菌生长。

6.3.2 滨海盐渍化土壤的降盐技术。

滨海盐渍化土壤降盐和彻底脱盐应采用淡水灌溉，并防止旱季返盐。基本需水设计10 500~18 000m^3/hm^2，种稻洗盐12 000~22 500m^3/hm^2。实施灌排分离，推荐采用衬砌明渠（沟）、竖井、暗管排水等工程措施，要求田面平整，畦面高差3~5cm；支级排水沟间距控制在200m以下，排水沟深度150~200cm，以保证通过灌溉将盐分淋洗到底层土壤，从排水沟排出，并有效降低地下水位。

水源充足地区种植水稻，采用先泡田洗盐，再种植水稻，并适时换水、淋洗盐分。水源不足地区，高盐条件下可结合土壤酸碱度校治，进行化学改良，选种田箐等耐盐先锋作物，以改善土壤结构，降低土壤盐分含量；含盐量降至3~5g/kg时，宜实行水旱轮作，旱作可选择相对耐盐作物，如甜菜、向日葵、苜蓿、棉花等，采用增施有机肥料，秋耕冬灌、春灌春耙，灌后及时中耕，作物收获后及时翻耕等田间管理措施，加快地力培肥，提高耕地产出。

6.4 土壤保肥能力的提高

6.4.1 增加土壤阳离子交换量。

主要途径与技术模式包括：

——增施有机肥、腐殖物质和生物质炭，提升土壤有机质含量；

——砂质土壤采用客土法增加土体黏粒比例；

——施用石灰，提高土壤 pH值；

——施用高 CEC值的土壤调理剂（矿物改良剂）。

6.4.2 施用改良剂后土壤表观阳离子交换量变化的估算

改良后土壤表观阳离子交换量变化值采用公式（4）计算：

$$CEC_t = \frac{CEC_0}{1+R} + \frac{CEC_1 \times R}{1+R} \quad (4)$$

式中：

CEC_t——改良后土壤阳离子交换量测定值（cmol/kg）；

CEC_0——改良前土壤阳离子交换量背景值（cmol/kg）；

CEC_1——改良剂的阳离子交换量测定值（cmol/kg）；

R——改良剂的施用质量与耕层土壤质量的比值。

常用改良剂的 CEC值参见附录 D。

6.5 土壤物理障碍改良

6.5.1 土壤质地改良技术。

主要途径与技术模式包括：

——掺沙掺黏，客土调剂；

——翻淤压砂或翻砂压淤；

——增施有机肥料；

——深耕与深翻。

6.5.2 土壤结构改良技术。

主要途径与技术模式包括：

——合理灌溉，适时晒垡、冻垡，精耕细作；

——因土栽培，合理轮作倒茬；

——结合深耕，分层施用有机肥料；

——秸秆覆盖与少耕免耕；

——结合土壤酸碱度校治，施用石灰及石膏；

——施用土壤调理剂。

6.5.3 土壤耕性改良与耕层增厚技术。

土壤耕性改良应尽量减少不必要的作业项目或者实行联合作业，防止压板土壤；注意土壤的宜耕状态和宜耕期，避免在土壤过湿时进行耕作；适当免耕或少耕；增施有机肥，合理排灌。

新垦造耕地耕层≥ 10mm地表碎屑物比例应控制在 10%以下。

6.5.3.1 深耕技术。

深耕以主导产业土壤适耕性为原则，选择在土壤的适耕期内进行。水田熟化土壤深度为 20~25cm，旱地深度大于30cm。深耕作业要求实际耕幅与种植宽幅一致，保持深度均匀，无漏耕，重耕，耕深稳定性、土体破碎率等符合田间管理要求。

土壤深耕宜结合秸秆还田和施用农家肥料，配合实施灌水、泡田、晒垡。熟化土壤适宜深耕周期一般为2~3年，特殊要求下也可一年一次，但原耕层浅薄或层次发育不良田块应逐渐加大耕作深度，切忌一次性过深而彻底打破犁底层。土壤深耕后，应根据接茬作物种植标准实施耙田或深松技术，保持田面平整。

6.5.3.2　深松技术。

深松技术主要用于旱地作物播前管理，分全面深松和局部深松。全面深松适宜于工作幅宽较大的田块，局部深松常结合施肥、除草等田间管理措施同时进行，具体形式有间隔深松、浅翻深松、灭茬深松、中耕深松、垄作深松、垄沟深松等。

深松应保持耕层土壤适宜的松紧度和保水保肥能力，深度控制在15~20cm，易漏水、漏肥、漏气的田块不适宜深松。

6.5.3.3　客土覆盖。

客土覆盖宜选择在休闲期或轮作空闲期进行，所用客土应进行相关指标检测，有害物质含量应低于GB 15618规定的二级土壤污染物浓度限制值。客土覆盖后宜结合深松，保持种植面平整。

6.6　土壤养分均衡化矫正

土壤养分均衡化矫正按NY/T 496要求，采用NY/T 1118规定的方法，纳入主导产业农作物田间管理范畴。依据养分归还和最小定律，在综合考虑有机肥施用、农作物秸秆还田和其他田间管理措施的基础上，根据氮、磷、钾和中、微量元素养分的不同特征，按照农作物生长营养需求，采取不同的养分均衡、优化调控与管理策略。

6.6.1　大量元素养分均衡化施肥矫正技术。

大量元素养分均衡化矫正施肥以化学肥料为主，但需要考虑大量施用有机肥和秸秆还田等带入的养分量。

6.6.1.1　氮素实时监控施肥矫正技术。

氮肥推荐根据土壤供氮状况和作物需氮量，进行实时动态监测和精确调控，包括基肥和追肥。根据不同土壤、不同作物、同一作物的不同品种、不同目标产量确定作物需氮量，以总需氮量的30% ~60%作为基肥用量，具体可根据目标作物生育期长短，参考土壤CEC值确定，采用公式（5）计算：

$$M_3=\frac{(N_1-N_2)\times(30\%-60\%)}{K\times R} \quad (5)$$

式中：

M_3——氮素基肥用量（kg/hm^2）；

N_1——目标产量需氮量（kg/hm^2）；

N_2——土壤无机氮量（kg/hm^2）=土壤无机氮测试值（mg/kg）×0.15×15×校正系数；

K——肥料中氮养分含量（%）；

R——氮肥当季利用率（%）。

6.6.1.2　磷钾养分恒量监控施肥矫正技术。

依据土壤有效磷、速效钾测试结果、常规作物养分丰缺指标和耕地地力分等定级指标水平分值，按DB33/T 895的要求进行分级，当有效磷、速效钾水平处在中等偏上时，将目标产量需要量（只包括带出田块的收获物）的100%～110%作为当季磷、钾肥用量；中等偏下土壤适当增加磷、钾肥用量；在极缺磷的土壤上，增大需要量至作物带走量的150%～200%。大田常规作物磷、钾肥料以结合土壤翻耕整地基肥施用为主。宜在1～2年后重复测土，并根据土壤有效磷、速效钾含量水平、施肥反应和主导产业农作物产量的变化对原施肥方案进行调整。

6.6.2　中、微量元素施肥矫正技术。

中量元素宜结合大量元素肥料适宜品种一并施用；微量元素一般采用叶面肥料喷施法补充，常用浓度为1~2g/kg。

耕地土壤氮磷钾等养分的分级标准与矫正施肥推荐用量见附录E。

附录 A
（资料性附录）
浙江省耕地土壤有机质平衡和盈亏的计算参数

表A.1　复种指数为200%～300%情况下土壤有机质的年矿化率（%）

利用方式	黏质土	壤质土
水田	1.8～3.4（$\bar{x}$=2.48）	2.4～3.9（$\bar{x}$=2.91）
旱地	2.6～4.3（$\bar{x}$=3.56）	3.2～5.1（$\bar{x}$=3.82）
长期积水田	1.1～2.3（$\bar{x}$=1.74）	1.7～3.2（$\bar{x}$=2.23）

表A.2　复种指数为100%情况下土壤有机质的年矿化率（%）

利用方式	黏质土	壤质土
水田	1.4～2.9（$\bar{x}$=1.58）	1.9～3.3（$\bar{x}$=2.03）
旱地	2.1～3.6（$\bar{x}$=2.46）	2.7～3.9（$\bar{x}$=2.84）
长期积水田	1.0～1.9（$\bar{x}$=1.25）	1.3～2.8（$\bar{x}$=1.54）
注：复种指数100% 指“单季＋休闲”种植方式。		

表A.3　浙江省主要有机物料的年腐殖化系数（%）

物料名称	水田		旱地	
	黏质土	壤质土	黏质土	壤质土
作物秸秆	31.2～42.3（$\bar{x}$=36.4）	27.6～41.1（$\bar{x}$=34.2）	28.7～37.6（$\bar{x}$=31.2）	18.9～34.4（$\bar{x}$=25.5）
作物根茬	41.2～57.8（$\bar{x}$=45.2）	35.4～51.2（$\bar{x}$=42.8）	31.2～43.5（$\bar{x}$=37.8）	26.5～41.1（$\bar{x}$=31.2）
畜禽粪	46.5～68.4（$\bar{x}$=52.3）	35.4～54.4（$\bar{x}$=45.4）	32.3～47.6（$\bar{x}$=39.8）	27.6～43.8（$\bar{x}$=34.7）
菜籽饼	32.8～41.1（$\bar{x}$=36.7）	28.7～38.3（$\bar{x}$=33.2）	22.7～31.2（$\bar{x}$=27.5）	21.3～28.7（$\bar{x}$=23.2）
绿肥	17.6～30.4（$\bar{x}$=23.3）	14.2～27.6（$\bar{x}$=21.2）	12.8～17.7（$\bar{x}$=16.7）	11.7～16.5（$\bar{x}$=14.8）

表A.4　浙江省主要作物不同部位的生物量比例

作物	作物籽实：秸秆：根茬
玉米	1：1.2：0.4
小麦	1：1.4：0.4
水稻	1：1.0：0.3

附录 B
（资料性附录）
常见农作物秸秆主要养分含量

表B.1　常见农作物秸秆碳、氮等养分含量（$\overline{x}$，干基）及碳氮比

种类	碳(C，%)	氮(N，%)	C/N	磷(P，%)	钾(K，%)	钙(Ca，%)	镁(Mg，%)	硫(S，%)	硅(Si，%)
水稻	41.8	0.91	48	0.13	1.89	0.61	0.224	0.138	9.45
小麦	39.9	0.65	66.5	0.08	1.05	0.52	0.165	0.096	3.15
玉米	44.4	0.92	49.9	0.152	1.18	0.54	0.224	0.094	2.98
大豆	45.3	1.81	29.3	0.196	1.17	1.71	0.48	0.21	1.58
其他豆类	47.3	2.45	29.9	0.236	1.71	0.62	0.29	0.32	2.03
大麦	47.9	0.56	76.6	0.086	1.37	0.35	0.086	0.1	2.73
薯类	36.7	2.37	14.2	0.283	3.05	2.11	0.46	0.3	1.76
油菜	44.9	0.87	55	0.144	1.94	1.52	0.25	0.44	0.58
花生	42.6	1.82	23.9	0.163	1.09	1.76	0.56	0.14	2.79
甘蔗	45.7	1.1	49.1	0.14	1.1	0.88	0.21	0.29	4.13
各类瓜藤	29.9	2.58	20	0.229	1.97	4.64	0.83	0.24	3.01

附录 C
（规范性附录）
浙江省20cm耕层土壤酸度校治石灰需要量估算参数

表C.1　不同土壤酸度校正石灰用量（t/hm^2）及使用间隔（年）

pH 校治目标值	砂土及壤质砂土		砂质壤土		壤土		粉质壤土		黏土		有机土	
	用量（t/hm^2）	间隔（年）	用量（t/hm^2）	间隔（年）	用量（t/hm^2）	间隔（年）	用量（t/hm^2）	间隔（年）	用量（t/hm^2）	间隔（年）	用量（t/hm^2）	间隔（年）
4.5～5.5	0.5～1.0	1.5	1～1.5	1.5～2.0	1.5～2.5	2	2.5～3	2.5	3～4	2.5	5～10	2.5
5.5～6.5	0.75～1.25	1.5	1.25～2	2	2～3	2.0～2.5	3～4	2.5	4～5	2.5	5～10	2.5

附录 D
（资料性附录）
常用改良剂的CEC值

表D.1 不同物料的阳离子交换量测定值

物料名称	CEC 值（cmol/kg）
蒙脱石	70～120
蛭石	100～150
水化云母	10～40
埃洛石	10～20
高岭石	3～15
水铝英石	50～100
腐殖质	270～360
沸石	200～300

附录 E
（规范性附录）
浙江省耕地土壤氮磷钾养分分级标准与矫正施肥推荐用量

表E.1 耕地土壤氮磷钾养分分级标准

项目	测定方法	分级水平					
		高	较高	中上	中下	较低	低
全氮(g/kg)	开氏法	>2.5	2～2.5	1.5～2.0	1～1.5	0.5～1	<0.5
碱解性氮(mg/kg)	碱解扩散法	>200	150～200	120～150	90～120	30～90	<30
有效磷(mg/kg)	Bray 法	>35	25～35	18～25	12～18	7～12	<7
	Olsen 法	>30	20～30	15～20	10～15	5～10	<5
速效钾(mg/kg)	乙酸铵法	>200	150～200	100～150	80～100	50～80	<50

表E.2 耕地土壤养分分级与推荐施肥标准

分级代码	分级水平	肥效反应	推荐施肥量
A	低	强	C 等级的150% ～200%
B	较低	较强	C 等级的150%
C	中	中	收支平衡，以作物带走养分确定施肥量
D	较高	弱	C 等级的75%
E	高	较弱	C 等级的25% ～50%

表E.3 主要作物单位产量养分吸收量

作 物	形成100kg 经济产量(收获物)所带走的养分量(kg)			
	收获物	氮(N)	磷(P_2O_5)	钾(K_2O)
水稻	籽粒(干重)	2.00～2.30	0.90～1.20	2.10～2.70
小麦	籽粒(干重)	3	1.25	2.5
大麦	籽粒(干重)	2.7	0.9	2.2
玉米	籽粒(干重)	2.5	1.2	2
甘薯	块根(鲜重)	0.35	0.18	0.55
马铃薯	块根(鲜重)	0.5	0.2	1.06
大豆	豆粒(干重)	7.2	1.8	4
棉花	籽棉(干重)	5	1.8	4
油菜	菜籽(干重)	5.8	2.5	4.3
黄瓜	果实(鲜重)	0.4	0.35	0.55
茄子	果实(鲜重)	0.3	0.1	0.4
番茄	果实(鲜重)	0.45	0.09	0.5
萝卜	块根(鲜重)	0.6	0.31	0.5
卷心菜	叶球(鲜重)	0.41	0.05	0.38
芹菜	全株(鲜重)	0.16	0.08	0.42
青菜	全株(鲜重)	0.28	0.03	0.21
茶	茶叶(干重)	6.4	2	3.6
桑	桑叶(鲜重)	1.95	0.81	1.05
蜜橘	果实(鲜重)	0.6	0.11	0.4
梨	果实(鲜重)	0.47	0.23	0.48
葡萄	果实(鲜重)	0.6	0.3	0.72
桃	果实(鲜重)	0.48	0.2	0.76

本标准按照GB/T 1.1—2009给出的规则起草。

本标准由浙江省农业厅提出。

本标准由浙江省种植业标准化技术委员会归口。

本标准起草单位：浙江省农业技术推广中心、浙江大学环境与资源学院。

本标准主要起草人：倪治华、章明奎、陆若辉、傅丽青、蒋玉根、陈一定、单英杰、陶云彬、朱伟锋、周家明、孔海明。

附录三　浙江耕地大事记

大 事 年 表

时间	大事纪要
1935年	马溶之、余浩、侯光炯、朱莲青、宋达泉等土壤专家分别在杭县、兰溪、舟山等地进行土壤调查，并将浙江境内的土壤划分为8个土类。这是浙江土壤分类系统的开始。
1950年	配合棉、麻、水稻生产技术的改进，吴本忠、俞震豫等在杭州湾两岸、浙江棉麻种植区10县和衢州专区5县进行了土壤调查。
1958年	中共浙江省委、省人民委员会下达《关于开展土壤普查和土地规划工作的指示》（1958年12月17日）。成立浙江省土壤普查土地规划工作委员会，批准设立省、地、县三级土壤肥料工作机构，全省调集机关、学校师生4 006人参加全省土壤普查的试点工作。普查参与总人数达21.9万人，涉及全省耕地面积为2 924.53万亩，其中水田2 315.42万亩。同时对9 700万亩非耕地进行了概查。建立由土种、土组、土科构成的三级土壤分类体系，全省土壤类型划分为19个土科73个土组391个土种。
1964年	第一次土壤普查标志性成果《浙江土壤志》由浙江人民出版社出版，《浙江省土壤图》同时发行。
1979年	浙江省革命委员会下达《关于开展第二次土壤普查工作的通知》（浙革〔1979〕15号）。成立浙江省土壤普查工作委员会，同年2月农牧渔业部决定在浙江建立华东地区杭州土壤测试中心。抽调省农业局、林业局、水利局、测绘局、农垦局和省农科院有关人员，组建浙江省土壤普查办公室和每县10～15人的技术骨干队伍。采用野外踏勘、遥感技术、航片使用、微机处理、标准仪器等先进技术方法手段，自1979年农牧渔业部组织富阳全国试点，到1985年景宁完成验收、鉴定，全省历时7年以县为单位全面完成土壤普查工作。期间1981年10月，省农业厅内设浙江省土肥站，与浙江省土壤普查办公室合署办公，承担日常和普查指导、成果应用与资料汇总工作。

（续表）

时间	大事纪要
1984年	根据农牧渔业部部署，浙江在总结前期“省肥高产”“测报施肥”“氮素调控”“以水带氮”“水稻叶色卡”“大麦叶龄出控”“柑橘以龄定肥”等施肥技术效果经验的基础上，结合第二次土壤普查成果数据应用，全省选择45个县试验、示范、推广以“以土定产、以产定氮、因缺补缺、高产栽培”为核心的配方施肥技术，并引入计算机生物统计分析手段改进施肥参数。至1993年累计发放施肥建议卡超100万张，推广1亿亩次以上。同期在衢州、瓯海、平阳等地推行配肥站建设50余家，实行现配、现产、现供，配套开展以“技物结合”为特征的全方位农化系列服务，探索公益性推广与经营性服务相结合的土肥工作新路子。1996年，浙江省土肥站、浙江省农科院微生物所联合研制开发出集功能微生物、商品有机肥和无机全营养于一体的新型生物活性肥料，成果获2000年省人民政府科技进步奖二等奖，开创了国内“大三元”肥料工厂化生产的先河。
1986年	浙江省土肥站在承担建设9个国家级耕地土壤长期定位监测点的基础上，在全省典型农耕区不同类型土壤上设立18个肥力监测点，构成全省耕地土壤肥力监测网基本框架。2007年按照“一点多能、综合应用、分级管理、以县为主”的原则，结合全省标准农田质量提升工程实施，建成230个省级长期定位监测点。经分批扩建，至目前形成16个国家级、350余个省级长期定位监测点，32个“三区四情”综合监测点和7 000余个动态监测点组成的耕地质量监测网络，涉及耕地7个土类50余个土种，肥力水平均衡分布，涵盖全省主要产业和作物轮作制度，并实施常态化年度报告制度。
1987年	浙江引进改良水稻垄畦栽培技术，在丽水庆元、龙泉、云和等地山垅田进行试验、示范，随后进行大面推广应用。至1991年，全省在丽水、衢州、金华、杭州、绍兴、温州等30余个县（市）山区冷浸田、烂糊田累计应用300多万亩次，平均亩产达499.3kg，有效缓解当时浙江山区粮食自给问题，获浙江省人民政府农业丰收奖一等奖。
1990年	全国土壤普查办公室和浙江省科学技术委员会联合组成验收和鉴定委员会，对浙江省第二次土壤普查形成的《浙江土壤》《浙江土种志》《浙江省土壤系列图》《浙江省土地利用概查》等主要成果进行鉴定和验收。据此，全省土壤类型划分为10个土类21个亚类99个土属277个土种。“浙江省土壤资源调查研究”项目获1990年浙江省人民政府科技进步奖一等奖。
1993年	《浙江土种志》由浙江科学技术出版社出版发行。

（续表）

时间	大事纪要
1994年	《浙江土壤》由浙江科学技术出版出版发行。
1999年	浙江省人民政府印发《关于开展1 000万亩商品粮基地建设的通知》（浙政发〔1999〕190号），提出用6年时间，全省建成1 000万亩商品粮基地。商品粮基地建设的主要内容分为标准农田建设和新品种、新农技、新农机配套建设两个方面。2003年1月，浙江省十届人大一次会议《政府工作报告》确定新一届政府“再建500万亩标准农田”目标。至2007年底，全省基本完成了1 500万标准农田的建设任务。
2002年	农业部下达《关于印发〈全国耕地地力调查与质量评价试点工作方案〉的通知》（农办农〔2002〕29号），重点围绕环太湖流域、珠江三角洲、华北潮土及东北黑土区，结合优势作物发展区域布局，组织全国30个省（直辖市、自治区）、60个县（市、区）开展耕地地力调查与质量评价试点工作。
2005年	根据农业部《关于开展测土配方施肥春季行动的紧急通知》（农农发〔2005〕8号）的统一要求和部署，浙江省启动集“测、配、产、供、施”于一体的测土配方施肥技术推广工作。同年，浙江从土地出让金收入可用于农业部分中安排省财政专项，组织实施以冬绿肥制种、示范种植应用和耕地地力综合培肥等为重点内容的“沃土工程”计划，全省冬绿肥生产取得恢复性发展，商品有机肥应用初具规模。
2007年	根据农业部办公厅《关于做好耕地地力评价工作的通知》（农办农〔2007〕66号）要求，浙江借鉴环太湖流域耕地地力调查与质量评价试点工作经验，依托测土配方施肥项目调查、分析数据，全面采用GPS、GIS和RS技术，同步开发土壤资源空间数据库、属性数据库和耕地资源管理信息系统，分期、分批、系统性组织开展县域耕地地力调查与质量评价工作。 同年，农业部启动实施土壤有机质提升补贴项目。
2008年	浙江省人民政府印发《关于开展全省标准农田及粮食生产能力调查工作的通知》（浙政发明电〔2008〕54号），组织在全省开展以粮食生产能力为衡量标准的全省标准农田地力调查与分等定级、基础设施条件与利用情况核查和“上（电子）图入（数据）库”工作。摸清了全省标准农田面积、空间分布、利用状况和实际粮食生产能力。

（续表）

时间	大事纪要
2009年	吕祖善省长主持召开省政府标准农田专题会议，研究决定加快实施“千万亩标准农田质量提升工程”，进一步提升标准农田质量并加强管理。根据省政府关于标准农田建设管理的专题会议纪要(〔2009〕41号)和省政府办公厅《关于开展标准农田质量提升试点工作的通知》(浙政办发〔2009〕93号)精神，全省“按照标准农田的功能不同，分类提升质量水平”。对平原地区适宜发展水稻等粮食生产的标准农田，通过完善农田基础设施、培肥地力，将其中的大部分农田建成吨粮生产能力的粮食功能区；对在非平原地区建设的标准农田，因地制宜按照粮经并举的思路，引导发展设施农业、特色农业，并逐步完善与其相适应的农田基础设施，达到相应的地力水平。 同年，根据农业部办公厅、财政部办公厅《关于印发2009年土壤有机质提升补贴项目实施指导意见的通知》(农办财〔2009〕59号)精神，浙江正式列入项目计划，自此项目县规模数逐年扩大到近30个，补贴资金因地制宜用于支持实施区绿肥种植、秸秆腐熟还田和商品有机肥推广3种模式。2014年起补贴资金与实施内容归入“耕地保护与质量提升补助项目”。
2010年	《浙江省耕地质量管理办法》经省人民政府第61次常务会议审议通过，浙政令〔2010〕285号公布自2011年3月1日起施行。这是浙江第一部以土壤肥力和产能评价为核心的土壤管理政府规章，全省耕地质量管理走上常态化的法制轨道，成为全国率先采用地力评价成果数据跨越实现耕地占补质量平衡控制的样板、标杆与典范。 同年11月，浙江省人民政府办公厅印发《关于促进商品有机肥生产与应用的意见》(浙政办发〔2010〕151号)，鼓励畜禽养殖场、农民专业合作社以及各类企业充分利用畜禽排泄物等农业有机废弃物资源生产商品有机肥，加大应用支持力度，因地制宜提高土壤肥力和农产品品质，推进生态文明建设和农业现代化。

（续表）

时间	大事纪要
2011年	依据《浙江省耕地质量管理办法》授权，报经浙江省人民政府同意，浙江省农业厅、国土资源厅、环境保护厅联合下发《关于进一步加强标准农田占补管理工作的通知》（浙土资发〔2011〕62号）、《浙江省耕地种植条件损毁鉴定技术规范》（浙农专发〔2011〕96号）和《关于规范和加强补充耕地质量评定工作的通知》（浙农专发〔2011〕144号），试行浙江省耕地质量评定与地力分等定级技术规范。配套规范性文件进一步细化明确标准农田（耕地）占用、补划、调剂、储备、补充、损毁鉴定等项目实施管理程序与条件要求，创新建立“以质量评定为主要依据、前置审批为主要特征”的全省耕地质量管理长效工作机制。 同期，浙江省土肥站、浙江省农科院数字农业研究所联合研制开发出单机版《标准农田质量提升项目实施区块划定工具软件》和基于Internet的《浙江省标准农田质量提升工程项目管理系统》（翌年，增加粮食功能区和现代农业园区板块内容，并构成为浙江省现代农业地理信息系统，接入浙江省农业厅官网端口）。系统对农田数量、空间分布、地力等级、定位监测和项目进度等实行信息化动态管理，有效解决账实不符、区块漂移、等级不一、信息滞后、共享困难等管理痛点。这是浙江运用数字化技术手段解决政府公共管理服务领域热点、难点问题的成功案例，是“数字赋能”在浙江乃至全国范围内的最早实践。
2012年	随着最后一批项目单位完成区域耕地地力评价工作，全省历时5年，共计72个（含市区县打包）实施单位完成县域耕地地力评价工作，并全部通过农业部全国农业技术推广服务中心组织的专家组验收。为推动评价成果更大尺度应用于农业生产，全省同步开展省级汇总和长三角区域耕地地力评价工作。
2013年	DB33/T 895《耕地质量评定与地力分等定级技术规范》正式发布并实施。 《浙江省土壤资源与耕地地力等级地图集》由哈尔滨地图出版社出版发行。

（续表）

时间	大事纪要
2013年	浙江“数字土壤”基础与耕地地力评价技术研究及其应用成果得到中国工程院潘德炉院士领衔的鉴定委员会的高度肯定，并获2014年浙江省人民政府科技进步奖二等奖。成果采用数字规范技术对全省第二次土壤普查资料开展了抢救性永久保存处理；通过野外勘察、遥感影像判读和代表性剖面诊断，修正基层土壤命名，规范完善原有土壤分类系统，同时构建符合数字技术的土壤编码体系，形成省/县、国家/省二级对照表，解决“同土异名”“同名异土”问题；创建多(异)源海量数据融合集成、多尺度系列比例尺数据库与处理框架平台技术；完成覆盖全省1∶10 000、局部1∶2 000的大比例尺土壤资源、耕地地力与养分等级量化评价，摸清了全省粮食产能家底与资源环境潜力，实现“土壤资源、耕地利用和施肥技术”三位一体管理，并广泛应用于自然资源评估、环境承载力评价和耕地质量年度变更调查等诸多领域。项目主要成果获2014年浙江省人民政府科学技术奖二等奖。 基于浙江“数字土壤”同期延伸开发的“浙江省现代农业地理信息系统”“县域耕地地力管理与配方施肥信息系统”、PC端“测土配方施肥专家咨询系统”、触摸屏“测土配方与智能配肥”一体化系统以及“野外助手”“施肥咨询”等手机App，不仅实现农事信息主动推送与智慧技术服务，也为之后浙江全面开展的数字政务建设提供了技术样板和基础版本。
2014年	《浙江省耕地土壤主要养分等级地图集》由哈尔滨地图出版社出版发行。 DB33/T 942《耕地土壤综合培肥技术规范》发布并实施。之后，DB33/T 2070《水肥一体化技术通则》、DB33/T 2071《商品有机肥生物发酵技术规范》等一批涵盖监测、评价、鉴定、改良、利用等内容的系列地方标准陆续发布并组织实施，与国家、行业相关标准一起构建起较为完善的浙江耕地质量建设保护标准体系，基本实现耕地质量建设、保护与利用全程标准化定量管理。
2015年	农业部印发《耕地质量保护与提升行动方案》(农农发〔2015〕5号)，统筹相关支农资金，在长江中下游平原水稻土区针对土壤酸化、潜育化问题开展综合治酸、排水治潜、调酸治污。通过施用石灰和土壤调理剂改良酸化土壤、钝化重金属活性，通过增施有机肥、秸秆还田和种植绿肥改善土壤理化性状。2018年，支持浙江、福建、江西、湖北、湖南等12省(区、市)开展土壤酸化治理示范242万亩，集成推广调酸控酸、培肥改良、降渍排毒等技术模式。